钱学森『火箭技术概论』手稿及讲义

侯建国 主编

中国科学技术大学出版社

图书在版编目（CIP）数据

钱学森"火箭技术概论"手稿及讲义·钱学森与中国科学技术大学／侯建国主编．—影印本．—合肥：中国科学技术大学出版社，2008．6

（中国科学技术大学建校初期著名科学家教学史料丛编）

ISBN 978-7-312-02001-8

Ⅰ．钱… Ⅱ．侯… Ⅲ．①火箭－高等学校－教材 ②钱学森（1911～）－学术思想－文集 ③中国科学技术大学－史料 Ⅳ．V 475.1 K 826.16-53 G 649.285.41

中国版本图书馆 CIP 数据核字（2008）第064923号

责任编辑　高哲峰　　书籍设计　■ 敬人书籍设计　吕敬人＋陶雷

出版发行	中国科学技术大学出版社
地　址	安徽省合肥市金寨路96号　邮政编码　230026
网　址	http://press.ustc.edu.cn
印　刷	北京雅昌彩色印刷有限公司
经　销	全国新华书店
开　本	889 mm×1194 mm　1/16
印　张	22＋10.5
字　数	454千＋217千
版　次	2008年6月第1版
印　次	2008年6月第1次印刷
定　价	468.00元（全二册）

编委会

主　编

侯建国

副主编

朱　滨

委　员

（按姓氏笔画排序）

丁世有	王伯懿	尹协远	孔祥言	白以龙	朱　滨
伍小平	杜善义	杨基明	吴有生	何世平	张培强
侯建国	顾吉环	钱永刚	徐建中	黄吉虎	喻显果
	童秉纲	雷见辉	蔡有智		

出版说明

今年是中国科学技术大学（以下简称科大）建校50周年。钱学森教授是最早提出由中国科学院创办一所新型大学、培养新型建设人才的倡议者之一，也是科大的创办人之一，曾参与科大办学方针、人才培养、学科专业设置等重要决策的讨论和制定。他亲自创建了力学和力学工程系（1961年5月更名近代力学系），并长期担任系主任。他还在1961年秋为1958、1959级学生讲授"火箭技术概论"，时隔40多年，当时聆听这门课程的同学们对此仍念念不忘。

幸运的是，在上级筹划建立钱学森图书馆期间，钱先生家人在清理家中浩如烟海的资料时，发现了当年讲课的"手稿"和"讲义"。鉴于"手稿"和"讲义"与科大的特殊关系，学校的老师和领导希望整理出版这些珍贵的历史资料。为此，特别成立了以常务副校长侯建国院士为主编的编委会。为出好这部书，编委会广泛征集相关资料，并组织这两届同学进行了座谈。

本书分正副册出版，正册含"手稿"和"讲义"。"手稿"是钱学森先生手书的讲课纲要。"讲义"是当年雷见辉和喻显果两位助教根据课堂笔记进行整理，经钱先生审阅后铅印而成。此后，作者对"讲义"进一步修改、完善，定名为《星际航行概论》，1963年2月由科学出版社正式出版，不久又作了第二次印刷。与"手稿"和后来出版的《星际航行概论》相比，"讲义"有一个特点，就是各章后面附有一定的习题。《星际航行概论》出版后在当时引起强烈的反响，一些热心的读者还提出了若干有益的意见和建议。作者曾安排在1966年左右出第二版，对内容作进一步充实和提高，包括采纳读者提出的某些有价值的建议，并适当增加部分章节。已经明确的是要增加《人造仪器卫星的技术实现》一章，其主要内容包括测地卫星、通讯卫星、预警卫星、气象卫星、导航卫星、侦察卫星等。由于众所周知的原因，这一目标未能实现。

在对"手稿"和"讲义"进行编辑出版的过程中，由编委会相关成员对"手稿"和"讲义"分别作了注释和勘误，以脚注的形式印在相关页面。限于当时的印刷条件，1961年印制的"讲义"中应配置插图的位置留了空白，这次影印出版，为方便阅读，配上了《星际航行概论》书中的相关插图。作为"手稿"附录，还收集了当年听课学生尹协远和吴永礼两位同学的部分课堂笔记、习题和作业，其目的，一方面是为了弥补手稿部分缺失的遗憾，另一方面是为了表明当时学生记笔记做习题的认真程度。书后还附录了根据听课学生座谈会整理而成的《中国科大1958、1959级近代力学系校友座谈回忆》一文。副册为《钱学森与中国科学技术大学》，主要汇集钱学森参与科大建校建系及教学活动的有关资料，与科大校系领导和有关人员的通信，对技术科学、近代力学的有关论述，校友及当年听课学生的回忆文章等。

钱学森为发展我国的教育事业，培养现代科技人才，可谓呕心沥血，采取了各种切实有效的办学形式。在科大任职期间，除积极参加全校性的工作外，对近代力学系的教学工作更是安排得井然有序，亲自撰写系和专业的介绍，出面邀请、聘用任课教师。他还在化学物理系主讲"物理力学"，招收和指导研究生。

希望这部书的出版，对后人，特别是科技、教育工作者和青年学生能有所启迪，使钱学森作为人民科学家和教育家的风范、科学精神、诲人不倦的气质、高尚的思想品德能发扬光大，代代相传。

编委会
2008年6月

目　次

教学日历表和教员任课表　001

手　　稿　005

附录　测验题　083
附录　学生笔记及习题　085

讲　　义　095

附　　录　335
中国科大1958、1959级近代力学系校友座谈回忆　336

编后语　343

教学日历表和教员任课表

请统钱先生。

12~13次课，建议在打有"○"的时间上课。

1961——1962学年全学年教学日历表

1961·7·20

月份	星期 周次	第一学期（1961·9·11～1962·2·11）							月份	星期 周次	第二学期（1962·2·12～8·31）							备注
		一	二	三	四	五	六	日			一	二	三	四	五	六	日	
九月	一	11	12	13	14	15	16	17	二月	一		12	13	14	15	16	17	18	
	二	⑱	19	20	21	22	23	24		二		19	20	21	22	23	24	25	
	三	㉕	26	27	28	29	30	1	二三月	三		26	27	28	1	2	3	4	
十月	四	2	3	4	5	6	7	8		四		5	6	7	8	9	10	11	
	五	⑨	10	11	12	13	14	15	三月	五		12	13	14	15	16	17	18	
	六	⑯	17	18	19	20	21	22		六		19	20	21	22	23	24	25	
	七	㉓	24	25	26	27	28	29	三月四月	七		26	27	28	29	30	31	1	
十一月	八	㉚	31	1	2	3	4	5		八		2	3	4	5	6	7	8	
	九	⑥	7	8	9	10	11	12	四月	九		9	10	11	12	13	14	15	
	十	⑬	14	15	16	17	18	19		十		16	17	18	19	20	21	22	
	十一	⑳	21	22	23	24	25	26		十一		23	24	25	26	27	28	29	
十一月十二月	十二	㉗	28	29	30	1	2	3	四月五月	十二		30	1	2	3	4	5	6	
十二月	十三	4	5	6	7	8	9	10	五月	十三		7	8	9	10	11	12	13	
	十四	⑪	12	13	14	15	16	17		十四		14	15	16	17	18	19	20	
	十五	⑱	19	20	21	22	23	24		十五		21	22	23	24	25	26	27	
	十六	㉕	26	27	28	29	30	31	五月六月	十六		28	29	30	31	1	2	3	
1962年 元月	十七	1	2	3	4	5	6	7	六月	十七		4	5	6	7	8	9	10	
	十八	8	9	10	11	12	13	14		十八		11	12	13	14	15	16	17	
	十九	15	16	17	18	19	20	21		十九		18	19	20	21	22	23	24	
	廿	22	23	24	25	26	27	28	六月七月	廿		25	26	27	28	29	30	1	
一月二月	廿一	29	30	31	1	2	3	4	七月	廿一		2	3	4	5	6	7	8	
二月	廿二	5	6	7	8	9	10	11		廿二		9	10	11	12	13	14	15	

备注：
1. 第一学期从1961年9月11日到1962年1月17日共计18周半（上课15周，科研劳动3周，假日半周——国庆2天，元旦1天）。
2. 1月18日——20日为机动，1月22日——27日复习考试，1月29日——2月11日放寒假2周（包括春节三天）。

1. 第二学期从1962年2月12日到6月24日共计19周（上课15周，科研劳动3周，春假3天，五一节一天）。
2. 6月25日——6月30日为机动，7月2日——14日复习考试，7月16日——9月1日放暑假6周另5天。

教务处

钱学森教授为1958、1959级学生讲授"火箭技术概论"的教学日历表，表格上方手写的文字是近代力学系教学管理人员请钱先生确定上课时间，表格中的标记是钱先生选择上课时间所作的记号。

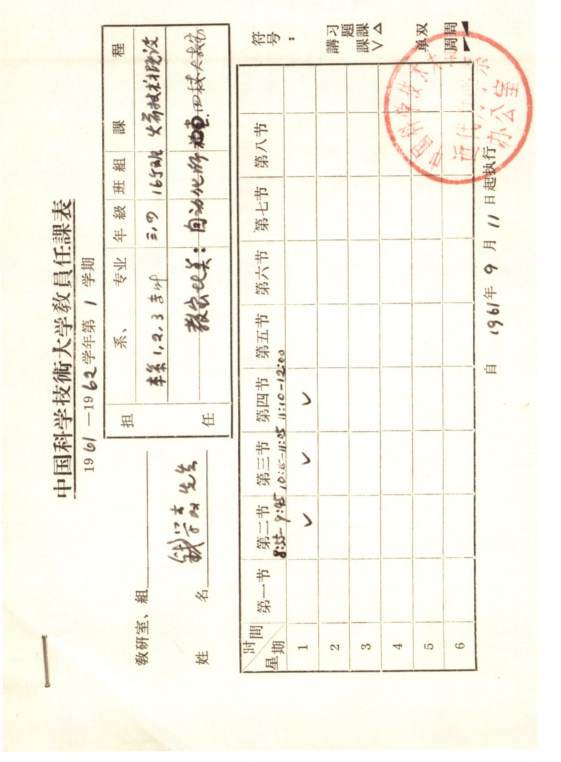

钱学森教授为1958、1959级学生讲授"火箭技术概论"的教员任课表

手 稿

"手稿"包括目录（也是教学计划安排）两页，正文74页，此外还有当年油印的测试题两页附后。目录中列入的第三讲《火箭发动机的类型及其发展现况》，在手稿正文中阙如。第五讲《星际航道的问题》，在手稿正文中缺首页。这些将用当年学生的课堂笔记做补充（见085～091页），以便读者对当年授课内容的全貌有所了解。正文第九讲《星际航行中的通讯》在目录中未作反映。目录中第十三讲《运载火箭的回收》属于原计划可能要多讲一次的内容，这次没有讲授，后来列入《星际航行概论》一书中的第十四章。所以包括《星际航行中的通讯》在内，实际共作了十三讲。

为了便于读者的阅读和理解，整理时作了一些简单的注释，考虑到手稿是讲课内容的纲要，有些地方文字非常简略，除了更正一些笔误外，对特别简略的部分做了一些解释和补充说明。

火箭技术概论

每周讲一次，每次三小时，共讲十三次。(准备多讲一次)

从星际航行的角度来介绍火箭技术，尤其着重讲与七系第一、第二、第三专业有关的了分；目的是为这三个专业的学生在进入专课学习时有一个较全面的理解，能体会到自己专业在整个事业中的位置。

第一讲，星际航行与宇宙航行：太阳系及太阳系内飞行的速度要求；齐尔阔夫斯基公式。恒星系及恒星间飞行的速度要求；相对论效应；阿克莱公式。

第二讲，火箭发动机原理：流体力学的动量定理；推力公式；一维气体流动；比冲；比冲计算程序。火箭发动机的试车。

第三讲，火箭发动机的种类型及其发展现况：双基药的固体发动机。液氧酒精V-2发动机；液氧煤油发动机；液氧液氢发动机。固体发动机的现代化。高能燃料问题。固液型发动机。发动机的研究用。

第四讲，原子火箭及电火箭发动机：原子火箭发动机原理，及其存在的主要研究课题。电火箭发动机原理，"最优比冲"。原子火箭发动机与电火箭发动机的比较；氢火箭发动机。

第四讲，多级火箭的设计问题：火箭的结构及其部件；火箭设计的
　　　　分工。火箭的结构比。发动场的布置。[运载火箭动力的统计]

第五讲，星际航行的轨道问题：地面起飞；空间轨道起飞。

第六讲，轨道的变移过程及飞行。航行的航道问题：变方法。两个行星间航道，同平面的
　　　　不同平面的。航道调节的一般讨论。

第八讲
控制问题
把入卫星
轨道的
制导；从
卫星上起飞
的控制
远程控制

第七讲，再入问题：再入空气层的航道分析。空气动力加热；
　　　　防热设计、烧蚀及发汗冷却。星际航行的气动力问题
　　　　及强度问题。

第九讲，太空间的环境及对人的影响：超重及失重。辐射对人
　　　　的作用；宇宙线；宇宙线的强度变化；高能度辐射区。

第十讲，星际飞航的设计问题：人对生存环境的需要；密封舱。
　　　　生活资料的生产系统。

第十二讲，星际飞航的能源问题：星际飞航能源的要求；能源；
　　　　能的反映转变系统，系统设计。

第十三讲，运载火箭的回收：回收方法；有翼回收方法。飞机
　　　　和火箭的联合发射系统。

中心力场的质点运动。两行星间的航道；航道的
参数；航行时间及火箭动力的关系。

第一讲

提纲

1) 我们祖先早就有飞到天体上去的理想。嫦娥奔月。

火箭是我们的劳动人民在约1100年左右的南宋时代发明的。

到了十八世纪英国人侵入印度的时,印度军队用了火箭武器给入侵军队很大的打击。

英国人从而开始火箭武器的制造, William Congreve (1772-1814) 的火箭的射程约 2.3-2.8 公里,至十几公斤至二十几公斤。以后火砲代替了。

Константин Э. Циолковский (1857-1935) 奠定了火箭技术及星际航行的理论基础

Robert H. Goddard (在1910年以后) 开始了火箭研究;及试射。

现代火箭的开始体现在 V-2 火箭, 带涡轮泵, 总重 12.98吨, 推力 27.2吨, 头1吨。

苏联的成就。

美国情况:……; "宇宙神"+"半人马座"; "土星"。
(约4吨重卫星)

◎ 现代科学与星际航行。

2) 太阳系的描述

3) 宇宙速度, 公式的推导

4) Циолковский 公式的推导

5) 宇宙航行 —— 恒星世界

6) 速度必需接近光速。Ackeret 公式的推导

7) 喷气速度 w 也必需接近光速。

习题 1.1 从地球表面上发射一个打中太阳的探测仪,最小的速度要求是什么?

习题 1.2 如果 $w=0.05c$, 达到 $V=0.8c$ 的质量比是什么? a)用 Ackeret 公式, b)用 Циолковский 公式

Ⅱ 苏联卫星、宇宙火箭和宇宙飞船一览表

名　称	发射时间	重　量	说　明
第一个人造地球卫星	1957.10.4	83.6公斤	世界上第一个人造地球卫星
第二个人造地球卫星	1957.11.3	508.3公斤	带有小狗"来伊卡"，地球上的生物第一次入宇宙
第三个人造地球卫星	1958.5.15	1327公斤（不带燃料质量一仪器）	
第一个宇宙火箭	1959.1.2	1472公斤	世界上第一个人造太阳系行星
第二个宇宙火箭	1959.9.12	1511公斤	世界上第一个到达月球表面的火箭
第三个宇宙火箭	1959.10.4	1553公斤	世界上第一次揭开了月球背面的秘密
第一个卫星式飞船	1960.5.15	4540公斤 12,500公斤	世界上第一个宇宙飞船
第二个卫星式飞船	1960.8.19	4600公斤 13,000公斤	带有小狗"小加"和"小箭"，在世界上第一次实现了生物完成宇宙飞行后安返地面的试验
三个卫星式飞船	1960.12.1	4563公斤	人造重型地球卫星
四个人造地球卫星	1961.2.4	6483公斤	世界上第一个考察太阳系行星的火箭
同金星发射的宇宙火箭	1961.2.12	行星间站重643.5公斤	
四个卫星式飞船	1961.3.9	4700公斤	带有试验生物，当天安返地面
四个卫星式飞船	1961.3.25	4695公斤	带有试验生物，当天安返地面
五个人载人的卫星式飞船	1961.4.12	4725公斤	世界上第一个载人的宇宙飞船
	1961.8.6		
	1961.9.13		
	1961.9.17		

第一宇宙速度，第二宇宙速度，第三宇宙速度

设 g 为地球表面的引力常数（我们设地球为不转的圆球），而 R 为地球的半径。那么在 r 半径的卫星其运行速度 $v(r)$ 了用下列方法来计算。

$$g\left(\frac{R}{r}\right)^2 = \frac{v^2}{r}, \quad 即 \quad v^2 = gR\cdot\frac{R}{r}, \quad v(r) = \sqrt{gR}\left(\frac{R}{r}\right)^{1/2}$$

一周的时间：$T(r) = \dfrac{2\pi r}{v} = \dfrac{2\pi r}{\sqrt{gR}\left(\frac{R}{r}\right)^{1/2}} = 2\pi\sqrt{\dfrac{R}{g}}\cdot\left(\dfrac{r}{R}\right)^{3/2}$

1) 第一宇宙速度，$r=R$

$$V_1 = \sqrt{gR} = \sqrt{9.80 \times 6,371,000} = 7,900 \text{ 米/秒} = 7.90 \text{ 公里/秒}$$

$$T_1 = 2\pi \times 6,371,000 \div 7,900 = 5,070 \text{ 秒} = 84.5 \text{ 分}$$

如果 $T = 24$ 小时 $= 1440$ 分, $\dfrac{r}{R} = \left(\dfrac{1440}{84.5}\right)^{2/3} = 6.63$

即高度为 $r-R = 5.63 \times 6,371 = 35,840$ 公里。 } 在无辐射带之外

2) 第二宇宙速度

$$\int_R^\infty g\frac{R^2}{r^2}dr = gR, \quad \frac{1}{2}V_2^2 = gR, \quad V_2 = \sqrt{2gR} = 11.18 \text{ 公里/秒}$$
$$= \sqrt{2}\,V_1$$

要把卫星放到 r 的圆轨道上去，所须的能量，其对应的速度为 V，

$$\frac{1}{2}V^2 = \frac{1}{2}v^2 + gR\left(1-\frac{R}{r}\right) = \frac{1}{2}gR\left(\frac{R}{r}\right) + gR\left(1-\frac{R}{r}\right) = gR\left(1-\frac{1}{2}\frac{R}{r}\right)$$

$$V = V_2\sqrt{1-\frac{1}{2}\frac{R}{r}}; \quad \left[\text{对 24 小时的轨道来说 } \sqrt{1-\frac{1}{2}\frac{R}{r}} = \sqrt{1-0.0754} = \sqrt{0.9246} = 0.961\right.$$
$$\left.\text{故 } V = 0.961\,V_2\right.$$

3) 现在来计算第三宇宙速度。设 $M_\odot$ 为太阳质量，M 为地球质量，$\mathcal{R}$ 为地球到太阳的距离，那么在地球轨道上太阳对每单位质量的引力为

$$g\frac{M_\odot}{M}\left(\frac{R}{\mathcal{R}}\right)^2$$

从而要从地球轨道上越出太阳系，利用地球已有的速度，当加能量

$$\left\{\sqrt{g\frac{M_\odot}{M}\left(\frac{R}{\mathcal{R}}\right)^2\mathcal{R}}\,(\sqrt{2}-1)\right\}^2 + 2gR = V_3^2$$

故 $V_3 = V_2\left\{1 + \dfrac{M_\odot}{M}\dfrac{R}{\mathcal{R}}\left(1-\dfrac{1}{\sqrt{2}}\right)^2\right\}^{1/2} = V_2\left\{1 + 332,000 \times \dfrac{6,371}{149,500,000} \times 0.2929^2\right\}^{1/2} = 16.63$ 公里/秒

齐奥尔阔夫斯基公式及阿克莱公式

1. 齐奥尔阔夫斯基公式 (К.Э. Циолковский)

$$M dV = -\varpi dM, \quad M\text{ 为瞬时质量, }\varpi\text{ 为喷气速度}$$

$$-\frac{dM}{M} = \frac{dV}{\varpi}, \quad V/\varpi = \ln\frac{M'''}{M^{\text{灰}}}, \quad M'''\text{ 为开始时的质量, }M^{\text{灰}}\text{ 为终了时质量}.$$

或是写作 $\boxed{M'''/M^{\text{灰}} = e^{V/\varpi}}$ 此即齐奥尔阔夫斯基公式

2. 阿克莱公式 (J. Ackeret)

如果 ϖ 是相对于火箭的喷气速度，而火箭本身相对于发射点的速度是 V。那么依照相对论的定律在相对于发射点的座标中，喷气速度 ϖ' 为

$$-\varpi' = \frac{-\varpi + V}{1 + \frac{\varpi V}{c^2}}$$

其中 c 为光速。M 为静质量，动质量为 M'，$M' = \frac{M}{\sqrt{1-\frac{V^2}{c^2}}}$，喷气质量为 dm，而动质量为 dm'

$$dm' = \frac{dm}{\sqrt{1-\frac{\varpi^2}{c^2}}}$$

从而能量守衡定律要求 （总体的一阵定质喷气的能）

$$d\left(\frac{Mc^2}{\sqrt{1-\frac{V^2}{c^2}}}\right) + \frac{dm \cdot c^2}{\sqrt{1-\frac{\varpi^2}{c^2}}} = 0$$

而动量守衡定律要求

$$d\left(\frac{MV}{\sqrt{1-\frac{V^2}{c^2}}}\right) + \frac{dm \cdot \varpi'}{\sqrt{1-\frac{\varpi'^2}{c^2}}} = 0$$

我们利用 ϖ' 的公式，得到 $1 - \frac{\varpi'^2}{c^2} = 1 - \frac{(\varpi - V)^2}{(1-\frac{\varpi V}{c^2})^2} = \frac{1 - 2\frac{\varpi V}{c^2} + \frac{\varpi^2 V^2}{c^4} - \frac{\varpi^2}{c^2} + 2\frac{\varpi V}{c^2} - \frac{V^2}{c^2}}{(1-\frac{\varpi V}{c^2})^2} = \frac{(1-\frac{\varpi^2}{c^2})(1-\frac{V^2}{c^2})}{(1-\frac{\varpi V}{c^2})^2}$

因此 $\frac{1}{\sqrt{1-\frac{\varpi'^2}{c^2}}} = \frac{(1-\frac{\varpi V}{c^2})}{\sqrt{1-\frac{\varpi^2}{c^2}}\sqrt{1-\frac{V^2}{c^2}}}$；故以上两个守衡定律可以写作

$$\frac{dM}{(1-\frac{V^2}{c^2})^{1/2}} + M\frac{V dV/c^2}{(1-\frac{V^2}{c^2})^{3/2}} = + \frac{(1-\frac{\varpi V}{c^2})}{\sqrt{1-\frac{\varpi^2}{c^2}}(1-\frac{V^2}{c^2})^{1/2}} dm$$

$$\frac{V dM}{(1-\frac{V^2}{c^2})^{1/2}} + \frac{M \cdot dV}{(1-\frac{V^2}{c^2})^{1/2}} + MV\frac{V dV/c^2}{(1-\frac{V^2}{c^2})^{3/2}} = + \frac{(1-\frac{\varpi V}{c^2})}{\sqrt{1-\frac{\varpi^2}{c^2}}(1-\frac{V^2}{c^2})^{1/2}} \cdot \frac{-\varpi + V}{1-\frac{\varpi V}{c^2}} dm$$

消去 dm, 即得

$$V dM + M dV \left(\frac{1}{1-\frac{V^2}{c^2}}\right) = \frac{-\varpi + V}{1-\frac{\varpi V}{c^2}} \left\{dM + M\frac{dV}{V}\frac{\frac{V^2}{c^2}}{1-\frac{V^2}{c^2}}\right\}$$

运算的结果得 $-\frac{dM}{M} = \frac{c}{2\varpi}\left\{\frac{1}{1-\frac{V}{c}} + \frac{1}{1+\frac{V}{c}}\right\} d\left(\frac{V}{c}\right)$

所以积分后得 $\frac{M'''}{M^{\text{灰}}} = \left[\frac{1+\frac{V}{c}}{1-\frac{V}{c}}\right]^{\frac{c}{2\varpi}}$

Ackeret 公式与 Циолковский 公式之间的关系:

Ackeret: $M_1/M_2 = \left(\dfrac{1+\frac{V}{c}}{1-\frac{V}{c}}\right)^{\frac{c}{2w}}$, c = 若速, V = 火箭最后速度
   w = 喷气速度

$$= e^{\frac{c}{2w}\ln\left(\frac{1+\frac{V}{c}}{1-\frac{V}{c}}\right)}$$

$$\ln\left(\dfrac{1+\frac{V}{c}}{1-\frac{V}{c}}\right) = \ln\left(1+\tfrac{V}{c}\right) - \ln\left(1-\tfrac{V}{c}\right)$$

$$= \tfrac{V}{c} - \tfrac{1}{2}\left(\tfrac{V}{c}\right)^2 + \tfrac{1}{3}\left(\tfrac{V}{c}\right)^3 - \tfrac{1}{4}\left(\tfrac{V}{c}\right)^4 + \tfrac{1}{5}\left(\tfrac{V}{c}\right)^5 - \tfrac{1}{6}\left(\tfrac{V}{c}\right)^6 + \tfrac{1}{7}\left(\tfrac{V}{c}\right)^7 \cdots$$

$$+ \left(\tfrac{V}{c}\right) + \tfrac{1}{2}\left(\tfrac{V}{c}\right)^2 + \tfrac{1}{3}\left(\tfrac{V}{c}\right)^3 + \tfrac{1}{4}\left(\tfrac{V}{c}\right)^4 + \tfrac{1}{5}\left(\tfrac{V}{c}\right)^5 + \tfrac{1}{6}\left(\tfrac{V}{c}\right)^6 + \tfrac{1}{7}\left(\tfrac{V}{c}\right)^7 \cdots$$

$$= 2\tfrac{V}{c}\left[1 + \tfrac{1}{3}\left(\tfrac{V}{c}\right)^2 + \tfrac{1}{5}\left(\tfrac{V}{c}\right)^4 + \tfrac{1}{7}\left(\tfrac{V}{c}\right)^6 \cdots\right]$$

$$M_1/M_2 = e^{\frac{V}{w}\left[1+\frac{1}{3}\left(\frac{V}{c}\right)^2 + \frac{1}{5}\left(\frac{V}{c}\right)^4 + \frac{1}{7}\left(\frac{V}{c}\right)^6 \cdots\right]}$$

$$\approx e^{\frac{V}{w}} \cdot e^{\frac{V}{w}\frac{1}{3}\left(\frac{V}{c}\right)^2} \approx e^{\frac{V}{w}}\left[1 + \tfrac{1}{3}\tfrac{V}{w}\left(\tfrac{V}{c}\right)^2\right]$$

$$\boxed{M_1/M_2 \approx e^{\frac{V}{w}}\left[1 + \tfrac{1}{3}\tfrac{V}{w}\left(\tfrac{V}{c}\right)^2 \cdots\right]}$$

$$e^{\frac{V}{w}\left[\frac{1}{3}\left(\frac{V}{c}\right)^2 + \frac{1}{5}\left(\frac{V}{c}\right)^4 + \frac{1}{7}\left(\frac{V}{c}\right)^6 \cdots\right]}$$

$$= 1 + \tfrac{V}{w}\left[\tfrac{1}{3}\left(\tfrac{V}{c}\right)^2 + \tfrac{1}{5}\left(\tfrac{V}{c}\right)^4 + \tfrac{1}{7}\left(\tfrac{V}{c}\right)^6 \cdots\right] + \tfrac{1}{2}\left(\tfrac{V}{w}\right)^2\left[\tfrac{1}{3}\left(\tfrac{V}{c}\right)^2 + \tfrac{1}{5}\left(\tfrac{V}{c}\right)^4 + \tfrac{1}{7}\left(\tfrac{V}{c}\right)^6 \cdots\right]^2$$

$$+ \tfrac{1}{6}\left(\tfrac{V}{w}\right)^3\left[\tfrac{1}{3}\left(\tfrac{V}{c}\right)^2 + \tfrac{1}{5}\left(\tfrac{V}{c}\right)^4 + \tfrac{1}{7}\left(\tfrac{V}{c}\right)^6 \cdots\right]^3$$

$$= 1 + \left(\tfrac{V}{w}\right)\left[\tfrac{1}{3}\left(\tfrac{V}{c}\right)^2 + \tfrac{1}{5}\left(\tfrac{V}{c}\right)^4 + \tfrac{1}{7}\left(\tfrac{V}{c}\right)^6 \cdots\right] + \tfrac{1}{2}\left(\tfrac{V}{w}\right)^2\left[\tfrac{1}{9}\left(\tfrac{V}{c}\right)^4 + \tfrac{2}{15}\left(\tfrac{V}{c}\right)^6 \cdots\right] + \tfrac{1}{6}\left(\tfrac{V}{w}\right)^3\left[\tfrac{1}{27}\left(\tfrac{V}{c}\right)^6 \cdots\right]$$

$$M_1/M_2 = e^{\frac{V}{w}}\left\{1 + \tfrac{1}{3}\left(\tfrac{V}{w}\right)\left(\tfrac{V}{c}\right)^2 + \left(\tfrac{V}{c}\right)^4\left[\tfrac{1}{5}\tfrac{V}{w} + \tfrac{1}{18}\left(\tfrac{V}{w}\right)^2\right] + \left(\tfrac{V}{c}\right)^6\left[\tfrac{1}{7}\tfrac{V}{w} + \tfrac{1}{15}\left(\tfrac{V}{w}\right)^2 + \tfrac{1}{162}\left(\tfrac{V}{w}\right)^3\right] \cdots\right\}$$

$$\boxed{\dfrac{M_1}{M_2} = e^{\frac{V}{w}}\left\{1 + \left[\tfrac{V}{w}\left(\tfrac{V}{c}\right)^2\right]\left[\tfrac{1}{3}\right] + \left[\tfrac{V}{w}\left(\tfrac{V}{c}\right)^2\right]^2\left[\tfrac{1}{18} + \tfrac{1}{5}\tfrac{w}{V}\right] + \left[\tfrac{V}{w}\left(\tfrac{V}{c}\right)^2\right]^3\left[\tfrac{1}{162} + \tfrac{1}{15}\tfrac{w}{V} + \tfrac{1}{7}\left(\tfrac{w}{V}\right)^2\right] + \cdots\right\}}$$

3. 两个公式的差别：以今天比较有希望的能源

$$6D \rightarrow 2He + 2p + 2n + 1.8$$

$$\quad\quad 7.1 \quad 17.7 \quad 16.55$$

兆电子伏

$\quad\quad\quad\quad\quad\quad\quad\quad\quad\quad\quad$ 7.1
$\quad\quad\quad\quad\quad\quad\quad\quad\quad\quad$ 17.7
$\quad\quad\quad\quad\quad\quad\quad\quad\quad\quad\;\;$ 1.8
$\quad\quad\quad\quad\quad\quad\quad\quad\quad\;\;\overline{\quad\quad}$
$\quad\quad\quad\quad\quad\quad\quad\quad\quad\;\;$ 26.6

n 将逸去，所以不能用来加热等离子体，故每个氚估计了能 $w=0.05c$，

到 $0.80c$ 的质量比为 $M^{(1)}/M^{(2)} = \left(\dfrac{1+0.80}{1-0.80}\right)^{10} = \left(\dfrac{1.8}{0.2}\right)^{10} = 9^{10} = 34.8 \times 10^{8}$

如果用齐奥尔柯夫斯基公式则 $M^{(1)}/M^{(2)} = e^{\frac{0.8}{0.05}} = e^{16} = 0.0889 \times 10^{8}$

$$\left(\begin{array}{l} 6D = 6 \times 2.015 = 12.090 \\ 2n = 2 \times 1.009 = \underline{2.018} \\ \quad\quad\quad\quad\quad\quad\;\; 10.072 \end{array} \right.$$

治平 70/0

$\dfrac{10.072}{1.009} \times 1.675 \times 10^{-24}$ 克 $\times w^2 = 0.70 \times 26.6 \times 10^{6} \times 1.602 \times 10^{-12}$ 尔格

$w^2 = \dfrac{26.6 \times 10^{18} \times 1.4}{\dfrac{10.072}{1.009} \times 1.675}$, $\quad w = 10^{9}$ 厘米/秒 $\times \sqrt{\dfrac{26.6 \times 1.009 \times 1.4}{10.072 \times 1.675}}$

$= \dfrac{14.93}{12.61} \times 10^{8}$ 厘米/秒 $=$

$\dfrac{w}{c} = \dfrac{8.93 \times 10^{8}}{3 \times 10^{10}} \cong 0.05$

第二讲

0) **用什么样的发动机?** ——— 已有图
1) 固体发动机工作原理。
2) 液体发动机工作原理：挤压式；涡轮泵式 ——— 图   索经功章！
   "Cosmos" "V-2"
3) 推力的计算：

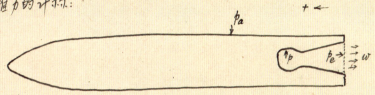

我们依照牛顿的第二定律知道作用在气体上的力应该等于每秒钟气体所得到的动量。而作用在气体上的力是由于气体作用在发动机内壁的压力的反向力。因此如果我们用 $\bar{p}$ 代表压力向量，$d\vec{A_i}$ 代表发动机内壁的白板的一小块，那么作用在气体上的力是

$$-\int_{内壁}\bar{p}\,d\vec{A_i} + p_e A_e = -\dot{m} w$$

如果作用在发动机内壁上的压力 $\bar{p}$ 是等于外界大气的压力 p_a，那么我们说发动机没有开动，没有推力。所以推力 T 是

$$T = \int_{内壁}(\bar{p}-p_a)\,dA_i = \int_{内壁}\bar{p}\,dA_i - \int_{内壁}p_a\,dA_i$$

但是根据内壁表面加 A_e 正好是一个封闭面，

$$\int_{内壁} p_a\,dA_i = + p_a A_e$$

由此 $$\boxed{T = \dot{m}w + p_e A_e - p_a A_e = \dot{m}w + (p_e - p_a)A_e.}$$

⓪ 这是一个定常流动的公式！

4) 我们的问题是如何求喷气速度。现在为了计算简单起见，之我们设燃气巴入喷管后与管壁没有热交换（冷却热量比起热量小得多），则有

$$0 = dq = dE + pdV = dE + d(pV) - Vdp$$
$$= dH - Vdp \qquad \underline{H\ 为焓}$$

$$\dot{m}(w+dw-w) = A\rho w\, dw = -A\, dp$$

所以 $\rho w\, dw = -dp$, $\quad -\dfrac{dp}{\rho} = w\, dw$

$$0 = dH + w\, dw, \quad 或 \quad \boxed{H + \tfrac{1}{2}w^2 = 常数}$$

所以，如果在燃烧室中，燃气的速度很小，可以略而不计，而焓为 H_k，那么出口处的焓为 H_e,

$$H_k = H_e + \tfrac{1}{2}w^2, \qquad \boxed{w = \sqrt{2(H_k - H_e)}}$$

一般喷管气流速度大于声速。

$$-\dfrac{dp}{\rho} = w\, dw$$

$$\dfrac{dA}{A} + \dfrac{dw}{w} + \dfrac{d\rho}{\rho} = 0$$

$$\dfrac{dA}{A} = -\dfrac{dw}{w} + \dfrac{d\rho}{dp}\dfrac{dp}{\rho} = -\dfrac{dw}{w} + \dfrac{d\rho}{dp}\dfrac{w^2\,dw}{w} = -(1-M^2)\dfrac{dw}{w}$$

$$\left(M^2 = \dfrac{w^2}{a^2}\right)$$

所以在喉部等于声速，出了喉部是超声速。

$p, \rho, w \mid p+dp, \rho+d\rho, w+dw$

$$\rho w = (\rho + d\rho)(w + dw) \longrightarrow w\, d\rho + \rho\, dw = 0$$

$$(\rho + d\rho)(w + dw)^2 - \rho w^2 = p - (p + dp) \longrightarrow w^2 d\rho + 2\rho w\, dw = -dp$$

$$-w^2 d\rho + 2w\underbrace{(w\, d\rho + \rho\, dw)}_{0} = -dp \qquad \boxed{w^2 = \dfrac{dp}{d\rho} = a^2}$$

5) 如果我们要进一步作简单的计算，我们可以设燃气为理想气体，那么

$$H_k = C_p T_k, \quad H_e = C_p T_e \qquad k = C_p/C_v$$

所以 $\quad w = \sqrt{2C_p T_k \left(1 - \dfrac{T_e}{T_k}\right)} = \sqrt{2C_p T_k \left[1 - \left(\dfrac{p_e}{p_k}\right)^{\frac{k-1}{k}}\right]}$

如果令 w_{MAX} 为当 $p_e = 0$ 时的 w, $\quad w = w_{MAX}\left[1 - \left(\dfrac{p_e}{p_k}\right)^{\frac{k-1}{k}}\right]^{1/2}$

$$w_{MAX} = \sqrt{2C_p T_k} = \sqrt{2\dfrac{k}{k-1} R T_k} = \sqrt{2\dfrac{k}{k-1}\dfrac{R^* T_k}{M}}$$

$R^* =$ 普适气体常数
$M =$ 分子量

<u>k 的变化不大，主要靠提高 T_k 及降低 M。</u>

6) 计算证明：最在一定的燃烧室条件下，如果喷管喉部的尺寸不变，外界压力也不变，那么最大的推力发生在 $p_e = p_a$ 的时候。

$\rho w A =$ 常数，

$$\dfrac{A_2}{A_1} = \left(\dfrac{\rho_1}{\rho_2}\right)\left(\dfrac{w_1}{w_2}\right) = \left(\dfrac{p_1}{p_2}\right)^{\frac{1}{k}}\left(\dfrac{1 - \left(\dfrac{p_1}{p_k}\right)^{\frac{k-1}{k}}}{1 - \left(\dfrac{p_2}{p_k}\right)^{\frac{k-1}{k}}}\right)^{\frac{1}{2}}$$

如果 A^* 是喷口喉面积，p^* 是喉部的压力，

$$\dfrac{A_e}{A^*} = \left(\dfrac{p^*}{p_e}\right)^{\frac{1}{k}}\left(\dfrac{1 - \left(\dfrac{p^*}{p_k}\right)^{\frac{k-1}{k}}}{1 - \left(\dfrac{p_e}{p_k}\right)^{\frac{k-1}{k}}}\right)^{\frac{1}{2}}$$

如果我们认为燃烧室的压力是相当于 $w = 0$ 时的压力，那么

$$C_p T_k = C_p T^* + \tfrac{1}{2} w^{*2}$$

$$1 = \dfrac{T^*}{T_k} + \dfrac{k}{2}\dfrac{p^*}{p_k}\left(\dfrac{\rho_k}{\rho^*}\right)\dfrac{R}{C_p} = \left(\dfrac{p^*}{p_k}\right)^{\frac{k-1}{k}}\left[1 + \dfrac{k-1}{2}\right] = \left(\dfrac{p^*}{p_k}\right)^{\frac{k-1}{k}}\left(\dfrac{k+1}{2}\right)$$

$$\left(\dfrac{p^*}{p_k}\right)^{\frac{k-1}{k}} = \dfrac{2}{k+1} \qquad \left(\dfrac{p^*}{p_k}\right)^{\frac{1}{k}} = \left(\dfrac{2}{k+1}\right)^{\frac{1}{k-1}}$$

$$\boxed{\dfrac{A_e}{A^*} = \left(\dfrac{2}{k+1}\right)^{\frac{1}{k-1}}\sqrt{\dfrac{k-1}{k+1}}\,\dfrac{\left(\dfrac{p_k}{p_e}\right)^{\frac{1}{k}}}{\sqrt{1 - \left(\dfrac{p_e}{p_k}\right)^{\frac{k-1}{k}}}}}$$

如果 $p_e \neq p_a$，那么在这个公式中我们可以把 p_e 用 p_a 代替，作为计算 p_e 的公式。

7) 为了计算喷管喉子的尺寸，我们来计算 ~~$\frac{T}{p_k A_t}$ 时的~~

$$\frac{T}{p_k A_t} = \frac{\rho_e A_e w^2}{p_k A_t} + \frac{p_e - p_a}{p_k} \frac{A_e}{A_t}$$

$$= \frac{A_e}{A_t} \left[\frac{\rho_e}{p_e} \frac{p_e}{p_k} 2 c_p T_k \left\{ 1 - \left(\frac{p_e}{p_k}\right)^{\frac{k-1}{k}} \right\} + \left(\frac{p_e}{p_k} - \frac{p_a}{p_k} \right) \right]$$

$$= \frac{A_e}{A_t} \left[\frac{2k}{k-1} \left(\frac{p_e}{p_k}\right) \left(\frac{p_e}{p_k}\right)^{\frac{k-1}{k}} \left\{ 1 - \left(\frac{p_e}{p_k}\right)^{\frac{k-1}{k}} \right\} + \left(\frac{p_e}{p_k} - \frac{p_a}{p_k} \right) \right]$$

$$= \frac{A_e}{A_t} \left[\frac{2k}{k-1} \left(\frac{p_e}{p_k}\right)^{\frac{1}{k}} \left\{ 1 - \left(\frac{p_e}{p_k}\right)^{\frac{k-1}{k}} \right\} + \left(\frac{p_e}{p_k} - \frac{p_a}{p_k} \right) \right]$$

所以 $\frac{T}{p_k A_t} = \left(\frac{2}{k+1}\right)^{\frac{1}{k-1}} \sqrt{\frac{k-1}{k+1}} \left[\sqrt{\frac{2k}{k-1}} \sqrt{1 - \left(\frac{p_e}{p_k}\right)^{\frac{k-1}{k}}} + \frac{\left(\frac{p_e}{p_k}\right)^{\frac{1}{k}}}{\sqrt{1 - \left(\frac{p_e}{p_k}\right)^{\frac{k-1}{k}}}} \left(\frac{p_e}{p_k} - \frac{p_a}{p_k}\right) \right]$

或 $\boxed{\dfrac{T}{p_k A_t} = \left(\dfrac{2}{k+1}\right)^{\frac{1}{k-1}} \sqrt{\dfrac{k-1}{k+1}} \left[\sqrt{\dfrac{2k}{k-1}} \sqrt{1 - \left(\dfrac{p_e}{p_k}\right)^{\frac{k-1}{k}}} + \dfrac{\left(\dfrac{p_e}{p_k}\right)^{\frac{k-1}{k}} \left(1 - \dfrac{p_a}{p_e}\right)}{\sqrt{1 - \left(\dfrac{p_e}{p_k}\right)^{\frac{k-1}{k}}}} \right]}$

$\frac{T}{p_k A_t}$ 有时叫做推力系数，所上式是在理想气体及完全交换的情况下的喷管中理论计算公式。 图

8) 为了能适应各种高度的不同外压，用新式的塞式喷管。倒锥 图

9) 比冲： $I_s = \dfrac{\text{推力} - \text{公斤}}{\text{推进剂消耗量} - \text{公斤/秒}} = (\quad)$ 秒

$$I_s = \frac{T}{g \dot m} = \frac{w}{g} \quad \left[\frac{\text{米/秒}}{9.8\,\text{米/秒}^2}\right]$$

10) 更精确的计算方法：用变比热；冻结流，平衡流。实际在二者之间。
    实际结果往往是计算结果的 92-95%。

11) 现在的趋势向是用高压 p_k！

12) 发动机试车 — 固体
              \ 液体 — 烟烧室及发动机两种

习题 2.1 $T_R = 3300°K$, $k=1.23$, $M=24.6$, $p_R/p_e = 70.5$,
计算理想喷气速度 w (米/秒)

习题 2.2 如果 p_0 在习题 2.1 的喷管 A_e/A_t ?

习题 2.3 计算在 $p_R = 70.5$ 大气压, $p_e = 1$ 大气压, $p_a = 0.1$ 大气压, 上述发动机的推力系数。并计算 24 吨推力发动机的喷管直径。
(在上述条件下, 产生) (喷管)

习题 2.4 习题 2.3 发动机的比冲。

第四章

1) **运载火箭的级数**：多级火箭的优点：可以先择下一些不必要的结构，节省动力，减少起飞重量；可以使用最适合于各高度及各种要求的不同发动机系统；当发动机推力不便变动时，可以避免过大的加速度；可以适应发射轨道的要求。

多级火箭的缺点：系统复杂化；可靠性差。

结论是：到低卫星轨道用两级，至多三级，高轨道自然级数多些。

级数定了之后，可以研究各级分配方案：（定了每个发动机的推力）

2) **火箭的结构重量**：<u>曲线</u>。例子：一个把滑翔机送入1,600公里高的卫星轨道：新

有效负载		第四级（与有效负载结合）	
结构	3,640	推进剂	657
发动机（回返用火箭）	455	结构	207
设备	2,730	点火重	8,690
航员及他们的给养（14天）	455		9,554
货载其他设备负载	1,410		
总	8,690	**第三级**	
		推进剂	21,340
		结构	3,180
		点火重	34,074
		第二级	
		推进剂	69,500
		结构	8,000
		点火重	121,574
		第一级	
		推进剂	218,000
		结构	21,400
		点火重	350,974

	估重
2.5公斤以下的尺寸	46.1%
2.5-5公斤 "	13.2%
5至12.5公斤 "	8.1%
12.5公斤以上	32.6%

所以必需注意重量的节省！

结构分类：1. 发动机
　　　　　2. 结构及舱体：半硬壳、全薄壳 由壳气
　　　　　3. 控制系统
　　　　　4. 控制执行元件

工艺问题

3) 结构重量曲线

4) **设计过程**：a. 方案设计的研究；b. 选用发动机（发动机及选）c. 初步设计；d. 试验结构尺寸及技术设计，e. 样机（静力试验及全机试车）　地面设备　及选用控制系统　f. 发射

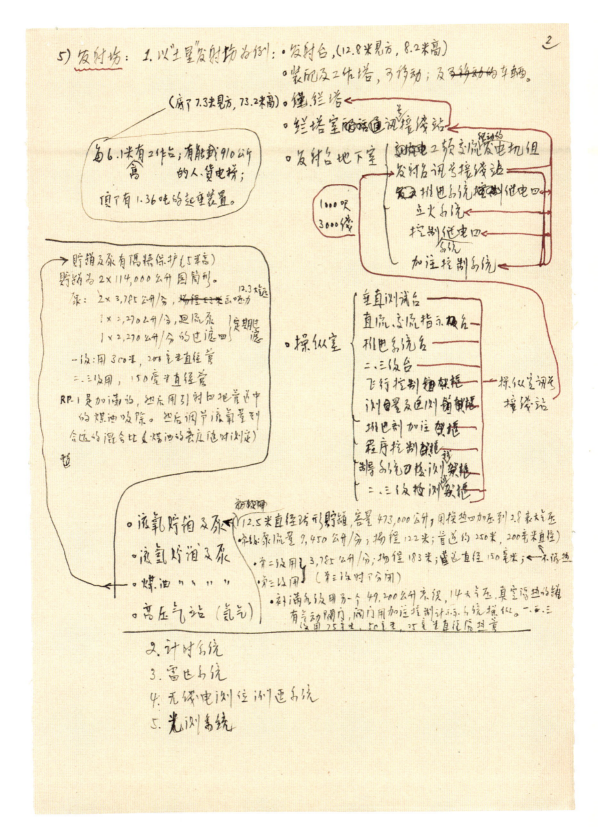

从地面起飞的问题

1) 在地面附近加速：我们可以忽略引力的变化，把它体为方向及值都不变的；因此地面的弯曲也可以不计。我们也可以认为空气动力足够大，使得火箭轴向，即推力是和速度向量 v 一致的；但空气阻力又不足以使加速度有影响。那么

$$\frac{dv}{dt} = \frac{\alpha g}{(1-\frac{\alpha}{I}t)} - g\sin\theta \qquad \left\{ \begin{array}{l} \frac{dv}{dt} = -c\frac{1}{M}\frac{dM}{dt}\cdot\cos - \frac{D}{M} - g\sin\theta \\ v\frac{d\theta}{dt} = -g\cos\theta + \frac{L}{M}\theta - c\frac{1}{M}\frac{dM}{dt}\sin\theta \end{array} \right.$$

$$v\frac{d\theta}{dt} = -g\cos\theta$$

其中 $\alpha = F/Mg$ 是推力与起飞质量之比，θ 为速度向量 v 与地平面所成的夹角。也就是

$$v = Ig\ln\frac{M^{(i)}}{M^{(f)}} - \int_0^t g\sin\theta\,dt - \int_0^t \frac{D}{M}\,dt \qquad (2)$$

问题的困难在于 θ 角不能先定，而与 v 有关；所以一般必需用数字积分。

但有一点值得指出，即如果 $\theta = \frac{\pi}{2}$，$t=0$，那么火箭是垂直起飞的，也就不会使 θ 变至 $\neq \frac{\pi}{2}$，即火箭将继续垂直飞行。如要使轨道倾斜，必需使 $\theta_0 \neq \frac{\pi}{2}$，或在实际中更多使用的办法，即垂直飞行一段以后，用程序使舵机作用，在一段时间内使 θ 改变到给定值；以后再利用地球引力转小或航行。

对真地球表面起飞，进入卫星或其他空际航道来说，引力损失及空气阻力损失，一般为 1.3 公里/秒。 1.2 - 1.5

2) 如果说由地面起飞依照上述加速方法，达到 r_0, v_0 及 α (v_0 向量与 r_0 的夹角)：

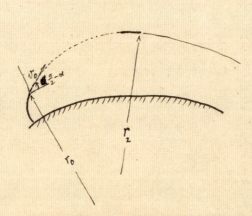

为了进入卫星轨道，火箭必须停止工作一段时间，让它自由飞行，即接椭圆轨道自由飞行。在达到椭圆轨道的远地点时，再加速一小段时间，进入圆形卫星轨道。因为最后加速时航行轨道的 v 基本上是平行地表面的，所以可以把最后加速看成是完全

按 Циолковский 公式计算出来的。

$$r_2 = \frac{\frac{v_0^2 r_0^2 \sin^2\alpha}{\mu^2}}{1 - \sqrt{1 - \frac{v_0^2 r_0^2 \sin^2\alpha}{\mu^4}(2\frac{\mu^2}{r_0} - v_0^2)}} \qquad (3)$$

自由飞行后，到 r_2 时的速度是 $\frac{v_0 r_0 \sin\alpha}{r_2}$，而卫星速度该是 $\frac{\mu}{\sqrt{r_2}}$，加速为

理想
$$\frac{\mu}{\sqrt{r_2}} - \frac{v_0 r_0 \sin\alpha}{r_2}$$

一共加速为 $\quad \frac{\mu}{\sqrt{r_2}} - \frac{v_0 r_0 \sin\alpha}{r_2} + v_0 + $ 损失

如果我们认为损失是不变的，r_0 也是不变的（即取 $6,371 + 100 = 6,471$ 公里），问题就是如何在 r_2, r_0 固定的条件下，求 $\frac{\mu}{\sqrt{r_2}} - \frac{v_0 r_0 \sin\alpha}{r_2} + v_0$ 最小，变的是 v_0，$v_0 r_0 \sin\alpha$ 可用 (3) 求得。

从 (3)

$$\left(1 - \frac{v_0^2 r_0^2 \sin^2\alpha}{r_2 \mu^2}\right)^2 = 1 - \frac{v_0^2 r_0^2 \sin^2\alpha}{\mu^4}\left(2\frac{\mu^2}{r_0} - v_0^2\right)$$

$$-\frac{2\mu^2 v_0^2 r_0^2 \sin^2\alpha}{r_2 \mu^2} + \frac{v_0^4 r_0^4 \sin^4\alpha}{r_2^2 \mu^4} = -\frac{v_0^2 r_0^2 \sin^2\alpha}{\mu^4}\left(2\frac{\mu^2}{r_0} - v_0^2\right)$$

即 $\quad -\frac{2\mu^2}{r_2} + \frac{v_0^2 r_0^2 \sin^2\alpha}{r_2^2} = -\frac{2\mu^2}{r_0} + v_0^2$

$$v_0 r_0 \sin\alpha = r_2 \sqrt{v_0^2 - 2\mu^2\left(\frac{1}{r_0} - \frac{1}{r_2}\right)} \qquad (4)$$

也就是说

$$\text{最小} = \frac{\mu}{\sqrt{r_2}} - \sqrt{v_0^2 - 2\mu^2\left(\frac{1}{r_0} - \frac{1}{r_2}\right)} + v_0 \qquad (5)$$

所以条件是 $\quad \underline{v_0 \text{ 很小的大}}$。

但是 v_0 的值是有上限的，即 (4) 中，$\sin\alpha$ 最大等于 1，(这就说明了 Hohmann 航行道！)

$$\sin\alpha = 1 = \left(\frac{r_2}{r_0}\right)\sqrt{1 - \frac{2\mu^2}{v_0^2}\left(\frac{1}{r_0} - \frac{1}{r_2}\right)} \qquad (6)$$

故最小理想加速为

$$(\Delta V)^* = \frac{\mu}{\sqrt{r_2}} - v_0^{*2}\left(\frac{r_0}{r_2}\right) + v_0^{*2}\left(1 - \frac{r_0}{r_2}\right) = \frac{\mu}{\sqrt{r_2}} + v_0^{*2}\left(1 - \frac{r_0}{r_2}\right)$$

而向给出 $\left(\frac{r_0}{r_2}\right)^2 = 1 - \frac{2\mu^2}{v_0^{*2}}\left(\frac{1}{r_0} - \frac{1}{r_2}\right)$; $1 - \left(\frac{r_0}{r_2}\right)^2 = \frac{2\mu^2}{v_0^{*2} r_0}\left(1 - \frac{r_0}{r_2}\right)$

也就是说 $1 + \frac{r_0}{r_2} = \frac{2\mu^2}{v_0^{*2} r_0} = \frac{2 r_2}{r_0} \cdot \frac{1}{\left(v_0^{*2}/\frac{\mu}{\sqrt{r_2}}\right)^2}$; $\left(\frac{v_0^*}{\frac{\mu}{\sqrt{r_2}}}\right)^2 = \frac{2\frac{r_2}{r_0}}{1 + \frac{r_0}{r_2}} = \frac{2\left(\frac{r_2}{r_0}\right)^2}{1 + \left(\frac{r_2}{r_0}\right)}$

所 $\boxed{(\Delta V)^* = \frac{\mu}{\sqrt{r_2}}\left\{1 + \sqrt{\frac{2\left(\frac{r_2}{r_0}\right)}{1 + \left(\frac{r_2}{r_0}\right)}}\left(1 - \frac{r_0}{r_2}\right)\right\} = \frac{\mu}{\sqrt{r_2}}\left\{1 + \frac{\sqrt{2}}{\sqrt{1 + \left(\frac{r_2}{r_0}\right)}}\left(\frac{r_2}{r_0} - 1\right)\right\} = (\Delta V)^*}$

而在这里, $\mu = \sqrt{gR^2} = R\sqrt{g}$

$$\boxed{(\Delta V)^* = \sqrt{gR}\left(\frac{R}{r_2}\right)^{1/2}\left\{1 + \frac{\sqrt{2}}{\sqrt{1 + \left(\frac{r_2}{r_0}\right)}}\left(\frac{r_2}{r_0} - 1\right)\right\}}$$

例: 1) 24小时卫星, $r_2 = 6.63R$, $r_0 = \frac{6,470}{6,370}R = 1.015R$, $r_2/r_0 = 6.53$ 大子弟=宿速!

$(\Delta V)^* = 7.9 \text{公里/秒} \cdot \frac{1}{\sqrt{6.63}}\left\{1 + \frac{\sqrt{2}}{\sqrt{7.53}}(5.53)\right\} = 7.9 \times \frac{406}{2.574}$ <s>12.47 公里/秒</s>

而 $v_0^* = 7.9 \text{公里/秒} \frac{1}{\sqrt{6.63}}\sqrt{\frac{2}{7.53}} \times 6.53 = 10.32 \text{公里/秒}$

在远地点加的速度为 $12.47 - 10.32 = 2.15 \text{公里/秒}$ —— 或称射入速度。

2) $r_2 = 7,000 \text{公里}$, $r_0 = 6,470 \text{公里}$

$(\Delta V)^* = 7.9 \text{公里/秒}\left(\frac{6,370}{7,000}\right)^{1/2}\left\{1 + \frac{\sqrt{2}}{\sqrt{1 + \frac{7000}{6470}}}\left(\frac{7000}{6470} - 1\right)\right\} = 7.9 \times 0.954\left\{1 + \frac{\sqrt{2}}{\sqrt{2.082}} \times 0.0820\right\}$

$= 8.14 \text{公里/秒}$

$v_0^* = 7.9 \times 0.954 \times \frac{\frac{7000}{6470}\sqrt{2}}{\sqrt{1 + \frac{7000}{6470}}} = 7.98 \text{公里/秒}$, 射入速度 $= 8.14 - 7.98 = 0.16 \text{公里/秒}$

注：1. 倒数第 7 行划掉的数据依稀可见为 "12.47 公里/秒"，是 "11.81 公里/秒" 的笔误。
2. 倒数 5 行 "12.47－10.32＝2.15 公里/秒" 是 "11.81－10.32＝1.49 公里/秒" 的笔误。

一个质点在向心引力场中的运动

我们将设中心引力是由于一个质量很大的质点所产生,而运动着的质点质量比较小得多,因此中心引的质点受力很小,以至于可以忽略不计。如果中心质量是太阳,质量为 $M_\odot$,地球质量为 M,地球半径为 R,地球表面引力常数为 g,那么对质点 m 的太阳引力为

$$g \frac{M_\odot}{M}\left(\frac{R}{r}\right)^2 m, \quad r \text{ 为质点到太阳的距离。}$$

或把它写作

$$g \frac{M_\odot}{M}\left(\frac{R}{r}\right)^2 m = \frac{\mu^2 m}{r^2}, \quad \mu^2 = g \frac{M_\odot}{M} R^2 \qquad (1)$$

在 r 处的势能为

$$-\frac{\mu^2 m}{r} \qquad (2)$$

如果质点 m 在 $t=0$ 时的 $r = r_0$, $\theta = \theta_0$, $v = v_0$,而速度向量与 r_0 向量的夹角为 α;那么这是一个保守系统,动能量及势能之和是不变的,等于初始值,所以

$$\frac{1}{2}(\dot{r}^2 + r^2\dot{\theta}^2) - \frac{\mu^2}{r} = \frac{1}{2}v_0^2 - \frac{\mu^2}{r_0} \qquad (3)$$

而另一方面,力是向心力,不了能影响角动量,可

$$r \cdot r\dot{\theta} = \text{初始量} = v_0 r_0 \sin\alpha \qquad (4)$$

其实(4)还有另外一个含义: $\frac{1}{2} r^2 \dot{\theta}$ 也就是每秒质量点运动轨踪所划过对应的扇面面积,因此(4)公式也说明这个"面积速度"是守衡的,等于 $\frac{1}{2} v_0 r_0 \sin\alpha$。我们将要在以后用到它。

由(4),

$$\dot{r} = \frac{dr}{d\theta}\dot{\theta} = \frac{dr}{d\theta} \cdot \frac{v_0 r_0 \sin\alpha}{r^2}$$

因此(3)公式可以写作

$$\left(\frac{dr}{d\theta}\right)^2 \frac{v_0^2 r_0^2 \sin^2\alpha}{r^4} + \frac{v_0^2 r_0^2 \sin^2\alpha}{r^2} - \frac{2\mu^2}{r} = v_0^2 - \frac{2\mu^2}{r_0}$$

也就是说

$$d\theta = \frac{-d\left(\frac{v_0 r_0 \sin\alpha}{r}\right)}{\sqrt{v_0^2 - \frac{2\mu^2}{r_0} - \frac{v_0^2 r_0^2 \sin^2\alpha}{r^2} + \frac{2\mu^2}{r}}}$$

因为
$$\frac{\mu^2}{r} = \frac{v_0 r_0 \sin\alpha}{r} \cdot \frac{\mu^2}{v_0 r_0 \sin\alpha}$$

所以上面这个公式也可以换写作

$$d\theta = \frac{-d\left(\frac{v_0 r_0 \sin\alpha}{r} - \frac{\mu^2}{v_0 r_0 \sin\alpha}\right)}{\sqrt{\left(v_0^2 - \frac{2\mu^2}{r_0} + \frac{\mu^4}{v_0^2 r_0^2 \sin^2\alpha}\right) - \left(\frac{v_0 r_0 \sin\alpha}{r} - \frac{\mu^2}{v_0 r_0 \sin\alpha}\right)^2}}$$

我们暂时引入一个常数 θ_0，以后再定 θ_0（条件是 $r=r_0$，$\theta=\theta_0$），上式可以积分为

$$\cos(\theta-\theta_0) = \frac{\frac{v_0 r_0 \sin\alpha}{r} - \frac{\mu^2}{v_0 r_0 \sin\alpha}}{\sqrt{v_0^2 - \frac{2\mu^2}{r_0} + \frac{\mu^4}{v_0^2 r_0^2 \sin^2\alpha}}}$$

也就是

$$r = \frac{\frac{v_0^2 r_0^2 \sin^2\alpha}{\mu^2}}{1 + \left\{\frac{v_0 r_0 \sin\alpha}{\mu^2}\sqrt{v_0^2 - \frac{2\mu^2}{r_0} + \frac{\mu^4}{v_0^2 r_0^2 \sin^2\alpha}}\right\}\cos(\theta-\theta_0)} \quad (5)$$

拿它与一般椭圆的极坐标方程，

$$\boxed{r = \frac{p}{1+\varepsilon\cos(\theta-\theta_0)}} \quad (6)$$

比较，我们得

$$\boxed{p = \frac{v_0^2 r_0^2 \sin^2\alpha}{\mu^2}} \quad (7)$$

$$\boxed{\varepsilon = \frac{v_0 r_0 \sin\alpha}{\mu^2}\sqrt{\frac{\mu^4}{v_0^2 r_0^2 \sin^2\alpha} - \left(\frac{2\mu^2}{r_0} - v_0^2\right)}} \quad (8)$$

我们从(6)看到，近日点的距离是 $\frac{p}{1+\varepsilon}$，远日点的距离是 $\frac{p}{1-\varepsilon}$。

而如果 a 是椭圆轨道的半长径，

$$2a = p\left(\frac{1}{1+\varepsilon} + \frac{1}{1-\varepsilon}\right) = 2p/1-\varepsilon^2;$$

即

$$a = \frac{p}{1-\varepsilon^2} \quad (9)$$

但是从(8)，我们知道 $1-\varepsilon^2 = \frac{r_0^2 v_0^2 \sin^2\alpha}{\mu^4}\left(\frac{2\mu^2}{r_0} - v_0^2\right)$

所以从(9)，$\boxed{a = \frac{\mu^2}{\frac{2\mu^2}{r_0} - v_0^2}} = a = \frac{\frac{r_0}{2}}{1 - \frac{v_0^2}{v_c^2}} \quad (10)$

与 α 无关!!!

而椭圆的短轴 $b = a\sqrt{1-\varepsilon^2}$

椭圆的面积是 πab, 因此质点在轨道上运行一圈的周期 T 为

$$T = \frac{\pi a^2 \sqrt{1-\varepsilon^2}}{\frac{1}{2} v_0 r_0 \sin\alpha} = 2\pi \frac{\mu^4}{(\frac{2\mu^2}{r_0} - v_0^2)^2} \frac{r_0 v_0 \sin\alpha}{\mu^2} \sqrt{\frac{2\mu^2}{r_0} - v_0^2} \frac{1}{v_0 r_0 \sin\alpha} = \boxed{\frac{2\pi \mu^2}{(\frac{2\mu^2}{r_0} - v_0^2)^{3/2}} = 2\pi \frac{a^{3/2}}{\mu} = T} \quad (11)$$

(10) 及 (11) 式指出半长径及周期不与 α 相关!

人造地球卫星的周期 我们可以用 (11) 式来计算非圆形轨道人造地球卫星的周期。

为了这个目的, $\mu^2 = gR^2$,

如果 h_1 为近地点的高度, h_2 为远地点的高度, 那么 $a = \frac{1}{2}(R+h_1+R+h_2) = R + \frac{h_1+h_2}{2}$

$$T = 2\pi \frac{(R + \frac{h_1+h_2}{2})^{3/2}}{\sqrt{gR}} = 2\pi \sqrt{\frac{R}{g}} \left(1 + \frac{h_1+h_2}{2R}\right)^{3/2}$$

或 $\boxed{T = 84.5 \text{分} \cdot \left(1 + \frac{h_1+h_2}{2R}\right)^{3/2}}$ (12)

现在如果 r_1 为近日点距离, r_2 为远日点距离。

$$\frac{r_1}{r_2} = \frac{1-\varepsilon}{1+\varepsilon}, \qquad \varepsilon = \frac{1 - (r_1/r_2)}{1 + (r_1/r_2)} = \frac{r_2 - r_1}{r_2 + r_1}$$

因而 $\sqrt{1-\varepsilon^2} = \sqrt{1 - \left(\frac{r_2-r_1}{r_2+r_1}\right)^2} = \frac{2\sqrt{r_1 r_2}}{r_2+r_1}$, $a = \frac{r_1+r_2}{2}$

所以椭圆面积是 $\pi ab = \pi a^2 \sqrt{1-\varepsilon^2} = \pi \left(\frac{r_1+r_2}{2}\right)^2 \frac{2\sqrt{r_1 r_2}}{r_2+r_1} = \pi \left(\frac{r_1+r_2}{2}\right)\sqrt{r_1 r_2}$

而周期是 $\boxed{T = 2\pi \frac{(\frac{r_1+r_2}{2})^{3/2}}{\mu}}$ .... (13)

扇面积速度是 $\pi \left(\frac{r_1+r_2}{2}\right)\sqrt{r_1 r_2} \cdot \frac{\mu}{2\pi (\frac{r_1+r_2}{2})^{3/2}} = \frac{\mu}{2} \frac{\sqrt{r_1 r_2}}{\sqrt{\frac{r_1+r_2}{2}}}$

因此如果 v_1 是在近日点的线速度,

$$\frac{1}{2} r_1 v_1 = \frac{\mu}{2} \frac{\sqrt{r_1 r_2}}{\sqrt{\frac{r_1+r_2}{2}}}; \qquad \boxed{v_1 = \mu \left(\frac{r_2}{r_1}\right)^{1/2} \frac{1}{\sqrt{\frac{r_1+r_2}{2}}}} \quad (14)$$

而如果 v_2 是远日点的线速度, $\boxed{v_2 = \mu \left(\frac{r_1}{r_2}\right)^{1/2} \frac{1}{\sqrt{\frac{r_1+r_2}{2}}}}$ (15)

第六讲 1961.11.6

① 围绕太阳的椭圆轨道

② Hohmann 式轨道 (Walter Hohmann)

例：从地球到木星 $\sqrt{gR} = 7.91$ 公里/秒, $R = 6,371$ $r_1 = 1.49457 \times 10^8$ 公里
$r_2 = 5.203 \times r_1$

$$\sqrt{\frac{M_\odot}{M} \cdot \frac{R}{r_1}} = \sqrt{332,488 \times \frac{6.371}{1.49457}} = 3.764 \qquad \frac{M_\odot}{M} = 332,488$$

$$v_1^* = 7.91 \times 3.764 = 29.80 \text{ 公里/秒}; \quad v_1^*\left[\sqrt{\frac{10.406}{6.203}} - 1\right] = 29.80 \times 0.296 = \underline{8.62 \text{ 公里/秒}}$$

$$v_2^* = 29.80 \sqrt{\frac{1}{5.203}} = 13.06 \text{ 公里/秒}; \quad 13.06\left[1 - \sqrt{\frac{2}{6.203}}\right] = 13.06 \times 0.432 = \underline{5.64 \text{ 公里/秒}}$$

起飞段 $\sqrt{11.18^2 + 8.62^2} = 14.23$ 公里/秒, 总的 $\underline{14.23 + 5.64 = 19.87 \text{ 公里/秒}}$

时间 $= T^* = 84.5 \text{ 分} \cdot \frac{1}{2}\left(\frac{6.203 \times 1.49457 \times 10^8}{12742}\right)^{3/2} \sqrt{\frac{1}{332,488}}$

$= 84.5 \text{ 分} \cdot \frac{1}{2}\left(\frac{6.203 \times 1.49457}{1.2742}\right)^{3/2} \times 10^3 \sqrt{\frac{1}{332,488}} =$

$= 84.5 \text{ 分} \times \frac{1}{2} \times 19.62 \times 10^3 \times 1.735 = 1,438,000 \text{ 分} = \underline{1000 \text{ 天}}$

如果是从卫星轨道上起飞 $7.91 + \sqrt{7.91^2 + 8.62^2} = 7.91 + 11.85, + 5.64$
$\underline{25.40 \text{ 公里/秒}}$

③ 如果我们来研究飞船从地球卫星轨道上起飞的问题，令原卫星轨道的半径为 r^*, 在 r^* 上的重力常数为 g^*, 那么如果取 F_r 为单位质量径向推力, F_θ 为单位质量周向推力,

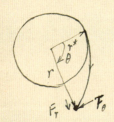

$$\frac{d^2 r}{dt^2} = F_r + r\left(\frac{d\theta}{dt}\right)^2 - g^*\left(\frac{r^*}{r}\right)^2$$

$$\frac{d}{dt}\left(r^2 \frac{d\theta}{dt}\right) = r F_\theta$$

注：1. 第6行右边"8.82 公里/秒"是"8.80 公里/秒"的笔误。
2. 第8行左边有"$\sqrt{11.18^2 + 8.82^2}$"是"$\sqrt{11.18^2 + 8.80^2}$"的笔误。
3. 第12行"$7.91 + \sqrt{7.91^2 + 8.82^2} = 7.91 + 11.85, + 5.64 = 25.40$ 公里/秒"一句，作者在《星际航行概论》第一版第二次印刷中改为"$[7.91^2 + (\sqrt{11.18^2 - 7.91^2} + 8.80^2)^2]^{1/2} + 5.64 = 14.23 + 5.64 = 19.87$ 公里/秒"。

Hohmann 式航道

现在我们来计算一下，以 r_1 为半径，圆形航道，在航道上的速度 v_1^*，

$$\frac{v_1^{*2}}{r_1} = \frac{\mu^2}{r_1^2}, \qquad v_1^* = \frac{\mu}{\sqrt{r_1}}$$

同样以 r_2 为半径的圆航道，$v_2^* = \frac{\mu}{\sqrt{r_2}}$

因此在从 A 一个距太阳 r_1 的行星到一个距太阳 r_2 的行星，如果采用以 r_1 为近日点，r_2 为远日点的椭圆航道，在离开 A 行星时要加速，速度增量为 $(\Delta v)_1$

$$\Delta v_1 = -v_1^* + v_1 = -\frac{\mu}{\sqrt{r_1}} + \mu \frac{1}{\sqrt{r_1}}\sqrt{\frac{2r_2}{r_1+r_2}} = \frac{\mu}{\sqrt{r_1}}\left[\sqrt{\frac{2r_2}{r_1+r_2}} - 1\right]$$

在到达 B 行星时，速度增量为 $(\Delta v)_2$

$$\Delta v_2 = v_2^* - v_2 = \frac{\mu}{\sqrt{r_2}}\left[1 - \sqrt{\frac{2r_1}{r_1+r_2}}\right] = \mu\sqrt{\frac{2}{r_1+r_2}}\left[\sqrt{\frac{r_1+r_2}{2r_2}} - \sqrt{\frac{r_1}{r_2}}\right]$$

因此总速度变量为 $\Delta V = \frac{\mu}{\sqrt{r_1}}\left[\sqrt{\frac{2r_2}{r_1+r_2}} - 1\right] + \frac{\mu}{\sqrt{r_2}}\left[1 - \sqrt{\frac{2r_1}{r_1+r_2}}\right]$

或者可以写作

$$\boxed{\Delta V = v_1^*\left[\sqrt{\frac{2r_2}{r_1+r_2}} - 1\right] + v_2^*\left[1 - \sqrt{\frac{2r_1}{r_1+r_2}}\right]} \qquad (1)$$

航行时间是 $\frac{1}{2}T$，即 $\frac{1}{2}T = \pi\left(\frac{r_1+r_2}{2}\right)^{3/2}/\sqrt{\mu}$。也就是以 $\frac{r_1+r_2}{2}$ 为圆半径轨道的半周期。

* * * * *

$$v_1^* = \frac{\mu}{\sqrt{r_1}} = \sqrt{\frac{gM_\oplus}{M}}\sqrt{\frac{R}{r_1}} = \sqrt{gR\frac{M_\oplus}{M}}\sqrt{\frac{R}{r_1}} \quad ; \quad v_2^* = \sqrt{gR\frac{M_\oplus}{M}}\sqrt{\frac{R}{r_2}}$$

或作

$$\boxed{v_1^* = \sqrt{gR}\sqrt{\frac{M_\oplus}{M}}\sqrt{\frac{R}{r_1}} \quad ; \quad v_2^* = \sqrt{gR}\sqrt{\frac{M_\oplus}{M}}\sqrt{\frac{R}{r_2}}} \qquad (2)$$

航行时期 $T^* = \pi\left(\frac{r_1+r_2}{2}\right)^{3/2}\frac{1}{R\sqrt{gM_\oplus/M}} = \pi\left(\frac{r_1+r_2}{2R}\right)^{3/2}\sqrt{\frac{R}{g}\frac{M}{M_\oplus}}$

$$= 2\pi\sqrt{\frac{R}{g}}\cdot\frac{\pi}{2\pi}\sqrt{\frac{R}{g}}\left(\frac{r_1+r_2}{2R}\right)^{3/2}\sqrt{\frac{R}{g}\frac{M}{M_\oplus}} = 2\pi\sqrt{\frac{R}{g}}\cdot\frac{1}{2}\left(\frac{r_1+r_2}{2R}\right)^{3/2}\sqrt{\frac{M}{M_\oplus}}$$

$$\boxed{T^* = 84.5 \text{分} \cdot \frac{1}{2}\left(\frac{r_1+r_2}{2R}\right)^{3/2}\sqrt{\frac{M}{M_\oplus}}} \qquad (3)$$

T. N. Edelbaum: ARS Journal (1959) Vol 29: 864，利用两个椭圆航道，三个加速段来节省动力的要求。其主要点是在第一次加速多于上述计算的，使喷气停在低势位，飞到终轨道边缘，然后再减速，到终轨道。

我们发现在径向推力，效率不好。所以最好的推力方向不是切于轨迹方向。但是最好的方向与推，所需质量比同周向推的差别不大。所以我们在此考虑比较简单的周向推力。即令 $F_r = 0$，而 $F_\theta = \nu g^*$。然后引入无量纲变数

$$\varsigma = \frac{r}{r^*}, \quad \tau = \sqrt{\frac{g^*}{r^*}}\, t$$

那么

$$r^* \frac{g^*}{r^*} \frac{d^2\varsigma}{d\tau^2} = r^* \frac{g^*}{r^*} \varsigma \left(\frac{d\theta}{d\tau}\right)^2 - g^* \frac{1}{\varsigma^2} \; ; \quad 即 \quad \boxed{\frac{d^2\varsigma}{d\tau^2} = \varsigma\left(\frac{d\theta}{d\tau}\right)^2 - \frac{1}{\varsigma^2}} \quad -(1)$$

$$\sqrt{\frac{g^*}{r^*}} \, r^2 \sqrt{\frac{g^*}{r^*}} \frac{d}{d\tau}\left(\varsigma^2 \frac{d\theta}{d\tau}\right) = r^* g^* \nu \varsigma, \quad 即 \quad \boxed{\frac{d}{d\tau}\left(\varsigma^2 \frac{d\theta}{d\tau}\right) = \nu \varsigma} \quad -(2)$$

在初始时，即 $\boxed{\varsigma = 1, \tau = 0}$ 那时卫星的速度即飞船的速度，$\boxed{\left(\frac{d\varsigma}{d\tau}\right)_0 = 0}$，而

$$r^* \left(\frac{d\theta}{dt}\right)_0 = \sqrt{g r^*}, \quad r^* \sqrt{\frac{g^*}{r^*}} \left(\frac{d\theta}{d\tau}\right)_0 = \sqrt{g r^*}, \quad \boxed{\left(\frac{d\theta}{d\tau}\right)_0 = 1}$$

从而 (1) 给出 $\boxed{\left(\frac{d^2\varsigma}{d\tau^2}\right)_0 = 0}$

从 (1) 式得， $\varsigma^3 \frac{d^2\varsigma}{d\tau^2} + \varsigma = \left(\varsigma^2 \frac{d\theta}{d\tau}\right)^2$

故 (2) 式成 $\boxed{\frac{d}{d\tau}\left[\left\{\varsigma^3 \frac{d^2\varsigma}{d\tau^2} + \varsigma\right\}^{1/2}\right] = \nu \varsigma} \quad -(3)$

在 $t = t_1$ 时，动能为 $\frac{1}{2}\left[\left(\frac{dr}{dt}\right)_1^2 + \left(r_1 \frac{d\theta}{dt}\right)_1^2\right]$

而势能为 $-g^* \frac{r^{*2}}{r_1}$；总动 $\frac{1}{2}\left[\left(\frac{dr}{dt}\right)_1^2 + \left(r_1 \frac{d\theta}{dt}\right)_1^2\right] - g^* \frac{r^{*2}}{r_1}$

而如果加速的要求是在 t_1 时，不但有足够能量能脱离地球的引力场，而且脱离后有 $n \sqrt{g^* r^*}$ 的速度，那么

$$\frac{1}{2}\left[\left(\frac{dr}{dt}\right)_1^2 + \left(r_1 \frac{d\theta}{dt}\right)_1^2\right] - g^* \frac{r^{*2}}{r_1} = \frac{1}{2} n^2 g^* r^*$$

即 $\frac{1}{2}\left[r^{*2} \frac{g^*}{r^*}\left(\frac{d\varsigma}{d\tau}\right)_1^2 + r^{*2} \frac{g^*}{r^*} \varsigma_1^2 \left(\frac{d\theta}{d\tau}\right)_1^2\right] - g^* r^* \frac{1}{\varsigma_1} = \frac{1}{2} n^2 g^* r^*$

即 $\boxed{\left(\frac{d\varsigma}{d\tau}\right)_1^2 + \varsigma_1^2 \left(\frac{d\theta}{d\tau}\right)_1^2 - \frac{2}{\varsigma_1} = n^2} \quad -(4)$

④ 如果 ν 很大，那么加速很比较快，$\rho \approx 1$，而以近似地 (3) 成为

$$\frac{d}{d\tau}\left(\frac{d^2\rho}{d\tau^2}+1\right)^{1/2} = \nu \qquad \text{以}\nu\text{为常数, 即推力除}M\text{不变}$$

故 $\quad \frac{d^2\rho}{d\tau^2}+1 = C_1^2 + 2C_1\nu\tau + \nu^2\tau^2$, 但初始条件说 $\left(\frac{d^2\rho}{d\tau^2}\right)_0 = 0$, 故 $C_1 = 1$.

$$\frac{d^2\rho}{d\tau^2} = 2\nu\tau + \nu^2\tau^2, \qquad \frac{d\rho}{d\tau} = C_2 + \nu\tau^2 + \frac{1}{3}\nu^2\tau^3, \left(\frac{d\rho}{d\tau}\right)_0 = 0; C_2 = 0.$$

$$\boxed{\frac{d\rho}{d\tau} = \nu\tau^2 + \frac{1}{3}\nu^2\tau^3 + \cdots; \qquad \rho = 1 + \frac{1}{3}\nu\tau^3 + \frac{1}{12}\nu^2\tau^4 + \cdots}$$

用(2) $\quad \frac{d}{d\tau}\left(\rho^2 \frac{d\theta}{d\tau}\right) = \nu\rho = \nu + \frac{1}{3}\nu^2\tau^3 + \frac{1}{12}\nu^3\tau^4 + \cdots$

$\rho^2 \frac{d\theta}{d\tau} = \nu C_3 + \nu\tau + \frac{1}{12}\nu^2\tau^4 + \frac{1}{60}\nu^3\tau^5 + \cdots$, $\left(\frac{d\theta}{d\tau}\right)_0 = 1$, $C_3 = 1$

$$\boxed{\rho^2 \frac{d\theta}{d\tau} = 1 + \nu\tau + \frac{1}{12}\nu^2\tau^4 + \frac{1}{60}\nu^3\tau^5 + \cdots}$$

$\rho^2 = 1 + \frac{2}{3}\nu\tau^3 + \frac{1}{6}\nu^2\tau^4 + \frac{1}{9}\nu^2\tau^6 + \frac{1}{144}\nu^2\tau^7 + \frac{1}{18}\nu^5\tau^7 + \cdots$

$\rho^2 = 1 + \frac{2}{3}\nu\tau^3 + \frac{1}{6}\nu^2\tau^4 + \frac{1}{9}\nu^2\tau^6 + \frac{1}{18}\nu^5\tau^7 + \frac{1}{144}\nu^6\tau^8 + \cdots$

$\rho \frac{d\rho}{d\tau} = \nu\tau^2 + \frac{1}{3}\nu^2\tau^3 + \frac{1}{3}\nu^4\tau^5 + \frac{7}{36}\nu^5\tau^6 + \frac{1}{36}\nu^6\tau^7 + \cdots$

$\boxed{\left[\rho\left(\frac{d\rho}{d\tau}\right)\right]^2 + \left[\rho^2\left(\frac{d\theta}{d\tau}\right)\right]^2 - 2\rho = n^2\rho^2}$

$$\left\{\nu\tau^2 + \frac{1}{3}\nu^2\tau_1^3 + \frac{1}{3}\nu^4\tau_1^5 + \frac{7}{36}\nu^5\tau_1^6 + \frac{1}{36}\nu^6\tau_1^7\right\}^2$$

$+ \left\{1 + \nu\tau_1 + \frac{1}{12}\nu^2\tau_1^4 + \frac{1}{60}\nu^3\tau_1^5 + \cdots\right\}^2 - 2\left\{1 + \frac{1}{3}\nu\tau_1^3 + \frac{1}{12}\nu^2\tau_1^4 \cdots\right\} = n^2\left\{1 + \frac{2}{3}\nu\tau_1^3 + \frac{1}{6}\nu^2\tau_1^4\right.$
$\qquad\qquad\qquad\qquad\qquad\qquad\qquad\qquad\qquad\qquad\qquad\qquad\qquad\qquad\qquad\qquad\qquad\qquad + \frac{1}{9}\nu^2\tau_1^6 + \frac{1}{144}\nu^6\tau_1^8$
$\qquad\qquad\qquad\qquad\qquad\qquad\qquad\qquad\qquad\qquad\qquad\qquad\qquad\qquad\qquad\qquad\qquad\qquad\left. + \frac{1}{18}\nu^5\tau_1^7 \cdots\right\}$

$-\frac{dM}{dt} \cdot \frac{1}{M} \cdot c = F_\theta = g^*\nu$

$-c\frac{dM}{M} = \sqrt{\frac{r^*}{g^*}} \cdot g^*\nu, \qquad -\frac{c}{\sqrt{g^*r^*}}\frac{dM}{M} = \nu d\tau$

故 $\boxed{\dfrac{c}{\sqrt{g^*r^*}}\ln\dfrac{M_0}{M_1} = \nu\tau_1 = \eta.}$

$\frac{1}{\nu^2}\left\{\eta^2 + \frac{1}{3}\eta^3 + \frac{1}{3}\eta^5 + \frac{7}{36}\eta^6 + \frac{1}{36}\eta^7 \cdots\right\}^2 + \left\{(1+\eta) + \frac{1}{\nu^2}\left(\frac{1}{12}\eta^4 + \frac{1}{60}\eta^5\right)\cdots\right\}^2$

$-2\left\{1 + \frac{1}{\nu^2}\left(\frac{1}{3}\eta^3 + \frac{1}{12}\eta^4\right)\cdots\right\} = n^2\left\{1 + \frac{1}{\nu^2}\left(\frac{2}{3}\eta^3 + \frac{1}{6}\eta^4 + \frac{1}{9}\eta^6 + \frac{1}{18}\eta^7 + \frac{1}{144}\eta^8 \cdots\right)\right\}$

令 $\eta = \eta^{(0)}(n) + \dfrac{\eta^{(2)}(n)}{v^2} + \cdots$

$(1+\eta^{(0)})^2 - 2 = n^2$, $\boxed{\eta^{(0)} = \sqrt{2+n^2} - 1}$

$\{\eta^{02} + \frac{1}{3}\eta^{03} + \frac{1}{3}\eta^{05} + \frac{7}{36}\eta^{06} + \frac{1}{36}\eta^{07}\}^2 + 2(1+\eta^0)(\frac{1}{12}\eta^{04} + \frac{1}{60}\eta^{05}) + 2(1+\eta^0)\eta^{(2)}$

$- 2(\frac{1}{3}\eta^{03} + \frac{1}{12}\eta^{04}) = n^2 \{\frac{2}{3}\eta^{03} + \frac{1}{6}\eta^{04} + \frac{1}{9}\eta^{06} + \frac{1}{18}\eta^{07} + \frac{1}{144}\eta^{08}\}$

当 $n=0$ 时, $\eta^{(2)} = 0.002349$

$1.37 \cdot \eta^{(0)} = \sqrt{2} - 1 = 0.41421$

用数值积分

[graph with axes $\ln\frac{M_2}{M_1}$ vs v, values: 1.04, 0.97, 0.84, 1.21, 0.99, 0.66, 0.57, 0.414, n=0.53, 0.5103, 0.42]

---

⑤ 光帆 在地球附近, 1米², 日光强度为 1.4瓩

$1000 瓦 = 1000 \times 10^7 \; erg/sec.$

$\dfrac{2mc}{} = \dfrac{2 \times 10^{10}}{3 \times 10^{10}} = 0.87$ 达因/米² ～ 0.87×10^{-3} 克/米²

$n=0.53$
$\sqrt{2+0.53^2} - 1 = 0.510$

$1000米,\;0.87克$ 0.87×10^{-4} 达因/平米²

$v = 10^5$ 894.4

第七讲

(一) 原子火箭发动机　　1. 铀235、铀233、钚239 的单位质量裂变能比化学燃料大几百万倍。
　　　　　　　　　　　2. 但是纯裂变物质列阵的温度太高，将达近一亿度，无法控制。
　　　　　　　　　　　3. 所以还是要回过来用原子反应堆作为热源，加热工质，主要是工质的消耗。

$p_c = 100$ 大气压，$p_e = p_a \approx 0$，工质氢

T_c, °K	T_c, °C	v_e, 米/秒 (理论值, 平衡流)	比冲, 秒
3886	3613	12,100	1,233
3330	3057	10,860	1,107
2780	2507	9,600	979
2220	1947	8,380	855
1667	1394	7,000	714

4. 平均的实际比冲，3能为上表数字的 85%。即根据反应堆的材料，比冲在 800～1000秒 之间。

5. 两个例子: (慢中子堆)

比冲 746秒 低轨道卫星		(I) [N(235)/N(238)=1/10]	(II) [N(235)/N(238)=1]
	反应堆直径, 米	4.86	3.82
	反应堆长度, 米	2.43	1.91
	反应堆活性物质量, 吨	30.5	14.85
	铀235量, 公斤	545	86.5
	液氢流量, 吨/秒	3.172	1.528
	推力, 吨	2,364	1,138
	反应堆热功率, 亿卡	1.59	0.765
	火箭初始重量, 推力的60%	1,420	683
	液氢量, 吨, 推力的48%	1,134	546
	液氢圆筒壁钢大小, 米	15.10米 × 90.7米	11.83米 × 71米
	推力使用时间, 秒	358	358
	每秒烧铀235量, 公斤	0.661	0.318
	结构及负载量, 吨	286　堆 30.5　发动机 23.6	137　堆 14.85　发动机 11.38
	结构量, 吨	170 (18%)　54.1	102 (15%)　26.23
	负载, 吨	116	35

有发展余地 ←

大概只可在水面发射，全机竖立于水中。

6. 变 p_c、变推力的 原子火箭发动机

原子火箭发动机的限制是反应堆的温度，因此有人想到如果 H_2 的流量降低低，同一喷管流会使 p_c 降低，也可以（在真空）因而增加高能度，从而加大 I，这是有好处的。垂直起飞：

$$M\frac{dv}{dt} = -gf(-\dot{M})\frac{dM}{dt} - g(+w)M$$

$$M\frac{dv}{dM}\dot{M} = -gf(-\dot{M})\dot{M} - gM$$

$$v = -g\left\{\frac{f(-\dot{M})}{M} + \frac{1}{\dot{M}}\right\}$$

$$v = -g\int_{M_0}^{M_1}\left\{\frac{f(-\dot{M})}{M} + \frac{1}{\dot{M}}\right\}dM$$

$$\boxed{f(-\dot{M}) = I}$$

Euler-Lagrange 方程为 $\quad \dot{M}^2\dfrac{\partial f(-\dot{M})}{\partial \dot{M}} = M.$ (高阶)

⟵ 实际上为一次方程，故初始条件为 $M = M_0$.

(参见 C.J. Wang, G.W. Anthony, H.R. Lawrence: "Thrust Optimization of a Nuclear Rocket of Variable Specific Impulse", ARS Journal 29: 341, (1959))

（二）电火箭发动机 （我们绝些不少用 Ackeret 公式）

1) 设 L 为电功率，M_F 为火箭工质的质量，τ 为工作时间，以推力不变计，$\dot{M}$ = 每秒之质流量 = M_F/τ，w 为喷气速度，

$$L = \frac{\dot{M}w^2}{2} = \frac{M_F w^2}{2\tau} \qquad (1)$$

而推力 F 为

$$F = \dot{M}w = \frac{M_F}{\tau}w \qquad (2)$$

如果发动机本身没有损失，那么功率比推力为

$$\frac{L}{F} = \frac{w}{2} \qquad (3)$$

由此我们看到有必要把喷气速度限制起来，以免电源功率过大。如果我们把全机总质量分为三了分，M_F，发动机重 M_P，有效载为 M_L，那么用 Циолковский 公式得

$$V = w \ln \frac{M_F + M_P + M_L}{M_P + M_L} \qquad (4)$$

如果我们把发动机质量 M_P 作为是与功率 L 成正比例的，而比例系数是 $1/\alpha$，α 是单位质量的功率，(瓦/秒·克) 那么 M_P 式给为

$$M_P = \frac{M_F w^2}{2\tau\alpha} \qquad (5)$$

代入例式，

$$\frac{M_0}{M_P + M_L} = e^{V/w} = \frac{M_0}{M_L + \frac{M_F w^2}{2\tau\alpha}} = \frac{M_0}{M_0 - M_F} = \frac{1}{1 - \frac{M_F}{M_0}} = \frac{1}{\frac{M_L}{M_0} + \frac{w^2}{2\tau\alpha}\frac{M_F}{M_0}}$$

也就是说 $1 - e^{-V/w} = \frac{M_F}{M_0}$，及 $e^{-V/w} = \frac{1}{\frac{M_L}{M_0} + \frac{w^2}{2\tau\alpha}(1 - e^{-V/w})}$

即 $\frac{M_L}{M_0} = e^{-V/w} - \frac{w^2}{2\tau\alpha}(1 - e^{-V/w})$，

或

$$\boxed{\frac{M_0}{M_L} = \frac{e^{V/w}}{1 - \frac{w^2}{2\tau\alpha}(e^{V/w} - 1)}} \qquad (6)$$

固定 $\tau\alpha$

我们可以看得出来，如果 w 很小，自然 M_0/M_L 很大，不利！但如果 w 很大，分母会变小，以至于零，M_0/M_L 也会很大，也不利！见图。但也可以从图中看出，如果 V 比较小，那么 w 可以在很宽的范围内选择而不会有很大的影响。而当 V 大时，

注：倒数第 6 行公式分母中 "$(1-e^{-v/w})$" 是 "$1-e^{-v/w}$" 的笔误。

他的选择必需很挑。如果我们用现在看来最有希望的原子发电站，那么 α 的值约为发动机重的功率 3 瓩，如图所示，即 $\alpha \approx 0.318$ 瓩/公斤 $= 0.318 \times 10^7$ 尔格/秒·克。如果 τ 为一年即 3.15×10^7 秒，$\alpha\tau = 10^{14}$ 尔格/克。因此 $\alpha\tau = 10^{13}$，τ 约一月；$\alpha\tau = 10^{15}$，τ 约十年。

* * *

2) 再人想，如果说电火箭发动机的一个限制是功率 μ，那么是不是可以在质量减少的时候，即飞行了一段时间之后，把推力也降低，以使 ω 的加大。所以我们来研究一下等加速度的情况。设 a = 加速度 $= \frac{F}{M} = \frac{F_0}{M_0} = \frac{F_\tau}{M_\tau}$；而由(1),(2)我们有

$F^2 = M^2 a^2 = \frac{2L\dot{M}}{-M}$，所以 $\frac{F^2}{M^2} = a^2 = -\frac{2L\dot{M}}{M^2 \mu}$，

这就是说 $\frac{a^2}{2L} = + \frac{d}{dt}\left(\frac{1}{M}\right)$

积分后就得到 $\frac{1}{M_\tau} - \frac{1}{M_0} = \frac{a^2}{2L} t_1$， t_1 为推进时间。 (7)

因为是等加速运动，$V = a t_1$；$L = \alpha M_P$，$M_1 = M_\tau + M_P$

故(7)可写作 $\frac{1}{M_\tau + M_P} - \frac{1}{M_0} = \frac{1}{2} \frac{V^2}{t_1 \alpha} \frac{1}{M_P}$ $\sqrt{\frac{V}{2\alpha t_1}} \sim 10 \sqrt{v\eta}$

也就是 $\frac{M_P/M_0}{M_\tau/M_0 + M_P/M_0} - \frac{M_P}{M_0} = \frac{1}{2} \frac{V^2}{t_1 \alpha}$

在一定的 $\frac{V^2}{2\alpha t_1}$ 之下， 在 M_τ/M_0，得 $\frac{M_\tau}{M_0} = \frac{M_P}{M_0}\left(\frac{1}{\frac{V^2}{2 t_1 \alpha} + \frac{M_P}{M_0}} - 1\right)$ (8)

为了最大的 M_τ/M_0，$\frac{\partial(M_\tau/M_0)}{\partial(M_P/M_0)} = 0 = -1 + \frac{\frac{V^2}{2\tau\alpha} + \frac{M_P}{M_0} - \frac{M_P}{M_0}}{\left(\frac{V^2}{2\tau\alpha} + \frac{M_P}{M_0}\right)^2}$

故 $\left(\frac{M_P}{M_0}\right)^* = \frac{V}{\sqrt{2\alpha t_1}}\left(1 - \frac{V}{\sqrt{2\alpha t_1}}\right)$ $\frac{V^2}{2\alpha t_1} = \frac{a^2 \tau^2}{2\alpha t_1}$ (9)

而 $\left(\frac{M_\tau}{M_0}\right)^* = \left(1 - \frac{V}{\sqrt{2\alpha t_1}}\right)^2$ $= \frac{g^{*2} \sqrt{\frac{\tau^2 t_1}{2\alpha t_1}}}{2\alpha} v^2 t_1$ (10)

$\left(\frac{M_P}{M_0}\right)^* = \frac{V}{\sqrt{2\alpha t_1}}$ $= g^{*2} \sqrt{\frac{v^2 g^* t_1}{2\alpha}} v\eta$ (11)

等推力及等加速度星际船的比较（都是"最优设计"）

$\alpha = 0.318 \times 10^2$ 尺镑/克秒, $\tau = 3.15 \times 10^7$ 秒(1 年), $\alpha\tau = 10^{10}$ 尺镑/克

$\sqrt{\alpha\tau} = 1.414 \times 10^5$ 厘米/秒 $= 141.4$ 公里/秒

	$V = 10$ 公里/秒		$V = 100$ 公里/秒	
	等推力	等加速度	等推力	等加速度
M_0 (吨)	100	100	100	100
M_L (吨)	86.5	86.5	5.8	8.6
M_P (吨)	6.5	6.5	23.6	20.7
M_F (吨)	7.0	7.0	70.6	70.7
M_e (吨)	93.0	93.0	29.4	29.3
a_0 (g)	3.00×10^{-5}	3.18×10^{-5}	1.87×10^{-4}	3.18×10^{-4}
a_τ (g)	3.24×10^{-5}	3.18×10^{-5}	6.4×10^{-4}	3.18×10^{-4}
W_0 (公里/秒)	135	131	82	41
W_τ (")	135	141	82	141
μ_0 (克/秒)	0.22	0.25	2.25	7.63
μ_τ (")	0.22	0.21	2.25	0.67
F_0 (公斤)	3.00	3.24	18.7	32.4
F_τ (公斤)	3.00	2.94	18.7	9.3
L (兆瓦)	2.06	2.06	7.6	6.55

实际上等加速度星际飞船并不一定比上表那么好，因为变推力是不那么容易的。

* * * * *

△3) 类型　　　　　　　发展中的困难　　　　　　　　　　W 的且限度

航发电加热	加热效率比较低及冷却问题，稳定问题		< 15 公里/秒 上限
低温直流电弧流传加速	电极问题及热对壁的损失		< 40 公里/秒 上限
电磁流体激波管或	高频电源、电极问题 的几千次的脉冲		> 20 公里/秒 下限
静电加速： 用电弧制离子 用钨连孔(电热)制离子	用 Cs; 离子枪太小(差 1000 倍) 离子束的中和问题		无限制

需要巨型真空试车设备！

(三) 电火箭与原子火箭发动机的比较

到火星去：由低地球卫星轨道到火星卫星轨道，及回程。

圆① 各种日飞行时间所需的 c 及 M_0/M_1 （Hohmann 520日 = 2×260）是一直加速，跟着就一直减速。

圆② 有效负载的比较：（结构重为起飞重 10%）

其他用途	负载,吨	起飞,吨	喷射物流速度,公里/秒	功率,瓩	γ	时间,日
卫星轨道校正	4.9	5	0.4	5	5.4×10^{-6}	
由400公里高到24小时轨道	50	72	6.0	4,600	2.3×10^{-4}	6
月球货船①	100	136	10.5	5,700	1.5×10^{-4}	去月球,52日 36吨回,8日
木星探测器	1	5.5	70	450	1.4×10^{-4}	
太阳系外层探测器	1	16	160	2,000	1.2×10^{-4}	

(四) 氚火箭发动机　　大推力，比冲为 1,500,000秒！

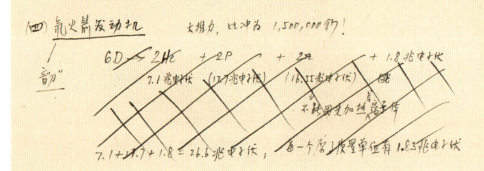

$7.1 + 17.7 + 1.8 = 26.6$ 兆电子伏； 每一个原子质量单位有 1.83 兆电子伏

第八讲 控制问题或制导问题

① 根据以前有关中心力场运动的计算：

$$r = \frac{p}{1+\varepsilon\cos(\theta-\theta_0)}$$

$\theta_0 = $ 近地点（近日点），$\theta_0+\pi = $ 远地点（远日点）

$\theta = 0, \; t = 0, \; v = v_0, \; r = r_0$

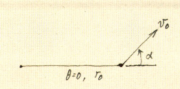

$$\boxed{p = r_0 \sin^2\alpha \left(\frac{v_0}{V}\right)^2}, \quad V = \sqrt{\frac{\mu^2}{r_0}} = r_0 \text{为半径的卫星（围绕速度）}$$

（或 r_0 为半径的行星运行速度）

$$\boxed{\varepsilon = \sqrt{1 - \sin^2\alpha \left(\frac{v_0}{V}\right)^2 \left\{2 - \left(\frac{v_0}{V}\right)^2\right\}}}$$

因此，

$$r_0 = \frac{r_0 \sin^2\alpha \left(\frac{v_0}{V}\right)^2}{1 + \cos\theta_0 \cdot \sqrt{1 - \sin^2\alpha \left(\frac{v_0}{V}\right)^2 \left\{2 - \left(\frac{v_0}{V}\right)^2\right\}}}$$

故

$$\boxed{\cos\theta_0 = \frac{\left(\frac{v_0}{V}\right)^2 \sin^2\alpha - 1}{\sqrt{1 - \left(\frac{v_0}{V}\right)^2 \sin^2\alpha \left\{2 - \left(\frac{v_0}{V}\right)^2\right\}}}}$$

② 我们来计算：本来打算是 $v_0/V = 1$，$\alpha = \frac{\pi}{2}$ 的，而有错差，$\frac{v_0}{V} = 1 + \frac{\delta v_0}{V}$，$\boxed{\alpha = \frac{\pi}{2} + \delta\alpha}$

（$\theta_0 = \frac{\pi}{2}$）

那么从

$$a = \frac{\mu^2}{\frac{2\mu^2}{r_0} - v_0^2} = \boxed{r_0 \frac{1}{2 - \left(\frac{v_0}{V}\right)^2} = a}$$

只要 v_0/V 对了，半长径是不以 α 为变化的！

远地点，$r_1 = \frac{p}{1-\varepsilon} = \dfrac{r_0 \sin^2\alpha \cdot \left(\frac{v_0}{V}\right)^2}{1 - \sqrt{1 - \left(\frac{v_0}{V}\right)^2 \sin^2\alpha \left\{2 - \left(\frac{v_0}{V}\right)^2\right\}}}$

近地点，$r_2 = \frac{p}{1+\varepsilon} = \dfrac{r_0 \sin^2\alpha \cdot \left(\frac{v_0}{V}\right)^2}{1 + \sqrt{1 - \left(\frac{v_0}{V}\right)^2 \sin^2\alpha \left\{2 - \left(\frac{v_0}{V}\right)^2\right\}}}$

$$\frac{\delta a}{r_0} = \frac{+2\left(\frac{v_0}{V}\right)\delta v_0/V}{\left[2 - \left(\frac{v_0}{V}\right)^2\right]^2} = \boxed{2\left(\frac{\delta v_0}{V}\right) = \frac{\delta a}{r_0}}$$

$$\delta r_1 = r_0 \delta\left\{\frac{\left(\frac{v_0}{V}\right)^2}{2-\left(\frac{v_0}{V}\right)^2}\right\} + r_0 \delta\left\{\frac{\sin^2\alpha}{1-\cos\alpha}\right\}$$

$$= r_0 \frac{2\left(\frac{v_0}{V}\right)\frac{\delta v_0}{V}\left[2-\left(\frac{v_0}{V}\right)^2\right]+\left(\frac{v_0}{V}\right)^2 2\left(\frac{v_0}{V}\right)\frac{\delta v_0}{V}}{\left[2-\left(\frac{v_0}{V}\right)^2\right]^2} + r_0\left\{\frac{\sin^2\left(\frac{D}{2}+\delta\alpha\right)}{1-\cos\left(\frac{D}{2}+\delta\alpha\right)}-1\right\}$$

$$= r_0 \cdot 4\left(\frac{\delta v_0}{V}\right) + r_0\left(\frac{1-\delta\alpha^2}{1-\delta\alpha}-1\right) = r_0 \cdot 4\left(\frac{\delta v_0}{V}\right) + r_0(\delta\alpha) = \delta r_1$$

$$\boxed{\frac{\delta r_1}{r_0} = 4\left(\frac{\delta v_0}{V}\right)+\delta\alpha} \qquad \boxed{\frac{\delta r_2}{r_0} = 0 - \delta\alpha} = \frac{2\delta a}{r_0} - \frac{\delta r_1}{r_0}$$

例: 如果原来要发射的卫星高度为 250 公里, $r_0 = 6,371 + 250 = 6,621$ 公里

$$\delta r_1 = 6,621\left\{4\left(\frac{\delta v_0}{V}\right)+\delta\alpha\right\} \qquad \delta r_2 = 6,621\{-\delta\alpha\}$$

因此, 如果 $\delta r_1 \leq \pm 50$, $50 \geq 6,621\left\{4\frac{\delta v_0}{V}+\delta\alpha\right\}$

即 $\frac{\delta v_0}{V} + \frac{1}{4\times 57.3}\delta\alpha(') \leq \pm 0.00188$

如果 $\delta\alpha = 0$, $\frac{\delta v_0}{V} \leq 0.188\%$

$\frac{1}{\sqrt{2\pi}}e^{-\frac{1}{2}\left(\frac{x}{\sigma}\right)^2}$ 如果 $\delta v_0 = 0$, $\delta\alpha' \leq 0.00188 \times 60 \times 4 \times 57.3 = 26'$

3.) Hohmann 式轨道. 在近地端轨道附近的加速段

$$(\Delta v)_1 = v_1^*\left[\sqrt{\frac{2r_2}{r_1+r_2}}-1\right]$$

$$\delta(\Delta v)_1 = v_1^* \cdot \frac{1}{2} \cdot \frac{\frac{2\delta r_2(r_1+r_2)-2r_2\delta r_2}{(r_1+r_2)^2}}{\sqrt{\frac{2r_2}{r_1+r_2}}} = v_1^* \cdot \frac{\frac{r_1\delta r_2}{(r_1+r_2)^2}}{\sqrt{\frac{2r_2}{r_1+r_2}}}$$

$$\frac{\delta(\Delta v)_1}{(\Delta v)_1} = \frac{\frac{r_1(\delta r_2)}{(r_1+r_2)^2}}{\sqrt{\frac{2r_2}{r_1+r_2}}\left[\sqrt{\frac{2r_2}{r_1+r_2}}-1\right]}$$

$$\delta(\Delta V)_1 = v_1^* \frac{1}{\sqrt{\frac{2r_2}{r_1+r_2}}} \frac{r_1}{r_1+r_2} \frac{\delta r_2}{r_1+r_2}$$

但如果是从卫星轨道上起飞(低)，那么

$$\Delta V = \sqrt{v_1^2 + (\Delta V)_1^2}$$

$$\delta(\Delta V) = \sqrt{V_1^2 + [\Delta V + \delta(\Delta V)_1]^2} - \sqrt{V_1^2 + (\Delta V)_1^2}$$

$$= \sqrt{V_1^2 + (\Delta V)_1^2 + 2(\Delta V)_1 \delta(\Delta V)_1 \cdots} - \sqrt{V_1^2 + (\Delta V)_1^2}$$

$$= \frac{(\Delta V)_1 \delta(\Delta V)_1}{\sqrt{V_1^2 + (\Delta V)_1^2}}$$

例：到火星： $r_2 = 1.524 \, r_1$, $r_1 = 1.49457 \times 10^8$ 公里

$v_1^* = 29.8$ 公里/秒

$$1 \text{米/秒} = 29,800 \frac{1}{\sqrt{\frac{3.048}{2.524}}} \frac{1}{2.524} \frac{\delta r_2 \text{ 公里}}{2.524 \times 1.49457 \times 10^8}$$

$$\delta r_2 \text{ 公里} = \frac{\sqrt{\frac{3.048}{2.524}} \times 2.524 \times 2.524 \times 1.49457 \times 10^8}{29,800}$$

$$= \frac{\sqrt{3.048 \times 2.524} \times 2.524 \times 1.49457 \times 10^8}{2.9800} = 35,120 \text{ 公里.} \quad \leftarrow \text{地球轨道起飞}$$

而 $(\Delta V)_1 = 29.80 \left[\sqrt{\frac{3.048}{2.524}} - 1\right] = 2.950$ 公里/秒

$$\frac{\delta(\Delta V)}{\delta(\Delta V)_1} = \frac{2.95}{\sqrt{7.91^2 + 2.95^2}} = \frac{1}{\sqrt{\left(\frac{7.91}{2.95}\right)^2 + 1}} = \frac{1}{2.86} \quad \text{大约等于金星火箭}$$

如 $\delta(\Delta V)$ 为 1米/秒， $\delta r_2 = 100,500$ 公里. $= 15.2$ 火星半径.

$(\Delta V) = \sqrt{7.91^2 + 2.95^2} = 8.44$ 公里/秒.

① 如果要把飞船在卫星轨道上起飞而能 $\delta r_2 \leq 100,000$ 公里,

速度的精度是 $1/8,440$ (做到) 地球附近的 总速度要求 16.35 公里/秒

② 如能在地球轨道上起飞,而 $\delta r_2 \leq 100,000$ 公里

那么速度的精度是 $2.86/8,440 = 1/2,952$

地球附近的总速度要求 $= 14.13$ 公里/秒

③ 如果要从地球表面起飞, $\dfrac{\delta(\Delta V)}{\delta(\Delta v)_1} = \dfrac{2.95}{\sqrt{2 \times 7.91^2 + 2.95^2}} = \dfrac{1}{3.92}$

那么 速度精度要求: $1/8,440 \times \dfrac{3.92}{2.86} = 1/11,560$

总速度要求 $= 11.56$ 公里/秒.

速度 ~ 11 公里/秒.

	速度误差	速度向量误差	
打中月球	±25 米/秒	0.5°	30′
打中月球中心不超过400公里	3 米/秒	0.0025° 0.025°	1.5′
绕过月球而回到地球指定区域不超过1,600公里	0.076 米/秒		1.8′

← 现在还做不到

✱ 实际上问题还不只是速度误差及一个角误差的问题, 以质点运动的观点来看, 可以 (三自由度)

把误差限制写作是   对不动目标   相对运动 自由

(从自由飞行的动力学来计算的)

$\pm M \Rightarrow A(\pm \delta x_1) + B(\pm \delta y_1) + C(\pm \delta z_1) + D(\pm \delta \dot{x}_1) + E(\pm \delta \dot{y}_1) + F(\pm \delta \dot{z}_1)$

故, $\delta x_1 =$ 停机时 x 座标的误差 ; $\delta \dot{x}_1 =$ 停机时 x 向分速度的误差

$\delta y_1 =$ " y " ; $\delta \dot{y}_1 =$ " y "

$\delta z_1 =$ " z " ; $\delta \dot{z}_1 =$ " z "

这个条件形成6度空间座标系统中的多面体。我们的问题是设计我们的控制系统，使控制到停机点时的概率分布 $P[\delta x_1, \delta y_1, \delta z_1; \delta \dot x_1, \delta \dot y_1, \delta \dot z_1]$ 在以上多面体范围内的积分有足够大的百分比（例如 $\geq 90\%$），即也就是说不完成任务的概率是 90%。

对运动的目标来说：

$$\pm M \geq A(\pm \delta x_1) + B(\pm \delta y_1) + C(\pm \delta z_1) + D(\pm \delta \dot x_1) + E(\pm \delta \dot y_1) + F(\pm \delta \dot z_1) + G(\pm \delta t_1)$$

那就成为7度空间。

一般是空间位置的影响较小，A, B, C 的值较小。

④ 看法目前达到以及最近期可以达到的控制精度，去发射人造卫星，和中月球，发射人造行星，绕到月球背面而不回到地球附近等，可以一气从地面进行。

⑤ 而更难的星际、航行任务要七下此行：

星际航行的制导问题

5) 制导看来要分成以下几个问题：

A. 从地面起飞进行卫星轨道或从地面起飞进入月球或的或人造行星轨道。这需要最后一级具有控制。如果国土内的无线电站能看到火箭，可以用无线制导系统；如果不能，必需在最后阶段使用惯性或半自动程序机构。

【I】初制导（或发射控制）

也可用无线通信。

B. 进入卫星轨道后，迅速测定轨道参数，修正卫星的方位，在适当时间启动火箭；火箭最后一级仍需控制。这是到达行星附近的控导系统。用无线系统有困难吗？

【II】中制导（或中途控制）

约100,000里

【III】末制导（或终点控制） 到达行星地区以后：必需有人在飞船上才方便。无线系统因距离太大，

如 1.5 亿公里 $= 1.5 \times 10^{13}$ 厘米，信号往返时间为 1000秒，看来必需用 相对方法

而且我们对太阳系的情况不知道那么太样。

办法：
1. 自动测星跟踪系统。
2. 改用小推力，以有更长的时间来作调整。
3. 改用天文制导，用观星法；利用太阳光的多普勒法测速。

如当也多普勒方法 B雷达

2) 探星飞船：

→把起飞动力都用在卫星轨道附近有好处，省动力，但比在地球绕太阳轨道上起飞需要更准的参数。每米/秒速度误差的结果：

	到火星的误差
从卫星轨道飞 (585公里高的轨道)	140,000 公里(米/秒)
从地球轨道飞	36,000 公里(米/秒)

因此结论：如果能利用起飞后的轨道参数调整（上述C），则仍可以从卫星轨道起飞。

多普勒 (Doppler) 效应

$$\Delta \lambda = \lambda_1 - \lambda_2 = \frac{v \lambda_1}{c}$$

$\lambda_1 =$ 无相对运动时的频率
$\lambda_2 =$ 考虑向运动时的频率
$v =$ " " 的速度
$c =$ 光速

φ 为飞行器的角，R 为距离

3种的精度有困难

i) 用雷达、无线电反馈知道 $R, \dot{R}, \theta$

ii) $R_1, R_2; R_2, \theta$ 用雷达，不能直接定轨道的空间方位；要大功率

iii) $R_1, \dot{R}_1; R_2, \dot{R}_2; \theta_1, \theta_2$ 光学方法；但要用两次测量：不准。

iv) $R_1, R_2, \Delta \varphi; \dot{R}_1$ 比较好。

⑥ 无线电制导系统

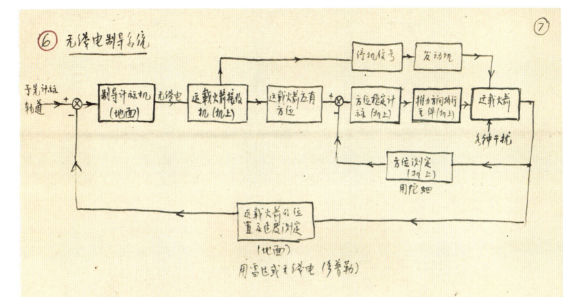

惯性制导系统　用平台及加速计。

⑦
1. 从发射及飞行轨道定控制系统的要求
2. 控制系统的方案分析, 比较
3. 控制系统初步设计 — 用电子计算机对系统进行分析, 对系统定设计指标
4. 单分系统展开工作
　　送控制系统建立模拟设备　(分系统实物)
5. 逐渐过也模拟, 略于模拟到实物元件化引入. 加入干扰, 定系统性能。
6. 样机的环境试验
7. 全机总装　　　———> 各种试验

第九讲 星际航行中的通讯

苏联在星际航行中所用的通讯设备

	发射频率,兆周	天线	电源
第一人造卫星	1) 40.002 波长 7.5米 交替 0.3秒 2) 20.005 " 15米	i) 2.4米 鞭状天线 四根 ii) 2.9米 "	i) 化学电源
第二人造卫星	1) 40.002 2) 20.005		i) 化学电源
第三人造卫星		i) 鞭状天线 ii) 簧状天线	i) 化学电源 2) 太阳能电源 (科学仪器及电源共重 968公斤)
第一宇宙火箭 [轨道测量用	1) 19.997 最后一段 2) 19.995 →4) 183.6 3) 19.993 各器	1) — 2) — 3) 四根天线	i) 银锌电池 ii) 汞-汞电池 (科学仪器四及电源共重 361.3公斤)
第二宇宙火箭	1) 20.003; 19.997 交替, 0.8~1.5秒 2) 19.993; 39.986 交替, 0.2~0.8秒脉冲 脉冲频率 1±0.15周 3) 183.6 (轨道测量用)	最后一段无线观测 发送科学资料,在容器中	i) 化学电池 ii) 太阳能电池 (科学仪器四电源 393公斤)
第三宇宙火箭	1) 39.986 交替 0.2~0.8 秒脉冲,脉冲频率 1±0.15周 2) 183.6 轨道要测量	四根天线	i) 化学电池 ii) 太阳能电池 (每天发报2至4小时) (自动一级的装备及仪四 156.5公斤 行星际站重 278.5公斤 485公斤)
卫星或太空飞船	1) 15.765 2) 20.006 电话 3) 143.625	i)天线能同时收发 ii)天线能同时收发	
金星行星际站 (说 7,000万公里时, 场强平方为 10^{-22} 瓦)		i) 直径2米抛物面天线——接近金星时才张开 ii) 2.4米长鞭状天线	行星际站重 643.3公斤

$$10^{-22} 瓦 = \frac{P_R}{A_R} = P_T \cdot 0.5 \times \frac{\frac{\pi}{4}(2)^2}{\lambda^2 \cdot (7000 \times 10^5 \times 10^2)^2} = P_T \times \frac{\frac{\pi}{4} \cdot 2}{\lambda^2 \times 49 \times 10^{20}}$$

$$\boxed{P_T = \lambda^2 \times 0.49 \times \frac{8}{\pi}} \quad (\lambda, 米)$$

② 如果 P_R = 接收到的功率，P_T = 发射的功率，η_R = 接收天线的效率，η_T = 发射天线的效率，A_R = 接收天线的面积，A_T = 发射天线的面积，λ = 波长，L = 从发射站到接收站之间的距离，那么

$0.6 < \eta < 0.8$

$$\frac{P_R}{P_T} = \frac{\eta_R A_R \eta_T A_T}{\lambda^2 L^2}$$

$\frac{7.5}{L^2} = \frac{\pi^2 \eta D^2}{\lambda^2}$ (1)

而如果天线之一是偶极子，那么

$b = \frac{\sqrt{7.5}}{\pi} \frac{\lambda}{\sqrt{\eta} D}$ 弧度 $= \frac{0.87}{\sqrt{\eta}} \frac{\lambda}{D}$ 弧度

$$\frac{P_R}{P_T} = \frac{3\eta A}{8\pi L^2}$$ [注意：与波长无关]

(2)

③ 我们也要看到这样一个问题，定方向性天线子虽有毛病，而转动不自如，那么 飞行四上的 地诺上就收不到信号。所以最好在方向性天线之外（即抛物面天线）还有一个非方向性天线（如偶极子天线）。用非方向性天线作粗跟踪及临时 出毛病时用，而方向性天线则用来作正常信息传递用。

④ 从飞行四上发信号的有效功率为 $P_T G$，G 为飞行四上天线的 gain，(gain 与天线面积成正比，所以与重量成正比)；而 P_T 与发射系统总重量 W_T 成正比，而与波长的平方成正比，波长短则系统效率低，故而系统重量增加。

除波长平方 W_A

有效功率 $= P_T G \simeq 0.3 \frac{W_A W_T}{\lambda^2}$ 磅 $= \frac{W_A W_T}{\lambda^2 (公尺)}$ 瓦

最优 $W_A = W_T$

当然在1万兆周以上，波束非常窄，定向跟踪会非常困难，重量没有增加。

⑤ 如果接收天线的向着一个黑体，温度为 T, (°K)，那么在 B 频宽中的噪声能量 (N) 为

$$N = kTB = 1.380 \times 10^{-23} TB \text{ 瓦}$$

↗ 有频率，但相位乱   ↑ Boltzmann 常数

问题是：什么是 T？如果一个天线的波束角 θ（见前）光看见一个物体，其温度为 T_b，那么它就是噪声温度 T。例：地球约 $293°K$；而太阳在厘米波区域为 $6000°K$，在 100兆周/秒区域（米波）为 $10^6°K$。如果看到的目标大小为 D，距离为 L，那么

目标以外再也没有噪声源，

$$T = T_b \cdot \left(\frac{D}{\theta L}\right)^2$$

⑥ 在地面上的天线，除了银河系本身的辐射外，还有大气的辐射，地表面的辐射（其作温度约为 $260°K$）等，见图：。所以即使用了参量放大器、量子放大器等以降低接收机内了的噪声温度（到所渭 $0°K$），但效果不大，天线噪声温度太高（目前还不能降到 $50°K$）。 要用1000～10000兆赫, 即微波

而在太空则不然，在高频区可以一直降到 $1°K$。图：。所以把地球站的天线放在卫星轨道上是有利的。

⑦ 此外接收机本身也可以产生噪声，在低噪声的放大机中我们必须非常天线到接收机的连接部分！

微波接收机类型	噪声温度 °K
晶体混频，$\lambda < 1$ 厘米	10,000
〃 , $\lambda > 5$ 厘米	1,500
行波管，$\lambda > 5$ 〃	750
参量放大器，$\lambda > $ 〃	100
量子 〃 , $\lambda > $ 〃	10
将来改巴量子放大器	3

⑧ 依照信息论，如果通信的编码达到理想的最优，那么通信量为

$$I_0 = B \log_2\left(1 + \frac{P_R}{N}\right) \text{ 比特/秒} = 1.44 B \ln\left(1 + \frac{P_R}{N}\right) \text{ 比特/秒} \quad (4)$$

$$B \sim 10^{7} \text{赫}$$

如果 $P_R/N < 1$，那么

$$I_0 \simeq 1.44 B \frac{P_R}{N} \text{ 比特/秒} = 1.04 \times 10^{23} \frac{P_R}{T_e} \text{ 比特/秒} \quad (5)$$

此中 $T_e (°K)$，而 P_R 以瓦计。

~~但实际上如果用调幅制，则所需 P_R 将为(5)式的一千倍；也用调频制，则所需 P_R 将为(5)式的几十倍；而现时最优的反馈调频制还是等于(5)式的三或四倍！即~~

现在最好的调制系统

$$I = \frac{I_0}{3.5}$$

传信息是克服噪声的过程

---

⑨   典型的信息率，比特/秒

种类	直接传输	"线性寻卜"	多卖的编码
彩色电视	7×10^7	$\sim 4 \times 10^7$	$\sim 10^6$
黑白电视	4×10^7	$\sim 2 \times 10^7$	$\sim 10^5 - 10^6$
言语	7×10^4	$\sim 4 \times 10^4$	$\sim 10^3$
电传真	2.4×10^3	$\sim 10^3$	$\sim 10^2$
英言编码 (每分20字，每字27.5比特)	10	~ 8	~ 2
气象资料 (温度计到1°C,至100°C范围内)	~ 0.1	~ 0.01	~ 0.001

⑯ 例：$\eta_R \eta_T = 0.5$，发射天线的直径为 2 米，接收天线的直径为 100 米，$\lambda = 10$ 厘米

$L = 4$ 亿公里，$P_T = 1/4$ 瓦，那么

$$P_R = \frac{1}{4} \cdot \frac{0.5 \times \frac{\pi}{4} \times 200^2 \times \frac{\pi}{4} \times 10000^2}{10^2 \times 4^2 \times 10^{16} \times 10^{10}} = \frac{\pi^2}{16^2} \times \frac{1}{2} \times 10^{-16} \text{瓦} = 1.93 \times 10^{-18} \text{瓦}$$

如果 $B = 20$ 赫，$T_e \sim 200°K$，$N = 1.380 \times 10^{-23} \times 20 \times 200 = 5.520 \times 10^{-20}$ 瓦

$P_R / N = 1.93 \times 10^{-18} / 5.52 \times 10^{-20} = 3.50 \times 10^{1}$

$I_0 = 1.44\, B \ln(1 + \frac{P_R}{N}) = 28.8 \times 3.58 = 103$ 比特/秒

用现时最好的调制系统 $I \sim 30$ 比特/秒 （足够打电报）

其他情况见图 三

⑩ 量子效应，$P_R = M f h$ 瓦，M 为量子数，f 为周赫，
$= M f \cdot 6.62 \times 10^{-34}$ 瓦。

$m = \frac{M}{B} = $ 每 1 赫频带宽中的每秒量子数，$m \geq 10$ 以免量子噪声。

$M = \frac{10^{34}}{6.62} \cdot \frac{P_R}{f} = \frac{10^{34} \lambda P_R}{6.62 \times 3 \times 10^{10}}$

$B = \frac{N \times 10^{23}}{1.380} \cdot \frac{1}{T}$

$m = \frac{M}{B} = \frac{10^{24} \times 1.380}{3 \times 6.62 \times 10^{10}} \lambda T \left(\frac{P_R}{N}\right) = 0.695\, \lambda T \left(\frac{P_R}{N}\right) > 10$

⑧ 最好用大抛物天线；精度 = $\frac{1}{16}$ 波长；如果波长为 30 厘米，直径 200 米，

$$\frac{0.30}{16} \cdot \frac{1}{200} = \frac{1}{10,664}$$

现在目前已造成的最大的天线是英国 Jordell Bank，250呎 (76 米)直径。是支在水平轴上，而轴架了以绕垂直轴旋转。（同对地面轨道）。再大也不容易校正风及重力的变形。（活动系统！）例如美国正在建造的西Virginia, Allegheny 山中 180 回米的天线，用 2 万吨钢和铝。7,900 万美元。计划 1962 年建成。

注：1. 第 9 行有"M 为量子数"，意思是 M 为每秒量子数。
2. 倒数第 5 行有"$\frac{0.30}{16}\frac{1}{200} = \frac{1}{10,667}$"是指这样的抛物面天线的最大允许变形约为直径的万分之一。

卫星式无线电中继站

轨道	中继站形式	
	被动的（只反射电波）	主动的（接收后再发射）
低（1-3小时周期）	最简单的是一个表面喷有金属的塑料气球，30米直径 (地面：大型可转向的天线)	带有轻便微波发射口及电源；低方向性的天线 (地面：中型的可转向天线)
高（24小时周期）	方位稳定的反射四 (地面：较大的固定天线)	带有重型微波发射口及电源；高方向性的天线；方位稳定 (地面：固定的中型或小天线)

美国用的"铜针"带（所谓"West Ford"），不但对将来星际航行有很大的不便，而且也因为每个小针的反射有时间上的差别，以及每个反射因其运动而引起不同的多普勒效应，反射信号是会大为失真的。只是它最容易地给一个窄频带的通信。

第十讲 再入大气问题

① 如果说用火箭发动机加速，把卫星从地面加速到 8 公里/秒的速度需要约 100 吨（每吨卫星）的运载；那么同样地（只不过是把轨道的方向换一下）把卫星从 8 公里/秒的速度减速，轻轻地落到地面，也得 1:100 的运载火箭。这是非常不经济的。

起飞　　　　　回地

更好的方法是利用大气层，变大气阻力之害为利。

② 用第六章（讲）的质点在极坐标、向原点力场的运动方程，

$$\frac{d}{dt}\left(\frac{dr}{dt}\right) = r\left(\frac{d\theta}{dt}\right)^2 - g + F_r$$

$$\frac{d}{dt}\left(r^2\frac{d\theta}{dt}\right) = rF_\theta.$$

这里的 g（动）可以作为不变的，因为实际上再入轨道的高度变化只有一百多公里，比起地球半径来太小了。此外我们将用 v，即轨道上的速度，及 φ，即轨道与当地地平方向的夹角（下降时 φ 为负值）为变数；如果 M 为飞航的质量，L 为升力，D 为阻力。

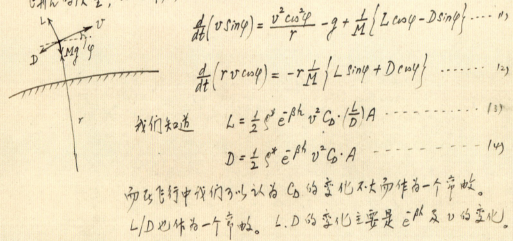

$$\frac{d}{dt}(v\sin\varphi) = \frac{v^2\cos^2\varphi}{r} - g + \frac{1}{M}\{L\cos\varphi - D\sin\varphi\} \cdots (1)$$

$$\frac{d}{dt}(rv\cos\varphi) = -r\frac{1}{M}\{L\sin\varphi + D\cos\varphi\} \cdots (2)$$

我们知道 $L = \frac{1}{2}\rho^* e^{-\beta h} v^2 C_D \cdot \left(\frac{L}{D}\right) A \cdots (3)$

$D = \frac{1}{2}\rho^* e^{-\beta h} v^2 C_D \cdot A \cdots (4)$

而在飞行中我们可以认为 C_D 的变化不大而作为一个常数。L/D 也作为一个常数。L、D 的变化主要是 $e^{-\beta h}$ 及 v 的变化。

那么
$$\frac{D}{M} = \frac{\varrho^* e^{-\beta h} u^2}{\frac{2M}{C_D A}} = \frac{(\frac{\beta}{r})^{\frac{1}{2}}(gr) \mathbf{v} \cdot \bar{\mathbf{u}} (\frac{1}{\beta})^{\frac{1}{2}} \varrho^* e^{-\beta h}}{\frac{2M}{C_D A}} = (\beta r)^{\frac{1}{2}} \bar{v} \cdot Z$$

$$\boxed{\frac{D}{M} = g(\beta r)^{\frac{1}{2}} \bar{v} \cdot Z} \quad \cdots \cdots (15)$$

其中 $\bar{v} = v/\sqrt{gr}$，h 为高度。 $Z = \frac{\varrho^*(\frac{1}{\beta})^{\frac{1}{2}} \bar{v} e^{-\beta h}}{\frac{2M}{C_D A}} \quad \cdots (16)$

因此可以看得出来，$\bar{v}$ 及 Z 是无量纲的。

这样一来 (1) 成为 $\quad \frac{1}{g}\frac{d}{dt}(v \sin\varphi) = (\bar{v}^2 \cos^2\varphi - 1) + (\beta r)^{\frac{1}{2}} \bar{v} \cdot Z \left\{ \frac{L}{D} \cos\varphi - \sin\varphi \right\}$

而 (2) 成为 $\quad \frac{1}{gr}\frac{d}{dt}(rv\cos\varphi) = -(\beta r)^{\frac{1}{2}} \bar{v} \cdot Z \left\{ \frac{L}{D} \sin\varphi + \cos\varphi \right\}$

$$\frac{1}{g}\frac{d}{dt}(v\sin\varphi) = \frac{1}{g}\frac{d}{dt}(\sqrt{gr}\,\bar{v}\sin\varphi) = \bar{v} \sin\varphi \frac{1}{g}\sqrt{gr}\frac{1}{2}\frac{1}{r}\sqrt{gr}\,\bar{v}\sin\varphi$$
$$+ \frac{1}{g}\sqrt{gr}\sin\varphi \frac{d\bar{v}}{dt} + \frac{1}{g}\sqrt{gr}\,\bar{v}\cos\varphi\frac{d\varphi}{dt}$$
$$= \frac{1}{2}\bar{v}^2 \sin^2\varphi + \frac{\sqrt{gr}}{g}\sin\varphi\frac{d\bar{v}}{dt} + \frac{\sqrt{gr}}{g}\bar{v}\cos\varphi\frac{d\varphi}{dt}$$

$$\frac{1}{gr}\frac{d}{dt}(rv\cos\varphi) = \frac{1}{gr}\frac{d}{dt}(\sqrt{gr^3}\,\bar{v}\cos\varphi) = \frac{1}{gr}\frac{3}{2}\sqrt{gr}\sqrt{gr}\,\bar{v}^2\sin\varphi\cos\varphi + \frac{\sqrt{gr}}{g}\cos\varphi\frac{d\bar{v}}{dt} - \frac{\sqrt{gr}}{g}\bar{v}\sin\varphi\frac{d\varphi}{dt}$$

所以 (1) 及 (2) 式终于成为
$$\frac{1}{2}\bar{v}^2\sin^2\varphi + \frac{\sqrt{gr}}{g}\sin\varphi\frac{d\bar{v}}{dt} + \frac{\sqrt{gr}}{g}\bar{v}\cos\varphi\frac{d\varphi}{dt} = (\bar{v}^2\cos^2\varphi - 1) + (\beta r)^{\frac{1}{2}} \bar{v}\cdot Z\left\{\frac{L}{D}\cos\varphi - \sin\varphi\right\} \quad (17)$$

$$\frac{3}{2}\bar{v}^2\sin\varphi\cos\varphi + \frac{\sqrt{gr}}{g}\cos\varphi\frac{d\bar{v}}{dt} - \frac{\sqrt{gr}}{g}\bar{v}\sin\varphi\frac{d\varphi}{dt} = -(\beta r)^{\frac{1}{2}} \bar{v}\cdot Z\left\{\frac{L}{D}\sin\varphi + \cos\varphi\right\} \quad (18)$$

$(17) \times \sin\varphi + (18)\times\cos\varphi$，得
$$\bar{v}^2\left(\frac{1}{2}\sin^3\varphi + \frac{3}{2}\sin\varphi\cos^2\varphi\right) + \frac{\sqrt{gr}}{g}\frac{d\bar{v}}{dt} = \bar{v}^2\sin\varphi\cos^2\varphi - \sin\varphi + (\beta r)^{\frac{1}{2}}\bar{v}\cdot Z\{-1\}$$

$$\boxed{\frac{\sqrt{gr}}{g}\frac{d\bar{v}}{dt} = -\sin\varphi\left(\frac{1}{2}\bar{v}^2 + 1\right) - (\beta r)^{\frac{1}{2}}\bar{v}\cdot Z} \quad (19)$$

注：第5行 "$\left\{\frac{L}{D}\cos\varphi - \sin\varphi\right\}$" 是 $\left\{\frac{L}{D}\sin\varphi - \cos\varphi\right\}$ 的笔误。

$$(1) \times \cos\psi - (8) \times \sin\psi$$

$$\bar{v}^2 \left(\frac{1}{2}\sin\psi - \frac{3}{2}\sin^2\psi \cos\psi\right) + \frac{\sqrt{gr}}{\cos\psi} \bar{v} \frac{d\psi}{dt} = \bar{v}^2 \cos^3\psi - \cos\psi + (\beta r)^{\frac{1}{2}} \bar{v} \cdot Z \frac{L}{D}$$

$$\boxed{\frac{\sqrt{gr}}{g} \bar{v} \frac{d\psi}{dt} = \cos\psi(\bar{v}^2 - 1) + (\beta r)^{\frac{1}{2}} \bar{v} \cdot Z \frac{L}{D}} \qquad (10)$$

一般情况下, 因为 $(\beta r)^{\frac{1}{2}} = 30$, 所以 (9) 式可以简化为

$$\boxed{\frac{\sqrt{gr}}{g} \frac{d\bar{v}}{dt} = -(\beta r)^{\frac{1}{2}} \bar{v} \cdot Z} \qquad (11)$$

(10) 及 (11) 为我们的基本公式。但是为了计算方便, 我们可以用 $\bar{v}$ 为自变数, 而以 Z 及 ψ 为未知数。

$$Z = \frac{\rho_s}{2\frac{M}{C_D A}} \left(\frac{r}{\beta}\right)^{\frac{1}{2}} \bar{v} \, e^{-\beta h}, \quad \text{其中} \left(\frac{r}{\beta}\right)^{\frac{1}{2}} \text{变化很小, 而} e^{-\beta h} \text{变化大。}$$

故 $\quad Z' = \frac{dZ}{d\bar{v}} = \frac{Z}{\bar{v}} - Z\beta \frac{dr}{d\bar{v}} = \frac{Z}{\bar{v}} - Z\beta \frac{\frac{dr}{dt}}{\frac{d\bar{v}}{dt}}$

即 $\quad Z' = \frac{Z}{\bar{v}} - Z\beta \frac{\sqrt{gr}\, \bar{v} \sin\psi \cdot \frac{\sqrt{gr}}{g}}{-(\beta r)^{\frac{1}{2}} \bar{v} \cdot Z} = \boxed{\frac{Z}{\bar{v}} + (\beta r)^{\frac{1}{2}} \sin\psi = Z'} \;\leftarrow\; 这是定 ψ

$$Z'' = \frac{Z'}{\bar{v}} - \frac{Z}{\bar{v}^2} + \frac{1}{2} \frac{(\beta r)^{\frac{1}{2}}}{r} \frac{\sqrt{gr}\, \bar{v} \sin^2\psi}{\frac{d\bar{v}}{dt}} + (\beta r)^{\frac{1}{2}} \cos\psi \frac{\frac{d\psi}{dt}}{\frac{d\bar{v}}{dt}}$$

$$= \frac{Z'}{\bar{v}} - \frac{Z}{\bar{v}^2} + \frac{1}{2} \frac{(\beta r)^{\frac{1}{2}}}{r} \frac{\sqrt{gr}\, \frac{1}{g} \bar{v} \sin^2\psi}{-(\beta r)^{\frac{1}{2}} \bar{v} \cdot Z} + (\beta r)^{\frac{1}{2}} \cos\psi \frac{\cos\psi(\bar{v}^2-1) + (\beta r)^{\frac{1}{2}} \bar{v} \cdot Z \frac{L}{D}}{-(\beta r)^{\frac{1}{2}} \bar{v} \cdot Z}$$

$$Z'' = \frac{Z'}{\bar{v}} - \frac{Z}{\bar{v}^2} - \frac{1}{2} \frac{\sin^2\psi}{Z} \cdot \textcircled{} - \frac{\cos^2\psi(\bar{v}^2 - 1) + (\beta r)^{\frac{1}{2}} \bar{v} \cdot Z \cdot \frac{L}{D} \cdot \cos\psi}{\bar{v}^2 Z}$$
$\qquad\qquad\qquad\qquad\qquad\qquad \underset{\text{忽略}}{\cdots}$

故 $\boxed{\bar{v} Z'' - \left(Z' - \frac{Z}{\bar{v}}\right) = \frac{\cos^2\psi \cdot (1 - \bar{v}^2)}{\bar{v} \cdot Z} - (\beta r)^{\frac{1}{2}} \cos\psi \cdot \left(\frac{L}{D}\right)} \cdot \frac{1}{\bar{v}} \quad (12)$

当 $\bar{v} = \bar{v}_i$ 时, $Z = Z_i$, $Z' = (\beta r)^{\frac{1}{2}} \sin\psi_i$ $\leftarrow$ 初始条件
$\;\;0.995\;\;\;$ 近于 1 $\qquad$ 近于 0

③ 两种再入轨道：1. 不用升力，$L/D=0$，$-\varphi_i < 5°$；计算用数值法积分。见表。最大加速度在 $8g$ 到 $14g$ 之间。

　　2. 用升力，$-\varphi_i$ 也很小；加速度可以小于 $8g$。

第二种轨道的

$$\bar{z} = \frac{1-\bar{v}^2}{(\beta r)^{1/2}\frac{L}{D}\bar{v}} = \frac{1-\bar{v}^2}{30(L/D)\bar{v}} \quad\cdots\cdots (13)$$

解能满足 (12) 方程，也设 $\cos\varphi \sim 1$。

④ 当 $\bar{z}(\bar{v})$ 关系由解方程式而确定后，其他都能由此求出。如减速度为 四 (11)

$$-a = -\frac{1}{g}\frac{d\bar{v}}{dt} = (\beta r)^{1/2}\bar{v}\bar{z} = 30\bar{v}\bar{z}$$

这些结果也显示出我们用的变数不但是无量纲，而且代表了问题 (14) 的正确相似律：一个 $\bar{z}(\bar{v})$ 关系包括了所有的轨道！

而 (11) 式也给出　$dt = -\frac{1}{\sqrt{\beta g}}(\bar{v}\bar{z})^{-1}d\bar{v}$

故　$t = \frac{1}{\sqrt{\beta g}}\int_{\bar{v}_2}^{\bar{v}_1}\frac{d\bar{v}}{\bar{v}\bar{z}} = \sqrt{\frac{r}{g}}\frac{1}{\sqrt{\beta r}}\int_{\bar{v}_2}^{\bar{v}_1}\frac{d\bar{v}}{\bar{v}\bar{z}}, \boxed{t = 27\int_{\bar{v}_2}^{\bar{v}_1}\frac{d\bar{v}}{\bar{v}\bar{z}}} \quad (15)$

⑤ 现在我们来计算热流量。如果 $C_{p,2}$ 为空气的定压比热，每斤每度大卡数，而 J 为大卡的斤米等价值，那么依四§2.5 的公式 (2.7) 及 (2.10)，得

$$C_{p,2}T_\infty + \frac{1}{2}\frac{v^2}{Jg} = C_{p,2}T_e \quad (16)$$

其中 T_∞ 为外界空气，即大气在高空中（100公里左右）的温度，约 $240°K$；T_e 为驻点温度，即飞船头子的气流温度。计算的结果表明 T_e 高达 $8,000°K \sim 10,000°K$。这就说明温度主要是由动能产生的，也就是说 (16) 式中 T_∞ 项可以略去不计，

$$T_e \approx \frac{1}{2}\frac{v^2}{JgC_{p,2}} = \frac{1}{2}\frac{gr}{JgC_{p,2}}\bar{v}^2 \quad (17)$$

（层流附面层）！

而根据气动力学计算在头子的热流量 $q_{0,s}$ 与 $\sqrt{\frac{\rho_\infty \bar{v}^2}{R}}T_e$ 成比例，即

$$q_{0,s} \sim \sqrt{\frac{\rho_\infty \bar{v}^2}{R}}\bar{v}^2, \quad R 为头子的曲率半径，米。\rho_\infty 为空气密度。$$

$$\frac{\rho_\infty \bar{v}^2}{R} = \frac{\rho^* e^{-\beta h}}{2M/GA}\frac{2M}{GAR}(L/D)^{1/2}(\beta r)^{1/2}(gr)\bar{v}^2 \sim \frac{M}{GAR}\bar{v}\bar{z}$$

因此 $\quad q_{0,s} \sim \sqrt{\dfrac{M}{C_D A R}} (\bar{v} Z)^{1/2} \bar{v}^2 \sim \sqrt{\dfrac{W}{C_D A R}} (\bar{v} Z)^{1/2} \bar{v}^2$

其中 $W = gM$, 为飞船的重量, 公斤; A 为气动力采用的参考截面面积, 米². 则等式

$$\boxed{q_{0,s} = 70.5 \sqrt{\dfrac{W}{C_D A R}} (\bar{v} Z)^{1/2} \bar{v}^2 \quad \text{大卡/米}^2 \cdot \text{秒}} \tag{18}$$

而在飞船其他各点的热流量为

$$\boxed{q_0 = 70.5\, k_{\rm I} \sqrt{\dfrac{W}{C_D A R}} (\bar{v} Z)^{1/2} \bar{v}^2 \quad \text{大卡/米}^2 \cdot \text{秒}, \quad k_{\rm I} = \dfrac{q_0}{q_{0,s}}} \tag{19}$$

⑥ 要抗住高温, 不成希望用固体材料, 没有材料的熔点超过 $4000°C$, 用两个办法

1. 烧蚀材料: 含大量塑料的玻璃钢; 受热到 T_a, 分解气化 (每斤吸热 L)
   (固体比热 c_b) 大卡
   然后进气相 (比热 $\tilde{c}_p$) 温升为 $\alpha (T_e - T_a)$

   层流附面层 $\begin{cases} \alpha = 1 - \dfrac{1}{3} Pr^{-0.6}, \quad \text{而 } Pr = \text{普朗特数} = \dfrac{\mu c_{p,2}}{k} \simeq 0.7 \\ \tilde{c}_p = c_{p,1} \tilde{\omega} + (1-\tilde{\omega}) c_{p,2}, \quad \tilde{\omega} = \text{附面层中的有效分解气浓度} \end{cases}$

2. 发散冷却: 用多孔材料作表面, 挤压冷却流体, 其他是一样以上.

如果 $\dfrac{dm}{dt}$ 为烧蚀量, 公斤/米²·秒, 或冷却剂流量, 公斤/米²·秒,

$$\dfrac{dm}{dt} \cdot \{ c_b (T_a - T_\infty) + L + \alpha \tilde{c}_p (T_e - T_a) \} = q_0$$

原来固体或冷却剂温度 $\qquad T_e - T_a \sim T_e - T_\infty$

而 $\dfrac{dm}{dt} = \dfrac{dm}{d\bar{v}} \cdot \dfrac{d\bar{v}}{dt} = -\sqrt{\beta g} (\bar{v} Z) \dfrac{dm}{d\bar{v}} = -\dfrac{1}{27}(\bar{v} Z) \dfrac{dm}{d\bar{v}}$

$$= \dfrac{q_0}{[c_b(T_a - T_\infty) + L] + \alpha \tilde{c}_p \dfrac{1}{c_{p,2}} \dfrac{gr}{\sqrt{g}} \bar{v}^2} = \boxed{\dfrac{q_0 / \dfrac{\alpha \tilde{c}_p}{c_{p,2}} \dfrac{1}{2} \dfrac{gr}{\sqrt{g}}}{\lambda + \bar{v}^2}} \tag{20}$$

其中 $\boxed{\lambda = \dfrac{L + c_b (T_a - T_\infty)}{\dfrac{\alpha \tilde{c}_p}{c_{p,2}} \dfrac{1}{2} \dfrac{gr}{\sqrt{g}}} = \dfrac{1}{7550} \dfrac{[L + c_b (T_a - T_\infty)]}{\dfrac{\alpha \tilde{c}_p}{c_{p,2}}}} \tag{21}$

因此

$$-\frac{1}{2\eta}(\bar{v}Z)\frac{dm}{d\bar{v}} = \frac{70.5\,k_I \left(\frac{W}{C_DAR}\right)^{1/2}(\bar{v}Z)^{1/2}\bar{v}^2}{\frac{\alpha\tilde{c}_p}{c_{p,2}}\cdot\frac{1}{2}\frac{gr}{Jg}(\lambda+\bar{v}^2)}$$

$$\begin{pmatrix} r = 6{,}371{,}000 \\ +\ 79{,}000 \\ \hline 6{,}450{,}000 \end{pmatrix}$$

故

$$\frac{dm}{d\bar{v}} = -\frac{2\eta\times 70.5\,k_I}{\frac{1}{2}\frac{6{,}450{,}000}{426.85}} \frac{\left(\frac{W}{C_DAR}\right)^{1/2}}{\frac{\alpha\tilde{c}_p}{c_{p,2}}} \left[1-\frac{\lambda}{\lambda+\bar{v}^2}\right]\frac{1}{\sqrt{\bar{v}Z}}$$

即

$$\boxed{\frac{dm}{d\bar{v}} = 0.252\,k_I\,\frac{\left(\frac{W}{C_DAR}\right)^{1/2}}{\frac{\alpha\tilde{c}_p}{c_{p,2}}}\left\{-\left(1-\frac{\lambda}{\lambda+\bar{v}^2}\right)\frac{1}{\sqrt{\bar{v}Z}}\right\},\ \text{公斤}/\text{米}^2}\quad (22)$$

因此如果进行投影

$$\int m\,dS = S\underbrace{\left\{\frac{1}{S}\int\frac{q_0}{q_{0,s}}dS\right\}}_{k_{II}} 0.252\,\frac{\left(\frac{W}{C_DAR}\right)^{1/2}}{\frac{\alpha\tilde{c}_p}{c_{p,2}}}\int_{\bar{v}_2}^{\bar{v}_1}\left(1-\frac{\lambda}{\lambda+\bar{v}^2}\right)\frac{d\bar{v}}{\sqrt{\bar{v}Z}}$$

$$\boxed{\frac{\int m\,dS}{S} = \tilde{m} = 0.252\,k_{II}\,\frac{\left(\frac{W}{C_DAR}\right)^{1/2}}{\frac{\alpha\tilde{c}_p}{c_{p,2}}}\,\bar{m}_{\lambda=0}(1-\eta),\ \text{公斤}/\text{米}^2}$$

而

$$\boxed{\bar{m}_{\lambda=0} = \int_{0.05}^{0.995}\frac{d\bar{v}}{\sqrt{\bar{v}Z}}\ ;\quad \eta = \frac{\int_{0.05}^{0.995}\frac{\lambda}{\lambda+\bar{v}^2}\frac{d\bar{v}}{\sqrt{\bar{v}Z}}}{\int_{0.05}^{0.995}\frac{d\bar{v}}{\sqrt{\bar{v}Z}}}}$$

(23)

$$\boxed{k_{II} = \frac{1}{S}\int k_I\,dS}$$

我们注意到：① 为了减少烧蚀量及冷却剂量，必需办法 $\left(\frac{W}{C_DAR}\right)^{1/2}\Big/\frac{\alpha\tilde{c}_p}{c_{p,2}}$ 小，这就是在一定重量飞船下，把飞船的阻力系数加大，用钝头（加大 R）。另一方面是轻量或 ② 另一方面是找一种材料使 $c_{p,1}$ 尽量地大，以加大 $\alpha\tilde{c}_p/c_{p,2}$ 比。这就是用分子量小的东西。L 也要很了地大，以加大 λ。

T_a 高低些影响不大；但为了减小流向结构的热量，

<u>T_a 低为好？导热系数低才好？</u>

高分子材料热解时吸热量一般在①二、三百大卡/公斤，最高可能达到1,000大卡/公斤。水的气化热为500大卡/斤。故 λ 值约为0.1。

⑦ 1. 不用升力时，计算见徐用的数值积分。
2. 用升力，L/D不变时， $\bar{z} = \frac{1-\bar{v}^2}{30(\frac{L}{D})\bar{v}}$ ， $\bar{v}\bar{z} = \frac{1-\bar{v}^2}{30\frac{L}{D}}$ ； 最大减速度为 $1/(\frac{L}{D})g$ 。

$$\bar{m}_{\lambda=0} = \left(30\frac{L}{D}\right)^{1/2} \int_{0.05}^{0.995} (1-\bar{v}^2)^{-1/2} d\bar{v} = 1.418\left(30\frac{L}{D}\right)^{1/2}$$

$$\eta = \int_{0.05}^{0.995} \left(\frac{\lambda}{\lambda+\bar{v}^2}\right) \frac{d\bar{v}}{\sqrt{1-\bar{v}^2}} \Big/ \int_{0.05}^{0.995} \frac{d\bar{v}}{\sqrt{1-\bar{v}^2}} = \left(\frac{\lambda}{1+\lambda}\right)^{1/2}$$

再入绕地球大气， $v_i \sim \sqrt{gr}$

飞船	再入初速 $-v_i$	最大减速 g	减速时间 秒	$\bar{m}_{\lambda=0}$	η						
					λ=0	λ=0.05	λ=0.10	λ=0.25	λ=0.50	λ=1.0	λ=∞
L=0	0	8.2	537	3.06	0	0.223	0.305	0.450	0.580	0.707	1
	1/2	8.2	425	2.95	0	0.234	0.319	0.463	0.589	0.715	1
	1	8.2	307	2.73	0	0.249	0.337	0.482	0.608	0.730	1
	2	9.1	215	2.40	0	0.273	0.364	0.511	0.633	0.750	1
	3	10.8	172	2.17	0	0.289	0.383	0.530	0.650	0.762	1
	4	13.1	146	1.99	0	0.302	0.397	0.542	0.640	0.770	1
L/D	0	$\frac{1}{(\frac{L}{D})}$	72.4(30L/D)^½	1.418(30L/D)^½	0	0.218	0.302	0.441	0.577	0.707	1

例: 1. $W = 4,500$ 斤; $C_D = 1$, $A = \frac{\pi}{4} \cdot 3^2$, $R = 1.5$, $\alpha \frac{\hat{c}_p}{c_{p,2}} \approx 1$, $-v_i = 1$, $L=0$, $k_\pi \approx 0.85$; $\lambda = 0.1$。

$$\bar{m} = 0.252 \times 0.85 \times \left(\frac{4500}{1 \times \frac{\pi}{4} \times 9 \times 1.5}\right)^{1/2} \times 2.73(1-0.337) = 7.99 \text{ 公斤/米}$$

如果 $L \sim 40$ 米，这烧蚀量为 319 斤，占飞船原重的 7.1 %。

2. 用升压后，最大减速可以大大降低，但烧蚀量及冷却剂用量大大增加。
   最好是用享 L/D 法。

⑧ 现在我们掌握了烧蚀及发散冷却法之后，我们就可以把它应用到更加困难的问题上去：非曲线速度的再入问题，$v_i > v_c$。例如到火星上去，用 Hohmann 式轨道，但有去接近火星轨道时的加速主动段，或回到地球上来时，也有去有主动段。

火星的空气组分：　N_2　96.0%
　　　　　　　　　　 A　　 4 %
　　　　　　　　　　 CO_2　0.3%

星面大气压力 = 0.1 大气压。

第十一讲 防辐射问题

① 人体的表皮是 ｛外表皮 (Epidermis) —— 70～120微米，而手心达800微米，足跟达1400微米，而前额及耳的上皮仅30～40微米；厚度的一半是死的，其他一半转入死的。
真皮 (Dermis) —— 是外皮的下面，有血管、神经梢等。

人体的肉可分成组件及系统。而其单元为细胞。除了个别例外，象头皮的死细胞及红血球外，细胞是活的组织。细胞的直径在10～100微米，其质量10^{-9}克～10^{-6}克。所以人体中共有10^{13}～10^{14}个细胞。每个细胞是由外面的细胞膜，而中央有细胞核，核中有线状的染色体，染色体对细胞的分裂起控制作用。

② 我们要考虑的辐射主要是：光子，X-光及γ射线
电子，正电子 e^+ 及 e^-
质子，p
中子，n
α粒子，He^{++}
原子核，C.N.O......

因为这些辐射及粒子的寿命长，大部分是稳定的粒子。我们要知道的是他们对物质的作用。但是不同的辐射对物质的作用也不一样。

1. 光子：有三种作用，(i) 光电吸收：光子为原子所吸收，全部能量都传给一个原子的电子，而电子的动能，$T = h\nu - I$，I为电离能。
一个个光子的作用，一个个的消失。　　在低光子能时此为主要的。

(ii) Compton 散射：光子为电子所散射，电子也就分离。以上
在铝中，光子能量 0.050 兆电子伏 至 15 兆电子伏 ｝主要过程
在铅中，" 0.50 " " 5 " "

(iii) 在高能时光子直接产生"正负电子对"。电子对的运动能 $T = h\nu - 2m_0c^2$，m_0电子静质量，($m_0c^2 = 0.511$ 兆电伏)

$$I = I_0 e^{-\mu x}, \quad \mu/\rho = 厘米^2/克$$

光子的质量吸收系数，μ/ρ，厘米^2/克

光子能，兆电子伏	水	铝	铁	铅
0.1	0.167	0.160	0.342	5.29
0.15	0.149	0.133	0.182	1.84
0.2	0.136	0.120	0.138	0.895
0.3	0.118	0.103	0.106	0.335
0.4	0.106	0.0922	0.0918	0.208
0.5	0.0967	0.0840	0.0828	0.145
0.6	0.0894	0.0777	0.0761	0.114
0.8	0.0786	0.0682	0.0668	0.0837
1.0	0.0706	0.0614	0.0595	0.0683
1.5	0.0576	0.0500	0.0484	0.0514
2.0	0.0493	0.0431	0.0422	0.0451
3.0	0.0396	0.0353	0.0359	0.0410
4.0	0.0339	0.0310	0.0330	0.0416
5.0	0.0302	0.0284	0.0314	0.0420
6.0	0.0277	0.0266	0.0305	0.0455
8.0	0.0242	0.0243	0.0298	0.0471
10.0	0.0221	0.0232	0.0300	0.0503

2. 电子　电子与物质的作用基本上是电子与吸收物质中原子上的电子云的散射作用。因此，决定的因素是每单位总积中的电子数。由于这是大约与吸收物质的密度成正比例，不管是什么物质，所以电子的质量吸收系数与物质的性质无关。一般计吸量计到背景浓度时，称为电子的射程R，以 克/厘米^2，T_0为电子的能量，兆电子伏，

$$R = 412\, T_0^{1.265 - 0.0954\ln T_0}, \quad T_0 < 2.5\,\text{兆电子伏}$$

$$R = 530\, T_0 - 1.06, \quad T_0 > 2.5\,\text{兆电子伏}$$

注：第1行有"$I = I_0 e^{-\mu x}$，$\mu/\rho =$ 厘米^2/克"。这里I_0是原始光子射线束(通过物质以前)的强度(尔格/厘米^2·秒)，I为通过厚度为x的物质后的强度，μ称为吸收系数(或衰减系数)，其量纲为L^{-1}，ρ为物质的密度。因为光强的衰减应与物质的密度ρ有关，所以通常采用公式$I = I_0 e^{-\frac{\mu}{\rho} m}$。$\mu/\rho$称为物质吸收系数(或物质衰减系数)，其量纲为$L^2 M^{-1}$，$m = \rho x$是射线路径上每平方厘米横截面上吸收光能的物质的质量，其量纲为ML^{-2}。

对 α 粒子

3. 电子原子核等 如果这些粒子的能量很大，可以突破库仑势垒，那么就可以起各种原子核反应：(p,n), (α,n)；特高能时 $(\alpha,2n)$, (α,p), $(p,2n)$, (p,pn) 等。但是一般在粒子不太大的情况下，这些粒子的作用是离休用，引起一连串的碰撞把原子的电子打走去。它以物质的《阻止本领》来代表，如果 S 为 dE/dx 为每一个粒子走过单位路程在吸收物质中所失的能量，E 为粒子的动量（经典的）

$$S = -\frac{dE}{dx} = \frac{4\pi z^2 e^4 N}{m_e v^2} Z \ln\left(\frac{2m_e v^2}{I}\right)$$

其中 ze, v 为粒子的电荷及速度，m_e 为电子质量，Z 为吸收物质的原子序，N 为吸收物质每厘米中的电子数，I 为吸收物质的平均电离能。

因为 $E = \frac{1}{2}mv^2$，或 $v^2 = \frac{2E}{m}$，m 为粒子质量

$$S = \frac{4\pi z^2 e^4 N}{m_e \frac{2E}{m}} Z \ln\left(4\frac{m_e}{m}\cdot\frac{E}{I}\right) = 2\pi \frac{z^2 e^4 N m}{m_e E} Z \ln\left(4\frac{m_e}{m}\cdot\frac{E}{I}\right)$$

所以 E 相等时，α 粒子的"阻止本领"比质子大，C、N、O 等就更大。"阻止本领"中的能量消耗也主要是用来产电离；S 越大，每厘米路径的电离也就越大！而且越是 E 小，S 也越大！

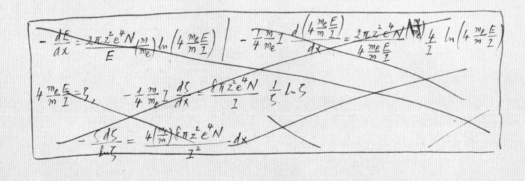

2. 中子。 在能量大的情况下（小于0.5兆电子伏），中子的作用有两种：(i) 弹性散射，(ii) 吸收进原子核而同时产生γ线（光子）。弹性散射及γ吸收都是（因为没有电荷~~会进入原子核~~，能直入原子核）对物质原子核的作用，原子核首先受到反冲作用，也产生正离子；其身就是电离作用。是有一定能量的

中子的~~数~~选择性大；一般作用截面小。弹性散射截面也小，截面范围 $(10^{-24}$ 至大 $)$

③ 对物质来说辐射的作用~~终了~~是电离作用。这从能量来说，所作用率数，也是最大的。对生物来说也就是电离作用是起决定性的破坏作用的。——化学作用。

电离作用的单位为伦，1伦是在每 //// 微米 中产生 1.6对离子电子，也就是 1.6×10¹² 对离子电子/厘米³，也就是每克空气中吸收 83 尔格能量。这也就成为另一个伦的定义。但是由于物质但不同，及在不同能量下电离作用不一，因此每克吸收 83 尔格为一伦差不一定准确。也吸收能量成一伦相当

	光子初始能量，千电子伏		
	835	124	12
脂肪	89尔格/克	84	42
筋肉	95	94	87
骨	157	245	883

而一个细胞体的大略为 10^0 至 10^6 微米³，故一伦在一个细胞中能影响 1000 至 1,000,000 个组成细胞的分子。

④ 但是问题的复杂性在于生物是有 1954年国际辐射单位委员会 (International Commission on Radiological Units) 以 100尔格/克 为一 ~~伦~~ "rad"，对X光及γ线（到3兆电子伏）rad 可以作为伦的等值看待。

④ 但是问题的复杂性在于生物是有自己修补能力的，所以一定程度的电离破坏可以修补。例如，我们地球表面的环境中，一天内对人体就有400微rad，即 400 μrad/日。

辐射的来源	μrad/日
人体的天然放射性	
钾-40	50
碳-14	4
铀（平均分布）	20
地面放出的辐射	
在火成岩上	400
在冲积层上	200
海面上	150
宇宙线	100
代表性的总和	400

我们却不感到任何破坏的效果。所以一定有一个电离率，在此以下人体能自动的维修。现在国际放射防护委员会（International Comission on Radiological Protection, ICRP）提议议用下列标准为安全：对光上

对造血器官眼、生殖腺 √	0.3 rad/周	0.05 rad/日
对皮肤	0.6 rad/周	0.10 rad/日
局部的对手、前膀是足足根、踝及胫	1.5 rad/周	0.25 rad/日

⑤ 由于各种辐射电离的集中程度不同，集中程度高就使得破坏也集中，不容易由生物修补。因此又加上一个《相对生物效应系数》，这对质子、α粒子、中子等相对生物效应系数就大于1。

	相对生物效应系数（苏联卫生部）
X-光及γ线	1
电子	1
α粒子	10
质中子	5
能量低于20兆电子伏的中子	10
〃〃 大于 〃	20

rad × 相对生物效应系数 = rem

⑥ 在大气层以上，在纬度 51° 以上，宇宙线的成分及其剂量 rad 如下：

粒子	Z	粒子流强度*	生物组织剂量，毫 rad/日
质子	1	4460	4
α	2	633	2.3
CNO	7	32	1.4
Mg	12	8.4	1.1
Ca	20	2.9	1.1
Fe	26	1.4	0.9

* 为每小时通过一个截面面积为 1厘米² 的圆孔的粒子数。

如果我们让质子的相对生物效应系数为5，而其他为10，则上表的剂量为 0.088 rem/日，似已太大。但是差别不太大，有了飞船的外壳及衣服也可以了。

⑦ (i) 但是在地球的内辐射带，这在西半球从 600 公里高度开始，向下可到 300 公里，离一个地球半径 6,000公里，粒子流强度（单位同上），为 $4\pi \times 3600 \times 1000 = 45,200,000$；为上述宇宙线总流强度（质子，100兆电子伏）的 1万倍！ ← 要 1厘米厚的铅皮才能挡住！

(ii) 而在地球的外辐射带，从离地心 20,000公里 至 60,000公里（赤道平面），

电子 $\begin{cases} 20\text{千电子伏}, & 10^9 /\text{厘米}^2/\text{秒}^{-1} \text{强度} = 4\pi \times 10^9 \text{/厘米}^2\text{/秒} \\ 1\text{兆电子伏}, & 10^5 \text{ "} = 4\pi \times 10^5 \text{ "} \end{cases}$

20千电子伏的电子，其射程为 0.7 毫克/厘米²
1兆电子伏的电子， " " 400 毫克/厘米²
} 可以用飞船结构来防护

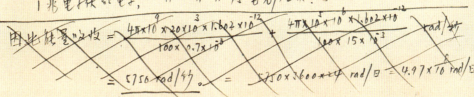

因此能量吸收 = $\dfrac{4\pi \times 10^9 \times 20 \times 10^3 \times 1.602 \times 10^{-12}}{100 \times 0.7 \times 10^{-3}} + \dfrac{4\pi \times 10^5 \times 10^6 \times 1.602 \times 10^{-12}}{100 \times 15 \times 10^{-3}}$ rad/秒

= 5750 rad/秒. = $5750 \times 3600 \times 24$ rad/日 = 4.97×10^8 rad/日

(iii) 以上的地阻辐射带了。可以利用两极地区的《帘》出去。

但是太阳的炫斑的爆发，可以把宇宙线强度加大一万倍左右，为时几小时；这是大约11年一遇。但此外还有炫斑的小爆发，经常有，宇宙线度加大一百倍。这是不能避开的；必需有警报方法。

⑧ 如果用原子能发动机，那就又有一类防中子的问题。中子不容易防护，因为它的射程大。有人建议在飞艇舱中设一防护室；室的外层用液氢以减中子也使成为热中子，然后用 B^{10} 来吸收。吸收所产生的 γ 线，用重物质如汞来吸收。液氢区可以用来最后冷却反应堆。

这里的问题是：如果原子发动机还在空气层中用，那么由大气产生大量的散射的中子，从多方面射向飞船船舱，而不光是挡住直接从反应堆来的中子。上述的约500吨推力的原子火箭，要用10吨左右的防护屏蔽。(1×2×2 米³ 的三人室)而这还是以短时加总辐射为约 <u>100 rem</u> 计的。

放射出物子内政！

第十二讲 飞船的设计问题

① 超重与失重问题：如果 $\vec{a}$ 是人体的在空间的运动加速度，$\vec{g}$ 是引力势的空间梯度，那么人所感到的重量与体在地面重量的倍数是

$$n = |(\vec{a} - \vec{g})|/g_0$$

g_0 为地面重力常数。在垂直起飞的瞬间如果 $|\vec{a}| = ag_0$，那么 $n = 1 + a$。而在卫星上时，$\vec{a} = \vec{g}$，那么 $n = 0$。

人的反应分清醒、忍耐、及伤损三个阶段。清醒不清醒是由于血液能不能供应到大脑；忍耐的发限是组织的破坏与否。

见图。是用离心机作实际的结果。现在一般的发射轨道及再入大气轨道都不成问题。当然并不舒服。

失重问题是不容易作试验；用飞机作抛物线飞行也只能搞 30-40 秒的失重。只能看作是初步练习。我们需要知道长期失重的情况。

失重状态的生理特点

持续时间长，完成的科学考察计划广泛，这是第二次宇宙飞行与第一次宇宙飞行主要不同之点。

大家知道，失重是人在宇宙飞行中所遇到的种种因素之一。可是，直到不久以前，关于失重对机体影响的性质一直是了解很少的。在地面条件下的局部短时间失重的例子，人们知道一些，但是，并不足以作出关于宇宙飞行的有科学根据的任何预测。关于长时期失重对于人在空间的定向能力、人的动作的协调、心脏—血管系统和消化系统的机能以及心理状态的影响，众论纷纭，互相矛盾。

这一切都迫切要求全面研究这一重要课题。在这方面，首先要求查明，失重对机体的生命攸关的机能——血液循环和呼吸——的影响性质，也就是说，要查明在失重中保留对人的生命安全到什么程度。而研究宇宙航行员在飞行中正常生命活动的可能性、他的工作能力、饮食、睡眠及其他活动的能力，也是同等重要的。

解决上面提出的问题，是极其困难的。这是由于制造一个在地面条件下模拟失重的专门试验台，是技术上特别复杂的任务。实际上，为了使人停止感觉到自身的重量，必须创造一种特殊条件，使感受器（神经末梢）的刺激完全停止。从感受器时则有脉冲流发往中枢神经系统，脉冲流向人传递身体在空间中的状态以及身体各部分状态的信息。

大家知道，依靠前庭器官、视觉器官和皮肤、肌肉、腱、关节、韧带的感受器这三个系统准确执行本身的机能，人才能在空间中定向，使动作严格协调。

前庭器官位于颞骨蜗轴的迷路中。它由位于三个平面上的三个半规管和一个耳石器官组成。借助半规管，人感受到角加速度，而耳石器官首先对重力变化发生反应。耳石器官位于几个半规管的连接处，它是一个腔，腔底布满敏感的神经细胞。神经细胞上长着极细的毫毛，上面有碳酸和磷酸钙盐的一些小结晶体—耳石浸在胶冻物质中。在头的位置或重力改变时，耳石对神经细胞的压力改变，因而使神经兴奋程度改变。神经脉冲从耳石器官传到中枢神经系统，根据收到的信息，利用一定的肌肉组，人体在空间的正确定向得以实现。

上述的各系统（前庭器官、视觉器官等等）都是互为补充的。

应当补充说明，前庭器官与 人的生存 神经系统是紧密相连的，植物神经系统调节诸如消化、心脏活动、血管伸缩、排汗等之类的动机能。因此，前庭器官机能的变化可能引起上述几个系统机能的重大变化。

研究失重对人的机体影响的第一批专门试验，是在地面试验台上进行的，试验台可以造成一到二秒钟的失重。可是，这些试验的结果并不能使研究人员满意，因为失重作用的持续时间太短了。给人穿上特殊服装，把人放入比重等于人体比重的液体中，用这种方法模拟失重状态的尝试，也是有意义的。这些实验，提供了在接近失重状态的条件下一部分神经感受器的活动已经中断时机体机能的材料。

[剪报内容：]

在飞机上作试验，使失重研究工作向前迈进了一大步。在快速飞机沿抛物线飞行时，不断增大的离心力会与重力平衡。在这种条件下，可以得到四十到五十秒钟的失重。

在飞机上进行的实验，可用来回答对这一不平常状态的主观感受，心脏—血管系统的反应、在空间中定向、动作协调以及其他某些问题。

通过试验查明，心脏—血管系统和呼吸系统的机能方面没有发生重大变化：脉搏和呼吸的频率和节律，动脉压力和心动电流图没有严重偏离标准状态。失重对视觉和听觉也没有显著影响。睁着眼睛进行空间定向和动作协调的能力也没有发生很大变化。证明这一点的是，受试验者可以完成相当细小的动作，例如在记事簿中记录，使用电报键等等。至于谈到主观感觉，则是各式各样的。有些人在失重状态中感觉自己很好。另一些人则产生一系列不愉快的情绪和感觉，表现为噁心，头晕，失去定向能力，感到旋转等等。的确，其中不少人在第二次飞行时适应性提高了，这证明锻炼适应失重是可能的。这是极为重要的一个情况。

由此看来，飞机上的试验是有助于查明许多情况的。但是，这一切只能认为对较短时间的失重作用是确实无疑的。与此同时，也很清楚，时间因素起重大作用。许多很重要的问题甚至不可能用飞机上作的实验来解决。因此，研究宇宙飞行中这一独特因素的下一阶段，是把狗、大鼠、小鼠等各种动物都初放在火箭里，后来放在卫星里进行研究。在一系列实验中，动物在失重条件下的停留时间超过了一昼夜，尽管如此，并没有发现对动物的生理机能或生命活动有任何显著的不良影响。这些实验的肯定结果，使人们作出结论：持续若干小时（直到一昼夜）的失重，对人的生命和健康是没有危险的。

1961年4月12日，尤·阿·加加林完成了宇宙飞行，在飞入轨道后，他在失重状态中停留了大约一小时。在尤·阿·加加林身上没有发现任何特殊的、不良后果。他进餐，写字，进行必要的观察，都没有感到特殊的困难。这是世界上第一个宇宙航行员极其重要的观察。

但是，宇宙飞行可能持续几星期、几个月、几年。必须对这个重要课题继续研究，就像研究长时期宇宙飞行中人的整个生活周期一样。

"东方二号"宇宙飞船医学考察的内容广泛的计划，包括研究人在宇宙飞船条件下生活一昼夜的特点，考察宇宙航行员在长时期失重的条件下的工作能力。

为了实现这个计划，使用了各式各样获得情报的方法。这些情报通过无线电传到地球上加以整理。在整理时，不仅利用了宇宙航行员从飞船上报告的对主观感受和感觉的估价，而且利用了自动纪录下来的客观数据。

在第一种情况下，情报是通过双方面无线电电话装置系统，以及用一定形式发出综合报告的方法来的。在第二种情况下，利用了电襞和遥测系统。现在，所有这些情报正在研究和整理中。

失重并没有影响宇宙航行员实现一切必需的本能的要求：进饮食，大小便，以至睡觉。自然，睡眠，特别是在刚入睡时，是不太安定的，食欲也有些减低。可以认为，食欲减低以及在宇宙航行员身上观察到的枢微的头晕和噁心，是由于前庭器官在失重影响下受到不平常的刺激而引起的。重要的是，前庭器官的这种变化症状在宇宙航行员刚一采取初始的预备姿态和使头部不作任何剧烈活动时，几乎就全部消失了。这种现象在睡眠之后有了相当程度的减轻，而在飞船返回地面超重作用开始后就全部消失了。

必须指出，在沿轨道飞行期间，在未睡觉的时候，格·斯·季托夫脉搏保持在每分钟八十至一百次之间，比初始指数稍有增加，而在睡眠状态时，脉搏下降到每分钟五十四至五十六次，和地面条件下相同。心动电流图上的形式和各要素，在整个沿轨道飞行期间，没有发生任何实质上的变化。

格·斯·季托夫在长期处于失重状态下的情况良好，没有发生任何病理上的疾患。只在前庭器官方面发现了某些变化，这些变化也没有影响到宇宙航行员的工作能力。在今后的考察中必须弄清楚，所发现的宇宙航行员在前庭器官方面的反应，究竟只是个人过于敏感的结果，还是宇宙航行员在失重条件下都会产生的。

如果属于后者，那么就有必要在飞船上制造人工重力，这可以利用专门的技术装备来实现。

分贝 $20 \log\left(\frac{声压}{0.0002}\right)$

（标定压力为 0.0002达因/厘米²）

② 噪声：在人耳中噪声不能达到 135分贝；而传其他了分贝也不应到 150分贝，不然就产生迷失方向、恶心、呕吐等。而在飞船及运载火箭起飞时，以及再入大气层时就可以达到甚或超过此水平，因此必需用隔声及吸声舱壁。

③ 振动：估计问题不大。因为飞船离发动机远。

④ 飞船舱舱的气层

"东方二号"宇宙飞船的结构

"东方二号"飞船由驾驶员座舱、仪器隔舱和制动发动机装置隔舱组成。

驾驶员座舱外表复有热保护层，可以防止它在稠密大气层中下降时受到高温影响。座舱壁上有三个舷窗和两个快速开启舱门。舷窗用耐热玻璃来保护，使宇宙航行员在沿轨道飞行期间以及下降时都可以进行观测。为了防止宇宙航行员眼睛受到太阳光的伤害，每一个舷窗上都装有带传动装置的鱼鳞板，在必要时可以用来关上舷窗。

在飞船座舱里装有保证生命活动系统和操纵系统的设备，部分无线电装备，飞船航行记事簿，宇宙航行员通过舷窗进行肉眼观测的光学装置，在飞行时观察宇宙航行员用的电视摄象机。

仪器隔舱中装有无线电装备、操纵设备和飞船温度调节系统。

宇宙航行员坐在飞船座舱的特制座椅中。座椅是一整套系统和装置，保证宇宙航行员可以长期居留于飞船座舱中，保证宇宙航行员在必要时安全脱离飞船和降落到地球表面。在座椅中有专门装置，保证在飞船起飞和进入轨道期间发生事故时，使宇宙航行员自动安全脱离飞船和着陆。在座椅中带有氧气储备和通风装置，保证穿着特制密封服——宇宙服的宇宙航行员的生活方便。此外，座椅中还有收发两用无线电台以及储备的食物和最必需的用品，供宇宙航行员在着陆后使用。座椅的支承面有合身的柔软的塑料垫。

在宇宙航行员离开飞船单独着陆时，座椅的降落伞系统可以保证他稳定而平缓地降落到地面或水面上。如果降落到水面上，宇宙航行员可以利用橡皮气艇，它在落到水面的瞬间会自动展开。此外，在落到水面时，宇宙服本身可以使宇宙航行员在水中保持仰卧姿势；宇宙服的隔热和密封程度可以使他在结冰的水中（温度摄氏零度）呆上12小时而没有不愉快的感觉。宇宙航行员把宇宙服穿在贴身的羊毛衬衣外面。宇宙服的头盔有一个带玻璃的"护眼甲"—舷窗，宇宙航行员可以用手打开它，用手关上它，如果飞船座舱内空气压力或气体成分超出容许标准限度，它也会自动关上。宇宙服及其各种系统使宇宙航行员甚至在座舱密封出事时也可以操纵飞船。

宇宙航行员在宇宙服外穿着一套橙红色联合服。

宇宙服的通风是利用座舱内的空气来实现的。

手操纵设备使宇宙航行员可以操纵飞船在空间中的定向，向选定的地区着陆，调整座舱大气参数等等。

宇宙航行员可以利用送话器、喉头送话器、电话和电动式扬声机，按照自己的意愿打开这些或那些元件，同地面谈话。

空气调节和压力调整设备，自动地维持座舱内的正常气体成分、温度和压力。

在必要时，宇宙航行员可以干预自动装置的工作，降低或提高空气温度，改变湿度和气体成分。

在"东方二号"飞船上装的是新的空气还原装置，它的部件和化学试剂组成都与"东方一号"飞船的空气还原装置不同，它更加完善。

特制的食物（果汁、巧克力、肝肉泥等等）装在软筒里，而水装在特制的小水箱里，宇宙航行员利用吸嘴和软管吸吮。格·斯·季托夫可以利用他所有的采访用的"康瓦斯"牌电影摄影机通过座舱舷窗拍电影。摄影机上还预备了一套可互换的镜头和彩色胶片。

"东方二号"飞船的飞行计划是围绕地球转十七圈。然而飞船的结构、食物、水、空气还原系统试剂、电源的储备，都可以用来完成更长时期的飞行。

在进入轨道以后，飞船即脱离运载火箭。在沿轨道飞行期间，飞船上的设备按照确定计划进行工作。

在飞经苏联领土上空时，发送遥测情报、检验轨道和发送驾驶员电视影象的设备即行开动。各地面站获得的运行参数测量数据，沿通讯线路自动发往计算中心，在那里用电子计算机加以整理。这样，在飞行期间不断确定轨道参数并预测飞船的运行。

装在飞船上不断以19.995兆周频率工作的"讯号"系统，用于飞船定位和发送部分遥测情报。

宇宙航行员在飞行期间同地面站保持了无线电通讯，发出了关于自己的感觉和飞行任务执行情况的报告，关于飞船设备工作情况的情报，接收了关于进一步飞行程序的指示。

通过无线电话线路从宇宙航行员那里获得的情报和遥测情报，在地面站加以整理，集中到飞行操纵指挥所。在分析获得的情报的基础上作出关于进一步飞行行程的决定。

按照任务规定，宇宙航行员在飞行期间应当：

——观察飞船设备工作情况，
——两次进行飞船手操纵试验，
——通过座舱舷窗从事肉眼观察，
——除了同地面的直接无线电通讯以外，在飞经苏联领土上空时每小时进行两次短波通讯，
——做体操，等等。

在宇宙航行员自己的感觉不好或飞船设备工作遭到破坏时，可以在任何时刻向地面下降。宇宙航行员可以自主地或在同飞行操纵指挥所商量后作出下降的决定。下降可以利用飞船手操纵，也可以利用自动系统。

在正常飞行情况下，下降预定在第十八圈开始时实现。计划规定利用自动系统。这时，在制动发动机装置开动以前，进行飞船自动定向。在制动发动机工作以后，飞船在轨道预定点上从自己的轨道转入下降轨道。在通过高温和超重作用区以后接近地球表面时，着陆系统即行开动，保证飞船以低速度着陆。

可以利用两种驾驶员着陆方法。

——在飞船中，
——在飞船外：使座椅连同宇宙航行员在不高的高空脱离飞船，宇宙航行员随后用降落伞降落。

在这次飞行中，格·斯·季托夫利用了后一种方法。

保证飞船中的生活条件

在实现"东方一号"和"东方二号"宇宙飞船的飞行以前,在确定座舱微气候参数,以及在整个飞行期间维持这些参数和进行检验的方法和工具方面,进行了大量的研究工作。根据对于在研究中阐明的座舱微气候各种要素(空气的压力、气体成分和湿度,气体介质的温度情况)变化的一般规律、座舱本身的结构和其中安置的装备的周密分析,对密封舱的技术和生理卫生要求作了全面论证,这些要求在已进行的历次宇宙飞船发射中证明是完全正确的。

人的机体能够在周围环境稍稍偏离正常的条件下保持正常的生命活动。然而,如果周围环境微气候要素变化达到巨大数值,机体的潜在能力用尽,机体和周围环境之间的"平衡"遭到破坏,就会出现个别生理系统和整个生命活动遭到破坏的情况。周围环境微气候要素任何偏离正常参数的情况,都会在机体中造成额外的生理负荷,降低人对于超重、失重状态、从超重到失重和从失重到超重的过渡状态等等的经受能力。

为了维持座舱微气候基本参数接近于正常,"东方二号"飞船上利用了空气还原系统。它一方面可以保证吸收人所排出的碳酸气和水蒸汽,另一方面可以释出呼吸所必需的确定数量的氧。

这个系统所释出的氧的数量(在确定范围内),是由宇宙航行员本身的需要来调整的。飞船座舱大气中的氧、碳酸气和水汽的含量偏离规定数值的情况,是用特制的敏感元件纪录的;自动调整器接收它们的讯号,调整着还原器中相应反应的进行速度。

空气还原装置除自动操纵外,还有另一套手操纵。宇宙航行员在必要时可以亲自操纵装置的工作,建立理想的座舱大气气体成分、湿度和温度。

在宇宙飞船座舱内维持必要温度,是通过专门的自动温度调节系统来实现的。为设计这一系统克服了一系列的困难,这些困难一方面来自人和正在工作的设备在单位时间内放出的热量经常有变化,另一方面来自座舱受到的太阳辐射热。

自动温度调节系统由两个迴路组成:通往密封舱空间的空气开端迴路,和装在座舱仪表隔舱内的专门热辐射器上的液体闭合迴路,两个迴路在宇宙飞船座舱中的空气——液体热交换器中联结起来。

宇宙航行员有可能自主地在摄氏正十度到二十五度的范围内调整飞船座舱空气的温度,超出这个范围则是自动进行的。

表明空气还原装置系统工作情况和宇宙飞船座舱大气状况的一切参数,宇宙航行员通过装在座舱内的仪表板上的各种仪表加以观测,这些参数通过无线电遥测装置发到地面。

在地面实验室条件下进行的大量实验表明,所设计的飞船座舱空气调节和还原系统,可以可靠地保证把座舱大气的压力、温度、湿度和气体成分维持在必要范围内。

可能的船舱内的要求:

1) 舱内气压 1 大气压至 0.583 大气压 (4,570 米高); 成分: 75% N_2 ±5%; 25% O_2 ±5%; CO_2 < 0.5%; H_2O < 0.005%; 温度 20°C ± 5.5°C; 相对湿度, 35% ± 10%。

2) 其他: (i) 辐射在 0.05 rem/日 以下
   (ii) 照明: 50 呎烛光
           波长 0.440 - 0.680 μ, 滤去有害的紫外线及红外线
   (iii) 正常噪声 40 分贝
   (iv) 振动, 从 100 赫至 500 赫, 双振幅小于 0.01 毫米;
        1000 赫以上及 60 赫以下,   "   "   0.0038 "。

人体的需要: <u>见表</u>

我们以下计算用: <u>每人每日用 3000 大卡; 用 0.91 公斤氧; 产生 1.135 公斤 CO_2;</u>
   呼吸比分 = 0.82;

问题二 — 是如何把人体所产生的 CO_2 及水吸除，并加入消耗掉的 O_2。

　　　　　　　　　　1.135 kg/人日;　　　0.545 kg/人日 (汗)

CO_2 及水
用吸收剂每人每日所需克数如下：

吸收剂	去 CO_2	去 CO_2 及汗中水
Li	325	400
Li_2O	700	840
MgO	920	1030
$Mg(OH)_2$	1335	—
$Na(\to Na_2CO_3)$	1050	1250
$Na(\to NaHCO_3 + Na_2CO_3)$	750	900
$CaO(\to CaCO_3)$	1290	1450
$CaO(\to \%\, Ca(HCO_3)_2)$	725	970

看来比较好的吸收剂是 $LiOH$。

O_2 的来源：1) 可以用现有的空军设备，液氧系统及气氧瓶系统。

2) 也可以同饮水的需要结合起来；用 H_2O_2；90% H_2O_2，150 kg O_2，同时产生 68 kg 水。

3) 也可以同吸收系统结合起来，用及性氧化钾：

$$4KO_2 + 2H_2O \to 4KOH + 3O_2 \quad R.Q. \tfrac{2}{3} = 0.67$$
$$4KOH + 2CO_2 \to 2K_2CO_3 + 2H_2O$$
但是总能 $\quad 4KOH + 4CO_2 \to 4KHCO_3 \quad R.Q. \tfrac{4}{3} = 1.333$　作试所

• 也有人提议用在舱中超氧压，(利用人能在氧分压 425 毫米汞至 100 毫米生存)。但加上失重，行不行？待研究。(飞能两结合)

⑤ 因为人每天用水量还是比较大的，所以，从一切都带的系统到一切都循环的系统，其中的第一步是把尿及其他污水纯化，再次及多次使用。

　　可以用　(i) 电能加热蒸馏 —— 太贵
　　　　　(ii) 日光加 " " —— 太大
　　　　　(iii) 离子交换法　⎫
　　　　　(iv) 冰结法　　　 ⎬ 较好
　　　　　(v) 电渗法　　　　⎭

这适用于一月左右的旅行。

⑥ 但为了当时一年或几年的旅行，我们必需改虑生物的共生循环；在飞船中形成一个小世界。只不过由于空间及重量的限制，我们必需大大提高世徨的密度及强度。例如有一种喜热性的小球藻，~~随~~其生长率最高时的温度为 40°C（一般的在 25°C），且每人只需 300厘米³ 的藻地就够用够。

　　但这是复杂的问题：
　　1. 生产的食物的营养价值（平衡不平衡）
　　2. R.Q. 呼吸比例分问题
　　3. 粗纤维等的比例 " "
　　4. 食物的花色问题
　　5. 稳定性问题　　　　　　　　　　　　　　　　　生物学
　　6. CO 的产生及排除问题（叶绿素光合作用）　　　　电子 } 问题
　　生物的扰动产生 熵，排掉（辐射）

总之是：太阳光为能源。　　但这是 30克/秒·人至 70克/秒·人

⑦ 在太空中还有许多微陨石。1微克的陨石可以穿透 1毫米的铝板。有人计算载人飞船，10毫米的铝或镁板，每三周才能有一次穿透。~~因此~~再小的陨石并不能穿透，而只是打毛表面，如沙冲洗。因此我们在设计中要改虑①双层壁，及太空航，秘舱分室的问题。避开小行星带？

⑧ 定向问题。 将来的飞船为了接受日光，进行观测等都需要把方位稳定下来。
　　但我们要注意到：变动方位的力距是很小的，其数量级为达因·厘米；而惯性很大，因此时间常数很大。这是完全另一类自动控制问题。

力矩

例如有时要使飞船的轴偏离动坞的方向,那么由于飞船足立动的差别,就能在每 10^3 秒之产生约 30 世用·厘米的力矩。而气动力矩约在 10·100,000 达因·厘米 之间。太阳光压也能产生达到 1,000 世因/厘米 的力矩。 (800km高) (1700km高)

方位观测

1. 观星法
2. 观对卫星来说,离地平线

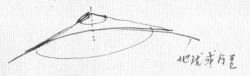
地球或行星

控制方法 用下列力矩

1. 喷气 —— 最好用电火箭发动机;300瓦的离子火箭发动机能给 500世因 的推力,也就够了。

2. 用飞艇结构中的飞轮 —— 大轮,低转速以减小起动功率。

第十三讲
飞船中的电源

① 飞船中的能源总要先变成电源才好用，所以能源实是电源的问题。有人估计各类飞行器的电功率量级如下：

	电功率，瓦
无人的地球卫星	10^{-2} 至 5
无人的行星际站	$5×10^{-1}$ 至 $2×10^3$
有人的飞船	10^2 至 10^6
有人的电发动机飞船	大于 $3×10^5$ 回

[1瓦 = 1×10⁷尔格/秒]

② 电源的能的来源可以有下列几种：
  1. 化学能 —— 如氢氧结合。 $1.3×10^{10}$ 尔格/克
  2. 日光 —— 在大气层外，1.38 瓩/米²，与离太阳距离的平方成反比。

  有时太大！→ 3. 裂变能 —— $7.1×10^{17}$ 尔格/克，但有时仅 1% 烧烧掉，$7.1×10^{15}$ 尔格/克

  利用 → 4. 裂变堆副生产的发射性原素；$Pm_2^{147}O_3$（氧化钷），半衰期 2.6年，$β^-$(0.23兆电子伏)
  0.053 瓦/克

  又例：钋²¹⁰, Po^{210}（由 $Bi^{209} + n^1 → Bi^{210} → Po^{210} + _{-1}e^0$），半衰期 138天，
  $α$ (5.30兆电子伏，4.5兆电子伏，$γ$ 0.80兆电子伏). 141瓦/克

  问题是功率是以指数马马虎虎下降的，在起飞时强度最大，也正是这时候容易出事故。必需有安全措施。

③ <u>电池</u>　理论值为反应的自由能。所实际上能做到的，则与结构有关。也与温度及放电率有关。表中数据是 20°C 环境及 20小时放电到 70% 电压降。放电时间短则容量小，温度小，容量也小；<u>见图</u>。

各种电池的性能比较:

电池品种	理论最大容量, 瓦时/公斤	现实容量 (在20°C, 24小时放电到70%电压时)	
		瓦时/公斤	瓦时/米³
铅－硫酸	165	22	61×10³
镍－镉	198	33	61×10³
汞－锌	220	88	244×10³
锌－氧化银	396	176	244×10³
氢－氧	3740	660 (包括气瓶)	306×10³ (包括气瓶)
锂－氧	5280	—	—

氢氧电池

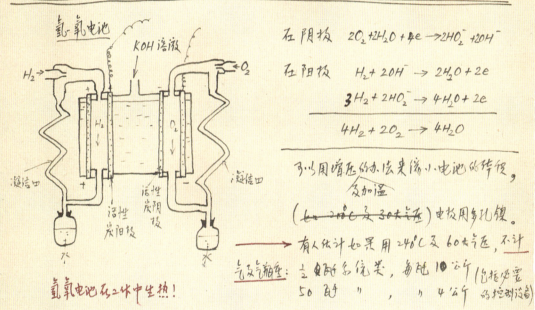

在阴极 $2O_2 + 2H_2O + 4e \rightarrow 2HO_2^- + 2OH^-$

在阳极 $H_2 + 2OH^- \rightarrow 2H_2O + 2e$

$\underline{3H_2 + 2HO_2^- \rightarrow 4H_2O + 2e}$

$4H_2 + 2O_2 \rightarrow 4H_2O$

可以用增压的办法来缩小电池的体积，及加温。

(如 200°C 及 30大气压) 电极用多孔镍。

→ 有人估计如果用 240°C 及 60大气压，不计气及瓶重: 主机所需氧类，每瓩 10公斤 (包括必要的控制设备)，50瓩 " , " 4公斤

氢氧电池在工作中生热!

如果用作二次电池 (蓄电池)，铅-酸、镍-镉、锌-银都行，但在失重状态下要注意充电时发生气体的问题，气泡如何从液体中上升？

镍-镉电池可以密闭，如何充电不太快。但这降低了容量，只能只有 2瓦时/公斤!

④ 从苏联的工作中看出来：在两天以下的系统用银·锌电池等。两天以上用太阳光电池。

半导体中的电子平常是位于价电子能带中的，这是充满的。在价电子能带以上有一个能位间隔，（在硅晶体上为1.2电子伏）；再以上是自由电子能带，是平常是空的。当半导体为光所照射时，也就是受光子的打击时，电子受激发，跳到自由电子能带，同时形成一个空穴。在电场作用下，电子及空穴反向扩散，形成电流。也就是半导体在光子激发下发电。

要电子能从价能带跳到电导带必需一定的能量（在硅晶体为1.2电子伏），这就是光子的能量；因此光子波长必需短于一定的值才有效。更长的波长透过半导体而不被吸收。更短的波长能也大，有些浪费。但太阳光中各种波长都有，如果阈值低了，更多的光子能激发电子，这是好的；但许多光子的能量有浪费。如果阈值大了，较少的光子能激发电子，这不太好；但光子的能量浪费较少。所以有一个最好的阈值。对某一种光如果我们近似地以太阳光为6000°K的黑体辐射，那么最好的阈值相当于11,000 埃的波长（即1.1微米波长）。而效率为44%。
差不多相当于1.2电子伏。

用纯硅加入极小量砷(As)使变为 n 半导体。结成3厘米左右，直径20厘米左右长的单晶；然后切成薄片。每片加热到熔点以下，在 BCl_3 气中渗上硼；形成一表面 p 半导体。然后把底面的 p 层侵蚀掉。如图。

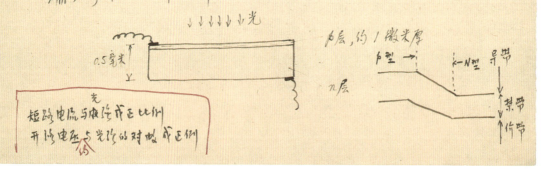

光
短路电流与强度成正比例
开路电压与光强的对数成正比例

[每个电池 0.3伏]

在20°C时，硅电池在太阳光之体的效率为14%（设虑到表面反射而失去10-5%光，效率实接近±世经告的14%）。自然大面积的电池还有因接头及半导体中了电阻而引起的损耗。半导体温度升高也是不利的，效率也会降低，在100°C时，效率会降到20°C时的一半。

- 有人提议用聚光的办法，用轻质聚光镜把光的强度增加几倍，如果同时不致引起半导体温度的上升，则效率不因光强而变，但每单位面积功率与光强成正比例。

- 现在的技术水平：电池本身 5斤/瓩
         总体   25斤/瓩 —— 这了以减少
             （包括控制及电线）
          ↑
        在阴影中打开线路

因为每个电池电压小，应用串联：

- 为了卫星，必须致虑有阴阳面，要加电蓄池。

其他同类的了能光电装置：1. 电子的光发射 —— 用铯
           2. 光化学电池，光离解等。

- 我们应该致虑到微流星或微陨石的侵蚀作用。
- 而輻射剂量 $10^5 \sim 10^7$ rad 也会损坏硅电池的作用。

⑤ 如果附加振动及转动惯性不成问题，那么毛功率为几个以至十几个瓩以上的电源，最可靠的还是汽轮发电机。这里又分用化学燃料的排气或汽轮——最简单；及用原子反应堆为热源的凝冷式闭循环 直接 开循环
汽轮——比较复杂，有凝冷回重量的问题。[高凝冷温度，用永冷工质]。

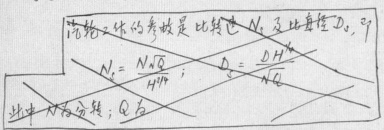
汽轮之体的参数是比转也 N_s 及比直径 D_s，了
$$N_s = \frac{N\sqrt{Q}}{H^{3/4}} \quad ; \quad D_s = \frac{DH^{1/4}}{\sqrt{Q}}$$
此中 N 为分转；Q 为

现在看来对大约一月左右的使用时间，如果用 H_2O_2 及 N_2H_4 为燃料，在 1 至 10 瓩力的功率范围内，每瓩约至 15 斤。如果用液氧液氢 H_2 总重量自然可以大大减小。但这不包括发电机重量。

· 发电机最好没有电刷，以免跳火花。因此可以用永久磁铁为磁极。这是交流电机，2 极 400 赫→ 24,000 转/分；2 极 800 赫→ 48,000 转/分。耗约 5%。

· 为了电火箭，也应该用静电电机，以求得极高的电压。在飞船环境中，高真空是有利条件。有人估计 100 瓩，10,000 转/分，1 兆伏发电机（100,000 伏）的重量只 10 至 20 斤，而传线只 0.03 米。

· 大型汽轮发电机，每瓩约重 0.25 至 1 斤。

⑥ 最好的热电偶发电机运转情况是: 效率

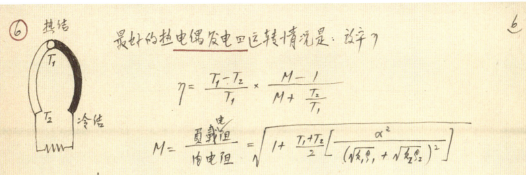

$$\eta = \frac{T_1-T_2}{T_1} \times \frac{M-1}{M+\frac{T_2}{T_1}}$$

$$M = \frac{\text{夏载电阻}}{\text{内电阻}} = \sqrt{1+\frac{T_1+T_2}{2}\left[\frac{\alpha^2}{(\sqrt{k_1\rho_1}+\sqrt{k_2\rho_2})^2}\right]}$$

$$\alpha = \frac{\text{热电力}}{\text{电力}} \text{ (伏/°C)}$$

$\frac{\text{瓦}}{\text{厘米·°C}} = k = $ 导热率，$\rho = $ 电阻率 = 欧姆厘米，$1, 2$ 为电偶的两支。

此时我们忽略汤姆孙加热（即对一个均匀导体，在具有温度梯度下导电所吸收或放出的热），而如果 l 为一支的长度，A 为一支的截面，

$$\left(\frac{A_1}{l_1} \cdot \frac{l_2}{A_2}\right)^2 = \frac{\rho_1 k_2}{\rho_2 k_1},$$ 一般 $l_1 = l_2$ 以便行结构设计。

● 因此为了提高效率，我们一方面提卡诺循环的效率；另一方面是提高 M，即就是尽量提高 α，减小导热率及电阻率。而对金属来说 k 及 ρ 不能同时减少，$k\rho$ 是一个常数 (Wiedmann-Franz 规律)。这就是为什么半导体才解决了这个问题；用 n 及 p 材料。n 及 p 材料一端加热一端冷却时所产生的电势相反。半导体热传导靠晶格振动，很小；而电阻导电靠电子或空穴的约动，ρ 也很小。

碲化铋 例如 Bi_2Te_3 的 $M = \sqrt{1+\frac{\alpha^2}{2}\frac{T_1+T_2}{T_2}}$, $\;\; \lambda = 0.173$
碲化铅 $PbTe$ $\;\; \lambda = 0.32$

n-p 式热电偶
$T_1 = 600°K$
$T_2 = 300°K$
$\eta_{op} = 7.4\%$

美国的 SNAP III (3M-1 热电偶)

材料 $\;\;$ p 及 n 型碲化铅
A_n/A_p $\;\;$ 0.89
每对的电阻 $\;\;$ 0.0752 欧 欧姆
热端温度 $\;\;$ 593°C
冷 " $\;\;$ 204°C
功率 $\;\;$ 5瓦

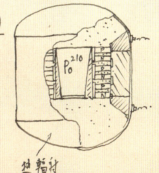

热辐射

最高效率时的电压	2.8伏，直流
内阻电阻	2.03 欧姆
负载电阻，最高效率时	2.12 "
电偶对数	27
直径	12.1 厘米
高	14 "
重量	2.27 公斤
总效率	~5%
到第一半衰期的总功	8000 瓦时
" " /重	3530 瓦时/公斤

在小功率时比电池好。

因此这一类的电源显然比较简单，又无振动，而且比较成<s>功</s>。但是不太理想。效率又太高，又比较重，功率不能太大。

⑦ 为了提高功率及提高工作温度，以便在冷面散热。现在看来,我们有两个办法：其一是所谓热电子发电机：这是利用金属及其他导体中的电子，在物质热运动造成的高能量下逸出固体表面。其每平方厘米表面的电流 J_s 为 Richardson 公式所给出

$$J_s = A_r T_1^2 \, e^{-\phi_1/kT_1}$$

(°K)

T_1 为发射电子的表面温度。ϕ_1 为 work function。A_r 为物质常数。

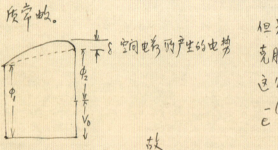

δ 为间电场所产生的电势

但是要真能从 1 到 2 的电子必需克服 $\delta + \phi_2 + V_0 - \phi_1$ 的电势，而俱有这么大能量的电子为总电流的

$$e^{-(\delta + \phi_2 + V_0 - \phi_1)/kT_1}$$

故

$$J_{1\to 2} = A_1 T_1^2 e^{-\phi_1/kT_1} e^{-(\delta+\phi_2+V_0-\phi_1)/kT_1}$$
$$= A_1 T_1^2 e^{-\phi_2/kT_1} e^{-\delta/kT_1} e^{-V_0/kT_1}$$

而类似地，$$J_{2\to 1} = A_2 T_2^2 e^{-\phi_2/kT_2} e^{-\delta/kT_2}$$

所以净电流为
$$\boxed{J_0 = J_{1\to 2} - J_{2\to 1} = A_1 T_1^2 e^{-\phi_2/kT_1} e^{-\delta/kT_1} e^{-V_0/kT_1} - A_2 T_2^2 e^{-\phi_2/kT_2} e^{-\delta/kT_2}}$$

而功率为 $\boxed{P_0 = J_0 V_0 - P_1,}$ P_1 为外界接头的损耗。

各种物质表面的发射热电子性能

物质	A, 安/厘米^2/$°K^2$	ϕ, 伏	ϕ/k, $°K$
钨 (W)	60	4.52	52,400
含钍的钨 (Th-W)	3	2.63	30,500
氧化钡锶 (BaO-SrO)	0.01	1.04	12,000
钼 (Mo)	55	4.15	48,100
铂 (Pt)	17,000	6.26	72,500
镍 (Ni)	1,380	5.03	58,300
钽 (Ta)	60	4.07	47,200

空间电荷

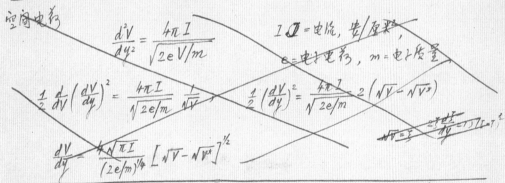

$$\frac{d^2 V}{dy^2} = \frac{4\pi I}{\sqrt{2eV/m}}$$

I = 电流, 安/厘米^2, e = 电子电荷, m = 电子质量

$$\frac{1}{2}\frac{d}{dV}\left(\frac{dV}{dy}\right)^2 = \frac{4\pi I}{\sqrt{2e/m}} \cdot \frac{1}{\sqrt{V}} \qquad \frac{1}{2}\left(\frac{dV}{dy}\right)^2 = \frac{4\pi I}{\sqrt{2e/m}} \cdot 2(\sqrt{V}-\sqrt{V^*})$$

$$\frac{dV}{dy} = \frac{4\sqrt{\pi I}}{(2e/m)^{1/4}}\left[\sqrt{V}-\sqrt{V^*}\right]^{1/2}$$

空间电荷作用的来源是：当有一定的电流流向 1-2，那么 1-2 之间就有电子，这些电子的存在对从①发出的电子有排斥作用，从而要克服 δ 的电势。所以这是不利的。为了减少空间电荷的作用，我们可以

尽量减少1-2之间的距离。实际型的热电子发电机用到 $y = 0.001$ 厘米 引 10微米。这样 $T_1 = 1540°K$, $T_2 = 800°K$; 用表面加铯钨锶氧化物的钨板, 在 $V_0 = 0.6$ 伏时, 效率已可达到约13%, 而每厘米²电极表面积仅的功率为约 0.6瓦。即 6瓩/米²。

但是这样近的电极之间的距离, 对设计有很大的困难。因此

1) 用等离体的二极管: 铯原子碰到热阴极离解, 同时不但有电子, 也有铯的阳离子, 因此中和了电子的作用。这样可以增加两极之距离。实际结果达到 0.5 厘米的距离, 效率可以达到15%。

2) 用磁场,

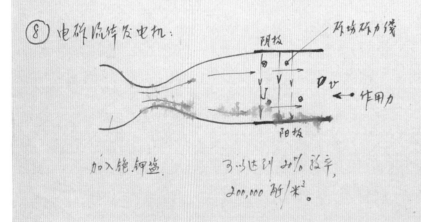

附论分析说可以伏到 45%的效率, 且功率达 50瓩/米² — 阴极。

⑧ 电体流体发电机:

加入铯钾盐。 可以达到 20%效率, 200,000瓩/米³。

火箭技术概论

第一次测验题（1小时半）

(I) (1) 什么是第一宇宙速度？什么是第二宇宙速度？什么是第三宇宙速度？具体数值分别是什么？

(2) 如果我们只给出一个行星的质量和直径能否求出这个行星上的第一宇宙速度？第二宇宙速度？第三宇宙速度？

(3) 化学火箭（即以化学变化为能源的火箭）燃烧室内燃气的温度大约多高？燃气分子量大约多大，在什么范围内变化？燃气温度能否再高些？说明理由。

(4) 现在的液体推进剂火箭发动机的重量与推力比是多大？每一吨推力所需涡轮泵的功率（以马力计）在什么范围？

(5) 用液体推进剂，估计一级火箭所能达到的齐奥尔澗天斯基速度（即不计重力损耗及空气阻力的速度）同样估计二级火箭的和四级火箭的。

(6) 如果 c_1, c_2, c_3 分别是第一、二、三级火箭发动机的有效喷气速度；$M_0^{(1)}$, $M_0^{(2)}$, $M_0^{(3)}$ 分别为第一、二、三级火箭发动机点火时的火箭质量；$M_1^{(1)}$, $M_1^{(2)}$, $M_1^{(3)}$，分别为第一、二、三级火箭发动机熄火时的火箭质量。那么如果用这样的三级火箭来发射一个24小时周期的人造地球卫星

$$c_1 \ln \frac{M_0^{(1)}}{M_1^{(1)}} + c_2 \ln \frac{M_0^{(2)}}{M_1^{(2)}} + c_3 \ln \frac{M_0^{(3)}}{M_1^{(3)}}$$

该有什么数值？（可参看第五讲 P.14）

(II) 用牛顿力学计算一个中心力场的质点运动，以力场的中心为极坐标 (γ, θ) 的原点，作用在单位质量上的向心力是 μ^2/γ^2

μ 为常数，如果运动是双曲线型的，当 $\gamma \to \infty$ 时，质点的速度为 V_∞，方向是向心的，这时 $\theta = \theta_1$；而在近地点时 $\theta = 0$，因此，γ，θ 之间的关系为 $\gamma = \dfrac{p}{1+\varepsilon \cos\theta}$，其中 p，ε 为常数，被 θ_1，V_∞ 所决定。

求出(1) 近地点的速度（用 V_2 代表）与 μ，V_∞，θ_1 的关系。

(2) 近地点的 γ（用 γ_2 代表）与 μ_1，V_∞，θ_1 之关系。

$$p = \frac{V_0^2 \gamma_0^2 \sin^2\alpha}{\mu^2} = \frac{V_\infty^2 \gamma_\infty^2 \sin^2\alpha}{\mu^2}$$

$$\varepsilon = \sqrt{1 - \frac{V_0^2 \gamma_0^2 \sin^2\alpha}{\mu^4}\left(\frac{2\mu^2}{\gamma_0} - V_0^2\right)} = 3$$

$\gamma \to \infty \left(\dfrac{\mu^2}{\gamma^2} = 0\right), \quad V_0 = 0$

$\sqrt{1 - V_0^2 \gamma_0^2 \sin^2\alpha}$

$\varepsilon < 3$, $1 < 3$

附录　学生笔记及习题

085~087页为尹协远同学当年所作课堂笔记中"第三讲　火箭发动机的类型及其发展情况"部分。

这种燃料的缺点就是发氧、液氧用完要很快使用，这个火箭的二级到这种燃料，那就不太好。这它会大，而运载[卫星]由于有自燃，就方便。

美国种"第一级宇宙神"用的液氧，第二级半人马座

液体火箭发动机的例：

1° V-2，酒精、液氧、水冷。
燃烧室，内部大零件，主大装置。

2° H-1，用于土星，液氧、煤油，比冲: 270sec.
压力比 8:1，发力2480000lb，室压1120,
混合比 5:1，地8比冲 255sec.
来氧加膜，煤、氢，传热效率比V-2好，主冷膜1/2另. 冷却剂同大喜10%由管中加到回收动.
考动，点火材质用入的掺入三乙铝 = (C₂H₅)₃Al，6°
离氧自发火.

涡轮23千瓦，比转38万。开速时同转
转速6000转[秒]，流燃了千瓦，主涡轮功
91吨。

3° F-1，液氧、煤油，推680吨，比酒京工

转1米，喷口直径4.4米，全长5.6米，高温1.8米
高1.8米，宽1.14米，功率6万马力，每秒流量0.2吨
煤油1吨，总重6.8吨，目前在试车.

4° LR-115 O₂+H₂, H₂二级原。密度大，不易打
用H₂冷却，更要用管规格。制止了气发生，怎
低温的) 燃料比，吹过涡轮，大体腾于中河冲.
推力，无烧气发生的。用H₂气吹过涡，压缩自
率，推6.8吨，设计效率空，膨胀比40:1，比冲
420秒(另空)，燃烧室压力1大气.

液体火箭发动机的设计考虑：
1° 选推进剂
2° 决定在动机形式；燃料直径、推力及力级压力、燃烧室
压力、工作温度、膨胀比、喷力密度、燃烧室尺寸

大燃烧时间 $P_c \sim P_c$ (不稳定) 推量 $\sim P_c \cdot A^*$
(在一种药的控制下，但是不变)，主燃烧室截面 A_c
如燃烧室中压力 P，1秒变 = 率入 $P_c \cup A_c$
率入 $= P_c A^* = $ 产量 $= P_c \vee A$
$\nu = $ 率数 $\frac{A^*}{A_c}$ 无推燃烧长 ℓ，烧时间
$\frac{\tau}{A_c} = \frac{SA^*}{A_c} = \frac{m燃烧意义率}{A^*} = 1^* $ (特征长度)
亲来，燃烧时间同数仅有级反比例，对于不烧
对一种推进剂和比大的装置，是常数值.

手稿难以完整辨认,以下为尽力识读的内容:

$l = d_c$, $A_c = \frac{\pi}{4}d_c^2$, $A_c \cdot l = \frac{\pi}{4}d_c^3$

4. 燃烧稳定问题是另一对头。
定出大致尺寸,做出燃烧室模型(不降低声音),
不加冷却层,也进行燃烧试验。稳定问题一费时
烧坏,排到有无 无稳定后,再降低
已可作为型架

5. 喷射速度参数,泵设计,气含量 同进口压力有关
泵的试验 阀门需可自动控制(调节四)
↑
三个同时进行

B. 涡轮泵组设计

调节四,泵,燃烧室气阀,涡轮,涡轮燃烧气热源
试验 向空中放,没有收集问题
涡轮泵,燃烧定案,发动机综合试验

试验车很大 下一层 去各60米 请苏专家 地面20米
地下12~9米 车约30米 火箭气体40米 试验中
无燃烧水,吸入 筛动原空
试验一发动机,每只要损失40万元,中间2车 都作
各地推力泵功率 20~50吨,平台换发40吨另
力合
模型号主会试验台

国际发动机
出功率 双泵苏在200万

2. 首推射入地推比大亮,燃烧压力3万公斤, 结构复杂
压数有半吨以上 苯革
1945年就设计,后来试在石壁上 由中央启起发动
机械的 长时间燃烧 3 秒次不完, 可使外壳热覆
12秒左右, 可用重合材料, 但没有时间。
200公斤/cm² , 925度时间 14 大全合
结构质量占 有 10% 以下
结构简单

7. 用同公斤, 燃烧均方程较, 大燃尼 ∽ p_c^n
热问题, 流集压力问题

第四节
一、要做运载火箭的论问题
二、结构重量
三、结构
四、设计过程
五、发射场
2. 乙战火箭和发电机的研究问题
一、导弹问题。各级推重比、上级,在第一级作用完后
起来、举箭的20、下5本金时的采率要求。
2. 不同级火箭所用的不同, 各级不同过级可用的级数
和(不同温情况,不同材料,不同设计方案,一般应略略
表,为结构式子)下来设计结果。

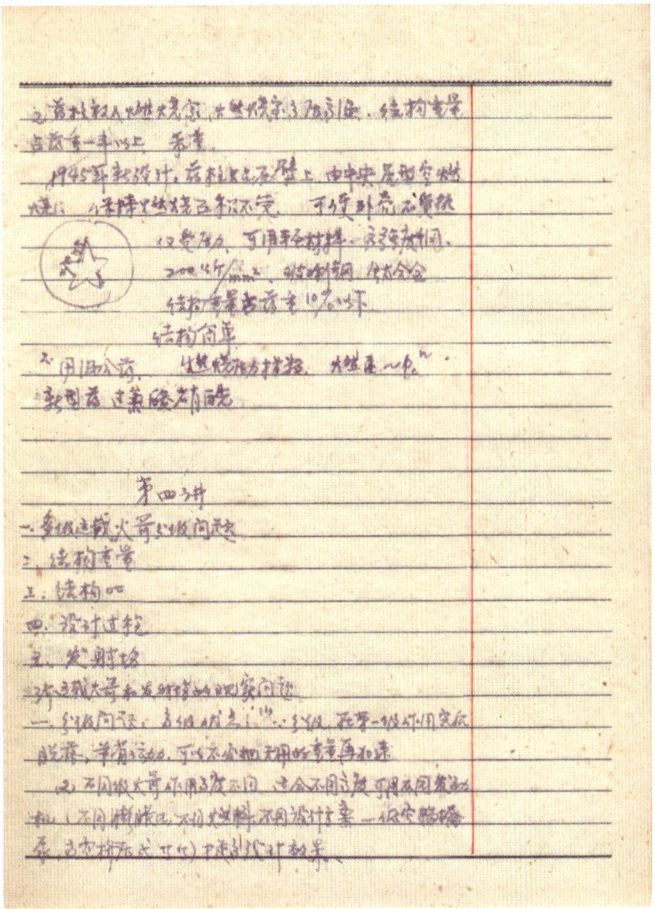

088～091页为吴永礼同学当年所作课堂笔记中"第五讲 运载火箭从地面起飞的轨道问题"部分。

随时可以做样机了,可以对地面设备部门提出要求。
⑤发动机、控制系统部分门的工作结束了,可以进行推力的试验(一般作几个这样的火箭)、破坏试验(静力试验)一般经过修改结构过关后,加上发动机、控制系统进行试验(发动机控制系统单独也进行过试验)。用模拟仪器试验控制系统试验。以上的试验是在工厂中进行的(水平放的试验)。然后再到合机试车台上进行垂直的测试试(垂直测试中要遇到些新的问题)。节一级点火试验控制系统在发动机工作的振动中能否工作。
⑥发射(经过地面上各种试验以后)。发射第一级,再装模型上发射节一级,再试第二级第三级,试射成功后方才真正发射。

四发射场:
发射台,装配及工作塔(可移动)、地塔(脐带塔)、经塔室(训练指挥 塔)、发射台地下室(气瓶室、发电机组、蓄电站、推进系统继电器组、点火系统、控制系统继电器组 和回路控制系统)、掩体室(垂直测试室、直交流指示室、推进系统室第二级第三级室、飞行控制槽、遥测槽、推进剂加注槽、程序控制槽、制导系统测试槽、二三级测试槽)。此外还必须要有下列装置。
计时系统、雷达跟踪、测定火箭的飞行速度的装置、无线电系统(定位)……

第五讲 运载火箭从地面起飞的轨道问题
从地面起飞要分二部分:㈠是①在离地面较近部分飞行,这里飞行要考虑空气的阻力,但可以不考虑地重力的变化。由于离地面较近所以地球的弯曲和地球表面的曲率可以忽略(也即重力加速度方向不改变)
㈡离高地面较高部分,这时空气的阻力可以不考虑,但必须要考虑重力场的变化。

U - 飞行轨道
L - 升力
D - 阻力
T - 推力
Mg

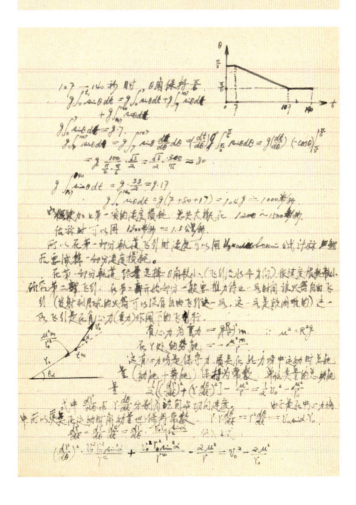

$$\therefore d\theta = \frac{-d\left(\frac{V_0 r_0 \sin\alpha}{r} - \frac{\mu}{V_0 r_0 \sin\alpha}\right)}{\sqrt{V_0^2 - \frac{2\mu^2}{r_0} - \frac{V_0^2 r_0^2 \sin^2\alpha}{r^2} + \frac{2\mu}{r}}}$$

$$= \frac{-d\left(\frac{V_0 r_0 \sin\alpha}{r} - \frac{\mu}{V_0 r_0 \sin\alpha}\right)}{\sqrt{\left(V_0^2 - \frac{2\mu^2}{r_0} + \frac{\mu^2}{V_0^2 r_0^2 \sin^2\alpha}\right) - \left(\frac{V_0 r_0 \sin\alpha}{r} - \frac{\mu}{V_0 r_0 \sin\alpha}\right)^2}}$$

积分得 $\cos(\theta - \theta_0) = \dfrac{\frac{V_0 r_0 \sin\alpha}{r} - \frac{\mu}{V_0 r_0 \sin\alpha}}{\sqrt{V_0^2 - \frac{2\mu^2}{r_0} + \frac{\mu^2}{V_0^2 r_0^2 \sin^2\alpha}}}$

θ_0 为积分常数.

$$r = \frac{\frac{V_0^2 r_0^2 \sin^2\alpha}{\mu}}{1 + \left\{\frac{V_0 r_0 \sin\alpha}{\mu} \sqrt{V_0^2 - \frac{2\mu^2}{r_0} + \frac{\mu^2}{V_0^2 r_0^2 \sin^2\alpha}}\right\} \cos(\theta - \theta_0)}$$

这是椭圆方程. $r = \dfrac{p}{1 + \varepsilon \cos(\theta - \theta_0)}$ ε 为偏心率.

若 $\varepsilon = 0$ 方程为圆的方程.
   $0 < \varepsilon < 1$ 椭圆方程.
   $\varepsilon \geq 1$ 双曲线方程.

现在 $p = \dfrac{V_0^2 r_0^2 \sin^2\alpha}{\mu}$ $\varepsilon = \dfrac{V_0 r_0 \sin\alpha}{\mu}\sqrt{V_0^2 - \frac{2\mu^2}{r_0} + \frac{\mu^2}{V_0^2 r_0^2 \sin^2\alpha}}$

可以肯定 $\varepsilon < 1$ (当 $V_0^2 - \frac{2\mu^2}{r_0} = 0$ 时 $\varepsilon = 1$. 现在 V_0 是小于第二宇宙速度故 $V_0^2 - \frac{2\mu}{r_0} < 0$. $\therefore \varepsilon < 1$). 椭圆方程

近地点 (r最小), $r_{近} = \dfrac{p}{1+\varepsilon}$ $\theta = \theta_0$.
远地点 (r最大), $r_{远} = \dfrac{p}{1-\varepsilon}$.

设 a 为长半轴 则有 $r_{近} + r_{远} = 2a$.

$\therefore 2a = p\left(\dfrac{1}{1+\varepsilon} + \dfrac{1}{1-\varepsilon}\right) = \dfrac{2p}{1-\varepsilon^2}$

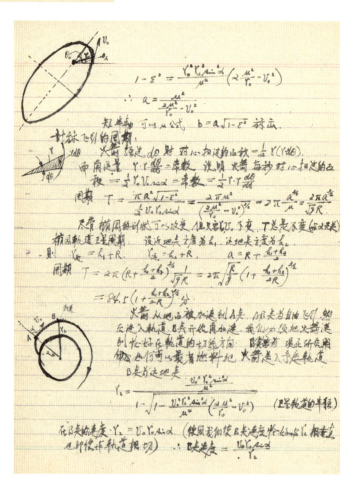

$1 - \varepsilon^2 = \dfrac{V_0^2 r_0^2 \sin^2\alpha}{\mu^2}\left(\dfrac{2\mu^2}{r_0} - V_0^2\right)$

$\therefore a = \dfrac{\mu}{\frac{2\mu}{r_0} - V_0^2}$

短半轴 可以从公式 $b = a\sqrt{1-\varepsilon^2}$ 求出.

计算飞行的周期.

火箭经过 $d\theta$ 时对中心扫过的面积 $\frac{1}{2}r(rd\theta)$.

而角速度 $r \cdot V_0$ 等于常数. 说明火箭每秒对中心扫过的面积 $= \frac{1}{2}V_0 r_0 \sin\alpha = $ 常数 $= \frac{1}{2}r \cdot r\dfrac{d\theta}{dt}$

周期 $T = \dfrac{\pi a^2 \sqrt{1-\varepsilon^2}}{\frac{1}{2}V_0 r_0 \sin\alpha} = \dfrac{2\pi a^2}{\left(\frac{2\mu}{r_0} - V_0^2\right)^{1/2} \mu^{1/2}} = 2\pi \dfrac{a^{3/2}}{\sqrt{\mu}} = \dfrac{2\pi a^{3/2}}{\sqrt{gR}}$

尽管 椭圆的形状 T 不改变 但只要 a 不变. T 总是不变 (故 a 是定)

椭圆轨道之星周期. 设近地点之高为 h_1, 远地点之高为 h_2.

则 $r_{近} = h_1 + R$, $r_{远} = h_2 + R$. $a = R + \frac{h_1 + h_2}{2}$

周期 $T = 2\pi (R + \frac{h_1+h_2}{2})^{3/2} \frac{1}{\sqrt{gR}} = 2\pi \sqrt{\dfrac{R}{g}}(1 + \frac{h_1+h_2}{2R})^{3/2}$

$= 84.5 (1 + \frac{h_1+h_2}{2R})^{3/2}$ 分

火箭从地点 A 被加速到 B 点. 但是为目的飞行. 然后进入轨道. B 点开始再加速. 我们必须把火箭送到恰好在轨道的切线方向. 跟跟者 现在所要讨论的是 如何才能最有效地把火箭送入卫星轨道.

B 点为近地点 $r_0 = \dfrac{V_0^2 r_0^2 \sin^2\alpha}{1 - \sqrt{1 - \frac{V_0^2 r_0^2 \sin^2\alpha}{\mu^2}\left(\frac{2\mu^2}{r_0} - V_0^2\right)}}$ (卫星轨道的半径)

在 B 点的速度. $V_B = V_0 r_0 \sin\alpha$ (使因我们使 B 点速度恰好与 r 相垂直 也即使恰好沿轨道相切) $\therefore B$ 点速度 $= \dfrac{V_0 r_0 \sin\alpha}{r_0}$

但此速度是不足以保持卫星在轨道飞行，轨道速为 $\sqrt{\mu/r_2}$

所以最后加速度的速度增量为 $\sqrt{\mu/r_2} - U_2 \frac{r_0}{r_2} = (\Delta V)^*$

这载火箭各级用 Циолковский 公式来估计. 起飞时速度 $= U_0 + $ 模数 $+ \frac{\mu}{\sqrt{r_0}} - U_0 \frac{r_0}{r_2}$ (第二次加速没有损耗)

给定 r_0: 模数不变（变化不大则可）r_2 为所欲走的卫星轨道半径.

现在研究 U_0 点与 α 角的关系, 如何才能使所加的速度最小.

$U_0 \cdot \cos\alpha = V_2 \sqrt{U_2^2 - 2\mu(\frac{1}{r_0} - \frac{1}{r_2})}$ 问题归化为求此表达式.

$U_2 = \sqrt{U_0^2 - 2\mu(\frac{1}{r_0} - \frac{1}{r_2})}$ 的最小. 可以看出 U_0 越大, 此式越小.

但 U_0 不能太大. 极限为 $\alpha = 0$ 时 U_0 最大. $\therefore \cos\alpha = 1$

$\cos\alpha = (\frac{r_2}{r_0})\sqrt{1 - \frac{2\mu}{U_0^2 r_2}(\frac{r_2}{r_0} - \frac{r_0}{r_2})} = 1$ U_0^* 为最佳值 $(1 + \frac{r_0}{r_2}) = \frac{2\mu}{U_0^{*2} r_0}$

$(\Delta V)^* = \sqrt{\frac{\mu}{r_2}} - U_0^* \frac{r_0}{r_2} + U_0^* = \sqrt{\frac{\mu}{r_2}} + U_0^*(1 - \frac{r_0}{r_2})$

(实际所加之速度还要加上 模数)

$\therefore U_0^{*2}(1 - \frac{r_0}{r_2})^2 = \frac{2\mu}{r_0}(1 - \frac{r_0}{r_2})$ $1 + \frac{r_0}{r_2} = \frac{2\mu}{U_0^{*2} r_0} = \frac{2\mu/r_2}{U_0^{*2}(r_0/r_2)}$

$(\frac{U_0^*}{\sqrt{\mu/r_2}})^2 = \frac{2 \frac{r_2}{r_0}}{1 + \frac{r_0}{r_2}}$ $(\frac{U_0^* \sqrt{r_2/\mu}}{1})^2 = \frac{2 \frac{r_2}{r_0}}{1 + \frac{r_0}{r_2}} = \frac{2(\frac{r_2}{r_0})^2}{1 + \frac{r_0}{r_2}}$

总的所需加之速度
$= $ 模数 $+ (\Delta V)^* = $ 模数 $+ \frac{\sqrt{\mu/r_0}}{\sqrt{2}}\{1 + \frac{\sqrt{2}}{\sqrt{1 + \frac{r_0}{r_2}}}(\frac{r_2}{r_0} - 1)\}$

$= $ 模数 $+ \sqrt{\mu/r_0}\{1 + \frac{\sqrt{2}}{\sqrt{1 + \frac{r_0}{r_2}}}(\frac{r_2}{r_0} - 1)\}$

因 $\cos\alpha = 1$, 可见在 x_0 处为近地点.

例. 计算周期为24小时的卫星. $V_e = 6.63 R$. 设 $r_0 = \frac{6370 + 100}{6370} R$, $R = 6370 \text{ Km}$

$\frac{r_2}{r_0} = 6.53$

$(\Delta V)^* = 7.9 \times \frac{1}{\sqrt{1.015}}\{1 + \frac{\sqrt{2}}{\sqrt{7.63}} \times 5.53\} = 10.28 \text{ Km/sec}$

比速度比第二宇宙速度相近. 第二号加速的每秒之里左右.

这并不是很大的. 在第一号加速的为 9 公里/秒 + 模数 = 10.5 公里/秒

可见主要是在第一号加速. 放这样的卫星所花的动力很大, 但所走精确度也要行.

上面讲的是双火箭分二段加速. 中间有一段自由飞行. 假使一段加速而没有自由飞行可以这样并不好. 一号加速时排气在较低的势能位置走这样不经济有利. 但另一假使一号加速在大气中要受到很大的空气阻力, 反而不利.

第六讲 星际航行的轨道与伍推力的轨道

星际航行的轨道
在地球的引力场中运动时 $\mu^2 = g R^2$
在太阳的引力场中运动时 (设地离为 1) 有 $g \frac{M_0}{M_0}(\frac{R}{R_0})^2 = \frac{\mu^2}{R_0^2}$ $\therefore \mu^2 = g \frac{M_0}{M_0} R_0^2$

有了这个公式我们可以把上一讲中对于地球的运动公式都用到太阳引力场中的运动. 所以击中的轨道为最佳轨道 (最省的).

这既切于地球的轨道 这既切于所要跟上的卫星 (到木星) 的轨道. (椭圆 Hohmann 轨道)

$r = \frac{p}{1 + \varepsilon \cos(\theta - \theta_0)}$ $\frac{r_1}{r_2} = \frac{1 - \varepsilon}{1 + \varepsilon}$

$\therefore \varepsilon = \frac{r_2 - r_1}{r_2 + r_1}$ $\sqrt{1 - \varepsilon^2} = \frac{2\sqrt{r_1 r_2}}{r_1 + r_2}$ $a = \frac{r_1 + r_2}{2}$

椭圆面积 $= \pi ab = \pi a^2 \sqrt{1 - \varepsilon^2} = \pi(\frac{r_1 + r_2}{2})^2 \sqrt{r_1 r_2}$

周期 $= 2\pi \sqrt{\frac{a^3}{\mu}} = 2\pi \sqrt{\frac{(\frac{r_1+r_2}{2})^3}{\mu}}$

面积速度 $= $ 常数 $= \frac{d\theta}{dt} = \frac{\sqrt{r_1 r_2}}{2}$

092~093页为尹协远同学当年所作习题中第一讲和第五讲部分。

第五章 习题

5.1. 开用了钢壳中间夹一层玻璃钢段的弹壳已采用一级为如果用钢壳已足用。 試(5-20)式来計算此时奇奥多闹夫斯基速度增量。 設弹壳化2反装置速度增量为1.35公里秒。

解: $v_{\not{c}} = v_{\not{c}\,核} + g_0 t_T \left\{ 1 + \dfrac{\sqrt{\mu}}{\sqrt{1+\mu \cdot \frac{m_o}{m_0}}} \left(\frac{m_0}{m_o}-1\right) \right\} = 1.35 + 7.71 \times 0.981 \left\{ 1 + \right.$

$\left. \dfrac{1.410}{\sqrt{1+\frac{1.410}{1+\mu}\left(\frac{6370+250}{6370+100}-1\right)}} \left(\dfrac{6370+250}{6370+100}-1\right) \right\} = 1.35 + 7.71 \times 0.981 \left\{ 1 + \dfrac{1.410}{\sqrt{1+1.023}}(1.023-1) \right\}$

$= 1.35 + 7.71 \times 0.981 \{1+0.023\} = 1.35 + 7.74 = 9.09$ 公里/秒

5.2. 如果按照5-1例这种火箭是两级的。第一级的奇奥多闹夫斯基速度增量为 $v_{\not{c}}$ 的45%, 第二级的奇奥多闹夫斯基速度增量为总值的55%. 第一级发动机平均比冲为260秒. 第二级反动机中均比冲为330秒. (在空中). 如果整个火箭发射时的总重量为310吨. 第一级结构的质量相对质量比为6%, 第二级结构比为8.5%. 计算第一, 二级起飞重量.

解: 1° $v_{\not{c}\,1} = 0.45 v_{\not{c}} = c_1 \ln \dfrac{M_0^{(1)}}{M_1^{(1)}} = I_{sp1} g \ln \dfrac{M_0^{(1)}}{M_1^{(1)}}$. $\ln \dfrac{M_0^{(1)}}{M_1^{(1)}} = \dfrac{0.45 \times 9.09}{260 \times 9.81 \times 10^{-3}} = 1.57$.

$\dfrac{M_0^{(1)}}{M_1^{(1)}} \simeq 4.8$.

2° $v_{\not{c}\,2} = 0.57 v_{\not{c}} = c_2 \ln \dfrac{M_0^{(2)}}{M_1^{(2)}}$. $\ln \dfrac{M_0^{(2)}}{M_1^{(2)}} = \dfrac{0.57 \times 9.09}{330 \times 9.81 \times 10^{-3}} = 1.64$.

$\dfrac{M_0^{(2)}}{M_1^{(2)}} = 5.15$.

3° $M_1^{(1)} = \frac{310}{4.8} = 64.6$ 吨. $\dfrac{m_1}{M_0^{(1)}} = 0.06$, $m_1 = 0.06 \times 310 = 18.6$吨.

$\therefore M_0^{(2)} = M_1^{(1)} - m_1 = 64.6 - 18.6 = 46$吨. $M_1^{(2)} = M_0^{(2)}/5.15 = 46/5.15 = 8.93$吨.

$\dfrac{m_2}{M_0^{(2)}} = 0.085$, $m_2 = 0.085 \times 46 = 3.91$吨. $M = 8.93 - 3.91 = 5.44$吨

4.77吨

5.3. 若要习题5.2.的这只火箭在第一级达到最高速度时, 第二级的推力为起飞时重人的2倍, 在第二级达到最高速度时, 第二级的推力与火箭重量相等. 计算这两级的推力. 以及每级发动机的燃烧时间.

解: $T_1 = 1.52 \times 310 = 471.2$吨. $T_2 = 46.0$吨. $\dot{G}_1 = \dfrac{T_1}{I_{sp1}} = \dfrac{471.2 \times 10^3}{260} = 1815$公斤/秒.

$G_1 = M_0^{(1)} - M_1^{(1)} = 310 - 64.6 = 245.5$吨. $\therefore t_1 = \dfrac{G_1}{\dot{G}_1} = \dfrac{2455 \times 10^2}{1.815 \times 10^3} = 1.355 \times 10^2$秒 $\simeq 136$秒.

$\dot{G}_2 = \dfrac{T_2}{I_{sp2}} = \dfrac{46 \times 10^3}{330} = 1.395 \times 10^2$公斤/秒. $G_2 = M_0^{(2)} - M_1^{(2)} = 46 - 8.93 = 37.07$吨.

$t_2 = \dfrac{G_2}{\dot{G}_2} \simeq 266$秒.

5.4. 利用问题5.2及问题5.3的结果, 如果第一级这只火箭的外部阻力最大损耗为680米秒, 计算第一级这只火箭及第二级这只火箭的最大飞行功率, 以地面最大功作速度以每秒1米为准测算.

解: 第一级最大速度 $V_{1m} = 0.43 V_{\not{c}} - 680 = 4000 - 680 = 3320$米/秒

$V_{2m} = V_{1m} + 0.57 V_{\not{c}} - (1350 - 660) = 5300 - 670 = 4630 + 3320$

$= 7950$米/秒

$N_{1m} = \dfrac{V_{1m} \cdot T_1}{75} = \dfrac{471.2 \times 10^4 \times 3320}{75} = 2.09 \times 10^8$ 马力

$N_{2m} = \dfrac{V_{2m} \cdot T_2}{75} = \dfrac{7950 \times 46 \times 10^3}{75} = 4.48 \times 10^6$ 马力

$N_{\not{c}} = (2.09 + 0.448) \times 10^8 = 2.5 \times 10^8$ 马力

9/12

讲义

"讲义"据中国科学技术大学印刷厂1961年铅排本影印，限于当时的印制条件，讲义原书无插图，在应有插图处留出空白。本次影印，为便于阅读，将由在讲义基础上整理出版的《星际航行概论》的相关插图植入相应的空白处，插图与讲义中的表述不相吻合的地方，以及讲义中的铅排误植，均以脚注说明。

这是目前已发现的唯一一份保存完整的钱学森专门为中国科学技术大学1958、1959级近代力学系学生编写的《火箭技术概论》铅印讲义，由于内容涉及航天技术，所以当时作为学校机密文件管理，课前发给学生，下课时连同听课笔记一起收回，学生手头均无保存，由于迁址办校，器材资料遗失，学校亦无保存。这一册，连同钱先生的手稿，均得益于钱先生哲嗣钱永刚的提供。

机密

火箭技术概論教学大綱

钱学森 编

中国科学技术大学近代力学系

1961年8月

火箭技術概論教學大綱

本課程共計45学时，講12～13次，每次3学时，一学期講完。

課程內容的安排，拟从星际航行的角度来介紹火箭技术，尤其着重講与近代力学系的一，二，王专业有关的部份；目的是为这三个专业的学生在进入专业課学习时，对火箭技术有一个较全面的理解，能知道自己专业在整个事业中的位置。

第一講星际航行与宇宙航行： 太阳系及太阳系內飞行的速度要求；齐奥尔闊夫斯基公式。恒星系及恒星間飞行的速度要求；相对論力学；阿克萊公式。

第二講火箭发动机原理： 流体力学的动量定理；推力公式；一維气体流动；比冲；比冲計算程序。火箭发动机的試車。

第三講火箭发动机的类型及其发展現况： 双基葯的固体发动机。液氧酒精（$V-2$）发动机；液氧煤油发动机；液氧液氫发动机。固体发动机的現代化。高能燃料問題。固液型发动机。

第四講多級火箭的設計問題： 火箭的結构及其部件；火箭設計的分工；火箭的結构比；发射場。

第五講星际航行的起飞問題： 从地面起飞，运载火箭所需动力的估計；从卫星軌道起飞。

第六講原子火箭及电火箭发动机： 原子火箭发动机原理；电火箭发动机原理；"最优比冲"。原子火箭发动机与电火箭发动机的比較；氫火箭发动机。

第七講星际航道問題： 中心場中的質点运动。两个行星間的航道；航道的分解；航行时間及火箭动力关系。

第八講控制問題： 进入卫星軌道的制导；从卫星上起飞的控制問題；远程控制。

第九講再入問題： 再入空气层的航道分析；气动力加热；防热設計、燒蝕及发汗冷却。星际航行的气动力問題及强度問題。

第十講太空环境及其对人的影响： 超重及失重。輻射作用；宇宙綫；宇宙綫的强度变化；空气的高强度輻射区。

第十一講星际飞船的設計問題： 人对环境的要求；密閉艙。生活資料的生产。

第十二講星际飞船的能源： 星际飞船对能源的要求；一次能源；能的各种轉变系統。

（**第十三講运载火箭的回收：** 降落伞回收；有翼式回收；飞机和火箭的联合发射系統。）

1961 年 8 月 3 日

机密

编号：

火箭技术概論

錢学森

中国科学技术大学近代力学系
1961年9月

第一章 星际航行与宇宙航行

§1.1 火箭技术的早期

现代人类在星际航行与宇宙航行上已经取得的巨大成就是人类几千年来创造性劳动的结晶，它关系到人类长远以来的理想和实践。我们的祖先很早就有了飞到天空去的理想，给我们留下了如象嫦娥奔月等许多美丽的幻想，而这些幻想应当首先归功于我国的劳动人民。我国劳动人民不仅是火箭的发明者，而且也是首先企图利用固体火箭将人载到空中去的幻想者。早在南宋时期（1100年左右），我国就应用火箭原理制成了战争武器，而后才逐渐传到外国，为外国人所掌握。

直到十八世纪，英国人侵略印度时，印度人曾运用了火箭武器，给予进犯者巨大的威胁，从此才迫使英国人开始注意研究火箭武器，并在几年之后也装备了英国军队，随即欧洲其他各国也相继地把火箭用于军事，从而使火箭技术得到了一定程度的发展。当时英国人。*William Congreve*（1772—1814）改进了固体火箭的性能，使火箭之重量为十余公斤到二公斤，射程达 2~3 公里，但是准确度仍旧很差。

尽管火箭具有许多优点，而且当时也广泛使用于军事上，但是由于它的准确度不高，从而被后来进一步发展的准确度很高的火炮所代替。虽然如此，这些火箭的原理确成了近代火箭技术的最初基础。

此后，一直到十九世纪末二十世纪初火箭技术才又重新蓬勃地发展起来。近代的火箭技术和星际航行的发展首先应当提到的是伟大的俄国和苏联科学家 К.Э. 齐奥尔科夫斯基（Константин э. Циолковский 1857—1935）。他一生中从事了利用火箭技术进行宇宙航行的研究。在他的经典著作中，对火箭飞行的思想进行了深刻的论证。是他首先提出了使用液体燃料来获得比火药和炸药更高的能量的倡议，这个倡议只经过了短短三十年的时间就实现。齐奥尔科夫斯基大略地预策到现代火箭的真实结构并论述了关于液氢——液氧燃料用于火箭的可能性。以及在他以后的一些著作中，指出了用新的燃料——原子核分解的能量来作为火箭的动力，并且具体地阐明了火箭星际飞行的条件、火箭由地面起飞的条件、人造地球卫星及实现飞向其他行星所必须设置的中间站的思想。

齐奥尔科夫斯基不仅奠定了星际航行的理论基础，而且还提出了许多的技术建议；如他建议使用燃气舵来控制火箭，关于用泵来强制输送燃料到燃烧室中的必要性及用仪器来自动控制火箭等，都对现代火箭和星际航行起了巨大作用。

资本主义国家中对近代火箭技术研究得最早的是 *Robert H. Goddard*。他在1910年左右开始进行这方面工作。主要是进行了许多实验工作，并在后来创造出了几种供气象研究用的液体火箭。但他的贡献与伟大的学者齐奥尔科夫斯基比较起来小得多。

真正的近代火箭的出现是在第二次世界大战时的法西斯德国。它们企图征服世界，从而大量地试验和创造了许多火箭，并且在大战的末期使用了火箭武器，但是并没能因此而挽回

表 1.1 V—2 火箭的主要数据

总项	序号	名称	单位	数据	备注
火箭之重量分配	1	炸药量(硝酸及三硝基甲苯之混合物)	公斤	980	
	2	发动机支承架	公斤	1,750	
	3	涡轮泵系统	公斤	450	
	4	燃烧室	公斤	550	
	5	附件	公斤	300	
	6	酒精+液氧	公斤	8750	
	7	供给涡轮用的辅助燃料	公斤	200	
		火箭之总重量	公斤	12,980	
火箭的性能	1	比推力	秒	218	
	2	总推力	吨	27.2	
	3	最大高度	公里	80	
	4	最大速度	公里/秒	1.500	
	5	射程	公里	300以下	
涡轮	1	每分钟5,000转时输出功率	马力	675	
	2	每分钟转数	转/分	5,000	
	3	工作压力	大气压	21	
	4	背压	大气压	1.1	
	5	蒸汽耗量（21大气压，478°K）	公斤/马力,小时	9.0	
	6	每秒钟耗蒸汽量	公斤/秒	1.68	
	7	总的可能持续时间	秒	100	
	8	平均持续时间	秒	70	
	9	全为 H_2O_2 100% 之耗量	公斤	136	
	10	全部需要热量	公斤卡	112,224	
	11	在21大气压,478°K下蒸汽总容积	公尺^3	16.62	
	12	每秒钟之蒸气容积(21大气压478°K)	立升/秒	166.2	

总项	序号	名　　称	单　位	数　据	备　注
氧泵	1	每分鐘5,000轉时的生产量	公斤/秒	75	
	2	所需功率	馬力	320	
	3	工作压力	大气压	24	
酒精泵	1	每分鐘5,000轉时的生产量	公斤/秒	50	酒精浓度75%
	2	所需功率	馬力	355	
	3	工作压力	大气压	25	

已經注定了的失敗。而在这些火箭之中"V—2"火箭是最典型的近代火箭的标帜。"V—2"火箭的成功实际上是把齐奥尔科夫斯基的理论变成了现实。此火箭的结构已经过时了，但是它仍作为許多现代火箭的兰本，其原因在于：1) 起飞情况：为地面静止垂直起飞，起飞速度低、系由自动装置控制起飞稳定；不用起飞滑軌，从而免去火箭结构受到軌道的撞击。2) 采用液体燃料（液氧—75%酒精）。3) 采用燃气航控制。4) 采用涡輪泵輸送燃料，从而大大地降低了結构重量。

由于"V—2"火箭实现了齐奥尔科夫斯基的建議，因而使得火箭的可靠性大大增加，結构重量大大降低，从而使准确度增加，使火箭所获得的最終速度大大增加，因此射程可达3000公里之远。

第二次世界大战以后火箭技术及星际航行得到了迅速的发展。以苏联为代表的现代火箭技术正在以更快的速度进入一个新的阶段。

§1.2　现代的火箭技术

苏联在宇宙航行及火箭技术上在全世界已經是遙遙領先了。她在1957年10月4日成功地发射了世界上第一个人造地球卫星，从此打开了人类历史的新紀元——宇宙航行的时代。

随后苏联又多次成功地发射了适应于星际航行研究的更重更好的人造卫星，月球火箭；第一揭开了月球背面的秘密和宇宙火箭；使地球上的物体第一次飞向太阳系成为太阳系的行星，并且地球上第一颗訪問金星的火箭带着苏維埃的标記离开了地球。

苏联的科学家、工程师和工人們不但成功的一次又一次把生物送上了天空，取得了許多宝貴的資料之后，于1961年4月12日，"东方一号"卫星式飞船就把苏联第一个宇宙航行員——加加林少校带到了外层空間，巡視地球一周后，安然地返回地球，从而第一次实现了人类飞向太空的理想。随即在"东方一号"卫星式飞航发射成功四个月之后，苏联第二个宇宙航行員季托夫少校駕駛了"东方二号"卫星式飞航在外层空間平安地度过了十七个昼夜之后胜利地回到地球。

注：文字第5行"采用燃气航控制"应为"采用燃气舵控制"。

表 1.2 苏联卫星、宇宙火箭运载火箭和宇宙飞船一览表

名 称	发 射 时 间	重 量	说 明
第一个人造地球卫星	1957.10.4.	83.6公斤（卫星重量）	世界上第一个人造地球卫星
第二个人造地球卫星	1957.11.3.	508.3公斤（卫星重量）	带有小狗"莱伊卡"地球上的生物第一次飞入宇宙
第三个人造地球卫星	1958.5.15.	1327公斤（卫星重量）	
第一个宇宙火箭	1959.1.2.	1472公斤（不带燃料最后一级重量）	世界上第一个人造太阳系行星
第二个宇宙火箭	1959.9.12.	1511公斤（不带燃料最后一级重量）	世界上第一个到达月球表面的火箭（最后一级可控制）
第三个宇宙火箭	1959.10.4.	1553公斤（不带燃料最后一级重量）	世界上第一次揭开了月球背面的秘密
太平洋火箭	1960.1.20.与31	12,500公里射程	最后一级的模型安全降落，降落点误差不超出两公里
第一个卫星式飞船	1960.5.15.	4540公斤（卫星重量）	世界上第一个宇宙飞船
太平洋火箭	1960.7.5.及7.	13,000公里射程	
第二个卫星式飞船	1960.8.19.	4600公斤（卫星重量）	带有小狗"松鼠"和"小箭"在世界上一次实现了生物完成宇宙飞行后安全返回地面的试验。
第三个卫星式飞船	1960.12.1.	4563公斤（卫星重量）	
第四个人造地球卫星	1961.2.4.	6483公斤（卫星重量）	人造重型地球卫星
向金星发射的宇宙火箭	1961.2.12.	行星际站重643.5公斤	世界上第一个考察太阳系行星的火箭
第四个卫星式飞船	1961.3.9.	4700公斤（卫星重量）	带有试验生物，当天安全返回地面
第五个卫星式飞船	1961.3.25.	4695公斤（卫星重量）	带有试验生物，当天安全返回地面
第一个载人的宇宙式飞船	1961.4.12.	4725公斤（卫星重量）	世界上第一个载人的宇宙飞船（苏联宇宙航行员加加林绕地球一周）稳稳地球十七周后安全返回地面
第二个载人的卫星式飞船	1361.8.6.	4725公斤（卫星重量）	
太平洋火箭	1961.9.13.	12,500以上的射程	
太平洋火箭	1961.9.17.		最后一级的模型降落点误差一公里。

注：1. 表中第 2 栏倒数第 3 行"1361.8.6"应为"1961.8.6"。
2. 表中第 4 栏倒数第 2 行为"第二个载人的卫星式飞船"一项的说明。
3. 表中第 4 栏倒数第 1 行"最后一级的模型降落点误差一公里"应为对第 1 栏倒数第 2 行"太平洋火箭"的说明。

由此可见，苏联在火箭技术和宇宙航行上已经遥遥领先，并且继续以更快的速度发展着。这是苏联人民对征服宇宙空间给予人类的无可比拟的巨大贡献。这一切应当属于苏联人民，应当归功于伟大的苏联共产党。这一切说明了社会主义制度的无比优越性！

最近苏联又向太平洋地区连续成功地发射了多级运载火箭；这又意味着她们在火箭技术及星际航行上又将有一个新的飞跃。这样高速度发展的苏联科学将会不断地给人类带来更大的喜讯。

反过来我们看一看帝国主义的头子——美国，它在宇宙航行及火箭技术上的情况；过去美国一直认为自己是世界上第一强国，科学技术上是头等的，但是自从1957年10月4日苏联成功地发射了第一颗人造地球卫星之后就彻底打破了纸老虎的画皮，从此就愈来愈看出它们与苏联的差距日益增大了。但是美帝国主义是不干失败的。它为了挽回在外层空间竞赛中的绝对劣势而不断吹虚，大力增加火箭技术和宇宙航行研究的人力、物力和财力，以图赶上苏联。这一点很明显，它是无论如何也追不上的，因为在苏联发射成功第一个人造卫星之后四个月之久美国才发射了一个人造卫星，其重量只及苏联第一个人造卫星的 $1/5$ 左右。随后美国又陆续发射了许多次人造卫星，但是直到现在所发射的人造卫星当中最大的一颗重量还只及苏联的重型人造地球卫星重量的 $1/4$，而大多数的确只有一百多公斤重，其中也还有很多次是失败的。

但是美国为了缩短与苏联在火箭技术和星际航行上愈来愈大的差距，因而忽忙的准备一次载人火箭的弹道飞行，以达到所谓"首先把人送到空间"的耸人听闻的目的，这就是它目前所进行的两大计划的"水星"计划的产生原因。

为了更加明了美国现在火箭技术和星际航行的现状以及今后的发展起见，这里介绍美国在这方面的两项最主要的计划：

（一）"水星"计划

表 1.3

试验目的	时间	所用火箭	火箭数据			
			长度（公尺）	直径（公尺）	发射重量（吨）	推力（吨）
把人送到200公里高，300公里远，失重七分钟	1961年上半年	"红石"（中程火箭）	19.2	1.78	18.1	34
把980公斤重的"水星"座舱送上卫星轨道。	1961年下半年	"宇宙神"	24.7	3.05	110	117.2

今年四月十二日苏联宇宙航行员加加林少校乘座"东方一号"卫星式飞船第一次实现了人类飞向太空的理想之后二十三天，美国才冒着极大的危险，用"水星"容器装了飞行员谢泼德；用"红石"火箭送上了天空，作了一次几乎直上直下的飞行，最后掉到大西洋中几乎丧命。因此说明了美国不但没有实现它所谓的"首先把人送到空间"的企图，而相反地确说明了它在这方面的水平比苏联差多了。

注：1. 第10行"干"应为"甘"。
    2. 第17行"忽忙"应为"匆忙"。

今年九月13日，美国发出报导，它们把一艘载有机器人的"水星"宇宙飞船送入了轨道，在绕地球一周之后，借助于降落伞的帮助无损的掉在大西洋中捞回大陆。这只飞船是用"阿特拉斯"火箭发射进入卫星轨道的；时速为28,200公里，高度为234公里。这次试验的成功促进了美国进入宇宙空间方面的努力。这是它们第一次把"水星"座舱射入轨道。予计在将来的载人飞行中将使用同样的"阿特拉斯"火箭作为动力。

美国虽然拟定了这似乎可行的"水星"计划并也进行了试验，但是要真的完成这一计划还有着很大的距离。就"水星"座舱而言，总重量只有980公斤，因此要在这容器中给宇宙航行员附加完善的保护设备和急救设备是不可能的，因此用"水星"座舱来作载人飞行是十分冒险的。并且美国在掌握火箭技术方面还存在着不少问题，很难有把握百分之百保证一切试验都正常而准确地进行。

（二）"土星"计划

"土星"是目前美国推力最大的多级火箭。他们企图通过"土星"计划来实现在火箭的运载能力上的一个根本的飞跃，以改变现有的实力地位，缩短与苏联之间的差距。

表 1.4

火箭级数	采用发动机类型	采用发动机数量	单个发动机推力（吨）	各级总推力（吨）
第 一 级	$H-1$（煤油—液氧）	8	85	680
第 二 级	$LR-115$（液氢—液氧）	4	9.1	36.4
第 三 级	$LR-115$	2	9.1	18.2

其目的在于利用"土星"这一多发动机组合成的三级火箭，把重量为20吨的人造地球卫星送到200～300公里高度的卫星轨道上去。火箭的总长度为55公尺，直径为5～6公尺。

这一计划看来是较可观的，但是，由于火箭的第一级用了八个发动机组合而成，因而将在技术上产生很多复杂的问题，可靠性也就因此变得很差了。而按计划第一级火箭在1965年才可以应用，可见要全面完成整个计划还是遥遥无期。

§1—3 火箭技术发展的展望

总结上述，从使用火箭到现在已经发展了900多年而达到了现在以苏联为代表的宇宙航行和火箭技术的高度水平。因此，从科学的发展来看：火箭技术和星际航行在人类发展上将要起巨大的作用。我们不能设想在10～20年后要在科学上作出贡献却还不能完全掌握火箭技术。如果真是如此，那么，我们的科学水平实际上还是第二等的。因为不能完全掌握火箭技术就使我们的一切科学研究仍旧局限在地面上，而不能到广大的外层空间去索取更多的新资料，作更多地球上所不能作的试验。这些新的资料和试验将对我们研究宇宙、地球辐射带、高等物理、天文等和发现有关新的自然规律起着决定性的作用。

既然，人在地球表面上时代的科学研究了离开地球表面作（行）星际飞行的可能，而人在（行）星間的科学研究会创造作（大）宇宙飞行的可能。因此，我們这一代一定要作出巨大的努力去完成党交給我們的这一光荣而艰巨的任务，从而使我国迅速地建设成为一个现代化工业、现代化农业、现代化国防和现代化科学文化的社会主义强国。

在这方面苏联已經給我們作出了光輝的榜样。我們在战无不胜的馬克思列宁主义的指导下，在光荣伟大的中国共产党的领导下发奋图强，在不久的将来一定能够在星际航行和火箭技术上作出惊人的貢献，从而跨入世界科学最先进的行列。

§1—4 太阳系的描述

要掌握和发展火箭技术和作星际航行，給科学研究提供更多的资料。首先，应当对太阳系的情况有所了解。表1.5即列出了有关太阳系的一些行星資料。

表1.5的附注

（一）**行星資料的說明**：

（1）天文符号：通常用这些符号来代替各行星的名称。

（2）天文位置：以从地球到太阳的平均距离为1，其距离等于149,457,000公里。月球到地球的平均距离为384.000公里。

（3）恒星周期：是各行星繞太阳公轉一周所需的时间。地球繞太阳公轉一周的时间为365。天零5小时48分46秒，此即称为一个太阳年（或回归年）。

（4）会合周期：表示从地球上来看其他各行星太阳轉一周的时间。

（5）軌道的偏心率：即惰圆方程 $\left[r=\dfrac{r_0}{1-\epsilon cos\theta}\right]$ 中的ϵ参数；当$\epsilon=0$时轨道为圆形。

（6）軌道与黄道的傾斜角：表示各行星的运行軌道平面与黄道之交角（黄道：即地球运行軌道的平面）。

（7）軌道速度：为各行星在軌道上繞太阳公轉的平均綫速度。

（8）直径：指各行星的平均直径。地球赤道直径为12,756,776公里，两极直径为12,713,824公里。

（9）体积：以地球之体积为1来度量其他行星。

（10）質量：以地球之质量为1来度量其他的行星。地球的重量为 $(5.9765\pm0.004)\times10^{21}$ 吨。

（11）密度：水星、金星、地球和月球的密度都比水的密度大三倍以上，但木星、土星、天王星和海王星等密度确与水差不远，说明这些行星的组成有很大的区别。

（12）表面引力常数比：以地球表面的引力常数为1。（地球表面引力常数 $G=6.670\times10^{-8}$〔达因〕·〔厘米〕^{2}·〔克〕$^{-2}$）。（地球表面重力加速度 $g=9.8060-0.0260cos2\varphi$〔米〕〔秒〕$^{-2}$，$\varphi=$緯度。

（13）脱离速度：从行星表一物体脱离行星引力所需要的速度（不計大气的阻力）。

（14）旋轉周期：为各行星自轉一周所需的时间。

（15）表面溫度：天文学方法测得的各行星之表面溫度。

（16）在大气里发现的气体：指在行星表面所发现的气体。

注：1. 第17行"365。天"应为"365天"。
2. 第18行"行星太阳转一周的时间"应为"行星绕太阳转一周的时间"。
3. 第19行"隋园"应为"椭圆"。
4. 倒数第4行"从行星表一物体"应为"从行星表面一物体"。
5. 倒数第1行"在大气里发现的气体"应为"大气组分"；后一个"发现的气体"应为"发现的气体推测的大气组分"。

表 1.5 太阳系的行星

序号	名程	水星 ☿	金星 ♀	地球 ⊕	月球* ☽	火星 ♂	木星 ♃	土星 ♄	天王星 ♅	海王星 ♆	冥王星 ♇	太阳 ☉
1	天文符号											
2	离太阳的平均距离（天文单位）	0.387	0.723	1.000		1.524	5.203	9.539	19.191	30.071	39.46	
3	恒星周期	87.97日	224.7日	365.256日	27.32日	687.0日	11.86年	29.46年	84.02年	164.8年	247.7年	
4	会合周期	115.88日	538.9日		29.53日	779.9日	1.092年	1.035年	1.012年	1.006年	1.004年	
5	轨道的偏心率	0.206	0.007	0.017	0.05	0.093	0.048	0.056	0.047	0.009	0.249	
6	轨道对黄道的倾斜角	7°.0	3°.4	0°.0	5°.1	1°.9	1°.3	2°.5	0°.8	1°.8	17°.1	
7	轨道速度（公里/秒）	47.8	34.95	29.8	1.03	24.15	13.04	9.64	6.76	5.47	4.83	
8	直径（公里）	5,000	12,400	12,700	3,476	6,620	139,760	115,100	51,000	50,000	?	1,393,000
9	体积（地球=1）	0.06	0.92	1.00	0.02	0.15	1312	73.4	64	60	?	1,300,000
10	质量（地球=1.0）	0.0543	0.8136	1.00	1/81.56	0.1080	318.35	95.3	14.58	17.26	?	332,488
11	密度（水=1.0）	5.0	4.86	5.52	3.34	4.20	1.34	0.71	1.26	1.61	0.93	1.41
12	表面引力常数比（地球=1）	0.36	0.86	1.00	0.16	0.4	2.64	1.17	0.92	1.12	?	28
13	脱离速度（公里/秒）	4.2	10.15	11.28	2.42	6.4	59.6	35.4	20.95	22.55	?	618
14	旋转周期	88.0日	～1.0日	1.0日	27.3日	24.6小时	9.9小时	10.2小时	10.7小时	15.8小时	?	52日
15	最高表面温度(°c)	410	100	60?	100	30	-138	-153	-184.5	-201	-211	5700
16	在大气里发现的气体	无	CO_2	N_2, O_2等	无	N_2?	CH_4, NH_3	CH_4, NH_3	CH_4, NH_3	CH_4, NH_3	无	许多
17	卫星数	0	0	1	0	2	12	10	5	2	0	多
18	反照率	0.07	0.59	0.5?	0.07	0.15	0.44	0.42	0.45?	0.52?	很小	

*环绕地球的轨道。

注：1. 表中序号为 13 的行内"6.4"应为"5.1"。
2. 表中序号为 14 的行内"～1.0 日"应为"10 日"。
3. 表中序号为 15 的行内"60?"应为"60(?)"。

(17) 卫星数：行星所具有的卫星数量。

(18) 反照率：为被行星反射的光之总量与入射光总量之比。

在表 1.5 中的行星是按距太阳远近而排。可以看出：九个行星显然可以分为两类：地球、水星、金星和火星是一类，可能冥王星也属于这一类；他们都比较小，密度比较大，是岩石性的。而木星、土星、天王星及海王星是另一类；他们都比较大，密度比较小，称为大行星。大行星的空气中有氨及甲烷，因此整个星球一定包含大量的氢。从前也有人提出这样的问题：如果大行星的组分主要是氢，那么即使是固态的氢其密度也远比水小得多，而整个星球的密度又怎能象表 1.5 所示，接近或大于水呢？近代固体物理的研究解决了这个问题，以木星为例：如果我們假設木星的固体部分全是氢組成的，一点重元素也沒有，那么对氢、氨及甲烷在木星大气下的固体星面是固体氢；这样由木星的强大重力的作用下，在固体星面下 3,000 公里处的压力是 800,000 大气压。固体氢在这样高的压力下密度大约是 0.4，但是实际上在这样的高压下固体氢产生相变；变成象碱金属锂，钠钾那样的結构的金属氢，可压缩性提高了，因此密度跳升到 0.9；这样一直到木星的中心都是金属氢，而在中心的压力为 31,500,000 大气压则金属氢的密度为 3.66，故整个木星的平均密度是大于 1 的，这样就解释了大行星的密度问题。

从天文上观察到在火星轨道与木星轨道之间有一小行星带（实际上有几条带），估计約有 44,000 个小行星。它們的体积比一般行星小得多，但又大于一般的流星；大的直径几公里，小的简直是块大石头。因此这样一群以万計的小行星分布在这片地带对于我们将来发射宇宙火箭或宇宙飞船到火星以外的行星将带来很大的困难。因为这些小行星为数太多，碰上了会招致毁灭。对小行星的进一步研究，搞清楚他们的运动规律，对将来的星际航行是有重大意义的。

太阳系九个行星中好些都有卫星，而且最多的是木星有十二个卫星，这些卫星对于将来作宇宙航行都非常有用。譬如，月球是地球的卫星，它离地球只有 380,000 公里，特别值得指出的是月球上的脱离速度只有 2.42 公里/秒，因此宇宙火箭很容易从上面起飞，因而可以利用月球作一个天然而理想的行星际站。对木星而言它的十二个卫星中的 $2^\#$、$3^\#$、$4^\#$（由木星向外数，见表 1.6）卫星较大与月球体积差不多，其質量也質于地球。他們离木星的距离分别为 42 万公里、67 万公里、107 万公里，可以作为星际航行站。此外还应指出，木星外大约 32 万公里处有辐射带，其强度超过地球辐射带的 $10^{1.4}$ 倍。因此要想直接到达木星表面去研究它是不可能的，因为要穿透这样强的辐射带是非常困难的。但是由于木星的 $2^\#$ 卫星距木星近但又在辐射带的外面，因此把 $2^\#$ 星作为我们研究木星的立足点是很理想的。

§1.5　第一、第二、第三、宇宙速度

了解太阳系的大致情况以后，我们可以对如何作星际航行进行计算。首先星际航行对动力的要求是什么，在这个问题上齐奥尔科夫斯基作出了重大的供献，他提出了第一宇宙速度、第二宇宙速度及第三宇宙速度的概念，并对它們作了精确的计算，这个计算我们将在这节里阐明。我们的计算将假設地球是圓球形的，地球围繞太阳的轨道也是圓的。这样做自然不是十分精确，但地球形状是接近于圓球形，地球轨道也是接近于圓形，所以这样假設所导

注：1. 第 12 行"金属锂，钠钾那样"应为"金属锂、钠、钾那样"。
2. 倒数第 12 行"其质量也质于地球"应为"其质量也近于月球"。

表 1.6 太阳系的卫星

行星	卫星	发现年	离开行星的平均距离，公里	繞行星周期，日	直径，公里	备注
地球	月球	远古	384,000	27.32	3,470	可用作航行站
火星	火卫一	1877	9,320	0.42	16?	
	火卫二	1877	23,500	1.26	8?	
木星	木卫一	1892	182,000	0.50	160	
	木卫二	1610	420,000	1.77	3,700	可用作航行站
	木卫三	1610	671,000	3.55	3,220	〃
	木卫四	1610	1,069,000	7.15	5,150	〃
	木卫五	1610	1,881,000	16.69	5,150	〃
	木卫六	1904	11,400,000	250.62	160	
	木卫七	1905	11,710,000	259.7	50	
	木卫八	1938	11,750,000	260.5	24	
	木卫九	1951	21,000,000	615	30	
	木卫十	1938	22,500,000	692.5	30	
	木卫十一	1908	23,460,000	738.9	56	
	木卫十二	1914	23,920,000	745.0	27	
土星	土卫一	1789	185,000	0.94	595	
	土卫二	1789	238,000	1.36	740	可用作航行站
	土卫三	1684	294,200	1.89	1,210	〃
	土卫四	1684	376,400	2.74	1,450	〃
	土卫五	1672	525,000	4.52	1,850	〃
	土卫六	1655	1,220,000	15.94	4,150	〃
	土卫七	1848	1,480,000	21.28	482	
	土卫八	1671	3,554,000	79.33	1,610	
	土卫九	1898	12,900,000	550	320	
	土卫十	1905	←――――数据不可靠――――→			
天王星	天王卫一	1948	130,000	1.41	240?	
	天王卫二	1851	192,000	2.52	800	
	天王卫三	1851	269,000	4.14	640	
	天王卫四	1787	437,500	8.71	1,610	
	天王卫五	1787	586,000	13.46	1,450	
海王星	海王卫一	1846	354,000	5.88	4,820	
	海王卫二	1949	8,000,000	730	320	

致的誤差是很小的。

万有引力定律指出：任何两个物体之間要相互吸引，其引力的大小和两个物体質量的乘积成正比，和距离的平方成反比。我們就应用万有引力定律来对物体繞地球的旋轉运动进行分析和計算。

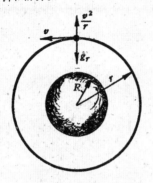

图 1.1

假設：
g——地球表面的引力常数。
R——地球的半径。$R = 6371$ 公里
v——物体繞地球旋轉的速度。
r——物体繞地球的旋轉半径。
M——地球的質量。
m——旋轉物体的質量。

在地球表面上物体的重量是地球对这物体的吸引力称为重力。

$$mg = G\frac{Mm}{R^2}$$

$$g = G\frac{M}{R^2}$$

G——万有引力常数。$G = (6.670 \pm 0.005) \times 10^{-8}$〔达因〕〔厘米〕^{2}〔克〕$^{-1}$。

在离地球圆心 r 軌道繞地球旋轉的引力为：

$$g_r = G\frac{M}{r^2}$$

$$g = G\frac{M}{R^2}$$

$$g_r = g\left(\frac{R}{r}\right)^2$$

$$F = mg_r = mg\left(\frac{R}{r}\right)^2$$

单位質量的引力为 $g\left(\frac{R}{r}\right)^2$ 即 $m=1$。它所产生的旋轉加速度为 $\frac{v^2}{r}$ 所以：

$$g\left(\frac{R}{r}\right)^2 = \frac{v^2}{r}$$

$$v^2 = gR\left(\frac{R}{r}\right)$$

$$v = \sqrt{gR\left(\frac{R}{r}\right)} = \sqrt{gR}\left(\frac{R}{r}\right)^{1/2} \qquad (1-1)$$

公式 (1—1) 說明了 r 愈大 v 愈小，即离地球愈远地球对物体的引力愈小，因此旋轉的速度也就愈小。

卫星的旋转周期是：

$$T(r) = \frac{2\pi r}{v} = \frac{2\pi r}{\sqrt{gR}\left(\frac{R}{r}\right)^{1/2}}$$

$$= 2\pi\sqrt{\frac{R}{g}}\left(\frac{r}{R}\right)^{3/2} \qquad (1-2)$$

由公式(1—2)看出旋转周期同样是距离的函数，距离愈远（即 r 愈大）周期愈长。一方面是因为旋转半径增加了，另一方面是因为 r 增加引力变小，旋转速度降低，所以引起了旋转周期的增加。

第一宇宙速度 V_1：指卫星绕地球旋转，其旋转半径等于地球的半径，这时卫星所具有的旋转速度叫第一宇宙速度。V_1 由不使卫星落地，而又能自由地绕地球运转所需的能量来决定。根据公式(1—1)可以算出。

$$V_1(R) = \sqrt{gR}\left(\frac{R}{r}\right)^{1/2} =$$

$$V_1 = \sqrt{gR} = \sqrt{9.81 \times 6371000} = 7900 \text{ 米/秒} = 7.91 \text{ 公里/秒}$$

而旋转周期为：

$$T_1(R) = 2\pi\sqrt{\frac{R}{g}}\left(\frac{R}{R}\right)^{3/2} = 2\pi\sqrt{\frac{R}{g}}$$

$$T_1 = 2\pi\sqrt{\frac{R}{g}} = 2 \times 3.1416 \times \frac{7910}{9.81} = 5070 \text{ 秒} = 84.5 \text{ 分}$$

苏联的卫星是在离地面200到300公里的大气层里运转，速度约为8公里/秒，因 $T\alpha(r)^{3/2}$ 故周期比84.5分多，一般接近90分。

如果卫星的旋转周期为24小时，其轨道与赤道同心同面，即在地球上看卫星是不动的。这时卫星离地面的高度 h 为：(24 小时 = 1440 分)

$$\left(\frac{1440}{84.5}\right)^{3/2} = \frac{r}{R} = 6.63$$

$$r = 6.63R$$

$$h = r - R = 6.63R - R = 5.63R$$

$$= 35840 \text{ 公里}$$

这高度相应的轨道是在地球外辐射带的外面。地球的内辐射带是在离地面300到1000公里之间，而外辐射带是在 20,000 公里左右高。

第二宇宙速度 V_2：是指从地球表面发射一个能永远离开地球引力场的物体所需的速度，这里我们不考虑空气的阻力，只计算引力的作用。因此从地球表面飞到无限远处物体对引力场所做的功等于在发射时所具有的动能。功等于从地球到无限远处的距离乘以作用力。由于 $F = f(r)$ 力是距离的函数，故必须在 R 到 ∞ 的范围内进行积分。对于单位质量的卫星所做的功等于：

$$\int_R^\infty g\frac{R^2}{r^2}dr = gR^2\left[-\frac{1}{r}\right]_R^\infty = gR^2\left[-\frac{1}{\infty} + \frac{1}{R}\right] = gR$$

所以：
$$\frac{1}{2}V_2^2 = gR$$
$$V_2 = \sqrt{2gR} = V_1\sqrt{2} = 7.91 \times \sqrt{2} = 11.18 \text{ 公里/秒}$$

发射高轨道卫星所需的总动量：即从地球发射到 r 轨道并绕地球旋转所需的能量等于从地面提到 r 轨道所做的功，加上卫星在轨道上的动能。对单位质量而言可写出等式：

从地面提升到 r 轨道所做的功为：
$$\int_R^r g\frac{R^2}{r^2}dr = gR^2\left[-\frac{1}{r}\right]_R^r = gR^2\left[-\frac{1}{r}+\frac{1}{R}\right] = gR\left(1-\frac{R}{r}\right)$$

而动能由(1—1)式给出，故
$$\frac{1}{2}V_r^2 = \frac{1}{2}V^2 + gR\left(1-\frac{R}{r}\right) = \frac{1}{2}gR\left(\frac{R}{r}\right) + gR\left(1-\frac{R}{r}\right) = gR\left(1-\frac{1}{2}\cdot\frac{R}{r}\right)$$
$$V_r^2 = 2gR\left(1-\frac{1}{2}\cdot\frac{R}{r}\right) = V_2^2\left(1-\frac{1}{2}\frac{R}{r}\right)$$
$$\therefore V_r = V_2\sqrt{1-\frac{1}{2}\frac{R}{r}} \qquad (1-3)$$

对于把卫星发射到 $T(r) = 24$ 小时 $= 1440$ 分的轨道上去所须的能量其对应的速度为：
$$V_{24} = V_2\sqrt{1-\frac{1}{2}\frac{R}{r}} = V_2\sqrt{1-0.0754} = 0.961V_2$$
$$= 0.961 \times 11.18 = 10.744 \text{ 公里/秒}$$

这个速度要求已经是第二宇宙速度的 96.1%，所以发射高轨道的卫星将比发射低轨道的卫星要难。而实际上，在我们以后的讲解中会看到，还要更复杂些，发射 24 小时周期的卫星比发射宇宙火箭更难。

第三宇宙速度 V_3：是指卫星脱离太阳系引力场所需的最小速度。即是在充分的利用了地球绕太阳旋转所具有的能量的情况下，再增加一部分能量就可以使其脱离太阳的引力。因为任何行星绕太阳旋转的椭圆轨道与圆形轨道差别很小，为了推导简化见，假设地球绕太阳旋转的轨道是圆的。同时因为各行星相互之间的吸引力比起太阳的吸引力来小得多，被故忽略，只考虑了太阳对地球的引力作用。

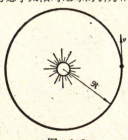

图 1.2

假设：M_θ ——太阳的质量。
M ——地球的质量。
R ——地球的半径。
R ——地球到太阳的距离。
g ——地球表面的引力常数。
g_θ ——太阳对地球表面上的引力常数。
$$g_\theta = G\frac{M_\theta}{R^2}$$

注：1. 倒数第 7 行 "M_θ" 应为 "$M_\odot$"。
2. 倒数第 4 行 "R" 应为 "$\mathbf{R}$"。
3. 倒数第 2 行 "g_θ" 应为 "$g_\odot$"。
4. 倒数第 1 行 "$g_\theta = G\frac{M_\theta}{R^2}$" 应为 "$g_\odot = G\frac{M_\odot}{\mathbf{R}^2}$"。

$$g = G\frac{M}{R^2}$$

$$g_\theta = g\frac{M_\theta}{M}\left(\frac{R}{R}\right)^2 \tag{1.4}$$

那么在地球軌道上太阳对每单位質量的引力为 $g\frac{M_\theta}{M}\left(\frac{R}{R}\right)^2$ (1.4)式的引力常数在計算轨道速度及脱离引力场速度和以前計算第一宇宙速度及第二宇宙速度的 g 一样，起同样的作用，所以地球繞太阳的速度（卫星的速度一样計算）为：

$$V_{\theta_1} = \sqrt{g_\theta R} = \sqrt{g\frac{M_\theta}{M}\left(\frac{R}{R}\right)^2 \cdot R}$$

而单位質量物体脱离太阳系的引力所需具备的速度为：

$$V_{\theta_2} = \sqrt{2g_\theta R} = \sqrt{g\frac{M_\theta}{M}\left(\frac{R}{R}\right)^2 \cdot 2R}$$

单位質量的物体脱离太阳系的引力，利用了地球所具有的速度，即物体脱离地球軌道的方向与地球繞太阳旋轉的方向相同时，还需增加的速度为：

$$V_{\theta_2} - V_{\theta_1} = \sqrt{g\frac{M_\theta}{M}\left(\frac{R}{R}\right)^2 \cdot 2R} - \sqrt{g\frac{M_\theta}{M}\left(\frac{R}{R}\right)^2 \cdot R} \tag{1.5}$$

这个速度增量所代表的动能，对单位質量来說是

$$\frac{1}{2}(V_{\theta_2} - V_{\theta_1})^2 \tag{1.6}$$

但这并不是說从地球表面发射一单位質量就只需要这么多动能，因为从地球表面出发，首先得克服地球的引力场，而后剩下来的动能才是(1.6)式所給出的动能。克服地球引力场的动能是 gR，所以从地球表面发射脱离太阳系的最小速度是（不計空气阻力）V_3，而

$$\frac{1}{2}V_3^2 - gR = \frac{1}{2}(V_{\theta_2} - V_{\theta_1})^2$$

所以利用(1.5)和(1.6)式我們有：

$$V_3^2 = \left\{\sqrt{g\frac{M_\theta}{M}\left(\frac{R}{R}\right)^2 \cdot 2R} - \sqrt{g\frac{M_\theta}{M}\left(\frac{R}{R}\right)^2 \cdot R}\right\}^2 + 2gR$$

$$= \left\{\sqrt{g\frac{M_\theta}{M}\left(\frac{R}{R}\right)^2 \cdot R}(\sqrt{2}-1)\right\}^2 + 2gR = \left\{\sqrt{2g\frac{M_\theta}{M}\left(\frac{R}{R}\right)^2 R}\left(1-\frac{1}{\sqrt{2}}\right)\right\}^2 + 2gR$$

$$= 2g\frac{M_\theta}{M}\left(\frac{R}{R}\right)^2 \cdot R\left(1-\frac{1}{\sqrt{2}}\right)^2 + 2gR = 2gR\left\{1 + \frac{M_\theta}{M}\frac{R}{R}\left(1-\frac{1}{\sqrt{2}}\right)^2\right\}$$

$$V_3 = V_2\left\{1 + \frac{M_\theta}{M}\frac{R}{R}\left(1-\frac{1}{\sqrt{2}}\right)^2\right\}^{\frac{1}{2}} = 11.18\left\{1 + 332{,}000 \times \frac{6{,}371}{149{,}500{,}000}(0.2929)^2\right\}^{\frac{1}{2}}$$

$$= 16.63 \text{ 公里/秒} \tag{1.7}$$

在以上的计算里，我们必须注意，重点是放在最小的脱离太阳系速度这一概念上。我们体现这个概念从两方面作：第一我们是充分的利用了地球在轨道上公转的速度，使宇宙火箭对太阳运动的方向同地球自转运动的方向一致，任何其他宇宙火箭的方向会增大速度的要求。第二，我们使宇宙火箭一开始就加足速度到 V_3，而不是先只加到第二宇宙速度 V_2，等宇宙火箭脱离了地球引力场之后，已经对地球没有相对速度了，然后再加速到能离开太阳系。如果这样作，分两段加速，那么所加的速度总和就不是 V_3，而是 $V_2+(V_{02}-V_{01})$ 了。总和自然大于 V_3。所以从加速的观点看问题，一鼓足气比分两段好。为什么有这个区别呢？我们要看到在地球表面附近加速，火箭喷气留在势能低的地方，而在脱离地球引力场后加速，火箭喷气将留在势能高的地方。从能量的角度来看后者自然不利。

§1—6 齐奥尔阔夫斯基（К.Э.Циопковский）公式：

齐奥尔阔夫斯基公式是在理想情况下，即没有考虑空气阻力和地心引力的影响下，建立起动量守恒方程式。因火箭增加的动量等于火箭喷射出的动量而其符号相反。如设：

M——瞬时质量。

w——喷气速度。

$M^{(1)}$——为开始飞行的质量。

$M^{(2)}$——为终了时的质量。

v——飞行终了时所具有的速度。

其数学式为：

$$Mdv = -wdM \quad -\frac{dM}{M} = \frac{dv}{w}$$

在 $M^{(1)} \to M^{(2)}$，及 $v=0 \to v$ 之间积分即得：

$$\int_{M^{(1)}}^{M^{(2)}} -\frac{dM}{M} = \int_0^v \frac{dv}{w} = \frac{1}{w}\int_0^v dv \cdot$$

$$\left[-lnM\right]_{M^{(1)}}^{M^{(2)}} = ln\frac{M^{(1)}}{M^{(2)}} = \frac{v}{w} \quad \therefore \quad \frac{M^{(1)}}{M^{(2)}} = e^{\frac{v}{w}} \qquad (1.8)$$

从齐奥尔阔夫斯基（К.Э.Циопковский）公式，可以计算出火箭在一定的喷气速度下所携带的燃料，及其与结构重量之比例。从公式看到，喷气速度 w 越大，质量比 $\frac{M^{(1)}}{M^{(2)}}$ 越小。当喷气速度下降时，质量比 $\frac{M^{(1)}}{M^{(2)}}$ 增加得很快（因为是指数函数的关系）。所以质量比大，也就是起飞质量远远大于火箭停止工作时的质量，而我们知道两个质量之差等于火箭燃料的质量。所以质量比大就等于说燃料量增加了，而终了达到高速的质量减小了，也就是有效的负载减小了。两者对我们都不利。所以我要从各方面采取措施使其喷射速度增加，以求得质量比的减少。这个问题我们将在第三章中详细地讲解。

§1.7 宇宙航行——恒星世界：

现在看起来，应用现代所知道的技术，使用化学燃料、原子反应堆、多级火箭结构的设計等可以使速度达到每秒几十公里，这正是第一、第二、第三宇宙速度的数量级，因而，在太阳系内的旅行是可以办得到的。当然这需要我们做很多艰苦的工作，但它是可能的，在太阳系里的旅行实际上是行星之间的航行，为了明确起見叫星际航行。

从表（1.5）可以看到太阳系的半径约为40亿公里，但到最近的一个恒星半人馬座α星却有40万亿公里，即4.3光年（一光年等于以光的速度30万公里/秒走一年的距离），最近的也是太阳系尺寸的一万倍。而太阳系离我們所在的星际系銀河系的中心为7000秒差距（1秒差距等于3.259光年即3.08×10^{13}公里＝308,000亿公里）即22,800光年，距离銀河系的边緣约6000秒差距。即19600光年，銀河系的半径为13000秒差距即42400光年，比太阳到最近恒又大了一万倍。而銀河系又不过是宇宙中亿万个星系中的一个。在总宇宙中，在总星系中观测得到的约为1000百万秒差距，即銀河系半径的约十万倍。

据现在天文观测所知，在离太阳十七光年的近邻地区有42顆恒星（包含太阳在内，見表1.7）。但实际上星的数目不止于此，因此有不少星实質上是双星或者三星。在銀河系中，双星多星据估計占星的1/5，如最近的半人馬星座α星，实际上是距离很近的三顆星A、B、C。再如离我們8.7光年的天狼星，是一顆很亮的星。它实际上是双星A、B，表面溫度很高光色发藍，紫外綫很强的星。其中B星直径很小$0.03R_\theta$，但其質量大密度也大，溫度又高，这种星叫白矮星。更为特例的白矮星，如离我們13.8光年的26号星（$Van\ Maanen$）星，半径仅为$0.009R_\theta$（即比地球略小），而質量是地球質量的36000倍，这种星基本上由原子核组成，而电子层外壳已被挤破了，可能每立方厘米有半吨重。

而出太阳系的近邻，恒星世界的奇观就更多了。例如双星中的巨人，天鵝座$V380$星，是一对高溫发藍光的巨星，它們以12.43天的周期相互圍繞着轉，其距离为0.611×10^8公里（只有地球到太阳距离的一半还不到）。一个半径为太阳半径的29倍等于0.201×10^8公里，質量为太阳的43.7倍；另一个半径为太阳半径的8倍即0.056×10^8公里，質量为太阳的15.6倍。在这个双星附近的行星，将在天空中看見两个太阳。要說巨星，要以猎戶座α星（$Batelgeuze$，即参宿四）为最大。它离我們有300光年，是一顆紅色（M^2）的星，而且是一顆有脉动的星。半径从最小为太阳半径的330倍到最大为太阳半径的460倍，最小半径也是地球到太阳距离的1.54倍。另一个更大的星是英武仙座α星，（$Ras\ Algethi$）也是紅星（M8）离我們有800光年，半径为太阳半径的800倍。此外还有一些不稳定的星，如变星、新星、超新星。周圍有大量气体的所謂"行星星云"佛耳夫——拉叶或w型"星等。

所以整个宇宙是很大的，它包括了无数个星系，而銀河星系是其中之一，而太阳系則只是銀河系的一小部分，如果用现在我們能达到的每秒几十公里的速度，就是到最近的几顆恒星附近去也得几万年，这种旅行是不可設想的。故现在人类能飞行的范圍是整个宇宙的很小一部分。所以說宇宙航行的可能性目前还很难預料。宇宙航行还是我們的一个理想，目前还没有具体实现它的途径。故近20到30年的任务是发展太阳系航行技术，或者是行星际航行，然后在行星际之间研究宇宙，研究大自然，准备突破太阳系进入大宇宙。人在地球表面时代的科学研究，創造了离开地球表面作（行）星际飞行的可能。而人在（行）星际間的科学研究会創造作大宇宙中飞行的可能。而且这将是在新的历史时代，在社会主义制度下，解放了的人們所要完成的任务。

表 1.7 邻 近 的 恒 星

序号	恒星名称	星距(光年)	半径 ($R_o=1$)			质量 ($M_o=1$)			温度 (°K)		
			A	B	C	A	B	C	A	B	C
1	太 阳	—	1.0	—	—	1.0	—	—	5700	—	—
2	半人马星座α星	4.3	0.99	1.58	0.045	1.25	0.65	0.38	5150	4950	3250
3	Barnard 星	6.0	0.12	*	—	0.38	*	—	4500	*	—
4	Wolf 359	7.7	0.032	—	—	0.25	—	—	3100	—	—
5	Luyten 726-8	7.9	0.039	0.042	—	0.25	0.36	—	3100	3100	—
6	Lalande 21185	8.2	0.351	*	—	0.44	*	—	3200	*	—
7	天 狼 星	8.7	1.53	0.030	—	2.35	0.98	—	9000	8600	—
8	ROSS 154	9.3	0.12	—	—	0.38	—	—	3000	—	—
9	ROSS 248	10.3	0.077	—	—	0.36	—	—	2900	—	—
10	波江星座ε星	10.8	0.89	—	—	0.77	—	—	4200	—	—
11	ROSS 128	10.9	0.11	—	—	0.38	—	—	3000	—	—
12	天鹅星座 61	11.1	0.71	0.81	*	0.63	0.52	*	3600	3200	*
13	Luyten 789-6	11.2	0.084	—	—	0.38	—	—	2900	—	—
14	小狗星座第一星	11.3	1.74	0.007	—	1.8	0.64	—	6700	7500	—
15	εIad	11.4	1.01	—	—	0.65	—	—	3950	—	—
16	Σ 2398	11.6	0.28	0.19	—	0.41	0.41	—	3400	2300	—
17	Groombridge 34	11.7	0.49	0.12	—	0.44	0.40	—	3200	3100	—
18	鯨鱼星座τ星	11.8	0.57	—	—	1.1	—	—	5400	—	—
19	Lacaille 9352	11.9	0.28	—	—	0.44	—	—	3200	—	—
20	BD+5° 1668	12.4	0.17	—	—	0.40	—	—	3350	—	—
21	Lacaille 8760	12.8	0.83	—	—	0.48	—	—	3200	—	—
22	Kapteyn 星	13.0	0.24	—	—	0.52	—	—	3200	—	—
23	Krüger 60	13.1	0.19	0.11	—	0.40	0.38	—	3100	3000	—

續表

序号	恒星名称	星距(光年)	半径 ($R_o=1$)			質量 ($M_o=1$)			溫度 (°K)		
			A	B	C	A	B	C	A	B	C
24	ROSS 614	13.1	0.14	**	—	0.38	**	—	3000	**	—
25	BD-12° 4523	13.4	0.22	—		0.38	—		3000	—	
26	VanMaaner星	13.8	0.009	—		>0.11	—		7000	—	
27	Wolf2424	14.6	0.091	0.091	—	0.36	0.36	—	3100	3100	—
28	Groombridge 1618	14.7	0.50	—		0.65	—		3600	—	
29	CD-37°15492	14.9	0.40	—		0.42	—		4300	—	
30	CD-46°11540	15.3	0.26	—		0.40	—		4800	—	
31	BD+20° 2465	15.4	0.28	*		0.40	*		3300	—	
32	CD-44°I1909	15.6	0.15	—		0.38	—		3200	—	
33	CD-49°13515	15.6	0.34	—		0.42	—		3400	—	
34	AOe 17415-6	15.8	0.33	—		0.42	—		3400	—	
35	ROSS 780	15.8	0.15	—		0.38	—		3200	—	
36	Lalande25372	15.9	0.40	—		0.44	—		3400	—	
37	CC. 658	16.0	0.058	—		0.7	—		8000	—	
38	波江星座O²星	16.3	0.83	0.059	0.17	0.85	1.3	0.38	4400	5900	3200
39	蛇夫星座 70	16.4	1.04	0.84	—	0.81	0.65	—	4800	3700	—
40	牛郎星	16.5	1.23	—		2.2	—		9100	—	
41	BD+43° 4305	16.5	0.25	—		0.38	—		3100	—	
42	AC+79° 3888	16.6	0.15	—		0.40	—		3400	—	

* ——看不見的伴星；

** ——在5米直徑的望远鏡帮助下觀察到的。

§ 1—8 阿克来（J. Ackeret）公式：

到其他恒星去的问题，是速度问题，必须非常接近光速。这样高的速度不能用齐奥尔關夫斯基（К.Э.Циопковский）公式来计算，必须用相对论力学来计算。根据这样的计算，到半人馬座 α 星（见表1—7）时，設想宇宙飞船最高速度为0.80倍光度，而喷气速度为光速的0.6倍，用二級火箭（每一級的質量比6.24），一級加速到0.80倍光速，一級刹車用。最大加速为2000厘米/秒²（約2g），那么加速减速对飞船中的人来講各为一年，等速飞行一段，对飞船中的人来講是2.5年，一共需4.5年。到天狼星去（8.7光年）用多級火箭，用等加速度2000厘米/秒²，及等减速度2000厘米/秒²，最大速度0.94倍光速，喷气速度仍为0.6倍光速。加速及减速对飞船上的人来說各为0.8年，直走用2.5年，共需4.2年。

由这两个例子看到，用低速进行宇宙航行是很难想象的，即是在0.8倍光速下，飞行所需的时间也还要几年，而要达到光速的0.6倍，就必须使燃料在燃烧后放出足够的能量，其相关联的質量为燃料原来質量的20%。（相关联的質量是指：轉变成功能的那部分質量占燃料原来質量的百分数。当喷气速度等于光速时，相关联的質量就为100%）。而现在最强的燃料是氢的聚变，其相关联的質量不到百分之一，喷气速度为光速的5%。所以就要求远远超过现有的核子燃料所能达到的程度。故要实现恒星旅行或远程星际航行，还有待于超强度的核子燃料，来得到接近于光的速度。我们不准备介紹这种相对論力学計算的全部，但只介紹相当于齐奥尔關夫斯基公式的阿克来（J. Ackeret）公式，并且指出两者的差別。

如果 w 是相对于发射点的速度是 V。那么根据相对論的定律；在固定于发射点的座标中，喷气速度 w' 为：

$$-w' = \frac{-w+v}{1-\frac{wv}{c^2}} \tag{1—9}$$

其中

C ——光速 $(c = 2.997929 \pm 0.000008) \times 10^5$ 公里/秒）。

M ——为靜質量。

M' ——为动質量。

dm ——喷气的靜質量。

dm' ——喷气的动質量。

则

$$M' = \frac{M}{\sqrt{1-\frac{V^2}{c^2}}}$$

$$dm' = \frac{dm}{\sqrt{1-\frac{V^2}{c^2}}}$$

从而可以写出能量守恒方程式，即总能的一部份变成喷气的能量：

$$d\left(\frac{Mc^2}{\sqrt{1-\frac{V^2}{c^2}}}\right) + \frac{dm \cdot c^2}{\sqrt{1-\frac{w'^2}{c^2}}} = 0 \tag{1—10}$$

而动量守恒方程式为：

$$d\left(\frac{MV}{\sqrt{1-\frac{V^2}{c^2}}}+\frac{dm(-w')}{\sqrt{1-\frac{w'^2}{c^2}}}\right)=0 \tag{1-11}$$

利用公式（9）得

$$1-\frac{w'^2}{c^2}=1-\frac{1}{c^2}\left(\frac{-w+u}{1-\frac{wv}{c^2}}\right)^2$$

$$=\frac{1-2\frac{wv}{c^2}+\frac{w^2v^2}{c^4}-\frac{w^2}{c^2}+2\frac{wv}{c^2}-\frac{v^2}{c^2}}{\left(1-\frac{wv}{c^2}\right)^2}=\frac{\left(1-\frac{w^2}{c^2}\right)\left(1-\frac{v^2}{c^2}\right)}{\left(1-\frac{wv}{c^2}\right)^2}$$

因此：

$$\frac{1}{\sqrt{1-\frac{w'^2}{c^2}}}=\frac{\left(1-\frac{wv}{c^2}\right)}{\sqrt{1-\frac{w^2}{c^2}}\sqrt{1-\frac{v^2}{c^2}}}$$

由此 (1—10) 和 (1—11) 式可写成

$$\frac{dM}{\left(1-\frac{v^2}{c^2}\right)^{1/2}}+M\frac{\frac{Vdv}{c^2}}{\left(1-\frac{v^2}{c^2}\right)^{3/2}}=\frac{\left(1-\frac{wv}{c^2}\right)}{\sqrt{1-\frac{w'^2}{c^2}}\sqrt{1-\frac{v^2}{c^2}}}dm$$

$$\frac{VdM}{\left(1-\frac{V^2}{c^2}\right)^{1/2}}+\frac{MdV}{\left(1-\frac{V^2}{c^2}\right)^{1/2}}+MV\frac{\frac{Vdv}{c^2}}{\left(1-\frac{V^2}{c^2}\right)^{3/2}}$$

$$=\frac{\left(1-\frac{wv}{c^2}\right)}{\sqrt{1-\frac{w^2}{c^2}}\left(1-\frac{V^2}{c^2}\right)^{1/2}}\left(\frac{-w+v}{1-\frac{wv}{c^2}}\right)dm$$

略去共同项 $\left(1-\frac{V^2}{c^2}\right)^{\frac{1}{2}}$ 消去 dm 即得

$$VdM+MdV\left(\frac{1}{1-\frac{V^2}{c^2}}\right)=\frac{-w+v}{1-\frac{wv}{c^2}}\left\{dM+M\frac{dV}{V}\left(\frac{\frac{V^2}{c^2}}{1-\frac{V^2}{c^2}}\right)\right\}$$

运算结果得：

$$-\frac{dM}{M}=\frac{c}{2w}\left\{\frac{1}{\left(1-\frac{V}{c}\right)}+\frac{1}{\left(1+\frac{V}{c}\right)}\right\}d\left(\frac{V}{c}\right)$$

积分后得阿克莱公式：

$$\frac{M^{(1)}}{M^{(2)}} = \left[\frac{\left(1+\frac{V}{c}\right)}{\left(1-\frac{V}{c}\right)}\right]^{\frac{c}{2w}} \tag{1.12}$$

这里 V 是火箭最后所达到的速度。

为了比较阿克莱（J. Ackeret）公式和齐奥尔阔夫斯基（К.Э.Циопковский）公式，我们对阿克莱（J. Ackeret）公式可进一步加以整理。

$$\frac{M^{(1)}}{M^{(2)}} = e^{\frac{c}{2w} \ln\left(\frac{1+\frac{V}{c}}{1-\frac{V}{c}}\right)}$$

$$\ln\left(\frac{1+\frac{V}{c}}{1-\frac{V}{c}}\right) = \ln\left(1+\frac{V}{c}\right) - \ln\left(1-\frac{V}{c}\right) = \frac{V}{c} - \frac{1}{2}\left(\frac{V}{c}\right)^2 + \frac{1}{3}\left(\frac{V}{c}\right)^3 - \frac{1}{4}\left(\frac{V}{c}\right)^4$$

$$+ \frac{1}{5}\left(\frac{V}{c}\right)^5 - \frac{1}{6}\left(\frac{V}{c}\right)^6 + \frac{1}{7}\left(\frac{V}{c}\right)^7 \cdots + \left(\frac{V}{c}\right) + \frac{1}{2}\left(\frac{V}{c}\right)^2 + \frac{1}{3}\left(\frac{V}{c}\right)^3 + \frac{1}{4}\left(\frac{V}{c}\right)^4$$

$$+ \frac{1}{5}\left(\frac{V}{c}\right)^5 + \frac{1}{6}\left(\frac{V}{c}\right)^6 + \frac{1}{7}\left(\frac{V}{c}\right)^7 + \cdots$$

$$= 2\frac{V}{c}\left[1 + \frac{1}{3}\left(\frac{V}{c}\right)^2 + \frac{1}{5}\left(\frac{V}{c}\right)^4 + \frac{1}{7}\left(\frac{V}{c}\right)^6 \cdots\right]$$

$$\therefore \frac{M^{(1)}}{M^{(2)}} = e^{\frac{V}{w}\left[1 + \frac{1}{3}\left(\frac{V}{c}\right)^2 + \frac{1}{5}\left(\frac{V}{c}\right)^4 + \frac{1}{7}\left(\frac{V}{c}\right)^6 \cdots\right]}$$

$$= e^{\frac{V}{w}} e^{\frac{V}{w}\left(\frac{V}{c}\right)^2\left[\frac{1}{3} + \frac{1}{5}\frac{V}{w}\left(\frac{V}{c}\right)^2 + \frac{1}{7}\frac{V}{w}\left(\frac{V}{c}\right)^2 + \cdots\right]}$$

我们将第二指数函数展开，作为 $\left(\frac{V}{c}\right)^2$ 的幂级数，那么

$$\frac{M^{(1)}}{M^{(2)}} = e^{\frac{V}{w}}\left\{1 + \left[\frac{V}{w}\left(\frac{V}{c}\right)^2\right]\left[\frac{1}{3}\right] + \left[\frac{V}{w}\left(\frac{V}{c}\right)^2\right]^2\left[\frac{1}{18} + \frac{1}{5}\left(\frac{w}{V}\right)\right]\right.$$

$$\left. + \left[\frac{V}{w}\left(\frac{V}{c}\right)^2\right]^3 \cdot \left[\frac{1}{162} + \frac{1}{15}\left(\frac{w}{V}\right) + \frac{1}{7}\left(\frac{w}{V}\right)^2\right] + \cdots\right\}$$

这个公式指出：当 $\frac{V}{c} \to 0$ 时，也就是当火箭速度远远比光速小的时候，公式（1.13）中整个大括弧的值等于 1，所以阿克莱公式就约化为齐奥尔阔夫斯基公式。也就是说，齐奥尔阔夫斯基公式是阿克莱公式的特例。（1.13）公式指出，从齐奥尔阔夫斯基公式到阿克莱公式的修正，永远是正的，即加大。当火箭速度很高时，用齐奥尔阔夫斯基公式计算会得出过小质量比。

注：第 4 行 "К. Э. Циопковский" 应为 "К. Э. Циолковский"。

恒星际飞行要求飞行速度必须非常接近光速，同样一个主要的要求是喷气速度也必须达到半倍光速以上，不然质量比太大，例如：以今天比较有希望的能源，氘聚变成氦，或受控制的热核反应：

$$6D \to 2He(7.1 兆电子伏) + 2P(17.7 兆电子伏) + 2n(16.55 兆电子伏) + 1.8 兆电子伏$$

中子 n 将很快地从反应气体中逸出，其所携带的 16.55 兆电子伏的能量不能用来加热，故为 6 个氘原子所产生的热能为 26.6 兆电子伏，算 70% 有效的变成功能，这时喷气速度为 15000 公里/秒，比冲约 1.5×10^6 秒，因此这个看来非常大的喷气速度也只是光速的 5%。假若喷气速度达到 0.05 倍光速，飞行速度为 0.80 倍光速其质量比为：

用齐奥尔阔夫斯基公式计算：

$$M^{(1)}/M^{(2)} = e^{0.8/0.05} = e^{16} = 0.0889 \times 10^8$$

用阿克莱公式计算：

$$M^{(1)}/M^{(2)} = \left(\frac{1+0.80}{1-0.80}\right)^{\frac{c}{2 \times 0.05c}} = \left(\frac{1.8}{6.2}\right)^{10} = 34.8 \times 10^8$$

以上计算说明了，在火箭速度接近光速时，齐奥尔阔夫斯基公式是很不准确的。再者就是用我们在今天看来是最强的能源氘聚变，要达到 80% 光速，总质量比要达到 34.8 亿。这是不可设想的大的质量比，所以就是用今天看来是最强的能源，也解决不了宇宙航行的问题。

习 题

1—1 知道了第二宇宙速度，行星质量与地球质量比，行星直径与地球直径之比，怎样计算行星脱离的速度？并进行表 1—5 中数据的校核。

1—2 不计空气阻力，从地球表面发射一个物体去打中太阳，所需最小的速度是多少？

第二章 火箭发动机原理

§2-1 星际航行的动力

星际航行的速度要求已经在上一章中得到了说明。就拿一物体围绕地球旋转，就需要 7.9 公里/秒以上的速度，这样高的速度，想用现代的航空发动机在大气层中是不可能达到的。首先，由于地球表面存在着几十公里厚的大气层，飞行器要以这样高的速度在这样稠密的大气中飞行，必然要受到巨大的大气阻力。一则使飞行器需要很大的力量来克服这一阻力，再则在这样高的速度下，空气与飞行器表面强烈摩擦而产生高热使飞器烧毁。因此，要在大气层中达到的高速度是很有限的。其次，我們知道，地球表面的大气，由于受地心引力的作用而随离地面的高度的增加，而气体密度逐渐减小。据测得：离地面30公里高处，大气的密度只及地面上大气密度的约 1/100，如果离地面 60 公里时，则只及约 1/10,000 再往上就更加稀薄了，到 100 公里的高空，大气密度只有地面密度的约 1/1,000,000。因此，一般来說飞行在太空中就几乎没有空气的阻力存在，而速度可以无限增大，这对于作宇宙航行来說是十分有利的条件。然而，由于太空中几近于真空，而飞行用的渦輪噴气发动机则正是用空气中的氧作氧化剂，沒有空气也就沒有氧，因此一般空气噴气发动机是注定了不能用在星际航行上作发动机。

火箭发动机则是一很理想的宇宙航行的发动机。它不仅在大气中可以工作，而且在沒有空气存在的太空中也同样可以工作。因为它本身已经同时带有燃料和氧化剂。火箭燃烧室中产生的高温高压气体，利用直接反作用的原理，讓这些气体，以高速噴出，从而推动火箭。

火箭发动机还有另外一个特点是：它的推力之大小与周圍介質有关。如：一火箭发动机在高空的推力比在地面的推力要高大约 20%，这是由于地面的大气压力比高空的大气压力高得多的原故。推力大小与发动机所处的高度的关系可由图 2-1 了解。

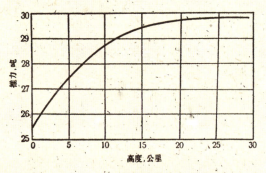

图 2-1　V-2 火箭的推力与高度的关系

由上述可见，火箭发动机是现代最适合于星际航行的唯一可行的发动机，愈是在空气稀薄的地方飞行，则它愈能发出更大的推力和更高的速度。在这里还需要說明一点：现在要作星际航行，要具有高的速度脱离地球引力飞向其他行星，首先得从地球表面起飞，从静止状态逐渐加到需要的速度。因此火箭发射时第一步就要以较低的速度通过大气层。这样一来空气喷气发动机就有可能作为多级火箭之第一级发动机，因为它可以充分地利用空气作为氧化剂而无需在火箭第一级中带上这相当重的一部份氧化剂，从而可以大大减少第一级的重量，这对发射多级火箭有很大的好处。但是用空气喷气发动机及火箭发动机的运载系统将比纯火箭发动机系统复杂，造价更大，象现在的运载火箭那样，一次使用以后就扔掉是太浪费。所以又必需考虑在完成了加速任务之后，把空的运载系统再安全地降落到地球表面上来，也就是"回收"运载系统。这在技术上就比现在的运载火箭要求更高，今天还没能实现。

§ 2-2 固体推进剂火箭发动机工作原理

固体推进剂火箭发动机，是以固体燃料固体氧化剂及其他添加剂混合组成的固体火药来作为推进剂。因此一般又可简称之为固体火箭发动机或固体发动机。

固体火箭发动机的特点：

(1) 最大的优点是结构简单，由图2-2可看出的典型的固体火箭发动机可分为四个主要部份：燃烧室、喷管、药柱、及药柱支承装置。因此，固体火箭发动机广泛地应用到各种火箭弹上，特别是尺寸较小的火箭上。

(2) 容易使用，操作可靠，可长期存放：固体火箭发动机的推进剂可事先制成药柱装于燃烧室中，长期存放，如需要时立即可以使用，使用起来也很简便。由于固体火箭发动机所用推进剂是固体，因此在发动机工作过程中就不需要专门的推进剂供应和调节系统。由于没有泵，伐门管路等，因而使发动机工作时较为可靠。

现在来谈一谈固体火箭发动机的起动方法及工作状况，起动点火是十分简单的，一般采用在药柱中空处加入一临时小火药包，用电火花使之引燃后，再借小药包去点燃整个药柱，药柱燃烧后产生高温高压气体，经过药柱及燃烧室空隙进入喷管膨胀排出而产生推力。由于固体推进剂不能用控制流量方法来进行调节控制，而是靠推进剂的燃烧面来控制燃烧速度，从而控制火箭的推力。因而固体药柱的形状及推进剂本身的反应速度是控制燃烧速度的关键。

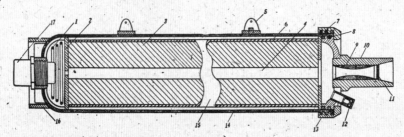

图2-2 典型的固体推进剂起动火箭的剖面图 1.—弹簧（用作装药热膨胀）；2—加力分配板（2）；3—推进剂装药 4—燃气通道；5—安装挂耳（2）；6—色复层；7—特殊螺纹；8—"O"环形紧塞具；9—喷管的石墨衬管；10—喷管；11—喷管盖；12—保险装置；13—螺药封闭环；14—燃烧室壁；15—推进剂药色外复层；16—贮有时垂直支持；17—点火器。

§2—3 液体推进剂火箭发动机工作原理

液体推进剂火箭发动机亦可简称为液体火箭发动机或液体发动机。它与固体火箭发动机的最大不同之点就是所用的推进剂是液体状态。有时推进剂是单一的，如硝基甲烷（CH_3NO_2），即称其为单元液体推进剂。但是更多的情况是分别以氧化剂及燃料放于发动机携带的氧化剂及燃料贮箱中，即称其为双元液体推进剂。正由于这一点给液体火箭发动机带来了其他许多不同于固体火箭发动机的特点。这些特点是：增加了推进剂在火箭发动机中的贮存和输送系统，工作过程中推进剂用量的调节控制系统，燃烧室的冷却系统。近几年来，正由于液体推进剂的使用，使火箭发动机的工作时间大大增长，推力大大增加，从而有可能把巨大的人造卫星，宇宙火箭及飞船送到预定的轨道上去。虽然由于采用液体推进剂，使得发动机系统复杂化，各部件设备增多，但是大推力的液体火箭发动机的结构重量仍得到相应地降低。

目前一般的液体火箭发动机燃烧室，压力都在30个大气压以上，并且液体推进剂在进行燃烧之前必须进行充分的雾化，这一过程主要是靠氧化剂及燃料通过喷咀达到雾化的目的。而喷咀的雾化过程，推进剂就要产生约10个大气压以上的压力降。因此再加上系统中的管路阀门等阻力损失，液体推进剂进入输送系统之前，最低限度应保持有几个大气压的压头，方才能使推进剂贮箱中的燃料和氧化剂能在发动机工作时得到正常的供应。因此对液体火箭发动机而言，正常的供应推进剂是保证发动机正常工作的关键。按照目前液体火箭发动机推进剂的输送形式大至可分为两类：

（1）挤压式：

液体火箭发动机的推进剂是借助于高压气体的压力作用在推进剂液面上，使推进剂经过管路阀门、喷咀、然后进入燃烧室燃烧，因此称之为挤压式。图2—3即为挤压式液体火箭发动机的示意图。从图中可以看出：发动机本身除了带有燃料及氧化剂贮箱之外，还带有一高压气柜，内贮有高压惰性气体。高压气体经过减压伐，使压力降低到所需要之压力以后，分别进入燃料及氧化剂贮箱，去挤压燃料和氧化剂，使之输送到燃烧室中进行燃烧。产生的高温高压气体经喷管膨胀以高速排出，从而产生反作用力推动整个火箭前进。

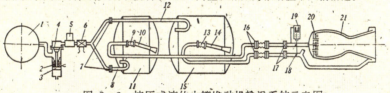

图 2—3 挤压式液体火箭发动机输送系统示意图
1—高压气柜；2—减压器；3—氧化剂贮箱；4—燃料贮箱；
5—燃烧室；6—推进剂压出导管；7—推进剂增压管路。

由于挤压推进剂需要高压气体，而且推进剂贮箱也需要承受一定的高压。因此必然随着输送推进剂的压力增高，增加推进剂的贮量（即为了增大发动机的推力或增加发动机的工作时间）都必然导致高压气柜及推进剂贮箱重量的增加。因此就增加了发动机的结构重量，相应的也就会降低火箭的有效载荷。所以挤压式输送系统的液体火箭发动机显然不宜于作得过

注：现图2—3对应的图注为"1—高压气罐；2—启动火药；3—活塞；4—高压活门膜片；5—气体减压器；6—低压电动活门；7—易破裂的膜片；8—给燃料箱输送气体的导管；9—燃料集液管的弹性悬接管；10—燃料集液管；11—燃料箱；12—给氧化剂箱输送气体的导管；13—氧化剂集液管的弹性悬接管；14—氧化剂集液管；15—氧化剂箱；16—膜盒；17—燃料和氧化剂管路上的膜片；18—节流活门；19—控制节流活门的伺服活塞；20—发动机头部；21—燃烧室"。

大。这种发动机由于它靠高压气体挤压输送推进剂。因此它除了系统中有调节伐门之外没有转动部份，因而系统较简单工作较可靠，故一般推力较小的发动机采用这种形式还是具有优越性的。

挤压式所用的高压气体是有选择性的。首先一点，所选择的工作气体应当对于燃料和氧化剂均是惰性的，如对于硝酸——煤油为组合的推进剂均可以采用高压空气。其次，对于发射火箭而言，不仅要考虑气体与推进剂之间不发生作用，而且还应当同时考虑到气体的重量。因此一般采用惰性气体氦（He）最为理想，因为它正兼备了与一般推进剂不起任何作用的稳定性和重量轻（分子量为4不到空气的1/7）的特点。

(2) 涡轮○式：

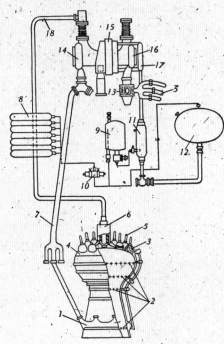

图 2-4 V-2 火箭发动机原理示意图

1—喷管；2—用于冷却的燃料的输送系统；3—喷咀舱；4—燃烧室；5—通往喷咀舱的液气导管；6—燃料主活门；7—通往冷却外套的燃料导管；8—高压气瓶；9—催化剂箱；10—减压器；11—反应器；12—过氧化氢箱；13—氧化剂主活门；14—燃料泵；15—涡轮；16—氧化剂泵；17—向涡轮送蒸气的导管；18—发动机停车时向泵回抽燃料的导管。

涡轮泵式的输送系统通常用于大推力和工作时间长的火箭发动机，对于这类火箭，涡轮泵式输送比其他任何类型的系统更轻化。它们的重量实质上与发动机的工作时间长短无关。

发动机工作时是用气涡轮直接带动高转速的离心泵将推进剂组分分别由贮箱中抽出，然后压入燃烧室中，雾化、混合和燃烧。涡轮的动力来源通常取自蒸汽或燃气，在下面分别进行阐述：蒸汽涡轮：

蒸汽的来源是由发动机本身装有一套附属的蒸汽供给及发生系统。通常是采用过氧化氢（H_2O_2浓度80%以上）在特设的带有催化剂（过锰酸钾KM_nO_4）的气体发生器中分解而得400°C的高压水蒸汽和氧的混合气体来吹动涡轮。为了产生蒸汽，由发动机本身带有一过氧化氢贮箱送过氧化氢去蒸汽发生器产生高压蒸汽的高压气瓶。这种形式的输送系统以V-2发动机最典型（见图2-4）。

可以看出这种类型的发动机，虽然采用了涡轮泵的输送系统，但是仍还保留着一部分挤压系统，如果发动机推力增加，特别是工作时间增长时，挤压部份的重量必然会增加，因而输送系统的重量还并不能与发动机的工作时间完全无关。

燃气涡轮：这种涡轮的工质来源是直接从泵的出口抽出一定比例的燃料及氧化剂，在一辅助的小燃烧室中进行燃烧，产

注：1. 第9行"涡轮○式"应为"涡轮泵式"。
2. 第13行"更轻化"应为"更轻"。

生约为 600～700°C 的高压燃气去驱动涡轮转动，从而带动泵运转。

在这辅助燃烧室中采取贫氧燃烧，因为一般火箭发动机推进剂的正常燃烧温度都在 3000°C 左右，这样高温的气体作为涡轮的工貭是不行的，因为温度太高会使涡轮的机件变形或烧毁。故一般燃气温度都控制在 1,000°C 以下。这种涡轮所消耗的推进剂一般约为整个发动机消耗的推进剂总量的 2～3%。燃气涡轮的起动是靠辅助燃烧室中装临时火药包燃烧产生燃气推动涡轮来带动泵运转。挨泵送出推进剂之后，就可直接供应一定比例的推进剂到辅助燃烧室中燃烧，产生燃气而维持涡轮泵继续正常的工作。这种形式的输送系统比蒸汽涡轮泵则更进了一步，它不再有挤压式部份，因此发动机重量得到了进一步减轻，而且其重量不再随发动机工作时间的增长而增加了。

由于采用了泵式输送，因此从推进剂贮箱一直到泵入口的设备都不再要求承受高压。虽然增加了涡轮、泵及其他附属设备，但这些部分在现代技术条件下已经可以做得轻而可靠。因此采用涡轮式输送系统在现代火箭发动机中，特别是大推力，工作时间长的液体火箭发动机中，具有其他形式火箭不可及的优越性。但是对推力不太大的火箭发动机而言采用挤压式也是有好处的。其次如结合其他方面问题考虑，挤压式输送亦有可能用在大型液体火箭发动机上，美国目前正在研究设计一个叫"宇宙"（"cosmas"）的推力为 2,700 顿的运载火箭，用液氢液氧作推进剂，就考虑采用挤压式输送系统。其原因在于挤压式输送系统中的各个设备：高压气柜、推进剂贮箱等虽然比较重，但确也很坚固结实。因此当这一级火箭的发动机工作结束后，就可能利用高压气柜及液氧贮箱中残存的中压氢气充起一只大氢气球，以使发动机借氢气球之浮力缓缓下降，使发动机贮箱和高压气柜安全着陆，从而回收再行利用。因此降低在运载火箭方面的每次发射费用。

§2—4 推力的计算

火箭发动机燃烧室中的燃气是作定常的一维流动，即在燃烧室或喷口的气流的任一截面上燃气的速度和压力都不随时间而改变，任一横截面上各点的流速相等，且沿喷口的轴向流动（图2—5）。

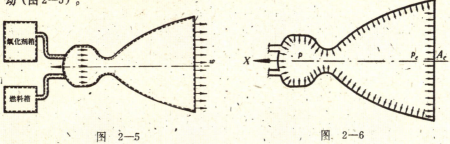

图 2—5　　　　　　　　图 2—6

我们所要推导的推力，就是所有作用在发动机包括燃烧室和喷管内壁上的力的轴向合力（即指发动机轴向 x 方向的合力）。什么是内壁？因为我们所要计算的是力与喷气动量之间的关系，我们也就要尽量使动量的计算简单些，这在固体发动机问题不大，推进剂是存放在燃烧室里的，只要我们把座标固定在火箭上，就不会有什么推进剂的动量。对液体发动机，推进剂是从推进剂箱开始流动的，到了燃烧室的喷咀，流速可以较大，我们不应该完全忽略

注：第6行"挨泵"应为"该泵"。

在喷咀处推进剂的动量，这个看来较麻烦的问题，可以用这样的办法来除去：我们把内壁从燃烧室经过喷咀，推进剂导管，一直扩展到推进剂箱，内壁也包括推进箱的内壁（图26）；那么确实没有物质流过这样的内壁面，计算动量时只有一个动量，即喷气的动量。作用在内壁的压力为 p，在内壁取一小块面 dA_i，故作用在这一小块面积上的力为 pdA_i。因为整个发动机是对称的，推力必然是轴向的，我们只要算压力在轴向（x）方向的分力就行了。如果 α 是"法向"（即垂直于 dA_i 而从内壁向外）与 x 轴所形成的角，那么分力是 $pdA_i\cos\alpha$。整个内壁的轴向力为 $pdA_i\cos\alpha$ 沿整个内壁的积分：

$$\int_{内壁} P\cos\alpha dA_i$$

因此反过来内壁作用在推进剂及燃气上的力应与此力大小相等而方向相反即为

$$-\int_{内壁} P\cos\alpha dA_i$$

这里由于推进剂及燃气流动而与燃烧室内壁产生的摩擦力忽略不计，因为它们比起压力 p 来要小得多，还不到 1%。

计算到这里，我们的内壁面还是开放的，在喷管的出口处是开着的，为了计算喷气的动量，我们必须把推进剂和燃气包起来，加上一个喷管出口截面就封闭了，如果在喷管出口截面上的气体压力是 p_e，那么作用在气体上的 x 方向的力是 $p_e A_e$。其中 A_e 表示喷口出口截面的面积。因此对于整个发动机封闭面而言，作用在推进剂及气体上的轴向合力应为

$$-\int_{内壁} P\cos\alpha dA_i + P_e A_e$$

依照牛顿第二定律（动量定律）知道作用在气体上的力应当等于每秒钟气体所得到的动量。即

$$-\int_{内壁} P\cos\alpha dA_i + P_e A_e = \dot{m}(-w)$$

式中：m——每秒钟的质量流率
w——质点从喷口喷出的速度。

这里喷气速度取负值，是由于排气方向与选择的轴向相反。上式移项得

$$\int_{内壁} P\cos\alpha dA_i = P_e A_e + \dot{m}w \tag{2-1}$$

如果发动机没有开动，那么作用在发动机内壁上的压力为外界大气静压 P_a。这时我们自然说推力是零。可见推力 T 是 p 及 P_a 之差的结果，即 $(P-P_a)$ 作用在内壁上的 x 方向合力，也就是：

$$T = \int_{内壁}(P-P_a)\cos\alpha dA_i = \int_{内壁} P\cos\alpha dA_i - \int_{内壁} P_a\cos\alpha dA_i$$

我们知道在一封闭面上作用相等的压力，则作用力是平衡的，即在任何方向上的合力为零，故得出

$$\int_{内壁} P_a\cos\alpha dA_i + (-P_a)A_e = 0$$

式中第二项 P_a 取负值是因为压在喷口截面上的大气压力向封闭面内（我们假定的是压力向外为正）上式移项得：

注：第 2 行"图(26)"应为"（图 2-6）"。

$$\int_{内壁} P_a cos\theta dA_i = P_a A_e \qquad (2-2)$$

$$\therefore T = \int_{内壁} P_c cos\theta dA_i - P_a A_e \qquad (2-2)$$

将（2—1）式带入上式得

$$T = mw + (p_e - p_a)A_e \qquad (2-4)$$

此式即为所求的推力公式

我们在以上的计算中，实际上是假设发动机中的整个过程是定常的，即不随时间而变化，不然动量的计算就不会那么简单，不能光计算一个喷气动量而不计算推进剂及燃气在发动机内部流动速度随时间的变化。而在火箭发动机中的真实燃烧过程并不是十分稳定的，存在着不同程度的振荡。但是由于这些不稳定过程所带来的偏差比起整个流出的动量确是很小的，因此假定流动是定常的是完全可以，而直接用此推力公式来计算也还是足够准确的。

但是推力公式（2—4）也还没有能真正解决设计中的斜算问题，它没有把喷管的几何尺寸、燃烧室的压力、燃气的性质等与推力联系起来，从而不能用来计算发动机的尺寸。这是因为我们没有具体分析燃烧室以及喷导中气体运动的原故，在下一节中我们将进行具体分析和计算。

§2-5 喷气速度的计算

在第一章中已经谈到在星际航行中希望火箭的喷气速度愈高愈好，但如何来提高喷气速度，要改进那些因素，这就需要从以下的计算中加以说明：

根据热力学第一定律，如果 q 是每单位气体质量所吸收的热（用机械功单位来计算）。E 是单位质量的内能，p 为压力，V 为单位质量的容积，那么

$$dq = dE + pdV = dE + d(pV) - V \cdot dp = d(E + pV) - Vdp = dH - Vdp \qquad (2-5)$$

其中 $H = E + pV$ 称为焓。焓也是物质热力函数之一。只要温度 T，压力 p，容积 V 三者之中的两者给定了，就决定了焓的数值。我们利用焓这一热力函数的原因是它与流速的关系最简单，这我们即将看到。为了把火箭发动机内速度的变化与焓的变化联系起来。我们就得出计算火箭喷气速度的公式。动量定理指出：气体的质量 m 乘以速度 w 称为动量 mw，如果没有任何力作用于气流，则根据运动第二定律动量不变。当气体沿变截面管子流动时，气体的速度和压力都要变化，也就是说，动量的变化等于作用力的冲量，即压力的作用。

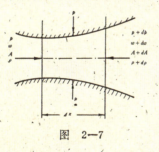

图 2—7

我们参看图2—7，分析一股气流在两个相距的截面之间的流动。

m 为每秒的流量。dw 是速度增量，所以 $[(w+dw)-w]$ 是两个截面之间的每秒钟动量的增加。根据牛顿第二定律，每秒钟动量的增加必须等于作用气体上的力的总和。这力有几个部份：第一是左方截面的力 $p \cdot A$，第二是右方截面的力 $-(p+dp)(A+dA)$，第三是侧面的力 $p \cdot dA$。如果略去二次微量不计，那么三者之和为 $-Adp$ 所以

注：1. 第2行"(2—2)"应为"(2—3)"。
2. 第13行"喷导中"应为"喷管中"。
3. 倒数第9行"相距的"应为"相距 Δx 的"。
4. 倒数第8行"所以 $[(w+dw)-w]$"应为"所以 $\dot{m}[(w+dw)-w]$"。

$$m\,dw = -A\,dp$$

而 $m = \rho A w$，其中 ρ 是密度，即单位容积的质量，是等于 $1/v$；从而

即
$$\rho A w\,dw = -A\,dp$$

$$w\,dw = -\frac{1}{\rho}dp = -V\,dp \tag{2-6}$$

把 (2-6) 式代入 (2-5) 式可得：
$$dq = dH + w\,dw = d(H) + d(\tfrac{1}{2}w^2)$$

由于火箭发动机的喷管内气流速度很大，气体与喷管壁接触的时间很短，在大型的发动机里约为 0.001 秒，而且大部份气体不靠近喷管壁流动，故气体传给壁的热量很少，与气体的总热量相比一般小于 2%，故可以忽略。所以在火箭发动机喷管里的气体膨胀过程，可以认为是与喷管壁没有热交换的情况下进行的故 $dq = 0$。

$$dH + d(\tfrac{1}{2}w^2) = 0$$

所以在这种绝热流动情况下

$$\frac{1}{2}w^2 + H = 常数 \tag{2-7}$$

因为在我们的计算中，一切都以单位质量为准，所以 $\tfrac{1}{2}w^2$ 实际上是气体的动能，所以公式 (2-7) 的意思是：在每一个气流的截面，其气体的动能与焓之和不变。这个公式只要流动是定常的就成立。它可以应用到理想气体，也可以应用非理想气体。至于为什么只有在定常情况下才成立，其理由和上节中所说的一样。

如果 w_c, H_c —— 为燃烧室燃烧终了时的气体速度和热焓。

H_e, w_e —— 为喷管出口的热焓及速度。

则
$$\frac{1}{2}w_c^2 + H_c = \frac{1}{2}w_e^2 + H_e$$

一般燃气在燃烧终了时的速度，即进入喷管时的速度，w_c 远远小于喷气的速度，所以可以认为 $w_c = 0$ 因此

$$H_e + \frac{1}{2}w_e^2 = H_c$$

所以
$$w_e = \sqrt{2(H_c - H_e)} \tag{2-8}$$

公式 (2-8) 没有作理想气体的假设，故具有一般性，对于一般的气体可以应用。

为了便于进一步计算，我们将首先对理想气体进行计算，于是作如下的假设：

(1) 燃烧生成物在全部发动机内其成份是均匀不变的。

(2) 为因燃烧温度很高 (2200°C~3300°C)，燃气的情况远离它们临界区以外，所以性质与理想气体很相近，遵循理想气体定律，并且设定积比热和定压比热都是常数。

对这种理想气体来说
$$pV = RT \tag{2-9}$$

那么依照 (2-5) 公式当 V 不变的时候 $dV = 0$，

· 8 ·

注：1. 第 17 行 "也可以应用非理想" 应为 "也可以应用到非理想"。

2. 倒数第 13 行 "速度，w_c 远远" 应为 "速度 w_c 远远"。

3. 倒数第 12 行 "$w_c = 0$ 因此" 应为 "$w_c = 0$，因此"。

4. 倒数第 4 行 "并且设定积比热" 应为 "并且假设定容比热"。

故
$$\left(\frac{\partial q}{\partial T}\right)_v = \left(\frac{dE}{dT}\right)$$

其中下标是指 V 不变。

而 $\left(\frac{\partial q}{\partial T}\right)_v$ 正是定积比热的定义：即在容积不变的条件下，每单位质量的气体，每提高一度温度所需的热量（机械单位）。所以 $\left(\frac{dE}{dT}\right) = C_v$。而我们如果象通常那样，把内能的标定点放在绝对零度，即当 $T = 0$ 时 $E = 0$，那么由于假设 C_v 是常数故

$$E = C_v T \tag{2-10}$$

当 p 不变的时候，$dp = 0$ 故 (2-5) 公式给出

$$\left(\frac{\partial q}{\partial T}\right)_p = \frac{dH}{dT}$$

其中下标 p 是指 p 不变。

而 $\left(\frac{\partial q}{\partial T}\right)_p$ 正是定压比热的定义，即在压力不变的条件下，每单位质量气体，每提高一度温度所需的热量（机械单位），所以 $\frac{dH}{dT} = C_p$，而由于假设 C_p 是常数故

$$H = C_p T \tag{2-11}$$

而

$$C_p - C_v = \frac{dH}{dT} - \frac{dE}{dT} = \frac{d(E+pV)}{dT} - \frac{dE}{dT}$$

$$C_p - C_v = \frac{d(pV)}{dT}$$

所以依照理想气体的物态方程式 (2-9)

$$C_p - C_v = R \tag{2-12}$$

其实 (2-12) 公式的推导并没有引用比热不变的假设，所以 (2-12) 公式对于变比热的理想气体也是正确的。两个比热的比一般叫做 k，

$$\frac{C_p}{C_v} = k \tag{2-13}$$

所以引入理想气体定律后，燃气的焓等于定压比热乘以温度。

$$H_e = C_p T_e$$
$$H_c = C_p T_c$$

公式 (2-7) 变成：

$$w_e = \sqrt{2C_p(T_c - T_e)} = \sqrt{2C_p T_c\left(1 - \frac{T_e}{T_c}\right)} \tag{2-14}$$

注：1. 第4行"正是定积比热"应为"正是定容比热"。

2. 第6行"即当 $T=0$ 时 $E=0$"应为"即当 $T=0°K$ 时，$E=0$"。

现在的问题是：温度比 $\frac{T_e}{T_c}$ 一般不是设计所规定的，规定的是膨胀压力比 $\frac{p_e}{p_c}$。如何把 $\frac{T_e}{T_c}$ 和 $\frac{p_e}{p_c}$ 联系起来？这就要求我们研究喷管中气体流动的过程。一个是早已肯定的：即过程是可以作为绝热的。严格说来，气体在喷管中流动，对管壁有些摩擦，摩擦把机械能变成热能。所以气体除了膨胀作功之外，还得对摩擦作功。但另一方面又吸收摩擦所生的热，这是气体内部所生的热，不是管壁上传进来的。但是由于摩擦力很小这些效果在喷管的整个过程中不占重要部份，可以略去不计。所以整个过程不但没有外部加热，也没有内部加热。不計摩擦效果的理想絕热过程称为等熵过程。这样叫的理由是因为，熵 s 的定义 是 $ds = dq/T$，等熵就是说在过程中熵沒有变化，$ds = dq/T = 0$。对理想气体来说，如果 $dq=0$，那么（2—5）式可以写成

$$0 = dE + pdV = C_v dT + pdV = \frac{C_v}{R} d(RT) + pdV$$

$$= \frac{1}{k-1}(pdV + Vdp) + pdV$$

或写作

$$0 = k\frac{dV}{V} + \frac{dp}{p} \tag{2—15}$$

积分后即得

$$pV^k = 常数 \tag{2—16}$$

因此如果下标 1 及 2 代表等熵过程中的两点，其压力及容积分别为 p_1、V_1；p_2、V_2；那么

$$\frac{p_1}{p_2} = \left(\frac{V_2}{V_1}\right)^k \tag{2—17}$$

如果代入物态方程（2—9）

$$\frac{T_2}{T_1} = \left(\frac{p_2}{p_1}\right)^{\frac{k-1}{k}} \tag{2—18}$$

于是公式（2—8）变成

$$w_e = \sqrt{2C_p T_c \left[1 - \left(\frac{p_e}{p_c}\right)^{\frac{k-1}{k}}\right]} \tag{2—19}$$

因为

$$C_p = kC_v = \frac{kC_v}{C_p - C_v}(C_p - C_v) = \frac{k}{k-1} R$$

$$R = \frac{\overline{R}}{M} \cdots\cdots 气体常数$$

$\overline{R}$——普适常数（为一公斤一克分子任何一种气体或任何一种气体混合物的通用气体常数。）

以功的单位表示：

$$\bar{R} = 8.314 \times 10^{10} \text{尔格/克分子·度}$$
$$= 8.31 \text{焦耳/克分子·度}$$
$$= 848 \text{公斤·公尺/公斤·克分子·度}$$

以热量单位表示

$$R^* = A\bar{R} = 1.986 \text{大卡/公斤·克分子·度}$$

M——气体或气体混合物的平均分子量。

则

$$W_e = \sqrt{\frac{2k}{k-1} \times \frac{\bar{R}}{M} \times T_c} \sqrt{1-\left(\frac{p_e}{p_c}\right)^{\frac{k-1}{k}}}$$

此式计算即为理想喷管喷出速度。

当在真空的条件下，即出口压力 $p_e = 0$，喷气速度达到最大值，这时气体的温度及焓降低到零，

$$T_e = p_c \left(\frac{p_e}{p_c}\right)^{\frac{k-1}{k}} \longrightarrow 0,$$

也就是分子不规则运动的能量全部变成气流有组织运动的动能。喷出速度达到最大值 w_{max} 计算公式为

$$w_{max} = \sqrt{2C_p T_c} = \sqrt{\frac{2k}{k-1} \cdot \frac{\bar{R}}{M} T_c} \tag{2—21}$$

所以：

$$w_e = w_{max} \sqrt{1-\left(\frac{p_e}{p_c}\right)^{\frac{k-1}{k}}} \tag{2—22}$$

而实际上，射流速度不可能达到最大值，因为喷管出口的压力及温度的降低永远是有限值。但是我们仍希望，出口压力 p_e 愈小燃烧室压力 p_c 愈高愈好，即使比值 p_e/p_c 愈小愈好。可以从提高燃烧室压力来降低比值，但固体火箭发动机燃烧室压力有限制，燃烧室压力必须大于"低压力极限"，保证在所有的药温时都可进行稳定均匀的燃烧，与发动机的喉部面积，结构重量，及要求的燃烧速度都有关系，一般在40到50个大气压。而液体火箭发动机燃烧室的压力，受涡轮泵及结构重量的限制，一般在40到70个大气压。故一般比值 p_e/p_c 的变化范围为 $\frac{1}{10} \sim \frac{1}{60}$ 或 $\frac{1}{70}$，所以想从提高 $\sqrt{1-\left(\frac{p_e}{p_c}\right)^{\frac{k-1}{k}}}$ 项来增加喷气速度是有限的。另外可从 $\sqrt{\frac{2k}{k-1}}$ 项来看，由于 k 值取决于气体的构成和温度，随温度的上升而下降。对于单原子气体而言，具有最大的值，一般 $k = 1.67$，对双原子气体可由在低温下的1.4到高温下的1.28之间变化。多原子气体值更小，一般高温气体 $k = 1.25$ 到1.3之间变化。因此的值变化范围不大，所以 k 的变化对喷气速度的影响也很小。要想提高喷气速度主要依赖于提高燃烧终了时的温度 T_c，和降低燃气的平均分子量，即使 T_c/M 的比值提高。由于提高温度和

降低分子量有时是互相矛盾的，如以液氢液氧发动机为例，当想提高燃烧温度时，可以从增加氧气使其在接近于水的组分，即二个氢原子，一个氧原子的条件下燃烧，但这时因为氧的分子量大，由于氧的增加使其燃气混合物的平均分子量跟随增加了，反而不好。故受到两者的限制，只能是采取使总的效果 T_c/M 之比值增加的办法来提高喷气速度。一般是取选择推进剂使其 T_c 上升，而不要使燃气的平均分子量增加。其结果使其喷射速度增加。

§2—6 喷管的形状

由于喷射速度很高，一般在喷管出口达到了超声速，而在燃烧终了时的速度一般是低于声速即亚声速。所谓声速是指：气体中不均匀性的干扰，即指介质中纵波的传播速度。不仅仅指人的耳朵能感觉到的波动如声音，而且也包括频率已超过听觉范围以外的气体波动。其声速的数学表示式可以作如下的推导。

由于不动的气体受到冲击后，气体被压缩，波以 v 的速度从左向右传播。为了把它变成一个定常化的问题，使其不随时间而变化，故使我们跟随波一起以速度 v 移动，我们站在波上来看，对于单位面积而言可以写出：

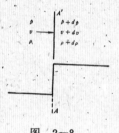

图 2—8

连续方程式：表示了物质不灭的关系，流进 $A'A$ 面的质量等于流出的质量（看图2—8），没有消失也没有堆积。

$$1 \cdot \rho dv = 1 \cdot (\rho + d\rho)(dv + v)$$

略去二次微分项

$$vd\rho + \rho dv = 0$$

动量方程式：动量的变化等于压力的作用。对于单位面积而言。

$$(\rho + d\rho)(v + dv)^2 - \rho v \cdot v = [p - (p + dp)]$$

展开得：

$$v^2 d\rho + 2\rho dv = -dp$$

$$-v^2 d\rho + 2v^2 d\rho + 2\rho v dv = -dp$$

$$-v^2 d\rho + 2v(v d\rho + \rho dv) = -dp$$

以连续方程式的结果代入则得

$$-v^2 d\rho = -dp$$

所以

$$v^2 = \frac{dp}{d\rho}$$

我们所计算的速度 v，实际上就是一个小的压力变化的传播速度，即声速 a，所以

$$a = \sqrt{\frac{dp}{d\rho}} \qquad (2-23)$$

因为气体在迅度的压缩和膨胀时，气体来不及热交换，所以波传播的气体压缩过程为绝热等熵过程。那么根据（2—15）

$$\frac{dp}{d\rho}=\frac{kp}{\rho}$$

$$a=\sqrt{\frac{dp}{d\rho}}=\sqrt{\frac{kp}{\rho}}$$

根据状态方程式 $p=\rho RT$
所以

$$a=\sqrt{\frac{k\rho RT}{\rho}}=\sqrt{kRT}=\sqrt{k\frac{R}{M}\cdot T} \qquad (2\text{—}24)$$

公式（2—24）与实验很符合，说明了气体中的声速与压力和密度的绝对值无关，而与它们的比值温度有关。

但是如何能够使燃烧终了的燃气速度达到声速甚至超过声速呢？这里应用了几何喷管即拉瓦尔喷管，可以使亚声速气流变成超声速气流。其作用原理分析如下：这里同样假设为理想气体，同时是稳定的一维气体流动，即空间每一点的气体参数如速度压力温度、密度、不随时间而变。速度为一常数等于轴心的速度，忽略了变截面而产生的向心和离心的径向流动。因此流量方程为：

$$\rho w A = 常数 \qquad (2\text{—}25)$$

取对数
$$ln(\rho w A) = ln \text{ 常数}$$
$$ln\rho + ln w + ln A = ln \text{ 常数}$$

微分：
$$\frac{d\rho}{\rho}+\frac{dw}{w}+\frac{dA}{A}=0$$

$$\frac{dA}{A}=-\frac{dw}{w}-\frac{d\rho}{\rho}=-\frac{dw}{w}-\frac{d\rho}{dp}\cdot\frac{dp}{\rho}$$

因为
$$w\,dw=-\frac{dp}{\rho}$$

$$M=\frac{w}{a} \text{——马赫数}$$

所以
$$\frac{dA}{A}=-\frac{dw}{w}+\frac{d\rho}{dp}wdw=-\frac{dw}{w}+\frac{d\rho}{dp}w^2\frac{dw}{w}=-\frac{dw}{w}\left(1-\frac{d\rho}{dp}w^2\right)$$

$$=-\frac{dw}{w}\left(1-\frac{w^2}{a^2}\right)$$

故
$$\frac{dA}{A}=\frac{dw}{w}(M^2-1) \qquad (2\text{—}26)$$

从方程式（2—26）可以看出，拉瓦尔喷管完全是由于截面的变化而引起的速度变化，没有热量变化，与外界也没有热及机械功的交换，也没有摩擦的存在，故叫做几何喷管。

当气流加速时：$\frac{dw}{w}>0$，管截面按照公式（2—26）的变化为

$w<a$ 　　则 $\frac{dA}{A}<0$（收缩）即亚声速般缩小截面就可提高速度。

$w=a$ 　　　$\frac{dA}{A}=0$ 喉部截面

$w>a$ 　　　$\frac{dA}{A}>0$（扩散）即对超声速的气流，要想增加速度必须扩大截面。

应该注意到：在喉部截面附近，气流对管横截面的变化是十分敏感的，例：如由 $M=0.9$ 变到 $M=1$ 产生 10% 的速度变化而只要截面积变 1% 就行了。而 $M=0.95$ 到 $M=1$ 则，截面积只要变 0.25%。所以由于这个原因要在直管里保持相当长的一段临界状态是极难的。必须要收缩与扩张两部份来组成。而在喷管最窄处的气体速度恰等于声速即 $M=1$.

由以上分析看来我们在超声速喷管中要到最大的速度要求气体完全膨胀到 $p_e=0$。这时依照公式（2—25）喷管出口截面积会无限的增加，使其喷管的尺寸及重量也就增加了。因此最大速度 w_{max} 是不可能达到的，不能够单纯的追求最大速度，而必须与发动机喷管的合理尺寸及重量联击起来考虑。而火箭发动机喷管的几何尺寸，取决于顺部截面和出口截面之面积比，因此我们对膨胀比进行计算。

设：　　p_e, w_e, A_e —— 分别为喷管出口处的压力、速度、面积。
　　　　$\rho^*\ \ A^*\ \ w^*$ —— 分别为喷管喉部截面的密度、面积、速度。
　　　　p_c, T_c, ρ_c —— 分别为燃烧室的压力、温度、密度。

質量守恒方程即（2—25）公式得到

$$\rho^* w^* A^* = A_e w_e \rho_e$$

$$\frac{A_e}{A^*} = \left(\frac{\rho^*}{\rho_e}\right)\left(\frac{w^*}{w_e}\right)$$

$$w^* = w_{max}\sqrt{1-\left(\frac{p^*}{p_c}\right)^{\frac{k-1}{k}}}$$

$$w_e = w_{max}\sqrt{1-\left(\frac{p_e}{p_c}\right)^{\frac{k-1}{k}}}$$

$$\frac{A_e}{A^*} = \left(\frac{p^*}{p_e}\right)^{\frac{1}{k}}\left(\frac{1-\left(\frac{p^*}{p_c}\right)^{\frac{k-1}{k}}}{1-\left(\frac{p_e}{p_c}\right)^{\frac{k-1}{k}}}\right)^{\frac{1}{2}} = \left(\frac{p^*}{p_c}\cdot\frac{p_c}{p_e}\right)^{\frac{1}{k}}\left(\frac{1-\left(\frac{p^*}{p_c}\right)^{\frac{k-1}{k}}}{1-\left(\frac{p_e}{p_c}\right)^{\frac{k-1}{k}}}\right)^{\frac{1}{2}}$$

如果我們认为燃烧室的压力是相应于 $w_c=0$ 时的压力，那么燃烧室出口与喉部截面处的能量恒守方程，因是理想气体可写为

$$H_c = H^* + \frac{1}{2}w^{*2}$$

$$C_p T_c = C_p T^* + \frac{1}{2}w^{*2}$$

注：第12行"取决于顺部"应为"取决于喉部"。

喉部截面的速度等于声速 $w^{*2}=a^{*2}=k\dfrac{p^*}{\rho^*}$

$$C_p T_c = C_p T^* + \frac{k}{2}\frac{p^*}{\rho^*}$$

以 $C_p T_c$ 除方程为

$$1=\frac{T^*}{T_c}+\frac{k}{2}\frac{p^*}{\rho^*}\cdot\frac{1}{C_p T_c}$$

$$1=\frac{T^*}{T_c}+\frac{k}{2}\left(\frac{p^*}{p_c}\cdot\frac{\rho_c}{\rho^*}\right)\frac{p_c}{\rho_c}\frac{1}{C_p}\cdot\frac{\rho_c R}{p_c}$$

$$1=\frac{T^*}{T_c}+\frac{k}{2}\left(\frac{p^*}{p_c}\cdot\frac{\rho_c}{\rho^*}\right)\frac{k-1}{k}$$

$$1=\left(\frac{p^*}{p_c}\right)^{\frac{k-1}{k}}+\frac{k-1}{2}\left[\frac{p^*}{p_c}\cdot\left(\frac{p_c}{p^*}\right)^{\frac{1}{k}}\right]=\left(\frac{p^*}{p_c}\right)^{\frac{k-1}{k}}+\frac{k-1}{2}\left(\frac{p^*}{p_c}\right)^{\frac{k-1}{k}}$$

$$=\left(\frac{p^*}{p_c}\right)^{\frac{k-1}{k}}\left\{1+\frac{k-1}{2}\right\}=\left(\frac{p^*}{p_c}\right)^{\frac{k-1}{k}}\left(\frac{k+1}{2}\right)$$

所以

$$\left(\frac{p^*}{p_c}\right)^{\frac{k-1}{k}}=\frac{2}{k+1} \qquad (2-27)$$

$$\left(\frac{p^*}{p_c}\right)^{\frac{1}{k}}=\left(\frac{2}{k+1}\right)^{\frac{1}{k-1}} \qquad (2-28)$$

把以上两个结果代入面积比的公式则得

$$\frac{A_e}{A^*}=\left(\frac{2}{k+1}\right)^{\frac{1}{k-1}}\left(\frac{p_c}{p_e}\right)^{\frac{1}{k}}\left\{\frac{1-\frac{2}{k+1}}{1-\left(\frac{p_e}{p_c}\right)^{\frac{k-1}{k}}}\right\}^{\frac{1}{2}}$$

$$\frac{A_e}{A^*}=\left(\frac{2}{k+1}\right)^{\frac{1}{k-1}}\cdot\sqrt{\frac{k-1}{k+1}}\cdot\frac{\left(\frac{p_c}{p_e}\right)^{\frac{1}{k}}}{\sqrt{1-\left(\frac{p_e}{p_c}\right)^{\frac{k-1}{k}}}} \qquad (2-29)$$

公式（2-29）对于一个不变的绝热指数 k 而言，$\dfrac{p_e}{p_c}$ 仅与面积比有关。公式也可以用来计算任意一截面 A_x 上的气体参数。用 A_x 替换 A_e，p_x 替换 p_e，由 $\dfrac{A_x}{A^*}$ 求出 $\dfrac{p_x}{p^*}$ 再由绝热方程由 $\dfrac{p_x}{p^*}$ 求出其他的参数。此公式也可以应用在喷管的亚声速和超声速部份，因此我们可以用公式（2-29）来确定喷管全长上气流参数的变化。如果在一定的燃烧室条件下，喷管喉部的尺寸不变，外界压力也不变，根据详细计算的结果，最大的推力是发生在 $p_e=p_a$（p_a 为

周围大气的压力）时，其面积比即膨胀比为

$$\frac{A_e}{A^*}=\left(\frac{2}{k+1}\right)^{\frac{1}{k-1}}\cdot\sqrt{\frac{k-1}{k+1}}\cdot\frac{\left(\frac{p_c}{p_a}\right)^{\frac{k-1}{k}}}{\sqrt{1-\left(\frac{p_a}{p_c}\right)^{\frac{k-1}{k}}}} \qquad (2-30)$$

§2—7 推 力 系 数

上一节的计算明确了发动机的一个重要的相对尺寸膨胀比，但是还没有能给出计算绝对尺寸的公式。给出这样的公式就是本节的目的。而这个公式是推力系数 C_T 的公式，其定义为

$$C_T=\frac{T}{p_c A^*} \qquad (2-31)$$

它的用处是：在知道了推力的要求之后，决定了燃烧室压力 p_c，就能用 C_T 到算喷管喉部的尺寸，燃烧室和整个喷管的尺寸也就依此而定。

由（2—4）公式，我们得到

$$T=\rho_e A_e w_e^2+A_e(p_e-p_a)$$

因此

$$\begin{aligned}C_T&=\frac{T}{p_c A^*}=\frac{\rho_e A_e w_e^2}{p_c A^*}+\frac{p_e-p_a}{p_c}\cdot\frac{A_e}{A^*}\\ &=\frac{A_e}{A^*}\left\{\frac{\rho_e}{p_c}\cdot 2 C_p T_c\left[1-\left(\frac{p_e}{p_c}\right)^{\frac{k-1}{k}}\right]+\frac{p_e}{p_c}-\frac{p_a}{p_c}\right\}\\ &=\frac{A_e}{A^*}\left\{\frac{\rho_e}{p_c}\cdot\frac{2kR}{k-1}\cdot\frac{p_c}{\rho_e\cdot R}\left[1-\left(\frac{p_e}{p_c}\right)^{\frac{k-1}{k}}\right]+\frac{p_e}{p_c}-\frac{p_a}{p_c}\right\}\\ &=\frac{A_e}{A^*}\left\{\frac{2k}{k-1}\cdot\frac{\rho_e}{\rho_c}\left[1-\left(\frac{p_e}{p_c}\right)^{\frac{k-1}{k}}\right]+\frac{p_e}{p_c}-\frac{p_a}{p_c}\right\}\\ &=\frac{A_e}{A^*}\left\{\frac{2k}{k-1}\left(\frac{p_e}{p_c}\right)^{-\frac{1}{k}}\left[1-\left(\frac{p_e}{p_c}\right)^{\frac{k-1}{k}}\right]+\frac{p_e}{p_c}-\frac{p_a}{p_c}\right\}\end{aligned}$$

公式（2—29）代入上式得

$$C_T=\left(\frac{2}{k+1}\right)^{\frac{1}{k-1}}\sqrt{\frac{k-1}{k+1}}\left\{\frac{2k}{k-1}\sqrt{1-\left(\frac{p_e}{p_c}\right)^{\frac{k-1}{k}}}+\frac{\left(\frac{p_c}{p_e}\right)^{\frac{1}{k}}}{\sqrt{1-\left(\frac{p_e}{p_c}\right)^{\frac{k-1}{k}}}}\right\}$$

或

$$C_T=\left(\frac{2}{k+1}\right)^{\frac{1}{k-1}}\cdot\sqrt{\frac{k-1}{k+1}}\left\{\frac{2k}{k-1}\sqrt{1-\left(\frac{p_e}{p_c}\right)^{\frac{k-1}{k}}}+\frac{\left(\frac{p_e}{p_c}\right)^{\frac{k-1}{k}}\left(1-\frac{p_a}{p_e}\right)}{\sqrt{1-\left(\frac{p_e}{p_c}\right)^{\frac{k-1}{k}}}}\right\} \qquad (2-32)$$

公式（2—32）是在理想气体及喷管中无热交换即等熵情况下，所得的推力系数的理论计算公式。图（2—9）给出了推力系数在一定的绝热指数下，不同的面积比，压力比的情况下变

化的理论计算结果。我们看到推力系数 C_T 一般是介乎于 1 与 2 之间的数值，也就是说，推力比燃烧室压力 p_c 与喷管喉部截面之乘积大些，但不会大太多。这是一个值得记住的重要关系。

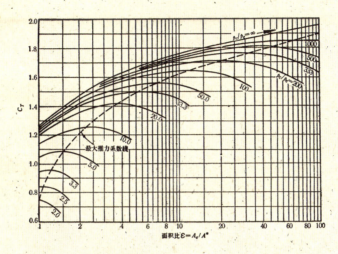

图 2—9 当 $k=1.20$ 时推力系数 C_F 与面积比 ε 的关系曲线。

从图 (2—9) 可看出，在固定的压力比 p_c/p_e 时，有一个最好的膨胀比即推力系数为最大的那一个点。当气体出口压力 $p_e>p_a$（外界大气压力）时，产生膨胀不足的情况，即出口截面积 A_e 还不够大，喷出后仍继续膨胀。当 $p_e>p_a$ 时即喷管出口压力低于周围的大气压力，产生过膨胀。在发动机的流量一定的情况下，选择推力系数 C_T 最大即 $p_e=p_a$ 时的膨胀比，得到一个最大的有效喷气速度。

当过膨胀太大时，气流和喷管壁发生分离，喷管中未被气体充满，喷管尾端就有一部份未被利用。情况和我们在上段计算所假设的不一样，实际推力系数并不是那么小，但总比适速膨胀的情况要小。因此运载火箭的喷管一般设计的条件是：在地面时使 $p_e<p_a$，在高空时 p_a 降低，使 $p_e>p_a$，而不是光适应高空情况，而使喷管在地面时发生气流分离。这样做也可以使喷管短小些，节省一些重量，当推力系数 C_T 定了之后，我们就可以从设计所需要的推力选定的燃烧室压力 p_c 来确定喷管喉部的尺寸。

§ 2—8 比 冲

比冲 I_s 比冲是火箭发动机最重要的性能参量之一，也叫比推力。它相当于火箭发动机每秒消耗一公斤推进剂（包含燃料和氧化剂）所发出的推力 T，如果 G 为发动机推进剂的重量流量，公斤/秒。C 为有效喷气速度米/秒是把速度推力和静压推力在计算上统一起来的一个相当速度。

$$I_s=\frac{T}{G}=\frac{推力（公斤）}{推进剂的消耗量公斤/秒}=\frac{\dot{m}C 米/秒}{mg 米/秒}=\frac{C}{g} 秒 \qquad (2—33)$$

按照（2-4）公式

$$T = m w_e + A_e (p_e - p_a);$$

所以

$$I_s = \frac{G}{Gg} w_e + \frac{A_e}{G}(p_e - p_a);$$

也就是

$$I_s = \frac{w_e}{g} + \frac{A_e}{G}(p_e - p_a);$$

因此

$$C g I_s = w_e + \frac{g}{G} A_e (p_e - p_a); \qquad (2-34)$$

当 $\quad p_e = p_a \qquad I_s = \frac{w_e}{g}$

从公式（2-33）看到为获得一定推力，当比冲愈大时，则所需要消耗的燃料就愈少。即比冲愈大愈好。比冲在很大程度上取决于燃料的种类，而对于每一种燃料来说，它又取决于燃烧室内工作过程组织的质量。因此冲大致与喷气速度成正比，所以通常可以用喷气速度的大小来说明一发动机和燃料的伏劣。新式的流体燃料火箭发动机的喷气速度为2200～2700公尺/秒，有效喷气速度为2000～3000米/秒，比冲 $I_s =$ 200 到 300 秒。

以上计算为燃烧室比冲，而发动机比冲应把输送推进剂所消耗的能量或者推进剂加进去，如涡轮泵的小燃烧室消耗2～3%推进剂使总的比冲降低2～3%。

§2-9 更准确的计算

使整个计算来看，都是在理想条件下进行的。即假设没有热交换没有摩擦存在的等熵过程，燃气遵循着理想气体定律，定压比热 C_p 是一个不变的数值。而实际上 C_p 是一个变数，因燃气在喷管里膨胀时压力降很大，从几十倍可到几百倍，与此同时燃气的温度也跟随下降。故认为 C_p 不变是不对的，必须用变比热的方法具体计算 C_p 的变化。另一方面因压力温度的变化燃气成份变化了，喷管内的化学平衡也跟随变化了。自然的倾势是趋向于平衡，要看在当时的温度和压力下，倾向于平衡的速度大小，由于喷气速度很大，变化的时间是很短，是否能达到平衡由具体情况而定，一般是取两个极端情况进行计算，一个是冻结法，即是认为在喷管里成份不变来计算。另一个是平衡法，即在每一个截面在当时的温度和压力下，反应都是处于平衡状态，这套计算虽复杂但已较成熟，用电子计算机已可以解决。

实际过程是对于两种情况之间，那么是不是就可以认为实际的比冲或推力系数就真是介乎论计算的冻结流与平衡流之间呢？这里我们必须看到在以前各节的理论计算中，我们引入了各种简化假设，以上所说的改进并没有把所有这些缺点都改正，而其中由于气流与喷管摩擦及冷却喷管所引起的效果为主要的。结果是冻结流及平衡流之平均值还比实验结果大些，一般实验比冲是理论比冲的平均数值的92%至95%；而实验的推力系数为理论平均的推力系数的95%至97%。这还没有把涡轮泵所耗费的介质计算在内，如果计算在内将再把比冲降低了2～3%，全发动机的实际比冲一般为理论平均值的90～93%。只要知道这些差别，用电子计算机算出来的冻结流和平衡流数据，还是选择各种推进剂和预测新发动机设计性能

注：1. 第12行"因此冲"应为"因比冲"。
2. 第13行"燃料的伏劣"应为"燃料的优劣"。
3. 第13行"新式的流体"应为"新式的液体"。
4. 第22行"自然的倾势是趋向于"应为"自然的趋势是倾向于"。

的重要根据。

我們在这里也必須說：我們在上面所說的噴气速度或比冲的理論計算，与有些書（特別是旧的火箭技术書）中的理論計算是毫无相同之处的。那些不正确的計算中，沒有考虑燃烧的化学平衡，也沒有考虑噴管的絕热膨胀过程，而只是把在测定热值的仪器中燃料在标准条件下所产生的热作为推进剂的能量，算出每单位質量推进剂的能量，又說这能量全部轉化为动能，而用动能公式去求噴气速度。这种理論噴气速度和由此而計算出来的比冲比較我們所說的正确計算要高得多，一般多出40～50%，是完全不可靠的。如果在热力学数据不足的条件下，要想对一种新的推进剂組合作一个初步估算，那也必須把在测定热值的仪器中量出每单位質量推进剂的热量乘上 $\frac{1}{2}$，即假設只有一半的热能变成动能，从这来計算噴气速度及比冲。但即使这样作也是很不准确的，只是一个估算。

習　　題

習題 2—1：

$T_c = 3300°K$，$k = 1.23$，$M = 24.6$，$p_c = 70.5$，气压，$p_e = 1$ 大气压，計算理想噴气速度 w_e（米/秒）？

習題 2—2：

計算習題 2—1 的噴管 A_e/A^*？

習題 2—3：

用習題 2—1 的 T_c，k 及 M 的数值，計算在 $p_c = 70.5$ 大气压，$p_e = 1$ 大气压，$p_a = 0.1$ 大气压时，发动机的推力系数，并計算在上条件下，产生94頓推力的发动机的噴管喉部的理論直径。

習題 2—4：

計算習題 2—3 发动机的比冲。

以上習題均用理想气体作計算

第三章 火箭发动机技术的实现

§ 3—1 液体推进剂的性能。

推进剂是火箭发动机内部的工作介质，它由燃料和氧化剂组成。液体推进剂是指所应用的燃料和氧化剂是液体状态。

液体推进剂一般有单元推进剂和双元推进剂。而三元推进剂的使用还未成功。单元推进剂是指：本身含有燃料和氧化剂。它可以是几种化合物的混合物（如 H_2O_2 与 C_2H_5OH 混合），也可以是一个化合物（如硝基甲烷）。其特征在平常条件下是稳定的，当在加热和加压时便分解产生热的气体。所以输送系统较简单。但是虽然结构简单，但是不稳定，维护较危险，而且比冲小，所以不常用。另外是双元推进剂，指燃料和氧化剂在喷入燃烧室前不混合，是目前使用最成功的推进剂。它有自燃和非自燃的推进剂组合。双元推进剂考虑的主要问题是如何选定混合比，使其具有最大的比冲量。

由于推进剂的性能与液体火箭发动机的性能及结构有密切的关系。为了选择良好的推进剂，使火箭在最小的重量时，能达到规定的飞行高度和射程。同时还应该保证火箭在不同条件下工作的可靠性。也为了我们要了解和区别各种液体推进推的特征和性质（即推进剂在燃烧前的情况），以及在燃烧室中反应后生成的燃气混合物的性质。而推进剂的化学本性正决定了以上的性质和特征。所以下面我们将列举一些液体火箭发动机推进剂在一定条件的理论计算值。（各种推进剂的物论性质是附录Ⅰ）

其理论计算的条件如：

（1）燃烧室压力 $P_c = 70.308$ 大气压。

（2）喷管出口的压力等于大气压 $P_e = 1.0335$ 大气压。

（3）燃烧在最佳混合比下进行。混合比是指氧化剂与燃料的重量比，即与单位重量燃料混合的氧化剂的重量。所谓最佳混合比是指：理论上燃料完全氧化和燃烧温度最高时的混合比，也即是能得到最大比冲时的混合比。最高比冲取决于燃烧室温度和燃气平均分子量的比值的最大值。有时宁愿牺牲一些温度仍倾向于减少燃气平均分子量，来提高比冲。

（4）表上写出的比冲指冻结流与平衡流的理论计算平均值。

表3—1 推进剂的理论计算性能表

表上写出比冲乘密度项的意义：

表 3.1 可贮存的液体推进剂的理论计算性能（平衡流）

氧 化 剂	燃 料	比冲*秒	氧化剂与燃料的重量比	密 度 克/厘米³	密度比冲
N_2O_4	肼	291	1.35	1.21	354
	甲肼	288	2.17	1.19	343
	偏二甲肼	286	2.59	1.17	333
	偏二甲肼及二乙** 三胺混合物	282	2.74	1.21	341
	二乙三胺	278	2.85	1.27	352
	B_5H_9	296	2.95	1.08	318
红发烟硝酸	肼	278	1.52	1.28	357
	偏二甲肼	272	3.15	1.27	345
	偏二甲肼及二乙** 三胺混合物	268	3.26	1.31	351
最大密度的发烟硝酸	甲肼	280	2.40	1.30	364
	偏二甲肼	278	2.93	1.28	355
	偏二甲肼及二乙** 三胺混合物	275	2.92	1.32	364
	二乙三胺	270	3.14	1.39	376
	B_5H_9	294	2.80	1.14	336
混合氮氧化物含 15%NO及85%N_2O_4	甲肼	290	2.20	1.18	341
	偏二甲肼	288	2.64	1.16	332
	偏二甲肼及二乙** 三胺混合物	286	2.90	1.20	342
	B_5H_9	302	3.06	1.07	322
N_2O_2 98%	肼	285	2.00	1.25	350
	B_5H_9	312	2.00	0.996	311
	烃代硼烷	294	1.85	1.13	331
	甲肼	290	2.20	1.18	341
	偏二甲肼	288	2.64	1.16	332

· 2 ·

續表

氧化剂	燃料	比冲*秒	氧化剂与燃料的重量比	密度 克/厘米³	密度比冲
ClF_3	肼	292	2.79	1.49	436
	甲肼	283	2.96	1.43	404
	偏二甲	279	2.97	1.37	382
	偏二甲肼及二乙** 三胺混合物	275	2.95	1.41	388
	二乙三胺	267	2.93	1.47	393
	B_5H_9	288	7.1	1.47	423
$ClF_3 + ClO_3F \; ^{70}/_{30} \; ^{65}/_{35}$	甲肼	289	3.28	1.38	398
	偏二甲肼	288	3.70	1.34	386
B_rF	肼	244	3.35	1.86	455
	甲肼	235	3.60	1.77	415
	偏二甲肼	231	3.68	1.70	392
	二乙三胺	220	3.68	1.84	404
	B_5H_9	246	11.45	1.99	489
N_2H_4	B_5H_9	329	1.27	0.789	260

* 燃烧室压力 $P_c = 70.308$ 大气压；排气压力 $P_e = P_a = 1.0335$ 大气压；
** 这是含60%的偏二甲肼和40%二乙三胺的混合物，是美国在发射"探险者"时用来代替酒精的燃料。

$$比冲 \times 密度 = \frac{公斤}{公斤/秒} \cdot 公斤/公升 = \frac{公斤}{公升/秒}$$

可称为体积比冲，它表示了比冲与燃料箱的尺寸的关系。如果单从高比冲出发不与燃料的密度综合考虑，有时就可能出现虽然推进剂的比冲高，但因密度很低使推进剂的贮箱很大，增加了发动机的重量，其最终的效果比冲也不会很高。所以体积比冲是一个设计的参考值。也就是要求高比冲密度一起考虑来选择推进剂。

从表（3—1）我们可以看到，所列出的都是适应于贮存的理想燃料。都分别具有比冲高，体积密度大，适于应用各种材料、燃烧稳定、自燃（除H_2O_2以外）、液态温度范围宽、粘度低、具有化学稳定性、传热性较好、蒸汽压低、具有热稳定性的特征。另外几个突出点是：从比冲来看一般的推进剂组合都在270—280秒左右，而硼烷B_5H_9不论在那一种氧化剂里燃烧其比冲都是最高的，甚至超过300秒。另外看到氟化溴B_rF与燃料组合的比冲较低，但是它的密度尤其是体积比冲是最高。同时有一组推进剂与一般的推进剂不同，燃料肼 N_2H_4 作为氧化剂而燃料是 B_5H_9 硼烷。它们组合燃烧形成氮化硼，产生了能量而留下来的是氢。所以降低了燃氧的平均分子量，使其比冲很高。这是用氮作氧化元素的一种新型推进剂。

表 3—2 液体推进剂的计算性能

氧化剂	燃料	比冲（秒） 冻结流	比冲（秒） 平衡流	燃烧温度* ($K°$)
O_2	RP—1 煤油	286	300	3672
	NH_2	285	294	3089
	偏二甲肼	295	310	3574
	N_2H_4	301	313	3400
	92.5%乙醇	274	287	3389
	H_2	388	391	2997
	二乙三胺	289	295	3350
F_2	N_2H_4	334	363	
	NH_3	330	357	4542
	H_2	398	410	3869
	Li（估计）	352	382	5500
	二乙三胺	322	330	3500
四氟化肼 N_2F_4	N_2H_4	311	332	4431
	H_2	326	357	—
	NH_3	306	325	—
	偏二甲肼	286	316	—
	JP—4	277	297	—

* 相应于平衡流比冲的燃烧温度。

表（3—2）是另一类推进剂的理论计算性能，它们都用液化气体作氧化剂，因为它们的临界温度都低于室温，所以不能长期贮放在没有特殊隔热措施的贮箱中。也就是不能贮放在运载火箭内，必须在发射时临时加注。其实不但是临时加注，而且必须在发射台上不断添补，以抵消在推进剂箱中的挥发损耗，直到发动机点火前的一瞬间。这就给发射过程带来一些困难。但是这类推进剂的比冲一般比在表（3—1）中所列出的一类推进剂要高，所以低温氧化剂的推进剂是星际航行运载火箭的主要推进剂。

§ 3—2 推进剂的选择

选择推进剂对于火箭发动机的设计及工作性能有很密切的关系。从工程技术上面看，选择推进剂要考虑很多方面的因素。但是在星际航行里，对于最低几级的运载火箭而言，选择推进剂最主要的指标是燃料在发动机燃烧室中燃烧时要具有最大的比冲量。而其他的因素是次要的，但是这些因素是存在的，甚至在一定时期起决定性的作用。然而总是在解决了其他次要的因素之后，最终的效果是增加了比冲量。从齐奥尔科夫斯基公式可以看出，比冲量增加也即是增加了喷气速度，降低了结构比$M_{(1)}/M_{(2)}$，即降低了运载火箭的起飞重量，这样就可以达到很高的飞行速度。但是高比冲并非是唯一考虑的因素，因此除了主要指标以外，还应该考虑下列几点：

腐蚀性要小甚至没有腐蚀性：如果选择了了具有腐蚀性的推进剂，一方面使其必须选择質量高、价貴而重的不銹鋼的材料，因而增加了发动机的重量，影响了发动机的飞行性能。同时由于腐蚀性的存在增加了发动机工作的不稳定性。例如：管路伐門和离心泵的軸承如果被腐蚀，使其供应調节系統失灵，因而破坏了发动机的正常工作。又如：当喷咀的喷孔被腐蚀后，使其喷孔变形，尺寸变化，改变了推进剂的流量和混合比，引起了燃烧不稳定，不能保証发动机正常安守的运行。所以要求腐蚀性愈小愈好，沒有腐蚀性更好。如果有腐蚀性，那怕是比冲再高的推进剂也无法使用，如液氟F_2是一个氧化性强，是燃烧比冲高的良好氧化剂。但是因为它的腐蚀性很大，目前还沒有完全解决抗氟的腐蚀性的問题，所以还不能在实际上使用。

沒有毒性和极小毒性：如果在液体火箭发动机中，使用对人有毒的推进剂时，就使这种液体火箭发动机的使用很困难。如液氟F_2，从劳动保护的角度来看，空气中最大允許的含量为二百万分之一，多了就中毒。另外过氯酸醯氟ClO_3F，在空气中允許的浓度为百万分之三到百万分之四十。五硼烷B_5H_9也有毒，在空气中的允許浓度百万分之几的范圍內。偏二甲肼($(CH_3)_2N\cdot NH_2$)也有毒。由于不能保証絕对不出任何事故，所以在大推力的发动机試驗里，如果一出事故就是上吨的推进剂流出。当它有强烈的毒性时，所产生的效果是极其严重的，甚至会发生人身事故。所以，在使用有毒的推进剂时，一定要有严密的安全保护措施后才能使用。而且在使用时必須严格遵守各种安全技术规程来进行工作。虽然这样，然而毒性不絕对不能解放的問題，可以研究出各种方法和措施来减少和消除毒性。但是在沒有完善的防护、急救及治疗措施之前，是不能大量的使用。

要有現实性：新的推进剂的使用，必須在使用前要充分的掌握它的各种性能，熟习它的使用条件。如对一定的推进剂要用什么型式的喷咀最好。它的貯存及运輸情况如何等等性能都需要有一定时間来熟习，而且积累丰富的实踐經驗。对于一个设計工程师来说，他才能够来使用它进行设計。

推进剂的生产能力及生产成本问题：实际上是推进剂的資源是否丰富，以及推进剂的生产工艺过程是否經濟合理的問題。如果各种性能很好，而来源不丰富，又不能大量生产，其生产成本又高，这样的情况，再好性能的推进剂也不能大量使用。例如：五硼烷B_5H_9，就是这个原因沒有被利用。因为火箭发动机的推进剂的推进剂消耗是大量的，必須要考虑产量和成本問題。

总的說来，对推进剂的要求主要指标是具有高的比冲量，但在一定时期还应考虑其他的因素。如須使用观点出发，应要求无腐蚀、无毒、物理性貭稳定，冰点低（即应适应塞冷条件的飞行比重大、蒸汽压低等等要求。如从簡化发动机的結构以及使发动机工作可靠的角度出发，还提出要实现可靠的散热，要求推进剂的比热大，或者是推进剂共中之一组元的比热

注：1. 第18行"过氯酸醯氟ClO_3F"应为"过氯酸酰氟ClO_3F"。

2. 第24行"不能解放的问题"应为"不能解决的问题"。

3. 倒数第2行"件的飞行比重大"应为"件的飞行)、比重大"。

4. 倒数第1行"推进剂共中之一组元"应为"推进剂其中之一组元"。

要大，冷却效果好。使输送系统的阻力小，数粘度要小。从燃烧起动来看，燃烧速度要快，点火时间要短，燃烧时不发生有害的振动等等。这些要求在具体使用时，在得到高比冲的情况下，综合平衡其他的因素来确定发动机的推进剂。

目前燃料最多的是四种：乙醇（酒精）、煤油、胺基有机化合物和液氢，它们都是不适于贮存，使用时立即不断的灌料的一类型燃料。从能量的观点来看，液氧—煤油组合推进剂应用较广。因为液氧及煤油的来源较广；生产量大，成本低，无毒而比冲也较高。但是对于大推力的发动机而言，倾向于使用液氢—液氧组合推进剂，因为液氧是含有100%的氧化元素，氧化力强。故在近代氧化剂中，由氧组合的推进剂热值最高。所以液氢—液氧组合推进剂的燃烧性能很好，比冲高而燃烧室温度不高。这是因为燃气的平均分子量小，故比冲很高。同时氢和氧无毒性、无腐蚀性而来源广。氧可以由分离空气而得，氢是化工生产的大量中间产品（如合成氨），由液化氢就可得液氧。这些生产过程及经验都是比较成熟的。所以应用液氢—液氧组合推进剂愈来愈显得重要了。其缺点是氢的比重小，它所需的贮箱尺寸要大，使其重量增加了。另一方面液氢的温度很低（20°C 绝对温度），给选择贮箱材料带来了困难。所以必须要解决超低温技术的问题，而这是可能解决的。

表（3—1）列出其他推进剂的组合，其使用的可能性还是很大的。当在推力不太，而且要求在高空点火的发动机上，可以在第二级或第三级使用。因为表（3—1）所列的除了 H_2O_2 之外，其他的推进剂组合都是自然燃料，即不需要点火设备能自行燃烧。这种推进剂尤其是在高空更加显示出自燃料的优越性。如美国的第一级火箭发动机"雷神"是使用液氧——煤油，宇宙神"也是使用液氧——煤油。而第二级是使用的红发烟硝酸的组合推进剂。

§3—3 几种液体火箭发动机

为了对液体火箭发动机的结构及其工作性能有具体的了解和概念，因此在这里我们举出下面几个液体火箭发动机的例子。

（1）V-2 液体火箭发动机

V-2 液体火箭发动机的工作性能参数请参看表（1—1），其结构见图（3—1）。它的动力装置是比较典型的，是早期使用液氧——煤油组合推进剂和具有大推力的液体火箭发动机。采用了球形燃烧室，见图（3—1）。球形燃烧室的伏点是在相同的燃烧室表面积下，可以有较大的燃烧室容积，并且重量轻和强度高。燃烧室壁由薄钢板焊接而成球形。由于钢的传热性不好，故燃烧室同时采用了内冷却和外冷却夹套。内冷却是酒精由喷管下部短管7进入冷却，将燃烧室内部的热量带走，同时经燃烧阀9的下腔进入喷咀。外冷却是采用了薄膜冷却的方法。所谓薄膜冷却是将少量的燃料、氧化剂或隋性液体（V-2 是用酒精），从上腔流入输送管道经过10、11、12、13用低速喷入。在燃烧室内壁上形成一层薄膜，使其内壁与燃烧室内高温区域隔绝，并通过酒精的蒸发吸收热量，使燃烧室内壁的温度降低在酒精的沸点以下。外冷却的孔共五排，其中第二排孔4，因在起动时氧化剂易进入，故在起动前用纸贴上，或者用易熔金属填塞，以避免氧化剂进入时与酒精接触后，易在冷却夹套里燃烧。这只要求保持 1～2 秒的时间，使其氧化剂不进入就行了。当发动机起动后，由于酒精泵开始工作，压力升高后立刻就把纸吹掉了。或者用易熔金属时，当燃烧室的温度不断升高后，金属就被熔解而被吹跑了。另外，为了帮助冷却，使燃烧室头部最边上一圈的喷头在富燃料情

注：
1. 第4行"它们都是不适"应为"其中液氢是不适"。
2. 第5行"使用时立即不断的"应为"使用时要不断地"。
3. 第5行"从能量的观点来看"应为"从实用的观点来看"。
4. 第19行"宇宙神"一词应为前后双引号。
5. 倒数第12行"伏点"应为"优点"。

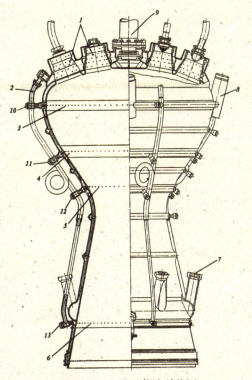

图 3—1　V-2 燃烧室结构图

况下工作，这样可以降低燃烧温度，使其内壁所承受的温度也降低了。

燃烧室头部由 18 个预燃室（即前室）组成，18 个预燃室排成两圈，外圈 12 个，内圈 6 个。采用前室的目的是为了安置更多的推进剂喷咀，每个前室设有从中间进入的液氧和从周围进入的酒精喷咀。（其形式包含有直射式和离心式喷咀）。V-2 中吹动涡轮转动的工作气体是蒸汽，蒸汽由 H_2O_2 在高锰酸钠 $NaMnO$ 催化剂的作用下，在燃气发生器里分解而得。

它的点火装置是采用了火焰筒点火的方式。如图（3—2）。

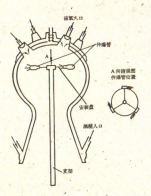

图 3—2　V-2 点火装置

因为发动机的流量很大易吹灭故就采用了焰火点火装置。由支架、安装盘和传爆管组成，它是固定在发射台上，可以旋转。在起动前将点火装置放入燃烧室中，将传爆管中的火药用电火花点燃。这时在燃烧室内旋转，喷出的火焰将燃烧室加温至 2000℃ 左右，这样推进剂进入燃烧室后，即可点火燃烧，逐渐的增

注：现图 3—1 对应的图注为"1—前室；2—导管；3,4,5,6—外冷却喷油孔；7—酒精入口；8—将推力传给弹体的承力接头；9—液氧主活门；10,11,12,13—补助冷却带"。

加推力，达到所要求的負荷。当火箭起飞以后点火装置仍留在地面。

(2) H-1型液体火箭发动机：

H-1型液体火箭发动机，是由美国"北美航空公司分公司"制造作为"土星"計划的一級运载火箭。目前只是试验阶段，其发动机的主要数据见表(3—3)。

H-1型液体火箭发动的主要部件有：燃烧室組件、燃气发生器、自燃点火剂容器、涡輪泵組、火葯起动器、控制活門和故障擦测器。其流程原理是图(3—3)。

燃烧室組件由燃烧室、噴咀器和液氧汇流器等几部份組成。燃烧室由許多"A"形断面的鎳管排列在芯軸上，然后經釬焊而成。管子外部用玻璃絲或者塑料纏約一厘米厚。为了适应热交换特性和燃烧室的外形，鎳管的断面形状在各处也不完全相同。在燃烧室頂端的断面近似于图形，往下到噴管喉部断面形状变窄而且变高，这时冷却剂流速最大，最高热交换速度达98卡/厘米·秒。在往下又逐漸变寬，在噴管出口处达到极限。燃烧室采用了再生冷却，所謂再生冷却是指：冷却剂在固定的冷却道理流动，冷却液所吸收的热量沒有浪費，而是增加了推进剂在进入噴咀前的含能量。这就叫再生冷却。大部份用液体推进剂的火箭发动机

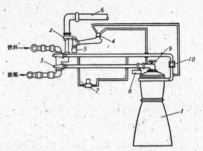

图3—3 H-1型液体火箭发动机示意图
1—密封物的吹試路綫；2—燃料泵；3—燃料前置伐；4—涡輪排气管；5—涡輪；6—涡輪起动装置；7—火葯蓄压气器；8—气体发生器伐門；9—主燃料管路；10—传动盒；11—注燃料伐，12—燃烧室；13—主液氧管路；14—主液氧伐；15—供給涡輪以潤滑油的管道；16—滑油系統的密封导管；17—液氧系統的密封导管；18—滑油通气管；19—液氧前置伐；20—液氧泵。

都采用这种冷却方式。由于鎳管的传热效果很好，所以沒有輔助冷却。H-2型发动机里是用煤油作为冷却剂。煤油从燃烧室頂部鋼制的环形分配岐管进来，沿着鎳管向下流到噴管口的环形廻流岐管，然后回头流到燃烧室頂部的环形汇流岐管，最后从噴注器进入燃烧室。經过这一循环，虽然燃烧室温度高达3100°C，但煤油的温度升高不会超过37°C。

燃烧室头部有許多重迭的鋼带加强。鋼带上焊有安装其他部件用的法兰盘和装配件。噴管輪廓为鍾形，外部也有若干个鋼加强环。

燃烧室頂部有一个平板型的噴注器，上面有一系列同心的环形管道，其中液氧管道与煤油管道相間配置。管上有很多斜孔噴咀，两种液体噴出后，互相撞击形成均匀混合的噴霧。发动机采用，三乙基鋁 $Al(C_2H_5)_3$ 自燃液体点火。点火用的自燃液体导管与主煤油管隔开，自燃液体从噴注器最外层的一个环形管上的噴咀噴出。

涡輪泵組包括一个两級的涡輪，两台离心泵和一个齿輪箱。其数据見表(3—3)。涡輪用一个火葯起动以后，由燃气发生器供給动力。(燃气发生器是使用发动机的推进剂，采用富燃料混合比燃烧，控制温度在650°C以下)。由于涡輪泵起动，使其煤油具有一定的压力，从液氧主活門进入，經过一系列传动机构，接通了液氧管。与此同时，煤油进入三乙基鋁的容器內。三乙基鋁受压后推开一薄膜活門，进入噴注器从噴注器最外圈的噴咀噴入燃烧室。在燃烧室里三乙基鋁与液氧混合立即着火，形成空心的錐形火焰。涡輪繼續加速，燃料

· 8 ·

主活门被推开，大量煤油进入燃烧室，开始猛烈的燃烧。发动机起动过程完成，逐渐达到正常运转。如果 H-1 型发动机在高空工作时，推力增加到 97 吨而比冲上升到 290 秒。

表 3-3 H-1 型发动机的主要数据：

地 面 推 力	85 吨
海平面比冲	255 秒
推进剂	液氧—RP—1 型煤油
工作时间	120 秒
喷管膨胀比	8:1
喷管出口气体速度	2550 米/秒
燃烧室温度	2,750°C
总空重	635 公斤
发动机的长度	2,438 毫米
最大宽度（包括涡轮泵）	1524 毫米
涡轮功率	3,000 马力
涡轮转速	32,000 转/分
减速齿轮箱传动比	4.88:1
泵加速所需时间	约 0.45 秒
液氧泵流量	12,000 公升/分
液氧泵工作温度	-181°C
煤油泵流量	8,000 公升/分
煤油泵出口压力	56～70 压力
单位重量推力	134

(3.) F-1 型液体火箭发动机：

F-1 型液体火箭发动机也是由美国"航空公司分公司"制造，准备代替 8 个 H-1 型发动机，作为土星"计划里的第一级运载火箭。因只是在试车，计划在 1963 年可以实际使用。其主要数见表（3-4）

表 3-4 F-1 型发动机的主要数据

F-1 发动机单位重量的推力比 H-1 小，但估计由于燃烧室的压力增加，所以比冲也相应的增加了。它的点火系统与 H-1 型发动机相同，采用了三乙基铝自燃燃料点火。

推 力	680 吨
比 冲	
推进剂	液氧—RP-1 煤油
推进剂流量	
液 氧	约 2 吨/秒
RP-1 煤油	约 1 吨/秒
燃烧室直径	1 米
喷管出口直径	3 米
全 长	3.4 米
涡轮泵外径	1.2 米
涡轮泵全长	1.5 米
涡轮泵重	1.14 吨
涡轮泵功率	60,000 马力
总 空 重	6.8 吨
单位重量推力	100

（4）LR-115型液体火箭发动机：

LR-115型液体火箭发动机由美国"普拉特—惠特氏"公司为"土星"计划的第二级第三级生产的实验性发动机。

表 3—5 LR-115型发动机的部份数据

真 空 推 力	6.8 吨
比 冲	420 秒
喷管膨胀比	40:1
燃烧室压力	21 公斤/厘米²
燃烧室温度	3,080°C

发动机燃烧室采用了液态氢的再生式冷却，与H-1型发动机不同的是它只有分配和汇流两个环形歧管，喷管底部没有迴流歧管。其流程原理见图（3—4）这样使每一条管道都是一个完整的通路。

注：第15行"100"应为"100公斤/公斤"。

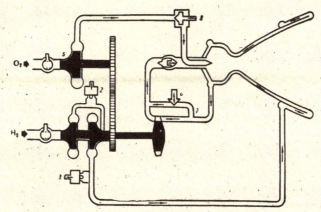

图 3—4 LR-115 发动机工作原理图
1—液氧泵。2.3—溢流伐门。4—涡轮。5—液氧泵。6—调节伐门。
7—分流管。8—节流伐门。

发动机起动时，-253°C 低温的液氢从燃料管输入，通过二级液氢泵和两个溢流活门 2 和 3，将离心泵预先冷却。然后进入分配支管，流到燃烧室壁的冷却管道。这时液氢完全蒸发，温度上升到 -190°C。液氢变成气氢后，已足以使涡轮转动，涡轮带动同轴的液氢泵，同时通过齿轮带动液氧泵。气氢从涡轮排出，被引入燃烧室。与液氧同时从喷注器喷出。电点火以后，随着燃烧的进行，燃烧温度升高，涡轮的功率增加，直到发动机达到额定的推力为止。这时液氢以超过临界压力（即 12.8 大气压）的压力进入燃烧室壁的冷却管道，进行超临界压力下的冷却。通过燃烧室壁后氢的温度由液态的 -253°C 升高到 -60°C。

气态的发动机的涡轮泵组有一个两级的涡轮。另因密度为 0.07 克/厘米^3 很低，故采用了一台液氢用的二级离心泵，一台液氧用的单级离心泵和一套齿轮联动装置。整个涡轮泵组密封在一个铝制的壳体内。齿轮和轴承利用液氢冷却，不需要润滑剂。发动机有一个高效率的电点火的设备，能够在真空中给发动机点火。因为 RL-115 型发动机在大气层以外工作，所以发动机试验应该在真空中进行。此系统的特点没有燃气发生器，直接用气氢吹动涡轮，故使系统比较简单。

§3—4 液体火箭发动机的设计试制：

液体火箭发动机是根据它的用途及所选择的推进剂来进行设计的。可以分下列步骤量以说明。

（Ⅰ）初步的设计过程：

（1）当选择了推进剂后，就可以用热化学计算来选定燃烧室的压力 P_c 和推进剂的混合比。

（2）在选定了的燃烧室压力和推进剂混合比的条件下，用热化学计算算出比冲量、燃烧室气体的温度、喷出气体的燃气平均分子量和比热比。

（3）决定发动机的尺寸：

由发动机的用途就可以知道飞行的高度。如果认为是完全膨胀的话，则喷管出口的压力

等于外界压力即 $P_e = P_a$，则比值 P_c/P_e 也就已知。这样可以由膨胀比的公式算出喷管出口面积与喉部面积的比值 A_e/A_t。然后根据图（2—8），由已知的 P_c/P_e 和 A_e/A_t 选择一个推力推力系数，而比热比数值由热化学计算算出。再根据已知的推力（由用途决定的），燃烧室压力 P_c 和推力系数 C_T，由 $C_T = \dfrac{T}{A_t P_c}$ 可算出喷管喉部的绝对尺寸，因而喷管出口的面积也就决定了。

然后从燃烧时间（也就是燃料在燃烧室停留的时间，包括推进剂的挥发、活化和完全燃烧的时间）的概念出发，在决定了燃烧室形状之后，来计算燃烧室的尺寸。由于对于一定的推进剂，在一定的混合比下，燃烧温度随压力变化很小，因此可以认为燃烧室温度不变。所以在燃烧室里的气体密度只与压力成正比 $\rho_c \propto P_c$。而流量等于面积乘以当地的速度和密度，对于燃烧室的截面而言流量 $\rho_c w_c A_c \propto P_c A_c w_c$。而对于喷管喉部，因为速度不变永远等于声速，其流量 $\rho^* A^* \propto P_c A^*$。（因为喷管亚声速部份压力变化不大，可近似的看成是等于燃烧室压力 $\rho^* \propto P_c$）。故所以可写成：

$$\rho_c w_c A_c = 常_{(1)} P_c A_c w_c$$
$$\rho^* A^* = 常_{(2)} P_c A^*$$

根据连续性方程式：在任何截面上没有流量的增减，所以燃烧室的流量应与喉部流量相等。所以

$$常_{(1)} P_c A_c w_c = 常_{(2)} P_c A^*$$

因此

$$w_c = \frac{P_c A^*}{P_c A_c} \times \frac{常_{(2)}}{常_{(1)}} = 常 \frac{A^*}{A_c}$$

即

$$w_c \propto \frac{A^*}{A_c}$$

如果 l 为烧烧室的长度，（假设燃烧室为圆筒形）则在燃烧室停留的时间

$$T \propto \frac{l}{w_c} = \frac{l}{\dfrac{A^*}{A_c}} = \frac{l A_c}{A^*} = \frac{V_c}{A^*} = L^* \tag{3—7}$$

因此燃料在燃烧室停留的时间与特征长度正比。

$$T \propto L^*$$

V_c/A^*——是燃烧室体积除以喉部面积，命为特征长度。因为它只考虑到喉部截面积，而没有考虑其他因素，故只能适用于指定的推进剂，而且在混合比和燃烧室压力变化范围都不大的情况下适用。因而对于一种推进剂和一种型式的发动机的喷咀，L^* 是一个定值。它是由实验得来，不仅应燃烧室喷咀的效率，当喷咀变了 L^* 也变了。但是可以作为工程设计师在对一定推进剂和一定型式的喷咀的设计参数。下表列举部份推进剂的特征长度。（其条件是燃烧室压力为 $p_c = 21$ 大气压）。

表 3—5 部份推进剂的特征长度 L^*

推 进 剂	L^*
硝酸——苯胺	1.15～2.0 米
液氧——煤油	1.5～2.5 米
硝酸——煤油	2.0～3.0 米
液氧——酒精	2.5～3.0 米
米硝基甲烷	>4.88 米
液氧——柴油	2.99 米

对大推力发动机而言，一般认为燃烧室长度与直径之值为1即燃烧室直径与长度相等，则燃烧室尺寸很容易算出。

$$V_c = \frac{\pi}{4} d_c^3$$

由已知的喉部截面积选定特征长度L^*, V_c 即可决定，同时燃烧室直径和长度也就定了。

我们还可以从另外一个角度来看，设d^*是喉部直径，如果

$$L^* = \frac{V_c}{A^*} = \frac{A_c l}{A^*} = \frac{\frac{\pi}{4} d_c^3 \left(\frac{l}{d_c}\right)}{\frac{\pi}{4} d^{*2}} = \frac{d_c^3 \left(\frac{l}{d_c}\right) d^*}{d^{*3}}$$

因此

$$\frac{d_c^3}{d^{*3}} = \frac{L^*}{d^* \left(\frac{l}{d_c}\right)}$$

所以

$$\frac{d_c}{d^*} = \left\{ \frac{L^*}{d^* \left(\frac{l}{d_c}\right)} \right\}^{1/3}$$

如果l/d_c之比和燃烧室压力不变时，特征常度L^*也一定时，我们知道推力T是同

$$A^* = \frac{\pi}{4} d^{*2}$$

成正比，所以当L^*和l/d_c都是常数时

$$\frac{d_c}{d^*} \infty (T)^{-\frac{1}{6}}$$

由这推导说明了，推力愈大时d_c/d^*比值愈小，即燃烧室的直径愈接近于喉部直径。

（二）燃烧室试验：

燃烧室试验实质上是燃烧稳定性的试验。火箭发动机的燃烧稳定性的含义是：在运行中燃烧室工作比较平稳，没有剧烈到震破发动机的振动或爆炸。这当然不是说发动机没有任何振动，火箭发动机在实际运转中是有强烈的振动及噪声，在机体上常常量出一百到几百g的加

速度。但这还不足以破坏发动机，所以仍然看成是正常的。保证燃烧的稳定是近代火箭技术发展中的重要问题之一，也是发动机设计的第一关。影响燃烧不稳定的因素很多，不单是燃烧室的结构、喷咀和燃料的特性。而且包含了各机件的动力特性。不稳定性大致可分为两类：第一类为动力装置的低频振盪（包括推进剂导管），约在 40～400 赫芝。第二类是高频振盪（约在 1000 赫芝以上）。低频振盪一般发生在燃烧室压力较低的情况下，用加高燃烧室压力的办法就可以解决，所以比较容易处理。而高频振盪与喷咀的排列和推进剂的雾化及燃烧有关，比较难解决。由于目前在燃烧稳定方面没有一个成熟的理论，竟管有一系列的理论著作，但所提供的方法在相当程度上还不能满足实际的需要。所以在设计发动机燃烧室的过程中，主要依靠多次反复的实验，从經驗上来掌握燃烧稳定问题，为设计提供资料和数据。首先是在初步设计已經决定，燃烧办尺寸的基础上进行燃烧室試驗。做一个相同尺寸截去喷管超声速部份的燃烧室模型。因为喷管喉部截面以后是超声速气流，它的不稳定干扰的传播速度小于气流的速度。所以当不稳定干扰还没有来得及传向燃烧室的时候，气流早已喷到发动机的外面了。故喷管超声速部份的变化对燃烧室工作没有影响，而只是对推力有影响。故在做燃烧室的燃烧稳定試驗时，截掉喷管超声速部份。但是要测量推力时，一定得把喷管全部加上。同时燃烧稳定試驗也不加冷却夾套，因为燃烧时间很短大约 1～2 秒，如果燃烧是不稳定时，在 1～2 秒鐘內一定会出现。因此在初步燃烧稳定試驗时可不加冷却，而不会使燃烧室烧坏。这样在能达到试验目的的情况下，可以减少增加了冷却夾套而带来的試驗設备的复杂性。

燃烧稳定与喷咀的设计很有关系，如喷咀喷孔的排列形式以及相互位置和喷孔的尺寸大小等，所以在这阶段主要是改变喷咀的形式及影响喷咀工作过程的各种因素，来达到燃烧稳定。由于沒有成熟的理论，完全是依靠经验来达到燃烧稳定。所以说是一极其复杂的过程。但是达到了燃烧室模型試驗的燃烧稳定，这才只是第一关。这时就可以得到一个喷咀的形式及喷咀的性能参数，如喷咀压力降，混合比等。同时也得到一个燃烧室压力。然后根据这个压力从新来定发动机的其他参数，就可以正式的开始发动机的设计。

（三）輸送調节系統的試驗（渦輪泵組試驗）：燃烧室模型試驗决定了泵的压力及流量。这时就可以开始发动机輸送系統的设计。

（1）泵的設計和試驗：

离心泵是一般认为最适用于在火箭发动机中压送推进剂的。因为它对于大流量和高压力的情况是最有效，就重量和容积而論也是最经济的。若流量小推力小于2500公斤的小火箭，其他型式的泵如活塞泵、瓣泵、齿輪泵也可以使用。

泵的設計是根据火箭发动机的推力，有效排气速度、推进剂的重度和混合比来决定泵的流量。根据燃烧室的压力和在活門、管路和喷注器中的水力损失来确定泵的排气压力。而泵的进口压力的选择与"气蝕"和推进剂的贮箱重有密切关系。因为如果在流体通道中，当某一点的压力低于流体在此点的蒸汽压时，使产生蒸汽泡，使流体中发生充满蒸汽的空隙，这种现象叫"气蝕"。对于离心泵由于进口压力低"气蝕"多半发生在泵入口，由于"气蝕"而引起了泵的流量变化不定，使其发动机的操作不正常，并且发动机会剧烈的振动，甚至会发生爆炸。所以在离心泵里"气蝕"现象是不允許的。因此要选择合适的泵的进口压力，使其一方面不发生"气蝕"现象，另一方面使推进剂贮箱不会因为压力太高而使箱子重

· 14 ·

注：1. 第7行"竟管有"应为"尽管有"。
2. 第10行"已经决定，燃烧办尺寸"应为"已经决定燃烧室尺寸"。

量增加太多。所以要进行泵的设计和实验。由于火箭发动机的泵功率很大（大概每一吨推力涡轮泵的功率为20～100匹馬力），試驗設備也是相当庞大的。

(2) 調节器的試驗：

与泵的設計試驗同时进行的是調节器的試驗，也就是伐門試驗。因为火箭发动机的起动时間很短，只有半秒鐘。在这样短的时間里要完成大流量高压力的伐門开关，如果用人工进行調节是很难想象的，必須用自动調节控制系統。火箭发动机活門的一般設計是較容易的，但詳細設計例如空隙問題，閥門座的材料、开启延迟时間等的設計是不容易的。由于火箭发动机中任何一个伐門的失灵常常会导致火箭发动机工作的破坏，甚至会引起火箭发动机本身的毀坏。所以火箭发动机的伐門必須有明确的检驗方法。推进剂伐門的泄漏、伐門不照規定时間开关，都会带来不良的影响。所以在伐門装配前必須严格检驗两种性能：一种是伐門座和伐門垫片处是否发生泄漏，另一种是动作是准确敏捷。

因为推进剂的作用压力高，經过的流量大，而伐門动作所需的力量也要大。所以是用操縱伐門控制液体或气体压力，以操作大伐門。其实质是一种放大动力的操縱办法。不然要用很笨重的控制机械来操作，这在火箭发动机上是不希望的。

(3) 燃气发生器的設計及試驗：

在燃气发生器中推进剂起化学变化产生燃气，用所生成的燃气来推动涡轮。而用涡轮来带动泵运轉，不断的供給燃烧室推进剂，以保証火箭发动机的稳定燃烧。由于气体太热会损坏涡轮机的叶片、噴管以及叶輪，所以要求燃气发生器所产生的气体比火箭发动机燃烧室中的燃气温度要低得多。如在 $H-1$ 型发动机里，燃气发生器里的温度只有 $650°C$。主要用調节燃料和氧化剂比例的方法来达到調节温度的目的。但是什么样的比例最好要經过实驗来决定，例如：液氧煤油燃烧，当煤油多了燃烧就不完全容易产生焦化，使其在燃气里有可能含有沒有燃烧的碳粒，这在发动机里是不允許的，所以必須要进行燃气发生器的試驗。

(4) 渦輪泵組的試驗：

一般来說渦輪的設計在理論上和实际的設計上已比較成熟，故只要有燃气以后就可以进行設計。而且可以不进行单独的渦輪試驗。故可直接在进行了泵、調节器和燃气发生器的試驗以后，就可以进行渦輪泵組試驗。由于不需要外加能源，由燃气发生器自己供給渦輪的能量，就可使渦輪泵組进行眞实的液体火箭发动机輸送系統的試驗。所以在这一阶段的实驗設備反而变簡单了。在进行渦輪泵組合試驗的同时，应把燃烧室及噴管的样机制出来，而且这时可以应用挤压式的輸送系統在試車台上进行单个燃烧室的試驗。然后进一步来考驗燃烧是否稳定、燃烧时間长短和燃烧效率的高低。当这一步实驗达到設計要求时，就可以与渦輪泵組合联合在一起进行整个发动机的試驗，对以前各阶段的試驗进行綜合性的考驗，如果試驗的結果发动机工作过程稳定，各部份工作情况良好，达到了发动机的設計指算，可以認为发动机設計完成。能够提供作为飞行器的发动机使用。在高空使用的发动机还应該在高空模拟試車台上进行高空模拟試驗。

从以上的設計試制过程来看，設計一个新的火箭发动机不是一件輕而易举的工作，而是一項艰巨复杂的工作。它需要投入大量的人力物力，經过較长期的努力才能設計出一个新的发动机。据估計：設計一个新的发动机，最小要准备报废40个发动机。时間不是几个月而是几年，由經驗得出是2.5年，其物質力量的消耗更大，例如就拿电的消耗来說，$H-1$ 型发动机单泵的功率消耗，每一吨推力就要消耗约20到100马力，如果8×H—1型的一个发动机就需10200千瓦到51,000千瓦。如果以发动机总的功率消耗来计算，当报废40个发动机时功率消耗是40×3000=120,000马力=90000千瓦，它相当于报废多少个发电站。

(四) 推力的调节：

由于液体火箭发动机工作时所产生的推力很可能不是设计时的推力，是在一定范围内变化，所以推力是可以调节的。推力调节有很多种办法，如可用改变燃烧室压力或者改变燃烧室推进剂的流量等方法来调节推力。在使用涡轮泵的发动机中，推进剂供给量的改变靠增减涡轮泵转达的方法来实现。这时由于两泵间转速的相互协调，从而保证推进剂混合比不变。由于涡轮泵转速变化，推进剂流量也变，燃烧室压力也跟随变化。也就可以达到推力调节的目的了。但这种办法仅适用于推力调节范围较小的发动机中。

从本节所谈到的发动机设计试制过程看来，整个工作量是相当大的其主要的原因是目前还没有一个完整成熟的燃烧理论，设计试验绝大部份只能依靠实践来进行，若能提出一个完整成熟的燃烧理论，这将是一个很大的贡献。这也是有关科学技术工作者的一项光荣而艰巨的任务。

§ 3—5 发动机试车台的简单介绍：

试车台是进行整个发动机试验的设备，为了使我们对试车台有一个初步的概念，因此在这里介绍了美国"土星"第一级运载火箭试车台。试车台的高度从地面至桥式起重机导轨的高度为56.4米，火箭发动机的支承台离地面22.5米，喷管离地面20米。火焰偏流器深入地下9米，喷管离地底约30米。

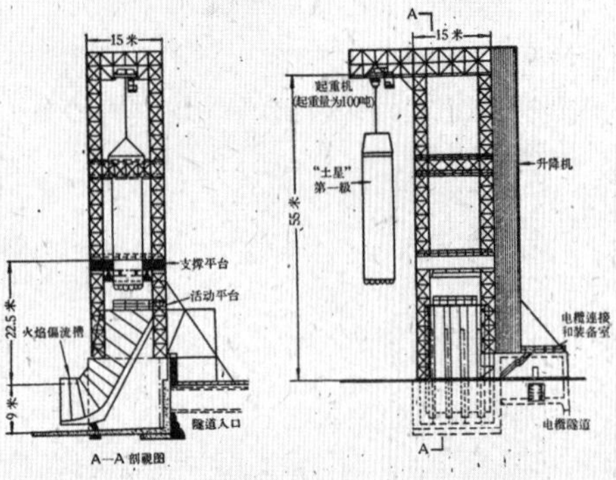

火焰偏流器是因为发动机的火焰很长（就发亮部份来看，一般估计有40米长）而设置的。火焰偏流器使火焰转弯，这样可以降低试车台的高度和火箭支承台离地面的高度。火焰偏流器的设计主要依据是实验，由实验来决定火焰偏流器的形状和弯曲部份曲率；找到防止火焰倒流到发动机底部的办法。确定数千个冷却水孔的位置。试车台的贮水器在火箭点火时能以每分钟150米³的流量向偏流器供应冷却水来消火。试车台的桥式起重机的起重量为100吨，它的任务是与另一个辅助起重机一起把试验的火箭发动机装上试车台。

图 3—5 试车台简图

§ 3—6 固体推进剂及固体火箭发动机的发展

人们在开始运用火箭时就采用了固体推进剂火箭。而在较早期多采用黑色火药作为推进剂（比冲为50～140秒）；这种火药能量小，因此不能使火箭得到较大的推力和较高的速度。直到后来化学工业进一步发展,发明了无烟火药后才逐渐使火箭的推力增加,射程加大。同时由于火箭准确度的逐渐提高,因而固体火箭的研究和使用得到了进一步发展。

固体推进剂的比冲比起液体推进剂来说要低,特别是比较老的双基药类固体推进剂的比冲一般在200秒以下。表3.7列出了一些比冲较高的固体推进剂的一些性能,表3-1为一些

表3-7 固体推进剂性能

推 进 剂 成 分	在70.5大气压下的比冲(秒)	在70.5大气压下的燃速(厘米/秒)	燃速压力指 数(n)	密 度(克/厘米³)
过氯酸铵(氧化剂) 聚丁二烯(粘结剂) 铝 粉(加成剂)	250	1.186	0.236	1.75
过氯酸铵(氧化剂) 聚胺基甲酸脂(粘结剂)	238	0.577	—	1.72
浇铸式双基药	219	1.142	0.61**	1.55
挤压式双基药	216*	1.170	0.0***	1.58

* 在884.6大气压下,
** 在56.3—116大气压下;
*** 在63.3—84.5大气压下。

液体推进剂的性能数据。由此我们可以比较出液体推进剂的比冲一般高于固体推进剂,而密度确比固体推进剂为低。近年来由于固体火箭的发展,而提出了许多有希望的固体推进剂。它们的比冲则可达250公斤秒/公斤以上,如用过氯酸硝醯(NO_2ClO_4)及过氯酸(OL_iCO_4)作氧化剂,以固体硼烷($B_{10}H_{14}$)作燃料,则其比冲可达到280~300秒(p_c=70大气压的条件下)。固体推进剂的比冲还可以得到不断地提高。因此,在现代的固体火箭从结构上、设计上加以改进之后,采用高比冲的固体推进剂是大有发展前途的。

但是,在十多年前,一则由于固体推进剂的比冲低,而更主要的是由于采用双基药柱多孔燃烧的固体发动机结构,使发动机的结构重量比高达40~60%,而后起的液体火箭发动机的结构重量比仅为10%左右。因此,尽管固体发动机较简单,可靠,使用方便,但确由于结构重量太大而限制了它的发展。以致于在十多年前曾经认为固体火箭没有什么发展前途,而几乎趋于停顿。

固体发动机的结构重量之所以大是因为在采取双基药挤压成型的药柱的多孔燃烧,而使燃烧室必须处于高温和高压下工作(固体发动机燃烧室一般没有冷却系統)。由于燃烧室壁要承受几十个大气压力和2000°C以上的高温,如不把燃烧室作得厚而坚固就不可能承受这些载荷而正常工作。这样一来就大大地增加了整个发动机的重量。但是,1945年后在固体发动机的设计中引入了一个新的设计原理,从而使这已经认为没什么发展前途的固体火箭发动机重新与液体火箭发动机展开竞争。

注:1. 倒数第15行"过氯酸硝醯"应为"过氯酸硝酰"。
2. 倒数第15行"及过氯酸(OL_iCO_4)"应为"及过氯酸锂($LiClO_4$)"。

这个新的设计原理的实质是把原来双基药压型药柱的多孔燃烧改为混合组分的固体推进剂；把它浇铸在燃烧室内，采用内孔燃烧。这种方法的优点，首先在于利用固体推进剂本身作一隔热物，使燃烧壳壁完全与高温的燃烧气体隔开，因而燃烧室本身就在常温下进行工作，它所承受的负荷只有燃烧室的压力（实际上药柱本身也承受了一部分压力）。由于这一改革使得燃烧室壳壁的厚度大大减小，而且可以考虑采用常温的高强度钢（强度为200公斤/毫米^2，比重为7.9）和轻质材料钛合金（比重为4.7）、玻璃钢（比重为2）。这样就使固体火箭发动机的结构重量立即降到药柱重量的10%以下，这是固体发动机的一很大飞跃。使有可能制造出结构重量轻、推力大、工作时间长的固体发动机，用于星际航行。其次是由于药柱成型的方法的改进也为制成大型固体火箭发动机提供了必要条件。采用浇铸法代替原来的挤压法，则使制造时不再受设备尺寸的限制，而几乎可以做出任意大的固体药柱。由于固体火箭发动机的设计有了这一改进，发展才有了光明前途；因此美国也就开始研究制造一种大型的固体火箭发动机，提供大型火箭使用（见表3—8。今年8月间他们试验了一种推力约230吨，燃烧时间87秒的大型固体发动机，药柱重为80吨。

表3—8 美国大型固体火箭研制工作情况

推力（吨）	燃烧时间（秒）	药重（吨）	总重（吨）	壳体尺寸 直径×长度（米）
455	20	36.3	4.55	
911	90	327	360	4.57×18.8
1,090	72		314	3.81×27.4
2,270				6.10×
4,550				6.10×32.6

§3—7 固体火箭发动机的设计问题

同液体火箭发动机比较，固体火箭发动机的设计是比较简单的。通常，大多数的设计参数是根据已定的推力及发动机的工作时间确定的。其中最主要的问题是确定采用推进剂和提出药柱的燃烧方式。在要求燃烧时间短的大推力发动机中，通常采用燃烧速度大的推进剂，而对发动机工作时间较长，则采用燃烧速度较低的推进剂。这是一般的常规，但并不是唯一的原则。

药柱设计

药柱形状的选择是决定燃烧方式，控制燃烧室压力的重要手段。药柱形状是根据药柱的性能发动机对推力、压力的要求而有所不同。以前是采用侧面燃烧药柱，也称为非限制性燃烧式药柱。这种形状的药柱燃烧时，使燃烧室壳壁严重地发热；同时由于药柱最后的剩余碎片很多而造成大量能量的损失。而图3.6中所示各形状药柱是采用浇铸法成型的内孔燃烧式药柱。这种药柱燃烧时燃烧室的壳壁就不再受高热，所以可以做成极轻便的燃烧室。

图 3—6 各种形状的燃烧药柱横断面

燃烧稳定性

燃烧的稳定性表现在燃烧室中的现象是压力是否稳定；影响燃烧室压力变化的有两个主要因素。首先，我们知道，固体推进剂的燃烧速度是直接受推进剂本身的物理化学性能所决定的；而作用在燃烧面上的压力、燃烧环境的温度及燃烧表面气体流动情况都对推进剂的燃烧速度产生不同程度的影响。在一般的固体发动机中，按质量守恒原理研究和实验得出了固体药柱燃烧的速度与作用在燃烧面的压力（即燃烧室压力）的 n 次方成正比：$r \sim p_c^n$；n 值对一般固体推进剂而言在 0.4～0.8 之间。燃烧速度一般在 1 厘米/秒左右。因而，固体发动机燃烧室中的压力的变化就会引起燃烧速度的变化，而燃烧室压力的大小又是由燃烧产生的燃气量的多少而定。在大多数固体发动机中都要求推力保持平稳，即要求保持燃烧室的压力平稳。当一个固体药柱的长度一定时，燃烧速度和燃烧压力都不变化，则只有要求燃烧面积保持恒定才有可能达到（其他产生高频振荡燃烧的不稳定在后面讨论）。但是药柱的燃烧面通常只能在设计时确定下来，制造成型后使用时就只能视其自己发展变化。因而设计燃烧药柱的型面是控制燃烧室稳定的一个很重要的问题。图 3.7 中即可看出各种形状的药柱燃烧时间与压力和推力的变化情况。说明了可以通过药柱形面的设计大致地控制燃烧的变化过程。图中的虚线表示不同燃烧时间的药柱形面。星形空心药柱的周边在燃烧过程中基本上保持不变。因此，单位时间所燃烧掉的燃料的体积（即燃烧掉推进剂的量）不变，故产生的燃气量也就不变，从而保证了压力与推力的恒定。

固体发动机的工作时间很容易从燃烧速度和药柱的厚度求得，即 $t_b = \dfrac{t}{r}$；t 为药柱厚度。

上面所谈到的只是一般燃烧室压力及推力按照发动机的用途来保持稳定。但是，在固体火箭发动机燃烧室中的燃烧也和其他液体发动机一样还有着其他一些原因影响起燃烧的稳定性。因此，即便确定好燃烧形面，在燃烧过程中仍会出现压力的突变。这种引着燃烧的不稳定的原因是燃烧室中的高频振荡燃烧，而产生压力高峯。这种不稳定燃烧具有强烈的破坏

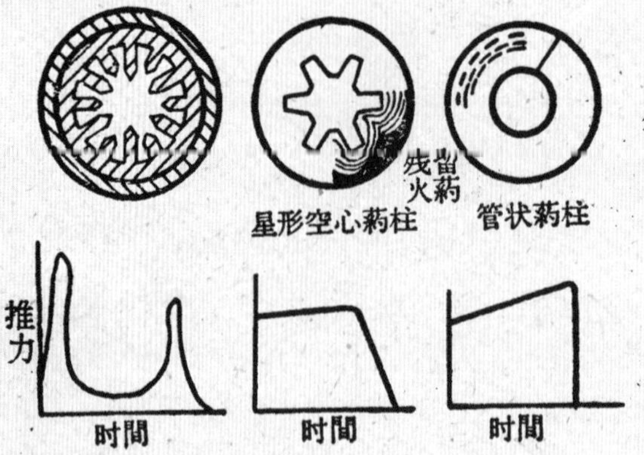

图 3—7　各种形状药柱燃烧过程

性，但是其产生的原因目前尚未获得确切的解释，同时要消除它也是較困难的；需要通过試验，改变推进剂的組分，改进燃烧室药柱設計等来达到目的。

药柱的工艺問题

无烟硝化甘油火药一般称为双基火药，是一种硝化纖維和硝化甘油添加剂和增塑剂的胶合物，这种推进剂的制造工艺已經很完善了。制造方法是把配好的药粉适当加热或借液态胶合剂的作用，在强力水压机上的予制模中挤压成型，成型之后取出阴干再装入制造好的固体发动机燃烧室中，以資使用。挤压的作用有助于火药的凝固，增加药柱的强度。但是，挤压成型时，药柱的大小及重量都要受到水压机的能力和尺寸的限制。近十多年来采用了新的比冲較高的推进剂，并采用浇鑄成型工艺，而克服了挤压成型的缺点；不再受設备能力和尺寸的限制。这种混合組分的固体药柱是由氧化剂、燃料（橡胶状的粘結剂）和加成剂（鋁粉等），以一定比例混合而成。在这些組合中（見表3—9），对一般氧化剂而言都为粉末状，这里是用燃料作粘合剂，因此必須保証有足够的燃料才能保証药柱的强度。加成剂的作用在于增加燃烧产物的溫度，也能对燃烧起稳定作用。推进剂組分的純度和固体顆粒度的大小及其均匀度，直接影响到制造出来的药柱的性能，必须严格控制。如表3—10是对过氯酸銨純度的要求。药柱的制造过程是把这些組分以一定比例混合均匀之后，适当加热使粘結剂熔融，混合物变成糊状再浇鑄到予先創造好的燃烧室中，等到药柱凝結成固体后再把制内孔形的阳滿取出，即可运去貯藏或使用。这种方法不但簡单而更重要的是可以用来制造几乎任意尺寸的药柱。

但是，固体推进剂药柱不管采取那一种成型方法都会碰到药柱制造过程中或制造好后产生細小的裂紋，这些裂紋往往是肉眼所看不見的。它們对发动机的危害也是十分大的。由于裂紋的存在而造成药柱燃烧时大量粉碎，以致发生爆炸，因此必須消除这些裂紋。这些裂紋产生的原因，一般主要有两个方面：第一，因为目前所用的組合式固体推进剂均系两种主要成分在粘結剂的作用下机械混合在一起，膨胀系数不一，故在溫度变化时易产生裂紋；第

注：倒数第7行“阳滿”应为“阳模”。

表 3—9 金属加成物性能

推 进 剂	比冲(秒)	推 进 剂	比冲(秒)
68% 过氯酸铵 17.5% 燃料粘结剂 15% 铝粉	254	67.5% 过氯酸铵 22.5% 燃料粘结剂 10% 铝粉	248
63.75% 过氯酸铵 21.25% 燃料粘结剂 15% 铝粉	253	67.5% 过氯酸铵 22.5% 燃料粘结剂 10% 镁粉	243
72% 过氯酸铵 18% 燃料粘结剂 10% 铝粉	252	71.25% 过氯酸铵 23.75% 燃料粘结剂 5% 硼粉	241

表 3—10 过氯酸铵的纯度要求

组 分	最小含量 %	最大含量 %
非 水 溶 物		0.10
硫 酸 化 的 灰		0.25
氯酸盐（以 $NaClO_3$ 計）		0.15
氯化盐（以 NH_4Cl 計）		0.20
硫酸盐（以 $(NH_4)_2SO_4$ 計）		0.20
溴酸盐（以 NaB_rO_3 計）		0.04
非 碱 金 属		0.04
水 分		0.02
对甲基橙试剂的反应	中 性	
过 氯 酸 铵	99.0	

二，药柱的暴露面与空气中的氧接触而使之发生变化；在运输过程中受振而发生裂纹。解决这一问题的办法通常采用加抗老剂，药柱制好后存放在惰性气体中贮存，在运输中防止振动，碰撞。

其次，药柱内部产生松孔，这种现象在双基药中存在，而在组合式药柱中更加严重。产生的原因有两个：其一是在制造时混入其他液体（如水等），加温时则液体蒸发产生气泡；

其二是温度变化时药柱产生热应力。組合式药柱的各种成分对溫度和振动的反应不同，因而产生松孔。这种松孔的危害性与裂紋相同，也是在制造过程中必須設法克服的因素。

噴 管 材 料

当我們确定了发动机的推力，压力等参数，选好粘剂之后，即可着手噴管設計工作。設計的要求及过程与液体火箭发动机相同，在此众略。但是，对火箭发动机的噴管而言是在 2000°C 以上的燃气中工作，这对于液体火箭发动机来說，因为有冷却夹套比較容易解决噴管的材料問題。对固体发动机的噴管則沒有冷系，确又要在这样高的溫度下工作，因而噴管的材料就成了一个大問題。解决这个問題时一般是采用石墨衬在金属噴管壁上以耐高溫。因为一般固体发动机的工作时間較短，而石墨一般能耐較高的溫度，是可行的。衬石墨噴管形式見图 2.2。

§3—8 固体发动机的发展前景

前面已經談了固体火箭发动机，由于引入了新的設計原理，制造工艺上采取了新的措施，而使得固体火箭发动机又重新迅速地发展起来了。特别是在大型火箭发动机的設計和制造方面提出了新的构想。打算用这种方法来解决大型固体发动机的制造，运輸等一系列問

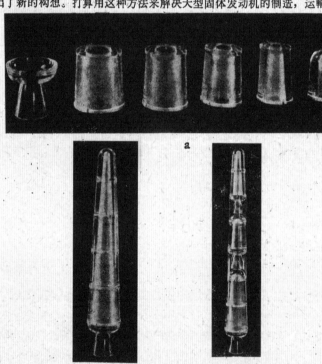

图 3—8 分段装配式大型固体火箭示意图

题，从而使固体推进剂在火箭技术中的应用方面成为液体推进剂的重要竞争者。

这种想法的中心内容之一是设计一分段加工、制造和运输的装配式大型固体火箭。在前面药柱制取工艺中曾经提到过浇铸法存在着的一个严重缺点，药柱可能产生裂纹，这对大型药柱的连续浇铸，则更难以保证浇铸质量。更难办的是巨大的单个药柱的运输和贮存都不方便，更不安全。因此提出了分段制造的建议。采用这一建议就可克服单个药柱所带来的一系列困难。分段制造不仅在制造上可以更好的保证质量。而且，现代的技术对制造直径为3米、长3米的分段药柱并不困难。而其重量也不大，能满足运输和贮存条件的要求。还值得指出一点：由于把一个巨大的整个药柱分成数段后，如果其中一段损坏并不引起其他各段报废。

图3—8a 表示所建议的大型固体火箭发动机的结构。图是装配式的大型固体火箭的各组合段。图3—8c 则是一大型的三级固体火箭的总装图。

另一个中心内容是采用带锥孔的锥形药柱，这是固体发动机工艺中的一个新思想。由于采用这种形式的药柱，可以增大装药容积系数和避免过分的浸蚀燃烧。因为对于接近喷管的药柱内孔流过的燃气量比上面其他部分内孔中流过的多，而锥形通道则正达到了使内孔中气体流动速度趋于一致，特别是使接近喷管处的内孔中流速不会过高，这样就降低了接近喷管部分药柱的剧烈浸蚀燃烧；保证了药柱燃烧的均匀性，符合于恒定燃烧室压力和燃料全部燃尽的要求。

还应指出一点，由于采用了锥孔型药柱，给予制造加工上带来了方便，也更有效地保证了药柱的质量。因为内孔是锥状的，在药柱浇铸好后，取出制孔阳模时，只需要把阳模移动几毫米就可以脱离药柱。这样就使孔表面受损伤的可能性降低到最小。因此既简化了制造工艺过程和费用，又提高了制造的可靠程度。

§3—9 新型火箭发动机——固液型发动机

我们知道，火箭发动机对于推进剂性能的要求是多方面的，其中又以考虑比冲为最主要的条件。但是其他一些条件在一定情况下往往也会起着很大影响或起着决定性的作用。如推进剂的密度，如果当发动机的推进剂贮箱重量影响整个发动机的结构重量较大时，它就成了一个不可轻视的要素了。在§3—1 中谈到了推进剂的容积比冲；可以看出容积比冲愈大，则同样体积的推进剂就可多产生推力或增长发动机的工作时间，相应的就减少了发动机的结构比，而增大了火箭的有效载荷。一般的液体推进剂的密度小，固体推进剂密度大（见表3—1 及表3—7）。因此要想增大火箭的有效载荷；一方面力求提高推进剂的比冲，另一方面则寻找高密度的推进剂。

目前来看，固体推进剂的比冲虽然提高了，但还是不及液体推进剂。然而它的密度大，故有条件降低火箭的结构重量来弥补因比冲较小带来的缺点。液体推进剂有它独特之处；就是液体发动机的推力很容易利用调节推进剂的流量来控制，适用于多次起动。而这里所要介绍的新型式的固液火箭发动机，则几乎兼备了固体和液体发动机的优点。

固液火箭发动机通常是采用把燃料作成固体混合物浇铸在燃烧室内，发动机工作时将液体氧化剂喷入药柱的燃烧孔中而燃烧。表3—11 中介绍了几种以固体燃料与液体氧化剂为组合的固液推进剂。一般之所以采用氧化剂为液体，燃料固体是由于一般的液体燃料的密度比液体氧化剂密度小。因此，采用这种組合时可以提高推进剂的平均密度。但是这个原则并不是絕对的。表 3—12 中的数据就是以液体燃料和固体氧化剂为組合的推进剂，比冲也是相当高的。如使用固体 NO_2ClO_4 作氧化剂和液氢为燃料的組合，其比冲可达 349 秒。由表 3—1 及表 3—11 中可以看出，固液推进剂的容积比冲比一般液体推进剂的容积比冲要高。

表 3—11 混合推进剂（p_c=70.5 大气压 $p_a=p_e$=1.035 大气压）

固体燃料	液体氧化剂	理論比冲（秒）		比密	冲度
		海平面	眞空	海平面	眞空
鋁聚乙烯	99% H_2O_2	294	349	409	485
氢化鋰	99% H_2O_2	295	345	372	435
氢化鋰鎂	99% H_2O_2	313	372	363	431
金属鋰	99% H_2O_2	328	383	286	334

表 3—12 新的固体氧化剂——NO_2ClO_4 的理論比冲

（p_c=70.5 大气压 $p_a=p_e$=1.035 大气压）

液体燃料	使用 NO_2ClO_4 作氧化剂时的比冲（秒）	使用 NH_4ClO_4 作氧化剂时的比冲（秒）
H_2	349	287
B_eH_2	346	340
AlH_3	305	302
B_5H_9	302	285
N_2H_4	295	265
偏二甲肼	289	259
C_2N_2	276	258
CH_4	278	252

說明了固液型推进剂組合具有比固体推进剂高的比冲，而密度而高于一般的液体推进剂。因此，用这种組合的推进剂用于火箭发动机是很有前途的。

除了上述固液发动机在使用的推进剂方面存在的优点外，它还在使用，控制等方面具有液体发动机的优点。我們都知道，固体发动机所存在的一个大缺点是它的燃烧过程无法很好

注：倒数第 4 行“而密度而高于”应为“而密度高于”。

控制調节，而液体发动机则可以由調节推进剂的流量来控制发动机的起动，停車燃烧室的压力和推力。固液发动机則具有这可調节的特点，即是調节液体組元的流量来控制燃烧过程。因此，它也适用于多次启动的场合。其次，这个液体組元也可以用来作为燃烧室和喷管的冷却剂，同样可以进一步降低发动机的結构重量，也不必再寻找耐高温的喷管材料。总之，固液发动机兼有了固体和液体发动机的优点，是一种很有发展前途的火箭发动机。

§3—10 发动机推力方向的調节

发动机推力方向的調节是关系到整个火箭是否能按照正确的軌道飞行的重要問題。在鎗炮中射出的弹头是按照一定的弹道运动的，弹头的方向是靠鎗膛的来复綫的作用。一般航空机是靠空气舵的作用来調整航向。而对近代火箭的飞行（特別是宇宙飞行），則要靠另一些新的方式来調整航向；就是火箭借助于发动机推力方向的調节来达到火箭按照正常軌道运行的目的。目前推力方向的調节可分为如下几种类型：

燃 气 舵

在第一章中已經提到了齐奥尔科夫斯基建議以燃气舵来控制火箭飞行的稳定性。这种方法比較簡单，因此，在最早期的液体火箭发动机—V-2上就采用了燃气舵来控制。图3—9中表明了由于燃气舵片与燃气噴射方向成β角度时所产生的作用示意图。其中力矩M是作用在火箭上使火箭繞重心产生轉动，从而改变了火箭的飞行方向。这种控制方法的最大缺点是对发动机的推力損失很大；例如，对V-2火箭的燃气舵来說，当β=0时，四个舵片产生的总推力損失达460公斤，而当舵片轉动角度时損失还要增大。燃气舵存在的另一个問題是舵片处在噴出温度达2,000°C以上的燃气中工作。因此，舵片的材料必須是耐高温，否則就会被烧毁而失去作用。舵片通常采用蒸发石墨。近年来有人研究采用含硼硬玻璃制成的人造玻璃燃气舵。这种玻璃作为喷管蒙皮和燃气舵的效果特別好，因为在温度很高时它的表面才变为浓稠的液体，随即吸收大量热量而蒸发；而本身向內部传热确很少。因此，这种燃气舵的烧蝕是相当慢的。

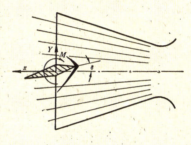

图 发动机气流中的燃气舵

摆 动 发 动 机

这种方法的特点是用机械带动整个发动机（不包括推剂貯箱），繞一定点旋轉以使发动机的排气方向偏离火箭軸綫方向（即火箭原来运行方向）噴气（見图3—10）。由于噴气方向的改变，而作用在火箭上推力方向也改变，火箭也随之改变方向。

采用这种方法只需使发动机轉动很小的角即可，因此推力損失很小。发动机是由一个电动机带动，使它可以任意轉动。因此，結构比較复杂。但是它适用于发动机需要长时間工作的情况，此为燃气舵所不及。

改变发动机噴气方向的办法用在固体发动机上則由于固体发动机整个燃烧室較大，而且

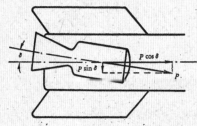

图 3—10 当发动机的燃烧室转动时控制力的产生

装有推进剂,因而可以想象其重量比液体发动机燃烧室要大得多,故不可能采用和液体发动机同样转动整个发动机的方向来调节推力方向。对固体发动机则采用了可以改变方向的分向喷管。图3—11及图3—12为两种不同结构形式的固体发动机变向喷管。

上述的两种改变推力方向的方法是一直到现在所贯用办法;如V-2火箭就是用燃气舵,而"土星"火箭是用摇摆发动机的(摇动八个H-1发动机的外圈四个)。最近又有另一个创议,建议从燃烧室中引出一部分高压燃气,引到对称布置在喷管膨胀部分(超声速部分)侧壁的四个孔,孔的开闭是可控制的。如果孔是关闭的,那就没有燃气引入喷管侧壁气流正常,推力方向与喷管轴向相同。如果一个孔开了,高压燃气从喷管侧壁进入喷管,引起气流中的斜激波(图3—13),喷气方向就变了,推力方向也就变了。利用四个孔的开闭,我们就能改变发动机推力到任意方向。这个方法如能实现,将是一个比较轻的设计,没有燃气舵或摇摆发动机那样笨重的元件及机构。

图 3—11 带刚性变形的可偏转喷管

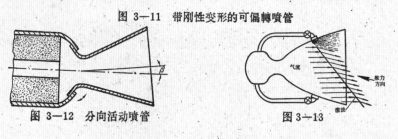

图 3—12 分向活动喷管　　　　图 3—13

习　　题

习题 3—1:假设整个发动机的比冲为理论冻结流及平衡流平均值的92%,使用最佳混合比计算一个在地面发生316吨推力的液氧煤油发动机的总推进剂每秒流量,给定$p_c=70.308$大气压,$p_e=10.335$大气压。如果最佳混合比为2.3,推进剂箱中液体压力为1大气压,液氧喷咀压力降为6.2大气压,煤油喷咀压力降为10.7大气压,液氧泵效率为72%,煤油泵效率为70%,计算涡轮的功率。〔推进剂管路中的压降总略不计〕

习题 3.2:一个初始推力为911吨的固体发动机,推进剂组分为过氯酸铵及聚丁二烯,药柱直径为4.57米,长16.2米,初始阶段的燃烧压力为70.308大气压。设计药柱截面形状;定出五角星形内孔的尺寸。

注:1. 第4行"分向"应为"分方向"。
　　2. 图3—11在《星际航行概论》中没有对应插图,因此空缺。

附录表 3.1 氧化剂的某些物理化学性能

氧化剂	沸点 °C	冰点 °C	临界温度 °C	临界压力 大气压	密度 克/厘米³	粘度 厘泊°	比热 卡/克分子°C
O_2	−183.0	−218.8	−118.8	49.7	(液)1.144(沸)	0.190(沸)	(液)12.99(沸)
H_2O_2 98%	150.2	−435	457	214	1.4422(25°C)	1.798(0°C)	21.36(0—27°C)
红发烟硝酸	60	−52到−60			1.593*(0°C) 1.551*(25°C) 1.515*(45°C)	1.156(25°C) 0.819(50°C)	
ClO_3F (过氯醯氟)	−46.8	−146	95.17	53.00	(液)1.700(−50°C) (液)1.518(0°C) (液)1.413(25°C) (液)1.287(50°C)	1.990*(0°C) 1.249*(25°C) 0.909*(45°C)	23.05(−50°C) 25.51(0°C) 26.74(25°C) 29.71(50°C)
N_2H_4 (四氟化肼)	−74±1	−162	37.5	54	1.5(−100°C)		
F_2 (氟)	−188.14	−219.62	−129.2	55	(液)1.51(沸)	0.257(沸)	13.948(沸)

接附录表 3.1

蒸 汽 压（大气压）	汽化热 千卡/克分子	生成热 千卡/克分子	融解热 千卡/克分子	毒性（空气中最大允许含量）（×1/1,000,000）
$logP$（毫米汞柱）$=5.2365+\dfrac{419.31}{T}-0.00648T$ 760	1.630（沸）	（液）−3.109（沸）	0.1065（熔）	无
$logP=44.5760-\dfrac{4025.3}{T°K}-12.996logT°K+4.6055\times10T^{-3}$ P − 毫米汞柱。	12.334（25°C） 11.260（沸）	（液）−44.780 （25°C）	2.987（冰）	1.0
$\left.\begin{array}{l}0.180(25°C)\\0.522(45°C)\end{array}\right\}$ 对应成份 $\left\{\begin{array}{l}HNO_3\ 84.6\%\\N_2O_4\ 13.4\%\\H_2O\ 2.0\%\end{array}\right.$ 0.00265(25°C) 0.06675(80°C)				
$logP$（大气压）$=4.46862-\dfrac{1010.814}{T(°K)}$ 11.98(25°C) 21.91(50°C)	4.6（沸） 3.5(25°C)	（液）−8.62(25°C) （气）−5.12(25°C)		−3〜40 （每周40小时工作）
$logP$（厘米汞柱）$=6.9643-\dfrac{811}{T°K}$	3.170	（气）−2.0±2.5 (25°C)		
$logP$（毫米汞柱）$=7.08718-\dfrac{357.258}{T°K}-\dfrac{1.3155\times10^{13}}{T^8}$	1.564（沸）	（液）−2.874（熔）	0.1220	0.5

附录表 3.2 燃料的某些物理化学性能

燃料	沸点 (°C)	冰点 (°C)	临界温度 (°C)	临界压力 (大气压)	密度 (克/厘米³)	粘度 (厘泊)	比热 (卡/克·°C)	蒸汽压 (大气压)	汽化热 (千卡/分子)	生成热 (千卡/分子)	融解热 (千卡/克·分子)	毒性 (空气中最大允许含量) (×1/1,000,000)
RP—1 煤油	200	<−40			(液)0.80 (25°C)	1.0 (0°C)	0.4卡/克°C (25°C)					
NH_3	−33.38	−77.76	132.3	111.3	(液)0.6386 (0°C) (液)0.6029 (25°C) (液)0.5629 (50°C)	(液) 0.169 (0°C) (液) 0.136 (25°C) (液) 0.125 (50°C)	19.36 (25°C)	3.759(−3°C) 10.469(27°C) 18.458(47°C)	5.581(沸) 0.829 (25°C)	(液)−11.869 (25°C) (气)−11.04 (25°C)	1.351 (冰)	100
N_2H_4	113.5	1.5	380	145		0.9 (25°C)	23.72 (25°C)	0.026 (30.7°C) 0.132 (62.5°C)	9.600(沸)	(液)+12.05 (25°C)	3.025 (冰)	0.5~1.0
$CH_3N_2H_3$ (甲肼)	87.5	−52.4			0.938 (−50°C) 0.897(0°C) 0.874(25°C)	19.0(−55°C) 0.78 (25°C)	32.25 (25°C)	0.0653 (25°C) 0.526(70°C)	9.648 (25°C)	(液)+12.7 (25°C)	2.491 (冰点)	0.5~0.1 (每天工作八小时)
B_5H_9	60.60	−46.75	227		0.644(0°C) 0.623(25°C)	0.4 (0°C) 0.3 (25°C)	36.12 (25°C)	0.279(25°C)	7.28 (25°C)	(液) +7.74 (25°C) (气)+15.02 (25°C)	1.468 (沸)	0.01 (每天工作八小时)
$Al(BH_4)_3$	44.5	−64.46			0.570(0°C) 0.549(25°C)	0.280(0°C) 0.210(25°C)	44.3(0°C)	0.157 (0°C) 0.474(25°C)	6.871 (25°C)	(液)−74.7 (25°C) (气)−67.8 (25°C)	1.68 (冰)	0.01 (估计)

第四章 运载火箭的技术实现

§4—1 多级运载火箭的级数

我们知道：实现星际航行的重要条件之一，是必须具有足够大的动力，使其飞行器具有足够高的速度，由地球的表面飞向宇宙空间。也就是在第一章已讲过，如果要发射人造地球卫星，必须具有第一宇宙速度8公里/秒。发射宇宙火箭（即人造太阳行星），必须具有第二宇宙速度11.2公里/秒。要脱离太阳系引力场，必须具有第三宇宙速度16.63公里/秒。在现代科学技术的成果中间，能够满足要求的只是火箭发动机。但是，要用什么样的火箭发动机才能达到这样高的速度呢？为了回答这个问题我们用齐奥尔科夫斯基公式来进一步的分析和讨论。这里为了分析简化，忽略了地球引力和空气阻力的影响。

假设：$M^{(1)}/M^{(2)}$——火箭起飞重量与燃烧终了时的质量比。

V——燃烧终了时火箭所具有的速度。

W——喷气速度。

$$V = w\ln\frac{M^{(1)}}{M^{(2)}} = gI_s\ln\frac{M^{(1)}}{M^{(2)}} \qquad (4-1)$$

由公式（4—1）我们看到，在不考虑外力作用的情况下，火箭的最终速度（也就是最大速度）V是与火箭的喷气速度w以及火箭初重对终重之比$M^{(1)}/M^{(2)}$的对数成正比。其变化规律可看图（4—1）。也就是说，在一定的燃料重量之下，火箭本身的重量（即结构重量）越小越好。以便使$M^{(1)}/M^{(2)}$增加，获得最大的火箭飞行的终速度V。公式告诉了我们，最大的火箭终速度与燃烧过程的时间或推进剂的绝对重量无关，只和推进剂的重量与火箭的结构重量之比例有关。因此，我们可以从提高燃气的喷气速度和增大起飞重量与最终重量之比两个方面来提高火箭的最终速度。而燃气喷气速度的提高是受推进剂性能的限制。与推进剂燃烧过程所产生的温度和燃气的平均分子量有关。假如我们利用目前的一些化学燃料，所能够获得的最大喷气速度只在2公里/秒到3公里/秒左右。有人计算过，目前认为较好的液氧——液氟、液氧——液氢推进剂组合，也只能达到4公里/秒左右。若考虑到火箭可能的结构，火箭初重与终重之比例不可能

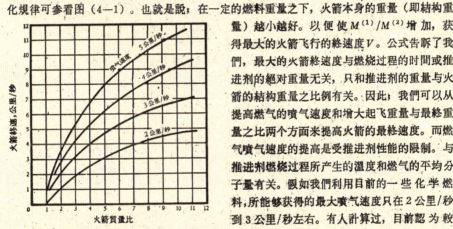

图（4—1）火箭终速与燃气喷气速度及火箭最初和最终质量比的关系曲线（齐奥尔科夫斯基公式）

大于10。按照以上根据，代入齐奥尔科夫斯基公式算出的火箭最终的速度约为4公里/秒。如果考虑了地球的引力及空气的阻力损失，最终速度最多只能4～5公里/秒。这比第一宇宙速度还差得很远。这也就说明了，使用目前的化学燃料的能量，限制了单级火箭不能够进行星际航行的原因。当然随着科学技术的发展，我们也可以考虑利用核子能作热源，以液态氢（或氨、氦）作喷射物质，就有可能把喷气速度增加2～3倍。若要达到更高的喷气速度，还可以考虑用离子或原子状态的氢来作喷射物质。这也就跟随带来了一系列必须要解决的技术问题。如耐高温的材料问题、传热等。所以在目前的星际航行里，运载火箭不是单级而是用多级运载火箭。

另外，我们也可以从提高火箭初重与终重重比例方面来看；因为质量比是以对数出现在公式里，而数的对数的增加比数值的增加要慢得多。所以质量比的增加对火箭的最终速度的影响较小。同时，对于一定的推进剂的重量，质量比是受结构材料的限制。也就是说，质量比是由推进剂的平均密度来决定的，故不能无限制的提高。而要提高质量比一个比较现实的方法就是采用多级运载火箭。因为多级运载火箭的质量比大于单级火箭的质量比。我们可以举例说明：假设一个单级火箭的空重为400公斤，其中装有1600公斤的推进剂。也就是说，火箭的起飞重量为2000公斤，其质量比为 $\frac{2000}{400}=5$。如果在起飞重量和推进剂重量不变的情况下，用两级同样的火箭组合时（没有有效负载）。每一个火箭的空重为200公斤，推进剂重为800公斤。当第一火箭已燃烧完被摔掉后，其质量比为 $\frac{2000}{200}=10$。即质量比增加了一倍。当然实际上由于分成二个小火箭级，其重量不会是减半，可能比200公斤还多些，其质量比不会这样大。但无论怎样，多级运载火箭的应用，提供了增加质量比，从而提高了火箭飞行的最终速度的可能性。因此多级火箭的应用，不但提供了在地球上超远距离飞行的可能性，而且还开辟了实现宇宙航行的远景。

多级运载火箭的组合简图参看图（4-2）。它是由称为"级"的个体火箭组合而成的，在起飞前形成一个飞行的整体。每一级是一个独立的工作单位，其内装有自己使用的推进剂及发动机的一切输送控制系统。当第一级（也做最低一级）火箭发动机开始工作时，整个火箭组合便起飞了。当第一级火箭的燃料燃烧完以后，使整个火箭组合达到了一定的速度。这时第一级火箭成完了它担负的任务以后，便自动的脱离火箭组合系统。然后同时第二级火箭发动机自动点火开始工作。在第一级加速的基础上使火箭组合系统进一步的加速。这样继续下去，使每一级在完成了它所担负的任务以后，就自动的脱离整个系统，一直重复到带有有效负载的最后一级火箭发动机点火时为止。

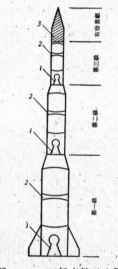

图 4-2 三级火箭示意图。

注：1. 第1行"为4公里/秒"应为"为9公里/秒"。
2. 现图 4-2 对应的图注为"1-发动机；2-贮箱及其他结构；3-有效负载"。

其多级运载火箭最终产生的速度为各级火箭产生的速度总合。如果为 n 级火箭，则最终的速度为 V_N：

$$V_N = V_1 + V_2 \cdots\cdots + V_n \qquad (4-2)$$

而每一级在刚刚完成点火时所给与被推进的諸级的速度与該级的有效噴气速度和質量比有关。

从以上的分析来看，目前在星际航行里的运载火箭肯定是多级的运载火箭，不是单级运载火箭。从多级运载火箭的工作过程原理中，我們可以看出：应用多级运载火箭具有很多的优点，同时也存在着一些缺点。

首先一个优点是：由于多级运载火箭的每一级，根据它所担負的任务能够独立的进行工作。当它的燃料燃烧完后，这一级在完成了自己的任务后就自动的脫离多级运载火箭系统。而被摔掉的一级火箭，其本身具有一定的重量（主要是结构重量如推进剂箱、发动机壳及控制輸送系統等的重量）。这部份重量是不需要将它加速到运行軌道的速度。所以当它的任务完成后就把它摔掉。这样就节省了把不需要加速的那部份重量加速所需的动力。因而减少了推进剂的消耗，提高了运载火箭的設計效果。由于多级运载火箭有隨时丢掉不需要的重量的特性，因而在运载火箭工作的过程中，能够不断的减少飞行重量，使其获得良好的加速性能，逐步达到較高的飞行速度。

第二个优点是：由于多级运载火箭每一级工作的独立性。同时每一级工作的高度范圍是不同的。如第一级一般是在60公里到70公里的高空飞行，而第二级在这以上的高空飞行。因此就可以适应于不同的飞行高度，采用不同形式的发动机，更好的适应于这一级发动机的工作条件。例如：可以根据高度的不同，外层大气的大气压力不同，采用不同的噴管的膨胀比。也可以在每一级使用不同的推进剂，如在高空点火困难，就可以采用高比冲的自燃推进剂組合。为了减少最后几级的重量和简化結构，采用不同的設計方案。又如在最低几级，因为推力大，推进剂的流量大，这时就可以采用渦輪泵組合的輸送供应系統。而在最后几级，推力小，推进剂的流量也小。其推进剂的貯箱尺寸也小，故可以考虑使用挤压式的輸送供应系統更为适宜。同时也可以考虑在最后几级使用固体推进剂的发动机，使其发动机的結构更进一步的簡化，結构重量降低。这对于最后几级有重要的意义。这样我們就可以在相应的飞行高度及其飞行条件下，从更多方面来选择不同的設計方案，設計出較好的发动机，也就提高了飞行性能及設計效果。

多级运载火箭的第三个优点是：采用了多级火箭以后，对每一级的推力大小、燃烧时间等可以灵活的选择，以适应于重量不断减少的关系。也就能够得到一个与发射軌道的要求相适应的加速度，从而可以来选择每一级火箭的最初加速度。因而提高了飞行效果。

多级运载火箭的第四个优点是：由于一级一级的运载火箭，当它推进剂燃烧終了就被摔掉，使其多级运载火箭組合隨着一级一级的火箭脫落而逐渐的被加速。而这个逐渐被加速的特性，对于在星际航行里载人的火箭是很有利的。因为在多级运载火箭里，每一级火箭的推力与它本身的重量有一定的比例关系。（目前一般的情况：推力与本身重量之比为100比1。）而火箭的加速度是受推力的限制，并与它所发出的推力成正比。第一级由于重量大致故初速度較小。但是它隨着推进剂的逐渐消耗，火箭質量的减小，其加速度也跟隨上升。另一方面由于飞行高度的增加，火箭的推力也微有增加。所以質量的逐渐减小，推力逐渐的上升，这两个因素使其火箭的加速度越来越大。由开始不到一个 g（重力加速度）逐渐的上升到第一级熄火时的加速度 $5\sim6\,g$。如果不采用多级火箭，而采用单级火箭时，其加速度继续随着推进剂的减少和推力的增加而增大到使人受不了的情况。（一般加速度在 $5\sim6$ 个时人还能适应）而使用多级运载火箭就可以解决加速度过大的问题。因为多级运载火箭的加速度不会无限制的增加。使每一级的推力不同，我们可以在设计上来控制最大的加速度值。当第一级工作加速度达到 $5\sim6\,g$ 级，使其熄火被摔掉，第二级开始工作。而第二级的推力比第一级小得多，故其加速度值就从 $5\sim6\,g$ 下降到 $1\,g$ 左右。然后又随着第二级推进剂的减少，加速度又逐渐的增加，增加到我们所要求的最大加速度后，第二级熄火第三级开始工作。这样继续下去，整个加速度随时间的变化是成一锯齿形曲线变化。所以多级运载火箭就可以避免在飞行过程中出现过大的加速度，为人类进行宇宙航行开辟了道路。

虽然多级运载火箭有这样多的优点。但是，是否火箭的级数越多越好呢？是否可以无限的增加火箭的级数来获得无限高的速度呢？在回答这问题时，我们必须要看到多级运载火箭还有它的缺点，使其我们不能无限制的来增加它的级数。

首先一个缺点：随着火箭级数的增加，必然带来整个多级火箭组合系统的复杂化。如控制问题，级数越多越复杂。当每一级脱落时，使整个多级火箭组合的动力学性质改变了。由于质量、角动量、角惯量的改变，使其控制系统里的一些参数也必须跟随着改变。每一级脱落时都要引起这些改变。而这些改变都要由控制系统来进行自动的调整。随着级数的增加，这些调整会变得相当复杂。

第二个缺点是：随着多级运载火箭结构和控制的复杂性，不单是给设计带来了更多的困难，而更重要的是使多级运载火箭工作的可靠性降低了。随着级数的增加，系统就越复杂，其工作的可靠性就越低。即使火箭的性能都很好，但因其可靠性差，那也不是一个好的设计。所以在多级火箭的设计里，工作的可靠性是相当重要的。

总的看来：在目前的情况下，要实现星际航行，不用多级运载火箭是不可能的。但是级数要选择恰当，也就是说需要多级，要适可而止。目前一般的情况是：要发射低轨道卫星（即几百公里高的轨道），使用普通的化学燃料时，用二级或三级运载火箭就可以了。如要发射高轨道卫星或者达到第二宇宙速度时，级数相应的增加为三级或四级运载火箭。所以整个设计，一方面要满足发射轨道的要求，结合已经掌握的发动机，要求多级。但是一定要与多级运载火箭的复杂性及可靠性结合起来，尽量使级数少。两方面必须统一起来考虑，不能片面的强调多级。

为了给我们一个概念，较具体的来了解，由于资料的限制，下面就介绍一些美国的多级火箭的情况。

表（4—1）里"侦察兵"多级火箭全部是使用固体推进剂，它可以作为小负载的运载火箭。如进行仪器的高空探测时用。而"鸠诺Ⅰ"多级运载火箭的效率低，现在不使用了。"雷神""是中程导〇用"得较多。"宇宙神"是洲际弹道火箭，它是使用了一个一级半的火箭发动机。其一级半的意思是指，有三个发动机，中间一个小的发动机，其推力为 36.3 吨。而两旁各一个大的发动机，其推力为 84 吨。这三个发动机在起飞时同时点火。当工作了 100 多秒以后，两旁推力为 84 吨的发动机熄火后自动的脱落。而中间一个小的发动机仍继续工作。所以它们是同时点火就不能称为二级，同时又因两个发动机熄火后一个仍继续工作，

· 4 ·

注：倒数第 5 行 "'是中程导〇用" 应为 "'是中程导弹,用"。

表 4—1 美国运载火箭

型　　号	每级推力*(吨)和推进剂	长**(米)	最大直径(米)	有效负荷(公斤)***		
				到550公里高轨道	第二宇宙速度	到土星和金星附近
"侦察兵"	第一级　46.7　(固体) 第二级　28.1　(固体) 第三级　6.2　(固体) 第四级　1.3　(固体)	19.8	1.0	68		
"鸠诺 II"	第一级　68.0(液氧煤油) 第二级　6.8　固体 第三级　1.8　固体 第四级　0.7　固体	23.5	2.7	43 (最大)	6.8	
"雷神" (Ddt_a)	第一级　68.0　液氧煤油 第二级　3.5　白烟硝酸十偏二甲肼 第三级　6.8　固体	28.0	2.4	227	27	
"雷神 $AgenaB$"	第一级　74.8　液氧煤油 第二级　6.8　红烟硝酸十偏二甲肼	26.2	2.4	726		
"宇宙神" ($AgenaB$)	第一级　166.5　液氧+煤油 第二级　36.3　液氧+煤油 第三级　6.8　红烟硝酸十偏二甲肼	30.0	3.05	2270	340	
"宇宙神" (半人马座)	第一级　166.5　液氧+煤油 第二级　36.3　液氧+煤油 第三级　13.6　液氧+液氢	32.0	3.05	3856	1134	680
"土星" $C-1$	第一级　680　液氧+煤油 第二级　40.8　液氧+液氢 第三级　15.9　液氧+液氢	47.5	6.4	8620	2270	1134

　　*　在海平面上的推力
　　**　不计有效负载的长度
　　***　有效负载有时包含了最后一级火箭的结构重量在内及其数值的意义不清楚。

也不能称为一级。故就称为一级半。它这样按排的主要目的，是为了避勉高空点火的困难和不可靠性，所以致成全部在地面点火，使其起动可靠。其中达到第二宇宙速度的有效负载2270公斤，包括了最后一级运载火箭的空重在内。由于整个发动机没有过关，所以"宇宙神"多级火箭目前用得很少。现在发展的"雷神—半人马座"采用了二个液氧——液氢（$LR-115$）的发动机，使其性能大大的提高了。

　　在这里特别应该指出的是：我们在很多英美的资料中，看到了用数学运算的方法来求得多级运载火箭的最佳级数值。我们认为这是脱离实际的，没有多大的实用价值。因为：在设计火箭时，有很多方面的问题和限制，必须要考虑进去。例如：发动机的型式选择问题，对于大多数的设计工程师来说，沒有多大的选择余地。因为：一个新的发动机产生，大約估計需要二年半的时间。我們不能等待这样长的时间来设计多級运載火箭，而只能根据现实可能利用，並且是目前所具有比較好的发动机来进行設計。所以其选择性就不大了。另外，如推进剂的选择也是如此，一种新的推进剂的使用也是一件不容易的事情。也需要一走长的时间去积累經驗，熟习性能等等。这些問題是用数学計算的方法所不能够考虑和解决的。但是多級火箭的最佳設計方案是存在的。它是在估計了一切条件以后，来比較到底使用多少級，每一級使用几个发动机較好，那些型式的发动机組合起来工作性能最好等等一系列的全面比較以后，把可能性和现实性結合起来，最后得出一个最佳的方案。因为整个不是一个連續的过程，不能够用数学上的变分法来解决。

§4—2 結构重量、結构比：

由上一节的叙述中，我們可以看到，在多級火箭的設計中，降低結构重量对提高設計效果和增加火箭飞行的速度等方面，都有很重要的作用。而不断的改进設計，不断的降低結构重量是我們努力的目标。因此我們要进一步的来研究結构重量，找出降低結构重量的努力方向。为了給我們一个数值上的概念，首先举一个設計师較现实的估計数据的例子。如果：用四級火箭把一个較大的而且能回到地球上来的卫星送到1600公里高的軌道上去。卫星有翼用滑翔的办法回到地球上来。根据现有的技术，第一級是使用液氧——煤油推进剂組合，第二、三、四級是使用液氢——液氧的推进剂組合。第四級推进剂量很少，是因为前三級已經加足了速度，而第四級主要是起拉平軌道的作用。其数据如下：

表 4—2

	第四級	第三級	第二級	第一級	有效負載重量（公斤）
推进剂重（公斤）	657	21,340	69,500	218,000	8,690
結构重量（公斤）	207	3,180	8,000	21,400	
点火重量（公斤）	9,554	34,074	111,574	350,974	
結构比		9.35%	7.2%	6.1%	

$$結构比 = \frac{不包括有效負載或上一級的結构重量}{点火重量}$$

其有效負載的重量分布

結构重量	3,640 公斤
发动机（返回用的火箭）	455 公斤
必要的設备	2,730 公斤
航行員及他們的給养（14天）	455 公斤
其他科学仪器設备	1410 公斤
总計	8,690 公斤

从表 4—2 中可看到，结构重量随著级数往上而减少，而结构比是增加的。

结构重量的组成：

（1）发动机的结构重量：V—2 火箭发动机是 1935 年产生的，它是最重的一个发动机。一直发展到今天的水平；也就是 1 吨推力只要有 10 公斤的重量即推力与发动机的重量之比为 100/1。

（2）结构及箱体：V—2 火箭之所以很重，主要是它的液氧酒精贮箱是和外壳有双层结构。即装液氧酒精的箱体是一单独用铝制的贮箱。在液氧箱与外壳之间，用玻璃丝隔热，故这样的结构使其重量增加了。而现在不考虑用双层结构，而是推进剂箱体就是本身的外壳。也就是说直接在外壳内装推进剂。这样就省掉一层重量。当然因此而带来了另外的问题，如液氧因无隔热量挥发结霜等问题，可以用另外的办法来解决。同时还可以考虑用薄壳结构来减少结构重量。并采用了空腔内充气的办法来增加其整个结构的硬度，使其更加稳定。一般充气的压力在 2～3 个大气压就可以了。如"宇宙神"多级火箭是用很薄的不锈钢板焊接而成。它在空腔运输时，就进行连续不断的打气，以保持结构的稳定。总的说来要从设计、材料及结构各方面来想办法最大限度的减小其结构重量。

（3）控制系统的结构重量：由于多级运载火箭是一个复杂的组合系统。它有一个极复杂的控制系统来对各种目的的运行进行自动控制。因此其控制原件是相当多的。虽然它们每一个原件都是非常小，其重量与总重量比起来是非常轻的。但是由于数量很多，而每一个原件的重量量哪怕是减少一克，其总的效果是相当可观的，因此不能忽略这些小件的重量。所以我们在设计时不能够以公斤来计算减少量，而应该以克来计算其减少量。也就是说，哪怕是减少一克的重量，我们全体设计人员就要尽最大的努力来做到。

（4）控制执行元件的重量：如燃气舵的舵机，是一个用油压系统来推动舵工作的。

以上几部份为结构重量的主要组成部份，其他包括了一些尺寸、重量、大小、不同的原件，我们在设计过程中应尽可能的来减少各组成份的重量。这是我们所有参加火箭设计的每一个工作人员必须努力的方向。不但要看到大件设备的重量减少，更重要的要看到千万个小件设备的重量减少。这我们可以从下面的粗略估计中看到它是相当重要的。有人对大型火箭作过估计，其重量分布如下：

元件重在 2.5 公斤以下的占总的结构重的　　46.1%
元件重在 2.5～5 公斤之间的占总的结构重的　13.2%
元件重在 5～12.5 公斤之间的占总的结构重的 8.1%
元件重在 12.5 公斤以上占总的结构重的　　 32.6%

所以在火箭的设计里，减少结构重量是相当重要的。而我们主要控制的指标不是绝对的结构重量，而是相对的结构重量。也即是结构重量的百分比。减少百分比是非常大的一件事情。总希望结构比（即结构重量与起飞重量之比）愈小愈好。由于一般的推力与火箭的重量有一定的比例关系。如液体火箭发动机推力是重量的 1.5 到 1.8 倍。其重量的数值也就决定了推力的大小。当然这不是绝对的和全面的，它同时与所使用的推进剂不同及贮箱尺寸大小的不同有关系。但其主要起作用的因素是推力。

注：倒数第 14 行"原件"应为"元件"。

图 4—3 结构比曲线图

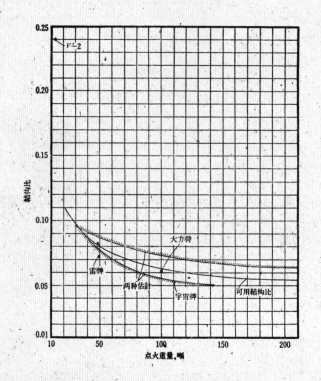

从图 4—3 看出结构比与火箭的起飞重量存在着一定的关系。为什么每一级的结构比是总重量的函数呢？这是因为第一级的起飞重量很大，故其结构比就较小。使其设计更加精制。也就是说：大推力的火箭其结构比低，而小推力的火箭其结构比高。因为推力的大小是不同，但其火箭所需要的各种设备和原件并没有突出的区别。当然因推进剂贮箱及其他部份的缩小使其体积及重量是减少的，但其总的效果而论其结构比不是降低而有所增加。图 4—3 是一个估算性质的曲线，估计得保守些就用最上面一条曲线。而估计得较理想些就用最下面一条曲线。我们认为可以用中间一条曲线较为适宜。但是，图 4—3 的关系不是依存不变的，随着新材料的发现，出现了新的工艺，可设计出新型的结构形式，而这三者的密切结合是可以降低其结构比，改变其结构曲线。

当然所有多级运载火箭各级的结构比不一定是相同的。但在任何情况下，给定的某一级的结构比均与推进剂的平均密度及该级的动力飞行持续时间有关。所能够达到的结构比决定于可用的结构材料，及我们有关如何使用结构材料的工艺问题解决得好坏，而最后自然还是取决于结构设计师的创造能力。总之，运载火〇的机体质量是材料研究工作者，材料生产者、强度研究工作者、结构设计师、工艺师、制造工人的集体创造，他们都对最后的成果有不可缺少的贡献。

· 8 ·

注：倒数第 3 行"运载火〇"应为"运载火箭"。

§ 4—3 运载火箭的设计过程

第一章里我们已经阐述了火箭技术在现代科学研究和国防上所占的重要地位。但研究这门新兴的综合性的现代科学技术，对我国来说还是一个新问题。因此，在研究过程中必然会碰到许多巨大的困难。这些困难不单是这门科学包括的范围非常广泛，而且也表现在这门科学技术的各个有关学科本身的复杂性和高度的严格性、严密性。因此，这是我们从事火箭技术的科学工作者和设计师们的一项极其光荣而艰巨的任务。

在这一节里，将对运载火箭的设计过程作一般性的概述，其意旨在于使大家对火箭设计；如何从依据提出的火箭研究和使用的要求通过一系列的设计和试验，最后设计和制成可供实际运用的火箭的过程的主要阶段有所了解，初步掌握设计的主要要求和原则。

现代火箭系统总起来可分为三大部分：火箭结构，发动机和控制系统。在设计火箭时这三个部分是各自分别进行的。但是，它们之间是相公影响相互关联着的；因此，它又统一在共同的要求之下；统一在结构总体设计的领导之下。由总体结构设计来平衡各个设计部分之间所产生的问题。

火箭的设计工作也和其他事物的发展规律一样，是一个不断发展的连续过程；但是，在发展过程中又有它固有的不同的发展阶段。这一设计是具有高度的严格性和严密性。因为，火箭是用于星际航行上，因而必须保证它的可靠性并能十分精确地执行它的任务。这种要求实质上就是要求整个火箭上的千万个另件和部件都必须非常可靠，而且是密切精确地相互配合。要达到这样高的要求；如果不按照严格的步骤进行设计，制造和试验，各个部门不能严密地配合协调整个工作，则必然使整个庞大的设计工作混乱不堪，而最后不但不能得到予期的效果，而反会导至整个工作的失败；造成时间、人力、物力和财力上的巨大损失。因此，按照火箭技术本身的规律办事是我们工作中絶对不可忽视的问题。

通常运载火箭的设计工作可以分为如下几个阶段：

第一阶段：设计方案的初步选择

火箭的性能都是由它的用途和任务而定。设计时所采用的发动机、工艺结构、控制系统以及结构的材料可以不同，但所设计出的火箭都可满足所提出的任务的需要。然而，所设计出的火箭的尺寸、加工工艺、技术条件、可靠性、准确性及成本等都可能产生很大的差别，甚至会影响到设计的具体实现问题。因此，设计方案的选择必须是慎重的。一般都采用多方案比较的办法，从最初提出的十几种或更多的方案中进行比较和选择。这种选择既要照顾到设计出的火箭的高度可靠性和实用性，而且也要考虑到现实性和可能性；即是要考虑到目前国家的科学水平和生产水平以及科学研究新成果的运用。方案的选择是通过专门的总体结构设计部门，经过全面的比较之后方能从这些方案中确定出几个比较好的方案，以作为进一步定案的基础。

第二阶段：方案的确定

上面已经提出的几个比较好的方案，还只是由总体设计单位根据任务要求的初步选择。而要最后定案，就必须协同发动机和控制系统的设计单位再进一步商讨比较，最后共同提出一个最佳方案；这个方案也可能是几个方案中的一个，也可能是吸取这几个方案的优点重新提出一个更好、更切合实际的方案。

这一步工作是十分重要的。因为，我们所提出的方案都必须根据已有的发动机和控制系统，加以适当的修改后，来组成方案的基础。而不能以一新的还没有研究或正在研究而没成功的发动机和控制系统来作为基础。要研究出一新型的发动机和控制系统需要很长的时间，同时由于还没研究成功时也无法给火箭设计提供准确而可靠的数据。因此，在确定方案时必须吸取发动机及控制系统设计部门的意见；看看他们是否能够按照方案的要求，按时提供可靠的发动机和控制系统；以及从他们本身设计的角度出发对火箭结构设计的要求是什么。当大家取得一致意见之后，火箭设计的方案即可就此而定。同时总体设计部门也就可以向结构设计，发动机及控制系统设计部门提出初步设计的要求。各部门接受此任务之后就可以开始初步设计、研制及试验工作。

第三阶段：初步设计

初步设计是方案的进一步具体化。它把方案中所提出的任务要求和必要的参数进行具体的计算和对结构的布置进行研究并审核重量的平衡和修正等。因此，初步设计是一项细致的工作，它主要分成三个部分进行：

结构设计：它的工作内容是进行具体的总体设计和部件设计，详细地选择材料和结构型式，并最后对整个火箭设计进行总平衡，提出各部分的详细参数，向发动机和控制系统设计部门提出具体的设计参数和设计任务书。

发动机设计部门在这个期间的工作内容及程序已经在第三章有关部分中作了系统的概述。控制系统的初步设计内容及过程将在以后的章节中论述。

第四阶段：工艺设计

这一阶段的工作是要在初步设计工作的基础上，进行更进一步计算和设计——工艺设计。前面已经谈过降低火箭的结构重量是火箭设计中具有极其重大意义的工作。因此，工艺设计与初步设计之不同点是要精确地设计出整个火箭的结构，每个另件及部件，仔细研究另件或部件的形状、尺寸、强度和重量。总之，目的在于设计出结构强度高，工作可靠而又要挖去任何多余的重量。虽然设计是十分精确的，但是，由于人们设计技术水平有限，对材料性能掌握不够；对一些新的部件或另件设计的经验不足等原因，而使单纯由理论上设计出来的东西不一定能符合实际情况；即这些新的另件或部件的强度、重量和可靠性都恰如其分。因此，必须对这些没有把握的另件或部件加工生产，进行全尺寸或模拟尺寸的各种试验，以鉴定其性能、强度；并对设计不合理的地方加以改进，最后达到全部另件工作可靠而结构重量又达到最轻的要求。只有当这一步完全通过时才能算火箭结构的工艺设计基本上完成。

与此同时，其他两个部门也根据总体设计所提的有关参数和设计任务书，对发动机及控制系统分别进行相应的修改和试验，最后提出一套完整的符合于所设计火箭要求的发动机整体和控制系统。

在这过程中，由于对原来的发动机及控制系统有了改进，而使所提供出的部件的性能有所变化；但一般说变化不会很大。而总体设计最后还需根据各部门的最后设计结果作一次方案性的调整，把有关各方面的修正数据吸取到最后的技术设计中；这样才算最后设计出整个运载火箭，拿出整套可供样机制造的图纸。

在这一阶段进行中由于完成了整个火箭的设计逐步明确了；因此，就可以考虑火箭制造出来后所需进行的一系列试验及所必须的地面设备。这时就应当把地面设备设计任务书提供有关单位设计和建设。这些设备主要包括：測試系統、地面控制系統、运輸起重設备、推进剂的加注系統发射、观测等設备以及其他的附屬設备。

第五阶段：样机的地面試車

当发动机和控制系統的研制工作接近完成时，就可以进行样机的生产。由于所設計出来的火箭是經过了各个部件的各种試驗，性能比較可靠。但是，为了保証生产出的样机眞正达到設計要求，还必須生产一定数量的样机来进行各方面的試驗。首先，样机的地面試驗，这同样是一件十分复杂的工作。它分为如下几个步驟来进行：

破坏强度試驗

破坏强度試驗亦称为靜力試驗。試驗的目的是考核火箭的結构所应当承受的靜力負荷，看看它的强度是否能全面地滿足設計的要求。很显然，結构的各个部件或另件的强度已經經过部件实驗可以滿足要求；但是，装配成一个整体之后，由于受到其他部件的影响，因而可能所承受的負荷变化，而以致使部件破坏。在强度試驗中这种問題会大量出現，但因有了以前几个阶段的严密工作，所产生的每項問題不会太严重，只需对个別部件加以修改后即可达到要求。

水 平 測 試

破坏强度試驗完成之后，就可以进行包括发动机及控制系統在內的总装配。装配完成之后就在装配厂內进行水平測試（因一般火○的总装工作都是水平装配）。由于原来的結构，发动机及控制系統本身就十分复杂，現在要装到一起幷协調工作，因此也就更加复杂了。水平測試的目的是要把装配好的火○，以模拟訊号輸入，測試其各个部件的工作情况是否正常、协調。装配过程各部件相互之間以及一些偶然因素的影响都会导系統的失灵。因此，必須进行精細的測試、修改和調整，直到一切故障完全消除，才能結束水平測試工作，而进入垂直測試工作。

垂直測試和全机試車

水平測試完成后，說明整个系統总装配正确无誤，幷且各部分运轉正常协調。这时即可将火箭运往全机試車台，将它垂直固定在試車架上准备作点火試驗。但是，在点火之前还必須作垂直測試；即进行和水平測試相同的測試和一些其他特殊的測試。只有垂直測試通过后才能作全机地面点火試車。垂直測試的目的在于水平測試后火箭又經过运輸，竖立和固定等过程，不免受到一些振动，幷且在由水平变为垂直位置时，整个系統受力状況有了变化；因此，可能产生另件失灵，焊縫开裂和导綫接点松动等現象而引起故障。通过垂直測試即可及时发現这些問題，以便修补和調整。

从火箭設計制造到現在，一直是进行的純部件試驗和模拟試驗。虽然以前的許多試驗都是十分严格和周密的；但是，发动机、控制系統、結构部件等并沒有受到点火試車的考驗。因此，全机試車则是进入了一个近似眞实的試驗。

垂直測試結构后，即可按照所要摸拟的条件，进行正式点火試車（对高空火箭可在摸拟高空条件下作点火試驗）。由于火箭系統非常复杂、精細、設計要求很高，而发动机在工作

· 11 ·

注：1. 第17、19行"火○"应为"火箭"。
2. 倒数第2行"結构后"应为"結束后"。

时和火箭实际飞行时，振动是十分剧烈的。因此，这一步模拟外界条件的试车是必不可少的。它可以确切的鉴定整个系统工作可靠性，为飞行试验打下可靠的基础。

第六阶段为飞行试验

通过以前一系列实验而使整个火箭的可靠程度得到了认真的考验。但是，最终的目的还是要真正进行发射。火箭在飞行时不但有振动、摆动等问题影响火箭各部分运转过程，而且还有火箭的稳定、弹道控制、气象条件、各级之间的熄火脱离、点火的配合等十分复杂的问题，也影响着整个系统。这个问题远非地面试车及模拟试验所能够全部解决的。

对于多级运载火箭的飞行试验，也是分成若干步进行的。首先是第一级火箭单独进行飞行试验。成功之后再加上一个假的第二级火箭（重量、形状、尺寸同第二级；但不带第二级的发动机），进行飞行试验。看两级之间配合情况是否正常，然后才进行第一、二级联合飞行试验。余此类推。只有这样逐步进行试验都成功之后才能作整个火箭的飞行试验；最后提供出一可靠的性能符合要求的运载火箭，予以发射人造卫星和星际航行使用。

从运载火箭的整个设计过程充分地说明了这套技术是十分复杂而严密的，要求也是很严格的。因此，从事这项工作的人必须是用严肃认真的态度来对待，任何轻浮草率都对整个工作带来不可估量的损失。

§4-4 星际航行场

星际航行场是一个范围相当大，设备也非常复杂的综合性的试验场和发射场。因为火箭的研究不单在发射前需要，进行许多精确全面的测试和试验；而且在发射时及发射后更需要大量的辅助设备，测试、控制、导航、观察和记录的电学、光学、无线电雷达、通讯等设备。因此，没有这样复杂的星际航行场就无法进行发射试验工作或至少是不能很好地进行这些工作。

现在世界上最完备最先进的星际航行场是苏联的拜科努尔星际航行场。它位于哈萨克加盟共和国的中部，大约东经66度和北纬48度，是一片广阔的原野。加加林和季托夫两位宇宙航行员就在这里起飞。

为了引用具体资料说明问题，我们在下面介绍一下美国的发射场。图4-4即为美国当前最大的火箭及导弹试验和发射场——卡维拉尔角靶场。它位于美国南部的一个半岛上；东面是大西洋。这个区域内居民比较稀少，便于火箭及导弹的试射。射程向东南可伸延长达8,000公里。并且这里水、陆交通极为方便，便于运输。气候条件良好；晴天很多，便于观察和全年试验。

图中深色方块表示未来的发射台，白色表示现有和正在施工中的发射台。(A)部分是高推力区，没有6~7个发射台（推力为454~900吨），以供大型军事卫星和空间飞行器试验等使用。"土星"火箭发射台也包括在内。(B)部分为洲际导弹区域；其中有四个主要发射"大力神"和"宇宙神"导弹。"水星"火箭发射台也在这个区域内建设。此外，还包括有其他一些用于中程及洲际导弹的发射台。(C)部分是将来要建的超高推力区域。这个区域主要用来发射大型人造卫星和月球火箭。其中将包括推力为1350~1800吨的发射台一个；2300吨发射台二个；4540吨发射台一个。在(C)部分的南边还有"民兵"、"雷神"、"红石"、"潘兴"和"北极星"等导弹发射场。此外，靶场还包括了为发射服务的测试、控制、制导、通

注：1. 倒数第12行"卡维拉尔角"应为"卡纳维拉尔角"。
2. 倒数第8行"(A)"应为"(Ⅰ)"。
3. 倒数第6行"(B)"应为"(Ⅱ)"。
4. 倒数第4行"(C)"应为"(Ⅲ)"。
5. 倒数第2行"(C)"应为"(Ⅲ)"。

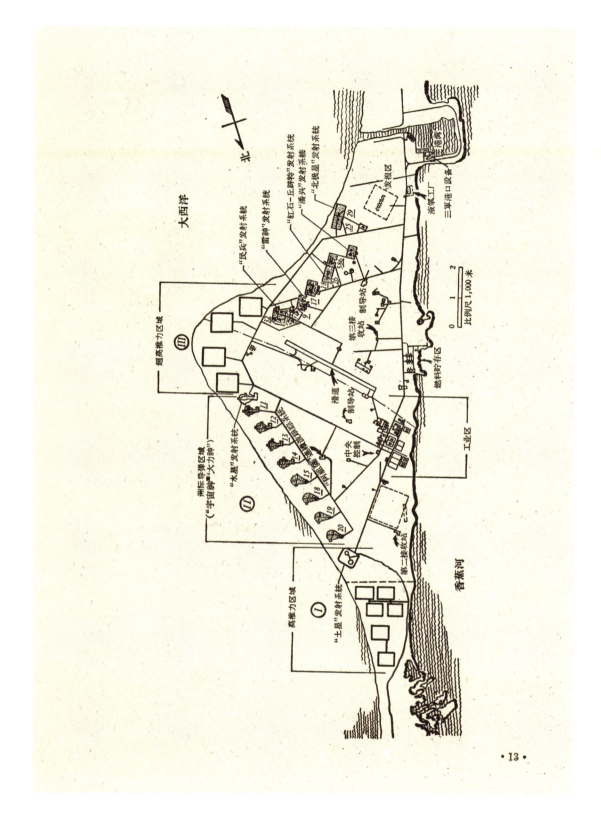

注：本页图题为"图4—4卡纳维拉尔角试验场"。

訊、跟綜系統、推进剂仓库、液氧工厂、工业区（主要是修配厂、办公楼等）、海港及飞机场等附属设备。在大西洋中沿导弹发射路线还有卡多个島屿上设有观察站以及十余艘船支作为流动观测站和从事弹着点的调查打捞工作。总之整个靶场是一个十分复杂、庞大的系统，这里不能详细一一介绍，只能以"土星"发射场为例及其一些主要设备作重点介绍。

一 发射场

这里我们以"土星"发射场为例（图3—5）来概述发射场的复杂性，有助于大家有较深刻的印象。"土星"发射场是建设在卡维拉尔角靶场的"高推力区"内（见图4—4）推力为454～1100吨，共有两处34及37号发射场。现在就发射场中的主要部分述如下：

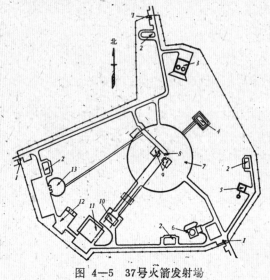

图 4—5 37号火箭发射场

发射台：用钢筋混凝土筑能（12.8米见方8.2米高）；台下有倒"V"形的火焰偏流槽，以备火箭起飞大量燃气顺槽排出；以及发射台地下室。

装配及工作塔：工作塔是一桥式钢结构架。塔高93米，宽39.6米，重2800吨，塔上有40～60吨起重机，升降机并在每隔一定距离有一层工作台，以及使工作人员装配工作之便。塔底有轮子，使塔可以0.45米～12米/分的速度在固定的轨道上移动。火箭的竖之和各级的连接，各项检查、测试工作都借助于此塔来完成。在发射前，塔一直在火箭附近工作，开始发射时则把塔开离火箭，以便发射火箭。

缆塔：用来支持电缆及导管，安装液氧冷却箱、冷冻机、地面液压装置等设备，以便进行加注、供电和测试工作。塔高达72米底面积2.2米²，塔顶断面面积0.93米²，自塔底到8米以上，每隔6.1米有一层工作台。塔上有一架载重为910公斤的升降机，为升降工作人员及小型工具之用。顶部有起重量为1.36吨的起重机，以备装御导管、电缆等用。此塔是固定在发射台旁不动。因为它一直到发射前一秒钟还在进行自动加注推进剂的工作，而且地面控制还需用电缆送讯号入机体。

缆塔保讯号接线站：主要是由操纵室来的测试控制、讯号电缆集合分配到缆塔上去。

发射台地下室：它包括如下主要设备：工频交流继动的发电机组；发射台讯号接线站，为整个发射台（包括缆塔讯号接线站在内）与操纵室的总接线站；推进系统继电器组；点火系等；控制系统继电器组；加注系统，液氧在火箭贮箱中不断降发而损失，因此在发射前要不断进行补充，这一系统即为进行液氧补充的自动控制系统；断电器组。

操纵室：这个发射控制中心建在离发射台300米的地方，是一个圆拱形的混凝土地保建筑。高11米，直径47米，壁厚2.5公尺，上面铺了一层3米厚的砂了，以保证2个人员

注：1. 第2行"十余艘船支作"应为"十余艘船只作"。
2. 第6行"（图3—5）"应为"图（4—5）"。
3. 倒数第15行"竖之"应为"竖立"。
4. 倒数第7行"缆塔保讯号"应为"缆塔室讯号"。
5. 倒数第6行"工频交流继动的"应为"工频交流驱动的"。
6. 倒数第4行"不断降发而"应为"不断挥发而"。
7. 倒数第1行"以保证2个人员"应为"以保证工作人员"。

（下转187页）

及仪器的安全。在发射准备完毕时，场内人员都得离开或进入操纵室。操纵室是发射时的中枢；装有通訊，控制设备及通风设备。有3,000条导線道到发射台訊号接綫站。

操縱室的控制系統包括有：垂直測試台；直流、交流指示台；推进系統台；二、三级台；飞行控制柜；測量及遙測柜；推进剂加注柜；程度控制柜；倒导系統測試柜；二、三级测試柜。这些都是用来对火箭发射、制导及测試的測量操縱、記录的台和柜。它們的电源，訊号綫、通訊綫都汇集到操縱室訊号接綫站，再由这里发至发射台訊号接綫站轉至各部分。

液氧貯箱及加注系统：

液氧貯箱，为发射场的液氧貯存庫的貯存容器；直径为12米，容量473米^3。用无真空套的隔热法絕热。液氧的蒸发量为0.2%，由一个自行加压的热交换器保持貯箱的内压为2.7个表压。

液氧加注系统包括一台加注第一級火箭的排量为9450公升/分，压头为122米的离心泵；一条长为225米，直径200毫米的无隔热鉛管。一台加注第二及第三級用的排量为3785公升/分，压头为183米的离心泵；一条直径为150毫米的不隔热鉛管。一次加注以后，由于火箭推进剂貯箱中液氧产生蒸发而损失，需要进行补充加注。补充加注设备包括：容量为49,200公升工作压力为14大气压的夹层真空隔热容器，液氧靠容器的压力来輸送；一个气动活門及直径分别为75毫米（一级用），50毫米（二級用），25毫米（三级用）的隔热导管。气动活門由液面高度控制器及加注計算机控制。第二及第三级液氧的液面高度（即液氧装量）必須严格控制，直到火箭离开纜塔臂为止。

液氫貯箱及輸送系統：这是为了加注"土星"运載火箭上几级燃料用的。现在还沒有具体資料。

煤油貯箱及輸送系統：

煤油是存于两个容积为114,000公升的园筒形隔热貯箱中。隔热貯箱放在5米高的防护牆包圍中。防护牆靠发射台一面堆有很厚的泥土，以加强保护。

煤油加注系統有排量3,785公升/分工作压力为12大气压的离心泵二台，排量为2,270公升/分的循环泵和排量为2270公升/分的过滤器组成过滤系統，以便进行是期过滤及加注时过滤。两台离心泵是通过一条直径为200毫米长300米的导管加注入火箭貯箱中，其液面由煤油加注計算机控制，并經常测定煤油比重。换加滿之后再用引射器将管道中多余的煤油吸出。加注計算机則計算出煤油加注量，并相应地調节加注液氧量到适合的混合比。煤油加注前必须过滤和除去水分，以保持純淨。

高压气站：是供应整个发射场以純淨的高压氮气；用于清洗、置換、压送物料等。

在星际航行发射中，除了发射场之外还必須有一套很复杂的輔助設备。以下是这些設备的简单介紹。

二計时系统

精密計时是准确测量火箭位置和性能的一项基本要求。一般采用压电晶体，用一标准频率每隔1/100，1/50，1/10秒发出訊号，其时間的基准点是以火箭离开发射台算起。火箭竖立在发射台上与台面接触点上有一訊号接点，当火箭一离开台面（即离开接触点），則此时

· 15 ·

（上接186页）

8. 现图4—5对应的图注为"1—警卫室；2—摄影站；3—液氢贮存设备；4—贮水池；5—燃料贮存设备；6—液氧贮存设备；7—发射区；8—缆塔；9—发射台；10—发射工作塔；11—附属建筑；12—高压设备；13—发射控制中心"。

注：1. 第2行"导线道到"应为"导线通到"。
2. 第8行"用无真空"应为"采用真空"。
3. 第11行"9450公升分"应为"9450公升/分"。
4. 倒数第12行"以便进行是期过滤"应为"以便进行定期过滤"。

馬上发出一电訊号传給計时系统，以此时为零点开始記时。記时訊号由計时系统分別发給各测量，观察、記录站，以采用共同的时間坐标。一个64千赫兰的鐘頻率可在长时間內保持百万分之一的稳定性。

三 雷达系统

发射场及靶场沿途各站均采用雷达系統来跟踪火箭的飞行，它可以跟踪几百公里外的目标，角度的測量度可达百万分之34。

四 无綫电測位測速系统

这个系统即为連續波系统，它采用了多普勒原理进行測速和定位。当从发射机发射出一連續波訊号，火箭接到此訊号后进行倍頻，而后再送回地面，由安装在精确測量过的基綫上的地面接收机，接收原始訊号并将其进行倍頻，然后把倍頻后的原始訊号和火箭上送回的輸入信号进行差拍，則可測定出火箭飞行的准确方位及速度。

卡維拉尔角靶場所用的"阿祖薩"（$A\pi usa$）連續波跟踪系统，即为此原理的設备，其准确度可达百万分之34。

五 光測系統

光測系統在火箭飞行的最初期几百公里以內及最終期时对火箭进行跟踪摄影。借助于附設的跟踪經緯仪来記录火箭的图象，方位角及仰角等。在发射场上还設有許多固定攝影机，用以記录发射时火箭的状况以及記录飞行后期的測量和操縱数据。高精度的弹道攝影机是由来攝取夜間发射和終靠阶段的导弹，記录下安設在导弹上的强閃光对于星迹背景的图象，以提供精确的空間位置数据，其准确度可达五万分之一。

最后应当指出的是整个星际航行场的系统是十分复杂，設备也十分庞大，这里只能粗略地介紹其中一些主要部分。真正要設計，建設和掌握这样一套系统是需要耗費大量的人力，物力，財力，要我們付出艰苦的劳动。

习题 4.1 据据表 4.2 的资料，分別五种情况 1)有效貿载中加一公升結构重量；2)在第四級上加一公升重量；3)在第三級加一公升重量；4)在第二級上加一公升重量；5)在第一級上加一公升重量；估計这五种不同情况所引起的总結构重量的增加及推进剂重量的增加。

习题 4.2 如果表 4.2 的运载火箭的第一級用液氧—煤油，液氧重量与煤油重量的比是 2.3。那么，假設加注煤油的时間是十五分鐘，加注液氧的时間为 12 分鐘，計算煤油加注泵的排量及液氧加注泵的排量（都以公升/分計）

· 16 ·

注：1. 第 2 行 "一个 64 千赫兰的" 应为 "一个 64 千赫的"。

2. 第 12 行 "（$A\pi usa$）" 应为 "（$Azusa$）"。

第五章 运载火箭从地面起飞的轨道问题

§5—1 发射人造行星或月球火箭的轨道与发射人造衛星的轨道

当我們将一运载火箭从地面起飞，发射到卫星轨道或其他轨道时，火箭飞行轨道的計算和設計是一个十分重要的問題。这里我們将把火箭离地面較近的轨道和火箭离地球表面較远的轨道分开来考虑；它們都是指同一火箭从地面起飞一直到最后送入卫星轨道或其他轨道的連續飞行过程的两个阶段。区分这两个阶段的主要原因在于：火箭在起飞轨道上所受的自然条件不同，对火箭动力的要求和火箭最后要达到的轨道不同。对离地面較近的一段轨道而言，是指火箭从离开地面到熄火的一段飞行轨道。一般称之为主动飞行段；因发动机一直产生推力作用于火箭，使它不断得到推动力而产生加速度。这一阶段，火箭在强大的推力作用下飞出了稠密的大气层，发动机熄火时到达离地面约为100公里的高空，离发射点的水平距离在200公里以內。因此，这段轨道上的运动，应当考虑推力、地球引力和空气阻力的作用。而由于火箭上升的高度与地球半径的比較起来很小；因此，重力随高度而产生的变化完全可以忽略。火箭的水平位移也只有很小一段距离；所以地球表面曲率的影响也是非常微小的，这里我們也可以不考虑它的影响。紧接着火箭熄火后的是自由飞行段，也称为被动飞行段。这时火箭不再有推力的作用，而是利用火箭已經具有的能量作慣性飞行。这段轨道上的运动所要考虑和忽略的問題正好和主动飞行段相反。首先，火箭是从100公里高空按一定的轨道自由飞行到予定的卫星轨道或其他轨道上去。因此，高度变化則为几百公里到九千公里以至更大的范围。这样大的高度变化，相对于地球半径而言就不再是很小了，因而由于高度的变化而引起的地球引力的变化就十分可覌了。因此，在这一段运动中必須考虑重力变化的影响。其次是火箭在自由飞行中不但高度不断增加，而且其水平距离也在变化，一般火箭在这段的水平位移在几千公里以上。在这样大的距离上地球表面不能再看作是平面了。因此，必須考虑到地球表面曲率对火箭运动的影响。第三是在100公里以上的高空中空气已經变得十分稀薄了。虽然火箭已經具有相当高的飞行速度，但是所产生的阻力幷不大。因此，空气阻力的影响可以不考虑。如果是发射人造行星或打中月球的火箭，轨道的划分也只有这两段；自然在离开地球重力場的时候，我們又应該考虑到太阳重力場的影响，那么将在下一章里詳細說明。

初听起来令人感到奇怪的是：发射人造地球卫星的轨道比这还复杂；在一段主动轨道和一段自由飞行或被动轨道之后还得再加上一小段主动段，也就是两个主动段之間加上一个被动段。这就是說，火箭从地面发射时，在第一段就加足了它飞行时所需要的大部分能量，然后火箭发动机停止工作，讓推力为零。这时火箭靠本身的慣性在地球引力的作用下进行自由飞行一直到与所要到达的轨道相切的位置，这时火箭再一次点火，最后加速使火箭进入所要到达的轨道上。为什么搞得这样复杂呢？能不能一口气加速而不用中間的自由飞行段？当然

注：倒数第15行"到九千公里"应为"到几千公里"。

可以。但是我們要考虑到卫星轨道至少有几百公里高,将来还会发射更高的卫星;而这样来安排发射轨道的主要目的是在达到轨道的要求的前提下,使火箭动能的消耗最小。因为,在离地球表面附近地方加速,使火箭的喷气留在势能低的地方,这样所消耗的能量比把喷出的气体留地离地面较远的势能高的地方所消耗的能量要小。所以要最经济的安排是使所有的火箭喷气都留在势能低的地方,也就是不办两段加速。但是要100公里以下的一段加速不能满足进入100公里以上卫星轨道的要求。为了使火箭能进入所要求的运行轨道,所以在它进入轨道之前必须再给它一个较小的速度增量,使卫星控制地进入我们所要求的运行轨道;不然火箭在没进一步加速时,就在惯性及重力作用下继续沿椭圆轨道而掉入空气层而烧毁。所以,按排轨道时尽可能将能量是在低能位处加,而另一方面也不能把发动机的推力加到过于大,以致在五十公里以下的低空就达到接近第一宇宙速度;因为在稠密的大气层里速度太大,则使飞行器因与空气摩擦生热表面温度变得很高,这对飞行器是不利的。而且因为空气阻力随运动速度的增加而成方次的增加;如当速度在200米/秒以下,阻力与速度的平方成正比,当速度在400—600米/秒时空气的阻力与速度的三次方成正比,在更大的速度时空气阻力与速度成四次方以致五次方成正比。故低空就达到高速度,阻力损失太大,这样也不上算。其实单一主动段的卫星轨道在实践中还会出现另一个问题:即轨道上加速度变化必需小,那就要求火箭级数增加或使发动机的推力能在大范围内调节,但是两者都带来非常困难的技术问题。所以,存在着相互矛盾,相互影响的因素,应当把它們统一起来考虑,按排一个合理实用的发射轨道。

总的来看,按排发射轨道的第一段是选择一个合适的速度。尽量短的推力作用时间,使其在阻力最小的情况下加足飞行所需的绝大部分能量。然后停车推力为零,火箭依靠惯性在地球引力的作用下沿椭圆轨道作用自由飞行,一直飞到卫星轨道相切的一点,即椭圆轨道的远地点时;火箭再一次点火稍許增加速度使它进入运行轨道。这样按排的发射轨道的能量消耗量小而又能满足轨道的要求。当然这不是唯一可能的轨道,也可以不要自由飞行段,但这将使能量或推进剂的消耗量加大,所以不为星际航行工程师所取。轨道的路綫见图5—1 对这样形式的轨道我们将在后面計算和討論。

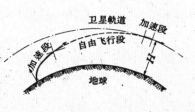

图 5—1 发射火箭轨道示意图

§5—2 邻近地面的起飞轨道

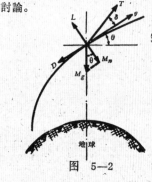

图 5—2

运载火箭从地面起飞到熄火这一段的飞行状况的分析在图5—2中表明:

設 v 为火箭在轨道上飞行的切向速度,θ 为火箭飞行方向与水平綫的夹角;M 为火箭瞬时質量;Mg 为火箭重力;M_n 为重力的向心分力,$M_n = Mg\cos\theta$;D 为火箭飞行时所受的空气阻力;T 为火箭发动机产生的轴向推力;L 为火箭在迎面气流作用下产生的升力;δ 为推力与火箭

· 2 ·

运行方向的夹角；c 为火箭发动机的有效排气速度。因此，我们可以得出火箭沿轨道场问题动方程为

$$\frac{dv}{dt} = -\frac{D}{M} - g\sin\theta - c\frac{dM}{dt} \cdot \frac{\cos\delta}{M} \tag{5-1}$$

式中 $\frac{dM}{dt}$ 是指火箭由于喷出气体而产生的质量变化。由于质量是减少的，故 $\frac{dM}{dt}$ 为负值，喷气流量为 $-\frac{dM}{dt}$。

又令，S 为火箭沿轨道运动的距离；R 为轨道的曲率半径。因此，轨道的曲率为 $\frac{d\theta}{dS}$，故火箭飞行的向心加速度很容易得出

$$v^2 \frac{d\theta}{dS} = \frac{d\theta}{dS} \cdot v \cdot \frac{dS}{dt} = v \frac{d\theta}{dt};$$

因此，火箭的径向运动方程为

$$v\frac{d\theta}{dt} = \frac{L}{M} - g\cos\theta - c\frac{dM}{dt} \cdot \frac{\sin\delta}{M}。 \tag{5-2}$$

运动方程描述了火箭在离地面较近时的轨道上的运动状况。但是，应当指出的是一般发射火箭时，即 $\theta_0 = \frac{\pi}{2}$，$t=0$ 时，说明火箭是垂直起飞的。这时如果推力也是垂直向上，即 $\delta=0$ 火箭对轨道不倾斜，那么 $L=0$；所以从 (5-2) 公式看出 $\frac{d\theta}{dt}=0$，即 θ 保持在 $90°$，火箭将继续直往上飞。要想使轨道倾斜，必须使 $\theta \neq \frac{\pi}{2}$ 改变 θ 角的方法在实际飞行过程中多种；如在第三章中所讨论的推力方向的调节的各种方法就是当火箭垂直飞行一定高度后，借助于程序控制的作用，使舵机调节推力的方向与火箭飞行方向成一很小的 δ 角，即可在一段时间内使 θ 角改变到给定值，然后再利用地球引力的作用按照方程 (5-1) 及 (5-2) 航行。火箭飞行方向改变的速度（即 θ 角改变的速度），是依设计要求及发射的轨道要求而定。因此，当知道 δ 角与时间的关系时，我们就可以利用此运动方程来计算出飞行在轨道上的火箭任何时的速度、方向和高度。但是，问题的困难在于 θ 角不能予先确定，它与 v 又有关系。所以一般必须采用数字积分来解此方程，而无其他简便的办法。这里对数字积分不去追述；只作一简略的估计，使大家有一粗略的数量概念。

我们将 (5-1) 式变化一下得出

$$dv = -\frac{D}{M}dt - g\sin\theta\, dt - c\cos\delta \frac{dM}{M}。$$

我们知道，由于火箭发动机产生的推力很大；只需使推力方向改变一很小的角即可改变火箭的飞行方向。因此，δ 很小，可以把 $\cos\delta=1$，其所引起的误差是很小的。我们对上式进行积分得

$$\int_o^{v_1} dv = -\int_o^{t_1} \frac{D}{M} dt - g\int_o^{t_1} sin\theta\, dt - c\int_{M_o}^{M_1} \frac{dM}{M}$$

所以

$$v_1 = -\int_o^{t_1} \frac{D}{M} dt - g\int_o^{t_1} sin\theta\, dt + c\, lu\frac{M_o}{M_1}。 \tag{5-3}$$

从方程中可以看出最后一项 $c\, lu\frac{M_o}{M_1}$ 就是方程（1-8）齐奥尔阔夫斯基公式。这是因为齐奥尔阔夫斯基公式没有考虑空气阻力损耗和重力作用的损耗的原故。

对于多级运载火箭而言，根据齐奥尔阔夫斯基公式得出，当第一级火箭的推进剂烧尽后火箭速度为

$$v_1 = c_1 lu \frac{M_o^{(1)}}{M_1^{(1)}}。$$

当第二级火箭的推进剂烧尽后，火箭的速度为 v_1 附加以速度

$$v_2 = c_2 lu \frac{M_o^{(2)}}{M_1^{(2)}}。$$

余此类推以后每一级火箭速度都得到类似增加，则

$$v_n = c_1 lu \frac{M_o^{(1)}}{M_1^{(1)}} + c_2 ln \frac{M_o^{(2)}}{M_1^{(2)}} + \cdots\cdots + c_n lu \frac{M_o^{(n)}}{M_1^{(n)}}。$$

如果每级火箭的排气速度都相等（$c_1 = c_2 = \cdots = c_n = c$），那么，

$$v = c\, lu \frac{M_o^{(1)}}{M_1^{(1)}} \frac{M_o^{(2)}}{M_1^{(2)}} \cdots\cdots \frac{M_o^{(n)}}{M_1^{(n)}}$$

（上标(1)(2)，(3)为火箭级数）。

因此，由于方程（5-3）只与齐奥尔阔夫基公式差阻力及重力所引起损耗的两项；因此，对多级运载火箭而言，应当有下面的关系，

$$v_1 = -\int_o^{t_1} \frac{D}{M} dt - g\int_o^{t_1} sin\theta\, dt + c_1 lu \frac{M_o^{(1)}}{M_1^{(1)}} + c_2 lu \frac{M_o^{(2)}}{M_1^{(2)}} + \cdots\cdots + c_n lu \frac{M_o^{(n)}}{M_1^{(n)}},$$

式中 v_1 为熄火火箭具有的速度；M_o 为火箭点火时重量；M_1 为火箭熄火时的重量。

显然，公式中由于推力作用所产生的速度，只要我们知道各项排气速度及各级火箭在点火时及熄火时的重量即可计算出来。因而，问题只要把其他两项所损耗的速度的大小估計出来就可算出在主动飞行阶级末了火箭所具有的速度。

现在我们来討論空气阻力所产生的速度损耗。火箭的起飞过程是一个由静止变到动，由低速飞行逐渐增加速度变为高速飞行。因此，开始时虽然是在稠密的大气层中飞行，但火箭速度是很低的。而后火箭速度逐渐加快，高度不断增加，大气的密度也随高度的增加而越来越稀薄了。那么，在考虑火箭飞行在大气中所受的阻力时，既要考虑到火箭速度的变化，也要考虑到空气密度的变化。可以看出低速物体在稠密的大气中运动和较高速的物体在稀薄的大空中运动，所受的空气阻力不会太大。此外，我们知道，空气阻力的大小与物体的横截面面积的大小成正比，而物体的质量又与它的体积成正比，这对火箭而言也不例外。因此，

阻力損耗項中的 $\frac{D}{M}$ 即應与火箭横截面面积与火箭的体积之比成正比关系。这一事实說明了，如果火箭的形状相似，面积是长度的平方关系，体积是长度的立方关系，则它們的比值为 $\frac{1}{长度}$。說明火箭越大其截面积与体积之比就越小，阻力也就越小。这样进一步說明了从地面起飞的火箭，由于空气阻力造成的速度損耗不会很大。这一项在实际計算的結果中确是如此。

其次是估計地球引力作用所引起的速度損耗。为了简便起見，我們采用一典型的火箭飞行过程来說明这个問題。

假設：运载火箭从起飞到熄火整个过程共飞行140秒，其中0—7秒为垂直飞行，即 θ 保持 $\frac{\pi}{2}$；7—107秒为改变方向作軌道飞行，即使 θ 角从 $\frac{\pi}{2}$ 等速递减到 $\frac{\pi}{6}$；107—140秒为保持 $\theta = \frac{\pi}{6}$ 的角度不变的方向飞行见图5—2。

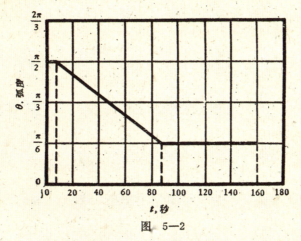

图 5—2

因此，方程（5—4）的重力損耗项可以从时间为0秒积分到140秒区间来求得由于重力作用而产生的速度損耗，即

$$g\int_0^{140} \sin\theta dt = g\int_0^7 \sin\theta dt + g\int_7^{107} \sin\theta dt + g\int_{107}^{140} \sin\theta dt$$

$$= g\int_0^7 \sin\frac{\pi}{2} dt + g\int_7^{107} \sin\theta dt + g\int_{107}^{140} \sin\frac{\pi}{6} dt$$

$$= 7g + g\int_7^{107} \sin\theta \frac{dt}{d\theta} d\theta + \frac{1}{2}(140-107)g$$

$$= 7g + g\frac{dt}{d\theta}\int_{-\frac{\pi}{2}}^{\frac{\pi}{6}} \sin\theta d\theta + \frac{33}{2}g = 7g + g\frac{7-107}{\frac{\pi}{6}-\frac{\pi}{2}}(-\cos\frac{\pi}{6} + \cos\frac{\pi}{2}) + \frac{33}{2}g$$

$$= 7g + 83g + 16.5g = 106.5g = 1.044 \text{ 米/秒}。$$

注：第10行及图号"5—2"均应为"5—3"。

因此，可以将在这一段上飞行时重力作用所引起的速度损耗大约为1,000米/秒。两加上考虑到由于空气阻力所带来的损耗。根据许多计算，这两项损耗的总合应为

$$\int_0^{t_1}\frac{D}{M}dt + g\int_0^{t_1}\sin\theta dt \cong 1,200 \text{米/秒} \sim 1,500 \text{米/秒}.$$ 一般估计时可取两项损耗之合为1,300米/秒。

从这两部分损耗来看重力的作用是十分重要的。从公式中看出，如果熄火时火箭所具有的飞行方向与水平方向成的 θ 角越小，重力场所引起的速度损耗也越小，即是使轨道尽量平行于地面，对我们取得更高的速度是有利的。苏联所选择的发射轨道即以此为依据。因而这是一十分重要的计算和设计的指导思想。

§5—3 質点在有心引力場中的运动

在討論自由飞行段的軌道之前，我們先研究一个質点在向心引力場中的运动問題。

假設：中心引力是由一个質量很大的質点所产生的，而运动的質点的質量确比它小得多；因此，中心質点所受运动質点的引力很小，以至許可忽略不計。实际上火箭或卫星的运动就是这种运动。因此，火箭所受地球的中心引力的中心应与地球的中心"O"点重合，所以我們用图（5—3）简单地描述質点在中心引力的作用下繞"O"点运动的状况。

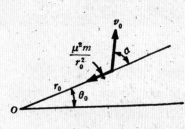

图 5—3

前面我們已經提到了，火箭从主动飞行变成自由飞行，是从火箭熄火开始。設此时的时間为 t_0，火箭所具有的速度即为熄火速度为 v_0，質点距中心的距离为 r_0，質点运动方向与径向的交角为 α，因此，按照万有引力定律，質量为 m 的質点此时所受的向心引力为 $\frac{\mu^2 m}{\gamma_0^2}$；$\mu$ 为常数。如果質点是繞地球运动时（認为地球是园球形），则質点所受的向心力为 $mg\left(\frac{R}{\gamma}\right)^2$，则得出：

$$mg\left(\frac{R}{\gamma}\right)^2 = \frac{\mu^2 m}{\gamma_0^2}$$

所以常数

$$\mu^2 = gR^2 \tag{5—4}$$

因此，我們很容易由向心力求得質点在 γ 处所具有的势能为 $\left(-\frac{\mu^2 m}{\gamma}\right)$。又由于火箭在自由飞行中无推力作用，同时在高空，其空气阻力可以忽略不計。因此，它的飞行是一个保守系统的运动，即整个系统所具有的能量总合（动能十势能）保持不变。此时单位質量所具有的动能应当是径向速度和切向速度所具有的动能之和，亦即

$$\text{总动能} = \frac{1}{2}\left[\left(\frac{dr}{dt}\right)^2 + \left(\gamma\frac{d\theta}{dt}\right)^2\right]$$

注：1. 第14行"我們用图(5—3)"应为"我們用图(5—4)"。

2. 图号"5—3"应为"5—4"。

很显然此时单位质量所具有的势能 $=-\dfrac{\mu^2}{\gamma}$ 所以，我们得出单位质量所具有的总能量为：

$$\frac{1}{2}\left\{\left(\frac{d\gamma}{dt}\right)^2+\left(\gamma\frac{d\theta}{dt}\right)^2\right\}-\frac{\mu^2}{\gamma}=\frac{1}{2}v_o^2-\frac{\mu^2}{\gamma_o} \qquad (5-5)$$

式中：$\dfrac{1}{2}v_o^2$ 及 $-\dfrac{\mu^2}{\gamma_o}$ 分别表示单位质量在 t_o 时所具有的动能和势能。

此外，大家都知道，质点此时是作惯性飞行，作用在质点上的力只有向心力。但是，向心力是一径向力，它不可能改变质点运动的角动量。因此，此时质点的角动量也应当是守恒的。所以我们得出：

$$\gamma\cdot\gamma\frac{d\theta}{dt}=\gamma^2\frac{d\theta}{dt}\text{常数}=\gamma_o v_o \sin\alpha \qquad (5-6)$$

利用微分关系（5—6）我们得到

$$\frac{d\gamma}{dt}=\frac{d\gamma}{d\theta}\cdot\frac{d\theta}{dt}=\frac{d\gamma}{dt}\frac{v_o\gamma_o\sin\alpha}{\gamma^2} \qquad (5-7)$$

再将（5—6）式和（5—7）式代入（5—5）式则得：

$$\left(\frac{d\gamma}{d\theta}\right)^2\frac{v_o^2\gamma_o^2\sin\alpha}{\gamma^4}+\frac{v_o^2\gamma_o^2\sin\alpha}{\gamma^2}-\frac{2\mu^2}{\gamma}=v_o^2-\frac{2\mu^2}{\gamma_o}$$

所以

$$\left(\frac{d\gamma}{d\theta}\right)^2=\frac{\left(v_o^2-\dfrac{2\mu^2}{\gamma_o}+\dfrac{2\mu^2}{\gamma}-\dfrac{v_o^2\gamma_o^2\sin\alpha}{\gamma^4}\right)}{\dfrac{v_o^2\gamma_o^2\sin\alpha}{\gamma^4}}$$

$$\frac{d\gamma}{d\theta}=\frac{\sqrt{v_o^2-\dfrac{2\mu^2}{\gamma_o}+\dfrac{2\mu^2}{\gamma}-\dfrac{v_o^2\gamma_o^2\sin^2\alpha}{\gamma^4}}}{\dfrac{v_o\gamma_o\sin\alpha}{r^2}}$$

故得出：

$$d\theta=\frac{\dfrac{v_o\gamma_o\sin\alpha}{\gamma^2}}{\sqrt{v_o^2-\dfrac{2\mu^2}{\gamma_o}+\dfrac{2\mu^2}{\gamma}-\dfrac{v_o^2\gamma_o^2\sin^2\alpha}{\gamma^4}}}$$

因为：

$$d\left(\frac{v_o\gamma_o\sin\alpha}{\gamma}\right)=-\frac{v_o\gamma_o\sin\alpha}{\gamma^2}d\gamma$$

所以

$$d\theta=\frac{-d\left(\dfrac{v_o\gamma_o\sin\alpha}{r}\right)}{\sqrt{v_o^2-\dfrac{2\mu^2}{\gamma_o}+\dfrac{2\mu^2}{\gamma}-\dfrac{v_o^2\gamma_o^2\sin^2\alpha}{\gamma^4}}}$$

又由于

注：1. 第 7 行 "$r^2\dfrac{d\theta}{dt}$常数" 应为 "$r^2\dfrac{d\theta}{dt}=$常数"。

2. 第 11 行两处 "$\sin\alpha$" 均应为 "$\sin^2\alpha$"。

3. 倒数第 8、9 行的公式分子中、倒数第 2、6 行公式分母中 "$\dfrac{v_o^2r_o^2\sin^2\alpha}{r^4}$" 均应为 "$\dfrac{v_o^2r_o^2\sin^2\alpha}{r^2}$"。

$$\frac{\mu^2}{\gamma} = \frac{v_o\gamma_o \sin\alpha}{\gamma} \cdot \frac{\mu^2}{v_o\gamma_o \sin\alpha}$$

所以，可以把上面的公式換算為：

$$d\theta = \frac{d\left(\dfrac{v_o\gamma_o \sin\alpha}{\gamma} - \dfrac{\mu^2}{v_o\gamma_o \sin\alpha}\right)}{\sqrt{\left(v_o^2 - \dfrac{2\mu^2}{\gamma_o} + \dfrac{\mu^4}{v_o^2\gamma_o^2 \sin^2\alpha}\right) - \left(\dfrac{v_o\gamma_o \sin\alpha}{\gamma} - \dfrac{\mu^2}{v_o\gamma_o \sin\alpha}\right)}}$$

显然，这种形式就是反余弦函数的微分形式。因此可以对上式进行积分得到：

$$\theta - \theta_o = \operatorname{arc\,cos}\left\{\frac{\dfrac{v_o\gamma_o \sin\alpha}{\gamma} - \dfrac{\mu^2}{v_o\gamma_o \sin\alpha}}{\sqrt{v_o^2 - \dfrac{2\mu^2}{\gamma_o} + \dfrac{\mu^4}{v_o^2\gamma_o^2 \sin^2\alpha}}}\right\}$$

式中 θ_o 为积分常量。上式进行变换后即得：

$$\cos(\theta - \theta_o) = \frac{\dfrac{v_o\gamma_o \sin\alpha}{\gamma} - \dfrac{\mu^2}{v_o\gamma_o \sin\alpha}}{\sqrt{v_o^2 - \dfrac{2\mu^2}{\gamma_o} + \dfrac{\mu^4}{v_o^2\gamma_o^2 \sin^2\alpha}}}$$

通过以上的运算我們最后得出質点距引力中心的距离为：

$$\gamma = \frac{v_o\gamma_o \sin\alpha}{\dfrac{\mu^2}{v_o\gamma_o \sin\alpha} + \sqrt{v_o^2 - \dfrac{2\mu^2}{\gamma_o} + \dfrac{\mu^4}{v_o^2\gamma_o^2 \sin^2\alpha}}\cos(\theta - \theta_o)}$$

$$\gamma = \frac{\dfrac{v_o^2 \gamma_o^2 \sin^2\alpha}{\mu^2}}{1 + \dfrac{v_o\gamma_o \sin\alpha}{\mu^2}\sqrt{v_o^2 - \dfrac{2\mu^2}{\gamma_o} + \dfrac{\mu^4}{v_o^2\gamma_o^2 \sin^2\alpha}}\cos(\theta - \theta_o)} \tag{5-8}$$

此即：此即为用极坐标表示的惰圆方程式，我们可以把公式（5—8）与在极坐标中圆锥曲线方程作比较，就可以更清楚的看出，方程（5—8）說明了人造卫星的軌道是一園錐曲綫，並且是以地球的中心为它的一个焦点。我們知道，在极坐标中園錐曲綫方程有如下的形式，其中 p（通径）和 θ_o 为常数，而 ε 代表園錐曲綫的偏心率：

$$\gamma = \frac{p}{1 + \varepsilon \cos(\theta - \theta_o)} \tag{5-9}$$

如果：$\varepsilon < 1$ 則 γ 在 θ 的所有值內都是一有限值，这时園錐曲綫为一个惰圆形。

$\varepsilon = 0$ 则 $\gamma = p =$ 常数，惰圆就变成一个圆形。

$\varepsilon = 1$ 则 $1 + \varepsilon\cos(\theta - \theta_o)$ 趋近于零，γ 趋近于 ∞。例如当 $(\theta - \theta_o) = \pi$ 时 $\cos\pi = 1$ 则 $\gamma = \infty$。这时園錐曲綫就变成为一个抛物綫。

$\varepsilon > 1$ 则 γ 为一无限值，園錐曲綫就变成为一个双曲綫。

把方程（5—8）与（5—9）对比后，我们就得到其对应的值为：

注：1. 第 3 行"$d\theta = \dfrac{-d(\cdots)}{\sqrt{\cdots\cdots}}$"应为"$d\theta = \dfrac{-d(\cdots)}{\sqrt{\cdots\cdots}}$"。

2. 第 7 行"$\cos(\theta - \theta_0) = \dfrac{\cdots\cdots}{\sqrt{v_0^2 - \dfrac{2\mu}{r^0} + \cdots}}$"应为"$\cos(\theta - \theta_0) = \dfrac{\cdots\cdots}{\sqrt{v_0^2 - \dfrac{2\mu^2}{r^0} + \cdots}}$"。

3. 倒数第 11 行"惰圆"应为"椭圆"，后文相同。

$$P = \frac{v_0^2 \gamma_0^2 \sin^2\alpha}{\mu^2}$$

$$\varepsilon = \left\{ \frac{v_0 \gamma_0 \sin\alpha}{\mu^4} \sqrt{\frac{\mu^4}{v_0^2 \gamma_0^2 \sin^2\alpha} - \left(\frac{2\mu^2}{\gamma_0} - v_0^2\right)} \right\}$$

$$= \sqrt{1 - \frac{v_0^2 \gamma_0^2 \sin^2\alpha}{\mu^4}\left(\frac{2\mu^2}{\gamma_0} - v_0^2\right)} \tag{5--10}$$

由公式（5—10）看出：火箭所运行的轨道是惰圆、抛物綫、双曲綫、皆决定于初速v_0是小于、等于或大于量$\sqrt{\frac{2\mu^2}{\gamma_0}}$。而如果我們利用（5—4）公式及（1）公式，則$\sqrt{\frac{2\mu^2}{\gamma_0}}$正是第二宇宙速度$v_2$。

如果：$v_0 < v_2$ 因 $\frac{2\mu^2}{\gamma_0} - v_0^2 > 0$ 則 $\varepsilon < 1$ 轨道为惰圆形。

$v_0 = v_2$ 因 $\frac{2\mu^2}{\gamma_0} - v_0^2 = 0$ 則 $\varepsilon = 1$ 轨道为抛物綫。其速度$v_0 = 11.2$公里/秒。

$v_0 > v_2$ 因 $\frac{2\mu^2}{\gamma_0} - v_0^2 = $負值則 $\varepsilon > 1$，形成一个双曲綫轨道，火箭飞向无限远处。

但是，地球卫星的速度必然小于第二宇宙速度v_2，只能是繞地球旋轉。轨道的$\varepsilon \geq 1$是不可能的。也就是說不可能大于第二宇宙速度，只能是$\frac{2\mu^2}{\gamma_0} - v_0^2 > 0$，所以上能是一个惰圆形的轨道。下面我們将对惰圆形轨道进一步的进行计算，其：

惰圆形轨道的近地点$\gamma_{近}$为：其近地点的位置，是指距离地球中心最近的一点，即γ为最小值。由（5—9）式可以看出，当$(\theta - \theta_0) = 0$, $\cos(\theta - \theta_0) = 1$这时$1 + \varepsilon \cos(\theta - \theta_0)$为最大则$\gamma$为最小故：

$$\gamma_{近} = \frac{p}{1+\varepsilon}$$

同时，从这里也就指出了积分常数θ_0的意义，即θ_0是在轨道的近地点时飞行方向与地面的夹角，它就是近地点的θ值。

惰圆形轨道的远地点$\gamma_{远}$；指距离地球中心最远一点的位置，也就是γ为最大的一点。即当$\theta - \theta_0 = \pi$, $\cos(\theta - \theta_0) = -1$时$1 + \varepsilon \cos(\theta - \theta_0) = $最小则$\gamma$就为最大值，所以

$$\gamma_{远} = \frac{p}{1-\varepsilon}$$

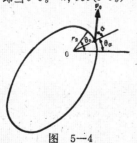

图 5—4

如果；惰圆形轨道的半长軸用a表示，半短軸用b表示，則

$$2a = \gamma_{远} + \gamma_{近} = p\left(\frac{1}{1+\varepsilon} + \frac{1}{1-\varepsilon}\right) = \frac{2p}{1-\varepsilon^2}$$

所以

$$a = \frac{p}{1-\varepsilon^2}$$

由公式（5—10）得到

$$1-\varepsilon^2 = \frac{v_o^2 \gamma_o^2 \sin^2\alpha}{\mu^4}\left(\frac{2\mu^2}{\gamma_o} - v_o^2\right) \tag{5—11}$$

则

$$a = \frac{\dfrac{v_o^2 \gamma_o^2 \sin^2\alpha}{\mu^2}}{1-\left(\dfrac{v_o^2\gamma_o^2 \sin^2\alpha}{\mu^4} v_o^2 - \dfrac{v_o^2\gamma_o^2 \sin^2\alpha}{\mu^4}\cdot\dfrac{2\mu^2}{\gamma_o}+1\right)}$$

$$a = \frac{\mu^2 v_o^2 \gamma_o^2 \sin^2\alpha}{v_o^2\gamma_o^2\sin^2\alpha\left(\dfrac{2\mu^2}{\gamma_o} - v_o^2\right)}$$

所以

$$a = \frac{\mu^2}{\dfrac{2\mu^2}{\gamma_o} - v_o^2} \tag{5—12}$$

因为

$$b = a\sqrt{1-\varepsilon^2}$$

所以

$$b = \frac{\mu^2}{\dfrac{2\mu^2}{\gamma_o} - v_o^2}\cdot\frac{v_o\gamma \sin^2\alpha}{\mu^2}\sqrt{\dfrac{2\mu^2}{\gamma_o} - v_o^2}$$

$$b = \frac{v_o\gamma_o \sin\alpha}{\sqrt{\dfrac{2\mu^2}{\gamma_o} - v_o^2}} \tag{5—13}$$

由于质点是在有心力的作用下运动，其质点对力的作用中心的动量矩保持不变；即对单位质量的运动为

$$\gamma\cdot v = \gamma\cdot\frac{ds}{dt} = \gamma\cdot\gamma\frac{d\theta}{dt} = \gamma^2\frac{d\theta}{dt} = 常数$$

也就是说，质点在有心力的作用下，它对力的作用中心的矢径在等时间内扫出来的面积是相等的。这时可以近似的认为矢径扫过的面积为一三角形的面积，其值为：

三角形面积 $= \dfrac{1}{2}\times$ 底 $\times$ 高 $= \dfrac{1}{2}\times\gamma d\theta\times\gamma = \dfrac{1}{2}\gamma^2 d\theta$　所以，对于单位时间即每秒对心所扫出来的面积为常数。即面"积速度"是守恒的。其值为

$$\gamma^2\frac{d\theta}{dt} = \frac{1}{2}v_o\gamma_o\sin\alpha$$

我们可以从这一点出发来对火箭自由飞行段的周期进行计算。这时是在高空飞行，可以忽略空气阻力及其他力的作用，只考虑重力的作用。而重力为有心力，故其动量矩是守恒的。所以火箭在惰圆轨道上运行的周期 T 为：

$$T = \frac{惰圆的面积}{每秒对心扫出来的面积} = \frac{\pi ab}{\frac{1}{2}v_0 \gamma_0 \sin\alpha}$$

$$T = \frac{\pi a^2 \sqrt{1-\varepsilon^2}}{\frac{1}{2}v_0 \gamma_0 \sin\alpha} = \frac{2\pi \mu^2}{\left(\frac{2\mu}{\gamma_0} - v_0^2\right)^{3/2}} = \frac{2\pi a^{3/2}}{\mu}$$

所以
$$T = \frac{2\pi\, a^{3/2}}{\sqrt{g R^2}} \tag{5—14}$$

我們从（5—14）公式看到：周期的长短与 α 角无关，只要 γ_0 及 v_0 确定了，周期也就定了。不同的 α 角即 v_0 的方向会造成不同的惰圆轨道，但是，在每一个轨道上的周期是相同的。

§5—4 惰圆轨道上衛星的周期

如果：設：近地点离地球表面的高度为 h_1 则 $\gamma_{近} = R + h_1$。

地点离地球表面的高度为 h_2，则 $\gamma_{远} = R + h_2$；其中 R 为地球的半径。

则
$$2a = h_1 + h_2 + 2R$$

所以
$$a = \frac{h_1 + h_2}{2} + R$$

其惰圆轨道的周期 T 为

$$T = \frac{2\pi\, a^{3/2}}{\sqrt{g R^2}} = 2\pi \sqrt{\frac{R}{g}} \left(\frac{h_1+h_2}{2R} + 1\right)^{3/2} = 84.5 \left(1 + \frac{h_1+h_2}{2R}\right)^{3/2} \text{（分）}$$

正如我們已經指出的：从計算周期的公式里看到：一个重要的结论是，只要火箭的初速 v_0 及 γ_0 决定之后，其周期就相应被确定了。不随其他因素的变化而改变。但是它的惰圓形状，其长轴与短轴的大小是可以变化的。它的这种变化并不引起周期的大小变化。这也就说明了：如果发射火箭的速度控制得很准确，当发射角即发射方向稍微有些偏差，并不改变其卫星的运行周期。

§5—5 发射衛星的最佳轨道

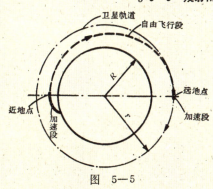

图 5—5

我們在 §5—1 节里已經说明了发射人造地球卫星的轨道最好分成三段，一段是离地球表面很近的（約一百公里的范围）的主动段，然后是一段自由飞行的被动段，最后在自由飞行的惰圆轨道将与卫星的圓形轨道相切时，再加一小段主动段，使卫星进入轨道（如图5—5）而惰圆轨道是运载火箭繼續上升的轨道，所以惰圆与卫星轨道相切的那一点一定是惰圆轨道的远地点。因此，椭圆轨道的远地点即卫星圓形轨道的半径为：

注：1. 倒数第 4 行"（如图 5—5）"应为"（如图 5—6）"。
2. 图号"5—5"应为"5—6"。

$$\gamma_2 \doteq \gamma_{\text{远}} = \frac{p}{1-\varepsilon} = \frac{\dfrac{v_o^2 \gamma_o^2 \sin^2\alpha}{\mu^2}}{1-\sqrt{1-\dfrac{-v_o^2\gamma_o^2\sin^2\alpha}{\mu^4}\left(\dfrac{2\mu^2}{\gamma_o}-v_o^2\right)}} \tag{5--15}$$

其远地点的速度計算，我們可以应用質点在有心力場作用下，其角动量守恒的定义来計算；也即是到达远地点时的速度 $v_{\text{远}}$ 乘上远地点离地心的距离 γ_2 等于最初速度的角动量。所以

$$v_{\text{远}}\gamma_2 = v_o\gamma\sin\alpha$$

則

$$v_{\text{远}} = \frac{v_o\gamma\sin\alpha}{\gamma_2}$$

而相应于在卫星的园形軌道上的旋轉速度为 v_2 其值为

$$v_2 = \sqrt{gR}\left(\frac{R}{\gamma_2}\right)^{1/2} = \frac{\mu}{\sqrt{\gamma_2}}$$

因此火箭最后要进入卫星軌道所需要增加的速度为：

$$v_2 - v_{\text{远}} = \frac{\mu}{\sqrt{\gamma_2}} - \frac{v_o\gamma_o\sin\alpha}{\gamma_2}$$

这里，由于高空空气稀薄，其空气阻力可以忽略。另外因为在最后加速时其航行軌道基本上是与地球表面平行即与重力垂直。所以最后加速段可以看成是在完全沒有損耗的条件下进行的。

根据以上发射軌道的速度安排，其所有各級运载火箭用齐奥尔闊夫斯基公式計算得出的速度，加上損耗其速度总合为

$$v_{\text{总}} = v_o + \text{所有的速度損耗} + \frac{\mu}{\sqrt{\gamma_2}} - \frac{v_o\gamma_o\sin\alpha}{\gamma_2} \tag{5--16}$$

但是，我們在具体安排时，如何才能使阻力最小，能量利用最合理最經济。使其 $v_{\text{总合}}$ 为最低呢？为了回答这个問題，我們可以作如下的分析和討論：

由公式（5--16）我們可以看到，在全部变数里。γ_2 是我們所选择的园形卫星軌道的直径，它是由我們发射卫星的目的来决定的。与軌道的选择无关，在計算中是一个不变值。γ_o 是可以由我們給定，一般第一段总要飞出大气層以外 γ_o 为 100 公里左右的高度。我們可以認为它是一个不变的数值，或者变化很小可以忽略。另外所有的損耗在第一段飞行中变化也不大可以忽略。所以在以上条件下，我們就可以来选择速度 v_o 与 v_o 与 γ_o 之間的夹角 α 角的关系，使其达到总的速度值 $v_{\text{总}}$ 为最小。

从公式（5--15）可以得到

$$\left(1-\frac{v_o^2\gamma_o^2\sin^2\alpha}{\gamma_2\mu^2}\right)^2 = 1 - \frac{v_o^2\gamma_o^2\sin^2\alpha}{\mu^4}\left(\frac{2\mu^2}{\gamma_o}-v_o^2\right)$$

$$-2\mu\frac{v_o^2\gamma_o^2\sin^2\alpha}{\gamma_2\mu^4} + \frac{v_o^4\gamma_o^4\sin^4\alpha}{\gamma_2^2\mu^4} = -\frac{v_o^2\gamma_o^2\sin^2\alpha}{\mu^4}\left(\frac{2\mu^2}{\gamma_o}-v_o^2\right)$$

即

$$-\frac{2\mu}{\gamma_o}+\frac{v_o^2\gamma_o^2\sin^2\alpha}{\gamma_2^2}=-\frac{2\mu^2}{\gamma_o}+v_o^2$$

所以

$$v_o\gamma_o\sin\alpha=\gamma_2\sqrt{v_o^2-2\mu^2\left(\frac{1}{\gamma_o}-\frac{1}{\gamma_2}\right)}$$

$$\frac{v_o\gamma_o\sin\alpha}{\gamma_2}=\sqrt{v_o^2-2\mu\left(\frac{1}{\gamma_o}-\frac{1}{\gamma_2}\right)} \tag{5-17}$$

从公式（5—16）看出；要使总的速度为最小值，实际上就是 $\left(v_o-\dfrac{v_o\gamma_o\sin\alpha}{\gamma_2}\right)$ 为最小值。因此将公式（5—17）代入公式（5—16）得出：

$$v_o-\sqrt{v_o^2-2\mu^2\left(\frac{1}{\gamma_o}-\frac{1}{\gamma_2}\right)} \tag{5-18}$$

让（5—15）等于最小值时就可以满足使总速度值为最小。而（5—18）式中 $2\mu\left(\dfrac{1}{\gamma_o}-\dfrac{1}{\gamma_2}\right)$ 为常数，所以只有当 v_o 为最大值时，$v_o-\sqrt{v_o^2-\text{常数}}$ 才为最小。但是，v_o 不可能无限制的增加，它存在一个极限值。而且这个极限值的求出，不能用一般使微分等于另的方法。因为当 v_o 增加还没有达到使其微分等于另的时候，问题本身的含义就限制了 v_o 继续增加。其 V_o 的增加主要是受 α 角的限制，当 $\alpha=\dfrac{\pi}{2}$，$\sin\alpha=1$，时 v_o 就已达到最大值了。其最大值用 V^* 来表示；计算如下：从公式（5—15）可得到：

$$\sin\alpha=1=\frac{\gamma_2}{\gamma_o}\sqrt{1-\frac{2\mu^2}{V^{*2}}\left(\frac{1}{\gamma_o}-\frac{1}{\gamma_2}\right)}$$

$$1-\left(\frac{\gamma_o}{\gamma_2}\right)^2=\frac{2\mu^2}{V^{*2}}\left(\frac{1}{\gamma_o}-\frac{1}{\gamma_2}\right)=\frac{2\mu^2}{V^{*2}\gamma_o}\left(1-\frac{\gamma_o}{\gamma_2}\right)$$

$$1+\frac{\gamma_o}{\gamma_2}=\frac{2\mu^2}{V^{*2}\gamma_o}=\frac{2\gamma_2}{\gamma_o}\times\frac{1}{\left(\dfrac{V^*}{\sqrt{\gamma_2}\,\mu}\right)^2}$$

所以：

$$\left(\frac{V^*}{\dfrac{\mu}{\sqrt{\gamma_2}}}\right)^2=\frac{2\left(\dfrac{\gamma_2}{\gamma_o}\right)}{1+\dfrac{\gamma_o}{\gamma_2}}=\frac{2\left(\dfrac{\gamma_2}{\gamma_o}\right)\left(\dfrac{\gamma_2}{\gamma_o}\right)}{\left(1+\dfrac{\gamma_o}{\gamma_2}\right)\left(\dfrac{\gamma_2}{\gamma_o}\right)}=\frac{2\left(\dfrac{\gamma_2}{\gamma_o}\right)^2}{1+\dfrac{\gamma_o}{\gamma_o}} \tag{5-19}$$

把方程式（5—19）代入没有加损耗的用齐奥尔阔夫斯基公式计算出的速度增量为：（其中 $\sin\alpha=1$）

注：1. 第11行"使微分等于另的方法"应为"使微分等于零的方法"。

2. 第12行"等于另的时候"应为"等于零的时候"。

$$(\Delta V)^* = \frac{\mu}{\sqrt{\gamma_2}} - \frac{v_o \gamma_o \sin\alpha}{\gamma_2} + v_o = \frac{\mu}{\sqrt{\gamma_2}} + V_o^* \left(1 - \frac{\gamma_o}{\gamma_2}\right)$$

$$= \frac{\mu}{\sqrt{\gamma_2}} \left\{ 1 + \frac{\sqrt{2}}{\sqrt{1 + \left(\frac{\gamma_2}{\gamma_o}\right)}} \left(\frac{\gamma_2}{\gamma_o} - 1\right) \right\} \tag{5—20}$$

因此，对于多级运载火箭用齐奥尔阔夫斯基公式计算出来的所需要的总速度加所有的速度损耗其最小的速度值为：

$$v_{总} = 损耗 + (\Delta V)^* = 损耗 + \frac{\mu}{\sqrt{\gamma_2}} \left\{ 1 + \frac{\sqrt{2}}{\sqrt{1 + \left(\frac{\gamma_2}{\gamma_o}\right)}} \left(\frac{\gamma_2}{\gamma_o} - 1\right) \right\}$$

$$= 损耗 + \sqrt{gR} \sqrt{\frac{R}{\gamma_2}} \left\{ 1 + \frac{\sqrt{2}}{\sqrt{1 + \left(\frac{\gamma_2}{\gamma_o}\right)}} \right\}$$

其中 $\sqrt{gR} \sqrt{\frac{R}{\gamma_2}}$ 为半径为 γ_2 的轨道上卫星的速度值。按照最小速度及其发射轨道上速度的分配，可以得出一个消耗能量最小的发射轨道形状为：

因为 $\alpha = \frac{\pi}{2}$ 所以自由飞行段的开始正好在近地点。而远地点是在近地步与地球中心的连线上，也就是与卫星轨道相切的那一点。这种形式的轨道特点是，第一加速段与第二加速段之间的距离是很远的，即自飞行段相当长。实际的发射轨道的选择要受一些因素的限制，如轨道的精确度以及为了使轨道在自己发射的控制范围内，有时宁愿多消耗一些能量而不采用自由飞行段较长的轨道。也就是说，根据实际需要和可能选择消耗能量最小的轨道。而对于其他形式的轨道以及速度分布所需要的能量显然是更大些。

为了给我们一个概念，下面可以对周期为 24 小时的卫星轨道所需要的速度进行具体的计算例 R 为地球的半径 6,370 公里，第一主动段的高度为 100 公里，即 $\gamma_o = 6,370 + 100 = 6,470$ 公里

$$T = 24 \text{ 小时}, \quad \gamma_2 = 6.63 R$$

$$\gamma_o = R + 100 = \frac{6,370 + 100}{6370} R = 1.015 R$$

$$\gamma_2 / \gamma_o = 6.63$$

$$(\Delta V)^* = \sqrt{gR} \left(\frac{R}{\gamma_2}\right)^{1/2} \left\{ 1 + \frac{\sqrt{2}}{\sqrt{1 + \left(\frac{\gamma_2}{\gamma_o}\right)}} \left(\frac{\gamma_2}{\gamma_o} - 1\right) \right\} = 7.90 \frac{1}{\sqrt{6.63}} \left\{ 1 + \frac{\sqrt{2}}{\sqrt{7.53}} (6.53 - 1) \right\}$$

$$= 7.90 \frac{1}{2.57} \left\{ 1 + \frac{1.414}{2.745} \times 5.53 \right\} = 11.81 \text{ 公里／秒}$$

注：倒数第 3 行"$r_2/r_0 = 6.63$"应为"$r_2/r_0 = 6.53$"。

$$V^* = \frac{\mu}{\sqrt{\gamma_2}} \cdot \frac{\gamma_2}{\gamma_o} \times \frac{\sqrt{2}}{\sqrt{1+\frac{\gamma_2}{\gamma_o}}} = 7.90 \times \frac{1}{\sqrt{6.63}} \times 6.53 \times \frac{1.414}{2.74}$$

$$=10.35 \text{ 公里/秒}$$

在远地点附近，第二主动段所增加的速度为 $=11.8-10.35=1.45$ 公里/秒

我們注意到 $(\triangle V)^*$ 是 11.81 公里/秒，比第二宇宙速度 $v_\infty=11.18$ 公里/秒还大一些，而我們在§1—5节中所计算的24小时卫星的理想发射速度，只有 10.744 公里/秒，这說明实际可行的发射轨道与理想的差别。

例（2） $\gamma_2=7,000$ 公里；$\gamma_o=6,470$ 公里，

$$(\triangle V)^* = \sqrt{gR}\left(\frac{R}{\gamma_2}\right)^{1/2}\left\{1+\frac{\sqrt{2}}{\sqrt{1+\frac{\gamma_2}{\gamma_o}}}\left(\frac{\gamma_2}{\gamma_o}-1\right)\right\}$$

$$=7.90\left(\frac{6,370}{7,000}\right)^{1/2}\left\{1+\frac{\sqrt{2}}{\sqrt{1+\frac{7,000}{6,470}}}\left(\frac{7,000}{6,470}-1\right)\right\}$$

$$=7.90\times 0.954\left(1+\frac{1.414}{\sqrt{2.082}}\times 0.082\right)=8.14 \text{ 公里/秒}$$

最大速度： $V^* = \frac{\mu}{\sqrt{\gamma_2}} \cdot \frac{\gamma_2}{\gamma_o} \cdot \frac{\sqrt{2}}{\sqrt{1+\frac{\gamma_2}{\gamma_o}}} = 7.90 \times 0.954 \times \frac{1.414}{1.444}\times 1.082$

$$=7.98 \text{ 公里/秒}$$

在远地点附近第二主动段所增加的速度为：

$$8.14-7.98=0.16 \text{ 公里/秒}$$

我們看到第二主动段的速度增量比第一主动段的速度增量小得多，这确实做到了把主要加速运动留在 100 公里高度以下，从而取得了较高的效率。

另一方面由于是多级运载火箭而且分两段加速，到了一定的时候在高空需要再一次点火，所以其控制系统是相当的复杂。比发射宇宙火箭或月球火箭的控制系统的要求还要高得多。因为宇宙火箭或者月球火箭上要求能量足够一直就飞出去了，不需要在飞行过程中停火后然后再点火等，而发射卫星对轨道要进行精确的控制，使其能进入我們所要达到的轨道。这个关系从苏联发射卫星的計划中也可以清楚看出（参看第一章表（1—2），先发射了宇宙○箭之后，才发射各种試驗性的卫星，最后才发射乘人的卫星式飞船。这样来按排是合理的。这也就說明了发射卫星的复杂性，尤其是发射高轨道的卫星能量消耗很大，问题会更加复杂。

习题 5—1 用两个主动段中間夹一个被动段的轨道来发射一颗高度为 250 公里的圆轨道卫星，按（5—2）公式来计算总的齐奥尔闊夫斯基速度增量。設空气阻力及重力速度损耗为 1.35 公里/秒。

习题 5—2 如果习题 5—1 的运载火箭是两级的，第一级的齐奥尔闊夫斯基速度增量为总增量的 43%，第二级的齐奥尔闊夫斯基速度增量为总增量的 57%；第一级发动机的平均比

注：倒数第 8 行"宙○箭"应为"宙火箭"。

冲为260秒，第二级发动机的平均比冲为330秒（在高空）。如果运载火箭及卫星的起飞重量是310吨，第一级结构比（即结构重量比总重）为6%，第二级结构比为8.5%，计算人造卫星的重量。

习题5—3：如果习题5—2的运载火箭在第一级达到最高速度时，第一级的推力为总起飞重量的1.52倍，在第二级达到最高速度时，第二级的推力与第二级点火时的重量相等，计算这两个推力。估算每级发动机的总运载时间。

习题5—4：利用习题5—2及习题5—3的结果，如果第一级运载火箭的空气阻力及重力损耗为680米/秒，计算第一级运载火箭及第二级运载火箭的最大推进功率。（即推力乘最大飞行速度；以馬力计）。两者之和是多少？

第六章 星际航行的轨道

§ 6—1 太阳的重力场

上一章里已经详细地讨论了质点在中心力场中的运动，并且依据这个原理具体论述了火箭在地球引力场作用下的运动。这里我们将研究飞船脱离了地球引力后，在太阳引力场中作星际间的飞行。在太阳引力作用下的运动和在地球引力作用下的运动的基本原理都是一样的，因为它们都是服从于万有引力定律，都是在有心力场的作用下的运动。因此，在讨论飞船在太阳引力作用下的运动时，完全可以运用上一章里所讲的物体在有心力作用下运动的基本关系。

在第五章中我们得出的地球向心力常数为 $\mu^2=gR^2$。当考虑物体绕太阳运动时，则需对此常数加以修正。从万有引力定律得知：距离太阳为 γ 运的物体绕太阳旋转时，甚单位质量物体所接的向心力为 $g_\theta\left(\dfrac{R_\theta}{\gamma}\right)^2$；$g_\theta$ 为太阳表面的重力加速度，R_θ 为太阳的半径。这里很容易导出 $g_\theta=g\dfrac{R^2}{M}\dfrac{M_\theta}{R_\theta^2}$，$M$ 及 R 分为地球的质量和半径；因此得出

$$g_\theta\left(\frac{R_\theta}{\gamma}\right)^2=g\frac{R^2}{M}\frac{M_\theta}{R_\theta^2}\left(\frac{R_\theta}{\gamma}\right)^2=g\frac{M_\theta}{M}\left(\frac{R}{\gamma}\right)^2=\frac{\mu_\theta^2}{\gamma^2},$$

所以太阳的向心力常数为
$$\mu_\theta=g\frac{M_\theta}{M}R^2 \tag{6—1}$$

这样一来，我们就可以运用第五章的基本公式来计算飞船在太阳引力场中的运动轨道了。

在这里我们可以先计算一下，要离开地球中心多远，太阳的重力场才会同地球的重力场相等量；因为地球距太阳约 $1,495\times10^8$ 公里，$M_\theta/M=332,488$，如果这个距离是 d，那么

$$g\frac{R^2}{d^2}\doteq g\frac{M_\theta}{M}\frac{R^2}{(1,495\times10^8)^2}$$

即
$$d=1,495\times10^8\sqrt{\frac{1}{332,488}}=260,000\text{ 公里};$$

如果我们把月球的作用也标上，那么，一个星际飞船一旦离开地球四十多万公里，就基本上脱离了地球、月球的重力作用，它的运动就主要为太阳重力场所控制了。

§ 9—2 太阳系中的椭圆轨道

这里要讨论的轨道就是要将飞船从地球轨道上送到其他行星的轨道上去，以便去考察其他行星的最经济的轨道，即所谓 Hohmann 式轨道（据说是首先由 walter Hohmann 提出）。在这节里我们将叙述这类的轨道和其所需的火箭动力。

注：第10行"甚单位质"应为"其单位质"。

大家都知道，太阳周围的各个行星的运动轨道都是以太阳为一个焦点的近于圆形的椭圆轨道，并且它們的轨道平面基本上在同一平面上。因此，我們可以把这些行星的轨道看作圆形，而且所有轨道都处在一共同平面上。这样就使問題简化了。图6—1表示飞船从地球轨道上飞向外层行星的轨道。从上一章里我們已經証明：从擋地向一定高度的一点到另一个較高的圆形卫星轨道，最省动力的轨道是以起始高度为近地点，以最后卫星高度为远地点的椭圆轨道。这一結果可以应用到星际轨道問題上来，这不过近地点应是近日点，远地点应是远日点。也就是說到比地球距太阳更远的行星上地的最佳轨道应是外切于地球轨道，內切于行星轨道，并以太阳为一个焦点的椭圆轨道。这就是所謂 Hohmann 式星际飞行轨道。这个轨道的近日点正好在地球轨道上，远日点则在行星轨道上。

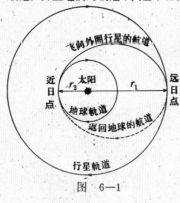

图 6—1

飞船脱离地球引力之后，虽然与地球沒有相对速度了，但是它仍然以一定的速度在地球的轨道附近繞太阳运动。为了使它脱离地球轨道沿图6—1的椭圆轨道运动，那么，飞船原来所具有的能量是不够的，还需要給加一定的速度或者是当它脱离地球引力場时还剩余一部分速度，使它刚好沿椭圆轨道自由飞行，到达椭圆轨道的远日点，即是到达椭圆与外圈行星轨道相切的一点。此时又必須給飞船加一定的能量，使它达到进入行星轨道所应具有的轨道速度。如果这时我們不再給它加这一点力量，那么，它将由于能量不足而不能进入行星轨道，而沿椭圆轨道的另一半弧长向近日点运动，然后重复运行在这椭圆轨道上成为太阳的一颗人造行星。这里我們可以看出：要从地球轨道上发射宇宙飞船到其他行星上去，也需要把轨道分成为两个加速段当中夹一个很长的自由飞行段来达到目的。当然，如果要求縮短航行时间，还可以采用其他的轨道。但是这样的轨道要求飞船具有更高的速度，目前火箭技术所能达到的水平，还只能采取这种經济的办法，即采用 Hohmann 或近似于 Hohmann 式飞船轨道。苏联在今年初发射的金星火箭就采用了一条比最小动力轨道需时較小的轨道，多花一些动力，但縮短了飞行时间。

这里我們只說明了向地球以外的行星发射星际飞船所采取的最現实最經济的轨道。而对靠近太阳的行星：金星和水星用什么样的轨道发射呢？这个問題很简单，正好与向外圈行星发射飞船的椭圆轨道相同。但是发射方向确正好相反。也就是說，要从地球轨道上使飞船进入远日点与地球轨道相切，近日点与金星或水星轨道相切的椭圆轨道。这就必須首先使飞船減速，使它进入椭圆轨道，然后等飞船到达与行星轨道相切的一点时，两次使飞船減速，使它再次減少能量而进入內圈行星轨道。从而去完成考查金星或水星的任务。

上面对从地球轨道上向其他行星发射星际飞船的轨道进行了詳細地描述，现在我們再来对行进一步的计算：由第五章里我們有椭圆方程

$$\gamma = \frac{p}{1+\varepsilon cos(\theta-\theta_a)} \quad (6-2)$$

令 γ_1 为椭圆的近日点的距离；γ_2 为椭圆的远日点的距离（見图6—1）。我們得出

$$\frac{\gamma_1}{\gamma_2} = \frac{1-\varepsilon}{1+\varepsilon}$$ 求解即得到椭圆的偏心率为

$$\varepsilon = \frac{\gamma_2 - \gamma_1}{\gamma_2 + \gamma_1}$$

所以

$$\sqrt{1-\varepsilon^2} = \frac{2\sqrt{\gamma_1 \gamma_2}}{\gamma_2 + \gamma_1}$$

設 a 为椭圆长轴；为椭圆短轴。则

$$a = \frac{\gamma_1 + \gamma_2}{2} \quad b = a\sqrt{1-\varepsilon^2};$$

所以，椭圆面积为

$$F = \pi a b = \pi a^2 \sqrt{1-\varepsilon^2} = \pi \left(\frac{\gamma_1 + \gamma_2}{2}\right)\sqrt{\gamma_1 \gamma_2} \tag{6-3}$$

由方程（5.14）得出質点繞椭圆运动的周期为

$$T = 2\pi \frac{a^{3/2}}{\mu_\theta} = 2\pi \left(\frac{\gamma_1 + \gamma_2}{2}\right)^{3/2} \frac{1}{\mu_\theta} \tag{6-4}$$

由（6—3）及（6—4）式，依据質点繞有心力运动时半径扫过的面积不变及运轉周期不变的原理得出

$$\text{面积速度} = \frac{\text{椭圆面积}}{\text{周期}} = \frac{\mu_\theta}{2} \frac{\sqrt{\gamma_1 \gamma_2}}{\sqrt{\frac{\gamma_1 + \gamma_2}{2}}} = \text{常数。} \tag{6-4}$$

这样我们就可以得出沿椭圆轨道运动的飞船，在近日点及远日点的速度。

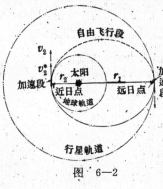

图 6—2

設 v_1^* 为地球的轨道速度，v_1 为飞船沿椭圆轨道运动时在近日点上所具有的轨道速度；v_2^* 为行星的轨道速度；v_2 为飞船沿椭圆轨道飞行到达远日点时具有的速度，（见图6—2）。因此由（6—5）式可以得出

$$\text{面积速度} = \frac{1}{2}\gamma_1 v_1 = \frac{1}{2}\gamma_2 v_2 = \frac{\mu_\theta}{2}\frac{\sqrt{\gamma_1 \gamma_2}}{\sqrt{\frac{\gamma_1 + \gamma_2}{2}}}$$

所以飞船在椭圆轨道上近日点及远日点的速度可求得

$$v_1 = \mu_\theta \left(\frac{\gamma_1}{\gamma_2}\right)^{1/2} \frac{1}{\sqrt{\frac{\gamma_1 + \gamma_2}{2}}} \tag{6-6}$$

$$v_1 = \mu_\theta \left(\frac{\gamma_2}{\gamma_1}\right)^{1/2} \frac{1}{\sqrt{\frac{\gamma_1 + \gamma_2}{2}}} \tag{6-7}$$

前面已经对飞船进入椭圆轨道时要加速的道理进行了說明，这个速度增量令它为 Δv_1，则

注：第 5 行"为椭圆短轴"应为"b 为椭圆短轴"。

$$\Delta v_1 = v_1 - v_1^* = \mu_\theta \left(\frac{\gamma_2}{\gamma_1}\right)^{1/2} \frac{1}{\sqrt{\frac{\gamma_1+\gamma_2}{2}}} - \frac{\mu_\theta}{\sqrt{\gamma_1}}$$

$$= \frac{\mu_\theta}{\sqrt{\gamma_1}} \left[\sqrt{\frac{2\gamma_2}{\gamma_1+\gamma_2}} + 1\right] = v_1^* \left[\sqrt{\frac{2\gamma_2}{\gamma_1+\gamma_2}} - 1\right], \tag{6-8}$$

同理令飞船由椭圆轨道进入行星轨道所需增加的速度为 Δv_2,

$$\Delta v_2 = v_2^* - v_2 = \frac{\mu_\theta}{\sqrt{\gamma_2}} 1 - \sqrt{\frac{2\gamma_1}{\gamma_1+\gamma_2}} = v_2^* \left[1 - \sqrt{\frac{2\gamma_1}{\gamma_1+\gamma_2}}\right] \tag{6-9}$$

由 (6—8) 式看出，$2\gamma_2 > \gamma_1 + \gamma_2$；所以，$\left[\sqrt{\frac{2\gamma_2}{\gamma_1+\gamma_2}} - 1\right] > 0$，說明 Δv_1 是正的；即是說要使在地球軌道上的飞船进入向外圈行星发射的椭圆轨道时需要加速。同理由 (6—9) 式得知 $2\gamma_1 < \gamma_1 + \gamma_2$，所以，$\left[1 - \sqrt{\frac{2\gamma_1}{\gamma_1+\gamma_2}}\right] > 0$。說明 Δv_2 也是正的，飞船由椭圆轨道进入外圈行星轨道时也要加速。因此，我们很容易得出从地球轨道向内圈的金星和水星轨道发射飞船时，情况正好相反，即由地球轨道进入椭圆轨道时要减速，而自由椭圆轨道进入內圈行星轨道时也要减速。

因此，我们就可以来計算由地球軌道向其他行星軌道发射星际飞船所需的速度总增量

$$\Delta V = \frac{\mu_\theta}{\sqrt{\gamma_1}}\left[\sqrt{\frac{2\gamma_2}{\gamma_1+\gamma_2}} - 1\right] + \frac{\mu_\theta}{\sqrt{\gamma_2}}\left[1 - \sqrt{\frac{2\gamma_1}{\gamma_1+\gamma_2}}\right]$$

或写作

$$\Delta V = v_1^*\left[\sqrt{\frac{2\gamma_2}{\gamma_1+\gamma_2}} - 1\right] + v_2^*\left[1 - \sqrt{\frac{2\gamma_1}{\gamma_1+\gamma_2}}\right] \tag{6-10}$$

由地球轨道飞向其他行星轨道，从起飞到终点所走过的路程正好是椭圆轨道的一半，因此，得到飞船的航期是半个周期，即

$$T^* = \frac{1}{2}T = \pi\left(\frac{\gamma_1+\gamma_2}{2}\right)^{3/2}\frac{1}{\mu_\theta} = \pi\left(\frac{\gamma_1+\gamma_2}{2}\right)^{3/2}\frac{1}{R\sqrt{g\frac{M_\theta}{M}}}$$

$$= \pi\left(\frac{\gamma_1+\gamma_2}{2R}\right)^{3/2}\sqrt{\frac{R}{g}}\sqrt{\frac{M}{M_\theta}} = 2\pi\sqrt{\frac{R}{g}} \cdot \frac{\pi}{2\pi}\sqrt{\frac{g}{R}}\left(\frac{\gamma_1+\gamma_2}{2R}\right)^{3/2}\sqrt{\frac{R}{g}}\sqrt{\frac{M}{M_\theta}}$$

$$= 2\pi\sqrt{\frac{R}{g}} \cdot \frac{1}{2} \cdot \left(\frac{\gamma_1+\gamma_2}{2R}\right)^{3/2}\sqrt{\frac{M}{M_\theta}}$$

$$T^* = 84.5 \cdot \frac{1}{2} \cdot \left(\frac{\gamma_1+\gamma_2}{2R}\right)^{3/2}\sqrt{\frac{M}{M_\theta}} \quad (\text{分}) \tag{6-11}$$

以上公式的推演，虽然都是以地球轨道上向外圈行星轨道发射宇宙飞船为模型，但实际上是适合于任意两个行星轨道之间的椭圆轨道上飞船的計算。

注：1. 第 2 行 "$\cdots[\sqrt{\ }+1]$" 应为 "$\cdots[\sqrt{\ }-1]$"。

2. 第 4 行 "$=\frac{\mu_\theta}{\sqrt{r_2}}1-\cdots$" 应为 "$=\frac{\mu_\theta}{\sqrt{r_2}}[1-\cdots$"。

3. 本页中 "M_θ" 均应为 "$M_\odot$"。

§6-3 实 例

我们以从地球发射一星际飞船到木星为例，来说明有关的具体问题。

由表1-5我们可以得出下列数据：$v_1=\sqrt{gR}=7.91$公里/秒；$R=6,371$公里；$\gamma_1=1.49457\times10^8$公里，$\gamma_2=5.203\gamma_1$，$M_\theta/M=332,488$，故由前面的公式算得

$$v_1^*=7.91\times3.764=29.80 \text{公里/秒}；\quad v_2^*=13.06 \text{公里/秒}；$$

$$\triangle v_1=v_1^*\left[\sqrt{\frac{10.406}{6.203}}-1\right]=8.82 \text{公里/秒}；\quad \triangle v_2=5.64 \text{公里/秒}。$$

这里只是计算了沿椭圆轨道飞行时，飞船所需的速度增量。但是，我们知道，飞向其他行星去的飞船首先还得从地球表面上开始；因此，需要把从地面起飞的过程和沿 Hohmann 轨道飞行联系到一起来考虑。下面就来计算用两种不同的方案把飞船从地球送到木星。

第一方案，飞船从地球表面直接起飞，即是采用飞船在离地面较近的轨道上就使它具有脱离地球引力场的速度，并还剩余一定速度，使飞船直接进入椭圆轨道飞向木星轨道，到了椭圆轨道与木星轨道相切的位置时再给飞船加一点速度，使它进入木星轨道。实际上也就是把飞船从地球表面到木星轨道的整个飞行过程分为两段加速当中夹一段很长的自由飞行。因此，我们可以算出飞船在第一加速段所应具有的能量为

$$\frac{1}{2}\triangle v^2=\frac{1}{2}V_{12}+\frac{1}{2}\triangle v_1^2$$

所以，第一加速段飞船所应具有的速度增量

$$\triangle v=\sqrt{v_1^2+\triangle v_1^2}=\sqrt{11.18^2+8.82^2}=14.23 \text{公里/秒}。$$

从而计算出整个过程中飞船所需加的速度为

$$V=\triangle v+\triangle v_2=14.23+5.64=19.87 \text{公里/秒}。$$

第二方案：首先从地球表面发射一人造卫星。然后，再从人造卫星沿同样的椭圆轨道向木星发射飞船；即是将整个航道分为两个大的阶段；先用第五章里讲的发射卫星的方法发射卫星，再采用近似于 Hohmann 轨道的办法发射飞船去木星。因此，我们可以算得整个过程飞船所需的能量的总合为

$$V=v_1+\sqrt{v_2^2-v_1^2+\triangle v_1^2}+\triangle v_2$$
$$=7.91+\sqrt{11.18^2-7.91^2+8.82^2}+5.64=25.40 \text{公里/秒}$$

从这两个方案的结果很明显地看出：第二种办法比第一种办法所需要的能量要大得多。主要是由于第一种方案发动机的排气大部分有低能位，而后一种方案则需要把相当一部分气体排在能位高的卫星轨道上。我们都知苏联所发射的金星火箭就是从卫星轨道上发射的。既然这种办法费能量，那么为什么不采取从地球表面直接发射的办法呢？其原因在于第二种办法虽然耗费的能量多，但是人造卫星可以停留很长时间，因此能把人造卫星的轨道参数测量得很准，而且也有时间利用这些测得的参数来在地面计算好发射金星火箭的时刻和火箭推力的作用方向，并执行这个发射程序。总之，从卫星轨道上发射宇宙飞船容易取得精确的描准，因而大大地增强了可靠性和飞行轨道的精确性。相反第一种方法对动力的要求虽然低些，但因为没有人造卫星这一个间隙来进行轨道的精确测量及描准，不容易控制得很准，发射不可靠。当然，在解决了更多级火箭的精确控制问题采用直接发射的办法是可以实现的。

飞向土星的星际飞船的航期可以由 (6—1) 式求得

$$T^* = 84.5 \cdot \frac{1}{2}\left(\frac{6.203 \times 1.49457 \times 10^8}{12,742}\right)^{3/2} \sqrt{\frac{1}{332.488}}$$
$$= 1,438,000 \text{ 分} = 1,000 \text{ 天}。$$

这里由于飞船从地面起飞段在整个轨道飞行中只占很小一部分，因此，计算它的航期时就只考虑到沿 Hohmann 轨道飞行的时间。

由上面的计算看出采用 Hohmann 轨道发射星际飞船，比起其他轨道而言，在能量上要少得多。但是，从时间上来說确相当长。由地球飞向木星就得三年的时间。如果，我们有更有效的推進系統，火箭的速度能达到更高。那么，是可以用其他形式的轨道，以至用抛物綫或双曲綫轨道。但我們知道，火箭向行星飞行时还要受到地球轨道速度的影响，如果火箭具有的速度太小就使飞行不可能是直綫或近于直綫飞行。因此要飞行大大縮短，火箭必需具有更高的速度，比如 50 公里/秒的速度。在今天火箭发动机性能所能达到的条件下，星际飞行还只能采用 20 公里/秒以下的速度，也就是用式或近于 Hohmann 式的轨道。

最后还要指出一种最省能量来发射太阳探测器（接近太阳的自动站）的办法。有人建議将火箭以稍低于第三宇宙速度向外圈发射，使火箭最后到达太阳引力场的边沿繞太阳运行。由于这时它繞太阳的轨道速度很小了，因此只要将这个速度抵消，它就会受太阳的引力而自动向太阳中心掉。如果我們能控制得很准确，那么，火箭就可以正好掉在我們所要去的行星上去。但是，这样作虽然所需要的能量很小，而要求控制高度精确，因为在抵消它具有繞太阳的速度时要恰到好处。抵消过余了它就会向相反的方向繞太阳轉，抵消不够它也会以剩下的速度繞太阳轉，而不能一直掉向太阳。因此，要在这样远的距离上，使它瞄准要去的行星，那就更加困难了。要实现这种方案还是一个十分困难而又复杂的过程。有待今后科学进一步的发展来解决。

§6—4 在中心力場中的低推力軌道

低推力的軌道是基于这样一种設想：由于考虑到从卫星轨道上起飞有許多好处，例如从卫星轨道上起飞比从地球表面上起飞其控制的精确度可以提高，故許多星际航行轨道都是从地球卫星的軌道上开始。这时，地球对它的引力始終是存在的，但它并不向地面落下。因为它不是没有加速度，它旣繞地球旋轉，当然有加速度，而这个加速度刚将等于地球引力所产生的加速度。而在人造地球卫星中的物体也随着卫星繞地球旋轉，它的加速度也正是地球引力所产生的加速度。因而在卫星內部就不需要用任何力来托着物体，这时物体处于失重状态。虽然它没有重量了，但是同样受地球引力的作用，从这里也可以看出，物体的重量虽然起源于地球的引力，但它和地球引力并不是一回事，这我們应有明确的概念。因而有人就考虑，可以利用失重这一个事实，用很小的加速度从卫星轨道上发射飞船。因此就有人建議：也就是在星际航行中可以采用小推力的轨道，其所需要的加速度是很小。它可以用（我們将要在下一章中講解：推力小而比冲非常高的电火箭系統来达到。所以，由于以上的考虑給軌道提出了另一方面的可能性，即是用低推力其加速度可以变得很小甚至小到 $\frac{1}{1,000}g - \frac{1}{10,000}g$。但是要获得这样小的加速度，必須付出一定的代价。而且随着加速度的逐漸减少，所付出的

注：1. 倒数第 2 行 "$\frac{1}{1,000}g - \frac{1}{10,000}g$" 应为 "$\frac{1}{1,000}g \sim \frac{1}{10,000}g$"。

代价越来越大。因随加速度的减少，而火箭的质量比是随加速度下降成对数方次的上升非常快。这我们可以从以后的分析计算中看到，而那认为在卫星轨道上在已经失重的情况，就没有什么损耗，因而不必付出一定代价的说法是不正确的。因为虽然在卫星轨道上感觉不到重力的作用，但是卫星并没有脱离地球引力场，因而对低推力的轨道是要付出一定的代价。下面我们可以对从卫星上起飞的轨道即低加速度轨道进行具体的计算来加以说明。由于推力是一直作在飞行器上，因而其飞行轨道不是一个椭圆形而是一螺旋形的轨道形状。

这里设：g^* 为在卫星轨道上的重力常数；F_γ 为瞬时单位飞船质量的径向推力；F_θ 为瞬时单位飞船质量的周向推力。其 F_γ，F_θ 值在飞行的过程中是可以变化的。这里我们可以利用牛顿定律，对于一个单位质量的飞行器写出下列两个运动方程式，作为我们考虑问题的基础：

其飞行器运动的径向加速度为：

$$\frac{d^2\gamma}{dt^2} = \gamma\left(\frac{d\theta}{dt}\right)^2 - g^*\left(\frac{\gamma^*}{\gamma}\right)^2 + F_\gamma \qquad (6-12)$$

其单位时间的角动量为：

$$\frac{d}{dt}\left(\gamma^2 \frac{d\theta}{dt}\right) = \gamma F_\theta \qquad (6-13)$$

由于利用径向推力方向其能量的消耗比较大，故利用径向推力的效果是不好的。而最好的推力方向也不是轨道的切线方向，而是与轨道的切线方向成某一个合适的角度。但是周向推力与最好推力方向所需质量比的差别不大，故这里只考虑周向的推力，使其问题简化，同时所得结果与最佳推力方向的结果相近。这里为了计算上的方便我们采用了下列无量纲变数的形式注(1)。（注(1)在这里特别应该指出的是：在力学的计算中，为了使其计算简化，一般常采用变数无量纲化的方法进行计算，这样可以使其计算的形式简化，同时由于所有的变数都没有量纲，计算起来既方便又不会因为量纲不统一而出错误。所以无量纲变数的方法是一个常用而可引的方法，至于挑选什么样的基本量纲，要根据每一个具体问题分析得出，使其无量纲化后计算变得更简单）。

对长度的无量纲变数为：

$$\rho = \frac{\gamma}{\gamma^*} \qquad (6-14)$$

这里：γ 为对于任何时间，飞行轨道离地球中心的距离。而 γ^* 为当 $t=0$ 时，飞行轨道距离地球中心的距离，也就是卫星起飞的轨道半径。

对时间的无量纲变数为：

$$\tau = \sqrt{\frac{g^*}{\gamma^*}}\, t, \quad 故\ d\tau = \sqrt{\frac{g^*}{\gamma^*}}\, dt\ 或\ dt = \sqrt{\frac{\gamma^*}{g^*}}\, d\tau \qquad (6-15)$$

θ 角本身就是一个无量纲的变数，故不需要进行无量纲的变化，可参看图(6-3)。

由于只采用向推力故令其 $F_\gamma = 0$

而

$$F_\theta = \nu g^* \qquad (6-16)$$

这里 P_θ 本身就是一个加速度，而 ν 的大小就代表了这个加速度的大小。于是把以上的无量

注：1. 倒数第 3 行"采用向推力故令其"应为"采用周向推力故令其"。

2. 倒数第 1 行"这里 P_θ 本身"应为"这里 F_θ 本身"。

纲变数代入（6—12）就得到：

$$\gamma^* \frac{g^*}{\gamma^*} \frac{d^2\rho}{d\tau^2} = \gamma^* \frac{g^*}{\gamma^*} \rho \left(\frac{d\theta}{d\tau}\right)^2 - g^* \frac{1}{\rho^2}$$

也就是

$$\frac{d^2\rho}{d\tau^2} = \rho \left(\frac{d\theta}{d\tau}\right)^2 - \frac{1}{\rho^2} \qquad (6—17)$$

把各无量纲变数代入（6—13）式则得到：

$$\sqrt{\frac{g^*}{\gamma^*}} \gamma^{*2} \sqrt{\frac{g^*}{\gamma^*}} \frac{d}{d\tau}\left(\rho \frac{d\theta}{d\tau}\right) = \gamma^* g^* \rho \nu$$

$$\frac{d}{d\tau}\left(\rho^2 \frac{d\theta}{d\tau}\right) = \nu \rho \qquad (6—18)$$

根据下列三个初始条件其方程式（6—17）可以作如下的变换其初始条件为：

（1）当 $\tau = 0$；$\rho = 1$； (6—19)

（2）当 $\tau = 0$，$\rho = 1$；时即在卫星轨道上飞船的速度，它是切于圆轨道的，是说，没有径向速度。

故 $\left(\dfrac{d\rho}{d\tau}\right)_0 = 0 \qquad (6—20)$

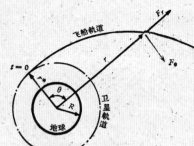

图 6—3

（3）当 $\tau = 0$；$\rho = 1$；而且其线速度即卫星速度 $\sqrt{g^* \gamma^*}$；

所以．

$$\gamma^* \left(\frac{d\theta}{dt}\right)_0 = \sqrt{g^* \gamma^*}$$

$$\bar{\gamma}^* \sqrt{\frac{g\gamma}{\gamma^*}} \left(\frac{d\theta}{d\tau}\right)_0 = \sqrt{g^* \gamma^*}$$

因此

$$\left(\frac{d\theta}{d\tau}\right)_0 = 1 \qquad (6—21)$$

（4）当初始条件（1）、（3）代入（6—17）式则得：

$$\frac{d^2\rho}{d\tau^2} = 0 \qquad (6—22)$$

如果将（6—17）式乘以则得：

$$\rho^3 \frac{d^2\rho}{d\tau^2} = \left(\rho^2 \frac{d\theta}{d\tau}\right)^2 - \rho$$

而；

$$\rho^3 \frac{d^2\rho}{d\tau^2} + \rho = \left(\rho^2 \frac{d\theta}{d\tau}\right)^2$$

注：1. 第9行"的变换其"应为"的变换；其"。

2. 第14行"速度 $\sqrt{g^* r^*}$"应为"速度为 $\sqrt{g^* r^*}$"。

3. 第17行"$r^* \sqrt{\dfrac{gr}{r^*}} \left(\dfrac{d\theta}{d\tau}\right)_0$"应为"$r^* \sqrt{\dfrac{g^*}{r^*}} \left(\dfrac{d\theta}{d\tau}\right)_0$"。

所以：
$$\rho^2\left(\frac{d\theta}{d\tau}\right) = \left[\rho^3\frac{d^2\rho}{d\tau^2} + \rho\right]^{1/2}$$

代入 (6—18) 式可得：
$$\frac{d}{d\tau}\left(\rho^3\frac{d^2\rho}{d\tau^2} + \rho\right)^{1/2} = \nu\rho \qquad (6-23)$$

方程 (6—23) 式是以 ρ 为变数，τ 为自变数的三次非线性常微分方程式，(6—19)、(6—20) 及 (6—22) 是定解所必需的三个初始条件。当 $\rho(\tau)$ 定了之后，就可以把 (6—18) 公式一次积分得出周向分速度 $\rho\frac{d\theta}{d\tau}$ 而 (6—21) 公式则决定了积分常数。求解的原理就是这样。

但要解出这方程式，必须要用较复杂的数值积分的方法，对于如何进行数值积分运算，这里不准备介绍。

随着飞行的进行，当 $t=t_1$ 时，对于单位质量的卫星飞船它所具有的动能为：
$$\frac{1}{2}\left[\left(\frac{d\gamma}{dt}\right)_1^2 + \left(\gamma_1\frac{d\theta}{dt}\right)_1^2\right]$$

而单位质量卫星所具有的势能为：
$$-g^*\frac{\gamma^{*2}}{\gamma}。$$

对于单位质量能量的总合为：
$$\frac{1}{2}\left[\left(\frac{d\gamma}{dt}\right)_1^2 + \left(\gamma_1\frac{d\theta}{dt}\right)_1^2\right] - g^*\frac{\gamma^*}{\gamma}$$

如果我们要求加速段的终了，也即是 $t=t_1$ 时，不但有足够的能量（动能）来克服地球引力而脱离地球引力场，而且要求在脱离地球引力场之后，还要有一定的速度 $n\sqrt{g^*\gamma^*}$，其中 n 为一个无量纲的参数，它表示了剩余的速度大小。設终了时的情况用下算"1"来代表则：
$$\frac{1}{2}\left[\left(\frac{d\gamma}{dt}\right)^2\left(\gamma\frac{d\theta}{dt}\right)^2\right] - g^*\frac{\gamma^*}{\gamma} = \frac{1}{2}(n\sqrt{g^*\gamma^*})^2$$

代入以上的无量纲的变数后上式可变成：
$$\frac{1}{2}\left[\gamma^{*2}\frac{g^*}{\gamma^*}\left(\frac{d\rho}{d\tau}\right)_1^2 + \gamma^*\frac{g^*}{\gamma^*}\rho_1^2\left(\frac{d\theta}{d\tau}\right)_1^2\right] - g^*\gamma^*\cdot\frac{1}{\rho_1} = \frac{1}{2}n^2 g^*\gamma^*$$

即当 $\tau=\tau_1$ ($t=t_1$) 时，描写加速终了时的无量纲的方程为：
$$\left(\frac{d\rho}{d\tau}\right)_1^2 + \rho_1^2\left(\frac{d\theta}{d\tau}\right)_1^2 - \frac{2}{\rho} = n^2 \qquad (6-24)$$

从微分方程和边界条件，首先把 ρ 及 $\rho\frac{d\theta}{d\tau}$ 作为 τ 的函数定下，那么 (6—24) 实际上就是

注：1. 倒数第 8 行 "用下算"1"来代表" 应为 "用下标"1"来代表，"。
2. 倒数第 4 行 "$\frac{1}{2}\left[r^{*2}\frac{g^*}{r^*}\left(\frac{d\rho}{d\tau}\right)^2 + r^*\frac{g^*}{r^*}\rho_1^2\left(\frac{d\theta}{d\tau}\right)_1^2\right]$" 应为 "$\frac{1}{2}\left[r^{*2}\frac{g^*}{r^*}\left(\frac{d\rho}{d\tau}\right)_1^2 + r^{*2}\frac{g^*}{r^*}\rho_1^2\left(\frac{d\theta}{d\tau}\right)_1^2\right]$"。

计算每一指定星际航行任务（即指定 n）的无量纲动力加速时间 τ_1。知道了 τ_1 就能算出 t_1，t_1 也就是发动机作用的时间，是飞船设计的一个重要参数。

在这里我们将设 $v=$ 常数，即推力随质量 M 的变化而变化。此外我们为了计算简单，先设 v 较大，然后从结果来推论，v 即加速度很小时的情况。因为 v 大，加速度相应的较大，其加速段不会很长，故很接近于 1，就可以用 $\rho=1$ 代入方程式(6—23)；因而使其(6—23)式简化，就可以利用初始条件和终了时的条件将(6—23)进行下列近似积分；

则
$$\frac{d}{d\tau}\left(\frac{d^2\rho}{d\tau^2}+1\right)^{1/2}=v \tag{6—25}$$

而 (6—25) 式积分就得到
$$\left(\frac{d^2\rho}{d\tau^2}+1\right)^{1/2}=C_1+v\tau$$

$$\frac{d^2\rho}{d\tau^2}+1=C_1^2+2C_1v\tau+v^2\tau^2$$

利用初始条件（4）当 $\tau=0$ $\frac{d^2\rho}{d\tau^2}=0$ 所以 $\tau_1=1$，

则
$$\frac{d^2\rho}{d\tau^2}=2v\tau+v^2\tau^2 \tag{6—26}$$

再将方程 (6—26) 式积分得到：
$$\frac{d\rho}{d\tau}=C_2+2v\frac{\tau^2}{2}+v^2\frac{\tau^3}{3}=C_2+v\tau^2+\frac{1}{3}v^2\tau^3$$

应用初始条件（2）当
$$\tau=0, \quad \frac{d\rho}{d\tau}=0$$

代入上式就得到 $C_2=0$

则
$$\frac{d\rho}{d\tau}=v\tau^2+\frac{1}{3}v^2\tau^3 \tag{6—27}$$

最后将 (6—27) 积分后得：
$$\rho=C_3+\frac{1}{3}v\tau^3+\frac{1}{12}v^2\tau^3+\cdots$$

利用初始条件（1）得到 $C_3=1$ 故
$$\rho=1+\frac{1}{3}v\tau^2+\frac{1}{12}v^2\tau^3+\cdots\cdots \tag{6—28}$$

从以上所得的 ρ 结果 (6—28) 可以看出，当 τ 很小时即时间很短的时候，ρ 是很趋近于 1。故说明以上的近似积分是合理的。把以上 (6—28) 所得结果代入方程 (6—18) 利用同样近

注：1. 第 4 行 "来推论，v 即" 应为 "来推论 v，即"。
2. 第 12 行 "$\tau=0$ $\frac{d^2\rho}{d\tau^2}=0$ 所以 $\tau_1=1$" 应为 "$\tau=0, \frac{d^2\rho}{d\tau^2}=0$，所以 $C_1=1$"。
3. 倒数第 5 行公式中 "$\frac{1}{12}v^2\tau^3$" 应为 "$\frac{1}{12}v^2\tau^4$"。
4. 倒数第 3 行公式中 "$\frac{1}{3}v\tau^2+\frac{1}{12}v^2\tau^3$" 应为 "$\frac{1}{3}v\tau^3+\frac{1}{12}v^2\tau^4$"。

似积分的方法可得：

$$\frac{d}{d\tau}\left(\rho^2 \frac{d\theta}{d\tau}\right) = \nu\rho = \nu + \frac{1}{3}\nu^2\tau^3 + \frac{1}{12}\nu^3\tau^4 + \cdots$$

积分后

$$\rho^2 \frac{d\theta}{d\tau} = C_4 + \nu\tau + \frac{1}{12}\nu^2\tau^4 + \frac{1}{60}\nu^3\tau^5 + \cdots$$

利用初始条件（2）得到 $C_4 = 1$ 所以

$$\rho^2 \frac{d\theta}{d\tau} = 1 + \nu\tau + \frac{1}{12}\nu^2\tau^4 + \frac{1}{60}\nu^3\tau^5 \qquad (6-29)$$

把已经求得的 ρ 平方得：

$$\rho^2 = 1 + \frac{2}{3}\nu\tau^3 + \frac{1}{9}\nu^2\tau^4 + \frac{1}{9}\nu^2\tau^6 + \frac{1}{18}\nu^3\tau^7 + \frac{1}{144}\nu^3\tau^6 \qquad (6-30)$$

把已知的 ρ 与 $\dfrac{d\rho}{d\tau}$ 相乘即得：

$$\rho\frac{d\rho}{d\tau} = \nu\tau^2 + \frac{1}{3}\nu^2\tau^3 + \frac{1}{3}\nu^3\tau^5 + \frac{7}{36}\nu^3\tau^6 + \frac{1}{36}\nu^3\tau^7 + \cdots$$

对于加速终了时，$t = t_1$ 的方程式（6—24）乘以 ρ_1^2 即得：

$$\rho_1^2\left(\frac{d\rho}{d\tau}\right)_1^2 + \rho_1^4\left(\frac{d\theta}{d\tau}\right)^2 - 2\rho_1 = \rho_1^2 n^2$$

$$\left(\rho_1 \frac{d\rho}{d\tau}\right)^2 + \left(\rho_1^2 \frac{d\theta}{d\tau}\right)^2 - 2\rho_1 = \rho_1^2 n^2 \qquad (6-31)$$

将（6—29）及（6—30）的结果代入（6—31）式则得：

$$\left\{\nu\tau_1^2 + \frac{1}{3}\nu^2\tau_1^3 + \frac{1}{3}\nu^3\tau_1^5 + \frac{7}{36}\nu^4\tau_1^6 + \frac{1}{36}\nu^3\tau_1^7 + \cdots\right\}^2 + \left\{1 + \nu\tau_1 + \frac{1}{12}\nu^2\tau_1^4\right.$$
$$\left. + \frac{1}{60}\nu^3\tau_1^5 + \cdots\right\}^2 - 2\left\{1 + \frac{1}{3}\nu\tau_1^3 + \frac{1}{12}\nu^2\tau_1^4 + \cdots\right\} = n^2\left\{1 + \frac{2}{3}\nu\tau_1^3 + \frac{1}{6}\nu^2\tau_1^4\right.$$
$$\left. + \frac{1}{9}\nu^2\tau_1^6 + \frac{1}{18}\nu^3\tau_1^7 + \frac{1}{144}\nu^4\tau_1^8 + \cdots\right\} \qquad (6-32)$$

（6—32）式就是对于加速终了用近似积分求解出的方程式。但在进一步计算之前，我们来研究一下 $\nu\tau_1$ 的实际意义，特别是它与质量比的关系。设 C 为有效喷气速度。M_0 为 $t = t_0$ 时的质量。M_1 $t = t_1$ 为时的质量。则对于单位质量的推力，有下列关系

$$-C \cdot \frac{dM}{dt} \cdot \frac{1}{M} = F_\theta$$

因 $F_\theta = \nu g^*$；所以

$$-\frac{C}{M}\frac{dM}{dt}=vg^*$$

进行无量纲化后:

$$-C\frac{dM}{M}=\gamma g^*\sqrt{\frac{\gamma^*}{g^*}}d\tau$$

在 $\tau=0\to\tau_1$ 及 $M_0\to M_1$ 之间进行积分则得:

$$Cln\frac{M_0}{M_1}=\sqrt{\gamma^*g^*}\tau_1 v$$

所以

$$\frac{C}{\sqrt{g^*\gamma^*}}ln\frac{M_0}{M_1}=\tau_1 v \tag{6-33}$$

这里对于一定的推进剂 $\frac{C}{\sqrt{g^*\gamma^*}}$ 的值是一定的, 而 $\sqrt{g^*\gamma^*}$ 实际上是表示出卫星轨道上的旋转速度。对于目前的化学火箭 $\frac{C}{\sqrt{g^*\gamma^*}}$ 在 0.35 到 0.55 之间; 对于我們在下一章要讲的原子火箭 $\frac{C}{\sqrt{g^*\gamma^*}}$ 在 1 到 1.25 之间; 而对于所謂电火箭（见下章）$\frac{C}{\sqrt{g^*\gamma^*}}$ 大于 2。

命 $\frac{C}{\sqrt{g^*\gamma^*}}ln\frac{M_0}{M_1}=\eta$; 则实际上代表了質量比的大小, 可以作为恒量比大小的指标; 所以 $\eta=\gamma\tau$, 将这个关系代入 (6-32) 即得:

$$\frac{1}{\gamma^2}\left\{\eta^2+\frac{1}{3}\eta^3+\frac{1}{\gamma^2}\left(\frac{1}{3}\eta^5+\frac{7}{36}\eta^6+\frac{1}{36}\eta^7+\cdots\right)\right\}^2+$$

$$+\left\{(1+\eta)+\frac{1}{\gamma^2}\left(\frac{1}{12}\eta^4+\frac{1}{60}\eta^5\right)+\cdots\right\}-2\left\{1+\frac{1}{\gamma^2}\left(\frac{1}{3}\eta^3+\frac{1}{12}\eta^4\right)+\cdots\right\}=$$

$$=\eta^2\left\{1+\frac{1}{\gamma^2}\left(\frac{2}{3}\eta^3+\frac{1}{6}\eta^4\right)+\frac{1}{\gamma^4}\left(\frac{1}{7}\eta^6+\frac{1}{18}\eta^7+\frac{1}{144}\eta^8\right)\right\} \tag{6-34}$$

用 (6-34) 公式在给定的 γ 及 n 值的情況下求 η 值; 实际上由于我們在一开始时所引入的简化假設, $\rho=1$, (6-34) 公式的精确度不到以 $\frac{1}{\gamma^4}$ 项为因子的, 只有以 $\frac{1}{\gamma^2}$ 为因子的项才是确实的, 因此 η 作为 n 及 γ 的函数可以展开成下列形式, 而只計算到 $\frac{1}{\gamma^2}$ 为因子的项:

$$\eta=\eta^0(u)+\frac{\eta^{(\prime)}(n)}{\gamma^2}+\cdots$$

注: 1. 倒数第9行"为恒量比大小"应为"为衡量质量比大小"。
2. 倒数第4行"r 及 n 值"应为"v 及 n 值"。
3. 倒数第3行"$\rho=1$"应为"$\rho\cong 1$"。
4. 倒数第3行"$\frac{1}{r^4}$ 项为因子的"应为"$\frac{1}{r^4}$ 为因子的项"。

对于 $\frac{1}{(\gamma^2 v^{(1)})}$ 项的集合可得：

$$(1+\eta^0)^2 - 2 = n^2 \qquad \eta^0 = \sqrt{2+n^2} - 1$$

$$\left\{\eta^{(0)2} + \frac{1}{3}\eta^{(0)3} + \cdots\right\}^2 + 2(1+\eta^0)\left(\frac{1}{12}\eta^{(0)4} + \frac{1}{60}\eta^{(0)5}\right) + 2(1+\eta^{(0)})\eta^{(1)}$$

$$-2\left\{\frac{1}{3}\eta^{(0)3} + \frac{1}{12}\eta^{(0)4}\right\} = n^2\left\{\frac{2}{3}\eta^{(0)2} + \frac{1}{6}\eta^{(0)4}\right\}$$

解出 $\eta^{(1)}$ 得：

$$\eta^{(1)} = \frac{\eta^{(0)3}}{2(1+\eta^{(0)})}\left[\frac{2}{3} - \eta^{(0)} - \frac{13}{15}\eta^{(0)2} - \frac{13}{90}\eta^{(0)3} + n^2\left\{\frac{2}{3} + \frac{1}{6}\eta^{(0)}\right\}\right]. \quad (6-36)$$

我們先用（6—35）算出 $\eta^{(0)}$，然后再用（6—36）公式算 $\eta^{(1)}$；那么（6—34）公式最后得出 η。由公式（6—36）可以看出：当 $n=0$，即只要求加速所需的能量能克服地球引力就够了，这时的质量比 η 为：根据（6—35）可得：

$$n=0 \begin{cases} \eta^{(0)}(0) = \sqrt{2} - 1 = 0.4142. \\ \eta^{(1)}(0) = +0.002349. \end{cases}$$

当 $\gamma > \sqrt{0.10}$ 的情况下，我們的计算是足够精确的，而且也是显示出：当 γ 从很大，即 $\gamma > 1$ 到 $\gamma = \sqrt{0.10}$，在 $n=0$ 时，η 的数值从 0.414 增加到 0.437。当 $n=0$，$\gamma = 0.10$ 时，以上的计算給出，$\eta \sim 0.649$，但这是不太准的；当 $\gamma < \sqrt{0.10}$ 对于一定的 n 值，可以用数值积分的方法求得加速常数 γ 与质量比的一定变化关系。我們在这里只給计算的结果如图（6—4）；从曲綫可以看出：当加速度降低为 1/2g 时，其相应的质量比并不要增加很多，也就是如前所說，当加速度小到 1/2g 以前所付出的代价是不大的，而比 1/2g 再繼續的下降时其质量比的增加就很快。例如：当 $n=0$，$\gamma = 10^{-3}$ 时，η 值就几乎是大推力时的两倍，也就是說如果噴气速度不变，质量比的对数是大推力时的两倍，而对数的两倍就是 $\gamma = 10^{-3}$ 时的质量比将为大推力时质量比的平方。这也就是說用小推力时，我們必須付出代价；如果我們不能增加噴气速度，那么我們不应使 γ 小于 0.10。

如果我們可以在降低推力的同时，大大提高噴气速度，象下一章所将要講的电火箭发动机，譬如当 $\gamma = 10^{-3}$ 时，噴气速度 c 的数值比大推力的化学燃料火箭发动机式原子火箭发动机要大两倍以上，那么 η 的增加将被 c 的增加所超过，质量比反而可以降低这情况就不同了。用低推力电的火箭发动机就有真实的好处。这我們将在下一章中作更多的說明。

§6—5 低推力星际航道：

现在我們回到真实时间 t，计算一下用小推力从低的地球卫星轨道起飞所要的时间。如果 $\gamma = 10^{-4}$，$n = 0.462$，即脱离地球引力場之后还有 6.8 公里/秒的速度，以便进入达到其他行星上去的轨道，那么依照图（6—4），$\eta = 1.7$ 这也就是說 $\tau_1 = \frac{\eta}{\gamma} = \frac{1.7}{10^{-4}} = 1.7 \times 10^4$。

注：本页 "r"、"V" 均应为 "v"，"η^0" 均应为 "$\eta^{(0)}$"。

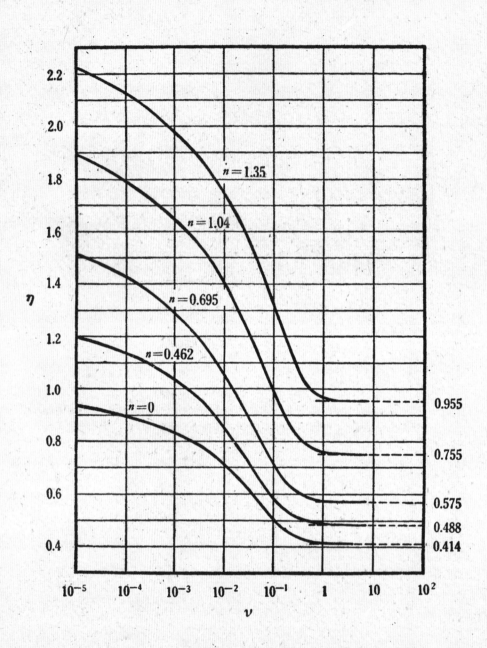

图 6—4

但是依照（6|15）公式：$t_1 = \sqrt{\frac{r^*}{g^*}}\tau_1 = \sqrt{\frac{6,371,000}{9.81}} \times 1.7 \times 10^4$ 秒 $= 808 \times 1.7 \times 10^4 =$
$= 1375 \times 10^4 = 1.375 \times 10^7$ 秒 $= 159$ 天。由此可见用这样小的推力，加速段的时间大大地延长了，成为整个星际航行的一个不能忽略的部分。

我们也可以用上节（§ 6—4）的结果来计算当星际飞船在航行的终端，要降落到一个星球的卫星轨道上去的情况。这不过把加速变成减速，图（6—4）仍然可以用；只是在从无量纲参数转换到真实参数时，必需用星球的 $g^* r^*$

从上面的实例可以看出来：用低推力时，我们难于分清脱离地球卫星轨道的加速段。引星际飞行段、及到达星球附近的飞行段，三段都相互联接起来了。整个轨道的计算比较大推力的轨道的计算要复杂，它本身还是一个在研究中的问题。

§ 6—6 光 帆：

从小推力轨道得到启发，有人建议可以利用光压来产生很小的加速度。也可以推动星际飞船；这就是用"光帆"的星际帆船。光帆是沒有質量的消耗，它是靠光压来产生推力的，光压的大小我们可以对地球附近的情况作如下簡略的计算。

由于在地球附近正照的太阳光的强度为 1.3 千瓦/米²，若 $\bar{m}$ 为每秒光子質量流量/米²。c 为光速 3×10^{10} 厘米/秒。则：

$$1.3 \times 1000 \times 10^7 \text{尔格/米}^2/\text{秒} = \bar{m}c^2$$

在最大光压（正照）因为有入射和反射故为 $2\bar{m}c$ 所以

$$2\bar{m}c = \frac{2 \times 1.3 \times 10^7}{3 \times 10^{10}} = 0.866 \text{ 达因/米}^2$$

即做大小为 1000 米² 的帆可产生约 $\frac{1}{1000}$ 公斤的推力；如果飞行器是 100 公斤则其加速度为 $\frac{1}{100,000}g$，约相当于 $\gamma = 10^{-5}$。有人仔细地计算过，这样的帆船，如果首先用大推力火箭送出地球重力场，那么大约要一年时间就能到达火星地区。因此，如果不考虑结构上的问题，单純从轨道问题上来考虑，光帆是可以行得通的。但是这只是一个理论的想法，还有很多东西不清楚。例如：要把帆做得很薄很輕，其結构强度就很低易被大气里存在的流星隕石等击穿而被破坏，故利用光帆的现实性还得进一步研究。

第六章 习 题

习题 6—1 利用 Hnhmann 式轨道到金星（有关金星的参数见表 1—5），并使用大推力。计算从低地球卫星轨道起飞时的加速段所必需达到速度（相对于地球中心）及速度增量。

习题 6—2 苏联在 1961 年 2 月 12 日所发射的从低卫星轨道起飞的金星火箭，其起飞加速后的速度（相对于地球中心）比第二宇宙速度还大 661 米/秒。如果它在脱离地球重力场之后的速度是切于地球繞太阳轨道，计算这个金星火箭繞太阳的椭圆轨道参数：半长径、半短径、及到达金星轨道时火箭繞太阳所走过的弧角。

注：1. 第 6 行 "$g^* r^*$" 应为 "g^* 和 r^*"。
2. 第 7 行最后一字 "引" 应为 "行"。
3. 第 14、16、17、18 行中 "m"、"$\bar{m}$" 均应为 "$\bar{m}$"。
4. 倒数第 7 行 "Hnhmann" 应为 "Hohmann"。

习题 6—3 分析光帆飞行器在太阳重力場中的运动。F_r 为每单位飞行器質量由光帆所产生的径向推力。F_θ 为每单位飞行器質量由光帆所产生的周向推力，由于阳光来自太阳，如 r 为飞行器离太阳的距离，則 F_r 及 F_θ 都与 r^2 成反比。如光帆能自动对好太阳，使 $\dfrac{F_\theta}{F_r}=\dfrac{1}{R}$ 常数，首先証明飞行器的軌道为一对数螺旋

$$r = e^{g\theta}$$

其中 g 为一常数。定出光帆推力，太阳重力常数，以及 R，g 之間的关系。最后得出从 $r=r_0$ 到 $r=r_1$ 之間，計算飞行时間的公式。

第七章 原子能火箭发动机

§7.1 原子能

我們知道：使用化学能的推进剂最大可能达到的喷气速度在4公里/秒左右，这与星际航行所要求相比是小了些，因此，人們总是想办法来加大喷气速度。由于原子能的发现及其利用，关于火箭发动机利用原子能可以取得更高的喷气速度的問題很早就已提出。但实际上要等到原子反应堆和原子能工业的实现和发展才有条件来讨論在星际航行中利用核能燃料这个极重要的問題。在火箭技术中利用原子能的一个办法就是原子火箭发动机。虽然目前原子火箭发动机有待于解决一系列的技术問題，还沒有实际应用，只是在不能飞行的模型試车阶段。但是，由于原子火箭发动机它能創造更高的飞行速度，与目前的化学燃料火箭发动机相比较具有独特的优点，所以原子火箭发动机乃是火箭发动机繼續发展的方向，也是我們要研究的对象之一。

我們知道：在核的轉变过程中要放出巨大的能量，其核的轉变包括有重核的裂变及輕核的聚变。其裂变是指重原子核在具有一定速度的中子冲击下被分裂为具有中等原子量的新元素，并产生一定数量的自由中子可以繼續去冲击未分裂的重原子核，伴随裂变的过程产生大量的能量，即放出核的結合能，这种核分裂现象称为核裂变。核裂变可以根据引起裂变的中子速度的不同而分为慢中子（或称热中子其能量小于0.1电子伏特）、快中子（其能量大于0.1百万电子伏特）以及高能粒子所引起的核裂变。（注：电子伏特为核子物理学中最广泛采用的单位，即一个电子伏特等于电子通过一伏特电位差的电场后所得到的能量 即电子电荷）。另一种类型的核反应是核的聚变，也就是二个輕原子核在被加速使之具有一定的能量之后相撞击可以合成一个较重的原子核，同样可以放出大量的能量，以及产生一定数量的中子。如果将輕原子量的反应物質加热到极高的温度（約1亿度）使核具有很大的热动能，这时核之間彼此碰撞就可以发生核聚变，这就叫做热核反应。看来要广泛的利用热核反应，必须要获得可控制的高温才行，而目前还沒有找出很好实现可控热核反应的办法。故今后仍将是繼續努力創造条件来利用热核反应的能量。現在人們已經能够控制核分裂反应的过程，所以下面我們将介紹利用核裂变能量的原子火箭发动机。

目前使用的基本裂变物質是鈾235和利用反应堆生产出来的鈾233及鈈239。鈾235是从天然鈾中分离出来的，而天然鈾是从矿石里取得。天然鈾是鈾的三种同位素的混合物，其中含U^{238} 99.282%，U^{235} 0.712%，U^{234} 0.006%。而只有U^{235}才能满足动力技术要求的裂变物質。因为只有U^{235}可以进行自行保持的鏈式分裂反应。也就是能在不断的放出能量的同时，产生一定数量的中子，繼續去冲击未分裂的原子核。但是由于U^{235}的含量较少，天然鈾不能直接的用于动力装置中，必须把U^{235}提出，而这是相当复杂和昂貴的工艺过程。原子能工业的发展开辟了广泛使用核裂变能量的原料来源。故目前可以提供大规模使用的核裂变原料。除了从天然铀分离出 U^{235} 以外，还有 U^{233}、鈈239 以及超铀元素里的同位素。鈈239（p_u^{239}）是从在反应堆中用 U^{235} 裂变产生的中子，被 U^{238} 吸收后經过二次 β 蜕变而得到。而 U^{233} 是从在反应堆中的中子被釷吸收經二次 β 蜕变而得。而在自然界的貯量比铀还多。

  原子火箭发动机之所以能创造出比普通的化学燃料火箭发动机更高的喷气速度，主要是在核变化的过程中放出的能量远远超过化学燃料燃烧过程中所放出的能量。因一般的燃烧反应只是在原子的电子层里进行，无非是元素的結合，是电子从这一层到另外一层的变化，而原子核内部的結构没有任何变化。但在核裂变里，原子核本身結构发生了变化，使一个重原子核形成两个中等原子的新原子核，同时放出大量能量及一定数量的中子。这种結构上的变化必然引起相应的电子层或原子核結构上的变化，但电子与原子核的結合能的数量級是一个电子伏，而原子核中質子及中子結合能的数量級为 1 个非电子伏特差一百万倍。所以一般单位质量化学燃料的燃烧反应放出的能量，如果为 1 个单位那么单位质量核裂变物質能放出的能量为 100 万个单位，也即单位質量核裂变的能量等于单位質量化学变化放出能量的 10^6 倍。所以这样高的能量被放出来可以使火箭发动机的性能有飞跃的提高。

§1.2 原子火箭发动机

  关于原子火箭发动机如何来利用核裂变的能量，可以采用不同的方案，现在的科学技术还不能实现直接利用核裂变的方案，这里只介绍一个较成熟的工作过程，在不久的将来就能实现的方案。即在反应堆进行可調节的核子鏈式分裂反应，放出大量的能量，并随之将原子能变成了热能，产生很高的温度，而用惰性的工作介貭通过反应堆，吸收和带走反应堆的热量进入噴管将热能变成喷气的动能以高速喷出而产生较高的飞行速度。其結构简图如图（7—1）

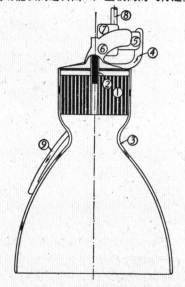

图 7—1 原子火箭发动机結构简图

注：1. 第 3 行"而在自然界的貯量"应为"而在自然釷的貯量"。
  2. 第 11 行"1 个非电子伏特差"应为"1 兆电子伏特，差"。
  3. 第 15 行"§1.2"应为"§7.2"。
  4. 现图 7—1 对应的图注为"1—反应堆；2—控制棒；3—氢冷却套；4—来自冷却套的气氢；5—氢涡轮；6—氢涡轮排气入反应堆；7—液氢泵；8—来自液氢貯箱的导管；9—高压液氢导管至冷却套"。

1. 反应堆。2. 控制棒。3. 氢冷却套。4. 来自冷却套的气氢。5. 氢涡轮。6. 氢涡轮排气入反应堆。7. 液氢泵。8. 来自液氢贮箱的导管。9. 至冷却套的高压液氢导管。

图（7—1）是一个原子火箭发动机的简图，它是用液氢作为工作介质。其流程是用液氢泵"7"将贮箱的液氢经管"9"打入冷却夹套"3"其流向如图与 LR115 液体燃料火箭发动机燃烧室相同。然后气氢从管"4"进入氢涡轮，在氢涡轮里进行局部膨胀，压力微有下降后，进入反应堆"1"，氢吸收了反应堆的热量温度大大昇高，然后进入喷管进行膨胀将热能转变成动能以高速度喷出。其氢涡轮所发出的功率是作为液氢泵的能源。

发动机工作介质选择的依据是使其喷气速度达到最大值，也即是工作介质的温度或反应堆的温度达到最高，以及使工作介质的分子量最小，而对于核裂变反应理论上是可以获得火箭发动机燃烧室内任意高的温度，但这温度是受反应堆结构材料及核裂变燃料本身所能承受的温度限制。因此除了尽可能高的温度外，选择低分子量的工作介质就具有重要的意义。而普通氢的分子量最低，它是可以获得最大的喷气速度，而且价廉易得到的工作介质。如当通过反应堆后温度达到 4000℃ 时，氢气流的速度可达到 8,000～10,000 米/秒左右，但氢用作工质推进剂最大的缺点是比重很小，必需用较大的推进剂贮箱，但这不是不可克服的困难。

这里对于用氢作为工作介质的原子火箭发动机的理论计算性能在下列的计算条件下为：

（1）刚经过反应堆时的压力 $P_c = 100$ 大气压，而喷管出口压力等于大气压力同时都等于零即

$$P_e = P_a = 0.$$

（2）由于氢在高温下的分离和复合反应进行非常迅速，故可以近似的认为在喷管内是平衡流动，用平衡法计算。

（3）其推进剂的消耗主要是指氢的消耗。因为核燃料的单位质量能量很高，其质量的消耗与工质消耗相比是相当小以致可以忽略。

表（7—1）

$T°K$	$T°C$	W_e 米/秒	I_s 秒
3,886	3,613	12.100	1,233
3,330	3,057	10,860	1,107
2,780	2,507	9,600	979
2,220	1,947	8,380	855
1,667	1,394	7,000	714

当然，因为 $P_e \neq 0$ 以及平衡流的假设与实际还有差别，故实际作用在不同高度的可能平均比冲为表（7—1）上所列出的数据的 85%，即根据反应堆的材料考虑到其他条件其实际比冲约在 800—1000 秒之间。

原子火箭发动机的主要部份为原子反应堆，为了对原子反应堆有粗略的了解，这里对反应堆的一般工作情况仅作简略的介绍：反应堆主要要由发生分裂反应的**活性**区组成，而活性

区是由内装释热元件的大量工艺管道按一定的方式配置而构成。其释热元件的芯由核子燃料组成,用一外壳来保护芯(其外壳可以用吸收中子弱的金属如铝、镁、锆等做而绝不能用吸收中子强的硼做成)使其不被流经释热元件的工作介质所腐蚀,并防止芯中的放射性分裂碎片进入工作介质里。而在释热元件外壳与工艺管道之间形成一个工作介质的通道,以便导出热量。当然释热元件可以做成圆柱形、棒形、弧板形及管形。为了提高U^{235}和钚239等核

表(7.2)

铀 的 浓 缩 度	$U^{235}/U^{238}=1/10$	$U^{235}/U^{238}=1$
反应堆的直径(米)	4.86	3.82
反应堆的长度(米)	2.43	1.91
反应堆活性物质的重量(吨)	30.5	14.85
所含铀235的重量(公斤)	54.5	86.5
液氢的流量(吨/秒)	3.172	1.528
推力 (吨)	2,364	1,138
反应堆的热功率(亿瓩)	1.59	0.765
火箭的起飞重量(其重量为推力的60%)(吨)	1,420	683
所携带的液氢重量(其重量为推力的48%)(吨)	1,134	546
液氢圆筒贮箱尺寸(其长度为直径的6倍)(直径×长度)(米)	15.10×90.7	11.83×71
推力作用时间(秒)	358	358
每次发射"烧"掉的U^{235}重量(公斤)	0.661	0.318
结构及有效负载重(吨)	286	137
结构重	170*	102.5**
其中除反应堆以外的发动机结构重量(吨)***	23.6	11.38
不带发动机的结构重量(吨)	115.9	76.27
卫星重量(吨)	116	34.5

* 其结构比按12%计算而得。
** 其结构比按15%计算而得。
*** 除反应堆以外的发动机结构重量与化学火箭应该相当,故采用了化学火箭的结构重:推力=1:100的比例来计算。

裂变物质的原子核俘获中的机率，故可以在各工艺管道之间放入分子量小其中子散射力强而中子吸收率弱的减速剂，来减低核裂变过程中产生的中子速度，如石墨或鈹（实际上是使用氧化鈹）。对于快速中子的反应堆就不用减速剂，其尺寸也可以减小。这种反应堆的结构及操縱比较复杂，需要更高的技术水平。另外还設有补偿棒，它是由强吸收中子的材料做成，作用是吸收裂变所放出的中子，以降低反应的强度。当补偿棒全部插入反应堆时，吸收中子很多，裂变連鎖反应不能进行，反应堆就停止工作。把棒抽出到一定程度，反应堆就起动了。随着反应堆工作的进行补偿棒就从活性区內逐漸的提出。

反应堆的調节在于保持所給定的功率或向需要的方向改变这功率，故一般設有可改变反应堆反应率的調节棒，多做成圆形。可以用吸收中子强的鎘、硼、碳化硼或硼鋼做成。此外巳在反应堆中設有在发生事故时能迅速熄灭原子核反应的安全棒。总之在設計反应堆最主要的要求是尽可能的选择应用吸收中子能力较弱的材料，这样可以减少中子的无故损失。

为了我們对原子火箭发动机所能达到的性能有所了解，因而举出下列两个計算例子：其計算条件为慢中子反应堆（即热中子反应堆），比冲 $I_s=746$ 秒，发射低軌道卫星，以氫作工作介貭，用石墨作减速剂。

从表（7-2）可以看出下列几点：

首先是原子能燃料中的 U^{235} 含量愈高，火箭将愈輕。而实际上含 U^{235} 的浓度是相当小的，而大部为减速剂及其他物质的重量。

其次是由于反应堆的工作必須在临界尺寸下进行，才能使核分裂反应成为自动保持的反应，（其临界尺寸是指在一定的形状和尺寸下进行連鎖裂变反应，其中子的泄漏减少到使裂变后产生的中子数量与裂变前所具有的中子数量相等），而临界尺寸的反应堆中，其所含的裂变燃料较多，并不会一次使用中就"烧"完。从表（7-2）上看，运载火箭送一次卫星只用掉 1.21% 和 0.368%，是原有核燃料的很少一部份。故原子火箭发动机必須考虑为能回收的系統，即应設有回地时所用的翅膀，这样使其结构重量比化学燃料火箭发动机就有所增加。一般化学燃料火箭的结构重量为起飞重量的 5%，而原子火箭发动机取为 12% 或 15%。

另外，原子火箭发动机的有效負载是相当大的，从表（7-2）上看约占起飞重量的 8% 或 5% 左右，而一般化学燃料火箭的有效負载是起飞重量的 1%，就是以第四章 §4.3 的例子来看，用了液氧液氫发动机巨型运载火箭，也只有 2.44%。

原子运载火箭发动机比较庞大，如何发射是将来要考虑的问题，但估計可以放在海面上来发射。因为工作介貭为氫，其比重比水輕很多，这样內装大量液氫的整个火箭发动机易竪立在水中。

当然以上考虑的方案并不是最好的，因为是用的慢中子裂变，其反应堆的尺寸比用快中子裂变所需反应堆的尺寸要大。关于如何使反应堆在大功率的情况下，使其反应堆外形尺寸尽量的小，其反应堆重量尽可能的輕，在使用上具有很高的可靠性等等一系列的技术问题有待于进一步的研究和解决。但总的看起来，原子火箭发动机由于应用了高能的核子燃料，可以获得很高的比冲，比化学火箭有一个飞跃的提高。也因为比冲的成倍增长，原子运载火箭的级数可以少，放卫星只要单级，并且可以多次使用，此外其结构较簡单，有效負载也较大，这些特点都对星际航行是有利的。自然原子火箭发动机是受反应堆的溫度限制。如果反应堆的溫度能进一步的提高的话，就可以更有效的来利用核能量提高噴气速度。因此也有人提出：原子運載火箭在飛行了一級之後，本身重量因推進劑的消耗而降低了，推力降低一些也是可以的，即如果把氫的流量降低一些，而使用同一個噴管，就會使通過反應堆後的壓力 P 也跟隨降低，因而在高空就可以增加離解度，從而可使比冲提高，這是會有好處的。這些有關原子火箭發動機的具體設計問題都有待於今後進一步的研究。

因此在我們能創造具有更高飛行速度的火箭發動機後，我們就可以更廣泛的來選擇發射衛星的軌道，使其發射消耗的動能增加一些，而飛行的時間可相應的減少。這對於星際航行來說是有利的，今天看來利用原子火箭發動機是有可能達到這個目的。

§7—3 電火箭的設計原理

電火箭發動機與原子火箭發動機在形式上及性能上几乎完全不同，但是都是以原子能作為發動機的能源基礎。電火箭不是象原子火箭那樣，直接利用核裂變產生的熱量來加熱推進劑工質，而是利用這個熱能加熱氣體渦輪的工質，產生的高溫高壓氣體去吹動渦輪。渦輪再帶動發電機，把機械能變為電能，然後利用電能來加速少量的推進劑，使能量集中在這少量的工質上噴出產生推力。工質在電場的作用下電離而變為等離子體而被加速，以每秒幾十公里至一百公里或更高的速度噴出（一般化學火箭的排氣速度只有 3—4 公里/秒，原子火箭的排氣速度也只能達到 8—10 公里/秒）。其比冲可以達到幾千以至上萬秒。看來這種發動機具有很高的噴氣速度和比冲，用來作為火箭動力是比較理想的。但是，問題並不就這麼簡單，因為這種發動機實際上等於把一個原子發電站和離子加速器搬到火箭上。因此，整套設備的結構重量是十分大的。當我們要增加發動機的推力時，整個動力機械的結構重量也要隨大大增加。這樣就限制了電火箭的推力只能在很低的水平上，這也正是與原子火箭及化學火箭性能的最大不同點；電火箭具有很高的比冲和噴氣速度，但推力確很少，結構重量中相當大的一部分是動力機械的重量，而推進劑卻占重量的較小部分。化學火箭，原子火箭則比冲及噴氣速度受到限制，但是推力卻可以很大。因此，它們的推進劑重量在火箭中則占有很重要的部分，結構重量卻很小。這樣一來，可以看出要想利用這三類火箭的任何一種力圖兼得高比冲和大推力是不可能的。

這裡具體討論電火箭發動機的几個主要問題：設為火箭推進劑的質量；為發動機工作時間，如果以發動機推力不變計，則每秒推進劑的流量

$$\dot{m} = \frac{M_F}{t},$$

w 為噴氣速度。則電火箭發動機的排氣功率* 為

$$L = \frac{\dot{m}w^2}{2} = \frac{M_F w^2}{2t}, \tag{7—1}$$

如果火箭本身對排氣功率無損失，則可以得出而推力 T 為

$$T = \dot{m}w = \frac{M_F}{t}w. \tag{7—2}$$

---

* 排氣功率：是發電機所產生的電能，加於推進劑上產生排出氣體所具有的功率，與電功率之間差一效率因素的關係。

註：1. 倒數第 9 行"設為火箭推進劑"應為"設 M_F 為火箭推進劑"。
2. 倒數第 9 行"為發動機工作時間"應為"t 為發動機工作時間"。

排气功率与推力之比为

$$\frac{L}{T} = \frac{w}{2}. \qquad (7-3)$$

可以看出，当推力保持不变，增加排气速度时，发动机的排气功率必然随之增加。实际上也就是要求发电站相应地增大，这样对我们来说是不利的。因此，当我们设计电火箭时必须把对排气速度的选择和发电站的重量结合起来考虑，以求得最优设计。

如果，我们将火箭的总质量 M_0 分成为：推进剂质量 M_F；动力机械质量 M_P 和结构及有效负载质量 M_L，即

$$M_0 = M_F + M_P + M_L \qquad (7-4)$$

因此，加速终了的质量

$$M_1 = M_0 - M_P = M_P + M_L \qquad (7-5)$$

那么，用齐奥尔阔夫斯基公式得出火箭加速终了的速度为

$$V = w \ln \frac{M_0}{M_1} = w \ln \frac{M_F + M_P + M_L}{M_P + M_L} \qquad (7-6)$$

现将动力机械质量 M_P 看作为与排气功率成正比关系，其比例系数为 $\frac{1}{\alpha}$；α 是单位动力机械质量的排气功率（尔格/秒·克），那么，由（7-1）式得出

$$M_P = \frac{M_F w^2}{2t\alpha} \qquad (7-7)$$

表入（7-6）式得

$$e^{V/w} = \frac{M_0}{M_P + M_L} = \frac{M_0}{M_L + \frac{M_F w^2}{2t\alpha}} = \frac{1}{\frac{M_L}{M_0} + \frac{M_F}{M_0} \frac{w^2}{2t\alpha}} \qquad (7-8)$$

又有

$$e^{V/w} = \frac{M_0}{M_P + M_L} = \frac{M_0}{M_0 - M_F} = \frac{1}{1 - \frac{M_F}{M_0}}$$

所以

$$\frac{M_F}{M_0} = 1 - e^{-\frac{V}{w}}$$

表入（7-8）式

$$e^{V/W} = \frac{1}{\frac{M_1}{M_0} + \frac{w^2}{2t\alpha}(1 - e^{-V/w})}$$

因此得出

$$\frac{M_L}{M_0} = e^{-\frac{v}{w}} - \frac{w^2}{2t\alpha}\left(1 - e^{-\frac{v}{w}}\right)$$

即

$$\frac{M_0}{M_L} = \frac{e^{-\frac{v}{w}}}{1 - \frac{w^2}{2t\alpha}\left(e^{-\frac{v}{w}} - 1\right)} \qquad (7-9)$$

注：1. 第 10 行 "$M_1 = M_0 - M_P = M_P + M_L$" 应为 "$M_1 = M_0 - M_F = M_P + M_L$"。

2. 第 16 行 "表入（7-6）式得" 应为 "代入（7-6）式得"。

这里我们可以看出：当$t\alpha$一定时，如果排气速度很小，自然$\frac{M_o}{M_L}$就变得很大，即是說有效负载相应地变小了。因此，太小不好。反之，如果很大，此时（7—9）式的分子趋近于定值，而分母在一定w值时却变得很小，实际上还是使得$\frac{M_o}{M_L}$增大。对我们也不利。可见，排气速度w在各种一定的值时都有一最优值，即是說此时既保证有效负载最大，而又具有较高的排气速度。如果我们用现在看来最有希望的原子能发电站，其每公斤发动机重产生的功率$\alpha \cong 0.318$瓩/公斤$=0.318 \times 10^7$尔格/秒·克。当$t\alpha = 10^{15}$尔格/克（图7—2a），则加速时间$t = 3.15 \times 10^8$，即约为十年；$t\alpha = 10^{14}$尔格/克（图7—2b），则加速时间$t \cong 1$年$= 3.15 \times 10_3$秒；$t\alpha = 10^{13}$尔格/克（图7—2c），则加速时间t约一个月。从这些图中可以看

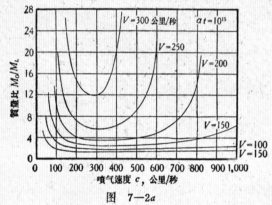

图 7—2a

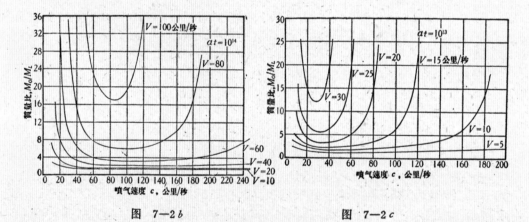

图 7—2b　　　　　　图 7—2c

出，一定的$t\alpha$值及一定的齐奥尔阔夫斯基速度（理论上火箭加速終了达到的速度）。可以得出一条曲綫。这些曲綫表明了排气速度与质量比$\left(\frac{M_o}{M_L}\right)$之間的关系。而且也正和前面根据

· 8 ·

注：第8行"$3.15 \times 10_3$"应为"3.15×10^7"。

公式討論得出的結果一样，各曲綫在排气速度較大或較小时質量比$\left(\frac{M_o}{M_L}\right)$都是增大的。显然我們可以找出每条曲綫的最低点。这一点的質量比就是最优質量比$\left(\frac{M_o}{M_L}\right)^*$，而排气速度也就是此条件下的最优排气速度。也可以从图中看出，如果V比較小，那么，w可以在很宽的范围內选择而不会有很大的影响。而当V增大时，則w的选择就必須很准确。

有人設想：既然，发动机的功率在設計时已經确定了，当发动机工作时它的排气功率L也就保持恒定；又由（7-3）式得知发动机推力与排气速度成反比。那么，是否可以利用火箭飞行时变化推力来提高排气速度w呢？这就是下面要討論的等加速度問題。

什么是火箭的等加速度飞行？我們知道当火箭发动机工作时要不断把推進剂变成高速气流喷出来产生推力。因此，火箭中貯备的推进剂量随发动机不断工作而耗費，从而使得火箭的質量也就相应地减少。如果，发动机的推力始終保持不变时，則推力与火箭推力与質量就会逐漸增加，也就是作用在火箭上的加速度不断增加，此为等推力的情况。反之，如果随着火箭的質量的降低，相应的降低发动机的推力，使推力与火箭質量比保持不变，也就是保持等加速过程。

設：T_o、M_o分别为开始时火箭的推力和質量；T_t、M_t在分别为t时刻火箭的推力和質量。因此，对于或加速度过程，火箭的加速度：

$$a = \frac{T}{M} = \frac{T_o}{M_o} = \frac{T_t}{M_t},$$

而由（7-1）及（7-2）式我們有

$$T^2 = \dot{m}^2 w^2 = 2\left(\frac{1}{2}mw^2\right)\dot{m} = 2L\dot{m} = a^2 M^2$$

所以，

$$a^2 = \frac{T^2}{M^2} = \frac{2L\dot{m}}{M^2} = \frac{2L\left(-\frac{dM}{dt}\right)}{M^2}$$

$$\frac{a^2}{2L} = \frac{-\frac{dM}{dt}}{M^2} = \frac{d}{dt}\left(\frac{1}{M}\right)$$

上式积分得

$$\frac{1}{M_1} = \frac{1}{M_o} = \frac{a^2}{2L}t_1 \qquad (1-10)$$

式中t_1为推力作用时間。

由于是等加速度运动过程，我們可以求得"速度增量"*为

---

* "速度增量"：沒有考虑重力場作用空气阻力作用对速度的損耗的齐奥爾闢夫斯基速度，即推力作用終了火箭所具有的无損耗的速度增量。实际上它就是每单位質量的推力a乘发动机作用总时間t_1。

注：1. 第10行"推力与质量就"应为"推力与质量的比就"。
2. 倒数第6行"(1-10)"应为"(7-10)"。

$V = at_1$; 又知 $L = \alpha M_P$, $M_{t1} = M_L + M_P$, 故 (7—10) 式可改写成

$$\frac{1}{M_L + M_P} - \frac{1}{M_o} = \frac{1}{2} \frac{V^2}{t_1 \alpha} \frac{1}{M_P}$$

也就是

$$\frac{\frac{M_P}{M_o}}{\frac{M_L}{M_o} + \frac{M_P}{M_o}} - \frac{M_P}{M_o} = \frac{1}{2} \frac{V^2}{t_1 \alpha}$$

求解得

$$\frac{M_L}{M_o} = \frac{M_P}{M_o} \left(\frac{1}{\frac{V^2}{2t_1 \alpha} + \frac{M_P}{M_o}} - 1 \right) \tag{7—11}$$

因此，要想增大火箭的有效负载，就必须增大质量比 $\frac{M_L}{M_o}$。当 $\frac{V^2}{2t_1\alpha}$ 为一定时，为了保证 $\frac{M_L}{M_o}$ 为最大，故我们必须找到 $\frac{M_P}{M_o}$ 的最优比值 $\left(\frac{M_P}{M_o}\right)^*$ 我們将上式微分并令其等于零，即可求得

$$\frac{\partial \left(\frac{M_L}{M_o} \right)}{\partial \left(\frac{M_P}{M_o} \right)} = -1 + \frac{\frac{V^2}{2t_1 \alpha} + \left(\frac{M_P}{M_o}\right)^* - \left(\frac{M_P}{M_o}\right)^*}{\left[\frac{V^2}{2t_1 \alpha} + \left(\frac{M_P}{M_o}\right)^* \right]^2} = 0$$

求解得最优质量比

$$\left(\frac{M_P}{M_o} \right)^* = \frac{V}{\sqrt{2t_1 \alpha}} \left(1 - \frac{V}{\sqrt{2t_1 \alpha}} \right) \tag{7—12}$$

将上式代入 (7—11) 式得 $\left(\frac{M_L}{M_o}\right)$ 的最优比值

$$\left(\frac{M_L}{M_o} \right)^* = \left(1 - \frac{V}{\sqrt{2t_1 \alpha}} \right)^2 \tag{7—13}$$

因为

$$M_F = M_o - (M_P + M_L)$$

所以

$$\frac{M_F}{M_o} = \frac{M_o - M_P - M_L}{M_o} = 1 - \frac{M_P}{M_o} - \frac{M_L}{M_o}$$

将 (7—12) 及 (7—13) 代入上式即得

$$\left(\frac{M_F}{M_o} \right)^* = \frac{V}{\sqrt{2t_1 \alpha}} \tag{7—14}$$

显然，当轨道确定之后，我们就可以根据轨道的要求定出参数 $\frac{V^2}{2t_1\alpha}$。从而选择设计的最优值。令 g^* 为所选轨道上的重力常数；r^* 为所选轨道的半径。同时我们有 $a = \nu g^*$, $t_1 = \sqrt{\frac{r^*}{g^*}} \tau_1$. 所以我们求得

$$\frac{V^2}{2t_1\alpha} = \frac{a^2 t_1^2}{2t_1\alpha} = \frac{a^2 t_1}{2\alpha} = \frac{g^{*2}\sqrt{\frac{r^*}{g^*}}}{2\alpha}v^2\tau_1 = \frac{g^*\sqrt{r^*g^*}}{2\alpha}v\eta \qquad (7-15)$$

如果,我們是从低地球卫星軌道上起飞則

$g^* \cong g = 981$ 厘米/秒^2; $r^* \cong R = 637,100,000$ 厘米;并取 $\alpha = 0.381$ 瓦/公$=0.318\times$
$\times 10^7$ 斤尔格/秒·克。所以由(7—15)式得

$$\frac{V^2}{2t_1\alpha} = \frac{981\sqrt{891\times 637,100,000}}{2\times 0.318\times 10^7}v\eta = 122v\eta$$

也就是

$$\frac{V}{\sqrt{2t_1\alpha}} = 11.04\sqrt{v\eta} \qquad (7-16)$$

这里,如果取 $n=0.462$,$v=\frac{1}{1,000}$ 那么,从图(6—4)中查得 $\eta=1.04$ 所以得出

$$\left(\frac{M_L}{M_o}\right)^* = \left(1-\frac{V}{\sqrt{2t_1\alpha}}\right)^2 = \left(1-11.04\sqrt{\frac{1.04}{1000}}\right)^2 = 0.419$$

因此,說明了电火箭的結构及有效負載重量可以指整个火箭重量的很大一部分,也就是說等加速度的电火箭的有效負載重量可以高于一般的火箭发动机。

下面我們再作一个电火箭的实例計算来說时这一問题。

設: $\alpha = 0.318\times 10^7$ 尔格/秒·克;$t_1 = 315\times 10^7$ 秒(即一年),所以 $t_1\alpha = 10^{14}$ 尔

表 7—3 等推力及等加速度星际飞船的比較(均以"最优"設計)

项　　目	$V=10$ 公里/秒		$V=100$ 公里/秒等	
	等 力 推	等加速度	等 力 推	等加速度
M_o(吨)	100	100	100	100
M_L(吨)	86.5	86.5	5.8	8.6
M_P(吨)	6.5	6.5	23.6	20.7
M_F(吨)	7.0	7.0	70.6	70.7
M_1(吨)	93.0	93.0	29.4	29.3
a_o (g)	3.00×10^{-5}	3.18×10^{-5}	1.8×10^{-4}	3.18×10^{-4}
a_τ (g)	3.24×10^{-5}	3.18×10^{-5}	6.4×10^{-4}	3.18×10^{-4}
w_o(公里/秒)	135	131	82	41
w_t(公里/秒)	135	141	82	141
$\dot{m}_o$(克/秒)	0.22	0.25	2.25	7.63
$\dot{m}_t$(克/秒)	0.22	0.21	2.25	0.67
T_o(公斤)	3.00	3.24	18.7	32.4
T_{t_1}(公斤)	3.00	2.94	18.7	9.3
L (兆瓦)	2.06	2.06	7.6	6.55

格/克；$\sqrt{2t_1\alpha}=141.4$公里/秒。现以"速度增量"$V=10$公里/秒及$V=100$公里/秒的两种电火箭分别以等推力及等加速过程计算，结果表列于7-3中。

这里我们可以看出，当"速度增量"较低（$V=10$公里/秒）时，等推力与等加速度的情况基本上没有区别，也就是说，还表现不出等加速火箭在承载有效负载方面的优越性。其原因在于火箭的初始質量与最終質量之间相差不大，因而推力变化不大，排气速度增加得也很小，故两种情况之间的差異很小，还不足以表現出等加速度火箭的优越性。而对"速度增量"较高（$V=10$公里/秒）时，则可看出等加速度火箭的結构和有效負载比等推力火箭要多2.8吨。这个数目已經相当大了。因此，对于"速度增量"大也就是說質量变化大的火箭，在飞行时间不受限制时等加速火箭比等推力火箭的效果要好。但是，应当指出表上的数字只是理論上的計算；实际上等加速度的星际飞行并不一定有这样优越，因为要随火箭的質量变化来改变推力，而增加排气速度还不是件容易事。

§ 7—4 电火箭发动机的类型

直流电弧加热式发动机：这是电火箭中最簡单，最有希望实现的一种发动机。它的工作原理是将原子能发电站发出的电能通入电弧室中放电，从而使少量的工質（如氢、氦等輕元素）的分子加热在高溫电弧作用下离解变成包括正、負离子的高溫等离子体，以很高的速度喷出而产生推力。这种方法目前还存在着几个主要问题。首先，这种方法的加热效率很低，因此，能量的利用效率不高；其次，由于用高溫电弧来加热工質，因而电弧室溫度很高，即便是采取冷却措施还不能不受到材料强度的限制，加热溫度不能提得太高，故这种发动机的排气速度限制在15公里/秒以下。

靜电加速式发动机（即所謂离子火箭发动机）：这种发动机的工作原理是仿效了物理学家們所用的靜电加速器来加速离子的办法。这种办法的最大特点是它可以把离子加速到接近光的速度。也就是說，我們有可能通过这种办法得到非常高的喷气速度。靜电加速式发动机是利用一种易于离解的元素如铯或鉀，在一小电弧上加热离解或使它加热成蒸汽，再通过熾热的鎢絲而离解变成离子。其中所产生的正离子則在靜电場（离子槍）的作用下，加速到极高的速度向外喷出。这里应当指出，光把正离子喷出是行不通的；因为原始工質是中性的，如果我們只将正离子喷出，那么，发动机内必然产生負离子或电子积存的现象，負与正电的吸引力就会起作用而降低喷气推力的作用。因此，正离子被加速后刚要离火箭喷口时，就要把恰好等量的电子加入喷出的正离子流中，而使成为一个电量相等的等离子体喷出。这样就保证了发动机繼續正常进行工作。既然靜电加速的办法能使离子加速到近于光速，而发动机中又不存在高溫问题。因此，发动机的排气速度也是可以无限制地提高，以至接近于光速。但是，问题的困难在于现代物理学家所能达到的离子源的强度很有限。如果要达到表7.3的質量流率（0.22克/秒）的話，已經比他們现在所能达到的水平要大一千倍以上。因此，解决离子源的强度问题是实现离子火箭的极其重要的关鍵问题。此外对于如何使电子适量地、順利地加入到喷出的离子流中的问题也还未获解决。

电磁流体式发动机：由于取得电磁流体的方法不同，因而这种发动机又分为：低溫电弧及直流电磁体加速器組成一种和电磁流体激波管（即脉冲式电磁流体加速器）。前者是利用低溫电弧使气体电离，然后通过直流电的作用使介質变成具有很高速度的电磁流体喷出。这种方法所存在的問題是直流加速場的电极及管道的热损耗很大。所以使排气速度受到限制，只能在 40 公里/秒以下。后者原是利用强电源产生的每秒数千次的脉冲，在介質中产生激波，从而使介質的分子电离和加速。这种办法很特殊，它要求排气速度必須在 20 公里/秒以上才能用。这种发动机在发展过程中将要遇到的主要困难是强脉冲电源的获得及电极問題。

§ 7—5 原子火箭与电火箭的比較

电火箭发动机是一种高比冲的火箭发动机但是由于它的动力机械所占的重量很大，如果要增加推力则必然受到这部分重量的限制。因此，它适合于作小推力的发动机。又由于它可以承載比其他火箭可能更多的有效負載。所以，电火箭发动机的实現对于星际航行是有很大的作用的。与此同时，我們还应看到电火箭发动机不管从基本理論上或是实驗技术上都这不及原子发动机成熟，因而还需要对这些基本問題得到解决后，实現电火箭才能全面地提到日程上来。电火箭发动机不单是基本理論問題，而还有許多問題沒有得到解决，就其实驗設备而言也是十分庞大，非常复杂的。因为除了它需要有一个几千以至上万瓩的原子能发电站及其相应的附属和保护设备，还需要有一套規模巨大而眞空度又很高的眞室系統来創造模拟眞实情况和电火箭所需要的特殊条件。因此，基本实驗設备沒有解决以前也难于对它展开系統而全面的研究。这正是我們今后工作努力的方向，从科学的发展过程中来解决这些目前还是十分困难的問題。

电火箭及原子火箭发动机无論是在比冲，排气速度和有效負載上都比化学火箭优越得多，这里就不再去进行比較，而单比較电火箭和原子火箭发动机之不同点。

从以上各节給予了我們一个很重要的概念，那就是原子火箭发动机是一高推力类型的发动机，而电火箭发动机则是一低推力发动机。前者虽然具有比化学火箭更高的比冲，但却远不及电火箭所能达到的比冲。很显然，这两种类型完全不同的发动机都各自具有独特的优点。因此，当我們在星际航行中要求飞行时間短时可以选择高推力的原子火箭而飞行时間較长或不受限制时，可以利用电火箭。因为在这种情况下电火箭可以承載更多的有效負載。

现在我們来看一看，电火箭与原子火箭分别由地球軌道起飞到火星軌道，然后再由火星軌道返回地球軌道的情形。由图 7—3 可以看出不管是高推力火箭（原子火箭，图中为实綫）或是低推力火箭（电子火箭图中为虛綫）。当总推进速度增量增加时航行时間都相应地縮短。对原子火箭而言，以沿 *Ho Hmann* 軌道的航行时間最长（約 520 天），而要求的推进速変增量也最小。对电火箭，则当加速度 a 越小航行时間也就越长。同时我們可以从两条曲綫对比看出电火箭所需达到的总推进速度增量要比原子火箭高得多，这正是由于电火箭的加速度比原子火箭小得多，而加速时間又比原子火箭长得多的原故。一般原子火箭的加速过程占整个飞行过程中的很小一部分，因此它很快就加到予定的速度后按

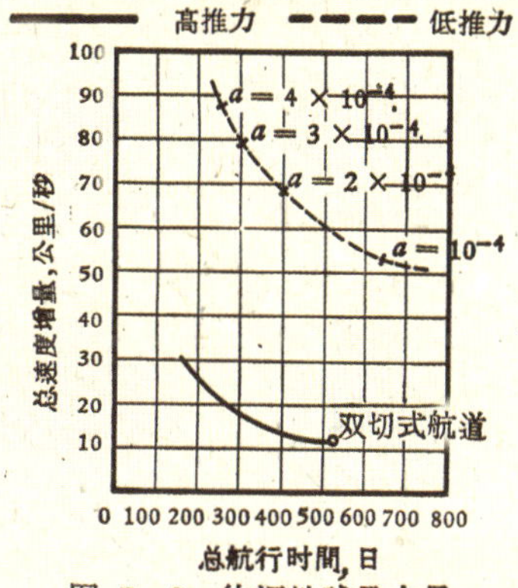

图 7—3 往返地球及火星軌道間的航行

注：第 9 行“技术上都这不”应为“技术上都还不”。

予定的轨道一直保持比较高的速度飞行。而电火箭则因为加速慢，前一段飞行速度比较小，必须一直加速；达到较高的最大速度以争取时间；然后在另一半航程中又必须减速以免飞过火而不与火星同步。因此，它的飞行速度并不是一直保持在较高的速度下飞行，而是在加速之后很紧着又减速，正由于如此，动力耗费自然比较大。电火箭的飞行轨道不是沿 *Ho Hmann* 式轨道或其他更近的轨道飞行，而是绕对数螺旋线轨道飞行，故它的轨道也是十分长的。

我们再看图7-4，它表示了同样重量的火箭所承受的有效负载不同而引起航期的差别。

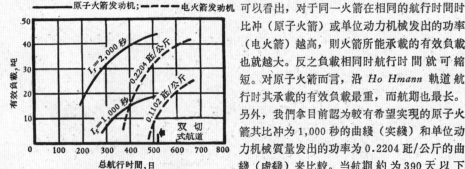

图7-4 返往火星航行，重为100吨的飞行器的有效负载与总航期的关系

可以看出，对于同一火箭在相同的航行时间时比冲（原子火箭）或单位动力机械发出的功率（电火箭）越高，则火箭所能承载的有效负载也就越大。反之负载相同时航行时间就可缩短。对原子火箭而言，沿 *Ho Hmann* 轨道航行时承载的有效负载最重，而航期也最长。另外，我们拿目前认为较有希望实现的原子火箭其比冲为1,000秒的曲线（实线）和单位动力机械质量发出的功率为0.2204瓩/公斤的曲线（虚线）来比较。当航期约为390天以下，如果两种火箭都采取相同的航行时间飞电时行，那么，原子火箭所能承载的有效负载比火箭要大。而当航期超过380天以上时电火箭就显得愈来愈比原子火箭有利了。

此外，在表7-3中列举了电火箭的几种其他方面的用途，使我们更进一步理解到电火

表7-3 电火箭在其他方面的用途及数据

用　途	有效负载 （吨）	起飞重量 （吨）	齐奥尔阔夫斯基速度 （公里/秒）	功率 （瓩）	v	时　间 （日）
卫星轨道校正	4.9	5.0	0.4	5	5.4×10^{-6}	
由400公里高到24小时卫○道	50	72	6.0	4,600	2.3×10^{-4}	6
月球货船	100	136	10.5	5,700	1.5×10^{-4}	去月球52日返回重36吨8日
木星探测器	1	5.5	90	450	1.4×10^{-4}	
太阳外层探测器	1	16	160	2,000	1.2×10^{-4}	

箭在某些实际运用中具有它独持的优点。

§7-6　氘火箭发动机

氘火箭发动机的能源问题已经在第一章里作了概述。它是利用氢的同位素——氘进行聚变而生成氦、质子和中子喷出，从而产生大量能量来推动火箭。估计氘聚变的比冲可达1,500,000秒，排气速度$W=15,000$公里/秒。氘聚变过程不单使得火箭具有很高的比冲，而且是利用推进剂本身—氘进行聚变反应所产生的氦，中子和质子就是发动机的工质。如果

我們能够有效地控制这个热核反应的话，那么，发动机产生的推力不会受到其他条件限制，因而可以設計出大推力的火箭发动机。看来氘火箭发动机是最有希望的发动机；因为它不但具有高比冲的持性，而且也可产生巨大的推力，为电火箭、原子火箭发动机所不及。可以断言，氘火箭发动机的实现将使人类的星际航行进入一个新的轉点。但是这种火箭发动机的基本问题——受控热核反应可能还不会在短期內得到解决。因此，今天的火箭技术研究工作者仍然应該集中一定力量去研究巳經有些基础的原子火箭发动机和电火箭发动机，探清通向解决氘火箭发动机的道路目前是物理工作者的任务。但我们深信随着科学技术的不断飞跃，这些目前看来还只是一个設想的问題終就会提到日程上来。

习　　題

习题7—1：如果表（7—2）的两种原子运载火箭的机身直径等于液氢貯箱的直径，而机身在发射前是密不透水的。忽略其它机体部份的排水量，計算准备在海中垂直发射时，机身浸在水中的深度（以米計）。

习题7—2：如果火箭中发电站渦輪工貿的最高温度为913°C，而設电站热力循环可以認为是卡諾循环，即如果 T_1 为工貿最高絕对温度，T_2 为循环放热部分的絕对温度，每秒渦輪工貿初始热量中的

$$\frac{T_1-T_2}{T_1}$$

部分变成渦輪机械（即电站）功率。設 T_2 也是輻射散热器的温度，輻射表面作为黑体，表面向着黑暗的太空，在一定电站电功率的条件下，应选什么数值的 T_2 才使輻射散热面最小，也就是最小的散热器重量？

第八章 制导问题

§8-1 制导问题

对于任何的机械设备为了保証可靠而有效的工作，都需要根据实际工作的要求以及机械的特性进行控制。只是对于各种不同性質和要求的机械其控制的方法及精确度的要求有所不同。控制系統有自动化的和非自动化的，即是依靠人来进行控制的系統。显然，对于星际航行控制也是不可缺少的一部份，而且它是一个非常复杂而困难的問題。因此，星际航行中的控制技术也就发展成一門重要的科学領域。在星际航行里，控制就是制导，也就是控制加导航。就是要通过制导系統的工作来实现预訂的飞行目的，同时要保証在飞行的过程中按预訂的航道、高度以及速度等所要求的精确度进行工作。在星际航行里的制导与普通的航空航海的导航又有所不同。一般的航空飞机及輪船的控制是使用了依靠人来进行的非自动化的系統；它是由导航員根据地图观測及仪器如罗盘等的測量来制訂出航向和方位，然后由导航員告訴駕駛員进行控制。但是；在星际航行里应用这样一个工作系統是行不通的；因为星际航行的特点是在发射起飞加速过程中其所需的时間是非常短，不可能讓导航員有一定的时間去进行观察測量計算。另一方面对飞行精确度的要求比一般的飞机輪船要高得多，如果超出其所允許的精确度，就可能引起整个飞行計划的失败。用普通人工操縱的非自动化系統进行控制就不够快，也不够精密，所以必须使用完全自动化的高精度的把导航和控制結合起来的系統才行，这就是在本章所要講到的制导問題。

制导問題包括了兩个方面的内容，一方面是控制精确度的問題，也就是总体設計师根据总体設計向制导系統的設計者提出对控制的要求。对于不同的飞行目的、发射方式及飞行軌道其控制的要求都是不同的。另一方面是根据已提出的要求如何来达到的問題，也就是进行具体的制导系統的設計問題。下面我们将分别对以上兩方面的問題进行較具体的分析和討論。

§8-2 发射人造地球衞星的軌道所允許的精确度

当我们对发射人造地球卫星軌道精确度提出要求的时候，可以应用在第五章里所講到的关于計算飞行軌道的概念和公式，来对飞行軌道进行分析，最后就可以提出对控制精确度的要求。我们知道，发射卫星的軌道可分为第一加速段、自由飞行段、第二加速段及最后在所要求的軌道上进行自由飞行。根据以前有关中心力場运动的計算有：

$$r = \frac{P}{1+\varepsilon cos(\theta-\theta_o)} \quad (8-1)$$

其中 θ_o =近地点，而 $\theta_o+\pi$ =远地点

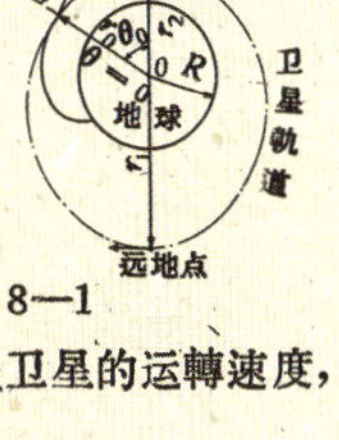

在这里；如果 v_o 为发射人造卫星时的第二加速段終了即推力作用終了时的速度，其数值必然小于第二宇宙速度 $v_o<V_2$。讓 V 是半径为 r_o 的园形軌道上卫星的运轉速度，或者

图 8-1

是 r_0 为半径的行星运转速度即

$$V=\sqrt{\frac{\mu^2}{r_0}} \tag{8-2}$$

所以就有关系:

$$2>\left(\frac{v_0}{V}\right)^2 \tag{8-3}$$

当 $\theta=0$, $t=0$, $v=v_0$, $r=r_0$ 时把 (8-2) 及 (8-3) 的关系代入 (8-1) 式中 去 则得:

$$R=\frac{v_0^2 r_0^2 sin^2\alpha}{\mu^2}=r_0 sin^2\alpha\left(\frac{v_0}{V}\right)^2 \tag{8-4}$$

$$\varepsilon=\sqrt{1-\frac{v_0^2 r_0^2 sin^2\alpha}{\mu^4}\left(\frac{2\mu^2}{r_0}-v_0^2\right)}=\sqrt{1-\frac{v_0^2 sin^2\alpha}{V^4}\left(\frac{2\mu^2}{r_0}-v_0^2\right)}$$

$$=\sqrt{1-sin^2\alpha\left(\frac{v_0}{V}\right)^2\left\{2-\left(\frac{v_0}{V}\right)^2\right\}} \tag{8-5}$$

因此 (8-1) 式变成为:

$$r_0=\frac{r_0 sin^2\alpha\left(\frac{v_0}{V}\right)^2}{1+cos\theta_0\sqrt{1-\left(\frac{v_0}{V}\right)^2 sin^2\alpha\left\{2-\left(\frac{v_0}{V}\right)^2\right\}}} \tag{8-6}$$

所以

$$cos\theta_0=\frac{\left(\frac{v_0}{V}\right)^2 sin^2\alpha-1}{\sqrt{1-\left(\frac{v_0}{V}\right)^2 sin^2\alpha\left\{2-\left(\frac{v_0}{V}\right)^2\right\}}} \tag{8-7}$$

其椭园轨道的半长径 a 代入 (8-3) 关系后变成为:

$$a=\frac{\mu^2}{\frac{2\mu^2}{r_0}-v_0^2}=\frac{\mu^2}{2V^2-v_0^2}=\frac{\frac{\mu^2}{V^2}}{\left[1-\left(\frac{v_0}{V}\right)^2\right]}$$

$$a=\frac{r_0}{\left[2-\left(\frac{v_0}{V}\right)^2\right]} \tag{8-8}$$

正如我们以前已经在 §5-3 中所指出的结果我们也可以从 (8-8) 式看出: 半长径 a 只与椭园轨道的起始点与地心的距离 r_0 和起始速度 v_0 有关, 而与 r_0 与 v_0 之间的夹角 α 无关。也就是当 α 变化了而椭园轨道的长半径不变, 而短半径随 α 的变化而变, 即椭园轨道的形状是变化了。从 (8-1) 公式我们可以得出远地点离地心的距离为,

$$r_1=\frac{P}{1-\varepsilon}=\frac{\left(\frac{v_0}{V}\right)^2 r_0 sin^2\alpha}{1-\sqrt{1-\left(\frac{v_0}{V}\right)^2 sin^2\alpha\left\{2-\left(\frac{v_0}{V}\right)^2\right\}}} \tag{8-9}$$

注:第 7 行 "$R=\frac{v_0^2\cdots}{\mu^2}$" 应为 "$P=\frac{v_0^2\cdots}{\mu^2}$"。

而近地点离地心的距离为：

$$r_2 = \frac{P}{1+\varepsilon} = \frac{\left(\frac{v_o}{V}\right)^2 r_o \sin^2\alpha}{1+\sqrt{1-\left(\frac{v_o}{V}\right)^2 \sin^2\alpha \left\{2-\left(\frac{v_o}{V}\right)^2\right\}}} \qquad (8-10)$$

现在我们来研究发射一个园形轨道卫星的条件。显然在这种轨道上远地点 r_1 与近地点 r_2 应该相等。也就是必须使第二加速段终了时的速度 v_o 与以 r_o 为半径的卫星园形轨道上的卫星运行的速度 V 相等即 $\frac{v_o}{V}=1$，以及使 r_o 与 v_o 之间的夹角 $\alpha=\frac{\pi}{2}$，而且 $r_1=r_2=r_o$。但是实际上发射制导系统不可能百分之百的准确，会有误差即 $\alpha \neq \frac{\pi}{2}$，而 $\alpha=\frac{\pi}{2}-\delta\alpha$，和 $\frac{v_o}{V} \neq 1$ 而 $\frac{v_o}{V}=1+\frac{\delta v_o}{V}$，$\delta\alpha$ 及 δv_o 为一很小的量。这就引起了轨道的变化，轨道不成为园形，也就使远地点与近地点产生了差别和偏离。其变化的关系可以从下面的计算看出。这里由于 α 角对椭园轨道的半长径 a 没有影响，故只考虑因第二加速段终了时的速度变化对半长径的影响，根据 (8-8) 式得：

$$\frac{\delta a}{r_o} = \frac{\partial}{\partial \left(\frac{v_o}{V}\right)} \left\{ \frac{1}{\left[2-\left(\frac{v_o}{V}\right)^2\right]} \right\} = \frac{2\left(\frac{v_o}{V}\right)\delta\left(\frac{v_o}{V}\right)}{\left[2-\left(\frac{v_o}{V}\right)^2\right]^2}$$

当 $\frac{v_o}{V}=1$* 时上式则变成为：

$$\frac{\delta a}{r_o} = 2 \cdot \frac{\delta v_o}{V} \qquad (8-11)$$

对于因 α 及 v_o 的变化而引起远地点的变化为下列两部份组成，一部份是当 $\alpha=\frac{\pi}{2}$ 时单纯考虑 v_o 的变化而引起的 r_2 变化。这可以根据 (8-9) 式而得：

$$r_1 = \frac{r_o \left(\frac{v_o}{V}\right)^2}{1-\sqrt{\left[1-\left(\frac{v_o}{V}\right)^2\right]^2}} \qquad (8-12)$$

由于有 $2>\left(\frac{v_o}{V}\right)^2>1$，而且在公式中的平方根是取正的，所以可以把 $\sqrt{\left[1-\left(\frac{v_o}{V}\right)^2\right]^2}$ 改写成 $\sqrt{\left[\left(\frac{v_o}{V}\right)^2-1\right]^2}$ 故 (8-12) 变成：

---

* 注本应以 $\frac{v_o}{V}=1+\frac{\delta v_o}{V}$ 代入因其差别只是增加了一些二次微分项而这些项的数值很小可以忽略，故这里只用 $\frac{v_o}{V}=1$ 代入是正确的。

$$r_1 = \frac{r_0\left(\frac{v_0}{V}\right)^2}{1-\sqrt{\left[\left(\frac{v_0}{V}\right)^2-1\right]^2}} = \frac{r_0\left(\frac{v_0}{V}\right)^2}{\left[2-\left(\frac{v_0}{V}\right)^2\right]}$$

则

$$(\delta r_1)' = r_0 \delta\left\{\frac{\left(\frac{v_0}{V}\right)^2}{2-\left(\frac{v_0}{V}\right)^2}\right\} \tag{8-13}$$

另一部份是当 $\frac{v_0}{V}=1$ 时从 $\alpha=\frac{\pi}{2}$ 变化到 $\alpha=\frac{\pi}{2}-\delta\alpha$ 时，所引起 r_1 的变化可从 (8-9) 式得

$$r_1 = \frac{r_0 \sin^2\alpha}{1-\sqrt{1-\sin^2\alpha}} = \frac{r_0(1-\cos^2\alpha)}{1-\cos\alpha} = r_0(1+\cos\alpha)$$

$$(\delta r_1)'' = r_0\delta\{1+\cos\alpha\} \tag{8-14}$$

而由 α 及 $\dot{v}_0$ 的变化所引起 r_1 的总变化为：

$$\delta r_1 = \delta r'_1 + \delta'' r_1 = r_0 \delta\left\{\frac{\left(\frac{v_0}{V}\right)^2}{\left[2-\left(\frac{v_0}{V}\right)^2\right]}\right\} + r_0\{1+cor\alpha\} =$$

$$= r_0 \frac{2\left(\frac{v_0}{V}\right)\frac{\delta v_0}{V}\left[2-\left(\frac{v_0}{V}\right)^2\right]+\left(\frac{v_0}{V}\right)^2 2\left(\frac{v_0}{V}\right)\delta\frac{v_0}{V}}{\left[2-\left(\frac{v_0}{V}\right)^2\right]^2} +$$

$$+ r_0\left\{1+\cos\frac{\pi}{2}-\delta\alpha\right\} - \left(1+cor\frac{\pi}{2}\right)\right\} = r_0 4\left(\frac{\delta v_0}{V}\right) + r_0\sin\delta\alpha$$

$$\delta r_1 = r_0\left\{4\left(\frac{\delta v_0}{V}\right)+\delta\alpha\right\} \tag{8-15}$$

在 (8-15) 中我們要注意 α 是用弧度来表示的。

从 (8-15) 式就可以计算因第二段加速終了时的速度及 α 有所变化而引起的轨道变化。为了使我们能具体的了解和应用起见所以在下面我们对于一高为 250 公里的人造地球卫星轨道所允許的精確度进行计算。地球的半径为 6371 公里，则 $r_0=250+6,371=6,621$ 公里。对于 250 公里高的轨道，根据实际的需要可以提出一个最大的远地点变化范围 δr_1。如果是一般载人的卫星式飞船，则最大允许的高度不能超过 300 公里，因为 300 公里以上为內幅射带区域，这个区域对于人有较大的危險性，必须要加以特殊的防护才能接近或近入这一区域。另一方面轨道也不能太低，因离地球表面越近，空气的密度越大，其空气阻力也就越大。同时因摩擦生热使飞船易掉入大气层而被烧毁。所以对 250 公里高的卫星轨道其上下限最大誤差范围該为 ±50 公里。即 $\delta r_1 \leqslant \pm 50$。这也说明了誤差可以有正负两方向的限制。

为了计算简单我們設变化为正誤差即 $\delta r_1 \leqslant 50$ 公里，代入 (8-15) 式就变成

$$50 \geqslant \delta r_1 = r_0\left\{4\frac{\delta v_0}{V}+\delta\alpha\right\} = 6,621\left\{4\left(\frac{\delta v_0}{V}\right)+\delta\alpha\right\}$$

$$\frac{50}{4\times 6621} \geq \frac{\delta v_o}{V} + \frac{1}{57.3\times 4}\delta\alpha°$$

$$0.001886 \geq \frac{\delta v_o}{V} + \frac{1}{57.3\times 4}\delta\alpha° \qquad (8-16)$$

根据(8—16)就可以求出250公里高的卫星轨道的最大误差变化的范围，即当$\delta\alpha=0$(8—16)式变成

$$0.001886 \geq \frac{\delta v_o}{V} \qquad (8-17)$$

即速度的最大误差变化为

$$\frac{\delta v_o}{V}\times 100\% = 0.1886\%$$

同时当$\frac{\delta v_o}{V}=0$时（8—16）式变成：

$0.001886\times 57.3\times 4 \geq \delta\alpha°$ 即 $\delta\alpha \leq 0.433°$

也就是当$\frac{v_o}{V}=1$时最大允许的角度误差范围为$0.433°$。

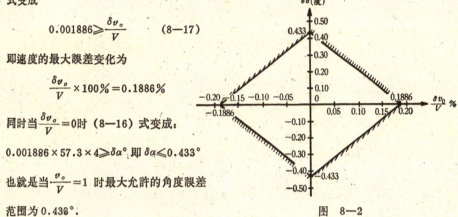

图 8—2

由于δr_1, $\delta\alpha$ $\frac{\delta v_o}{V}$都有正负变化即有增加和减少的变化故就形成了一个平面区域如图(8—2)所表示的范围。如果发射卫星的制导系统能使在加速终了的时候，速度误差和角度误差落在菱形区域之内，那么轨道的偏差不超出±50公里，发射是成功的，如果速度误差和角度误差落在菱形区域以外，那么轨道偏差将超出±50公里的范围，发射就不成功。所以我们的计算为制导系统规定了明确的范围。

如果要求园形轨道的误差比以上还要小时，则可以使δr_1的最大变化范围比±50公里还要小。而对速度和角度精确度的要求会更高。

§8—3 星际飞行轨道所需要的精确度

在星际飞行中如果我们采用了 Hohmann 式的轨道。只考虑速度误差的影响，其所需要的精确度可作如下的计算。

第一种情况：从第六章中我们可以知道，当脱离了地球引力场以后在地球轨道附近的加速段的速度增量为：

$$(\triangle v)_1 = v_1^*\left[\sqrt{\frac{2r_2}{r_1+r_2}} - 1\right] \qquad (8-18)$$

其中v_1^*为地球在轨道上运转的速度。r_1为地球到太阳的距离。r_2为所要到达的行星到太阳的距离。当速度增量$(\triangle v)_1$有一个变化$\delta(\triangle v)_1$时，则就引起了r_2的变化δr_2。其变化关系从(8—18)式可求得（即将8—18式微分）

$$\delta(\triangle v)_1 = v_1^* \frac{1}{2} \frac{\frac{2\delta r_2(r_1+r_2) - 2r_2\delta r_2}{(r_1+r_2)^2}}{\sqrt{\frac{2r_2}{r_1+r_2}}} = v_1^* \frac{\frac{r_1\delta r_2}{(r_1+r_2)^2}}{\sqrt{\frac{2r_2}{r_1+r_2}}}$$

所以

$$\delta(\triangle v)_1 = v_1^* \frac{1}{\sqrt{\frac{2r_2}{r_1+r_2}}} \cdot \frac{r_1}{(r_1+r_2)} \cdot \frac{\delta r_2}{(r_1+r_2)} \tag{8—19}$$

这是在地球轨道上起飞的情况，由于速度误差 $\delta(\triangle v)_1$ 所引起的所要到达区域的误差。

如果飞船在地球的低卫星轨道上起飞，其所需的能量不同，因而控制的精确度也不同。这时所需的加速段的速度增量 $(\triangle V)_1$ 为：

$$(\triangle V)_1 = \sqrt{(V_2^2 - V_1^2) + (\triangle v)_1^2}$$

其中 V_1 为第一宇宙速度。V_2 为第二宇宙速度。因 $V_2^2 = 2V_1^2$ 则

$$(\triangle V)_1 = \sqrt{V_1^2 + (\triangle v)_1^2} \tag{8—20}$$

当 $(\triangle v)_1$ 有一个变化 $\delta(\triangle v)_1$ 时，则就会使 $(\triangle V)_1$ 也有一个变化 $\delta(\triangle V)_1$

$$\delta(\triangle V)_1 = \sqrt{V_1^2 + [(\triangle v)_1 + \delta(\triangle v)_1]^2} - \sqrt{V_1^2 + (\triangle v)_1^2}$$

将上式平方：

$$(\delta(\triangle V)_1 + \sqrt{V_1^2 + (\triangle v)_1^2})^2 = (\sqrt{V_1^2 + [(\triangle v)_1 + \delta(\triangle v)_1]^2})^2$$

$$[\delta(\triangle V)_1]^2 + V_1^2 + (\triangle v)_1^2 + 2\delta(\triangle V)_1\sqrt{V_1^2 + (\triangle v)_1^2} = V_1^2 + (\triangle v)_1^2 + 2(\triangle v)_1\delta(\triangle v)_1 + [\delta(\triangle v)_1]^2$$

略去微分平方项 $[\delta(\triangle V)_1]^2$ 和 $[\delta(\triangle v)_1]^2$ 则方程变成：

$$\delta(\triangle V)_1 = \frac{(\triangle v)_1 \delta(\triangle v)_1}{\sqrt{V_1^2 + (\triangle v)_1^2}}$$

也可以改写成：

$$\frac{\delta(\triangle V)_1}{\delta(\triangle v)_1} = \frac{(\triangle v)_1}{\sqrt{V_1^2 + (\triangle v)_1^2}} \tag{8—21}$$

(8—21) 式说明了从地球运转的轨道上起飞其速度增量的变化 $\delta(\triangle v)_1$ 与从地球的低卫星轨道上起飞的速度增量变化 $\delta(\triangle V)_1$ 的关系。显然 $\delta(\triangle V)_1$ 比 $\delta(\triangle v)_1$ 小，即对应于一定的 $\delta(\triangle V)_1$ 速度误差，其效果是等于第个更大的 $\delta(\triangle v)_1$ 的误差，也就是相应于一个更大的 $\delta(\triangle v)_1$ 的 δr_2 的误差。

现在再来研究第三种情况；当飞船从地球表面上起飞时其加速段所需的速度增量为；

$$(\triangle V)_2 = \sqrt{V_2^2 + (\triangle v)_1^2}$$

当 $(\triangle v)_1$ 有一变化 $\delta(\triangle v)_1$ 时，则引起 $(\triangle V)_2$ 的变化 $\delta(\triangle V)_2$ 为：

$$\delta(\triangle V)_2 = \sqrt{V_2^2 + [(\triangle v)_1 + \delta(\triangle v)_1]^2} - \sqrt{V_2^2 + (\triangle v)_1^2}$$

和第二种起飞情况一样处理，我们得到如下的相似结果；

$$\frac{\delta(\triangle V)_2}{\delta(\triangle v)_1} = \frac{(\triangle a)_1}{\sqrt{V_2^2 + (\triangle v)_1^2}} \tag{8—22}$$

(8—22) 式表示出飞船从地球轨道上起飞的速度增量的变化与从地球表面上起飞的速度增

注：倒数第 2 行 "$\frac{\delta(\triangle V)_2}{\delta(\triangle v)_1} = \frac{(\triangle a)_1}{\sqrt{V_2^2 + (\triangle v)_1^2}}$" 应为

"$\frac{\delta(\triangle V)_2}{\delta(\triangle v)_1} = \frac{(\triangle v)_1}{\sqrt{V_2^2 + (\triangle v)_1^2}}$"。

量变化的相互关系。由 $V_2 > V_1$，所以一定速度误差 $\delta(\triangle V)_2$ 所引起的到达区域误差 δr_2，比同量的 $\delta(\triangle V)_1$ 误差所引起的到达区域的误差还要大。

根据以上三种不同起飞情况，如果我们要发射一个星际飞船到火星的轨道上去，采用 Ноптаии 轨道，来计算它所需要的精确度是多少？

r_1 为地球到太阳的距离等于 1.49457 亿公里。r_2 为火星到太阳的距离，即 $r_2 = 1.524 r_1$。V_1^* 为地球在轨道上运行的速度 29.8 公里/秒。如果 $\delta(\triangle v) = 1$ 当从地球轨道上起飞时则可以用公式（8—19）作如下计算：

$$1 = 29{,}800 \times \frac{1}{\sqrt{\dfrac{2 \times 1.524 r_1}{r_1 + 1.524 r_1}}} \times \frac{r_1}{r_1 + 1.524 r_1} \times \frac{\delta r_2}{r_1 + 1.524 r_1}$$

$$1 = 29{,}800 \; \frac{1}{1.098} \; \frac{1}{2.524} \times \frac{\delta r_2}{2.524 \times 1.49457 \times 10^8}$$

所以
$$\delta r_2 = \frac{1.098 \times 2.524 \times 2.524 \times 1.49457 \times 10^8}{29{,}800} = 35{,}120 \text{ 公里}$$

如果从地球的低卫星轨道上起飞到火星，当速度误差 $\delta(\triangle V)_1 = 1$ 米/秒时可以用公式（8—18）及（8—21）进行如下计算：

$$(\triangle v)_1 = v_1^* \left[\sqrt{\frac{2 r_2}{r_1 + r_2}} - 1 \right] = 29.8 \left[\sqrt{\frac{2 \times 1.524}{2.524}} - 1 \right] = 2.95 \text{ 公里/秒}$$

$$\frac{\delta(\triangle V)_1}{\delta(\triangle v)_1} = \frac{(\triangle v)_1}{\sqrt{V_1^2 + (\triangle v_1)^2}} = \frac{2.95}{\sqrt{7.91^2 + 2.95^2}} = \frac{1}{2.86}$$

所以 $\delta(\triangle v)_1 = 2.86 \; \delta(\triangle V)_1 = 2.86$ 米/秒
则引起的 $\delta r_2 = 2.86 \times 35{,}120 = 100{,}500$ 公里

这个数值相当于火星直径的 15.1 倍。

如果飞船从地球表面上起飞到火星，当速度误差为 $\delta(\triangle V)_2 = 11$ 米/秒时可用（8—22）式计算得：

$$\frac{\delta(\triangle V)^2}{\delta(\triangle v)_1} = \frac{(\triangle v)_1}{\sqrt{V_2^2 + (\triangle v)_1^2}} = \frac{2.95}{\sqrt{2 \times 7.91^2 + 2.95^2}} = \frac{1}{3.72}$$

则 $(\triangle v)_1 = 3.72 \; \delta(\triangle V)_2 = 3.72$ 米/秒
$\delta r_2 = 3.72 \times 35{,}120 = 130{,}800$ 公里

这个数值相当于火星直径的 19.35 倍。

从以上的计算中我们作进一步分析可以看到，如果飞船是从地球的低卫星轨道上起飞，所允许的速度误差比飞船从地球轨道上起飞所允许的速度误差要小，即要求的精度要高；当飞船从地球表面上起飞时所允许的速度误差又比从地球低卫星轨道上起飞所允许的速度误差小，即精度要求更高。如以发射到火星上去的轨道要求为例：当到达火星的误差不允许超过一万里公时，如果飞船从地球轨道上起飞，则速度的精度要求是 2.85 米/秒，如果飞船是从地球的低卫星轨道上起飞时，则速度的精确度要求是 1 米/秒，如果飞船从地球表面上起飞，

注：1. 第 4 行 "Ноптаии" 应为 "Hohmann"。
2. 倒数第 12 行 "$\delta(\triangle V)_2 = 11$ 米/秒" 应为 "$\delta(\triangle V)_2 = 1$ 米/秒"。

则速度精度的要求为 0.765 米/秒。这就说明了所采用的轨道起飞地方不同，因所需要的能量不同，其精确度的要求也就不同。而且随着起飞位置离地面的距离增加对其精确度的要求反而下降。反过来说要使控制精确度的要求低一些，则可使加速段推迟一些，即离地表面远一些，也就是在地球引力场以外还要加速。这与前面第五章第六章所讲的就发生了矛盾，即从飞船动力系统及结构来看，希望加速段离地表面越近越好，尽可能的使喷气排在势能低的地方，这样能量的消耗就较经济。故最好是一次加足能量就飞出。但是这样来安排使其控制的精确度就相当高。所以从动力及结构上考虑来选择轨道和从控制的精确度来选择轨道是存在着矛盾的。在实际的工作中，必须从总体的概念出发，考虑到各方面能做到的最大可能性，来综合平衡各种因素，最后决定出所采用的方案。也就是总的效果较好的方案。

最后我们再举一个不同的例子，即发射各种月球火箭所要求的精确度，火箭加速终了时的速度约为 11 公里/秒，对于不同发射目的控制精度的要求，可参看表（8—1）

表（8—1）

发 射 目 的	允许的速度误差 米/秒	速度向量误差 （分）	
打中月球 共误差小于月球的半径	±25	30′	
打中月球的中心 （误差不超过 400 公里）	±3	1.5′	
绕过月球而且回到地球附近指定的地区 （误差不超过 1600 公里）	±0.076	1.8′	精度要求太高根据目前的技术水平还不可能达到

§8—4 控制精度的概率

实际上误差的问题还不单是速度误差和角度误差问题，在一般情况下，把轨道作三个自由度的质点运动来看，整个飞行轨道被加速终了时的位置和速度所决定。对于直角坐标，加速段终了时的位置用 (x_1, y_1, z_1) 表示，加速段终了时的速度用 $(\dot{x}_1, \dot{y}_1, \dot{z}_1)$ 表示，而 δx_1 为停机（即加速终了）时坐标的误差，δy_1 为停机时坐标的误差，δz_1 为停机时坐标的误差，$\delta \dot{x}_1$ 为停机时 x 分速度的误差，$\delta \dot{y}_1$ 为停机时 y 向分速度的误差，$\delta \dot{z}_1$ 为停机时 z 向分速度的误差。如果到达目的地时的最大容许误差是 M，那么对一个不动的目的地，可以把误差极限写作

$$M \geqslant |A(\pm \delta x_1) + B(\pm \delta y_1) + C(\pm \delta z_1) + D(\pm \delta \dot{x}_1) + E(\pm \delta \dot{y}_1) + F(\pm \delta \dot{z}_1)| \tag{8.23}$$

对于一个动的目的地，我们还得把由于发射时间的误差 δt 考虑进去。因此可以把误差极限写作：

$$M \geqslant |A(\pm \delta x_1) + B(\pm \delta y_1) + C(\pm \delta z_1) + D(\pm \delta \dot{x}_1) + E(\pm \delta \dot{y}_1) + F(\pm \delta \dot{z}_1) + G(\delta \pm \delta t_1)| \tag{8—24}$$

注：表（8—1）第 1 栏第 2 行"打中月球共误差小于"应为"打中月球其误差小于"。

这两个公式中的 $A、B、C、D、E、G$ 都是常数，他们是从自由飞行的动力学计算中得到的。(8—23) 公式或 (8—24) 公式就形成了对不动目标的六度空间座标系统 ($\delta x_1, \delta y_1, \delta z_1, \delta \dot{x}_1, \delta \dot{y}_1, \delta \dot{z}_1$) 中的多面体，或者对动目标的七度空间座标系统 ($\delta x_1, \delta y_1, \delta z_1, \delta \dot{x}_1, \delta \dot{y}_1, \delta \dot{z}_1, \delta t_1$) 中的多面体。这些多面体都是以座标的原点为中心的，而且也对原点形成对称。这些空间中任何一个点都代表加速段终了时的误差情况。我们的目的是使设计的制导系统，当控制到停机点时，代表误差的点不超出以上所形成的多面体范围。

但是加速段终了时的误差情况是具有统计性质的，我们不能说误差一定是多大，我们只能说误差具有某种概率分布，而以不动目标为例，其分布函数是 $P[\delta x_1, \delta y_1, \delta z_1, \delta \dot{x}_1, \delta \dot{y}_1, \delta \dot{z}_1]$。$P$ 分布函数的意义是：

$$P[\delta x_1, \delta y_1, \delta z_1, \delta \dot{x}_1, \delta \dot{y}_1, \delta \dot{z}_1,]d(\delta x_1)d(\delta y_1)d(\delta z_1)d(\delta \dot{x}_1)d(\delta \dot{y}_1)d(\delta \dot{z})$$

使误差落在 δx_1 到 $\delta x_1 + d(\delta x_1)$；$\delta y_1$ 到 $\delta y_1 + (\delta y_1)$，$\delta z_1$ 到 $\delta z_1 + d(\delta z_1)$，$\delta \dot{x}_1$ 到 $\delta \dot{x}_1 + d(\delta \dot{x}_1) d\dot{y}_1$ 到 $\delta \dot{y}_1 + p(\delta \dot{y}_1)$，$\delta \dot{z}_1$ 到 $\delta \dot{z}_1 + d(\delta \dot{z}_1)$ 内的概率。由此也就知道如果把一切情况都包括在内，概率是 1；即

$$\int_{-\infty}^{\infty} d(\delta x_1) \int_{-\infty}^{\infty} d(\delta y_1) \int_{-\infty}^{\infty} d(\delta z_1) \int_{-\infty}^{\infty} d(\delta \dot{x}_1) \int_{-\infty}^{\infty} d(\delta \dot{y}_1) + \int_{-\infty}^{\infty} d(\delta \dot{z}_1) = 1 \quad (8-25)$$

这样我们就能把制导系统的精度问题更具体化。我们可以把概率分布函数 P 在上述多面体范围内进行积分，所得到的积分值一定比 1 小，因为这只代表误差落在多面体范围内的情况，不是全部情况。但也就是这样分布函数在多面体内的积分值代表误差落在多面体内的概率，也就是发射成功的概率。具体来说如果总的积分值为 0.9 即有 90% 的可能性这控制系统不超出允许的误差范围，也就是说完成任务的概率为 90%，另外，概率值是针对很多个现象的观客性质而言，不是针对某些少数和个别的现象而论。若概率为 90% 其含义是指放很多很多个飞船有 90% 的可能性而不是放 10 个飞船有 9 个会成功。但概率越高其成功的可能性就越大。故我们要从各方面想办法来使控制系统的概率提高，这是我们工作的原则。

一般的情况是空间位置的影响较小，$A、BC$ 的数值也较小甚至空间位置所引起的误差小到可以被忽略。主要是速度误差的影响。这可以使处理问题较简化。至于概率分布函数本身的性质，我们可以说在一般情况下，概率分布是正则分布，如果我们能够进一步认为每一个误差的发生是独立的，不互相牵制，那么概率分布函数 P 为：（对于不动目标）

$$P = \frac{1}{(\sqrt{2\pi})^6} e^{-\frac{1}{2}\left\{\left(\frac{\delta x_1}{\sigma_1}\right)^2 + \left(\frac{\delta y_1}{\sigma_2}\right)^2 + \left(\frac{\delta z_1}{\sigma_3}\right)^2 + \left(\frac{\delta \dot{x}_1}{\sigma_4}\right)^2 + \left(\frac{\delta \dot{y}_1}{\sigma_5}\right)^2 + \left(\frac{\delta \dot{z}_1}{\sigma_6}\right)^2\right\}}$$

而其中 $\sigma_1, \sigma_2, \sigma_3, \sigma_4, \sigma_5, \sigma_6$ 为常数，是制导系统的各项误差的均方误差。均方误差是制导系统精确度的表现。精度越高，均方误差的数值就越小。精度越小，均方误差的数值就越大。如果所得到的概率值小不能达到控制的要求，这时可以减小均方误差的数值，使其缩小到所要求的空间范围内，来达到较高的概率值。故总的说来，从轨道的分析可以得到轨道误差的范围，然后提给制导系统的设计者，所得到一个制导系统的概率值，最终要使概率值达到最大值，其概率值越高，说明任务完成得越好。

§8—5 星际航行的制导问题

大家知道，在星际航行时，如果初发射时产生了无论是速度或是方向上很微小的误差，那么，经过长距离的航行之后，所引起的不良后果确是十分巨大的。因此，单靠提高发射时的精确度来达到目的是十分困难的，这个情况在§8—3中已经看得很明白。所以对眞的到其他行星去旅行来说更实际而可靠的方法是采用多段控制的导航办法，使在整个飞行过程的各阶段中能相应地不断地对飞船所产生的轨道飞行误差进行修正，以提高航行准确度。

一般星际航行可以分为三个飞行阶段：发射阶段，是指飞船从地面发射起到进入星际航行轨道为止的过程。紧接着的就是第二阶段——自由飞行阶段。这时飞船进入星际航道靠惯性作用沿予定航道飞向目标（行星）。当飞船进入行星区域时则为第三阶段；这就是飞船要在这个阶段里完成使自己成为行星的卫星或在行星上降落的任务。所以，人们针对这三个不同的阶段，把整个飞行过程的制导也相应地分成了：初制导（发射控制），中制导（中途控制）和末制导（终点控制）三个部分。

初制导

发射控制的目的在于把星际飞船准确地送上星际航行轨道。由于所采取的发射方法不同，因而控制过程及精度的要求也有所不同。首先，我们讨论运载火箭从地面起飞进入卫星轨道或由地面起飞直接到月球或进入人造行星轨道。这种发射过程的精度要求一般不很高，约万分之一即可满足。因为这种人造卫星和月球火箭离地球较近，故最终所产生的误差不会太大。对人造行星而言，虽然离地球较远，但由于只需要将它发射出地球引力场绕太阳转，而没有达到具体目标的要求，所以精度要求不太高。这类火箭的发射控制需要最后一级具有蓝导系统，以准确地控制火箭在进入轨道时的速度和方向。这里应当指出，这种发射过程一般采用无线电系统控制。但是如果当最后一级飞行距离已经超出本国领土的无线电控制范围时，则需要在最后一级上使用惯性或半自动程序机构作为制导系统，使火箭自动，正确地进入轨道。

其次，采取从地面先发射一人造卫星，然后再从卫星上发射运载火箭把飞船送入星际航道或其他轨道。采用这种发射方法实际上提高了初制导过程的精确度。因为采用前一方法直接发射时，火箭的整个初制导过程（即发射过程）比较短，只有几分钟。而参数变化又很快。因此，对一些参数来不及测定，产生的微小误差也无法修正。而后一种办法；当发射的卫星在轨道上运行时，我们就有时间将卫星的轨道参数测得很准，而且这些参数变化得十分慢，可以给予充分的时间（几小时以上）来进行精确计算和分析。因此，能够精确地定出从卫星上发射运载火箭的时间和方位。这样就修正了从地面发射到卫星轨道一个阶段所产生的偏差，而提高了发射精确度。从卫星上发射出运载火箭到它使飞船进入星际航行轨道前还需要进行精确控制。这阶段的控制实际上和从地面发射卫星的控制相同，只是由于从卫星轨道上发射时，我们可将运载火箭的发射及最后一级送飞船进入轨道的过程，控制在国土上无线电控制系统作用范围内，从而使运载火箭的最后一级也采用精确度较高的无线电制导。

从卫星轨道上发射星际飞船或行星火箭的办法在第七章中已经提到了，它比直接从表面发射要多耗费能量。但是，这种办法可以提高发射精确度，故在所用能源可能达到这样大动力的情况下，往往采取多费些能量来满足精确度的要求。苏联1961年2月12日所发射的考察金星的宇宙火箭就是从重型人造卫星上发射的。

中制导

火箭或星际飞船的自由飞行段比起飞或最终阶段都要漫长得多。因此，在这一阶段中可以有足够的时间来测定，计算和调整飞船的速度及方位，从而修正飞行轨道。这种航行与航海和一般的航空有所类似。可以采取类似的导航原理和过程。这种导航对于载人的行星飞船比较适合，精度要求也可低些，因为有时间来对轨道进行多次修正。这种制导系统即用所謂天文导航，以星象位置来确定飞船的方位（如用太阳和另外一个或多个星作为基准）。当测出飞船的方位偏离轨道时就可以用低推力火箭来調整轨道。对于无人駕駛的飞船则必須采取完全自动的机上制导和地面无綫电制导系統，来控制航行。在中制导过程中也可以用雷达、太阳及星光的多普勒（$DOPPler$）效应来测定飞船的速度。特别是利用太阳光的多普勒效应是比较现实可行的，有人分析过用现有的光学设备，如果测量时间为100秒，则精度可达1米/秒。多普勒效应实际上就是物体相对于太阳运动过程中所测出的太阳光的频率与靜止时所测出的频率不同，从而可测得物体相对于太阳的运动速度。

設：λ_1 为无相对运动时所测出的頻率；λ_2 为相对光源运动时所测出的頻率（当远离光源时测出频率是降低的，反之是增高的）；v 为光源相对运动的速度；c 为光速。所以两频率之差

$$\Delta\lambda = \lambda_1 - \lambda_2 = \frac{v\lambda_1}{c} \qquad (8-26)$$

当我們测出飞船相对于太阳运动 $\Delta\lambda$ 时，太阳光的某一譜綫相对标准位置的移动我們就可以计算出飞船的飞行速度。

$$v = c\frac{\Delta\lambda}{\lambda_1} \qquad (8-27)$$

末制导

当飞船到行星引力場附近时，即进入了行星地区。从这时起对飞船的控制要求与中制导过程又有很大区别了。首先，从进入行星区域到所为行星的卫星或降落的过程和发射阶段一样是十分短促的。因而不可能有很多的时间来进行测量和轨道修正。其次，这时要求控制的准确度必須很高，否则飞船就飞过了行星而成太阳行星或者因控制不好而墜落到行星上去使整个飞船損毁。显然，如沒有精确及时的测量，控制系统是不可能完成这項复杂而精确的任务的。同时，大家都知道，从地球到行星的距离是相当远的。就拿从地球向最近的行星发射飞船；当飞船到达行星地区时，它与地球的距离就可以有1.5亿公里左右，如果我們仍采用地面的无綫电控制来导航是絕对不行的。因为距离这样远，即是以光速前进的无綫电訊号，往返飞船与地球之間也得1000秒鐘之久。当然就不可能及时对飞船所产生的任何偏差进行控制和調整。其次，离这样远对行星及飞船和太阳系的一些其他参数如：行星直径等也还不能测得很准。因此，以不准的数据来在地面上计算修正量也是靠不住的。目前看来还只能采用有人駕駛的星际飞船或采用在飞行器上直接测量的完全自动化操縱，才能解决末制导的问题，才有可能到达行星地区，去到离行星很近的地方或星面上进行考察工作。显然，末制导过程在星际航行中是一个十分重要的过程，人們要想去其他行星旅行，这是一个必須突破的关鍵。

末制导过程就是对飞船接近行星时的轨道进行测定和控制。设 R 为飞船与星面的距离；$\dot{R}$ 为飞船所具有的飞行速度；$\dot{\theta}$ 为飞船的角速度；φ 为飞船绕行星的角度；$\Delta\tau$ 为两次轨道参数测定的准确时间间隔。（见图8—3）

（1）测定飞船相对于星面的距离 R，飞行速度 $\dot{R}$ 和角速度 $\dot{\theta}$。对 R 一般采用雷达测得；$\dot{R}$ 用无线电测定；$\dot{\theta}$ 则用平台（陀螺仪）测定，以确定飞船飞行的方向。当这一个参数确定后就可以定出飞行的轨道，与予定轨道进行比较即可对飞船进行轨道修正。这种方法主要问题是 $\dot{\theta}$ 不能测得十分准确，因为陀螺仪本身在目前的技术条件下还不可能达到更高的精度。因此，要求整个制导系统达到很高的精度还有困难。

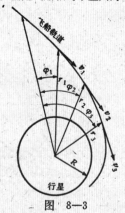

图 8—3

（2）测定 R_1, $\dot{R}_1$ 及 R_2, $\dot{R}_2$。当飞船接近行星时它的飞行速度是很高的，因此飞船飞向行星的轨道是双曲线轨道。如果我们测得飞船的速度和与星面的距离，那么，就可以确定飞船的轨道，从而断定飞船的位置和运行方向。R 和 $\dot{R}$ 同样是利用雷达与无线电测得。

（3）测定 $R_1, \varphi_1; R_2, \varphi_2; R_3, \varphi_3$。对于距离用雷达测定，绕行星的角度利用观星的办法测得。当我们测得三组数据后通过电子计算机计算即可得出飞船的速度和方位。

（4）测定 $R_1, R_2, \varphi_1, \varphi_2, \Delta t$。即是测定 t_1 及 t_2 两个准确时刻飞船与星面的距离和绕过行星的角度。这样即可准确地算出飞船的速度和方位。R 和 φ 的测定用雷达和观星法，时间则用飞船上的精密记时系统记录测得。

目前看来，具体采用那一种测量和导航方案还需进一步研究。要根据飞船任务的要求，精确度，雷达功率，无线电电源和重量等要求而定。但一般设第三种方法精确度较差。因为测得的三组数据在计算过程中出现一次差分及二次差分。其中，由于二次分的误差累积较大。因此影响了制导精确度。

有人建议，把第四种方案的雷达测定改为光学测定，即是与隔一定时间（二次测定的时间间隔必须测得很准）用光学办法测定由飞船上所看到的行星的大小来确定飞船所处的高度，测定行星附近背景星象上的两个星与行星位置的变化来确定飞船的航行速度。再由两次测定的时间间隔来确定飞行方向。这种测定和导航方法可以使最后引起的误差在几十公里以下。因此，这个办法看来是比较准确而又较现实的。

§8—6 运载火箭的制导系统，初制导系统

现在发展得比较完善的是初制导系统，也就是发射中的运载火箭制导系统，我们将在这一节及下一节中讨论这个问题。

运载火箭的制导工作可以由它内部的设备和机外的地面基地设备来执行。两者之间的联系用无线电，即用无线电把修正飞行误差的指令送到飞船上去。

图8—4是一个典型的无线电制导系统原理示意图。当飞船飞行受到干扰时，地面的无线电设备即可测得飞船轨道参数（速度，方位）的变化，图8无线电制导系统流程图通过计算、比较，再向飞船发出控制和调整的指令。调整无线电制导系统可以分为三个主要部分：

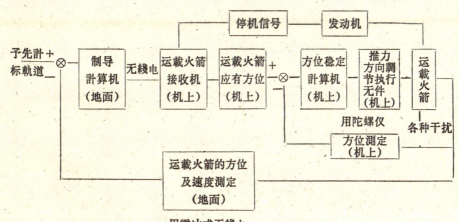

图 8 无线电制导系统流程图

（1）测量系统（地面）：这种系统必须能精确测量坐标系统中飞船的位置与速度（用雷达和用多普勒原理的无线电测定系统），测量系统将测得的数据通过讯号线路输送给计算机。

（2）计算系统：主要部分是电子计算机，它将来自测量系统的数据进行迅速而准确的计算，并且及时地与予先计算的轨道进行比较，确定送向机上控制系统的无线电讯号，以便机上系统去对飞船的轨道进行修正。而它也负有在适当时候通过计算，确定发出推力终止的讯号，使机上发动机熄火的任务。由于要求整个过程进行得十分快而准确可靠，因此，对于电子计算机的要求也是很高的。首先是要求它有足够的计算速度（一般要求每秒计算几十万次）。其次是要求具有高度的可靠性，这样才能保证在发射运载火箭的控制期间，计算绝对不出错误。不然，即便是测量和控制系统十分良好，也会因计算错误而造成整个发射工作的失败。现在发射用的计算机大约要平均正常运转 1000 小时不出差错，也就是两次差错之间的正常运转时间为 1000 小时。

（3）控制系统（或自动驾驶仪）：它是接受地面计算机发出的无线电讯号，然后与机上方位测定仪测得的数据进行比较后通知执行机构对火箭推力进行控制（或停车），使火箭的飞行轨道得到修正。

无线电制导系统的主要问题是制造用于精确测量火箭位置及速度的问题。要求它们的特性必须不随时间、环境条件而变化，只有各个元件，部件的精确度有了可靠的保证，才有可能使整个系统工作可靠，精确，飞行过程的正常进行才真正得到保证。

除了上述的无线电制导系统外，也还有惯性系统，它是利用测量加速度及其积分的方法来制定飞船的速度和方位。这种惯性系统本身包括数支加速度表，它们分别恒定地保持予先

注：1. 第 2 行"图 8 无线电制导系统流程图通过"应为"无线电制导系统通过"。
2. 第 15 行图表序号"图 8"应为"图 8—4"，该图为讲义原图。

选定的方位，并且与飞船的运动方向和位置变化无关。用来保持加速度表以恒定方位的是陀螺平台。陀螺平台是由高速旋轉的陀螺轉子，固定在方向架上组成，由于轉子的高速旋轉慣性，而使陀螺保持恒定方位。慣性系统的测定原理是利用加速度表测得方向上飞船加速度进行积分；一次积分得出飞船的飞行速度，二次积分则得出方位，这样就可以定出飞行轨道。如果测得和計算的结果与正确的軌道发生偏差时，慣性系统即可发出指令，通知执行机构进行控制和調节。

慣性制导系统的主要特点是它的整个制导系统是在机体上，除慣性测量系统外还包括有計算系统和控制系统执行机构（而对无綫电制导系统则最复杂部分在地面上）。因此这是一套完全自备式的导航控制系统。慣性系统的加速度表及陀螺仪的精度由于现代技术的限制还不可能达到十分高的水平，所以这个和系统的測量控制精度都较无綫电制导系统差些。

§ 8—7 制导系统的設計

制导系统的設計也是有阶段性的，我們在这里介紹每个阶段中的主要內容和工作方法。

方案比較

制导系统的設計是根据結构总体設計所确定的方案，对控制的导控部分提出的要求进行具体工作。这項設計工作首先也必須进行多方案比較。依据整个运载火箭及飞船的任务要求所需达到的精确度，控制內容，以及现有設备，經驗和科学研究的新成就而提出若干种可能的方案，由制导系统总体設計单位来选择，最后提出两、三个比較好，較现实的方案，以供下一步定案作依据。

定案及初步設計

上面所得出的几个比較好的方案，还只是一个初步的原則性的方案，并沒有进行很詳細的研究，分析和計算。定案和初步設計工作就是要来具体解决这一問題。这項工作是要将各方案中的各部件、元件进行精确度的計算，經过反复計算、比較和平衡，就可确定这几个方案所能达到的精确度。当計算出方案的精确度之后，就可以开始考虑各个系统，部件、元件的精度分布問題。这一步工作也是要进行多方案比較。因为总的精度要求已經确定了，不能降低，只能采取改进部件和另件的設計精度，并使它們之間的精度分布得更合理，从而使整个方案最后达到总的精度要求。这一步工作是需要利用电子計算机进行多次計算和比較，才能最終提出一个可以滿足制导要求的制导系统。当这步工作完成时制导系统总体設計部門也就可以提出各部分，部件的精度要求。但还必須再与各个部件系統設計部門共同搓商，以最后求得既保証总的精度要求，而各个設計部分只要通过一定努力也能完成总体設計部門所提出来的設計任务。这时整个初步設計就完成了，而設計的方案也就最后确定。

技术設計

各个部分、部件設計部門，从制导系统总体設計部門接受了具体任务和設計要求之后，可即展开具体的部件、元件和綫路系統的設計和实驗工作，这就是所謂技术設計阶段。各部分进行計算和設計后就可进行元件制造，試驗和部件或部分系統的安裝工作，其后对这些部分进行各种試驗，以检查和鑑定元件，部分和分系統的性能，精确度等是否合乎要求，工作是否可靠。这也是一次反复設計，安裝，試驗和修改的过程，而試驗設备及試驗过程也都是十分复杂而精細的。經过这一阶段的細心工作之后，各部門就可以拿出一套成功的精确度达到总体设计要求的部件或分系统。

与此同时，制导系统总体设计部，主要的工作是根据整个方案所确定的设备部件流程的要求建立一套总体试验设备。这套设备包括整个系统要求线路，电源和辅助设备等。在各部门的成品还没完工之前，总体设计部门就开始利用适当的电子计算机代替系统上将要用的新设计的电子计算机。其他部分则采用模拟机来代替组成整套制导系统的各个系统、部件，利用模拟讯号和条件进行系统的调整和实验，并对不合理的地方加以修改。到有真实部件或电子计算机生产出来，可提供使用时，则用这些部件或分系统逐步代替相应的模拟机，再反复进行试验调整和修改。最后一直到所有能用实物的地方的模拟机都逐渐被真正的相应的部分替换后，整个系统就变成和真正飞行时的系统(应指出的是运载火箭本身还只能是模拟的)。这样再继续进行整个制导系统的地面试验，修改不合理的地方，排出故障，提高精确度和可靠程度。当经过若干次试验证明制导精度完全满足整个运载火箭所提出的要求，工作可靠性也达到了应有的程度，则技术设计工作就全部完成。

环境试验

整个技术设计工作的完成，只标帜了整个系统在静止的稳定的环境条件下能正常工作，满足总体设计的要求。但是，在不同的环境条件下是否也能正确，精密地完成它的制导任务还是一个问题。因此，环境试验是对整个制导系统的一次十分必要的考验。试验是模拟了不同的环境温度，湿度和振动等条件，鉴定整个系统在这些条件下是否还能保证总体设计的要求。由于有了以前的精细的设计和试验过程，这一阶段试验所出现的问题不会太大。

经过适当的修改和调整之后即可得出一套可供运载火箭使用的制导系统，送交运载火箭的总装车间，在总体结构设计师的领导下和其他部门的配合下进行运载火箭的总装。总装完成之后即可按照第四章所讲的火箭总装后的各个试验步骤进行工作。

最后，值得指出的是制导系统的设计不同于结构和发动机设计。对后两种设计除了要相应地进行一系列实验外，相当大一部分工作是要靠理论计算和理论设计来解决。因为这些设计可以利用现有的理论来解决，而对制导系统则不然，它的很多问题还不能利用理论计算和设计来解决，而目前已有的计算和设计理论还不成熟，故这部分设计工作实际上大部份是具体试验工作，通过实践来反复修正设计。因此，只有经过若干次试验才能得出一套真正的部件或系统。对于运载火箭的制导系统在没有正式飞行以前，在地面已经进行了数以千计的"试射"工作。同时也可以看出制导系统的计算工作是十分繁多而要求也很高。不但需要各种各样的模拟计算机，而且还需要同一台大型电子数值计算机联合起来形成一个庞大的复杂的计算机系统；因此，要进行这套系统的设计没有近代的计算技术是不能设想的。近代计算技术是设计星际航行制导系统的先决条件。

第九章 星际航行中的通讯问题

§9—1 星际航行中通讯工作的重要意义

大家知道，星际飞船即便是在太阳系的各行星之间飞行也比在地面上的任何航行距离都要远得多，因而通讯问题也就更加困难、复杂而重要。因为飞船在航行过程中要不断地与地球联系，以便确定自己的方位和速度，听取地面基地的指令和把测得的数据、收集到的资料及时而准确地送回基地。同时飞船在太空航道中有时也会出现各种故障，这时也需要及时地与地球取得联系，以便校正、检查和排除故障，地面上也可根据具体情况采取有效措施。星际航行中一旦发生问题，其后果要比地球上任何航行时严重得多；如果不能与地面保持有效联系，采取有效措施，那么，就有可能永远回不了地球。因此，星际航行中的通讯工作显得特别重要。

出了地球大气层后，太空中就变得近乎于绝对真空了，以一般速度飞行的星际飞船在飞行中不会受到什么阻力。但是，在这浩眇无际的太空中却充满着各种频率和强度的电磁波。这些无规则的电磁波形成噪声，对通讯用的电磁波有干扰，影响星际航行的通讯工作。目前一般地面上的无线电通讯已经发展到很高的水平，其通讯量是很巨大的；自然也有各种各样的干扰，但是，通讯距离很短，而更重要的是无论发送或接收设备都在地面上，故不受设备重量，能源以及其他一些问题的限制或得以适当地解决。然而这些问题却正是星际航行通讯的大问题。随着随际航行的要求和通讯内容的要求不同，因而对通讯能力、准确程度，能源及设备的尺寸和重量的要求也不同。显然通讯距离越远，内容越复杂，则要求越高，其设备的重量也越大。然而设备的重量还必须受到飞船重量的限制。因此，这套通讯设备要比一般地面通讯设备要求高。表9—1例举了苏联在所发射的人造卫星和宇宙火箭所采用的一些通讯设备，以使我们更清楚地看到：随着星际航行的发展，其通讯设备也相应地更加复杂而重要。可以看出，金星火箭的通讯系统要比表中其他各个通讯系统复杂，因为飞行的距离远，要求也高，计划要在离开地球7,000万公里远还可以接收到讯号。因此，火箭上带有相当重的通讯电子仪表，电源和抛物面定向天线和鞭状天线，以供接收和发送无线电波。不仅如此，地面上也相应地配备有庞大而复杂的发送和接收天线及无线电设备和辅助设备，来与飞船取得密切联系，共同完成通讯任务。

除了无线电通讯系统的天线及电子设备外，系统所用能源也是一个十分重要的问题。当然，地面设备所用的电源，无论是在功率上或是种类上都容易解决，而飞船上通讯用电源则不但要考虑到电源供给能量的大小和种类而且还必须考虑到电源本身的重量。根据这些要求来看；目前飞船上常用的电源是化学电源和太阳电源，将来也可以采取很有希望的核裂变，即原子能源来供给电能。从表9—1可知，凡是要求无线电通讯系统工作时间短（两日以下）的情况下多采用化学电池作为电源，因为化学电池所能贮备的能量受电池重量限制，工作时间过长则重量就会变得很大。因此，工作时间较长时则采用太阳能电池，因为太阳光的能量

注：第17行"随着随际航行"应为"随着星际航行"。

表 9—1 苏联在星际航行中所用的通讯设备

	发送频率 （兆周）	天　綫	电源	科学仪器及 能源重量 （公斤）
第一个人造卫星	1) 40.002 2) 20.005 }交替0.3秒	1) 2.4米鞭状天綫4根 2) 2.9米鞭状天綫4根	化学电源	
第二个人造卫星	1) 40.002 2) 20.005 }交替0.3秒	1) 2.4米鞭状天綫4根 2) 2.9米鞭状天綫4根	化学电源	
第三个人造卫星		1) 鞭状天綫 2) 管状天綫	1) 化学电源 2) 太阳能电源	968
第一宇宙火箭	1) 19.997 2) 19.995 }最后一級 3) 19.993　容器 4) 183.6　轨道测量	1) — 2) — 3) 四根天綫	1) 银锌电池 2) 氧汞电池	361.3
第二宇宙火箭	1) 20.003；19.997交替0.8～1.5秒；最后一级无綫电观测 2) 19.993，39.986交替0.2—0.8秒脉冲，脉冲频率1±0.15周；在容器中，发送科学资料 3) 183.6轨道测量		化学电源	392
第三宇宙火箭	1) 39.986；交替0.2—0.8秒脉冲，脉冲频率1±0.15周 2) 183.6；轨道测量	四根天綫	1) 化学电源 2) 太阳能电源，每天发报2—4小时	最后一级仪器及能源 重156.5，行星际站重278.5 总重　435
卫星式太空飞船	1) 15.765 2) 20.006 }电話 3) 143.625	天綫同时能收发		
金星火箭		1) 直径为2米抛物面天綫（在接近金星时才张开） 2) 2.4米鞭状天綫		火箭重643.2

注：表 9—1 第 2 栏倒数第一行空白处应为
　　"992.8"。

可以不断地通过太阳能电池转换而得。只要有相应于通讯系统所需电能大小的设备，就可以长期取得能量。因此，太阳能电池的重量只与功率大小有关而与工作时间长短无关。如果将来要远离太阳到太阳系的外圈行星去作星际航行，由于那里的阳光太弱，那么，太阳能电池也将为别的形式的能源所代替。

§9—2 星际航行中通讯系统的有效功率

星际航行的通讯系统是由飞船上的无线电接收和发送系统与地面上的发送和接收系统组成的经常的信息传输系。要想在离地球很远的地方和地球取得可靠的联系，最重要的就是无线电系统要具有足够的发送能力和接收能力。这不单是要求有足够大的能源，而且也要无线电设备具有高的电磁波的发送和接收效率。这里所指的发送能力就是指设备的发送功率。不难理解，在一定条件下增加发送功率就可以增加通讯量和通讯距离，也就意味着要用较大的能源，更大、更重的设备，以及更重、更复杂的温度控制设备。这一切都导至飞船的负载重量大大地增加。因此，当设计无线电通讯系统时就必须在保证不超出允许运载重量的情况下，去选取高效能源，改进设备的效率，从而减轻每发送单位功率所需的设备重量来尽量增大总的发送功率和有效功率。

如果 P_R 是接收机从天线所接收到的功率；η_R 是天线接收后把它变成电讯号的效率，P_T 是发送的讯号功率；η_T 是天线把讯号变为电磁波发出的功率。因此，可以得出天线发送出的有效功率为 $P_T\eta_T$；而天线接收到的有效功率为 P_R/η_R。又令，发送与接收天线间的距离为 L；采用电磁波波长为

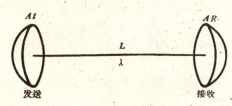

图 9—1

$$\lambda = \frac{\text{光速}}{\text{电磁波频率}} = \frac{3 \times 10^{10}}{f},$$

其中 λ 的单位为厘米，f 的单位为赫；如果频率 $f = 1,000$ 兆赫，则 $\lambda = 30$ 厘米，A_T 为发送天线面积，A_R 为接收天线面积，那么，依照电磁波传播的理论，接收到的天线功率与发送出的天线功率之比，即 $\dfrac{P_R/\eta_R}{P_T\eta_T}$ 应是 $A_R A_T/\lambda^2 L^2$，

故得出接收功率与发送功率之比

$$\frac{P_R}{P_T} = \frac{\eta_R A_R \eta_T A_T}{\lambda^2 L^2}, \tag{9—1}$$

就现代的设计水平、制造工艺水平和材料而论，所制造出的天线一般 $0.6 < \eta < 0.8$。上式只是对发送和接收天线都是定向抛物面天线而言。如果其中一个，例如发送天线采用无方向性的偶极子天线（鞭状天线），那么，接收功率与发送功率之比变为

$$\frac{P_R}{P_T} = \frac{3\eta_R A_R}{8\pi L^2}。 \tag{9—2}$$

由式中可以看出，比较简单的偶极子天线，其接收和发送功率之比与所用电磁波的发送频率无关。但是由（9—1）式和（9—2）式相比较得知，采用定向天线比无定向天线要好，因

为功率比大。比较(9—1)及(9—2)式知:(9—1)式比(9—2)式多一个 $\frac{8\pi}{3}\frac{\eta_T A_T}{\lambda^2}$ 值,同时我們知道,抛物面天綫的面积以平方米計,而在高频率区則其值为几厘米,故 $\frac{8\pi}{3}\frac{\eta_T A_T}{\lambda^2}\gg 1$,所以(9—1)式之值比(9—2)式之值大得多,說明了有方向性天綫的效率高于无定向天綫。

由上面所述,說明了有效发送功率决定于天綫的方向性,因此,就必須注意两个問題。一方面,虽然可以用星际飞船定向天綫来大量增加有效功率,这种天綫是控制星际飞船飞行方位和通訊的先决条件,用以作为正常信息的传递。但另一方面,一般希望能在飞船上同时設有用以检查飞船中的故障和定向天綫失灵时而作为輔助通訊系統来与地面基地取得联系的无定向天綫,来保証人员及飞船的安全。

星际飞船上的通訊設备只能在飞船重量上占一个相当部分。因此,无綫电电子仪表,发送和接收天綫的重量也只能在一已定的范围互相变动。我們把通訊系統的总重量W分为两个部分,一定功率的发送能力P_T所需要的电子設备及电源重量W_A和一定尺寸天綫所具有的重量W_T,即

$$W = W_A + W_T \tag{9-3}$$

一般說設备的重量越大,其功率也应当越大。但是在这里由于波长与效率成正比,当波长越短时,其天綫的轉换效率就越低。这就是說天綫不能将所有的訊号能量都变为电磁波发送出去,而还要剩下一部分能量,这部分能量变成了热能,使設备温度升高。为了使設备的温度保持正常就必須进行冷却,所以需要增加冷却設备的重原(星际飞船是采用輻射冷却器)。这样一来,当然就会使整个設备的重量增加。这样一些因使得发送功率P_T不与W_A成正比例,而与$W_A \lambda$ 乘积成正比例,說明波长越短,則同一发送机及电源重量能送到天綫的功率越小。但是从接收信号的效果来看,不光是靠送到天綫的功率P_T,也要考虑这个功率是集中到多宽的发送波束,波束越窄,功率就越集中,收到的信号也就越强。如果发送波束宽度θ以弧度表示(見图9—2),天綫直径为D,則从天綫理論及实踐,知道

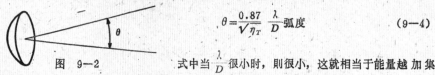

$$\theta = \frac{0.87}{\sqrt{\eta_T}}\frac{\lambda}{D} \text{弧度} \tag{9-4}$$

图 9—2　　式中当 $\frac{\lambda}{D}$ 很小时,則很小,这就相当于能量越加集中。波束中功率密度与波束断面或 θ^2 成反比,即天綫的效果与D^2/λ^2 成正比。但D^2与天綫的面积成正比。又知天綫的面积与其重量成正比。故可得出天綫的效果与天綫重量W_T成正比,而与λ^2成反比,即天綫效果与$\frac{W_T}{\lambda^2}$成正比。

发送的总效果,是送到天綫的功率P_T及天綫效率之乘积,所以总效果与$W_A \lambda \cdot \frac{W_T}{\lambda^2} = W_A W_T/\lambda$成比例。依据实际經驗得出比例常数,结果为

$$\text{发送效果} = 45\frac{W_A W_T}{\lambda}\text{瓦} \qquad (9\text{—}5)$$

式中：W_A 和 W_T 的量纲为公斤；λ 的量纲为厘米。可以看出，当 λ 一定时 W_A 与 W_T 的乘积为最大值时，发送效果为最大，这时候通讯系统的设计最适合。由 (9—3) 式可知，当飞船重量一定时，通讯系统总重量 $W=$ 常数；故求得，只有当 $W_A = W_T$ 时它们之乘积为最大值，此时的发送效果就最好。这一概念对于我们在飞行器的设计上是十分重要的。

从 (9—5) 式还可以看出，当发送频率越大（即 λ 越小），那么，发送效果可以越高，但是实际上 (9—5) 公式一般只能用到 10,000 兆赫（即 $\lambda=3$ 厘米）左右。其原因有二：一方面由 (9—4) 式可知 λ 与 θ 成正比，故 λ 变小，θ 角也随之变小。如果 θ 角太小时，则波束太狭，不易对准接收天线，而影响通讯效果；如果要描准，那又必须增加飞船上天线的定位装置，会加大重量。另一方面，因电源功率转换为高频信号后功率的效率将急剧下降，所以 $P_T \sim W_A \lambda^n$ 中的 n 当 λ 再变小时就要从以上所说的 $n=1$ 增，那么情况就发生变化，(9—5) 公式不能代表事实了。

§9—3 星际航行通讯中的噪声

一般对噪声的概念是各种频率参杂的声音；但更科学的分析噪声会发现它不光是频率杂有各种频率的振盪相混合，而且每一个频率振盪的相位也是不同的，无规则的。我们这里所指的噪声与此同类，只不过日常生活中指的噪声是声波噪声，而这儿的噪音是指人们听不见的电磁波噪音和接收机内部由热运动所产生的噪声。和规则声波在有噪声的空间中传播一样，要想代表一定讯号的电磁波在存在着噪声电磁波的空间传向接收天线就必须提高讯号的发送能量来克服噪音的干扰。自然，人们也在不断地研究和创造新的接收设备来降低噪声，以达到正确完成通讯任务，而又节省能量和设备，减轻设备的重量，提高星际航行效果。

具体要知道通讯所需要的功率，首先就要解决通讯受噪声的干扰问题。那么，我们来研究一下噪声的来源及其强度。下面就分别对几种噪声的影响进行阐述。

银河系背景噪声 可见光波，热辐射波以及其他不可见无线电波等实际上是不同频率和强度的电磁波。这些电磁波没有单纯的频率，它对我们通常通讯用的电磁波来说，就是噪声，干扰着通讯过程。对任何物体而言只要它有温度，那么，它就会同时发射各种频率的热辐电磁波，这都是噪声。很明显，当我们将天线对向天空时，就会收到各种频率，不同强度的杂乱的电磁波。这是因为天体背景上有許多星，它们都在不断地向外发射热辐射电磁波。这种电磁波不单来源于发光的星，而也还有许多不发光的星。它們发射无线电磁波，这就是所謂银河背景噪声，它是影响星际航行通讯的一个主要因素。

如果接收天线向着一个黑体，黑体温度为 $T(°K)$，那么，在 B 赫频宽中噪声能量为

$$N = KTB = 1.380 \times 10^{-23} TB, \text{瓦} \qquad (9\text{—}6)$$

波尔兹曼 (B₀ltzmann) 常数 $k=1.380\times 10^{-23}$。黑体温度 T 是指：如果天线波束角 θ 正好对着一个物体，而且所包括的范围正好是物体的大小，此时如物体温度为 T，则这时噪声**温度** $T = T^b$，T^b 亦称等价黑体温度或有效黑体温度。当天线对准地球时、有效黑体温度即**为地球表面温度约** $293°K$；在厘米波区域，太阳的 $T = T^b = 6,000°K$，米波区域（100 兆**赫/秒）**，太阳的 $T^b = 10^6 °K$，故可以說在一般情况下有效溫度 T_b 是随电磁波的频率而变的。

如果天线"看到"的目标直径为 d，波束夹角仍为 θ（见图9—3），θ 用（9—4）公式计算，天线与目标的距离为 L；目标有效温度为 T^b；如果从目标外缘到 θ 波束所看到的范围的环形面积内没有噪声，那么，天线所"看到"的范围内的有效黑体温度可用下式估计

$$T = T_b \left(\frac{d}{\theta L}\right)^2 \qquad (9-7)$$

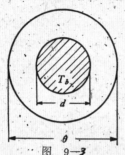

图 9—3

实际情况要比这复杂得多。因为天空的任何一个方向都有噪声存在。因此，接收天线不管对准任何方向都必然会有背景噪声，但宇宙干扰的噪声源在天空分布是不均匀的，最强的非热噪声源分布在靠近银河系中心的天蝎星座与人马星座方向上。

地面大气散射及天线环境噪声　地球是被一层很厚的大气层所包围着。当太阳或银河背景射向地球的光和其他电磁波，首先要经过大气层才能到达地面。当这些电磁波射到大气的分子或原子上就产生散射作用而形成许多噪声源，因而影响天线的接收。不仅如此，由于天线建立在地面上，而地球表面及表面的气体介质具有一定的温度（约 $300 K°$ 左右），也不断地向外辐射电磁波，这些电磁波也会对接收讯号电磁波产生干扰。特别是飞船方位接近地平面时定向天线也要指向水平，此时地球表面的辐射电磁波的影响就更大。由图9—4可以看出，当包含银河背景，大气散射及天线受地面辐射的影响，对于接收频率高于 1,000 兆赫时垂直指向天线的有效温度约为 $7.0°K$，而水平指向天线的有效温度则为 $200°K$ 即说明水平指向受地面噪声影响大。

为了降低接收系统的噪声，所以采用了参量放大器，量子放大器等，以降低接受器内部的噪声温度（可减到 $30°K$ 以下）。但是，由于接收天线在地面上受地面及大气散射噪声的影响，本身已有相当高的噪声温度，故效果不大（目前还不能降到 $50°K$ 以下）。为了克服地面辐射及大气散射的影响，有人建议把接收天线送出大气层外到高卫星轨道上去，这样就可以避免地面环境噪声的影响，其效果十分显明。如果在高空我们采用 1,000～10,000 兆赫的微波，则可使天线的有效温度降低到 $1°K$。这时因采用参量或量子放大器就可以大大地改善接收效果。所以这种作法对星际航行的通讯工作是很有利的。

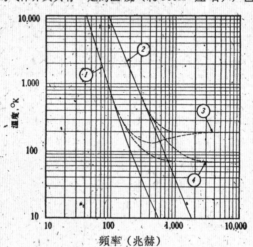

图 9—4 包括银河背景大气散射以及天线边翅等干扰在内的有效天线温度。
① "最热点"温度；
② 最小银河系背景温度；
③ 天线水平指向。
④ 天线垂直指向。

注：第 2 行 "T^b" 应为 "T_b"。

接收机内部的热动运噪声 上面已經闡述和基本上解决了外界噪声对天綫接收的影响。但是对整个接收系統来說还沒有完全解决問題。根据近代物理的观点来看，所有的物貭的原子，包括荷电的离子，都处在热运动状态中。自由电子的运动速度，由于电子間及电子与原子、离子間的碰撞，其大小和方向都在不断地、毫无规则地变化着。这些不規则热运动都不断改变着接收机的工作状态，从而使接收机在放大微小的电訊号过程中受到干扰，这种干扰就是接收机系統本声的噪声。由于科学的发展和科学家、设計師們的努力。对于接收及訊号放大設备都有了很大的改进，使系統的有效噪声温度不断下降，使得放大器系統几乎在絕对零度的条件下工作（見表9—2）。

表 9—2 各种微波接收机的噪声溫度

微波接收机类型（厘米接收区）		噪声溫度 ($T°K$)
晶体混頻器，	$\lambda < 1$ 厘米	10,000
晶体混頻器，	$\lambda > 5$ 厘米	1,500
行波管放大器，	$\lambda > 5$ 厘米	750
参量放大器，	$\lambda > 5$ 厘米	100
量子放大器，	$\lambda > 5$ 厘米	10
将来改进量子放大器		3

从上所述的情况看来，微波接收系統的效果好坏不但与天綫所处的环境、位置有关，而且与系統本身的性能有关，也就是与它們的噪声温度有关。由于接收系統是一个整体，要提高設备的效果，即降低其噪声功率就必須将各个部分結合起来考虑。也就是要求在設計时要把天綫、放大器和环境的噪声影响配合得很适当，才能提高整个設备的总效果。如果天綫由于受环境的影响而使其噪声温度較高，那么，我們单方面去追求降低微波接收机本身的噪声温度，收效是不大的。反之，我們不考虑設备本身的噪声影响，单純降低环境对接收的影响也是不必要的。对于目前还不能将較大的天綫送到高卫星軌道的情况下，对于采用地面的定向天綫水平指向时产生的噪声影响，可以用一个簡便的办法来消除这一影响。这个办法是在天綫場的周围围上鉄絲网来消除水平方向上产生的噪声影响。在这样的措施下利用目前的接收設备可以使噪声温度降到 $50K°$ 左右，因而这时采用量子放大器可以保証整个系統有良好的接收效果。

§9—4 信 息 率

信息率是信息論的基本概念之一，所謂信息論就是消息传輸的理論。它是近代通信技术的理論基础。它是研究消息在干扰存在时的传輸规律。对于科学技术的各个領域如无綫电通訊、有綫电通訊、雷达、自动控制及遙远控制、計算机技术等都具有很重要的意义。我們在这里将应用信息論的結果来研究星际航行中的通信問題。

信息是通信系統传輸的对象。通常是发送机把信息变成为相应的信号，然后沿通信綫路送至接收机。这种变换过程在一定程度上由所使用的通信綫路的特性来决定。通常可分为三个步驟，第一步是将原始信息变换为电的量，第二步就进行編碼，最后进行調制，由专門的調制系統来完成，其調制的方法是通信系統最显著的特征之一。經过以上三个过程之后，从发送机送至通信綫路的是一种反应信息的信号，而在通信綫路的另一端由接收机将信号还原为信息。这样就完成了一次发送。其过程可参看图（9—5）。

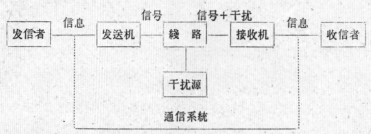

图 9—5 通信系统方框图。

由此看到：同一个信息用各种不同的通信系统都可以传送。而只是在所要传送的信息量与通信系统的通路容量相适应的情况下，要求传送质量要高，即误差最小，其传送速度最快。所以说通信系统最主要的特征是信息的通过能力。也就是该系统在保证必需的传送精确度的条件下，单位时间所能发送的信息数量，即我们所要研究的信息率。

那么到底用什么单位来计算信息量呢？要解决这个问题我们必需说明：信息是一种选择；是这样不是那样；是白不是黑，是上不是下，是开不是关。在一个接一个的选择之后，事物就确定了，也就是信息被表达出来了。每一个选择可以用一个二进位数字，每一个二进位数字就名为比特（$bif = binary\ digit$），所以信息量是以比特计的，而信息率为每秒的比特数，即比特/秒。

我们的问题是：需要多大的功率来传递出一定的信息率？在以前我们说过：生活经验告诉我们，在噪声大的地方说话必须多用气力，所以我们的感性知识是传递信息的功率与噪声功率有某种关系，也可以说传递信息是与噪声作斗争的过程。在约十几年前建立的信息论把人们长期以来的生活实践经验和电讯工程师的经验总结成为一种理论，得出信息通道频宽 B（赫），接收到的功率 P_R 噪声功率 N 与信息率之间的量的关系。理论给出的是理想信息率 I_o 即最大可能的信息率，也就是当通讯道用的最好时的信息率。它可作为标准来比较各种不同的通信系统实得信息率的大小是有好处的，可以比较各种实际通信系统的好坏，并指出我们离理想还有多远，将来还可以提高多少。

根据信息论的分析，理想信息率 I_o 应是

$$I_o = B \log_2 \left(1 + \frac{P_R}{N}\right) \tag{9-8}$$

其中 I_o 的单位为比特/秒，因为比特是二进位数字，所以其对数是以 2 为底数。B 为信息通路中的频带宽（赫）。N 为在频宽 B 中的噪声功率（瓦）。P_R 为有用信号的平均功率 即接收到的功率（瓦）。从公式（9—8）可以看到当增频宽 B 及信号噪声功率之比就可以提高信息通路的信息率。如果 $\frac{P_R}{N} < 1$；那么对数部份；

$$\log^2 \left(1 + \frac{P_R}{N}\right) = 1.442\, ln \left(1 + \frac{P_R}{N}\right)$$ 而以展开，这时公式（9—8）就变成为：

$$I_o \cong 1.442\, B \frac{P_R}{N} \quad （\text{比特/秒}）$$

由公式 $(9-6) N=1.380\times 1^{-023} TB$ （瓦），則上式为：

$$I_o \cong 1.04\times 10^{23}\frac{P_R}{N} \quad \text{比特/秒} \qquad (9-9)$$

其中：P_R 为接受功率以瓦为单位。T 为有效温度以 °K 为单位。

公式 (9-8) 只給出了一个理想情况下的最大信息率。而实际的通信系统的通訊量是低于最大信息率，其值取决于下面二个因素。一个是要传送的信号是怎样放入信息通路中去的，也就是采用了什么样的調制系統。如对无綫电通訊可以采用調幅、調頻及調相的系統，也可以采用其他更复杂的系統，而不同的調制系統，加入信号其传輸效率是不同的。也就是說調制的方法决定了通信系統的效率。另一个因素为信号是如何进行編碼的，所謂編碼就是組合的选择，而組合由不同的信号单元构成，实际上編碼的問题是一个如何利用原来信息的特性，尽量压縮要传遞的信息量而又不失真，这个可能性是存在的，因为自然的信息有或多或少的"废話"即不必要的信息。所以实得信息量除了公式里已表出的基本限制因素以外，同时还受調制方式和編碼方法的限制。

我們用最老式的調制方法即調幅法时其真正的通訊道信息率为理想情况下的最大信息率的千分之一。当采用調頻系統时其真正的信息率为理想情况下的最大信息的几十分之一。当采用新的反饋調頻系統时其真正的信息率为最大信息率的 1/2～1/4。所以当我們用現有最佳的調制系統，真正通訊道的信息率为最大信息率 I_o 的约 1/3.5。对于星际航行中的通信系統还可以进一步来研究，提高其信息率使其更加接近于理想情况下的最大信息率。

为了使我們明了各种不同的編碼方法对通信量的影响，我們在表 (9-3) 中列举出三种編碼方法下的各种通訊工作所需的信息量。

表 (9-3) 各种通信中所需要的典型信息率（比特/秒）

	直接传送	"綫性預卜"	复杂的編碼
有色电視	～7×10^7	～4×10^7	～10
黑白电視	～4×10^7	～2×10^7	～10^5～10^6
传送言語	～7×10^4	～4×10^3	～10^3
电传真	～2.4×10^3	～10^3	～10^2
英語电报編碼（每分鐘20个字，每字27.5比特）	～10	～8	～2
气象资料（溫度計到 1°C，在 100°C 范围內）	～0.1	～0.01	～0.001

所謂直接传送就是不經过編碼把信号送入調制系統中去。"綫性予卜"是利用信息中各单元之间存在有内部联系，当掌握了信息传输有連續性的規律时，就有可能予先估計信息中的下一单元是什么，也就降低了真正新的信息量，从而壓縮了信息量。第三种編碼方法复杂的編碼系統，是指預知信息的統計性質，不光是象"綫性予卜"那样估計信息的下一单元，而是就現上下文，根据上几个单元来估計下几个单元的情况，这样如表（9—3）所示，其信息量可以更进一步压縮。

§9—5 量子效应

在无綫电通信中的基本物理过程是一个电磁波的传播过程。而电磁波的传播是电磁波量子以光速的运动过程。量子是一个很微小的能量粒子，它本身是具有統計性質。当信号很弱而噪声很大时，就应特别注意量子效应对通信的影响。其量子效应的产生与一个单位頻寬里所接收到的量子数有关。当信号很弱时量子数较少时，那么量子运动的統計性質就显示出来了，发生实际接收量子数的不規則涨落（就如当一个容器里的气体非常稀薄时，每单位容积中的分子量不多，那么由于分子热运动的統計性質所造成瞬間单位容积中分子数的不規則涨落，就变成不可忽略了。）这样就会造成混乱，其信号的传輸受到干扰，即所謂量子效应的噪声或"量子噪声"。为了不发生量子噪声，每赫頻寬的量子数必須大于10。

設 f 为电磁波的頻率以赫为单位。而每一个頻率为 f 的量子所具有的能量为 hf，h 为普朗克量子常数。如果 M 为每秒的量子数，則接收到的功率应是每秒量子数乘每个量子的能量即

$$P_R = Mhf = 6.62 \times 10^{-34} Mf \quad (\text{瓦}) \tag{9—10}$$

对于通信所要求的是单位赫頻寬里的量子数为 $m = \dfrac{M}{B} > 10$，則由（9—10）式得

$$M = \dfrac{10^{34}}{6.62} \cdot \dfrac{P_R}{f} = \dfrac{10^{34}}{6.62} \times \dfrac{P_R}{\dfrac{C}{\lambda}} = \dfrac{\lambda P_R \times 10^{34}}{6.62 \times 3 \times 10^{10}}$$

由公式（9—6）

$$B = \dfrac{N \times 10^{23}}{1.380} \cdot \dfrac{1}{T_e}$$

所以

$$m = \dfrac{M}{B} = 0.695 \lambda T_e \left(\dfrac{P_R}{N}\right) > 10 \tag{9—10}$$

这里，T_e 为有效温度以 °K。λ 为波长以厘米計。

当有效温度低和波长很小时，就有产生量子效应的危险，故要在以上的限制条件下来选择 λ 和 T_e 的数值。以避免"量子噪声"的产生。

§9—6 星际通訊設計問題

为了使我們对以上公式的应用有进一步的了解，因此举出下例进行具体的計算。当接收和发送效率的乘积为 $\eta_T \eta_R = 0.5$，在星际飞船上的发送天綫的直径为2米（这与苏联发射的金星火箭上的天綫相同），接收天綫的直径为100米，波长 $\lambda = 10$ 厘米，頻率 $f \cong 3000$ 兆赫，发送与接收之間的距离 $L = 4$ 亿公里。发送功率 $P_T = 1/4$ 瓦

则
$$P_R = \frac{P_T \eta_R \eta_T A_R A_T}{L^2 \lambda^2} = \frac{1/4 \times 0.5 \times \pi/4 \times 10{,}000^2 \times \pi/4 \times 200^2}{10^2 \times 4^2 \times 10^{16} \times 10^{10}} = 1.93 \times 10^{-18} \quad 瓦$$

如果 $B = 20$ 赫，而 $T_c \cong 200°K$，那么
$$N = 1.380 \times 10^{-23} T_c B = 1.380 \times 10^{-23} \times 200 \times 20 = 5.520 \times 10^{-20} \quad 瓦$$

因此
$$\frac{P_R}{N} = \frac{1.93 \times 10^{-18}}{5.520 \times 10^{-20}} = 35$$

则
$$I_o = B \log_2 \left(1 + \frac{P_R}{N}\right) = 1.442 \times 20 \, ln(1+35) = 28.84 \times 3.58 = 103.2 \quad 比特/秒$$

如果采用了现时最好的调制系统，其实际的信息为：
$$I = \frac{I_o}{3.5} = \frac{103.2}{3.5} = 29.5 \quad 比特/秒$$

根据表（9—3）这样大小的信息率是足够用来打电报。我们也可以用具体数字验证（9—10）公式的条件是被满足的，不会产生量子噪声。

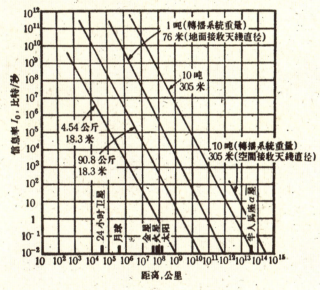

图 9—6　最大信息率 I_o 是天线负载和传播系统重量、接收天线直径的不同组合范围的函数图

由前知道：发送机、接收机及调制系统是星际通信系统的构成元件。这些设备的作用效果可以归纳在图（9—6）里，图（9—6）中表示出目前的星际通信系统所能取得的，或者至

少可以从而预见到的信息率作为至星际飞船的距离的函数绘出。图中曲线假定相应于飞船天线和飞船发送机之间最合理的重量分配，也假定在接收机中使用了最好的参量放大器。假定了接收机天线面积和发射系统重量之间的几种组合方法，这几种组合方法代表用于几种星际航行中的情形。图中的信息率为理想信息率从这些曲线中可以明显的看出，对低空飞行卫星和适当载运重量的飞船来说，可以传送大量的信息。例如：在重量为4.54公斤的发送机和天线系统中，就有可能从805公里高空轨道上的卫星上把电视照片传送到地面上18.3米的天线上。又如以90.8公斤的发送机，电源和天线，在24小时的轨道内，对地面上一个18.3米的天线每秒钟能够传送10^9比特信息。这是在200路电视通路中所包含的信息。

另一类星际飞行及对月球的探测。以一个90.8公斤的系统，可以从月球把电视照片或每秒10^7比特的信息发送到地面。如果发送机——天线系组只能有4.54公斤，则每秒的最大传送率降低到10^4比特，如果用一个无方向性的天线，则一个4.54公斤的系统所能传输的最大信息率就下降为每秒100比特。

第三类星际飞行是对金星和火星的探测。在这种飞行中，一个4.54公斤重的系统，以最佳的天线——发送机，每秒只能传输一比特的信息，虽然以一个90.8公斤重的系统，在地球系金星或火星之间最短的距离内，其信息率达到每秒1000～1500比特的数量级。如果信息是从一个围绕着金星或火星运转的卫星上发出的，用一个90.8公斤的发送机，只要地面上应用直径为76米的天线，在火星整个轨道上都可以传输每秒100比特的信息。要从金星或火星的卫星上传输更多的信息，就必须有一个比这更好的通讯系统。例如：在金星的最远位置上，以一个十吨重的最佳发送系统，对地面一个直径为304.8米的接收天线，每秒可传送5千万比特的信息。

而最困难的通讯要算是对恒星际探测体的通讯。即使以一个10吨的传输系统和一个直径为304.8米的地面接收天线，也刚刚能对距离最近的星球——人马座的星进行跟踪探测。在这样距离上的信息率是很低的，每秒只有百分之一比特，而对振荡器稳定性的要求又很高约在10^{-12}左右。因此，严格说来，在目前的技术水平下，还不能进行这种飞行。但有人这样设想，把接收天线安置在一个围绕地球运转的卫星上，此卫星的高度须使地球表面产生的热量对天线中所接收到的能量影响很小，其量子放大器固有的低噪声性能就可充分发挥出来。如果这是可能的话，则可以在飞船上用10吨重的最佳发送系统，并在离地很高的卫星上设一个直径为304.8米的接收大天线，这就可以约为每秒一比特的信息率提供对于人马星座的α星的信息。从这里可以看出，在恒星际距离中进行通信还存在着大量的问题，还有待于今后继续来解决。

§ 9—7 地面接收天线

要决定地面接收天线的类型，首先应决定工作的频率，同时，必须使用能在很宽的频率范围内工作的天线。由于具有广大有效收集面积的多元的天线阵主要是频率固定的设备，所以对频率不敏感的反射天线就显得较好。而且，由于要在很大的角度里跟踪星际飞船，也由于天线阵有方向性，只有选择可以转动的抛物面天线才能满足各方面的要求。目前适合于进行星际通信已知的可以提供使用的最大的天线是英国设在"*Jodrell Bank*"地方直径为76米的天线。其设备相当大而重量在几千吨左右。其抛物面是支在一个有二垂直支柱及一水平轴所构成的支架上，而支架可以沿地面的圆形轨道绕垂直轴旋转，同时抛物面还可以绕水平轴摆动。以这来对准发送的方向，而且保持高度的准确性。实际上这样一个接收天线的设备就是一个射电天文望远镜，其精确度的要求是同样的。它也可以作星际飞船跟踪雷达的天线。

这种抛物面天线一方面要大，而另一方面还要保证抛物面有很高的准确度，在任何情况下不变形，这才能把电磁波收集起来，集中到焦点，送入馈电器（馈电器是连接天线与发送机或接收机之间的电能传输设备）。这就必须使结构的实际变形保持在波长的十六分之一以下。如果波长为 30 厘米，天线直径为 200 米时，最大允许变形为直径的 1/10,000，即抛物面的精度为万分之一。这种几何形状的精度即便在各种温度变化及风力作用下也得保持。在不太大的天线，如英国 76 米直径的天线还可以用加强结构的办法来做到，但如果直径超出100 米，估计光是加强结构就会使整个天线更加苯重，从而带来了转向的困难。所以 100 米直径以上的天线，必须用自动作用的活动支掌来对抛物面的形状作必要的补偿及修正。这样一来，天线本身就是一个非常复杂的巨型装置。这就好象盖一坐四十层的大楼，而又要大楼是自由上下左右地转动，并且在运动中及大气中自动地调整其外形不变 2 厘米，它简直是一坐庞大的精密机械。有美国在西弗吉尼亚州山区中建的天线即属这种类型。其天线直径为 180 米，所使用的材料就有 2 万吨钢和铝。计划在 1962 年建成。从以上可以看出星际航行中的通信同样是一门复杂的科学领域，它需要很复杂高精度而且很庞大的设备。但它是星际航行中不可缺少的一部份，它必将随着星际飞行的发展而发展，同时星际通信中的一系列问题的解决可为星际航行提供更良好的条件。

§9—8 卫星式通讯中继站系统

有人也想到利用人造卫星作为无线电通信的中继站，因为现代的火箭技术有可能把一个足以作为反射器的结构送入人造卫星的轨道上去。也就是用人造卫星为无线电信号的反射器，使其可在更广大的地面内进行通讯。由于在接近地平线附近，地球大气引起的传播异常现象对通信有影响。故采用高轨道卫星较为更好。另一个原因是因卫星在不断的运动，这样要提供几乎不中断的传输信号就成为不可能。要得到连续传输必须使用多个卫星作为中继站。

表 (9—4)

轨　道	中　继　站　的　形　式	
	波动的（反射器）	主动的（接收后，再发送）
低轨道 （周期为 1—3 小时）	最简单的是一个表面喷有金属的塑料气球直径约为 30 米。 (地面有：大型可转向的天线。)	载有轻型微波发送设备和电源及低定向性的天线。 (地面有：中型可转向的天线。)
高轨道 （周期为 24 小时）	方位稳定的反射器（平面反射器。 (地面有：特大的固定天线)	载有重型微波发送设备及电源。和高度定向性的天线，方位稳定。 (地面有：固定中型或小型的天线。)

所以最理想的是采用一个不动的卫星作为中继站。因此也促使我们不采用低轨道卫星，而采

注：1. 第 11 行"活动支掌"应为"活动支撑"。
2. 第 13 行"其外形不变 2 厘米"应为"其外形，最大变形不超过 2 厘米"。

用高轨道卫星作为中继站。如果有了足够准确的导向设备以及调整轨道高低和位置的长寿命的方法时，就有可能使用在周期为 24 小时的轨道上的"固定"中继站。这对于通信是很利的。就目前而论，認为卫星式无线电通信的中繼站可能有四种类型其特点可参看表（9-4）。所謂波动的中繼站，实际上就是一个电磁波的反射器，把地面发送站的电磁波发射到地面接收站上。而主动式才是真正的中繼站，先接收从地面发送站来的信号，然后发射到地面的接收站上去。可以看出：主动型的中繼站收发机有限定的作用范围，也有限定的带寬。因此，只能同时用于有限数量的独立信号。但主动型的中繼站能量较集中，有较小的地面天綫，并发送功率可以用于发送设备。另一方面对于寬频带的使用而言大型天綫和大发送机功率是有一定优点，当用被动型的中繼站时，它只能反射电磁波，它可用的带寬几乎是无限的。它实际上为一綫性装置，即能使用許多频率和各种功率电平在多种范围內工作而不发生串話。而它所需的地面天綫较大。对于高軌道卫星中繼站其天綫是固定的，因为方位要稳定，故其上面的设备是相当的复杂。总的来看，卫星式的无綫电中繼站是具有一定的优点，但目前还有許多問題尚待研究，故还沒有能建成一个卫星式无綫电通信中繼站，但它的可能性是存在的。

第十章 再入大气层

§10—1 人造衞星或星际飞船的降落问题

在前面的章节中，主要是解决人造卫星或星际飞船的发射和运行问题。但是随着星际航行技术的发展，进一步的问题就是载人飞船飞出地球大气层或到太阳系的其他行星去考察。这样一来就给人們提出一个新問題：这就是飞船如何在地球或其他星面上降落問題。而也只有当降落問題从理論和实际上得到解决之后，人們才能够乘上飞船到地球之外去旅行。显然，等到将来星际航行事业高度发展的时代，这些問題将会变成和现代航空一样寻常的事。

我們知道，不論是卫星或星际飞船，都是以相当高的速度繞地球运动（速度大于第一宇宙速度）或以更高的速度（速度达第二宇宙速度以上）接近地球或星球。为了使飞船降落在地面上，必须减低它的运行速度，因为当它以等于或大于第一宇宙速度飞行的时候，它是永远不会落到地面上来的。在发射飞船时是一个加速过程，即是要讓飞船在运载火箭的推动下，由静止到运动，由低速到高速，最后达到飞行的目的。而降落过程实际上是发射的逆过程，即是要使高速飞行的飞船减速，最后降落在地面上。很显然，我們完全可以利用与飞船飞行方向相反的火箭沿着发射軌道及过程进行減速，沿发射軌道逆向降落到地面上。图10—1即表明了起飞与回地的两个方向相反的軌道。这里应当指出，如果飞船是沒有大气包围（或大

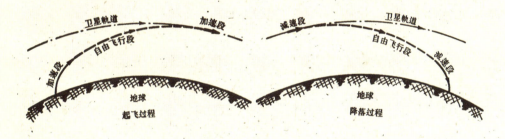

图 10—1

气非常稀薄）的星面上降落，如在月球上降落，这也许是一个唯一可行的办法。但是对于有大气层的星球（如地球、火星等）上降落，这确是一个原始的，而且十分不經济的办法。因为，要把一吨重的卫星从地面加速到 8 公里/秒的速度，则运载火箭的起飞重量约需100吨。相反，要使单位質量的卫星沿起飞路綫由卫星軌道降落到地面时与要求的減速运载火箭之点火重量之比为 1:100。因此，很容易看出，当要发射一地球卫星并降落到地球上，那么，降落到地面上的有效負载将为起飞时运载火箭总重量的 $\frac{1}{10,000}$。显然这种办法是十分不經济的。

更好的办法即是利用地球表面大气层的空气阻力来使飞船减速。这种办法看来确实是比前面的办法經济得多。它的减速过程是这样的：首先，对关高速飞行着的卫星或接近地球的星际飞船，利用一小段推力，使它的軌道朝向大气层，这以后不再用火箭来减速，繼之由于飞船以一定速度在空气中飞行，而受到大气的阻力作用，使飞船逐渐减速，最后降落到地面上。这样就可以节省大量的推进剂及较大的发动机，从而便降落单位質量所需的运载重量大大降低，提高了星际航行的飞行效果，使得星际航行和返回地面更加现实。然而，大气层对飞船的着陆还存在着不利的一面，那就是：由于卫星或星际飞船进入大气层时速度很高，为大气中声速的25倍以上，因此，空气对飞船的头部形成激波和摩擦，产生高热，如果沒有特殊的措施将使飞船烧毁。但对于这个问题，现在已經有办法解决，我们将在§10—4节中阐述。因此，这种利用空气阻力来降落是完全可能的，这就是再入空气层问题。

§10—2 再入大气层的軌道分析

无论按照什么方式使卫星或飞船降落到地面上，它們都是遵循質点在有心力場中运动的原理，沿一定的軌道运动。在第六章里我們討論过了質点的运动。因此，我們有質点在极坐标中向原点力場的运动方程；径向及周向运动方程为

$$\frac{d}{dt}\left(\frac{dr}{dt}\right) = r\left(\frac{d\theta}{dt}\right)^2 - g + F_r, \quad (10-1)$$

$$\frac{d}{dt}\left(r^2 \frac{d\theta}{dt}\right) = r F_\theta. \quad (10-2)$$

这里 g（重力）可以看作不变的，因为再入时受到大气阻力作用一段的軌道高度变化只有一百多公里，比起地球半径来說太小了。此外，我們以 v 为飞船在軌道上的速度，φ 为飞行軌道与当地地面方向的夹角（如果对再入飞行，则 φ 为負值）；M 为飞船的質量；D 为飞船受到的空气阻力；L 为升力（見图10—2）。故得出单位質量飞船所受的径向力为

$$F_r = \frac{1}{M}[L\cos\varphi - D\sin\varphi]; \quad (10-3)$$

周向力为

$$F_\theta = \frac{1}{M}[-L\sin\varphi - D\cos\varphi]; \quad (10-4)$$

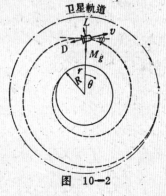

图 10—2

同时，我們有飞船的径向飞行速度及周向飞行速度

$$\frac{dr}{dt} = v\sin\varphi; \quad (10-5)$$

$$r\frac{d\theta}{dt} = v\cos\varphi. \quad (10-6)$$

因此，(10—1) 及 (10—2) 式可写成

$$\frac{d}{dt}(v\sin\varphi) = \frac{v^2\cos^2\varphi}{r} - g + \frac{D}{M}\left[\frac{L}{D}\cos\varphi - \sin\varphi\right], \qquad (10-7)$$

$$\frac{d}{dt}(rv\sin\varphi) = -r\frac{D}{M}\left[\frac{L}{D}\sin\varphi - \cos\varphi\right] \qquad (10-8)$$

由空气动力学得知常用的阻力与升力关系为

$$D = \frac{1}{2}\rho_\infty v^2 A C_D = \frac{1}{2}\rho^* e^{-\beta h} v^2 C_D A \qquad (10-9)$$

$$L = \frac{1}{2}\rho_\infty v^2 A C_D\left(\frac{L}{D}\right) = \frac{1}{2}\rho^* e^{-\beta h} v^2 A C_D\left(\frac{L}{D}\right). \qquad (10-10)$$

其中，ρ_∞ 为在高度为 h（米）处的空气密度，计 ρ_∞ 可以足够准确地表达为 $\rho_\infty = \rho^* e^{-\beta h}$，$\rho^*$ 为地面的大气密度，β 为常数（量纲为[长度$^{-1}$]），$\beta = \frac{1}{7,000}$，A 为参考面积（一般用飞船在飞行方向的横截面）；C_D 为无量纲阻力系数（一般 $C_D \approx 1$）。

用飞船质量除（10-9）式得

$$\frac{D}{M} = \frac{\rho^* e^{-\beta h} v^2}{\frac{2M}{C_D A}}, \qquad (10-11)$$

代入无量纲速度 $\bar{v} = \frac{v}{\sqrt{gr}}$，$r$ 为飞船距地球中心的距，当 $r = R$ 时，则 $\sqrt{gr} = V_1$（第一宇宙速度）；同时当升阻比 $\left(\frac{L}{D}\right)$ 为常数，而 L、D 的变化主要是依于 $e^{-\beta h}$ 及 v 的变化，则（10-11）可改成

$$\frac{D}{M} = \frac{\left(\frac{\beta}{r}\right)^{\frac{1}{2}}\left(\frac{r}{\beta}\right)^{\frac{1}{2}}(gr)\bar{v}^2 \rho^* e^{-\beta h}}{\frac{2M}{C_D A}} = gr\left(\frac{\beta}{r}\right)^{\frac{1}{2}}\bar{v}z,$$

即

$$\frac{D}{M} = g(\beta r)^{\frac{1}{2}}\bar{v}z \qquad (10-12)$$

式中引入一个新的变数

$$z = \frac{\rho^*\left(\frac{r}{\beta}\right)^{\frac{1}{2}}\bar{v}e^{-\beta h}}{\frac{2M}{C_D A}} \qquad (10-13)$$

从（10-12）可以看得出来：D/M 是质量除阻力；其量纲与加速度 g 相同，(βr) 是无量纲的；$\bar{v}$ 也是无量纲的，所以 z 是无量纲的。这样一来（10-7）及（10-8）式可以写成如下形式

$$\frac{1}{g}\cdot\frac{d}{dt}(\sqrt{gr}\,\bar{v}\sin\varphi) = \bar{v}^2\cos\varphi - 1 + (\beta r)^{\frac{1}{2}}\bar{v}z\left\{\frac{L}{D}\cos\varphi - \sin\varphi\right\};$$

$$\frac{1}{gr}\frac{d}{dt}(\sqrt{gr^3}\,\bar{v}\cos\varphi) = -(\beta r)^{\frac{1}{2}}\bar{v}_x\cdot\left\{\frac{L}{D}\cos\varphi - \sin\varphi\right\}$$

把这两个微分式展开，并代入 $\frac{dr}{dt}=v\sin\varphi=\sqrt{gr}\,\bar{v}\sin\varphi$ 得

$$\frac{1}{g}\frac{d}{dt}(v\sin\varphi) = \frac{1}{g}\frac{d}{dt}(\sqrt{gr}\,\bar{v}\sin\varphi) = \bar{v}\sin\varphi\cdot\frac{1}{g}\sqrt{gr}\,\frac{1}{2}\frac{1}{r}\sqrt{gr}\,\bar{v}\sin\varphi +$$
$$+\frac{1}{g}\sqrt{gr}\sin\varphi\frac{d\bar{v}}{dt} + \frac{1}{g}\sqrt{gr}\,\bar{v}\cos\varphi\frac{d\varphi}{dt} = \frac{1}{2}\bar{v}^2\sin^2\varphi +$$
$$+\frac{\sqrt{gr}}{g}\sin\varphi\frac{d\bar{v}}{dt} + \frac{\sqrt{gr}}{g}\bar{v}\cos\varphi\frac{d\varphi}{dt}$$

$$\frac{1}{gr}\frac{d}{dt}(r\,v\cos\varphi) = \frac{1}{gr}\frac{d}{dt}(\sqrt{gr^3}\,\bar{v}\cos\varphi) = \frac{1}{gr}\frac{3}{2}\sqrt{gr}\,\sqrt{gr}\,\sin\varphi\cos\varphi +$$
$$+\frac{\sqrt{gr}}{g}\cos\varphi\frac{d\bar{v}}{dt} - \frac{\sqrt{gr}}{g}\bar{v}\sin\varphi\frac{d\varphi}{dt} = \frac{3}{2}\bar{v}^2\sin\varphi\cos\varphi + \frac{\sqrt{gr}}{g}\cos\varphi\frac{d\bar{v}}{dt} -$$
$$-\frac{\sqrt{gr}}{g}\bar{v}\sin\varphi\frac{d\varphi}{dt}$$

所以 (10—7) 及 (10—8) 式最终成为

$$\frac{1}{2}\bar{v}^2\sin^2\varphi + \frac{\sqrt{gr}}{g}\sin\varphi\frac{d\bar{v}}{dt} + \frac{\sqrt{gr}}{g}\bar{v}\cos\varphi\frac{d\varphi}{dt} = \bar{v}^2\cos^2\varphi -$$
$$-1 + (\beta r)^{\frac{1}{2}}\bar{v}_x\left\{\frac{L}{D}\cos\varphi - \sin\varphi\right\} \tag{10—14}$$

及

$$\frac{3}{2}\bar{v}^2\sin\varphi\cos\varphi + \frac{\sqrt{gr}}{g}\cos\varphi\frac{d\bar{v}}{dt} - \frac{\sqrt{gr}}{g}\bar{v}\sin\varphi\frac{d\varphi}{dt}$$
$$= -(\beta r)^{\frac{1}{2}}\bar{v}_x\left\{\frac{L}{D}\sin\varphi + \cos\varphi\right\}. \tag{10—15}$$

将 (10—14) 公式乘 $\sin\varphi$ 与 (10—15) 公式乘 $\cos\varphi$，并把乘积相加，得

$$\bar{v}^2\left(\frac{1}{2}\sin^3\varphi + \frac{3}{2}\sin\varphi\cos^2\varphi\right) + \frac{\sqrt{gr}}{g}\frac{d\bar{v}}{dt} = \bar{v}^2\sin\varphi\cos^2\varphi - \sin\varphi - (\beta r)^{\frac{1}{2}}\bar{v}_x;$$

所以

$$\frac{\sqrt{gr}}{g}\frac{d\bar{v}}{dt} = -\sin\varphi\left(\frac{1}{2}\bar{v}^2+1\right) - (\beta r)^{\frac{1}{2}}\bar{v}_x. \tag{10—16}$$

将 (10—14) 公式乘 $\cos\varphi$ 与 (10—15) 公式乘 $\sin\varphi$，并把乘积相减，得

$$\bar{v}^2\left(\frac{1}{2}\sin^2\varphi\cos\varphi - \frac{3}{2}\sin^2\varphi\cos\varphi\right) \frac{\sqrt{gr}}{g}\bar{v}\frac{d\varphi}{dt} = \bar{v}^2\cos^3\varphi - \cos\varphi + (\beta r)^{\frac{1}{2}}\bar{v}_x\frac{L}{D},$$

注：1. 第 1 行公式中 "$\left\{\frac{L}{D}\cos\varphi - \sin\varphi\right\}$" 应为 "$\left\{\frac{L}{D}\cos\varphi + \sin\varphi\right\}$"。

2. 第 6 行 "$\frac{1}{gr}\frac{3}{2}\sqrt{gr}\,\sqrt{gr}\sin\varphi\cos\varphi+$" 应为 "$\frac{1}{gr}\bar{v}\frac{3}{2}\sqrt{gr}\bar{v}\,\sqrt{gr}\sin\varphi\cos\varphi+$"。

所以
$$\frac{\sqrt{gr}}{g}\bar{v}\frac{d\varphi}{dt}=\cos\varphi(\bar{v}^2-1)+(\beta r)^{\frac{1}{2}}\bar{v}z\frac{L}{D}. \quad (10-17)$$

针对实际情况可以对（10—16）式进行适当的简化。由于再入空气軌道与当地地平面的交角 φ 一般很小（$\varphi<5°$）。因此，$\sin\varphi=0$；又知 $\bar{v}$ 之数值为 $1\cdot0$ 的数量级，所以（10—16）式中 $\sin\varphi\left(\frac{1}{2}\bar{v}^2+1\right)$ 很小可以忽略，同时在一般情况下 $(\beta r)^{\frac{1}{2}}$ 中的 r 近于地球半径 R 故 $(\beta r)^{\frac{1}{2}}=30$，故所以（10—16）式简化为

$$\frac{\sqrt{gr}}{g}\frac{d\bar{v}}{dt}=-(\beta r)^{\frac{1}{2}}\bar{v}z=-30\bar{v}z. \quad (10-18)$$

这里所得出的（10—17）及（10—18）式即为我们的基本公式。但是，为了计算方便起见，以 $\bar{v}$ 为自变数，z 及 φ 为未知数，来求得一普遍而简便的关系式；由前面得出的

$$z=\frac{\rho^*}{\frac{2M}{C_D A}}\left(\frac{r}{\beta}\right)^{\frac{1}{2}}\bar{v}e^{-\beta h} \text{ 可知，其中 } A, C_D, \rho^* \text{ 是常数};$$

M 为飞船的质量，我们在 §10—4 中将会看到，为了防热，飞船的质量会有些变化，但变化量比起飞船的原始质量来说，是很小的，因此可将飞船的质量视作不变，同时前面已经提到 $(\beta r)^{1/2}$ 在一般情况下变化亦不大，而式中 $\bar{v}$ 及 $e^{-\beta h}$ 则由于飞船的速度及高度（即大气密度）改变，而变化很大，那么，令

$$C=\frac{\rho^*}{\frac{2M}{C_D A}}\left(\frac{r}{\beta}\right)^{\frac{1}{2}}\doteq 常数,$$

故得出，
$$z=C\bar{v}e^{-\beta h} \quad (10-19)$$

同时，飞船离地面的高度 $h=r-R$，故

$$\frac{dh}{d\bar{v}}=\frac{dr}{d\bar{v}}=\frac{\frac{dr}{dt}}{\frac{d\bar{v}}{dt}},$$

所以，将（10—18）式对 $\bar{v}$ 求一阶微商得

$$z'=\frac{dz}{d\bar{v}}=Ce^{-\beta h}+C\bar{v}e^{-\beta h}(-\beta)\frac{dh}{d\bar{v}}=\frac{z}{\bar{v}}-z\beta\frac{dr}{d\bar{v}}=\frac{z}{\bar{v}}-z\beta\frac{\frac{dr}{dt}}{\frac{d\bar{v}}{dt}}$$

$$=\frac{z}{\bar{v}}-z\beta\frac{v\sin\varphi}{\frac{d\bar{v}}{dt}}=\frac{z}{\bar{v}}-z\beta\frac{\sqrt{gr}\,\bar{v}\sin\varphi}{\frac{-(\beta r)^{1/2}\bar{v}z}{\frac{\sqrt{gr}}{g}}}$$

即
$$z'=\frac{z}{\bar{v}}+(\beta r)^{\frac{1}{2}}\sin\varphi \quad (10-20)$$

注：1. 第3行"当地地平面"应为"当地水平面"。
2. 第4行"因此，$\sin\varphi=0$"应为"因此，$\sin\varphi\cong 0$"。
3. 倒数第5行"将（10—18）式对"应为"将（10—19）式对"。

为了消去 $sin\varphi$，对 (10—20) 再对 $\bar{v}$ 取二阶微商，得出

$$z''=\frac{d^2z}{d\bar{v}^2}=\frac{z'}{\bar{v}}-\frac{z}{\bar{v}^2}+\frac{1}{2}\frac{(\beta r)^{\frac{1}{2}}}{r}\frac{dr}{d\bar{v}}sin\varphi+(\beta r)^{\frac{1}{2}}cos\varphi\frac{d\varphi}{d\bar{v}}$$

$$=\frac{z'}{\bar{v}}-\frac{z}{\bar{v}^2}+\frac{1}{2}\frac{(\beta r)^{\frac{1}{2}}}{r}\frac{\frac{dr}{dt}}{\frac{d\bar{v}}{dt}}sin\varphi+(\beta r)^{\frac{1}{2}}cos\varphi\frac{\frac{d\varphi}{dt}}{\frac{d\bar{v}}{dt}}=\frac{z'}{\bar{v}}-\frac{z}{\bar{v}^2}+$$

$$+\frac{1}{2}\frac{(\beta r)^{\frac{1}{2}}}{r}\frac{\sqrt{gr}\,\bar{v}sin^2\varphi\sqrt{gr}}{-(\beta r)^{\frac{1}{2}}\bar{v}zg}+(\beta r)^{\frac{1}{2}}cos\varphi\frac{cos\varphi(\bar{v}^2-1)+(\beta r)^{\frac{1}{2}}\bar{v}z\frac{L}{D}}{-(\beta r)^{\frac{1}{2}}\bar{v}^2z}$$

所以

$$z''=\frac{z'}{\bar{v}}-\frac{z}{\bar{v}^2}-\frac{1}{2}\frac{sin\varphi}{z}-\frac{cos^2\varphi(\bar{v}^2-1)+(\beta r)^{\frac{1}{2}}\bar{v}z\frac{L}{D}cos\varphi}{\bar{v}^2z};$$

由于 φ 角很小，故 $\frac{1}{2}\frac{sin\varphi}{z}$ 很小可以忽略不计，则上式变为

$$z''=\frac{z'}{\bar{v}}-\frac{z}{\bar{v}^2}-\frac{cos^2\varphi(\bar{v}^2-1)+(\beta r)^{\frac{1}{2}}\bar{v}z\frac{L}{D}cos\varphi}{\bar{v}^2z};$$

即

$$\bar{v}zz''-\left(z'-\frac{z}{\bar{v}}\right)=\frac{cos^2\varphi(1-\bar{v}^2)}{\bar{v}z}-(\beta r)^{\frac{1}{2}}\left(\frac{L}{D}\right)cos\varphi. \quad (10-21)$$

这里得出了 z 对 $\bar{v}$ 的二阶微分方程，要解这个方程，就必须具有两个初始条件，由飞船的初始状态即可得出两个初始条件为：当 $t=0$ 时，空气阻力才开始，速度为初速 v_i，而空气阻力还很小，所以，$\bar{v}=\bar{v}_i$ 时，$z=z_i\cong0$；一般情况下当飞船从卫星轨道开始进入大气层的速度 $\bar{v}_i=0.995$。所以由 (10—20) 公式得

$$z'=z'_i=\frac{z_i}{\bar{v}_i}+(\beta r)^{\frac{1}{2}}sin\varphi_i=(\beta r)^{\frac{1}{2}}sin\varphi_i=30\varphi_i, \varphi_i$$

为弧度。为了初始条件，就可以解此微分方程，求出 z。再通过 z 用 (10—20) 式确定再入轨道与当地地平面的交角 "φ"，从而确定了再入轨道的参数。

由于通过解方程确定了 $z(\bar{v})$ 的关系，其他的参数也可以计算；如减速度的大小可按 (10—18) 式得出

$$-a=-\frac{1}{g}\frac{dv}{dt}=(\beta r)^{\frac{1}{2}}\bar{v}z=30\bar{v}z \quad (10-22)$$

同样 (10—18) 式也给出了飞船减速的时间

$$dt=-\frac{1}{\sqrt{\beta g}}(\bar{v}z)^{-1}d\bar{v}$$

所以

$$t = \frac{1}{\sqrt{\beta g}} \int_{\bar{v}_2}^{\bar{v}_1} \frac{d\bar{v}}{\bar{v}z} = \sqrt{\frac{r}{g}} \frac{1}{\sqrt{\beta r}} \int_{\bar{v}_2}^{\bar{v}_1} \frac{d\bar{v}}{\bar{v}z} = 27 \int_{\bar{v}_2}^{\bar{v}_1} \frac{d\bar{v}}{\bar{v}z}. \qquad (10-23)$$

以上推演的结果，充分地显示了我们所用的变数不仅是无量纲的，有便于运算，而更重要的是在于利用一个 $z(\bar{v})$ 的关系，就概括了所有的再入轨道，代表了再入轨道问题的正确相似律，即是说在方程中并不出现具体的质量、阻力系数和面积，而只与飞船的飞行速度，离地面的高度，系轨道的角度有关，这样一来求出 z 及 $\bar{v}$ 的解，对于任何飞船都是适用的。因此，前面所作的一列推演和无量纲化是十分有意义的。具体来说，$(10-22)$ 及 $(10-23)$ 公式表明，对某一类轨道来说，例如沒有升力（$L/D=0$）初始轨道倾角 φ_i 为一定值的轨道，最大减速度及总的阻力飞行段时间都与卫星或飞船的尺寸及重量无关，这是很有意义的结果。当然，尽管最大减速度对每一类轨道都是一样的，都出现在一定的 z 及 $\bar{v}$ 值；但从 $(10-13)$ 公式看出，$M/C_D A$ 参数越小时，相应的 $e^{-\beta h}$ 也越小，即 h 越大。这就是说，越质量小，阻力系数或截面大，最大减速度出现的高度也就越高。

§10—3 两种再入轨道

目前，就卫星或飞船借以空气的阻力来减速的再入大气层的轨道而论，可以采用两种轨道；最简单的办法是不用升力的轨道，其次是用升力的轨道。

不用升力的再入轨道

对不用升力的再入轨道就是飞船在受大气阻力作用下不产生任何升力（即 $L/D=0$）。而这种办法中最简单的还是阻力系数也不变，即是说在大气层的飞行过程中，飞船的形状、参考面积都不发生变化。这种办法虽然简单，但它所存在的问题也较大。首先，它在减速过程中的最大减速度大，而又无法进行调节。为了使最大减速度满足人体的要求（即超重的限制），需要将再入角限制到 $5°$ 以下；实际上一般为 $\varphi_i = 1°\sim 3°$，这样可使最大减速度控制在 $8\sim 14g$ 之间。同时把再入角的幅度限制在很小的范围也是为了不使飞船不至过度受热。但是，由关角度很小，如果控制得不当，φ_i 成为一正角，轨道不是倾入空气层，而是倾向空气层外，那么，飞船就很容易跳出大气层。因此，对于制导的要求很高，也给我们带来许多麻烦，这就需要想别的办法来解决。

如果仍然不利用升力的话，可以用变阻力系数（C_D）的办法，即是当再入开始时由于空气很稀薄，我们可以在一定的减速度下加大 φ 角，来保证飞船不跳出大气层。同时当飞船继续进入大气层时则可以调节它的阻力系数来改善受热状况。阻力系数的调节主要是采用调节飞船尾部的裙翅，即是增大受阻力面积和形状。由于阻力系数的调节，因而可以避免减速度太大，一般可比上述办法的最大减速度小 50%，显然这种办法较为优越。

由于 $L/D=0$，即升力为零，所以 $(10-21)$ 可以简化为

$$\bar{v}z'' - \left(z' - \frac{z}{\bar{v}}\right) = \frac{\cos^2\varphi (1-\bar{v}^2)}{\bar{v}z} \qquad (10-24)$$

方程虽被简化了，但是仍然是个非线性方程，要解这简化后的方程 $(10-24)$ 还是比较困难的，必须采用数值积分来求解，表 $10-1$ 即是用数值法求解得出的具体数值。

注：1. 第 6 行"系轨道的角度"应为"轨道的角度"。

2. 倒数第 7 行"来改善受热状况"应为"来改变受热状况"。

3. 倒数第 6 行"裙翅，"应为"裙翅（见图 $10-3$)"，图附在 286 页。

表 (10—1)　　　　　　　　　　　　　　在 $\frac{L}{D}=0$ 和 $0\leqslant -\varphi_i\leqslant 5°$ 条件下

$\bar{v}$	$-\varphi_i=0°$			$-\varphi_i=\frac{1}{2}°$			$-\varphi_i=1°$		
	z	$\bar{v}z$	t(秒)	z	$\bar{v}z$	t(秒)	z	$\bar{v}z$	t(秒)
0.995	0.00058	0.000577	0	0.0013	0.00130	0	0.0026	0.00259	0
0.99	0.00165	0.001635	140	0.00270	0.00267	72	0.0053	0.00525	37
0.98	0.00467	0.00458	238	0.00603	0.00591	140	0.0108	0.01059	73
0.96	0.01315	0.01262	309	0.01457	0.01399	199	0.0229	0.0220	108
0.94	0.0241	0.02266	341	0.0253	0.0238	229	0.0361	0.03396	128
0.92	0.0369	0.03392	360	0.0378	0.03478	248	0.0505	0.04640	141
0.90	0.0515	0.0464	374	0.0519	0.0467	262	0.0660	0.0594	152
0.85	0.0393	0.0334	396	0.0934	0.0794	284	0.1092	0.0928	170
0.80	0.1435	0.1148	411	0.1421	0.1188	298	0.1580	0.1264	183
0.75	0.1991	0.1494	421	0.1970	0.1478	309	0.212	0.1590	192
0.70	0.260	0.1820	429	0.257	0.1800	317	0.270	0.1890	200
0.65	0.324	0.2108	436	0.321	0.2086	324	0.333	0.2164	207
0.60	0.392	0.2352	442	0.389	0.2332	330	0.398	0.2388	213
0.55	0.463	0.2546	448	0.460	0.2530	336	0.466	0.2564	218
0.50	0.536	0.2680	453	0.533	0.2666	341	0.537	0.2684	223
0.45	0.610	0.2742	458	0.607	0.2736	346	0.608	0.2740	228
0.40	0.684	0.2736	463	0.681	0.2724	351	0.680	0.2720	233
0.35	0.757	0.2648	468	0.754	0.2640	356	0.732	0.2630	238
0.30	0.827	0.2480	473	0.824	0.2470	361	0.821	0.2460	244
0.25	0.892	0.2228	479	0.890	0.2226	367	0.885	0.1770	249
0.20	0.949	0.1898	486	0.947	0.1895	374	0.942	0.1883	256
0.15	0.992	0.1487	493	0.991	0.1487	382	0.986	0.1479	264
0.10	1.009	0.1009	504	1.009	0.1009	392	1.005	0.1005	275
0.05	0.958	0.0479	521	0.958	0.0479	409	0.956	0.0478	292
0.025	0.825	0.02062	537	0.825	0.02062	425	0.824	0.0206	037

Z 和有关量的数值表

$-\varphi_i=2°$			$-\varphi_i=3°$			$-\varphi_i=4°$		
Z	$\overline{v}Z$	t(秒)	Z	$\overline{v}Z$	t(秒)	Z	$\overline{v}Z$	t(秒)
0.0052	0.00517	0	0.0078	0.00776	0	0.0105	0.01045	0
0.0105	0.0104	18	0.0157	0.01554	12	0.0209	0.0207	9
0.0210	0.0206	37	0.0313	0.0307	24	0.0416	0.0408	18
0.0422	0.0405	55	0.0624	0.0600	37	0.0827	0.0795	28
0.0638	0.0600	66	0.0934	0.0878	44	0.1233	0.1160	33
0.0858	0.0789	74	0.1243	0.1144	50	0.1633	0.1502	38
0.1080	0.0972	80	0.1550	0.1395	54	0.203	0.1828	41
0.1651	0.1403	92	0.231	0.1963	62	0.300	0.255	47
0.224	0.1793	100	0.306	0.2448	68	0.393	0.3144	52
0.284	0.2130	107	0.380	0.2850	74	0.482	0.3618	56
0.346	0.2422	113	0.452	0.3160	78	0.568	0.3980	59
0.409	0.2660	119	0.523	0.3400	82	0.649	0.4220	63
0.474	0.2842	124	0.591	0.3542	86	0.726	0.4360	66
0.538	0.2960	128	0.657	0.3620	90	0.797	0.4380	69
0.603	0.3020	133	0.721	0.3620	94	0.863	0.4315	72
0.668	0.3008	137	0.781	0.3520	98	0.922	0.4150	75
0.732	0.2923	142	0.838	0.3354	102	0.974	0.3898	79
0.794	0.2780	147	0.890	0.3114	106	1.018	0.3562	82
0.853	0.2560	152	0.936	0.2810	110	1.052	0.3158	86
0.907	0.2268	157	0.975	0.2438	115	1.076	0.2690	91
0.954	0.1909	164	1.005	0.2010	121	1.086	0.2170	97
0.989	0.1484	172	1.021	0.1532	129	1.079	0.1619	104
1.002	0.1002	182	1.016	0.1016	139	1.048	0.1048	114
0.952	0.0476	200	0.952	0.0476	157	0.960	0.0480	131
0.822	0.02052	215	0.820	0.0205	172	0.821	0.02052	146

用升力的再入轨道

利用变阻力系数的方法虽比较好，但仍不及用变升力系数的办法。这种轨道是飞船在大气层中飞行受到阻力的同时，相应地也产生一定比例的升力，从而可以降低最大减速度（即可以使$-\varphi$角小）；飞船在大气中沿着一定轨道滑翔到地面。这种轨道，如果$L/D=$常数；$-\varphi$很小时，$\cos\varphi=1$，那么，可以找到下面的解

$$z = \frac{1-\bar{v}^2}{(\beta r)^{\frac{1}{2}} \frac{L}{D} \bar{v}}, \qquad (10-25)$$

满足于方程（10—21）。这种轨道虽然可以利用简便办法求解，其减速度也较小，完全能适应载人飞船的需要。但是，对于实际应用上确并不合适；原因在于它所需要的滑行时间很长，从而延长了防热的时间，也增加了设计的困难。目前看来较现实的办法是用变升力的办法，这样既可缩短飞船的减速时间，减少烧蚀量，又可保证减速度在适当的范围。这就是按照飞行的具体状况调节升力，如在开始进入大气层时，可以使φ角大些少用或不用升，即减速快些，而到大气密度增大，飞船速度又较高，加热太剧烈，或都减速度超过要求时，则可增加升力，从而使飞船的轨道上升一些，降低加热量及减速度，来适应飞船和人的要求。这样既可保证使加热量保持较低的水平，而减速度不超过人生理条件的要求，提高了飞船的飞行效果，又使人和飞船安全地滑翔到地面。

§10—4 防 热 設 計

飞船再入大气层的问题；一方面的问题是要考虑采用再入大气层的轨道类型并进行計算，另一方面因飞船再入大气层时其表面产生了很高的温度大约在 10,000°K 左右，因此如何才能使飞船在再入大气层时，在这样高的温度下不被烧掉而能完整的降落到地面就是一个相当重要而必须要解决的问题。所以我們在討论了再入大气层的轨道计算以后，必须对再入大气层时气流向飞船的传递的热流量，以及在这样高的热流量下，对飞船的烧蚀防护要求进行分析和计算，从而寻找出解决飞船在高温下不被烧掉能完整降落到地面的方法。

首先我们对再入大气层时的热流量进行討論，根据流体力学里的能量关系即§2—5中的公式（2—7）和（2—11）我們就可以得到下列关系：

$$c_{p,2} T_e = c_{p,2} T_\infty + \frac{1}{2} \frac{v^2}{Jg} \qquad (10-26)$$

其中，$T_e°K$体为飞船头部的气流温度即气流的驻点温度。$T_\infty°K$为外层空气的温度，也就是在距离地面一百公里高的大气温度，其数值约为 440°K。J为热功当量，其数值为 426.85。$c_{p,2}$为空气的定压比热，即每公斤空气温度昇高一度所吸收的热量大卡/公斤·度。計算的結果表明驻点温度高达 8,000°K～10,000°K。由于外层空气的温度T_∞相对于驻点温度而言是相当小，甚至可以忽略。这也就说明了气流的驻点温度主要是由动能产生的，为了简化计算可将（10—26）式改写成：

$$T_e \approx \frac{1}{2} \frac{v^2}{Jgc_{p,2}} \qquad (10-27)$$

带入速度的无量綱形式，并取r相当于飞船平均高度，即约$r=6.45\times10^6$米，则：

注：倒数第 5 行 "8,000°К～10,000°K" 应为 "8,000°K～10,000°K"。

$$T_e \approx \frac{1}{2} \frac{gr}{Jgc_{p,2}} \bar{v}^2 = \frac{7550}{c_{p,2}} \bar{v}^2 \qquad (10-28)$$

由于头部气流的温度近于 $10,000°K$，而飞船本身的温度比气流温度低很多，它相当于外层大气的温度 T_∞。这样就产生了气流向飞船传递的热流量。在具体说明计算热流量之前，我们必须首先指出，由于一般飞船设计将采用较小的 M/C_DA 这个参数，那么按照 §10-2 的分析，轨道上出现大热流量的地方与出现大减速度的地方一样是在高空。高空的密度比较小，气动力参数之一的雷诺数，即 $\frac{\rho_\infty vl}{\mu}$ 较小（其中 l 为参考长度，如飞船长，μ 为空气黏度）。在雷诺数小的情况下，围绕飞船表面的气流是平稳的，叫做层流。因此我们在以下的热流量计算中流动假设为层流。如果设 q_0 为最大的热流量即在头部驻点温度处的热流量，其单位为大卡/米²秒。ρ_∞ 为外层大气的密度公斤/米³。R 为飞船头部的曲率半径单位为米。

根据气动力学计算在头部的热流量 q_0 与 $\sqrt{\frac{\rho_\infty T_e}{R}} T_e$ 成正比例。其根号内的温度表示了温度对黏性系数的影响。对于气体而言，当温度计昇高其黏度上昇，而导热系数也相应的增加。这时其最大热流量可以代入 (10-27) 则得

$$q_{os} \sim \sqrt{\frac{\rho_\infty v^2}{R}} v^2 \qquad (10-29)$$

利用了大气密度随距离地表面的高度而变化的关系，并带入速度的无量纲形式，就可以进行下列的变换，则

$$\frac{\rho_\infty v^2}{R} = \frac{\rho^* e^{-\beta h}}{\frac{2M}{\beta}} \cdot \frac{2M}{C_D A R} \left(\frac{r}{\beta}\right)^{\frac{1}{2}} \left(\frac{\beta}{r}\right)^{\frac{1}{2}} (gr)\bar{v}^2$$

所以；

$$\frac{\rho_\infty v^2}{R} \sim \frac{M}{C_D A R} \bar{v}z \qquad (10-30)$$

将 (10-30) 代入到 (10-28) 里，并带入速度的无量纲形式，因其中 $(\beta r)^{1/2} g$ 为常数所以就得到下列比例关系，

$$q_{os} \sim \sqrt{\frac{M}{C_D A R}} (\bar{v}z)^{\frac{1}{2}} \bar{v}^2 \qquad (10-31)$$

其中；M 为飞船的质量换算成重量的关系，则 (10-31) 变成，

$$q_{os} \sim \sqrt{\frac{W}{C_D A R}} (\bar{v}z)^{\frac{1}{2}} \bar{v}^2 \qquad (10-32)$$

其中；A 为气动力系数的参考飞船截面面积以米²。我们所讨论的层流情况下，其热流量的具体关系为；

$$q_{o,s} = 70.5 \left(\frac{W}{C_D A R}\right)^{\frac{1}{2}} (\bar{v}z)^{\frac{1}{2}} \bar{v}^2 \qquad (10-33)$$

由于飞船的其他部份其温度及曲率半径不同，故其热流量也不同，因此对于飞船其他部份的热流量为：

$$q_o = 70.5 k_I \left(\frac{W}{C_D A R} \right)^{\frac{1}{2}} (\bar{v}z)^{\frac{1}{2}} \bar{v}^2 \qquad (10-34)$$

而

$$k_I = \frac{q_o}{q_{o,s}} \qquad (10-35)$$

是一个修正系数，它表示了局部热流量与最大热流量的比值。

由以上计算可以看出，气流温度高达一万度，因此就要求飞船所使用的材料能够承受这样高的温度。而目前看来，还没有任何材料的熔点超过 $4000°C$，所以不能承受这样高的温度。所以为了解决高温的困难，曾经有人提出了一些办法，其中最原始的想法，是在飞船的表面，有一层很厚的金属如铜，这一层金属在高温下允许它被熔化，因熔化会吸收大量的热量，从而吸走了传至飞船的热量，因而使飞船的本体不被烧掉，这就叫热沉式的设计，而热沉式的方法，由于被热熔的金属易被气流吹掉，其吸收的热量不多，而金属的消耗很大，所以是不經济的。因此又有人提出烧蚀式的方法，也就是飞船的表面层是用含大量高分子物貭的烧蚀材料构成，如含大量塑料的玻璃鋼，其高分子物貭在高温下，吸收热量温度上升达到它的分解温度 T_a 时就进行分解，同时在分解的过程中吸收很多热。由于分解温度相对于飞船头部外层气流的温度是低得多，所以分解气体继续被加热，一直到使温度达到外层气流的温度为止。这些高分子物貭的分解气体在飞船的表面就形成了一层气膜保护层，它吸收了热量，保护了飞船不因高温而被烧掉见图（10－3）这种方法随着高分子物貭的分解 递出，使

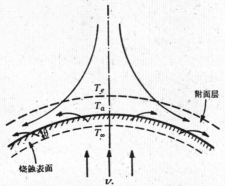

图 10－4 正常烧蚀的流动状态图
θ 为加热厚度；V_b 为飞船飞行速度.

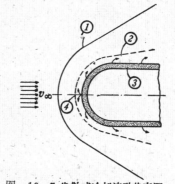

图 10－5 发散式冷却流动状态图
①——激波；②——附面层；③——飞船外层的多孔壁；
④——通过多孔壁冷却流体.

其飞船的外形尺寸发生了变化，它对于在不同升力并且不允许飞船外形变化的情况下，是一种较实际可行的办法。当进入大气层的速度更高，要控制加速度就要保持外形不变即采用升力的轨道情况下，还可以用一种较好的办法，即发散式的冷却方法，它是用有多孔的材料作为飞船的外层表面，而冷却液体就从这些所被济出表面，见图（10－4）。在这个过程中，液体吸热达到蒸发温度，繼續吸热并蒸发变成蒸汽，蒸汽的温度繼續上升一直达到外层气体

温度为进入大气。主要的好处是在吸走了传向飞船的热量，同时还保持了飞船表面的形状和尺寸。因此它是一种今后可以考虑的一种较好的方案，而目前讨论最多而较成熟的还是烧蚀式的方法。由于从我们对烧蚀量或者冷却剂流量的计算观点来看烧蚀式和发散冷却式没有区别，因此可以一起来考虑得出共同使用的计算公式。

当对再入飞行器的防热设计要求进行分析和计算的时候作了如下的简化：（1）烧蚀物质及发散冷却剂的密度，热传导系数、比热、以及烧蚀材料的分解热或者冷却剂的汽化潜热保持为常数；（2）气流中混合气体的普朗持数 P_r 和史密特数 S_c、烧蚀材料或冷却剂汽化后的比热 $c_{p,1}$ 和在激波后面的空气比热 $c_{p,2}$ 保持为常数。（实际是温度的函数）；（3）烧蚀材料分解温度或冷却剂的汽化温度 T_a 保持不变。（4）由烧蚀材料的烧蚀所引起的外形变化，相对于头部是可以忽略的。另外，由于热的传导方向主要是在垂直于表面的方向，沿着表面的传热量很小，可以忽略。这一些简化假设虽然会引入一些误差，但其量不大，我们由此可得到的公式仍然可以用来进行设计中的计算。

如果，$\dfrac{dm}{dt}$ 为单位时间单位面积的烧蚀量或者冷却剂流量公斤/米²·秒；c_b 为烧蚀材料在固态时的比热或液体发散冷却剂的比热大卡/公斤·度，L 为烧蚀材料分解时的吸热量或者液体冷却剂的汽化热，$\tilde{c}_p$ 为烧蚀材料分解气体或冷剂气化后气体与外界空气混合后的比热，大卡/米²·度，T_∞ 是高空大气的温度，也就是烧蚀材料或冷却剂原来的温度，T_a 为烧蚀材料的分解温度或发散冷却剂的汽化温度。$\alpha(T_e - T_a)$ 为保护气体的有效温升。那么每公斤烧蚀材料或冷却剂首先在分解前或汽化前吸收 $c_b(T_a - T_\infty)$ 大卡的热，然后分解或汽化，再吸收 L 大卡的热，最后温度升到炽热，再吸收 $\alpha \tilde{c}_p(T_e - T_\infty)$ 大卡，一共吸收 $c_b(T_a - T_\infty) + L + \alpha \tilde{c}_p$ 大卡/公斤。而每平方米每秒吸收的热量为 $\dfrac{dm}{dt}\{c_b(T_a - T_\infty) + L + \alpha \tilde{c}_p(T_e - T_a)\}$，这个热量就等于空气传给的热 q_o，参看图（10—5）也可以说，我们是用一般从表面向外喷的气流，把强大的热流量顶住，所以

$$\frac{dm}{dt} = \frac{q_o}{\{c_p(T_a - T_\infty) + L + \alpha_p(T_e - T_a)\}} \quad (10-36)$$

q_o 已经由（10—34）给出，那么（10—36）就是计算防热材料消耗量的公式。

（10—36）公式中的 α 是取决于表面气流性质的一个数值，根据前面所说的飞船再入大气层时气流是层流，其 α 值可照下列关系计算，

$$\alpha = 1 - \frac{1}{3} P_{r,w}^{-0.6} \quad (10-37)$$

以上关系为一近似的不变值，其中 P_r 为所谓普朗特数，即 $P_{r,w} = \mu_w c_{p,2}/K_w$，$K_w$ 为表面气体的导热系数，μ_w 为表面气体的黏度系数而 $c_{p,2}$ 和以前一样为空气的定压比热。对一般的气体来说 $P_{r,w}$ 数等于 0.7。因此我们可以认为

$$\alpha = 1 - \frac{1}{3}\frac{1}{0.7^{0.6}} = 1 - \frac{1}{3 \times 0.8075} = 0.587$$

注：倒数第 11 行"图(10—5)"应为"图(10—6)"，附在 286 页。

而（10—36）公式中的平均比热 $\tilde{c}_p$ 为：

$$\tilde{c}_p = c_{p,1}\tilde{w} + c_{p,2}(1-\tilde{w}) \qquad (10-39)$$

其中 $\tilde{w}$ 是表面保护气流中烧蚀物质分解气体或发散冷却剂汽化后气体的有效浓度。我们很容易想到，浓度问题必然与气体间的相互扩散有关，也就是外部空气扩散到表面气流中来，表面的烧蚀材料分解出来的气体或发散冷却剂汽化后的气体扩散到空气流中去。如果扩散系数是 D_{12}，而表面气体的密度是 ρ_w，那么代表扩散的无量纲是所谓史密特数 S_c，即 $S_c = \dfrac{\mu_w}{\rho_w D_{12}}$。

由上述的推论，可以看到 $\tilde{w}$ 一定是 S_c 的函数，而这个关系确实是对的如图（10—6）所示。

为了计算更方便起见，我们将把（10—36）公式作一些变换；因为

$$\frac{dm}{dt} = \frac{dm}{d\bar{v}} \cdot \frac{d\bar{v}}{dt} \qquad (10-40)$$

代入关系（10—17）得：

$$\frac{dm}{dt} = -\frac{g}{\sqrt{gr}}(\beta r)^{\frac{1}{2}}\bar{v}z\frac{dm}{d\bar{v}} = -\sqrt{g\beta}\,\bar{v}z\frac{dm}{d\bar{v}}$$

所以

$$\frac{dm}{dt} = -\frac{1}{27}(\bar{v}z)\frac{dm}{d\bar{v}} \qquad (10-41)$$

将（10—37）式代入（10—39）式则得

$$\frac{dm}{dt} = \frac{q_0}{\{c_b(T_a-T_\infty)+L+\alpha\tilde{c}_p(T_e-T_a)\}} = \frac{-1}{27}(\bar{v}z)\frac{dm}{d\bar{v}}$$

由于烧蚀物质的分解温度 T_a，相对于飞船头部气流温度是相当小，所以 $\alpha\tilde{c}_p(T_e-T_a)$ 中的 T_a 可以忽略，同时代入公式（10—41）可得：

$$-\frac{1}{27}(\bar{v}z)\frac{dm}{d\bar{v}} = \frac{q_0}{[c_b(T_a-T_\infty)+L]+\dfrac{\alpha\tilde{c}_p}{c_{p,2}}\dfrac{1}{2}\dfrac{gr}{Jg}\bar{v}^2}$$

分分分母同以 $\dfrac{\alpha\tilde{c}_p}{c_{p,2}}\dfrac{1}{2}\dfrac{gr}{Jg}$ 除，则得

$$-\frac{1}{27}(\bar{v}z)\frac{dm}{d\bar{v}} = \frac{q_0 \Big/ \dfrac{\alpha\tilde{c}_p}{c_{p,2}}\dfrac{1}{2}\dfrac{gr}{Jr}}{\dfrac{[c_b(T_a-T_\infty)+L]}{\dfrac{\alpha\tilde{c}_p}{c_{p,2}}\dfrac{1}{2}\dfrac{gr}{Jg}} + \bar{v}^2} \qquad (10-42)$$

如果我们引入一个新的参数 λ

$$\lambda = \frac{c_b(T_a-T_\infty)+L}{\dfrac{\alpha\tilde{c}_p}{c_{p,2}}\dfrac{1}{2}\dfrac{gr}{gJ}} = \frac{\dfrac{1}{7550}[L+c_b(T_a-T_\infty)]}{\dfrac{\alpha\tilde{c}_p}{c_{p,2}}} \qquad (10-43)$$

注：1. 第7行"图（10—6）"应为"图（10—7）"，附在286页。

2. 倒数第4行"分分分母同以"应为"分子分母同以"。

则（10—42）变成

$$\frac{dm}{d\bar{v}} = -\frac{27 q_0}{(\lambda + \bar{v}^2)(\bar{v}z) \dfrac{\alpha \tilde{c}_p}{c_{p,2}} \dfrac{1}{2} \dfrac{gr}{Jg}}$$

代入（10—34）则得每平方米的燃蚀量或冷却剂用量为：

$$\frac{dm}{d\bar{v}} = -\frac{27 \times 70.5 k_I}{7550} \times \frac{\left(\dfrac{W}{C_D A R}\right)^{\frac{1}{2}}}{\dfrac{\alpha \tilde{c}_p}{c_{p,2}}} \left[\frac{\bar{v}^2}{\lambda + \bar{v}^2}\right] \frac{1}{\sqrt{\bar{v}z}}$$

$$= 0.25 k_I \frac{\left(\dfrac{W}{C_D A R}\right)^{\frac{1}{2}}}{\dfrac{\alpha \tilde{c}_p}{c_{p,2}}} \left[-\left(1 - \frac{\lambda}{\lambda + \bar{v}^2}\right)\right] \frac{1}{\sqrt{\bar{v}z}} \qquad (10-44)$$

(10—44) 为计算单位时间单位面积上的烧蚀量或者冷却剂流量的公式。而总的烧蚀量或冷却剂量可以对（10—34）在整个面积内进行积分，可得一个平均烧蚀量 $\tilde{m}$，另一方面也对速度从开始的 $\bar{v}_1$ 到终了的 $\bar{v}_2$ 范围内进行积分则得；

$$\frac{\int m dS}{S} = \tilde{m} = \left\{\frac{1}{S}\int k_I dS\right\} 0.252 \frac{\left(\dfrac{W}{C_D A R}\right)^{\frac{1}{2}}}{\dfrac{\alpha \tilde{c}_p}{c_{p,2}}} \int_{\bar{v}_1}^{\bar{v}_2} \left[-\left(1 - \frac{\lambda}{\lambda + \bar{v}^2}\right)\right] \frac{d\bar{v}}{\sqrt{\bar{v}Z}}$$

$$= \left\{\frac{1}{S}\int \frac{q_0}{q_{0s}} dS\right\} 0.252 \frac{\left(\dfrac{W}{C_D A R}\right)^{\frac{1}{2}}}{\dfrac{\alpha \tilde{c}_p}{c_{p,2}}} \int_{\bar{v}_2}^{\bar{v}_1} \left(1 - \frac{\lambda}{\lambda + \bar{v}^2}\right) \frac{d\bar{v}}{\sqrt{\bar{v}Z}}$$

$$= 0.252 k_{II} \frac{\left(\dfrac{W}{C_D A R}\right)^{\frac{1}{2}}}{\dfrac{\alpha \tilde{c}_p}{c_{p,2}}} \int_{\bar{v}_2}^{\bar{v}_1} \left(1 - \frac{\lambda}{x + \bar{v}^2}\right) \frac{d\bar{v}}{\sqrt{\bar{v}Z}}$$

$$= 0.252 k_{II} \frac{\left(\dfrac{W}{C_D A R}\right)^{\frac{1}{2}}}{\dfrac{\alpha \tilde{c}_p}{c_{p,2}}} \tilde{m}_{\lambda=0}(1-\eta) \qquad (10-45)$$

而

$$k_{II} = \frac{1}{S}\int \frac{q_0}{p_{0,s}} dS = \frac{1}{S}\int k_I dS \qquad (10-46)$$

$$\tilde{m}_{\lambda=0} = \int_{\bar{v}_2}^{\bar{v}_1} \frac{d\bar{v}}{\sqrt{\bar{v}Z}} \qquad (10-47)$$

$$\eta = \frac{\displaystyle\int_{\bar{v}_2}^{\bar{v}_1} \frac{\lambda + \bar{v}^2}{\lambda + \bar{v}^2} \frac{d\bar{v}}{\sqrt{\bar{v}Z}}}{\displaystyle\int_{\bar{v}_2}^{\bar{v}_1} \frac{d\bar{v}}{\sqrt{\bar{v}Z}}} \qquad (10-48)$$

注：第 7 行"可以对（10—34）"应为"可以对（10—44）"。

表 10—2

飞 船	再入初角 $-\varphi_i(0)$	最大减速度 (g)	减速时间(秒)	$\overline{m}_\lambda=0$	η					
					$\lambda=0$	$\lambda=0.05$	$\lambda=0.10$	$\lambda=0.25$	$\lambda=0.50$	$\lambda=1.0$	$\lambda=\infty$
$L=0$	0	8.2	537	3.06	0	0.223	0.305	0.450	0.580	0.707	1
	$\frac{1}{2}$	8.2	425	2.95	0	0.234	0.319	0.463	0.589	0.715	1
	1	8.2	307	2.73	0	0.249	0.337	0.482	0.608	0.730	1
	2	9.1	215	2.40	0	0.273	0.364	0.511	0.633	0.750	1
	3	10.8	172	2.17	0	0.289	0.383	0.530	0.650	0.762	1
	4	13.1	146	1.99	0	0.302	0.397	0.542	0.660	0.770	1
$\frac{L}{D}>1$	0	$\frac{1}{\left(\frac{L}{D}\right)}$	$79.4\left(\frac{30L}{D}\right)$	$1.418\left(\frac{30L}{D}\right)^{\frac{1}{2}}$	0	0.218	0.302	0.447	0.577	0.707	1

其中 k_{II} 是一个修正系数，如果 $k_{II}=1$ 时方程 (10—45) 就可以给出在飞船头部驻点处的材料消耗。而其他各部份消耗量的不同是根据防护层表面上各部份热流量的变化来修正。故 k_{II} 是修正各部份烧蚀量或冷却剂流量的系数。另 (10—47) 式指出当 $\lambda=0$，即沒有潜热 $L=0$ 时。这时公式就给出了最大消耗量的限制值，因此增加 λ 值是有利的。$\overline{m}_{\lambda=0}$ 及 η 是軌道的函数。而 (10—48) 给出了一个随 λ 变化的函数 $\eta(\lambda)$，表示了由于 $L \neq 0$ 潜热的存在使其总消耗量减少的分数。

如果带入 z 函数时，式 (10—47) 及 (10—48) 就可以积分。以上公式 $\bar{v}_1$ 和 $\bar{v}_2$ 的变化范围，在最初的分析中沒有应用 $\bar{v}=1$ 的条件，而这里假设 $\bar{v}<1$ 为 $\bar{v}$ 值的变化上限。其值为当开始加热时 $\bar{v}_1=0.995$，其下限值与烧蚀物質的熔蚀溫度或冷却剂在什么时候停止流出有关。因为气流的驻点溫度下降到低于熔蚀溫度时烧蚀将停止。我們所取的 $\bar{v}_2=0.05$，即最后的最小速度为軌道速度的 5%，这相应于气流的溫度等于 93.4°C。这显然是考慮了烧蚀材料的分解点，一般总比这个溫度高，而且在这个溫度下，即使不用发散冷却剂，结构强度也是足够的。

根据以上分析计算，应用表 (10—1) 所給出的函数值，结合不同类型的再入軌道，用数值积分的方法計算出 $\overline{m}_{\lambda=0}$，η，的数值，其計算结果列于表 (10—2) 里。

§10—5 防热設計的原則

从 (10—44) 和 (10—46) 公式，以及表 (10—2) 中可以看到，为了減少烧蚀量或冷却剂流量，必須力求 $\left(\dfrac{M}{C_D AR}\right)^{\frac{1}{2}} \bigg/ \dfrac{\alpha \bar{c}_p}{c_{p,2}}$ 減少。也就是在飞船重量一定的条件下，可以加大飞船的阻力系数或者是加大飞船头部的曲率半径 R，即用鈍头来減少比值 $\left(\dfrac{M}{C_D AR}\right)^{\frac{1}{2}}$，从而降低消耗量，也就是要用增加阻力的方法来使消耗量降低。这是很有效的办法。

另一方面也可以寻找一种高分子材料，使其这种材料其分解气体的比热尽可能的大，以使便混合气体的有效平均定压比热尽可能的提高。从而加大 $\dfrac{\alpha \bar{c}_p}{c_{p,2}}$ 的比例，也就是应用分解后气体或发散冷却剂汽化后气体的分子量較小的材料。对高分子材料来說就是增加分子中氢原子的比例。也是因为这个原故，有人建議用鋰作发散冷却剂。但是烧蚀材料或发散冷却剂的选择还得同时考慮。另一面的问题，即如何提高潜热参数 λ，λ 本身表示了最大內部保护层的热焓与最大外部保护层的热焓比值。当 λ 上升时其消耗量可以降低，要提高 λ 主要从提高烧蚀材料的分解热或发散冷却剂的汽化热 L 来努力。因为降低 $\alpha \bar{c}_p / c_{p,2}$ 和前面所說明的有矛盾，而提高分解溫度或汽化溫度 T_a，必然要提高表面溫度，这对烧蚀設計来說是不利的，因为这使防热层下面的结构溫度也会增加，又需要加一层厚的隔热材料，也会增加重量。为了減少流向結构本体的热量，使 T_a 較低为好，其选用烧蚀物質时也要找导热系数低的为好。一般情况高分子材料热解时的吸热量为 $200 \sim 300$ 大卡/公斤。估計最高可能达到 1000 大卡/公斤。

而水的汽化潜热约为 500 大卡/公斤。因此数值 $\dfrac{1}{7550}\{L+C_b(T_a-T_\infty)\}$ 一般是小于 0.1，而經过努力也許可以达到 0.15 左右。所以減少烧蚀量起主导作用的因素还是采用增加阻力，

注：第7行"如果带入 Z"应为"如果代入 Z"。

使其阻力系数增加的方法最为有效。

现举一例应用以上公式进行具体卫星式飞船的降落防热要求的计算。如果，飞船的重量 $W=4,500$ 公斤，飞船的阻力系数 $C_D=1$，飞船的气动力参考截面积 $A=\frac{\pi}{4}\cdot 3^2$ 即直径 $d=3$ 米，飞船头部的曲率半径 $R=1.5$ 米，再入角 $\varphi_I=1°$，升力 $L=0$ 即不用升力，修正系数 $k_{II}=0.85$，$\lambda=0.1$，同时 $\alpha\frac{\tilde{c}_p}{c_{p,2}}=1$，从表（10-2）可以查得 $\tilde{m}_{\lambda=0}=2.73$，$\eta=0.337$。将以上数据代入公式（10-4）可得；

$$\tilde{m}=0.252\times 0.85\times \left(\frac{4500}{1\times\frac{\pi}{4}\times 9\times 1.5}\right)^{\frac{1}{2}}\times 2.73(1-0.337)=7.99 \text{ 公斤/米}^2$$

如果飞船的面积 $S=40$ 米^2，则总的烧蚀量为 $40\times 7.99=319$ 公斤。因此烧蚀物质的总重量仅为飞船重量的 7.11%，其最大减速度为 $8g$。对于载人的飞船来说，这样的减速度是允许的，这个设计也是可行的。当利用了升力之后，最大减速度还可以大大降低，但其烧蚀量或冷却剂用量会大大的增加，所以如在 §10-3 中所说的最好是用变升阻比 L/D 的方法。

§10-6 星际飞行轨道中的应用

从以上分析来看，不管从質量比以及从制动效率方面来看，充分利用了大气阻力的方法，比用火箭来制动的方法优越得多。通过气动力学的分析得出，主要的问题是增加阻力，而不是减少阻力，来降低烧蚀量或发散冷却剂的消耗量；而这个消耗量并不太大，远远小于用火箭制动所需要的重量，这就说明了这种方法把大气阻力本来是一个不利的因素，当我們了解和掌握了它以后，就可以充分地利用它和把它变成一个有利因素。

因此，飞船回地控制高温的问题，目前已经被人們掌握，所以当我們掌握了火箭烧蚀和发散冷却的方法之后，就可以应用它去溜决更加困难的问题，例如，以双曲綫轨道的再入问题。当我們从地球到金星利用 Hohmann 式轨道，把飞船发射到火星轨道附近，位置在火星运动的前方，然后使飞船轉向，船头朝着跟上来的火星。我們说火星在跟上来，因为星际飞船到达火星轨道时，如果不再用火箭推力加速，则速度将小于火星的速度，所以飞船是被火星追上的，也就是飞船冲向火星（见图10）。由于火星周围也存在大气，其成分为氮 $N_2 95.7\%$；

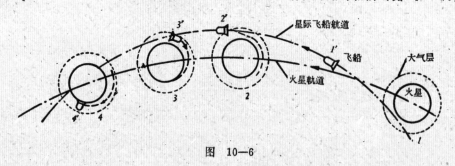

图 10-6

氩 $A40\%$；二氧化碳 $CO_2 0.3\%$。星面大气压力等于 0.1 大气压。因此，如用第八章所講的来

注：1. 文字部分倒数第2行"(见图10)"应为"(见图10-8)"。

2. 倒数第1行"氩 A40%"应为"氩 4.0%"。

3. 图号"10-6"应为"10-8"。

制导控制到使双曲线轨道的近"星"点接触到火星大气，那么，就可以利用火星的大气来减速，使飞船降落到火星上去。这样就可以省去接近火星轨道时的第二加速段。当从火星回到地球上来时，也同样可以采用类似办法。

当然在这些更进一步的再入大气层问题中，大气在飞船头部的温度可能会更高，高于 10,000℃。在 10,000℃ 以下，地球大气的分子也只不过有分离，基本上没电离，因而气体还是不导电的。在 10,000℃ 以上大气分子中的氮和氧原子就开始电离，成为带正电的离子和带负电的电子，正负电相等，成为等离子体；这时介质也成为导电体。在 15,000℃ 到 20,000℃，电离已基本上达到 100%，组分中基本上不再有中性的原子、分子。在这样情况下，我们就可以利用电磁流体力学的方法来控制热流量；我们在飞船头部里面用电磁线圈制造一个磁场（如图 10—7）所示的偶极子式磁场），那么，磁力线与导电气体的相互作用就

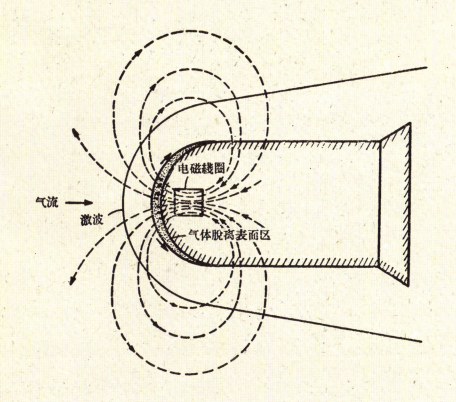

图 10—7

会把等离子体的热气推离飞船头部，大大降低表面的气体密度，这也可以降低热流量。这就是电磁流体式的防热设计。我们相信，这种新的防热方法和我们在这章里已经详细介绍的烧蚀式及发散冷却式防热方法将会使将来的星际飞船不但能安全地通过大气层，而且能利用大

注：1. 第 10 行"(如图 10—7)"应为"(如图 10—9)"。
2. 图号"10—7"应为"10—9"。

气层来达到减少推进的动力要求，提高星际航行的经济效果。

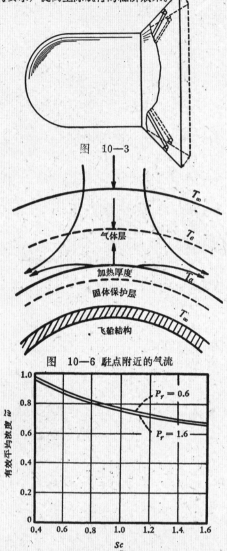

图 10—3

图 10—6 驻点附近的气流

图 10—7 有效平均浓度 $\tilde{w}$ 与 Sc 的变化关系图

习 题

习题 10—1 如果不论从地球到火星或是从火星到地球，都用 Honhmann 式的轨道，但在到达火星区或到达地球区的时候，不用第二加速段，而直接利用火星的大气或地球的大气降落。计算进入火星大气时，及进入地球大气时的飞船速度。并计算相应于这两个再入大气速度的飞船，其头部驻点空气的焓（每公斤大卡数）。

注：图 10—6，10—7 均为《星际航行概论》中插图，原讲义本页没有这两组图号。

第十一章 防辐射

§11—1 防辐射问题

防辐射的问题就是研究各种射线如 α、β、γ 射线等所引起的生理破坏作用，以及我们如何来防止这种破坏作用。它对于实现星际航行是相当重要，且也是目前的技术知识还不足以解决的问题。随着星际航行和火箭技术的发展，使我们更加认识到防辐射比起人在飞行过程中的超重和失重显得更加重要更加迫切，需要进一步的研究。根据苏联发射的人造地球卫星和宇宙火箭对地球周围空气进行的物理学研究的结果也证实了这一点。由所得到的资料可以认为：超重和失重的问题仍然需要更好的来解决，但对生物的主要危险是由于宇宙线，和宇宙线与地球磁场相互作用的结果而产生的地球周围的辐射带。这些辐射带伸展的距离离地球表面高度从 500 公里到几万公里，最大强度达到每小时 5～10 伦琴当量，它的强度变化范围很大，其数值取决于地球纬度、离地面的距离、太阳活动期、太阳爆发以及其他一些尚未阐明的因素。因此，在讲飞船本身的问题以前，先来研究防辐射的问题。

这里所谈到的辐射是指放射性辐射，也就是包括所有的"基本粒子"的辐射。其中有一部份"基本粒子"如 π 介子、超子等，由于它们存在的时间很短，最长的存在时间为 10^{-6} 秒，最短的存在时间为 10^{-11} 秒。从防辐射的角度来看，这些粒子对生物影响的问题其重要性不大，它们只是在研究物质结构时才是一个很重要的问题。因此，我们在这里主要是研究那些寿命长而且稳定的粒子及辐射对物质的作用。同时；不同的辐射对物质的作用也有所不同。总起来看，我们可以把这些寿命长而稳定的"基本粒子"对物质即分子的作用分成四类分别加以讨论。第一类是光子对物质的作用，包括了 x 光和 γ 射线。第二类是电子对物质的作用，包括了正电子 e^+ 和负电子 e^- 对物质的作用。第三类是 α 粒子（即 $_2He^4$）、质子（即 p），以及一些重原子核如碳、氮、氧等对物质的作用。第四类是中子（n）对物质的作用。下面我们将对每一种类型的作用进行具体的阐述。

§11—2 光子对物质的作用：

光子不仅是具有能量而且是具有动量的粒子。它是一种电磁波。波长较长的为 x—射线，较短的为 γ 射线。所以光子对物质的作用实际上就是电磁波对物质的作用。光子与物质作用的过程中要损失能量，其能量损失的方式是在每次作用中有若干光子整个的丢失，而且射线中的光子数随着穿过物质的厚度而指数式地减少，其变化的规律随着光子的能量和吸收物质的性质等的变化而变化。光子的能量大小是用兆电子伏特来衡量。我们由第七章知道：1个电子伏特等于电子通过电势差为 1 伏特的电场后所获得的能量。因此，1 个电子伏特等于 $4.8022 \times 10^{-10} \times \frac{1}{300} = 1.6018 \times 10^{-2}$ 尔格，而 1 兆电子伏特等于 10^6 电子伏特 $= 1.6018 \times 10^{-6}$ 尔格。当光子的能量小于 1 个兆电子伏特时为低能光子。当光子能量在 1 个兆电子伏特左右时为中能光子，而光子能量在几十到几百个在电子伏特时为高能光子。虽然从以上数值看起来光子的能量很小，但是由于这能量是集中在非常小的质量上，其运动速度还是很大的。光子的运动速度就是电磁波在眞空中传播的速度，即光速，$C = 3 \times 10^{10}$ 厘米/秒。如果光子的能量在以上所说的范围内，那什它与原子核的作用不是主要的，可以忽略不計。光子与物質的作用基本上可分为下面三种作用。第一个作用是光电吸收：即单个光子被吸收物質的原子吸收后，从原子里的电子特别是外层电子中打出一个电子来。其能量轉换是光子把它的全部能量交給一个原子中的电子，而电子把一部份能量用来克服它与原子核的結合能，剩下的能量就作为电子运动所具有的动能，这就是光电吸收也叫光电效应。参看图（11—1）。

图（11—1）

因为光子的能量与它輻射的频率成正比，其光子能量为 $h\nu$，h 为普朗特常数其数值 $h = 6.6 \times 10^{-27}$ 尔格秒而 I 为电子与原子核的結合能，也就是原子的电离能（对一个原子而言）。E 为被打出电子的动能，则能量关系为
$$E = h\nu - I$$
由上看出光电吸收的結果产生了一个电子 e^-，而原来的原子就变成带正电的离子，故这也是一个电离反应。这种形式的作用在光子能量低的时候起主导作用。

第二种作用的主要过程是康普頓散射，作用的实質是光子被原子的电子所散射，所謂散射就是改变了光子原来的运动方向。发生这种作用的光子其能量一般比发生光电吸收作用要大。当一个光子打到一个原子里，它除了交給原子里的一个电子克服結合能并具有一定的运动速度脫离原子核以外，还剩下来一部份能量形成一个比入射光子能量低，波长长而频率低的光子。同时，改变了运动方向。参看图（11—2）。而光子散射的方向不定，可以任意。总的要求是保持能量和动量守恒。至于电子和散射光子之间的能量分配不能提出一个具体的分配，它们之间存在着一个概率分布的函数关系。其散射的类型与光子能量的大小有关。当光子能量较低时，它的波长和原子大小差不多，其散射是相干的，能量不变，这就是所謂湯姆孙散射。当光子能量略大于电子在原子中的結合能时，其散射是非相干的。当光子能量比电子在原子中的結合能大很多时，可以把电子作为自由的和靜止的，这时的散射就是康普頓散射。它在光子能量为 1 兆电子伏特左右时，是起主导作用的效应。康普頓散射的实質是射綫的散射，是由于光子与散射物質中的自由电子或者与原子联系微弱的电子之间的弹性碰撞而产生的现象。只有在光子的能量大于电子的結合能好几千倍时，才能观察到这个现象。例如，在鋁中发生散射的光子能量为 0.05～15 兆电子伏特。在鉛中发生散射的光子能量在 0.50～5 兆电子伏特。由于散射是产生了一个电子 e^-，把受轟击的原子变成一个带正电的离子，故实际上仍是一电离作用。每一个作用都是产生一离子电子对，而新形成的

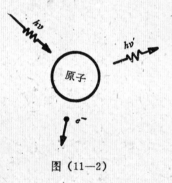

图（11—2）

注：1. 第 13 行 "$E = h\nu - I$" 后应加公式号 "(11-1)"。

2. 倒数第 1 行 "产生一离子电子对" 应为 "产生一离子、电子对"。

光子，根据其能量的大小，还可能引起光电吸收或者各种散射。

第三种作用：当光子通过物質时，它所具有的能量大于所形成的电子对的静止質量所关联的能量 $2mC=1.022$ 兆电子伏特时，光子在原子核或电子的库伦场中就能引起电子对的产生。而原子核在形成了电子对以后，又回复到沒有光子作用的正常状态。所产生的正、负电子的总动能 E，等于光子能量减去与正负电子的静止質量相关的能量。参看图 (11—3)。其动能为：

$$E = h\nu - 2m_e C^2 \qquad (11-2)$$

图 (11—3)

其中：m_e 为电子的静質量。C 为光速。这个效应在光子能量为1兆电子伏特左右就开始，当光子的能量愈大，这个效应就愈显著。当光子能量低于电子对的静質量相关的能量1.022兆电子伏特时，就不能形成电子对。这个过程是在靠近原子核的場内发生。这种形式只能是在高能区里发生，并且是起主要作用的效应。虽然，这种作用产生出来的正电子 e^+ 和电子 e^- 总的看不出有电离作用，但我們将在下一节中看到，实际上，它在下一阶段的作用还是电子与物質发生的电离作用。虽然，从光子形成电子对可以在原子核場，也可以在电子場中形成，但是，必须遵守能量守恒和动量守恒定律。在沒有媒介物（原子核或电子等）存在的空间，光子不能形成电子对，否则就不遵守动量守恒定律。（这里我們不求詳細叙述）所以实际上在原子核附近形成电子对的或然率比在电子附近形成电子对，以及当两个光子碰撞时形成电子对的或然率都要大得多。

以上所谈到的三种作用就是光子射入物質里失掉光子本身的能量的三种形式。当计算光子被物質吸收的程度时，我们可以認为：光子为一束平行的而且是能量一致的射綫，同时，射綫所通过的物質是由同一类原子（例如金属）所组成。因为射綫与物質的相互作用是按統計定律来計算，当相互作用发生时，光子或全部被吸收，或者失去一部份能量。而且改变其传播的方向，即从原来的传播方向上离开。因此射綫束在通过物質的过程中能量逐渐衰减，其衰减发生时的数量规律性是：在某处射綫束强度的减少与該点的强度 I 成正比，与所通过物質的厚度 x 成正比，因此当通过物質的厚度为 x 时，还留在原来的传播方向的射綫束的强度为：

$$I = I_0 e^{-\mu x} \qquad (11-3)$$

其中：I 为通过物質 x 厚以后的射綫强度尔格/厘米^{2}秒。I_0 为原始射綫束的强度 尔格/厘米^{2}秒。μ 为吸收系数也叫衰减系数，其量綱为长度$^{-1}$。这是因为方次指数始终应该是沒有量綱的值，而 x 为长度量綱，所以 μ 为长度$^{-1}$ 的量綱。

除了采用吸收系数以外，常常还采用光子的質量吸收系数，也叫質量衰减系数 μ/ρ（其中 ρ 是以克/厘米^{3}来表示的物質密度）其关系为：

$$I = I_0 e^{-\frac{\mu}{\rho} m} \qquad (11-4)$$

其中：m 为在射綫道路上每厘米^{2}横截面上的吸收物質質量。μ/ρ 为吸收系数其量綱为厘

注：第3行"$2mC^2$"应为"$2m_e C^2$"。

米^2/克。从式（11—4）看到，要把入射强度 I_0 减少到 $\frac{I_0}{e}$ 时需要一层物质，这层物质的质量 $m=1/\frac{\mu}{\rho}=\rho/\mu$ 其量纲克/厘米^2，即是对于一单位截面面积，需要质量为 $1/\mu$ 的物质厚度才能使射线强度降低 $1/e$。对于各种物质的质量吸收系数的理论和实验数据可参看表（11—1）

表(11—1) 不同吸收物质在不同光子能量时的质量吸收系数 μ/ρ 厘米^2/克

光子能量 兆电子伏特	水	铝	铁	铅
0.1	0.167	0.160	0.342	5.29
0.15	0.149	0.133	0.182	1.84
0.2	0.136	0.120	0.138	0.895
0.3	0.118	0.103	0.106	0.335
0.4	0.106	0.0922	0.0918	0.208
0.5	0.0967	0.0840	0.0828	0.145
0.6	0.0894	0.0777	0.0761	0.114
0.8	0.0786	0.0682	0.0668	0.0837
1.0	0.0706	0.0614	0.0595	0.0683
1.5	0.0576	0.0500	0.0484	0.0514
2.0	0.0493	0.0431	0.0422	0.0451
3.0	0.0396	0.0353	0.0359	0.0410
4.0	0.0339	0.0310	0.0330	0.0416
5.0	0.0302	0.0284	0.0314	0.0430
6.0	0.0277	0.0266	0.0305	0.0455
8.0	0.0242	0.0243	0.0298	0.0471
10.0	0.0221	0.0232	0.0300	0.0503

从表（11—1）看出：当 μ/ρ 值越大，所需要的吸收物质厚度越小，其吸收效果越大。例如铅虽然很重但其吸收系数 μ/ρ 很大，也就是降低射线强度所需的重量反而少。比铝要经济。另外，从表（11—1）看到，吸收光子的能力随着原子的重量增加而加强。同时当光子能量增加时而吸收系数 μ/ρ 减少，故物质的吸收能力就减弱。

§11—3 电子对物质的作用

电子对物质的作用包括了正电子 e^+ 和负电子 e^- 对物质的作用。正电子与物质原子中的负电子起作用，变成一对能量约 0.5 兆电子伏特的光子。负电子或简称电子与物质的作用基本上是电子与吸收物质中原子的电子云的散射作用。这种作用使运动着的带电粒子改变方向和损失能量。带电粒子能量损失的情况随着它本身速度的大小而有所不同。在速度不很大时，其损失的能量主要是用于激发物质中的电子。如果，电子被激发到连续能级的区域就发生物质中分子或原子的电离。当电子能量很大时，即接近于光速时，经过一个具有一定电荷的原子核附近时，电子受到原子核库仑场的加速度后，就以放射出光子的方式丢失它的能量，改变其本身的速度，这就是所谓的轫致辐射。由于一般在星际空间没有这样高能量的电子，故这里我们只考虑电子能量在1～10个兆电子伏特左右的电子对物质的作用。在这个能量范围内，电子不能穿入原子核内与核不起作用，故主要的是与原子外层的电子云起散射作用。如果，能量在10亿到几十亿兆电子伏特时就能穿入核内，发生高能的核反应。

由于电子与原子的结合能不高，一般在几个到几十个电子伏特。所以具有一定能量的电子易把原子中尤其是外层电子打掉，形成一对电子和正离子。可参看图（11—4）。发生与原子外层电子的散射作用。这个散射作用还可以继续连锁的进行，能量逐渐被消耗掉，同时形成越来越多的电子和正离子。

这里我们主要的目的，是要计算电子 e^- 在吸收物质里要走多久其所具有的能量被消耗掉。这时吸收物质所应有的厚度也叫射程用 R 表示。由于是与电子的碰撞作用发生散射，因此决定的因素是每单位吸收物质容积中的电子数。原子是由质子、中子和电子组成，电子数等于质子数，而质子中子也有一个大致的比例，故一个原子的电子数与原子量有一定的比例。因此，每单位容积中的电子数与每单位容积中的原子个数乘原子量成比例。但后者就是每单位容积中的物质质量，所以单位容积里的电子数大约

图（11—4）

与吸收物质的密度成正比例。故可以把射程与电子数的关系看成与物质密度的关系。这说明了射程与单位平方厘米的质量毫克数有关。R 的量纲为毫克/厘米²。也就是不论任何物质要有一定的质量才能阻挡住电子流。当单位面积质量越重时，它所需要的防护层厚度就越薄。

对于带电粒子进入吸收物质后，由于散射使其能量损失，而速度逐渐减低，最后终于停止。其所通过的距离用下面的经验公式进行计算。可参看图（11—5）

当电子的能量 $T_0<2.5$ 个兆电子伏特时，其计算公式为：

$$R = 412 T_0^{1.265-0.0954 \ln T_0} \tag{11-5}$$

当电子的能量 $T_0>2.5$ 兆电子伏特时，其计算公式为：

$$R = 530 T_0 - 1.0^6 \tag{11-6}$$

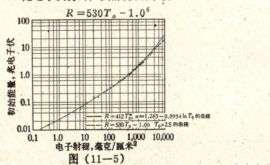

图（11—5）

§ 11—4 α粒子、質子以及重原子核碳、氮、氧对物质的作用

当α粒子、質子以及重原子核碳、氮、氧等粒子所具有的能量足够大，能突破原子核由于同性电荷相排斥的庫伦势垒时，就可以引起各种原子核反应。如用質子从原子核打出一个中子，其简单表示为(p,n)反应，或α粒子从原子核打出一个中子为(α,n)反应。若能量再高时，可发生$(\alpha,2n)$；(α,pn)，$(p,2n)$，(p,pn)等核反应。但我们要考虑得更多的情况是粒子的能量不够大，不能够打入原子核以及不能引起如上所说的核反应。这些粒子的作用只能是电离作用，是与原子的外层电子云起作用。即通过一连串的碰撞把吸收物质原子里的电子打出去，发生与电子的散射作用。其能量消失的主要特点是：从粒子走过的路程来看，刚开始因速度高，走得很远，这时与吸收物质的作用反而很弱。随着所走过的路程增加，其速度逐渐下降。这时因为能量较小速度慢，运动着的正电粒子与物质中的电子吸引效果大，故与物质的作用反而强。这具体要用量子力学来计算。由于这里考虑的粒子速度不大，与光速还差很远，故其计算不考虑相对论性的修正。计算的结果可以用物质的《阻止本领》来表达。如果：每一个粒子在吸收物质中走过单位路程后所损失的能量，为$S=-\dfrac{dE}{dx}$，而E为粒子的动能。则

$$S=-\frac{dE}{dx}=\frac{4\pi Z^2 e^4 N}{m_e v^2} Z \ln\left(\frac{2m_e v^2}{I}\right) \qquad (11-7)$$

其中：Ze为粒子的电荷。v为粒子所具有的速度。m_e为电子质量。Z为吸收物质的原子序数。N为吸收物质每立方厘米中的电子数。I为吸收物质的平均电离能。因为不考虑相对论性的修正，$E=\dfrac{1}{2}mv^2$；m为粒子的质量。则

$v^2=\dfrac{2E}{m}$，以这代入(11-7)式得

$$S=2\pi\frac{z^2 e^4 Nm}{m_e E}\ln\left(4\frac{m_e'}{m}\cdot\frac{E}{I}\right) \qquad (11-8)$$

从公式(11-8)中可以看到：质量m越大、电荷Z越大的粒子，其物质的"阻止本领"就越大。如果当粒子的动能相等时，则对α粒子的"阻止本领"比質子大，而碳、氮、氧的"阻止本领"将更大。实际上"阻止本领"中的能量消耗也主要是用来产生电离作用。"阻止本领"S越大，每厘米路程的电离也就越大。(11-8)公式也表示出：当粒子的动能越小，S越大。也就是粒子越接近其路程的终点，电离能力就越强，造成的电子离子对也就越密。这是質子、α粒子以及其他原子核粒子的共同特点，所产生的电离密集在粒子路程的终点附近，这对生物作用具有重要的意义。这在以后将详述。

§ 11—5 中子对物质的作用

中子是一个不带电荷的重基本粒子，其质量约等于質子，比电子要重得多。它和質子是组成原子核的基本粒子。根据中子所具有的能量不同分为慢中子：其能量$E<1$千电子伏特。中等速度的中子：其能量为$1<E<500$千电子伏特。快中子：能量在$0.5<E<10$兆电

子伏特。而能量 $E>10$ 兆电子伏特的中子为很快中子。其中慢中子与重原子核作用时有很敏鋭的共振吸收，吸收截面积很大，其能量为 $1\sim 1000$ 电子伏特。而中等速度的中子主要是引起弹性散射，其能量 $E<1$ 兆电子伏特。快中子所引起的是原子核反应，其中最主要的是非弹性散射。更快的中子还会引起中子的发射如 $(n,2n)$；以及散裂反应。这里我们只讨论在一般的能量情况下，即小于 0.5 兆电子伏特。因为中子不带电，容易穿入原子核内，与电子的作用弱，主要是与质子及核发生作用。能量在 1 兆电子伏特以下的中子，其主要作用的类型有两种：一种的弹性散射，即中子穿入物质的原子核后与核发生了碰撞，碰撞后的原子核保持其初始结构状态。但可以因此而取得一定的速度，中子又从新射出来而能量就有所损失。这种作用一直进行到中子速度和物质中原子核因热激动所具有的速度相平衡为止。在一连串碰撞中，所打出来的原子核就成为带电重粒子在吸收物质中如上节所述产生密集的电离作用。另一种电子与物质的作用是 υ 吸收：中子打入原子核后与核结合形成一个新的原子。即原来原子的同位素。同时放射出 υ 射綫。其作用可参看图 (11—6)。而 υ 射綫根据它的能量大小，可对吸收物質繼續引起相应的作用。即 §11—2 所述的光子作用。

由于原子核相对于原子而言是相当小，（原子直径为 10^{-8} 厘米，而原子核直径为 10^{-13} 厘米，即原子直径为原子核的十万倍）所以中子不易击中原子核。因中子的穿透力很强不易阻当。另一方面不論那一种中子对物質的作用，原子核都要受到反冲作用，吸收了一部份能量形成一个带着电子运动的原子核，即是一个带电的离子，本身就起比较密集的电离作用。同时也有可能 γ 是吸收，γ 射綫放射出来以后，也可能引起电离作用。虽然本身不能产生电离，但其作用产物还是一个电离作用。

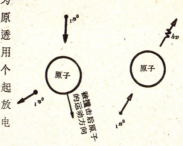

图 (11—6)　图 (11—7)

γ 吸收有很大的选择性；一般作用的截面积小，但是；如果吸收了一个中子能使原子核形成一个更加稳定的原子核，那么，γ 吸收的截面积就大并容易发生，否则只能形成弹性散射。这在中子速度低的时候，即所謂热中子运动速度等于分子运动的速度，而当在几百米秒左右时，选择性特别明显，如在反应堆中用来吸收热中子的硼 10.(B^{10})。

§ 11—6　幅射对人体的作用

前面的叙述已经給了我们一个概念；这些射綫实际上是光子和粒子流，它們射入物体时是与物質的原子起不同的作用。但是，归根結締这些作用最終所产生的效果是使物質的原子产生电离效应。由于原子产生电离，也就影响到物质原有的结构和性質。同时，众所周知，人体是由各个器官、肢体等组成，它的最基本的生命单位是个细胞。就细胞而论，它也是各种元素的原子以不同的结构形式结合成的整体。因此辐射綫对人体来說同样会产生作用，这些作用的结果也是使细胞中的原子产生电离效应，从而使原来的分子或細胞结构遭到破坏。显然，由于细胞的结构被破坏，细胞也就失去了原有的功能，也就是細胞死亡。所以当人体内某个器官或某个部分的细胞大量或全部被破坏，这时这个器官或部份就会失去它的功能，对一些重要部份受到严重的破坏时，将会导致人的死亡。

大家知道，細胞是由一层细胞膜包着的细胞核组成，核内有染色体。生物学和细胞学研究告诉我们，染色体是细胞中最重要的部分，它是支配整个细胞的生长，发育和分裂繁殖的中枢。当细胞中的组成原子因受到辐射作用而电离，原子间的结合，即分子也就改变了，那么分子的原来结构必然改变，细胞的组织也就遭到破坏。这个破坏作用对细胞活动的中枢染色体来說，尤其严重。

前面所提到的各种辐射粒子的能量并不大，对于物理学家用来研究基本粒子是不够的；但是，这个能量对于生物体中原子的电离作用确仍然是很强的，所起的作用足以破坏生物的细胞和机体，影响人们的健康。因此，对这些辐射綫进行研究，研究它们对人体各种组织、各种器官的损伤是十分必要的。

人体细胞的直径为10～100微米，而其中水分占了很大的比重。因此，对整个人体而言，其比重与水相近，只稍大于1.0，所以可以算得每个细胞的重量为10^{-9}～10^{-6}克。如果，用以除体重，则可得出人体的细胞数多至为10^{11}～10^{14}个。同时，大家都知道，人的整个軀体都是被一层皮肤包着；而皮肤又分为外表皮和眞皮。外表皮是最外层。实际上它是一层大约为70～200微米厚的大部份已經死亡的细胞构成。外表皮厚度与人体各个部位不同而异；表11—2列出了人体各个部位外表皮的厚度。紧接外表皮的是眞皮。在眞皮层中才开始有血管，神經末梢等，再往里面才接触到肌肉，器官等。这样当人处在辐射区内，不同的辐射綫就会穿入人体，而这些微粒在进入人体时，首先必径通过外表皮、眞皮，最后到达人体内部，那么，我们不难理解表皮对人体也起着一定程度的防护辐射的作用。特别是外表皮，虽然大部由死细胞组成，但它对于辐射粒子仍然起吸收作用。因为它是已死去的细胞，即便是原子因电离而破坏，

表 11—2　人体的各部位外表皮的厚度

部　　位	外表皮厚度（微米）
手　　心	800
足　　跟	1400
前額及耳朶上部	36～40

对于人体确没有任何影响，实际上人的外表皮也就成了防止辐射綫破坏的一个天然防护层。但是，值得指出的是，一则由于它比较薄，因而它虽然能吸收掉一部分射綫，但射綫较强时还是会使人体内部受到破坏。其次是一些强穿透力的射綫（如中子等）它的防护作用确不大，还需要研究专門的防护设备来阻挡这些辐射。

§11—7　辐射剂量

首先，我們来看看辐射剂量的单位问题。最初对放射剂量规定了一个基本单位，叫做"伦琴"（rontgen），一般简称为"伦"。它的意义是对光子辐射而言，在每立方厘米的物貭中通入的光子能量使物貭产生$1.6×10^{12}$对离子、电子（即$1.6×10^{12}$对离子、电子/厘米或相当于1.6对离子，电子/微米^3）。因此，給我们一个概念：在一个細胞中，一伦的辐射綫能产生几千到几万对离子、电子，即影响到细胞中的几千到几万个分子的性质和结构。然而由于这門新科学——辐射生物学，还很不成熟，因而这个单位也并不是十分准确的。因此，也有另外一个定义：1伦相当于83尔格/克（即产生一伦时1克物貭在射綫照射下，吸收了83尔格的能量）。这个数也只是一个大概的数字。因为实际上产生一伦时每克物貭所吸

注：倒数第7行"(rontgen)"应为"(Roentgen)"。

收的能量，并不一定都为83尔格，也就是因吸收物質不同而异。表11—3中列出了一些数据足以说明这个问题，因而取83尔格/克只是一个代表性的数字，一般也有取85尔格/克的。

表11—3

人体組織部分	光子初始能量（千电子伏）		
	835	124	12
脂　肪	89尔格/克	84尔/格克	42尔格/克
肌　肉	75尔格/克	94尔格/克	87尔格/克
骨　头	157尔格/克	245尔格/克	883尔格/克

为了使单位统一起见，1954年国际辐射学单位委员会(*International Comission on Radiological units*)确定以100尔格/克为1rad。但对于x射綫，γ射綫等以外的粒子也用rad表示是不很适当的。因此就提出以相当于伦的物理当量伦（rep），所謂物理当量伦是任何一种电离輻射所产生的剂量，在这样的輻射作用下，一克物質所吸收的能量等于剂量为1rad的x射綫或射綫的剂量，不过这时用rad表示的物理剂量和用物理当量伦(rep)表示的剂量相等。对x光及γ綫（~3兆电子伏）时其rep可以与伦等值看待，即

100尔格/克相当于1rad = 1伦 = 1rep。

問題的复杂性还不仅在于各种物質产生一伦所吸收的能量不同（故单位只是一个代表性的），而且也在于生物体內具有一定的維修能力，所以当人体的細胞受到輻射綫的作用而使原子发生电离，生物组织遭到破坏时，如果这种破坏程度不是太严重，那么，細胞本身可以自行修补。其实对于人体的一些部分而言也是这样。当其中一部分細胞因电离效应而破坏，人体本身也有能力来修补，使之恢复常态。但是应当指出这种修补必須是在不太严重的情况下才有可能。然而对于各种細胞或机体的修补能力也各有所异，目前尚研究得不十分淸楚。可是无論如何我們在考慮輻射对人体的危害不能簡单地只考慮它破坏的一方面，而不顧及到人体的維修能力的一方面。

一提到射綫，有人就联想到射綫对人的危害作用。似乎射綫对人很陌生，也似乎射綫就是和危害連在一起。其实不然，人們是經常处在射綫的照射之下的。自然界存在着的碳（含有天然放射性同位素C^{14}），鉀（含有天然放射性同位素K^{40}）和天然放射性鐳（Ra^{226}），实际上不断新陳代謝地在人体內微量存在着，并不断地放射出射綫照射着人体。此外天然矿物也有放射性物質。宇宙射綫的很少一部分也通过大气层照射着人体，以及在近代医学上常用各种射綫来照射人体，检查疾病和治疗病症。但对于这些健康的人都能自然地适应，而毫不影响健康。当然人們对它也就毫无感觉。这就說

表11—4 人在日常生活中受各种射綫的照射剂量

輻　射	来　　源	微rad/日*
人体的天然放射性	鉀—40	50
	碳—14	4
	鈾(平均分布)	20
地面及水中的γ輻射	在火成岩上	400
	在冲积层上	200
	海面上	150
宇　宙	宇宙綫	100
代表性的总和		400

* 微rad/日 = $10^{-6} \times rad$/日

明了人体是可以經受一定量的射綫的照射而能完全正常生活。表11—4列举了日常生活中，人們所受到各种射綫照射的剂量，一般总起来約为 400 微 rep/日。

既然人体可以承受一定量輻射剂量，那么，到底能受住多少剂量，在多少照間內被照射是一个十分重要的問題。因为只有搞清楚了这个問題才能决定要采取什么样的防护措施，来使人們能够长期正常地进行工作（当然这里是指宇宙飞行和从事原子能及其他放射性場合中的工作）。也就是說人体有一定的电离率的限制，在这个限制之下，我們可以不必耽心它会对我們带来什么危害。

属于这种情況，国际輻射保护委員会（International Commission on Radiolgical pratectcon）建議用下列标准可以保証人体的安全（見表11—5）。并規定，对于在輻射綫照射下进行工作的人，每周总剂量不得超过 0.3 rad，即每天不得超过 0.05 rad。这个标准是根据原子能工业的实际經驗得出，并不十分准确；但是，就实际采用的結果看来还是保险的，也就是說在这样的剂量照射下，人体本身完全有能力来及时恢复被电离破坏的原子細胞或机体。

表 11—5 光子对人体器照射的安全剂量标准

对造血器官眼，生殖腺	0.3 rad/周	0.05 rad/日
对 皮 肤	0.6 rad/周	0.10 rad/日
局部，对手前膀，足及足跟头及顱	1.5 rad/周	0.25 rad/日

上面所談到的只是指光子輻射时人体产生的破坏程度。然而由于各种輻射电离的集中程度不同，而同样能量的不同輻射綫所产生对生物的电离效应也就不同，也就是說产生的破坏作用的程度不同。輻射电离集中程度越高破坏就越集中，破坏作用也越大，就不容易修补。如賀子、α 粒子、原子核等重带电粒子对物貭的电离效应主要是发生在粒子射程的終了阶段，那么由于作用集中在一个很小的范圍，在一个細胞或部分細胞上，使細胞强烈地破坏，而不易修复，重則影响到整个机体。所以对待物理当量剂量相同，而最后对生物的破坏效果不同的粒子，我們給予这个物理当量剂量加上一个"相对生物效应系数"。表11—6 即为苏联卫生部采用的标准。

表中的新单位 "rem" 是针对生物而言，謂之生物当量伦，即

rem＝ 相对生物效应系数 × rad

可看出，对于光子（x 或 γ 射綫）及电子，它們的生物当量伦与物理当量伦是等值的；而对賀子、中子等，这个系数都大于10，說明它們对生物的破坏作用要比光子及电子强得多。因此，在談輻射剂量标准时不应当籠統地說多少伦，而应当采用生物当量伦(rem)。

表 11—6 各种射綫的剂量标准

射綫种类	每 天 的 剂 量		
	rad	相对生物效应系数	rep	rem
x 或 γ 射綫	0.050	1	0.050	0.050
电 子		1	0.050	0.050
α 粒 子		20	0.0025	0.050
热中子(~0.025电子伏)		5	0.010	0.050
快中子(~20兆电子伏)		10	0.005	0.050
慢中子(220兆电子伏)		20	0.0025	0.050
賀 子		10	0.005	0.050

前面已经讲到过，外部照射的最高允许剂量每周为 0.3 伦，平均每天为 0.05 伦（每周按工作六天计），这都应当相当于生物当量伦（rem）0.3伦/周或 0.05 伦/日。但这个剂量对人体的作用应当是小量的，分散地受到照射，而不是大量的，集中地照射，否则体内机构不易进行修补。

这里应当指出，每日最大允许剂量 0.05 rem 应该是指各种类型射线剂量的总和，因为剂量是叠加的，所以一个人不能在一天中受了 0.05 rem 的 γ 射线剂量，而又去受 0.05 rem 的其他射线的剂量。

§11—8 宇宙射线

从 §11—7 节表 11—3 可知，人们在地面上每天约接受 100 微剂量的宇宙射线的照射。而实际上原始宇宙射线比这个要强得多，这是由于地球被一层很厚的大气层所包围着，因此当强烈的宇宙射线向地球表面时，绝大部分被大气层所吸收，故到达地面上的宇宙射线已经十分微弱了，人们完全经受得住它的照射。由于对宇宙射线的研究，特别是近几年来火箭及星际航行技术的不断发展，要求科学家们很好地去了解它的来源，成分及强度等问题，而且现在已经对宇宙射线有了一定的了解。宇宙射线是来自太空的高能粒子流，从各个方向上射向地球。特别是太阳外辐射的各种粒子流尤为强烈，有时能使原始宇宙射线增强几千至几万倍以上。

原始宇宙射线就是没有进入大气层（即没有被大气层所吸收），而只受地球磁场作用而发生偏转的粒子流。对于原始宇宙射线的获得和研究，还是在火箭技术得到迅速发展的今天，才有了实验的基础。因为人们过去一直生活在地球表面上，生活在大气层的保护下，无法接触到原始宇宙射线。要想得到它首先一步就是要飞出大气层。

通过宇宙射线的研究得知，原始宇宙射线的分布是不均匀的。首先，是由于它来自宇宙的各个方向上本来就是不均匀的。其次更主要的是原始宇宙射线虽然没受大气的作用，但是确因它本身大部分是由无数的带电的粒子流，在地球磁场的作用下而发生偏离现象，从而使得当纬度增高时，原始宇宙射线的强度也随之增强。一般在纬度 55° 以上最强，这样使得在

表 11—7 原始宇宙线的成分、强度及剂量

粒子	粒子带电数 z	粒子强度	$10^{-3} \times rad/$日
质子	1	4460	4
α 粒子	2	633	2.3
碳氮氧	7	32	1.4
Mg（镁）	12	8.4	1.1
Ca（钙）	20	2.9	1.1
Fe（铁）	26	1.4	0.9

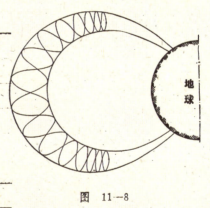

图 11—8

注：1. 第 9 行"表 11—3 可知"应为"表 11—4 可知"。
2. 第 9 行"每天约接受 100 微剂量"应为"每天接受 400 微伦"。

地球的赤道地区只有那些能量大于140亿电子伏的粒子才能到达地面上。通过测定得知在高緯度上的原始宇宙綫（即地球大气层外分布最强的宇宙射綫）的成分，强度及剂量列于表11—7中，表中所謂粒子强度是指每小时流过一个截面面积为1厘米²的圆球的粒子数（見图11—8），z为粒子带电数量。

如果我們讓上表中的質子的相对生物效应系数为5，而其他各种粒子的相对生物效应系数为10，則可以由表中数据算得地球大气层外的原始宇宙綫的剂量为 $0.088\ rem/$日。看来这个数据比起规定的輻射剂量 $0.05\ rem/$日大得不多。因此，载人飞船只飞出地球大气层时，有飞船的外壳及防护服就完全可以使宇宙飞行負不受到宇宙射綫的危害。苏联不久前所发射的东方一号及二号载人飞船，就是利用飞船结构和宇宙航行服来防宇宙射綫。

但是，要作星际航行或长时间处于大气层保护之外，問題就变得复雜了。因为必須考虑到太阳耀班爆发所产生的强大的射綫的侵袭，这时的宇宙綫所达到的强度远不是一般飞船結构或航行服所能解决問題的。此外，地球的輻射带也是防碍我們进行宇宙飞行的因素。下面就专門討論这个問題。

§11—9 地球輻射带及太阳耀班爆发的輻射

在地球外离西半球地面高度约为600公里（有时降至300公里）高度上，平行于地球赤道平面有一个厚度约为6000公里及在距地心为2000公里厚度为4000公里的两个环状輻射带，环繞着地球。前者称为內輻射带后者称之为外輻射带。对內輻射带研究发現，它的最低高度在西半球，这是因为地球磁場軸与地球自轉軸并不重合而成11.5°交角，而使輻射带偏向西半球。

地球內外輻射带的形成原因是由于来自宇宙的各种射綫的高能带电微粒在地球磁場的磁力綫作用下被捕获在一个輻射粒子区內，这些粒子在磁場的作用下来回繞着磁力繞轉，而长期不能逃出。这些粒子象一个环"套"在地球外面，环的軸是地球的磁軸。

內外輻射带不但高度不同，而且它們的强度及包含的輻射微粒也不同。內輻射带是大量的带正电的質子組成，它的粒子强度（单位同表（11—7）为45,200,000。因此，可以算得內輻射带的能量为100万兆电子伏。可以看出它所具有的輻射强度要比普通的原始宇宙射綫高10,000倍。根据計算得出，要挡住这样大能量的質子的穿透力，需要鉛板的厚度为1厘米，一平方米这样厚度的鉛板重达114公斤。所以载人飞船要安全地通过这个区域其防护設备的重量将会变得很大，目前看来要使人安全通过这个区域还有很大的困难。

外輻射带实际是由电子組成，其强度比內輻射带小得多。这些电子所具有的能量不同分为两类：一类是能量为20千电子伏及另一类为1兆电子伏。对于具有前一种能量的电子其射程为0.7毫克/厘米；对后者其射程达400毫克/厘米²。对于这两种强度的輻射，实际上利用飞船的結构就可以解决防护問題。

虽然，目前我們还不能直接通过地球輻射带进入太空，但是还可以从别的道路經过輻射带进入太空。前面已經提出，內、外輻射带只不过是两个环平行于地球套在与地球赤道平面平行的平面上，因而完全可以从地球的两极方向上，沒有被輻射带封住的"窗口"飞出去。这样就避免受輻射带的强烈的影响，同样可以到达更高的卫星軌道或作星际航行。

采用上述办法似乎飞船有了一般能抗宇宙射綫的防护設备人們就可以飞到其他行星或长

注：1. 第4行"（見图11—8）"应去掉。
　　2. 第21行"繞轉"应为"綫轉（見图11—8）"。

期地在高轨道卫星上工作了。其实不然，在出了地球的大气层保护之后，除了有通常强度的宇宙射线的作用外，还有前面所提到过的太阳耀斑爆发向地球辐射出的强烈的粒子流，这些粒子流将大大地增强宇宙射线的强度。当太阳耀斑发生大爆发时可以使宇宙射线增强一万倍，其时间可以延续好几小时（这种爆发发生时以致地球上的短波无线电通讯会中断）。要想防护或避开都是很困难的。根据天文学上对太阳长期的观察和研究的结果告诉我们：这种大爆发大约间隔十一年发生一次，但是，这个规律只具有统計性，也就是说一般是十一年左右发生一次，而有时也不一定。因此，大爆发的规律性目前还掌握得不够。当然如果人們是在地球卫星轨道的飞船上，当有发生大爆发现象时，可以立即通知飞船降落到地面上，以避开大爆发。但对于星际航行来說，要是碰上了，就是要避开也来不及。所以为了保証人生安全，需要进一步掌握耀斑大爆发的规律及輕质的防护設备。此外，耀斑的小爆发是經常有的。爆发时能使宇宙射线增强约100倍，时间长达几天之久。这种爆发的规律性掌握得还不够，而且由于是經常性的，要避开也不容易。为了避免遭到它的照射，应当加强防护，也要进一步掌握太阳耀斑爆发的规律，不断从耀斑的观测作出耀斑爆发的预报，使飞船上的航员行能及时采取有效措施进行防护。

§ 11—10 中子的防护

我們知道中子的穿透能力是很强的，也就是它的射程远，而且中子与物質的原子起作用后还要放出 γ 射线，因而我们不但要防中子，而也要防所产生的 γ 射线，问题也就复杂化了。防中子问题的重要性一方面在于它不容易防护，另一方面，只要有原子反应堆，如原子火箭发动机或电火箭发动机用原子发电設备，那么，反应堆运轉时就产生大量的中子。

原子发动机将用在空气层中一段高度上推动火箭，它产生的大量中子向外輻射，而同时又受到大气的散射。这时对飞船中的航行员来說，中子不单从发动机方面射来，而且从四面八方射来。为了防止发动机工作时宇宙航行员不受中子輻射的侵害，有人建議在飞船船艙中建立一个防护室，发动机工作时航行员可以到里面去躲避中子流的穿透。防护室的最外层是一个通液氢的夹套，以减低中子的速度，使它变为热中子（液氢还可以用去冷却停止推力后的反应堆），然后在靠夹套內层衬上硼 $10B^{10}$ 来吸收中子，而在最里一层则用重物質，如汞或铅来吸收当 B^{10} 吸收中子后产生的 γ 射线。如果采用这个办法，在一个推力为500吨的原子火箭上，建立一个在发动机工作时可容三个航行员用的防护室其尺寸为 $1\times 2\times 2$ 米^3，那么，即使以短期受总的輻射剂量为 $100\,rem$ 来設計，其防护室的重量也得10吨。当然我們现在也沒有把握人能短期内接受 $100\,rem$ 而无损伤；如果再降低一些輻射剂量，防护室的重量还得大大增加。当然，地面上的原子能工业要进行安全防护已經解决了，但是地面采用的办法不受重量的限制，如果要想飞上天去，那么，重量则是一个很重要的矛盾。目前看来，由于我們在这方面的知識还远远不够，要解决星际飞船上对强輻射线的防护还有困难。

总之，輻射是一个新问题，而輻射对人体的影响的研究则是門新兴的科学，要解决各种射线对人体的作用，就是这些新兴的輻射医学，輻射生物学和生物物理学的重要任务。

注：第13行"航员行"应为"航行员"。

第十二章 飞船的设计问题

§ 12—1 超重和失重

由于人的各种生理特性和要求，给星际飞船的设计提出来很多问题。其中防辐射的问题在第十一章中已经提到了，而超重和失重的问题，虽然比起辐射问题要容易些，但它是存在的，还需要进一步来研究。所以，我们在谈飞船设计问题之前，首先来谈一下关于超重和失重的问题。

在研究超重和失重以前，首先要明确物体的重量概念。我们主观的重量概念，来自于人的肌肉的一种感觉，是外界作用于物体上力的总合的体现。例如，人在足够高的卫星式飞船上绕地心作圆周运动，当运动的加速度正好与地球对人身体作用的重力加速度相抵消时，仅管有重力的存在，并作用于运动的物体上，但实际上人感觉不到重力的存在。这是外力作用互相抵消的结果。也就是人处于失重状态。由此看来，重量就是人运动的加速度与重力场所产生的重力加速度的向量差。

超重是指人的肌肉感觉出的重量比正常状态感觉的重量大，其增加的倍数就是超重的倍数。而人在失重状态时，就感觉没有重量。对于超重和失重的状态，可以作如下的计算来判断。这里设：$\vec{a}$ 向量为人体在空间运动的加速度。$\vec{g}$ 向量是考虑到太阳和其他行星的总引力势的空间梯度。如果，不考虑其他星球的作用，对于地球的引力势梯度其数值为：

$$\frac{dg}{dr} = g_0 \left(\frac{R}{r}\right)^2 \qquad (12-1)$$

当考虑到地球引力势的方向是向心时，其向量表示为：

$$\frac{d\vec{g}}{dr} = -g_0 \left(\frac{R}{r}\right)^2 \frac{\vec{r}}{r} \qquad (12-2)$$

其中，g_0 为地球表面的引力常数。R 为地球的半径。r 为卫星式飞船绕地球中心旋转的半径。如果考虑到太阳和其他星球的作用，则引力势就为空间梯度。

而其正飞船结构接触点的合力与地球表面的重力常数之比，就是超重倍数。其超重和失重判别式为：

$$\frac{|\vec{g} - \vec{a}|}{g_0} = n \qquad (12-3)$$

其中，n 就是我们所说的超重。当 $n=0$ 时，飞船不受外力的作用，其加速度等于零。即物体处于失重状态。当 $n=0 \sim 1$ 之间时，物体处于部份失重状态。这也就是超重和失重状态的过渡阶段。当 $n=1$ 时，物体没有超重，也没有失重，而是处于正常状态。当 $n>1$ 时，物体就进入超重状态，而 n 的数值大小，就表示出超重程度的大小。当 n 越大时，其超重就越大。下面我们将举例说明公式（12—3）的应用。首先我们来看一下人造卫星的运动。这时，

注：倒数第8行"而其正飞船结构"应为"物体与飞船结构"。

在卫星轨道上物体运动的加速度与地球引力势的方向相同数值相等，其向量之差为零，故 $n=0$。所以在卫星上的物体实际上是处于失重状态。可以参看图（12—1）。其次看一下当火箭在垂直起飞的瞬间的状态。这时，火箭在垂直起飞的一瞬间，其火箭运动的加速度为：$|\vec{a}| = -a\vec{g_0}$，而地球引力势由式（12—1）可得到其值为 $\vec{g_0}$。这时，物体的超重为：可参看图（12—2）

$$n = \frac{|g_0 + ag_0|}{g_0} = 1 + a$$

当火箭在倾斜飞行时，如图（12—3）其计算可以应用矢量差的办法。即用矢量 $\overrightarrow{CA}$ 线段的数值除以 i，就可得到物体的超重为 $(1+a)$。因此，公式（12—3）对于在任何飞行情况下，都可以用来对超重和失重状态进行计算。

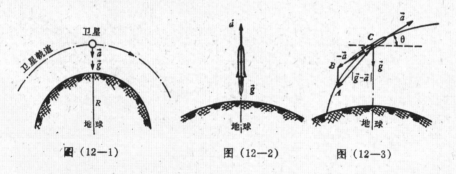

图（12—1）　　　图（12—2）　　　图（12—3）

§ 12—2　超重对人的生理影响

超重对人的生理影响，主要是对人的血液循环系统的正常工作有影响。心脏好象是一个泵，由它不断的供給身体各部份的新鮮血液，形成整个身体的一个血液循环系统。当人处于超重状态时，在重力的作用下，就影响了血液的正常循环，使血液下墜，产生血液过于集中的现象。这样，身体的其他部份在得不到新鮮血液供给的情况下，就会出现不正常的生理现象，影响了人的生活和工作的能力。另一方面，人还有一个一定范围内的复原能力，也就是当超重的程度还不够大，同时其作用时间还不够长，沒有超过人的复原能力时，人的各部份机能在超重作用结束后，还可以恢复正常。所以，人还是能承受一定程度的超重。然而，超重对人的影响跟一个人的身体特点有关，即每个人能承受超重的能力是有所不同的。另一方面，人对超重的适应能力是可以經过訓練逐渐略为提高。从苏联卫星发射的动物试验中还发现：在最大加速度作用期间，呼吸运动的頻率超过了原来的頻率 2～3 倍。可以认为：加速度的影响必然要带来的机械性呼吸困难，对呼吸的加快起了一定的作用。因此超重的具体影响是要通过实驗来获得有关的資料。

人在超重状态下的反应，一般可以分为清醒、忍耐及损伤三个阶段。所謂清醒或者不清醒是指：血液循环系是否能不断的供給大脑适量的新鮮血液。而忍耐是超重的影响在人的复原能力以內，其忍耐的极限是人的組织机能破坏与否，当組织机能被破坏时，人就被损伤。而这三个反应阶段的出现与加速度的大小和加速时间的长短有密切的关系。这可以讓人坐在

注：第 8 行"数值除以 i"应为"数值除以 g_0"。

特制的离心机上进行实验，根据不同的旋转半径和旋转速度，可以得到不同的超重状态。在这些不同的状态下，可以用各种仪器来测量人的不同的生理反应。其三个不同的反应阶段与加速度的大小和加速时间的关系可以参看图（12-4）〔注：因各族人民的生理特点有所不同，其具体的关系也有所变化。故此图仅作参考。〕

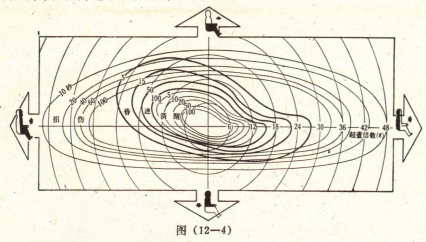

图（12-4）

图（12-4）中的不同直径的正圆形代表了不同的超重倍数，即 $n = 6, 12, 18, 24, 30, 36, 48$。其各种不同形状的圆形，代表不同的超重时间和加速度，相应于超重对人的三种反应阶段。其中：肾形圆形靠内的五圈，表示人处于清醒状态，其加速时间为 5, 10, 20, 50, 100 秒时与超重倍数的关系。而肾形图形靠外的四圈，表示人处于忍耐阶段其加速时间为 5, 10, 50, 100 秒时与超重倍数的关系。四个正向的箭头表示超重的方向。其人的黑白表示血液的集中情况，而涂黑部份表示血液的集中部份。从图（12-4）可以看到一些变化趋势：当加速的时间越短时，则可允许的超重倍数就越小。另一方面可以看到，一个人承受超重的能力跟发动机工作时身体的位置有很大的关系。也就是说，一个人仰着或俯卧着对超重的反应和坐着时是不一样的。即是超重对人的作用具有方向性。这是因为人本身不是一个结构均匀的圆球，心脏的位置是一定的，同时与身体其他各部份的距离都不同。但其血液循环作用的方向是一定的。因为外界对人的作用力方向不同所引起的内部变化也不同，所以超重作用具有方向性。图上指出人能承受最大加速度的方向是人半仰半卧的方向，即人在这个方向对于一定的加速时间所能承受的超重最大。因为人脑的位置是靠头的后部，故是半仰式的姿势为好。这个结论可以从苏联的载人飞船中采用了半卧式的座标形式得到证明。

总的看起来超重对人的影响不是一个严重的问题。因为，在运载火箭起飞阶段，如果采用多级火箭，其产生的最大加速度不到 $10g$，而飞船再入大气层时当角度不大不用升力的情况，其产生的加速度在 $8 \sim 9g$ 的范围。而采用升力时还可以使加速度小于 $8g$。故一般情况超重倍数在 $8 \sim 9$ 之间。如果我们选择最好的半仰卧式的方向时，人是完全能够承受 $8 \sim 9$ 倍超重，其可允许的加速时间不会小于 10 秒钟。而实际上加速度最大的持续时间，一般不会超过 10 秒钟。所以，超重对人的影响目前看来是不成问题的。当然，在加速度很大时人会感到不是很舒服。经过苏联二次发射的载人飞船实践的结果，证明了人体能够忍受从胸到背、从背到胸、从左侧到右侧、从右侧到左侧的较长时间较严重的超重。

§ 12—3 失重对人的影响

失重是人在星际航行中所遭到的又一个影响因素。由于地球引力的作用总是存在的，在地球上不能创造出较长时间的失重条件。因此，关于失重对人的机体影响的性质一直到现在研究得不多。尤其是长时期的失重对于人在空间的定位能力、人的动作的协调、心脏一血管系统对机能及心理状态的影响知道得更少。这一切都需要进一步全面的来研究。

我们知道，人是依靠前庭器官、视觉器官以及皮肤、肌肉、腱、关节、韧带的感受器这三个系统准确执行本身的机能，才能在空间中定向，使动作严格的协调。而前庭器官是相当复杂的系统，它位于颞骨蜗轴的迷路中。由位于三个平面上的三个半规管和一个很敏感的元件耳石器官组成。借助于半规管，人感受到角加速度，而耳石器官首先对重力变化发生反应。耳石器官位于几个半规管的连接处，它是一个腔，腔底布满敏感的神经细胞。神经细胞上长着极细的毫毛，上面有碳酸和磷酸钙盐的一些小结晶体—耳石浸在胶冻物质中。当头的位置或重力改变时，耳石对神经脉冲从耳石器官传到中枢神经系统，根据收到的信息，利用一定的肌肉组，人体在空间的正确定向得以实现。因此，前庭器官是定方向和定加速度的系统。而皮肤、肌肉、关节等感受器是一个重量的感觉系统。当人处于失重状态时，这两个系统都失去了应有的作用，只能使用视觉器官。虽然，视觉器官还具有一定的定位能力，但其效能是降低了。这里也说明了三个系统是互为补充的。这是问题的一方面，而更主要的困难是因前庭器官与人的生存神经系统是紧密相连的，而人的生存神经系统调节诸如消化、心脏活动、血管伸缩、排汗等等之类的自动机能。因此，前庭器官机能的变化可能引起上述各系器机能的重大变化。影响了人的整个生理活动。

研究失重对人的机体影响最初使用的方法是使人坐在具有较强弹射力的椅子上，当人被弹出后就可以造成1～2秒钟的失重。〔又如，电梯突然下降时，也可以造成1～2秒钟的轻微失重状态〕。这种方法因失重作用持续的时间太短，不能提供有价值的结果。另外，有人还提出了给人穿上特殊的服装，把人放入比重等于人体比重的液体中。这种方法可以模拟人在失重状态下皮肤、肌肉、腱、关节、韧带的感觉也是有意义的。这些实验，提供了在接近失重状态的条件下，一部份神经感受器的活动已经中断时机体机能的材料。目前，在飞机上作试验，使失重的研究工作向前迈进了一大步。当快速飞机，在一个快速俯冲之后立即上升，并沿抛物线路线飞行。其抛物线的发射角为40°到58°，如果角度再增加，其速度会降低，故一般约为45°较好。这时让发动机的推

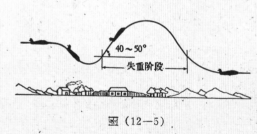

图（12—5）

力刚好抵消空气阻力的作用，而离心力会与重力平衡。在这条件下，最大飞行速度的飞机可以造成40～30秒的失重。这也是目前在地球附近能模拟的最大限度的失重状态，可参考图（12—5）

注：1. 第11行"人感受到角加速度"应为"人感受到加速度"。

2. 倒数第5行"为40°到58°"应为"为40°到50°"。

实验的结果查明：心脏-血管系统和呼吸系统的机能方面沒有发生重大的变化：脉搏和呼吸的頻数和节律、动脉压力和心动电流图沒有最重偏离标准状态。失重对视觉和听觉也沒有显著的影响。睁着眼睛进行空間定向和动作协調的能力也沒有发生很大的变化。这可以由受試驗者可以完成相当細小的动作如可在記事薄上記录，使用电报键等得到証明。其主观的感覚与每个人的生理特点有密切的关系。如有的人会感到噁心、头晕、甚至失去定向能力，而有的人感覚自己很好。同时还看到：当人們进行了多次失重試驗之后，其对失重的适应性提高了，这証明了对失重适应性的鍛炼是可能的。在飞机上所进行的实验观察，因为时間太短，只能証明短时間的失重对人是沒有影响的。但是，星际飞行可能持續的时間不是几十秒，而是几星期、几个月甚至几年。因此，必須对这个重要的課題繼續进行研究。而苏联二次发射的載人的卫星式飞船提供了有値价的研究结果。犬·阿·加加林在失重状态中停留了約一小时，在他身上沒有发现任何特殊的不良后果。他进餐、写字、进行必要的观察都沒有感到特殊的困难。这也就証明了，在失重状态，虽然前庭器官和皮肤、关节等已失去作用，但人体对失重是可以适应的。人的视力可以帮助人对自己动作进行必要的校正。格·斯·季托夫的飞行，研究了人在飞船条件下生活一夜的特点，以及星际航行員在长时期失重的条件下的工作能力。其结果証明了，失重并沒有影响星际航行員实现一切必需的本能的要求：如进飲食、大小便以至睡觉。但是也不是完全沒有問題，在进入軌道后特別是在剛入睡时，是不太安定的，而且感到輕微的头晕和噁心。这是由于前庭器官在失重的影响下，受到不平常的刺激而引起的。但是，当星际航行員采取的初始的預备姿态和使头部不作任何剧烈活动时，以上现象就几乎全部消失了。在睡眠之后有了相当程度的減輕，而在飞船返回地面，超重作用开始后就全部消失了。总的看起来，格·斯·季托夫在较长期处于失重状态下的情況良好，沒有发生任何病理上的疾患。但是在前庭器官方面发现了某些变化，这些变化也沒有影响到星际航行員的工作能力。

但在今后的考察中必須弄清楚，所发现的星际航行員在前庭器官方面的反应，究竟只是个人过于敏感的结果，还是宇宙航行員在失重

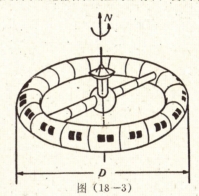

图（18-3）

的条件下都会产生这种现象。如果是一个普遍的现象，那么就有必要在飞船上制造人工重力。例如，把飞船作成环形，讓它在失重中旋轉，（見图12-3）；如果每分鐘轉N次，环的直径为D，那么在环中的超重系数 $n=\left(\dfrac{2\pi N}{60}\right)^2 \dfrac{D}{2g}$，如果，$D=50$米，$N=6$轉/分，那么$n \cong 1$，人在环中就如在地面上一样。而每分鐘环才轉六圈，人的视觉也不会招致头晕。但这要使飞船的設計足够大才行，当然实现这种具体人造重力的飞船还存在很多技术上的困难。所以从目前所有的試驗和考察証明了失重問题不是象以前想象的那样严重。但长时期的失重对人的影响结果如何，还有待于进一步研究。另外，在超重状态和失重状态相互轉变方面，从苏联多次卫星发射的结果，已可以得出结論：人体忍受从超重到失重的变化过程，比

忍受从失重到超重的转变过程要容易得多。

§ 12—4 飞船船舱的设计要求

由前知道：各种大气条件，物理因素（如辐射等）以及飞行的各种因素（包括噪声，振动、超重、失重等）对于星际航行都有性质不同程度不同的影响。由此也给飞船的设计提出了很多的要求。尤其是对载人的飞船设计要求更高。也就是说：人存在的因素是飞船密封舱设计时考虑的重要原则。密封舱不仅要保证人在飞行的条件下生存，同时还要维持较高的工作效能。因此，这里对飞船船舱的设计及要求作一简略的概述。

首先，船舱（即驾驶员座舱）应该是一个绝对封闭的系统，即是一个密封舱。其外表复有热保护层，可以防止它在稠密的大气层中下降时受到高温的影响。座舱壁山有用耐热玻璃保护的舷窗，使星际航行员在沿轨道飞行期间，以及在下降时都可以进行观测。为了防止航行员眼睛受到太阳光的伤害，应在舷窗上设有在必要时关闭舷窗的装置。为了保证航行员舒适和安全的工作，在船舱壁设有两个快速开启的舱门，以免在必要时使用。在苏联东方号星际飞船中，航行员是坐在船舱的特制座椅中。座椅是一整套系统和装置，它保证星际航行员可以长期居留于飞船座舱中，可以保证航行员在必要时安全脱离飞船和降落到地球表面。座椅中有专门装置，来保证在飞船起飞和进入轨道期间发生事故时，使航行员能自动安全的脱离飞船和着陆。座椅中还带有氧气储备和通风装置，保证穿着宇宙服的航行员的生活方便。此外，东方号的座椅中还有收发两用的无线电台以及储备的食物和最必需的用品，供航行员在着陆后使用。在航行员离开飞船单独着陆时，座椅的降落率系统，可以保证他稳定而平缓地降落到地面上或水面上。如果降落到水面上，他还可以利用橡皮气艇，橡皮气艇在落到水面的瞬间会自动开展。另宇宙服本身可以使航行员在水中保持仰卧姿态。宇宙服的隔热和密封程度可以使航行员在结冰的水中，呆上十二小时而没有不愉快的感觉。同时，宇宙服的头盔有一个带玻璃的舷窗，当船舱里空气压力或气体成份越出容许的标准限度，它就会自动关上。也可以用人来开关。因此，宇宙服及其各种系统，使航行员甚至在船舱密封出事时也可以操纵飞船。

在东方号飞船船舱里，装有保证生命活动系统和操纵系统的设备，部分无线电装备，飞船航行记事簿，航行员通过舷窗进行肉眼观测的光学装置。在飞行时观察航行员用的电视摄象机。航行员可以利用送话器、喉头送话器、电话和电动式扬声机，按照自己的意愿打开任一元件，都可以同地面谈话随时联系。

苏联东方号飞船的船舱里还设有空气调节和压力调整设备，自动地维持座舱内的正常的气体成份、温度、压力及空气的相对温度。在必要时，航行员可以干于自动装置的工作，降低或提高空气的温度、改变温度和气体成份。一般来说；星际飞船船舱空气的压力维持在1个大气压为最好，最低的气压不能低于 0.583 大气压（这压力相当于离地面 4570 米的高空压力）。空气的成份一般维持在：氮（N_2）75% 其变化范围为 ±5%；氧（O_2）25%，其变化范围为 ±5%，二氧化碳（CO_2）的浓度低于 0.5%；一氧化碳（CO）的浓度最大不能超过 0.005%。船舱内的温度控制为 20°，变化范围为 ±5.5°C。相对温度为 35%，其变化范围为 ±10%。保证船舱内的气候条件是相当重要的，因为人的机体能够在周围环境稍稍偏离正常的条件下保持正常的生命活动。当周围环境的气候要素有任何偏离正常参数的情

注：1. 第9行"座舱壁山有"应为"座舱壁上有"。
2. 倒数第3行"相对温度为35%"应为"相对湿度为35%"。

况，都会在人的机体中造成额外的生理负荷，降低了人对超重、失重、以及从超重到失重和从失重到超重的过渡状态等等的經受能力。为了維持周围环境气候的基本参数接近于正常，故在飞船上設有空气还原系統。它一方面可以保证吸收人所排出的碳酸气和水蒸汽，另一方面可以释出呼吸所必需的确定数量的氧气。在东方号飞船中，这系統所释出的氧的数量是由星际航行員本身的需要来調整的。其飞船船艙内空气中的氧、碳酸气和水汽含量偏离規定数值的情况，是用特制的敏感元件記录的，自动調整器接收它們的訊号，調整着还原器中相应反应的进行速度来控制气体成份。空气还原装置除自动操縱外，还有一套手操縱装置，同样可以在必要时用来建立理想的船艙内空气的成份、相对温度和温度。温度的控制也同时設有一自动以及航行員主动控制的設备。

由于飞船在飞行的主动段和在飞船再入大气层时都可能产生强烈的噪声，其噪声的强度超过了人能承受的范围。因此，在飞船設計时必須要考慮到噪声对人的影响以及如何降低所产生的噪声的强度。噪声的强度計量单位是分貝，其具体关系如下：

$$T = 20 \log \frac{p_e}{0.0002} \qquad (12-4)$$

其中：T 为噪声强度以貝为单位。p_e 为噪声的声压。单位为达因/厘米^2。0.0002 达因/厘米^2 为人的耳朵能听到的最弱的声音。实际上 $\left(\frac{p_e}{0.0002}\right)^2$ 是比例功率。而比例功率的对数就为一个貝。1貝等于10分貝，故有（12-4）式的关系。一般人的耳中噪声不应达到135分貝，而身体的其他部份所能承受的噪声也不应该超过135貝。超过这范围人就会产生迷失方向，噁心、呕吐等現象。而在飞船及运載火箭起飞时，以及在再入大气层时的噪声往往达到甚至超过此数值范围。因此就必須用隔声及吸声的飞船壁。关于噪声对人体的影响，目前已經掌握了充分的資料，在飞船上只要設有最密的隔音装置，就能使噪声大大降低。一般要求噪声的强度为40分貝，这在实际的过程中是可以达到要求的。因此，噪声对人体星际航行是沒有任何严重的影响。

除了以上的要求而外，其他还要求：振动频率从100赫至500赫时，双振幅少于0.01毫米，当振动频率在1000赫以上以及在60赫以下，其双振幅少于0.0038毫米。总的看来因飞船离发动机較远，故振动的影响估計问题是不大的。此外，船艙内应有速度的光亮，而光中不应含有害人体生理的波长。另外輻射强度应在 $0.05 rem/日$ 以下。以上只是作了簡略的叙述，当进行飞船的設計时，要考慮的具体問題会更多。

§ 12—5 星际航行中人的生活条件

人們要想較长时間呆在飞船上（星星軌道或星际航道上），那么，解决人在飞船中的生存条件問題就成了一个十分重要的問題了。大家知道，人之所以能够在地球上长期生存下去是因为人們可以从自然界取得充足的日光，空气（特別是氧气），水分，食物以及其他东西。因此，也就不觉得这是一个十分严重的問題，然而对星际航行来說問題就显得特別突出。因为一个人每天所需要的氧、水分、食物等总共也不过几公斤，对于时間較短（几天至一个月）的航行，目前看来完全可以采用从地球上起飞时就带走这些东西，但是对于时間更长（如一年或几年以上）的航行，要全部依靠起飞时所携带的物品来解决，那么飞航的重量将因带有这些生活品而大大加重，从而影响到飞航的航行效果。因此，采用这种办法来解决长期航行的问题是不行的，但也并不是说就没有办法了，关于这个问题将要在§12—7节中详细讨论。

要解决人在星际航行中的生存问题，首先就应当了解人们生存的最基本最必须的条件是什么？大家都有这样一个十分简单的概念；如果人不吃东西，不喝水，用不了多少天就会死去，而人不呼吸则几分钟就会窒息而死。因此说明空气、水和食物是维持人们生存、活动的最基本最必须的条件。当然这些基本条件在地球上是如此，而在星际飞船上也同样是如此，这我们在上节中已有所叙述。这里将计算得出的有关人们正常生活、活动及星际航行员在星际飞行时所需消耗的物品及排出废物的一般性结果列于表12—1及表12—2中。由这两个表中我们可以看出，对于物质的消耗量，随人的年令、性别不同而异，而且也由于民族、体格等具体情况不同而异，但是可以看出一般情况下一个人在星际飞船上生活一天大概需要消耗4.4公斤物质，其中氧占0.91公斤，水占2.59公斤，食物占0.91公斤。

但问题还在于单单是供给了足够的氧，水和食物还不行，因为人生活在飞船的密封舱中，容积是有限的，同时又由于人不断呼吸和出汗，而使空气中CO_2及水蒸汽不断增加。如果不把这些东西除去，那么，同样是影响人的生活，影响人的新陈代谢。因此，必须不断地将人呼出和汗中蒸发的CO_2及水分从空气中吸收掉，以保持空气的正常成分。人们吸入空气时主要是取得氧气，然后由血液将氧分配到全身各部用来与人体从食物中所取得的养分进行"燃烧"，产生能量供给全身各部分生活及活动。人呼出时则是将废气排出，这里包括了吸入的氮气和由体内排出的二氧化碳及一部分水分，其中最主要的是呼出体内"燃烧"后产生的二氧化碳。从人们吃的东西来看，实际上很大一部分都是碳水化合物，如象淀粉，而在碳水化合物的燃烧中，消耗一个克分子的氧气就产生一个克分子的二氧化碳（CO_2）。如果燃烧的食物是脂肪或蛋白质，那么，消耗一个克分子的氧气就产生少于一个克分子的CO_2；所以，我们可以看出人吸入并消耗的氧气和呼出的二氧化碳是有一定关系的。从国外生理学上的研究得知一般人的吸呼比为

$$呼吸比 = \frac{呼出 CO_2 克分子数}{消耗 O_2 的克分子数} \cong 0.8。$$

由此可见，由于人吃东西并不是完全是碳水化合物，而还有其他如脂肪，油类等物质，一部分氧用来和它们燃烧，这样一来用掉的氧就不是全部产生二氧化碳，这就是原因。呼吸比实际上也是与人的民族、习惯、性别、吃的东西成分不同而异。

上述使我们知道了人的呼吸比，也就是知道人每天所需要的氧量或呼出的二氧化碳的量，那么，可以采用一些办法来吸收掉所产生的三氧化碳及水分。对于较短期的航行来说采用化学吸收剂来吸收的办法较好。如果以每个人每天吸入氧气为0.91公斤，呼吸比为0.82的话，就可以计算出他每天呼出二氧化碳为1.135公斤。因此，也就可以计算出每人每日呼吸及出汗发散在空气中的CO_2及水分被吸收掉所需要的吸收剂的克数。这些数据列于表12—3中。从表中的数据比较出，一般倾向于采用Li_2O或$LiOH$作吸收剂，因为这两种吸收剂的效果较好（每吸收单位量的CO_2及H_2O用量较小），而也较容易取得。吸收二氧化碳和水蒸汽的方法很简单，只要将座舱中的空气用通风机送到装有吸收剂的吸收器中，空气中的CO_2及H_2O就会自动地与吸收剂起作用，而从空气中清除。

注：1. 倒数第14行"人的吸呼比为"应为"人的呼吸比为"。
2. 倒数第8行"三氧化碳"应为"二氧化碳"。

表 12-1 平均最低物质消耗（基础新陈代谢）

年令	大卡/日		消耗量（公斤/日）								排出量（公斤/日）				排出水分的分布							
			氧(O_2)		水(H_2O)		干粮		总计		二氧化碳(CO_2)		总水量		呼吸		汗		尿		粪	
	男	女	男	女	男	女	男	女	男	女	男	女	男	女	男	女	男	女	男	女	男	女
18	1733	1440	0.55	0.45	1.54	1.27	0.55	0.45	2.18	1.77	0.68	0.55	1.45	1.25	0.21	0.21	0.36	0.29	0.86	0.86	0.10	0.09
25	1760	1442	0.55	0.40	1.54	1.27	0.55	0.45	2.18	1.77	0.64	0.51	1.36	1.23	0.19	0.21	0.33	0.27	0.82	0.82	0.10	0.09
40	1640	1344	0.55	0.40	1.41	1.27	0.50	0.41	2.09	1.64	0.50	0.41	1.36	1.23	0.19	0.33	0.27	0.99	0.82	0.10	0.10	0.08

注：根据平均每人需要 3000 大卡/日 和呼吸比分 = 0.8 计算的，故得出每日总消耗量约 4.4 公斤，其中 0.91 公斤氧，2.59 公斤水，干粮 0.91 公斤。同时维持平衡约排出 4.4 公斤，其中二氧化碳 1.14 公斤，水 3 公斤其余为排出的汗，尿及粪便。

表 12-2 每天正常工作状况下的物质消耗量

年令	大卡/日		消耗量（公斤/日）								排出量				排出水分的分布							
			氧(O_2)		水(H_2O)		干粮		总计		二氧化碳(CO_2)		总水量		呼吸		汗		尿		粪	
	男	女	男	女	男	女	男	女	男	女	男	女	男	女	男	女	男	女	男	女	男	女
18	3800	2500	1.14	0.77	3.27	2.13	1.14	0.77	5.55	3.67	1.45	0.95	3.81	2.5	0.55	0.35	0.77	0.50	2.27	1.50	0.23	0.15
25	3000	2400	0.908	0.73	2.59	2.04	0.908	0.73	4.4	3.49	1.14	0.913	3.00	2.41	0.41	0.32	0.59	0.50	1.82	1.40	0.18	0.14
40	3000	2400	0.908	0.732	2.59	2.04	0.908	0.73	4.4	3.49	1.14	0.913	3.00	2.41	0.41	0.32	0.59	0.50	1.82	1.40	0.18	0.14

表 12—3 吸收每人每日呼出及出汗散发在空气中的 CO_2 及 H_2O 所需的吸收剂克数

吸 收 剂	除 CO_2	除 CO_2 及水分
Li	325	400
Li_2O	700	840
MgO	920	1030
$Mg(OH)_2$	1335	—
Na 吸收后生成 Na_2CO_3	1050	1250
Na 吸收后生成 $NaHCO_3+Na_2CO_3$	750	900
CaO 吸收后生成 $CaCO_3$	1290	1450
CaO 吸收后生成 $Ca(HCO_3)_2$ 80%	775	970

飞船船舱中的压力和温度的控制也是一个十分重要的问题。首先是如前节所述，压力必须控制在一个大气压力左右。其次是舱内的温度；人们一般生活在 $20°C$ 左右觉得最舒服，但是我们知道飞船上的温度变化是很大的，如在起飞时飞船通过不同的大气层高度，这时就会遇到 $+80°C$ 和 $-80°C$ 以下的气温。在太空中受太阳光照射的一面可以高达 $100°C$ 以上，而朝向黑暗的一面则可低到 $-100°C$ 以下。特别是在飞船再入大气层时，由于空气的阻力而产生的高热，即便是有冷却的情况下也会达到好几百度以至 $1,000°C$ 以上的高温。因此，我们不对飞船的座舱采取完善的隔热措施，人在里面也是无法生存的。这些隔热措施当然可以采用绝热材料保护，冷却等办法来解决。苏联在这方面已经解决问题了，东方一号及东方二号上天就是实际的例证。但是，只隔绝了飞船外壁向内的传热还不行，因为人体由于活动以及体温高于环境温度却要向外散发出热量，这些热量也会使气温逐渐升高，那么，还必须对气温进行调节，其调节的办法：如座舱中温度低了就可用太阳光能量来升高空气温度。如果温度高了，则可以利用通风使空气冷却的办法来解决。而过多的热量最后由飞船表面阴凉部分的辐射器散入太空。

§ 12—6 氧气及水分的供应

解决星际航行中生活物质的供应问题是一个很关键的问题。在这一节里主要讲短期（一两个月以下）航行的供应。对这类供应由于时间较短，故总合重量还并不太大，最简单的办法是全部都在起飞时带着。对食物来说目前看来只有这种办法最适合，而对氧和水来说还可以采用一些更加节省重量的办法来解决，下面就分别叙述。

氧气的供应

首先，我们可以采用目前已经掌握了的成型的办法，就是利用现代航空所采用的液氧—气氧系统。这个系统是将液态氧装在绝热的低温容器中带到飞船上。与液氧容器联接的有加热器，使液氧加热气化，逐渐地补给到空气中。这种办法很简单，但对整个飞船来说还得需要有单独的供应水和净气设备。

其次结合供给航行员以水分来供给氧气。这种办法比较简单一举两得。在起飞时携带适量的过氧化氢（H_2O_2 90%），利用过氧化氢在催化剂的作用下分解为氧和水。用这种浓度的过氧化氢每生产50公斤氧气的同时可产生68公斤水。这个办法的优点还在于人们已经能很好地掌握和控制它的反应及整个工艺过程，因而是一可行的办法。

第三、结合空气净化过程来供给氧气。前面已经提到过，用化学吸收剂来吸收人呼出的和散发出的水蒸汽，那么，我们也可以用一种吸收剂，使它吸收及产生出氧气来供给人使用。一种可能的化学药剂为过氧化钾（KO_2），它的反应过程如下列化学反应方程：

(1) $4KO_2 + 2H_2O \longrightarrow 4KOH + 3O_2\uparrow$
(2) $4KOH + 2CO_2 \longrightarrow 2K_2CO_3 + 2H_2O$
(3) $4KOH + 4CO_2 \longrightarrow 4KHCO_3$。

从反应方程式看出，反应采取（1）及（2）过程时，每产生3克分子的氧可以吸收2克分子的一氧化碳，即相应的呼吸比$=\frac{2}{3}=0.67$。比起前面提到的人的正常呼吸比为0.8左右来看生产的氧过剩了。但是，如果按照反应（1）及（2）的过程进行，那么，相应的呼吸比$=\frac{4}{3}=1.333$，也就是说氧生产少了，也不能正常地保持与呼吸比平衡。因而有可能实际的反应过程是介乎于两者之间，即经过第一步反应〔(1)反应〕后，一部分是按照（2）式反应，另一部分是按照（3），所以实际过程吸收CO_2后产生的氧量之间的关系，可以维持呼吸比为0.8左右。这种办法把净化空气和供氧结合起来，因此可以省掉单一的供氧系统，从而可以减少设备的重量。

此外，还有人提议利用这样一个事实：即人可以在100～425毫米汞柱的氧气分压范围下生活，那么供氧的最简单办法，可在起飞时把密封舱中空气的氧分压提高到高限（425汞柱），在航行过程中就不再供给氧气，让航行员逐渐消耗这些氧气。根据计算，如果有6～7米^{2}的容积，氧分压从425毫米汞柱降到100毫米汞柱时的氧气量就可以供一个人正常生存两个星期之久。看来这个办法十分简单，但问题在于人要较长期生活在高氧分压或低氧分压以及氧的分压变化又较大的情况下，又加上人在空中失重对生理的影响，是否能够经受得住或正常生活都值得进一步研究。

水的供給

人体对水分的需要也和需要空气和食物一样重要。而且每天每人所需要的水量也是很大的（约2.59公斤）。对于人们短期离开地球完全可以一次带足全部需要的水量，但是时间长了，总重量太大就会显著地影响飞船的航行效果。为了解决这个问题，可以利用人体排出的废水进行净化处理后循环使用，这样就可以大大地减轻携带重量。下面介绍五种办法可以用以作为解决星际飞行用水的途径。

电能加热蒸馏

这种办法就是利用一般的蒸馏原理，将人体排出的废水（尿等）在蒸馏釜中用电来加热蒸馏即将水分和盐类的杂质分开，所得的蒸馏水就可以供给人使用。这种方法的主要缺点是用电量较大。因此，需要带有沉重的化学电池或太阳能电池，从而增加了飞船的重量。

日光加热蒸馏

其蒸馏部分完全和电能加热蒸馏一样，所不同的是直接利用太阳辐射热能。这种办法也有一个缺点是因为水的沸点低，而太阳热能蒸馏的温度确很高。如果要想得到水，那么必须将蒸出的温度较高（摄氏几百度）的水蒸汽冷却到100°C以下才能凝结成水。同时我们也知道，星际飞船中的冷却办法是向黑暗空间辐射散热。单位辐射散热面单位时间所能散出的热

注：1. 第19行"6～7米^2"应为"6～7米^3"。
2. 倒数第3行"温度确很高"应为"温度很高"。

盐是与散热面絕对温度四次方成正比，也就是温度越高，散热效果就越好。但是通常水蒸汽要凝结成水需要降低温度才行，相应地就要求輻射面的温度很低，那么就必須大大地增加輻射散热面，才能达到应有的效果，这样就使得散热系统很庞大。而重量也相应地增加，对星际航行来說也是不利的。

离子交换

人体排出的废水中实际上除去大部分是水外剩下的是盐类，也就是阳离子及阴离子。当通过阳离子交换剂时阳离子在交换剂作用下被吸收，而代之以氢离子；再一次經过阴离子交换剂，阴离子又被吸收，而代之以氢氧离子。就这样废水就成为可以再次飲用的清水了。

冰冻法

我們知道当含杂質的水溶液被冷冻时，首先析出的是冰，而溶液则逐漸浓縮。因此，可以利用这个办法将废水冰冻后把析出的冰取出，再經过适当处理就可以供应人們使用。

电渗析法

这种办法实际上就是利用离子篩的膜，一种所謂阳膜只讓阴离子通过，另一种所謂阴膜只讓阴离子通过。因此，如果我们把两种膜交替安排如图12—7，对每个淡化槽来說，

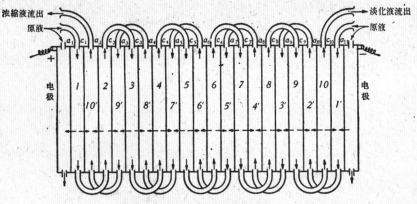

图 12—7 电渗析法流程示意图

由于电极所造成的电势的作用，从一面的阴膜失去阴离子，从另一面的阳膜失去阳离子，水的盐分就减少了，依此連續作用就能把水中的一部分盐去掉。而盐就集中在其他剩下的一部分水中。废水也就因而脱盐成为可以再次飲用的清水。

从以上五种办法比较来看，前面两种不及后三种优越，因为它們的設备比后三种要重得多。因此后面三种办法加以具体化和完善化后，用在星际航行上来解决凈水循环問题比较现实。

§ 12—7 长旅程星际飞船中的生态学系统

前面所談到的办法和采取的措施，已經基本上解决了短期离开地球的飞行。但是，要到其他行星去所需要的时间就长得多了，比如往返火箭就得一年半左右；往返土星就得五年左右（都是沿 Hohmann 軌道飞行）。这样长的时间，如果完全靠起飞时全部带上这些生活用物

注：图12—7图注应为"1—10 淡化槽；1′—10′ 浓缩槽；a: 阴槽；c: 阳膜"。

气，那么重量就很大了。就单拿消耗的粮食氧气和水来看，每个人每年就得1600公斤；再加上处理净化空气所需的吸收剂以及其他的生活用品和贮存设备就更重了。必然严重地影响到飞船的飞行效果，也就是要求运载起飞重量增加量以万吨计。上一节已经提到水可以再生循环使用，那么，其他东西当然也应当能够设法再生使用。由表12—2知道每天每个人需要4.4公斤氧气，水和食物，而为了平衡起见，每天每人大约也排出体外4.4公斤废物。所以，只要找到一个办法能使这些东西都能再生，那么，人在星际飞船上的生活资料就可以解决了。下面就来谈这个方法。

　　大家都知道，地球上实际是一个使人类、动物、植物、微生物以及非生物等按照一定自然规律所组成的有机的整体，或称生态学系统。我們生活在地球上并沒有靠另外的星球給我們送来食物，水分和氧气。但是自从地球上有生物以来就是正常地生活着、发展着。这正是由于植物在它的叶綠素的帮助下，把动物呼出的CO_2与水分在太阳光的作用下进行光合作用，制造有机物，放出氧气，这样就供給了人类及动物以食物和氧气。而反过来人类和动物又給了植物以二氧化碳及肥料。当然这是一个十分复杂的有机配合和平衡。因此，地球可看作是一个孤立系统，它只是从阳光里取得温度热能（波长短的可見光及紫外綫等），而向外辐射出低温热能（波长长的紅外綫）。在这个熵增加的过程中地球上的各种生物之间，依照自己特有的自然规律相互依賴而生存，也就是形成一个复杂的生态学系統。

　　从这一概念出发，我們完全可以把星际飞船当成一个孤立的小世界来看待，使飞船中按照一定规律和一定的平衡条件来安排人与生物間的循环，也就是从外界所取得的仅仅是太阳辐射来的能量和通过飞船向外辐射出低温热能的过程，来对循环过程作功。我們在飞船中培育植物；它吸收人呼出的CO_2及人体排出的无机盐，粪便等，利用本身的叶綠素在日光照射下，为人創造食物和氧气。如果能使飞船中配合成一个恰当的平衡的循环系统，那么，星际航行的生活资料就得以圆满解决，不再因时間长短而影响到飞船的运载重量。

　　要造成这样一个孤立系统还有很多困难。首先，在地球上人们可以利用大量的土地来种植农作物，森林以及养殖牲畜等。但是，在飞船上由于载重有限，不允許也不可能在上面搞大片土地来种植农作物。所以必先找到一种适合于飞船上培育的"作物"，也就是要有极高的生产强度。經过研究和实验证明，采用在水中培育小球藻来生产食物具有很高的生产强度。有人发现一种高温品种的小球藻，在40℃时繁殖生长得最快（一般的小球藻在25℃生长繁殖能力最强），据計算每个人有300厘米^{3}的容积来培育这种小球藻，就可以供給他正常生活所需的热量（3000大卡/日）。小球藻是一种低等水生植物，属于单細胞綠藻类，为直径約为3～5微米的綠色小球。由于它体内含有叶綠素，因而它們能够象其他各种植物的叶綠素一样，充分地吸收人呼出的CO_2和水在日光作用下进行光合作用，生产食物和氧气。它对太阳光的利用率可达10%。而人所排出的粪便等废物，则可作小球藻的肥料。因此，能够成功地利用小球藻作为星际飞船上的食物，氧气的生产者，同时又是人体排出废物的处理者，那么，这将是一个十分理想的办法。如果小球藻利用太阳光能的綜合效率为10%，即太阳光能中10%变为食物的热量，那么，由于地球附近太阳光能密度約为1瓩/米^2，每人需每日3000大卡热量的粮食，可以利用約1.45米^{2}面积的正照日光就够了。

　　其次，人对食物的需要不是单一的，小球藻虽然具有高度的生产效率，而也有较丰富的营养价值。但是人天天光吃小球藻行不行？是不是还要付食品？如果需要副食品，副食品又如何供给？这都是尚待解决的问题。

第三是小球藻所生产的食物中不单纯是醣类、蛋白质等人能吸收的东西，而也有如象人不能吸收的纤维素等必将要成为废物排掉，因而在养植小球藻时还必必严格地控制它产生的各种组分的比例。总之，人们如果单纯吃小球藻是否能长期在宇宙空间生存还是一个十分值得研究的问题。

第四是这个小的孤立世界的稳定性问题。就是在地球上有时也会碰到一些意外的情况（如天灾等）使某个地区的农作物受到损失而暂时地失去平衡，但是地球很大受到影响而不平衡的地方可以自行调节或人为地调节，随后又可以稳定在一个正常生活的基础上。在飞船上也不免会碰到一些意外，那么，这时所产生的影响将会波及到整个生态学系统，以致使整个系统失调，而造成某些东西供应不足，失去了应有的平衡。比如一旦因为某种原因小球藻的生产强度降低了，那么，人就不能得到充足的食物和氧气而难于生存。因此，要使整个飞船的生态学系统能保证稳定在一个固定的水平上，这是个十分关键的问题。有人也提出遗传变异对平衡的影响，即本来是平衡的系统，但由于生物（如小球藻）一代一代传下去，总免不了有些性质上的变异，它的生产力、生产效率或营养组成不同了，那就会引起整个系统的不平衡。是不是要考虑选种技术来控制这个系统？这也是要研究的问题。

最后还值得指出一点是小球藻本身在生长种繁殖过程要产生微量的一氧化碳（CO）。虽然微小，但是在飞船这一小小的空间里，长时间逐渐积存也会变得多起来，而最主要的问题在于一氧化碳对人有毒害性。因此，从座舱中排除一氧化碳也是一个必须解决的问题。这样一来又需要设置清除一氧化碳的设备。由于一氧化碳的清除又使得循环系统中少掉了物质（碳和氧），那么，时间一长就会使循环系统的平衡遭到破坏，我们还得考虑如何把处理掉的变成有利于循环系统的物质，使之重新增加整个循环过程，从而使整个循环保持平衡状态。

当然为了使循环系统平衡，增强人们的营养，增加食物花色还可以进一步研究寻找更好的办法，如可以考虑养动物或利用高生产强度的酵母来生产有营养的蛋白质等。但是，这些还只是根据现有的线索，指出的一些小体积的孤立自己适应的系统中的可能实现的过程。要使这些过程具体化，变为现实，还有着许多工作要作。这样一个新的问题，要由生理学、生物学、医学、植物学、动物学以及其他有关科学来综合研究解决，是一项生产强度比地球上高得多的超级农业。如果按以上的计算，在地球附近星际飞船上的每个人可以靠1.45米^{2}的太阳光过日子，而我们现在的农业是16亿亩养6.5亿人，每人合1640米^2，那就是说星际农业生产的强度要比我们现在的农业生产强度提高一千多倍。因此，这是一门科学技术上的新领域，它提出了比现代农业更深更广的问题，所以我们可以把这门新的科学称作"星际农业科学"。这也再次说明了星际航行事业大大地促进了各门科学的发展，向它们提出了最艰巨的课题，远远超过一般常规。

§12—8 防微陨石及通过小行星带

穿过地球的大气层后，太空几乎变成了绝对真空，但是飞船还会不断地受到外来的袭击，这就是太空中存在的陨石和微陨石。在太空中的尘埃中大块的（陨石）虽然不多，但是小块（微陨石）确不少。大家不要以为它小就不害怕它，因为飞船在太空是以很快的速度向前飞行,迎面飞来的微隕石的相对速度就很大,撞到飞船的表面上,还是会引起很大的破坏作用的。据計算得出重量为 1 微克(即 $\frac{1}{1,000,000}$ 克)的微隕石,它的速度可达 30~70 公里/秒,这时它可以穿透 1 毫米厚的鋁板。有人估計載人飞船壁为 10 毫米的鋁板或鎂板,每三周就可能有一次被穿透。比 1 微克更小的微隕石并不能穿透这样的飞船壁,而只能打毛飞船的表面,使表面变成經沙洗后一样。根据苏联发射的火箭了解到的情况来看,宇宙空間的微隕石的分布并不是很均匀的,是随时間和地区而变的。因此,要防止和它們撞击是不很容易的。但是可以通过对它的规律性的研究,还是有可能找到微隕石較少的区域和时刻的飞行軌道。然就是能作到这一步也不能完全避免,那么,还需要加强飞船的結构强度,采取双层壁結构,对大型飞船可采用船艙分室的办法,来避免微隕石撞击而造成的后果的影响,以保証設备及人員的安全。

在第一章里已經介紹过了在火星与木星軌道之間有几层小行星带,它們大約有 44.000 个。如果我們要到火星以外的行星上去旅行,那么,必須通过这一小行星区域。这些小行星有着他們自己的軌道和速度繞着太阳运动,当然可以研究和掌握它們的规律,但是由于为数太多,要避开它們确实是一件困难的事情,但这也并不是說就根本无法越出这个区域,到外圈的行星上去旅行。当我們摸清了它們的运动规律,再加上对飞船高度自动控制的掌握,飞船仍然能够象在海洋中的輪船繞过海底的暗礁一样繞过这些可能与飞船发生碰撞的小行星。

§ 12—9 飞船的定向系統

飞船在太空中处于失重状态,因而确定它所处的位置和方向是一个很重要的問題。首先是无綫电通訊必須定向,那就得知道飞船现有的方向。其次是确定飞船是否按照正确的軌道方向飞行。第三是人在失重的情况下要确定所处的方位只能用眼睛看时,也只能在知道飞船的方向才能确定自己的正确位置。如苏联的第一、二、三顆人造地球上就沒有定向系統,而在向月球发射的火箭上就有定向系統了,这是因为此时要求准确度高,如果不能随时确定方向就不能沿要去的目标准确飞去,去完成固有的任务。

要控制和調整飞船的方位,首先一步就是方位的測定。飞船方位的測定,目前看来比較准确而可靠的方法是采用观星或者观太阳的办法;測定太阳或所事先选定的星座所在的方位即可确定出飞船本身所处的方位,从而計算出飞船现有方位与正确航道的偏差,然后再用方位控制、調节系統进行調节。这种測定必須是很精确的。因此,不宜采用慣性定位系統陀螺仪来測定。因为飞船的航行时間一般都很长,这种測量仅在长时間运轉时就会产生漂移现象,因而就会影响到測量的准确度。此外,对于人造卫星来說完全可以采用測地平綫的办法(参見图 12—8)。当卫星繞地球一圈后測其切綫方位角的平均值即确定了卫星的方位。这种办法可以用自动瞄准所測地平綫的一边正好固定在有光与无光的交界上来准确測定角度。

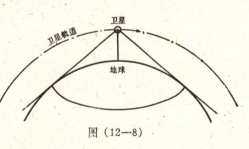

图(12—8)

飞船的定向系统是一个新的控制问题，它有别于运载火箭的制导是因为它们不是一个类型的问题。大家知道，运载火箭是在推力，重力和空气阻力作用下飞行的。因此，对它的控制力矩是与运载火箭本身重量，推力的数量级有着密切的关系，也就是说它的控制力矩通常是以吨×米来计算。对在太空中自由飞行的飞船（在卫星或飞行行星轨道上）而言，则由于它们完全处于失重状态，能产生使飞船方向偏差和旋转的决不是什么作用更大的力，而是更微小的作用力（这种力在运载火箭中也存在，但是由于它们比起其他的力来说太微小了，故看不出它们的作用），这种力通常只能用克或达因来度量。

如果地球（或星）是圆球形的，那么，它对卫星轨道上飞船的引力应对称于地心，并指向地心。这时如果飞船轴綫和它与地心的连綫完全重合（图12—9a），此时作用在飞船上的引力力矩也是对称的，飞船受力平衡不会发生转动。但是当飞船的轴綫不和它与地心连綫重合，有一微小的角（图12—9b），这时作用在飞船上的引力力矩就不对称于飞船的重心了，那么，飞船就会绕重心向箭头所示方向旋转。当然这个力矩是十分微小的，但已足以使飞船产生旋转，因为它是处在自由飞行状态，

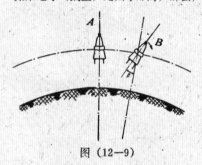

图（12—9）

沒有什么别的更大的外力对它起作用。有个计算出飞船在这种情况下由于引力的微小差异而产生的力矩为30达因厘米/10^{-3}弧度，由于在高空仍然有一些空气而产生气动力的作用；对80公里高空时气动力矩为10达因厘米，200公里高空时为10,000达因厘米。此外，还由于地球磁场的作用，地球本身实际上是椭圆球形而产生的引力不对称，而使飞船受到微小的力矩的作用而发生偏移或旋转。甚至由于人在飞船中走动或东西的摆动而使得飞船的重心发生极微小的变化也会导至飞船的方位发生变化。

使飞船产生偏移或旋转的力矩是非常微小的，那么，要控制和调整飞船的方位同样也只需要一个很微小的力矩就行了。由于要求的作用力不到1克，而这个力却经常要用它，看来采用第十章里所讲的低推力、高比冲的电火箭发动机来产生控制力很适合。如果用一个功率为300瓦的电源的离子火箭发动机，它可以给出500达因的推力（1克力=980达因），这就足够用来调节飞船的方位了。

另一个办法是使用电动机带动一个装在飞船上的飞轮（参见图12—10）当飞轮向某一方向转动时整个飞船的动量发生变化，但是飞船是一保守系统，动量是守恒的，因此必须整个飞船产生相应的偏转才能保持整个飞船的动量不变，因而使飞船的方位得到调整。由于飞船在三个方向上可以变动，所以可用三个互相垂直的飞轮组装在飞船上即可调节飞船在任何方向上产生的偏差。飞船中用来调节方位的飞轮一般是采用高转速的小飞轮，因为它的重量小，便于起动和调节。

图（12—10）

目前看来，最适合的办法是将小火箭和飞轮的控制方法联合使用。前者由于作用力矩较大，调节速度快，可以用作粗调。而后者则作用较小，便于用作精调。

飞船的方位控制和調节的对象是比較庞大的飞船（至少有好几吨重），但是确又是十分精細的系統。进行地面試驗时需要在一个专門的密閉的房間里，实驗时不得有任何空气流动，因为即便是一很微小的空气流动所产生的力比起試驗的控制力来說就相当大了。这个房間里有一个由滾珠軸承支承着的完全平衡的試驗台，控制調节設备就放在这个台上。房間的內壁必須不反光。象黑暗的太空一样；而在房頂及四壁又安上大小不同的光源，摸拟太阳光和星光。飞船的定向系統就在这种特設条件下进行試驗，測定其性能。由此可見，飞船的方位控制是一門新东西，与运載火箭的控制很不相同，它是自动控制技术中的又一个新的部門。

习 题

习题12—1 使用表12—2的数据，并以25岁的男、女平均数字的两倍（包括盥洗用水）为准。計算三个星际航行員14天的水消耗量。如果一个水的回收系統能回收全部水，但回收系統中要不断地有三天的水量，使在14天的旅程中，回收系統比携带全部用水在重量上合算，回收設备有个最大容許重量，这个重量是几公斤？

第十三章 飞船中的电源

§ 13—1 星际飞船中电源的来源

从前面的章节里所講的人造卫星、行星際站和星际飞船，都要与地面保持一定的通訊联系，用雷达、无綫电等测定自己的方位和速度，不断地进行方位和速度的調节。这些都要求供給足够的能量来維持它們的正常工作。特别是对载人的飞船来說，还需要用来为人在飞船中制造适当生活条件的能量。这些能量以采用电能最适合、最方便。因此是一个如何获得能源以及将能量变成电能的问题。有人估計在各种类型的飞船上所需电能的情况列于表 13—1 中。

表 13—1 各种飞行器对电能的需要量

飞行器类型	所需消耗的电功率（瓦）
无人的地球卫星	10^{-3} 至 5
无人的行星站	5×10^{-1} 至 2×10^3
有人的飞船	10^2 至 10^6
有人的电发动机飞船	大于 3×10^6

可見，首先需要找到适合在飞船上用的能源，然后通过适当的方式，使它变为电能。目前看来电源的能源可以有下列几种：

化学能： 化学能源是我們日常最熟悉，最常用的能源。它是利用物质在化学变化过程中（即"燃烧"过程）中产生出的能量；比如火力发电厂就是利用燃料（煤或油类等）燃烧产生热能来加热水变成水蒸汽（或直接利用燃气），以推动涡輪带动发电机发电。但是，在飞船上所用的化学能其强度（即单位化学物質所产生的能量）要高得多，而且使化学能变成电能的方式也与一般地面上的情况大有不同。这是由于飞船的运载重量的限制，能源及其设备都得十分輕便，因而采用的"燃料"能是能量比較高的；如氫—氧，其能量可达 1.3×10^{11} 尔格/克（1 瓦=10^7 尔格/秒）。

太阳光： 在星际航行中，飞船是在太空中航行，总是受太阳光的照射，而太阳光是一个取之不尽的能源。就是在地球表面上，天气晴朗时正射在一平方米的平面上的太阳光有一瓩的能量，如果到了太空中，沒有大气层的反射和散射作用，单位面积上直射太阳光的能量就更多了，达 1.38 瓩/米^2。因此，在星际航行中能够充分地把太阳光的能量轉变成电能供应飞船是一个好办法。因为它不受电源的使用时间的限制，也就是在取得能源的过程中不消耗其他任何物質，只要有足够的設备来把太阳光变成所需的电能就行了，因而整个能源的重量不会随使用时间的增长而增加。但是，值得指出的是太阳光不是在任何地方，在单位面积上都能产生同样多的能量。因为太阳光的强度是随与太阳的距离的平方成反比，所以，当我們設計太阳能的轉换設备时，設备能力的大小必须顾及到这一点，即是要以飞船在整个运行过程中距太阳最远的位置上，設备所轉换的太阳光能量必須滿足飞船的需要量。

裂变能（原子能）： 这种能源的主要特点是可以产生功率較大和有較长的使用时间。因为它实际上就是一套原子能发电站設备；一则，每单位"燃料"所放出的能量很大，比如鈾235，鈈239能放出的能量为 7.1×10^{17} 尔格/克（这是指"燃烧效率"为100%时），也就是当其他条件都相同时，它的"燃料"消耗量只及化学能源的1:1,000,000。实际上裂变燃料的"燃烧效率"有时只有1%，就是这样它所产生的能量也有7.1×10^{15}尔格/克，其質量消耗量也只有化学能源的1:10,000。因而从質量消耗的角度上来看大大优于化学能源，但又不及太阳能。它具有能产生大功率，能較长时期地供应能量而重量又不会增加太多，所以有利于用在星际飞船，特别是用电量大的飞船上。

放射性物質： 上面所講的裂变能源用来作为飞船能源还存在一个缺点，就是用在需要能量較小的飞船上不一定适合。大家知道，裂变鏈鎖反应的形成首先必须要求裂变堆具有一定的体积尺寸及重量，也就是說用它作为飞船的能源时，无論飞船需要能量大小都至少要有一定重量及尺寸的反应堆以及相应的設备。这样对要求能源較小的飞船来說就可能太重，这对飞船是不利的。因此，对用能量較小的飞船来說，除了利用化学能及太阳能外还可以利用这样一种能源；就是利用裂变过程所产生的副产物放射性元素，如氧化鉕（$Pm_2^{147}O_3$）。它的半寿命为2.6年，放射出能量为0.23兆电子伏的β-射綫（电子流）。它在初始純淨时的放射强度，每克物質的功率为0.053瓦/克。又如放射性元素釙^{210}；它是通过下面的过程在反应堆中制得的

$$Bi^{209} + {}_0n^1 \longrightarrow Bi^{210}; \quad Bi^{210} \longrightarrow Po^{210} + {}_{-1}e^0。$$

即用自然矿物冶炼得鉍金属，把它放入原子反射堆吸收中子，然后經过β蜕变即得Po^{210}。釙^{210}放射出的α射綫是具有两种能量的粒子，即5.30兆电子伏和4.5兆电子伏，以及放射出能量为0.8兆电子伏的γ射綫（光子）。它的半寿命为138天，也就是說对同样質量的鉕^{147}和釙^{210}来說，单位时間里釙^{210}放射出的能量多。釙^{210}在純淨的初始状态时放射强度所相应的功率为141瓦/克。这些放射元素放射出的射綫（能量）可以通过适当的方式使之变成电能来使用。实际上这种能源适用于用电量較小而使用时間又較长的飞船上。

这种能源除了上述特点外，还有两个值得注意的問題；一是放射性元素一开始就在不断地向外放射出能量，而无法控制，即是說不象其它的能源那样，需要能量时它可供給，不需要时反应过程就可以停止而不供給能量。而且这种能源的射綫强度是随时間成指数函数下降的，所以在設計能源时，必须考虑到飞船最后完成任务时，放射性元素所产生的能量强度也能满足飞船所需能量的要求。二是要考虑到能源所放射出的射綫对人体伤害的防护問題，特别是在飞船起飞时能源的射綫最强，而这时发动机在工作，振动也最强烈，所以对于射綫防护設备的强度更需要很好考虑，以免防护設备受振破裂发生危險。

§13—2 化 学 电 池

人造地球卫星或星际飞船上利用化学能来供給电源，通常是采用化学电池的方式。化学电池是大家所熟悉的东西，它因所采用作为源料的物質不同而产生的功率也有差異。表13—2中列出了目前已經应用或将来有希望利用的各个品种的化学电池和它們所能产生能量的大小的数据。

---

*注：半寿命是指一定量的放射性元素，当它的放射强度降低到初始强度一半时所需的时間。强度是随时間增长成指数函数下降。

表 13—2 各种化学电池性能的比较

电池种类	理论最大容量 瓦时/公斤	现实容量 瓦时/公斤	现实容量 瓦时/米³
铅——硫酸	165	22	61×10^3
镍——镉	198	33	61×10^3
汞——锌	220	88	244×10^3
锌——氧化银	396	176	244×10^3
氢——氧	3740	660（包括气并）	306×10^3（包括气并）
锂——氧	5280	—	—

表中的理论最大容量是指各组物质所组成的电池，它们完全进行变学化化利用电化学理论计算所得出消耗单位物质所能产生的最大能量，即是每公斤物质反应后所产生的自由能的变化。而现实容量则是指化学电池内温度为 20°C，24小时放电后，电池的电压比初始电压降低 20% 的条件下实际得到的能量，因为在实际放电过程中电极上有粉沫掉到电解液中，而失去了这部分物质产生电能的作用。其次还需要把电解液，电解槽、隔板、导线和支架等重量考虑进去，因而现实容量大大降低了。

还可以看出，银—锌电池是比较好的电池，而且已被实际应用。氢—氧电池更好些，但目前还处于试验阶段。锂—氧电池和氢—氧电池属于同一类，称为"燃烧"电池，它们同样是利用氧与氢和锂"燃烧"而产生能量。锂—氧电池具有的理论最大容量很高，但是目前还未研究成功。是否现实容量也很高，还有待进一步证明。

为了更清楚起见，我们把有发展前途的氢—氧电池作一简单概述。图 13—1 为氢—氧电池的示意图。正、负电极均采用活性炭或烧结镍制成的多孔套，浸在氢氧化钾电解液中。在多孔套中分别通入氢和氧气。通入氢气的成为阳极，通入氧气的则成为阴极。氢和氧均透过多孔套在电解液的作用下进行相应的化学反应，即分别在阳极和阴极上（实际上电极本身对反应还起着催化作用）进行如下反应：

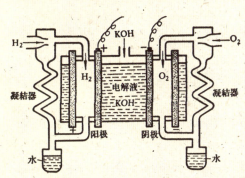

图 13—1 氢—氧电池

在阴极上： $2O_2 + 2H_2O + 4e \longrightarrow 2HO_2^- + 2OH^-$

在阳极上： $H_2 + 2OH^- \longrightarrow 2H_2O + 2e$

+) $\quad 3H_2 + 2HO_2^- \longrightarrow 4H_2O + 2e$

电池的总反应： $4H_2 + 2O_2 \longrightarrow 4H_2O$。

反应过程中产生的水蒸汽混在剩余的氢气和氧气中进入凝结器中，水被冷凝而收集于下部的容器中，剩余的氢气或氧气则在新补充进来的氢和氧气的引射作用下带入多孔套中重新利用。氢和氧在电池中进行"燃烧"而产生能量变成电能，从而可以从电池的阴极和阳极引出导线接上负载就可作功了。

氢一氧"燃烧"电池的概念过去已有人想在地面上作为电源，但是在地面上采用它的经济性不好，因而就没有人继续去研究它。今天看来用在星际航行上确具有现实意义，特别是能进一步减轻它的重量和缩小其体积之后，将是目前所用的化学电池中最好的电池。为了减轻氢一氧电池的重量，有人采用提高压力和反应温度来提高单位体积和重量所产生的功率。因为压力提高就加大了气体的密度，而增加了反应的强度。提高压力的同时也可以相应提高反应温度因而加快了反应速度。目前已试验过压力为30大气压，温度为200°C的条件。据估计压力还可以增加到60大气压温度升高到240°C，这时电池重量可以大大减轻。当不计气瓶重量但包括必要的控制设备时，如果电池为能产生0.5瓩的系统，则每产生1瓩功率只需要10公斤重量（即100瓦/公斤）；如果系统为产生50瓩功率时，则为250瓦/公斤。这样一来就比目前认为最好的银一锌电池重量要轻好几倍。即便是算上气瓶的重量也要比银一锌电池好。应当指出的是氢一氧电池在工作过程中要产生热量，因而必须考虑到对电池的温度加以调节和控制以保持电池中反应稳定。

对于星际飞船上用的化学电池而言，还需要再讲讲蓄电池（又称二次电池）。飞船上用蓄电池的主要作用是可以事先充好电，当需用时它又可以把所贮蓄的电能放出来。星际飞船上，特别是人造卫星上就利用它的这一特点，来将飞船中当时用不了的电能充入蓄电池存起来，当原有电源停止工作或电量不足时就可以利用它所贮蓄的电能。前面表13-2中所列举的铅一酸电池、镍一镉电池、银一锌电池都可作为蓄电池。但是在失重的情况下物质之间失去了重量比较，蓄电池在充电时所产生的气体如何从电解液中排除还是一个问题。人们发现，镍一镉电池有这样一个特点：当充电不太快时，产生的气泡可以逐渐地溶解在电解液中。因此，可以把电池封闭起来，不必把气体排掉。然而当充电慢时会降低蓄电池的容量，此时可能只能达到2瓦时/公斤。

从上看出，化学电池还不能称是一个很轻的电源，特别是不适于长期供电。从苏联发射的卫星，行星站等可以看出，要求电池工作时间在两天（50小时）以下，采用了化学电池（银一锌电池），而时间更长的则采用了太阳光电池。在下节我们将阐述太阳光电池。

§13—3 太阳光电池

太阳光电池实际上是利用半导体把入射的太阳光的能量直接变成为电能的设备。因此，我们首先应当知道半导体是什么样的物质，然后再看看它如何将太阳光的能量转变为电能。

平常用以导电的金属和不导电的绝缘体的两者的导电能力相差极大，而导电的能力介乎于这两者之间的很广泛的材料都属于半导体范围。最常用的半导体有硅(Si)、锗(Ge)硒(Se)这几种元素，以及许多硫化物和氧化物。

大家知道，金属之所以能导电是因为它具有许多自由电子，即这些电子不被束缚于固定的原子，而在金属体内作无章的运动，而当接上电源时这些电子在电场的作用下形成电流而导电。绝缘体和半导体则不同，它们当中的电子绝大多数都和一定的原子联系着，即形成价键，当温度很低而又无外来激发作用，那么，就几乎没有自由电子存在了。但半导体又与绝

注：第4行"氢一氧'燃烧'电池"应为"氢一氧'燃料'电池"。

缘体不同，它的电子在一定条件下容易脱离原子的束缚，而成为自由电子，所以在一定条件下，半导体能导电。既然，导体、半导体和绝缘体之间的导电与否决定于自由电子的多少和产生自由电子所需的条件，那么，我们应从它们电子能级分布里去寻找原因；原子之间的距离对电子能阶的影响（见图13—2）把它们区别开来。对于单个原子或者原子之间距离较远

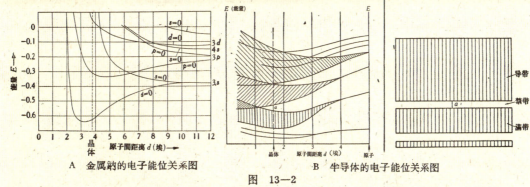

A 金属钠的电子能位关系图　　B 半导体的电子能位关系图

图 13—2

时的原子，每个原子是独立的；每个原子的电子也一定层次分明的能级，如图13—2的右方。按照量子力学从一个能级到另一个较高的能级一定要吸收一定的能量。而当原子之间距离缩短变成晶体状态时，原子之间有相互的影响，本来单一的能级就变成具有一定幅度的能带，如图13—2a中部及左方所示。对金属原子或导体而言，这些能带完全重叠，而所有原子的电子只占据了较低的能位，即整个能带的低能位部分；在此以上紧接着有未被占据的空能位，电子很容易由于热运动而跳到这些能位上去，变成自由电子；所以自由电子数量很多，形成良好的导体。半导体则不然，如图13—2b中所示，能带不完全重叠而有一个空隙，称为禁带。电子一般占满了禁带下的能带，又不容易越过禁带，所以活动余地不大，它是处于低能带上，即所谓价电子带。但也有少数电子受到了热激发，跳过禁带，到禁带上面的能带，即到导带中成为自由电子，使晶体在一定程度上变成导体。当然，如果物质受到非常大的压力，上百万大气压的压力，那么，原子间的距离进一步缩小，能带重叠的程度可以进一步有所发展，一切物质都会具有完全重叠的、无间隙的能带，情况就和金属或导体完全一样，物质都成为导电体，这就是所谓物质第五态的超高压物质状态。

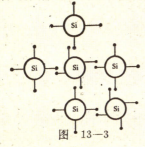

图 13—3

对一般半导体而言，它是由原子根据一定的点阵结合而成的，原子与原子之间是靠共价键之作用结合起来，结成这些键的电子就称为价电子。具体来讲就是当两个原子之间形成共价键时，每一个原子都要给出最外圈的一个电子，这两个电子就稳固地聚焦在两个原子之间把它们联系起来。如果这个原子的外层有四个电子（即四价），它就会组成四对共价键（参见图13—3），则无任何多余的电子，只有受到激发时共价键才被破坏，而产生自由电子；电子跑掉后这个键上就少了电子而空起来了，这就称之为空穴。这个空穴同样也能被其他原子共价键上的电子所占据，那

么，那个原子的键又出现了空穴。这样一来当一个中性的原子失去一个电子（即成为一个空穴）时就带正电。因而空穴在电场的作用下不断由前面原子键上的电子所占据。而前面原子上又出现了空穴，也就相当于空穴在电场作用下向着一定方向移动。它也和自由电子一样，可以起导电的作用。具体对半导体来說可以具有两种不同的导电方式：电子导电和空穴导电。

由上述可知，半导体在一般情况下电子都占满了能位，为价电子（即形成完整的共价键），当它受到激发时电子得到了足够的能量，跳过禁带到导带中，成为自由电子，同时还形成空穴。所謂光电池就是要找一个适当的半导体，使它的电子接受入射的太阳光的光子能量$h\nu$后，电子具有足够跳过禁带的能量，那么，只要进一步使这些具有更多能量电子和空穴的无章运动变成有规律的带电运动，就可以形成电流，变成电能对外作功。怎样才能使这些无章运动着的电子和空穴成为有规律的带电运动就是下面要討論的问题。

在純净的硅或锗的晶体中，如果沒有受到任何激发，温度也较低时，那么，所有的键都是完整的，沒有空穴，也沒有多余的电子。当受到激发，即光照射下电子吸收了光子的能量时，就会产生一定量的自由电子和相同数量的空穴。当将这些純净的晶体中渗入某些杂貭时情况就不同了；比如在純净的硅晶体中渗入少量的砷(As)，使晶格上的一些硅原子为砷原子所代替。砷是五价元素，外围有五个电子，到了硅晶体内只用掉四个电子，形成与邻近四个原子的键，这样就多余出一个电子。这个电子只受到很弱的力束縛在砷原子的周围，在常温下原子的热运动已完全足以把这个电子释放出来。因此，用这个办法可以任意增加硅晶体中的自由电子。这样产生的自由电子并不破坏任何键，所以并不同时产生空穴。这种形式的半导体主要靠电子导电，故称为电子型半导体或N-型半导体。

反之，如果在純净的硅晶体中渗入三价的硼（B）原子，那么，就得到有多余空穴的半导体。因为硼的最外层只有三个电子能与最近的硅原子形成完整的键，和第四个硅原子之间就留下了一个空位。在常温下足以使别的原子上的电子轉移到这个空穴上去，也就是說空穴轉移到相应的原子上去了。空穴的数量也可以由渗入硼原子的数量来决定。这种靠空穴来导电的称为空穴半导体或P-型半导体。这两种不同类型的半导体结合起来就可以构成使太阳光变成电能的最基本元件。

当我們将P-型及N-型半导体密切地接到一块时，这时很自然地由于P-型上空穴多而N-型上的自由电子多，故电子必然要向P-型方向扩散（参見图13-4），而与P-型中原来的空穴结合，成为带负电的晶体组成部分；原来N型部分也因失去电子而成为带正电的晶体。所以扩散的结果是在P与N的交界面上电荷相互吸引而集中，但是这些电荷都是与晶体组成部分的原子相结合的，不是自由电荷，因此不会跳过P与N的交界面，这形成了如图13-5的情况，

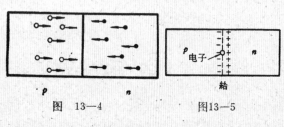

图 13-4   图13-5

即所謂P——N结。这个结能阻碍电子或空穴穿过。这是由于通过P——N结的电子或空穴都带电，依照同性相斥，异性相吸的原理。这个电子如果要从N上向P方向扩散（见图13-5），

那么，在N方面的正电就要吸住电子，而P上的负电又要排斥电子。因此，当型成P——N结后，电子不能从N型方面到P型方面，空穴也不能从P型方面到N型方面。我们也可以从另外一个观点来看这个问题：由于有了如图13—5所示的电荷分布，结附近的电势分布就如图13—6所示，P型方面高而N型方面低。所以电子（带负电）不能从电势低的地方，即N方走向电势高的P方；而空穴（带正电）不能从P方走向N方。但是当太阳光照射在这个半导体的一面时，如P型面，那么，由于光子打中了那些原来是在P型中完整键上的电子，使之跳过禁带，成为自由电子，而同时也在P型中产生同样数目的空穴。空穴穿不过P——N结，但由于电势作，电子自然穿过P——N结。如果我們在P——N板的两个电极上通上电路的话，那么，就能讓电子从N型方面通过外部负荷的綫路到P型方面与空穴結合，也就是在电路中产生电流，这样就把电子吸收的太阳光的能量变成了电能。

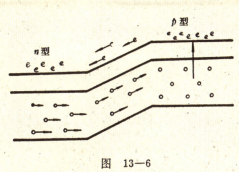

图 13—6

要晶体中的电子能够从价电子带跳到导带就必须具有一定的能量，对于光电池來說就是要求光子給于电子的能量足以使它跳过禁带。因此，光子的波长必须短于一定数值才有效。更长的光波因能量不足以使电子跳过禁带，就透过半导体而不被吸收。波长更短时则能量过大，虽然同样也能使电子跳到导带去，但多余的这部分能量并不能变成电能而浪费掉了。对各种半导体来說它的禁带宽度是不同的。而对太阳光来說却包括了各种波长的光，如果所选择的半导体的禁带宽度小，也就是激发电子跳到导带的能量要得少，这样可以使更多的光子激发电子，这是好的一面；但是許多光子的能量都大于电子的激发能，所以被浪费掉了。如果选用禁带宽的半导体，这样对起激发电子作用的光子的能量浪费少；但能激发电子的光子却变少了，也不太好。所以对某一种光有一个最好的波长值，按照这个波长值来找相应的半导体，使半导体的禁带宽度与它相适应。那么，就可以更有效地使太阳光能转变为电能。

如果我們近似地以太阳光为 $6,000°K$ 的黑体輻射光波，那么，最好的波长选取1.1微米波（即11,000埃波长）。这样的波长的光子其能量为1.13电子伏，而我们知道半导体中硅晶体的禁带宽度为1.2电子伏。因此，可以用硅晶体来作为太阳光电池的半导体。它可使太阳光能的理論轉換效率达到44%，但是实际上在 $20°C$ 时硅电池在太阳光下的工作效率只有14%，也就是說在太空中直照太阳光只能产生 $1.38 \times 0.14 = 193.2$ 瓦/米² 的能量。其原因在于硅电池表面的反光使得太阳光被反射掉10～50%。对大面积电池来說还有接头及半导体内部电阻所引起的损耗。当半导体的温度升高也是不利的，效率会随温度升高而降低；在 $100°C$ 时，效率会降低为 $20°C$ 时的一半。

前面已經提到了要将P型及N型半导体联接到一起，才能成为太阳光电池的半导体基本元件。这种联接不是一般的机械地把两块不同的半导体放在一起，而是采用其他的方法来处理。首先是将纯硅中加入极少量的砷（As），使成为N型半导体；結成直径为3厘米左右，长为20厘米左右的单晶，然后切成薄片。把每片都放在氯化硼（BCl_3）的气体中加热到熔点以下，使 N 型半导体晶片的表面上渗上一层薄的硼，而形成 P 型半导体。然后用酸把晶片底面上的 P 型一层浸蚀掉；这样再接上导线和负载，在日光照射下就可以把日光变成电能（如图 13—7 所示）。

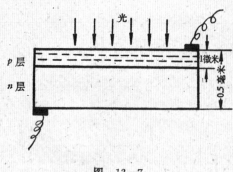

图 13—7

光电池固然是可以把日光变成电能，但是要想多得到电能就需要增大光电池的面积。因此，有人建议采用聚光的办法，用轻质的聚光镜把光的强度加强几倍。如果这样不引起半导体的温度上升的话，就可以使单位面积的光电池表面上的转换强度提高好几倍，从而有可能减轻整个光电池设备的重量。

就目前的技术水平来看，可以使每 5 公斤电池重量产生 1 瓩电能，如果包括控制（在阴影时用的转换开关）及电线，支架总体重量有 25 公斤重才能转换出 1 瓩电能。当作为卫星的能源时，还需要考虑卫星运行到地球阴影时，光电池不能发出电能所加用的蓄电池。

对每一片半导体来说，在日光照射下所产生的电能的电压只有 0.3 伏。为了使产生的电压能满足飞船的需要，可以采用一般电池所用的串联法（如图 13—8）来提高电压。

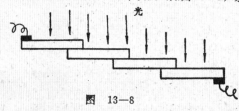

图 13—8

最后，我们把太阳光电池实际运用在飞船上时还必须注意一个重要问题：就是太阳光电池的表面是暴露在外面的，太空中的微陨石以每秒钟几十公里的速度飞向飞船，而半导体片又很薄（参见图 13—7），很容易被微陨石击穿而损坏，以至最后使光电池失去作用，所以这是一个十分值得注意的问题。

此外，放射性辐射，象太阳耀斑的大爆发，也对硅电池产生破坏作用。因为硅电池所能承受的最大辐射剂量为 $10^5 \sim 10^7 \, rad$，如果总的辐射剂量比这要大，硅电池就被破坏而失去其效用。硅电池的防微陨石和防强烈辐射的问题还有待进一步解决。

§ 13—4 汽轮发电机

前面已谈到，当需要的电源功率较小时，可以采用各种电池。而当需要的电源功率较大时，就应该考虑采用体积小、重量轻以及效率高的电源系统。目前看来，技术比较成熟，工作比较可靠的动力系统，就是汽轮发电机。

汽轮发电机的工作过程是：具有一定温度压力和速度的燃气，进入燃气涡轮之后，燃气发生膨胀，并作有效功，使其涡轮旋转，并带动发电机运转，就可发出一定的电功率来。为了使渦輪的尺寸小而重量輕，必需在渦輪流程部份造成高速的燃气流，并使渦輪在高轉速下工作。为了使渦輪工作可靠（主要是指渦輪的叶片而言），必须采用在高溫下，具有較好機械性能和抗蝕性能的合金来做导向器叶片和渦輪叶片。这些问题，从目前的技术水平来看，是可以解决的。

这种发电机与前面介绍的化学电池和太阳能电池供电系统比較，还有一个特点，是它有高速旋轉着的機械部份，必然会給整个飞船带来振动和产生一定的轉动慣量。这将給在失重情况下飞船进行定向、测量和調节控制系统的正常有效的工作带来一定的困难。但是，这种发电系统的体积较小重量較輕，而且技术上也为人們所掌握，只要能解决振动和轉动慣量的影响，看来，确实是供应飞船以較大量电能的比較现实可行的系统。

根据它所采用的能源不同可以分为两种：一种是用化学燃料燃烧产生燃气推动渦輪。这种气輪机系统是采用开路循环，也就是把膨脹作功后的废气排到太空中。所以，它比較简单。另一种是用原子反应堆作热源的凝冷式的閉路循环汽輪发电机系统。

化学能源的气輪发电系统，通常采用过氧化氢（H_2O_2）为氧化剂，以肼（N_2H_4）为燃料，燃烧后产生溫度不太高的燃气，噴入渦輪中膨脹作功。由于在太空中工作，因此，燃气膨脹出口背压几乎是絕对真空。膨脹后的气体可以直接排入太空，用不着象地面上一样要对排气进行冷却以降低背压。因此，渦輪的效率比較高，重量也就可以减輕。一般在不包括发电机重量在內时，功率为 1～10 馬力的系统，工作时间为一月左右，产生每瓩电能其設备重量約为 15 公斤。如果采用能量更高的液氢－液氧为能源的系统，那么，总重量自然可以大大减小。

这种供电系统一般采用交流发电机，以便随着各种使用要求用简单的变压器取得各种电压。并且发电机最好采用永久磁鉄作磁极，这样就可以避免用电刷，因而免于跳火花的危險。同时，我們知道，当发电机提高它的轉速时，就可以相应地提高发电机的功率，或者是縮小发电机体积，降低它的重量。这对于用在飞船上是有利的。如用二极发电机，电机頻率为 400 赫，则发电机的轉速可达 24,000 轉/分，如同样是二极发电机，其頻率提高到 800 赫时，其轉速可以提高到 48,000 轉/分。这时发电机重量就更輕了，而发电机的效率为 85%。大型用汽輪带动的发电机，其重量一般为 0.25～1 公斤/瓩。

为了把气輪发电机系统，作为电火箭发动机的电源，也考虑用靜电发电机（即直流发电机）。以取得电压較高的直流电。曾有人作过如下估計：在飞船的环境中，充分利用了高真空的有利条件，功率为 100 瓩，轉速为 10,000 轉/分，电流为 1 安培，电压为 100,000 伏的发电机的重量只有 10～20 公斤，而体积只有 0.03 米（即 30 立升）。

对于更大容量或工作时间較长的气輪发电机系统，采用化学燃料作为能源是不經济的。因为在气輪机工作过程中要消耗掉大量的燃料，这样必然增加了飞船的重量，从而影响飞行效果。比較好的办法还是采用裂变能作为热源。因为它是一个强大的热源，可以大量供給系统以热能，所以发电的热效率在星際飞行的情况下不是一个很重要的问题，而更主要的是尽可能地降低整个系统的重量。

采用裂变能作为供热能源的汽輪机，工質是采用閉路循环。也就是说，工質在反应堆中被加热汽化，压力和温度都相应升高。然后进入渦輪膨脹作功。膨脹后的气体去冷凝后再送入反应堆加热。在太空飞行中，出现了一个重要问题就是散热问题。显然，在这种情况下，不能设想象地面热力发电站那样用水冷却，而只能采取辐散散热。大家知道，当辐射散热面的温度越高时，则散热量就越多。那么，要减小散热器的重量，就必须提高散热的温度，也就是要提高工贸的冷却温度。显然，如果用水作为工贸是有困难的，因为水的冷凝温度很低（常压时为100°C），如果要提高水的冷凝温度，就要相应提高冷凝压力，这样，为了加强设备的强度，必然会使重量增加。目前看来采用液体金属汞的蒸汽作为涡轮的工贸是较好的，因为它有较高的冷凝度，这样就可以提高辐射散热面的温度，从而减小散热面降低了汽轮发电机系统的重量。这样一套原子能发电技术是比较成熟的，可以解决飞船任何大功率电源的问题。有人估计，对星际飞船来说，一个两万瓩的原子能涡轮发电装置约为70吨，或0.30瓩/公斤，其重量分布可参阅表13—3

表13—3 大型星际飞船用原子能涡轮发电装置的重量分布

各部装置名称	公斤/瓩
反应堆（包括冷却管），20%热能变成电能	0.010
换热器	0.100
涡轮及压气机	0.500
辐射冷凝器	0.800
发电机	1.00
防放射性辐射屏蔽	1.00
总计	3.410

§13—5 热电偶发电器

从减少飞船发电系统的复杂程度，和提高电源系统的总效率出发，应进一步的研究和发展各种直接发电系统。热电偶发电器就是直接发电的电源系统类型之一，也叫做热电发电机。实际上就是利用一般测温用的热电偶原理；把两种不同的导电材料或金属，其一端接在一起作为热点，即放在高温热源里，温度为T_1，这两支金属的另一端放在低温吸热区中，温度为T_2，两个冷端之间接上负荷，这就形成了一个迴路（参见图13—9）。

根据热力学上述热电偶发电器的效率可以由下式计算：

$$\eta = \frac{T_1 - T_2}{T_1} \times \frac{M-1}{M + \frac{T_2}{T_1}} \tag{13—1}$$

式中

$$M = \sqrt{1 + \frac{T_1 + T_2}{2}\left[\frac{\alpha^2}{(\sqrt{k_1\rho_1} - \sqrt{k_2\rho_2})^2}\right]} = \sqrt{1 + \frac{z_0}{2}(T_1 + T_2)} \tag{13—2}$$

而

$$z_0 = \left[\frac{\alpha^2}{(\sqrt{k_1\rho_1} - \sqrt{k_2\rho_2})^2}\right]$$

α为热电势（伏/°C），即每度温差所产生的电势。k_1，k_2分别为热电偶两支的导热率（瓦/厘米·°C）；ρ_1、ρ_2为对应于两支金属的电阻率（欧姆·厘米），是一个与导体材料

注：倒数第9行"（参见图13—9）"中的图附在334页。

有关的系数，随温度升高而增加。

公式（13—1）是在以下的条件下才成立：第一、我們忽略了湯姆蓀加热（即对一个均匀导体，在具有温度梯度的情况下，由于导电所吸收或放出的热）。第二，令 l 为一支热电偶的长度；A 为一支热电偶的截面积，那么，我們使：

$$\left(\frac{A_1}{l_1} \cdot \frac{l_2}{A_2}\right)^2 = \frac{\rho_1 k_2}{\rho_2 k_1} \quad (13-3)$$

一般为了便于結构設計，都使 $l_1 = l_2$，而用改变两支热电偶的截面积 A_1 及 A_2 来控制。第三，負載电阻与热电偶内部电阻的比例等于 M，即公式（13—2）的数值。如这个比值不等于 N，热效率将比公式（13—1）所給的值要小。

从（13—1）式可以看出，要提高热电偶发电器的发电效率，可以从两个方面着手：一个是提高卡諾循环的效率，即提高式中 $\frac{T_1-T_2}{T_1}$ 一项的数值。很容易看出，只要提高 T_1 与 T_2 之差，就可以提高这项数值，也就是說尽量提高热点温度 T_1 和尽量降低冷点温度 T_2。另一个是增大后一项的数值，实际上就是要增加 M 的数值。同时，从公式（13—2）看出，M 数值的大小与热电势 α、导热率 k 和电阻率 ρ 的直接关系。要提高 M 的数值，就是要尽量提高热电偶的热电势，减小它們的导热率及电阻率。但是，我們必須注意到：对金属来說 k 和 ρ 不可以同时减少，因为按照 $Wiedmann-Franz$ 规律得知，金属的 $k\rho$ 是一个常数。对金属来說，它之所以导电是因为它有自由电子，而金属导热也是自由电子作用的結果，也就是金属的导电率越高（即电阻率越小）则它的导热率也越大。金属在导热率和电阻率上存在着这样的矛盾，因而影响到热电偶发电器效率的提高。因此，用金属来作为热电偶发电器的效率实际上不到1%，那么，如何来解决这个矛盾呢？那就是用前面所講的半导体来作热电偶，可以达到提高导电能力，而它的导热率并不随之增加。

半导体在通常情况下，它的导电和导热能力都不好，因为电导是需要靠大量的自由电子，而半导体的导热都是依靠内部晶格的振动。因此，它是一个絕热体。当半导体被激发时产生电子和空穴，在电场的作用下向一定方向流动而导电。所以，半导体被激发而减小了电阻率，而晶格的导热机理并没有变化，因而当半导体受热而激发出电子提高了导电性能时，并不增加导热率。从而使 $k\rho$ 值可以降低，提高了 M 值，也就是說利用半导体作热电偶发电器可以进一步提高发电器的效率。

半导体热电偶发电器的发电原理很简单，实际上和§13—3节所講的太阳光电池中的半导体一样，利用一支 N-型半导体和一支 P-型半导体的一端接在一起，作为热电偶的热接点（参见图13—10）；而两支的另一端用导綫接到負載上，这样就形成了一个迴路。热接点受热时（即热接点和冷接点产生溫差时）也就相当于光电池中半导体，受到日光的照射一样，电子吸收了热能而跳过禁带变成自由电子和空穴时，则依照 N-型和 P-型半导体的性质，电子通过 $P-N$ 結（热接点）由 N 型向 P 型扩散，而空穴也向着相反的方向移动，这样在整个迴路上就形成了有规律的带电运动，从而产生电能。

公式（13—1）的第一项代表了可逆循环的效率，亦即理論上可能达到的最高效率，第二项则代表由于一些不可逆过程而使效率减小的倍数，这一项要由与不可逆过程（例如，热导率和焦耳热等）有关的量 α 来决定。这可以从下面的实际例子說明：設 $T_2 = 0$，如用半导体碲化鉍（Bi_2Te_3）的N-型和P-型所组成的热电偶，在$T_2=300°K$时，故当$T_1=600°K$时，其效率$\eta=3.76\%$，如用半导体碲化鉛（$PbTe$）的N-型和P-型组成的热电偶，其$\theta=0.32$，在同样的温度条件下效率$\eta=6.31\%$，说明了用碲化鉛作热电偶可以得到比用碲化鉍为高的效率。

这种发电器所采用的热源要求尽可能地接近等温，而裂变能源和放射性元素的射线源都可以满足这个要求。美国的所謂 $SNAP\ III$（见图13—11），就是Po^{210}以为高温热源，用了

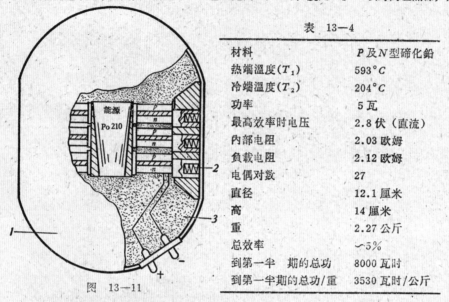

图 13—11

表 13—4

材料	P及N型碲化鉛
热端温度(T_1)	593°C
冷端温度(T_2)	204°C
功率	5瓦
最高效率时电压	2.8伏（直流）
内部电阻	2.03欧姆
負载电阻	2.12欧姆
电偶对数	27
直径	12.1厘米
高	14厘米
重	2.27公斤
总效率	~5%
到第一半期的总功	8000瓦时
到第一半期的总功/重	3530瓦时/公斤

M—1型热电偶的热电发电机，其有关数据见表（13—4）。

可以看出这一类电池，虽然比较简单，又无振动，而且人们对于热电偶的技术有所掌握比较成熟，在小功率时比电池要好。但是，它的热效率不算高功率也不太大，所以还不能算是一个很理想的直接利用原子核反应热能去发电的办法。

§13—6 热电子发电机

进一步改进利用原子反应的热能直接发电还有好几条道路。现在看来，有二种比较有希望的办法，其中一种为热电子发电机。其工作原理是利用了金属及其他导体中的自由电子在物质热运动的速度足够高时，电子就可以飞出固体表面。也即是电子所具有的动能足够使它作功以对抗金属的吸引力时，电子才能飞出导体表面，而电子离开导体表面所具有的能量，就叫该金属的逸出功，也叫做功函数。而热电子发电机就是应用高温金属表面发射的电子来产生电力的，这种装置和热电发电机装置共同的特性，是它们的工作流体都为电子，所不同的是受热后的电子发射是进入一真空容器中，而不是象热电发电机是进入不同导电性能的固体中。由于固体内部与外部之间的电位差即功函数很高，所以，热电子发电机必须在高温下运行，其输出电压v_0比相应的热电发电机要高些，一般约达0.5～3伏特之间。

注：图13—11图注应为"1—散热器；2—弹簧；3—绝热材料"。

热电发电机实际上就是一个二级管，其装置简如图(13—12)，电子是从功函数为 ϕ_1（用电子伏特为单位）维持在温度为 T_1 的阴极板 1 发射，而被功函数为 ϕ_2（以电子伏特为单位）维持在温度为 T_2 的阳极板 2 所接收。当阴极加上正电电压时，最大的阴极每平方厘米发射的电流可由李查生（Richardson）公式给出：

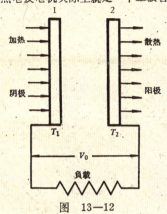

$$I_s = A_1 T_1^2 e^{-\phi_1/kT_1} \quad (13\text{—}4)$$

其中：I_s 为从金属炽热表面发射出来的电流密度、单位为安培/厘米²。A_1 为物质常数，对于纯金属在 60～200 之间，对于氧化物和金属的合金 A 具有不同的数值。k 为波滋曼常数。其数值为 1.38×10^{-23} 焦耳/°K 或 0.863×10^{-4} 电子伏特/°K。T_1 为发射电子的阴极表面温度 °K。T_2 为接收电子的阳极表面温度。从方程式（13—4）可以看到发射的电流密度与温度是指数函数的关系。所以，比较小的温度变化就可以引起很大的电子发射变化。公式（13—4）也可以表示出阳极的发射电流密度，但是，由于选择了足够低的温度 T_2，故阳极发射电子所产生的电流很小可以忽略。任何金属物质加热后都要放射出电子，其中部份物质表面发射热电子的性能可参看表 13—5。

图 13—12

表 13—5 各种物质表面的发射热电子性能

物质	A 安培/厘米²/°K²	ϕ 伏	ϕ/k°K
钨	60	4.52	52,400
含钍的钨 (Th-w)	3	2.63	30,500
氧化钡锶 (Bao-Sro)	0.01	1.04	12,000
钼 (Mo)	55	4.15	48,100
铂 (pt)	17,000	6.26	72,500
镍 (Ni)	1380	5.03	58,300
钽 (Ta)	60	4.07	47,200

热电子发电器阴极阳极之间的电势分布可以用图（13—13）来表示，其中 ϕ_2 为阳极的功函数，v_0 为外部负荷的电压，δ 为空间电荷所产生的电势。空间电势就是在从阴极到阳极的空间，由于电流而布满了电子，这些电子排斥其他电子从阴极或阳极发射出来。其效果等于一个电势 δ。我们可以看到：由于空间电荷垒的作用，真正能从阴极到达阳极的电子必须克服 $\delta + \phi_2 + v_0 - \phi_1$ 的电势，而具有这么大能量的电子为总电流的 $e^{-(\delta+\phi_2+v_0-\phi_1)/kT_1}$ 倍，故阴极发射的电流密度为：

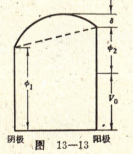

图 13—13

$$I_{1-2} = A_1 T_1^2 e^{-\phi_1/kT_1} e^{-(\delta+\phi_2+v_o-\phi_1)/kT_1}$$
$$= A_1 T_1^2 e^{-\delta/kT_1} e^{-\phi_2/kT_1} e^{-v_o/kT_1}$$

而相類似的可以寫出陽極發射的電流密度為：

$$I_{2-1} = A_2 T_2^2 e^{-\phi_2/kT_2} e^{-\delta/kT_2}$$

所以净电流為：

$$I_o = I_{1-2} - I_{2-1} = A_1 T_1^2 e^{-\phi_2/kT_1} e^{-\delta/kT_1} e^{-v_o/kT_1}$$
$$- A_2 T_2^2 e^{-\phi_2/kT_2} e^{-\delta/kT_2} \qquad (13-6)$$

我們看到电流 I_o 与 ϕ_1 无关，初看起来这好象是一个出人意料的結果，但我們要記住这里有一个条件，即 $\delta+\phi_2+v_d>\phi_1$。当外部接头所损耗的功率为 P_1 时，則有效功率为：

$$P_o = I_o v_o - P_1 \qquad (13-7)$$

从以上的公式可以看出：要得到较高的有效功率，必須使净电流 I_o 加大，因此，就要选择高功函数的金属作为阴极，而低功函数的金属作为阳极。功率轉换效率主要取决于材料的性能：如功函数 ϕ、电子发射常数 A 电子发射率等以及設备的工作温度。其工作的温度受到阴极材料熔点和蒸发度的限制。因此，为了提高电子发射效率，目前看来比较好的板极材料是做氧化物阴极。即是以金属鎢或鎳为基底，在表面涂一层碱土金属的氧化物，如氧化鋇(BaO)、氧化鍶(SrO)及氧化鈣(CaO)等，这样的阴极就变成热电子发射相当丰富的源泉。研究的結果証明：氧化鋇 BaO 的发射性能是其中最好的，而以氧化鋇与碱土金属族的金属氧化物的混合物的发射性能更好。因此，一般氧化物涂层几乎总是用氧化鋇加氧化鍶或者氧化鍶加氧化鈣做成。在制备阴极时，用这些金属的碳酸盐 $(Ba,Sr)CO_3$ 或 $(Sr,Ca)CO_3$ 的细小晶粒，在一种粘結物貿中形成悬浊液，然后涂敷在基底上，当阴极被加热时，碳酸盐就被分解成氧化物，而分解出的 CO_2 由泵抽走形成其真空。一般涂层的厚度在 $30\sim200$ 微米。

热电子发射在作为电真空管使用时，效率問題不是很重要的因素，而在作为能源的二級管中就应該考虑效率問題，虽然，效率不是功率轉换器的唯一参数，但也是重要的参数之一。因为效率的高低直接影响着热电子发电机的应用范围。其效率是指所获得的負載功率与总的热输入的比值。而效率的高低与空間电荷电势 δ 有关，δ 越小越好，而要 δ 小必須减少两个板极之間的距离，这样我們就能在一定电流量下，减少两极之間的电子数或总电荷，所以也就减少了 δ。如实驗型的热电子发射装置，所使用的板极間的距离为 $y=0.001$ 厘米即 10 微米。这时，当 $T_1=1540°K$，$T_2=800°K$，用在阴极表面涂加一层鋇、鈣、鍶的氧化物的鎢极，输出电压 $v_o=0.6$ 伏，其热效率可以达到約 13%，而每平方厘米的阴极发射表面面积的功率约为 0.6 瓦，即 6 瓩/米²。

但是，这样小的电极之間的距离，在具体的工程設計上存在较大的困难。在工程設計上希望电极之間的距离大一些为好，但这样会使設备的效率降低。因为，热电子发电机的效率提高的重要条件是加大阴极发射的电流密度。所以，空間电荷垫的蓄积，限制了电极間的电流及效率的提高。为了克服这种限制，目前在研究过程中使用了下列的几种办法：第一个办法是应用等离子二級管。就是在两板极間不完全是真空，引入正离子以中和空間电荷中的电

注：倒数第8行"在阴极表面？加"应为"在阴极表面涂加"。

子排斥作用。通常使用铯的蒸汽,当铯原子碰到热阴极板时,就会离解,这时空间不但有电子,同时还有铯的正离子存在,以中和了空间电荷的作用。曾经有人做过实验,,其结果两板极间的距离可以提高到 0.5 厘米,其热效率可达约 15%,因此,用引入正离子的办法来提高板距和效率是比较有效的。

第二个办法是使用辅助磁场来引导电子,加速电子从阴极到阳极。其作用可参看图（13—14）,根据理論分析的结果,其效率可以达到 45%,功率可达到 50 瓩/米²（阴极）

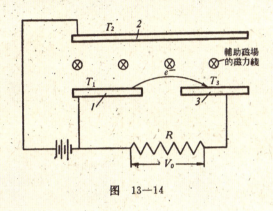

图 13—14

§13—7 电磁流体发电机

电磁流体发电机也是直接将热能变成电能的一种可能的方式。它是利用了导电流体同磁场或电场的相互作用,能够将流体的动能变成电能。目前認为,利用磁流体发电装置是可以提供较丰富廉价的电力。它可以发出直流电也可以发出交流电。要获得交流电能,可以采用交变磁场或使用脉冲式的流体流动,以及在电极和磁场之间保持一定的相对运动。如果采用固定磁场,则就发出直流的电流。由于需要将热能直接变换为动能,这就意味着工作流体必须是导电的气体。所謂导电的气体,是包含有一定数目的自由电子及数目相等的正离子的气体,它不同于一般气体是导电的。一种最直接近局部气体电离并同时使其变为导体的方法是使之充分加热。即高温和低压力使气体增强了电离而形成为正离子和自由电子。其充分电离,气体所需要达到的温度一般在一万度以上。这样高的温度已經超过了当前所知材料的限度。但是,当一种气体加入很小浓度的低电离电势的物貭时,电导率便会有较大的增高。适宜加入的物质有碱金属如鈉（电离势为 5.14 电子伏）、鉀（电离势为 4.33 电子伏）、铯（电离势为 3.88 电子伏）等。加入了碱金属之后,气体可以在低于 200°C 以下达到合适的电导率。这样就提高了电磁流体发电机实际应用的可能性。

电磁流体发电机的工作过程是：首先能量从热源中轉移到工作流体。热源可以是化学燃料也可以核子反应堆,在可能时也可以使用太阳能。同时,流体内的部份分子因高热而电离。然后,流体的內能絕热地变换为动能。具有超声速速度的热电离气体穿过磁場（其磁场的方向是与气流垂直,对于直流电机就是定向磁场,见图 13—14,.磁力綫垂直于图面,方向是穿入纸面）。当气体穿过与气流接触的电极时,电极间通过外负荷的电流就从上到下流过气

注：1. 倒数第 2 行"见图 13—14"应为"见图 13—15"。
2. 图 13—14 图注应为"1—发射板；2—加速板；3—搜集板"。

流，这样就产生了电磁作用力 F。根据左手定则，作用力 F 是减低气体的速度，这也就是說把气体的动能变成通过外部负载的电能。

而磁流体发电机的端子上电压直接与磁场密度，气体速度和电极间的距离成正比。根据研究的結果，磁流体发电机的效率可以达到 20%，而每立方米的功率为 200,000 瓩。

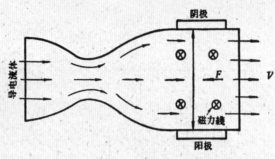

图 13—15

磁流体发电机的主要工作特点是排气溫度高，固在发电机的进出口的溫度差要尽可能小，才能保持气体的电导率。其排出的气体可以考虑作为高温热气的预热或者进入汽輪机和蒸汽动力装置中。其次一个特点是，为了保持有合理的设备长度，工作压力必须小，因此高温低压的气体，这使得解决材料的问题变得容易解决了。主要的问题是电极的磨损和腐蚀，因电极必须直接暴路在热气流中，同时，因需要发射电子而不得冷却。所以，对磁流体发电机所使用的材料必须进一步研究加以改进，使其能更好的耐高温，并对突然的温度变化及与碱性金属混入材料的化学作用都要考虑到。必须研究出新的制造与设计方法来制造耐久的陶器另件以替代一般金属制成的另件。耐久性电极必须加以发展使其能耐持高温和化学侵蚀，并且必须是良好的导体。

在利用磁流体发电作为能源之前，还需要解决许多问题，但是从它本身沒有轉动机械、体积小、重量輕、效率较高而振动小等方面来看，还是星际航行的需要所提出来努力的方向。

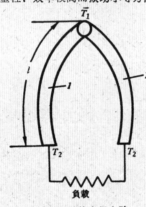

图13—9 热电偶电路

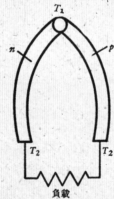

图13—10 半导体热电偶

注：图 13—9，13—10 均为《星际航行概论》中插图，原讲义本页沒有这两组图号。

附录

中国科大1958、1959级近代力学系校友座谈回忆

聆听钱学森讲授"火箭技术概论"的感受及其对同学们的影响

2007年6月16日　于中国科学院力学研究所

（根据录音整理）

《钱学森"火箭技术概论"手稿及讲义》就要出版了，作为钱学森先生的学生们都感到由衷的高兴。2007年6月16日，来自全国各地的中国科学技术大学近代力学系1958、1959级的六七十位校友，相聚在北京中国科学院力学所小礼堂，共同回忆他们聆听钱先生讲授这门课时的感受，以及40多年来钱老的言传身教对自己深刻的影响。他们来自不同的行业、不同的岗位，每个人都在自己的岗位上，为国家做出了贡献，做出了成绩。虽然绝大多数人现已退休，多数校友已是白发苍苍，但那天他们心情之激动，发言之踊跃，气氛之热烈，十分感人。上午发言，意犹未尽，下午分小组再谈，晚上接着个别交流。有几位因事未来的同学请其他同学带来了发言稿或口信；有的同学还带来了珍藏多年的当时的上课笔记和习题作业。当时的助教喻显果老师也来了，伍小平院士也参加了座谈会。交谈中同学们都忘了年龄，仿佛又回到了学生时代。

同学们都非常赞成和拥护出版这本书。正如**张瑜**同学所说，学校做这么一件工作，无论对五十周年校庆，还是对校友会都十分有意义，对今后有深远的影响，更对年轻人有很大的教育意义。

大家回忆起钱先生做近代力学系主任时，都十分兴奋，争先发言。大家说，钱老对培养人才非常重视。**张德良**同学说，当时我们的任课老师都是钱老精心挑选的，大家可能还记得，数学是吴文俊，物理是严济慈，化学是蒋丽金，流体力学是林同骥，黏性流体力学是郭永怀，气体动力学是卞荫贵，还有很多很多，都是钱老亲自挑选的。钱老在培养人才上真是下了很大的功夫，没有别人能做到。而且他出面请谁，谁都愿意来给我们讲。当时我们听这些大师们讲课，其实是听不懂太多的东西，但是他们的作风，他们讲课的精髓，给我们一辈子留下很深的印象。

同学们记得，为了发展祖国的"两弹一星"，培养人才，钱老在他的上百篇研究论文和几本专著的基础上，首创地开出"火箭技术概论"课（后称"星际航行概论"），这门课内容的科学性、系统性、前瞻性是同学们所公认的。**杜善义**同学说，钱老作为一个大科学家，确实有他的预见性。咱们同学有很多是搞航天的，大家清楚：一个是当时先生讲到再入的问题。其中很重要的，再入时，因为飞行器的速度特别高，马赫数都是十几到二十左右，在这个情况下，和大气的摩擦的温度都是几千度，甚至上万度。目前看，地球上没有一种材料能够抗这么高的温度。（实际上，当时来讲还没有到这个程度。因为当时的再入，还没有这么高的速度。）现在看，这是有预见性的。实际上是搞气动和搞热结构的、搞固体的人应做的，都搞三四十年了，就目前来看，这个热的问题也不是搞得特别清楚。这个是很有前瞻性的问题，带动了一批搞材料的，搞力学的，搞气动的，搞环境的，现在我们还在研究这个。我印象很深的。第二个问题，先生在讲课的时候讲到关于轻质化的问题。对轻质化的问题，大家比较清楚。航天器的成千上万的零部件、零件减少一克重量都是贡献。实际上，现在人们都在协调每一部分的重量。因为你的重量上升一下，你上升一公斤，就是一万美金，重量减了，有用的东西就可以装

得多一点，或者射程增加了或者燃料减少了。我觉得这讲得非常深刻。现在就带动发展了一批新的材料、新的结构。最典型的，如原来用铝合金，现在复合材料比铝合金还要轻，铝合金比重二点几，新复合材料二以下。复合材料按照力学的观点，轻结构又有很多啊，点阵啦，格栅一系列的结构都出来了。从先生这种前瞻性、这种预见，可知他是伟大的科学家。第三个就是，先生说，航天事业本身就是很伟大的事业，中国人虽然不能说十个人就有一个人搞航天，很可能一百个人就有一个人搞航天，这是大家的事情。现在看来，中国搞载人航天也是全国大协作，不知道有多少协作单位。也就是说先生知道整个中国航天、国防的发展会是一个很长的时间。先生的思想起着作用，而且以后还会起作用。另外，钱先生在讲课、作报告的时候也提到过关于燃烧的问题，而现在，中国发展一些新的飞行器械，近空间等就涉及这个问题。先生有一句话我记得比较清楚，就是说，人对于电的发现比对火的发现要晚几百年、几千年，但是对燃烧规律的掌握远远达不到对电的知识和规律的掌握。现在看，这个问题确实是显出来了，还是有预见啊！我们现在搞近空间的高超速飞行，发动机的亚燃也好，超燃也好，燃烧规律就特别复杂，现在一大批人都在攻关。我感觉我现在是在实践钱老给我们传授的知识，在清楚地按照这个体系来做一些事情。也因为自己能作为航天事业的一分子，感觉很荣幸。**吴有生**同学说，大家讲的这些，对我的启发也是特别大，使我更加回忆起当时的许多情景。我感觉有几件事情对我这辈子的影响非常大。第一呢，这门课，实际上是我们上大学期间第一门系统性的工程课。我们上大学学的都是专项、单科，都是学的一门门具体的一个专项的知识问题。就是这门课，让我第一次懂得了一个工程问题的系统性。"火箭技术概论"内容太丰富了。这是第一门课，它让我在大学期间认识到，要搞一项系统性的工程，它覆盖的知识面远远不止我们学到的那些力学问题，知识范围太宽了。这门课，给我的影响是蛮大的，促使我走到工作岗位上以后，考虑不仅仅是过去学的一些东西，而是，凡是你介入的领域里的方方面面，你都应该关心，要掌握一定程度的知识。先生的课给我的动力是相当大的，这个一言难尽。第二个呢，当时在上课的时候，我就一直在想，到底为什么先生能掌握那么多东西？我还想，他从美国回来的时候，是什么东西都不让他带的。于是，我就悟出一个道理来：钱先生一定特别注意收集方方面面的资料。这是第二件对我本人影响最大的。于是我走上工作岗位以后，一直以钱先生为榜样，对所涉及的专业领域，特别注意去收集一些资料、素材，不同的专业素材就记在不同的本子里头，多少年积累下来，对我的作用太大太大了。我自己现在呢，后来这么多年经常在我从事的专业领域里头，进行全面的知识回顾。靠的是什么？靠的是有先生的榜样在起作用。上这门课就教会了我要去注意收集方方面面数据、资料，不仅仅是公式、理论问题。**刘济生**同学说，当时国家需要这方面的知识，需要这方面的人才，我觉得钱老是高瞻远瞩，看到这一点，他用很多时间、很大精力编写这本讲义并亲自来讲，所以给我们开这门课。事实也证明了，我们这些学生毕业以后分配的工作（单位），从当时的一机部到七机部，机械部、核工业部、航空、电子、武器、船舶、航天，还有一些同志从事教学、科研等，在各个方面，都取得了成绩，这和钱老在这方面给我们打下的基础是分不开的。载人航天是一个大的系统的复杂工程，而这样一个复杂工程，钱老是用一个深入浅出的方法讲了出来。从这本讲义就知道，他从第一宇宙速度、卫星到第三宇宙速度的星际航行，一步一步地给大家讲明白，这是牵涉到多学科的一个问题，他用深入浅出的方法讲了出来。大家确实是受益匪浅。另外，我还要讲，第一点是，他是教书育人，传播知识，培养人才，我觉得这是当时钱老做的很重要的工作。第二点，钱老不但是自己有理论，而且是理实交融，带着年轻人一起干，正如咱们校歌上的"理实交融"。**曲洪泰**同学说，钱老开这门课程确实非常有预见性。当时最早搞卫星的一批人，是听过钱老课的人，在五院里边都是这帮人在搞我们国家最早的卫星，有的是在搞设计，有的是在搞管理。钱老在讲系统工程和重量之间的关系，我是从第一颗卫星到后来的卫星、飞船，一直是搞管理工作的。现在回忆起来，我觉得钱老最早讲系统工程的概念、质量的概念、重量的概念，对我们以后搞管理工作，确实是很重要。**徐庆祥**同学说，听了"火箭技术概论"，对我一辈子影响非常深。首先一点，听了"火箭技术概论"以后，我就感到宇宙是这么大，无限的。他讲了很多像白矮星，我当时觉得宇宙真是五花八门，我们、地球，然后太阳系，太阳就是一颗恒星，还有银河系。这个宇宙这么大，原来过去就只知道眼前这些事，在听了"火箭技术概论"以后，我一下子就觉得心胸宽广，所以以后再大的事，一跟这个比，我觉得什么困难啊，都不算什么了。

钱老亲自编写讲义，亲自授课。当时这门课的助教**喻显果**老师说，我们上课就记笔记。那时候他的讲稿70多页，就是相当于半提纲式的东西。他讲，我们就赶紧记，礼拜四讲完课后呢，把它整理出来，礼拜六就要送给钱老修改，到礼拜一钱老把它返回来，我们抄一下，去打印，礼拜三同学们就可以拿到铅印的"火箭技术概论"的讲义，记得当时那个纸还不太好，黄黄的。

钱老不仅写讲义十分认真，对上课更加重视。**刘凌霄**同学说，钱老上课很认真的，就在502所给我们上"火箭技术概论"的时候（当时听课的学生大约三四百人），他总比我们先到，还专门找个类似今天的教学秘书的人坐在最后一排，看写多大的字能看清楚，说多大的声音能听清楚。**刘大有**同学说，听了钱先生的课以后，印象最深的就是老师的知识非常渊博。钱先生给我的最早印象他是空气动力学家，后来我知道他在固体力学方面也有很高的造诣。后来知道他写过一本《工程控制论》，那也是和力学离得比较远的。听了"火箭技术概论"以后，我对他渊博的知识印象就更深了。

对钱老的教学风格，同学们赞口不绝，**张瑜**同学说，钱先生的课程，从内容的先进性、前瞻性到信息量的丰富，到逻辑的严谨，到板书都是那么的漂亮，语言文字的组织那么好，真是没有一个人超过他。**陈强**同学说，钱老在给我们讲的时候，不光概念和思路非常清楚，而且有些关键的公式也多是脱稿讲授；**刘国本**同学说，我记得特别清楚，钱老讲课，强调基本概念。那个口才非常棒！字写得棒，语言标准化，是北京标准话，那简直不得了！**高宏智**同学说，钱先生讲课就是非常到位，非常辩证，讲得非常地合乎逻辑。讲话也没有什么重复啊，口误啊，同学们感觉都非常好。

钱老不仅注意课堂上的教学，还注意课后的环节，**刘济生**同学说，钱老不仅给我们讲课，并且还给我们答疑。每次我们都带着好多问题，趁他讲课休息的时候，大家都去问，他都耐心给我们讲。**赵玉琦**同学说，我认为最重要的还有：他到下课会留10到15分钟，讲一讲，一是爱国主义教育，一是科学态度，他讲搞科学研究一要实事求是，一要注意细节。就是教我们什么是科学态度，教我们怎么做人，让我受益一辈子。

　　同学们印象最深的事，是钱老的两次生气，都与考试有关。**张德良**同学说，我想大概力学系的人，印象最深的事就是那次考试（大家笑）。考试中，有一问是第一宇宙速度是多少？有一个同学回答，第一宇宙速度是7.8米/秒，（大家大笑）钱先生就非常生气，就说这个基本概念不对，自行车都比你快……**毛鸿羽**同学说，我记得在钱先生说，这个问题现在如果不提的话，以后不光是流汗的问题了，要流血了啊！**刘凌宵**同学说，平时钱老上课都是和蔼可亲的，笑眯眯的，可那次考试后，讲评时，态度就变了，他显得非常生气，有几句话我记了一辈子，他说，古人讲，下笔千钧，你这一下相差1000倍。下面的话就很重了：还要不要你做这个工作？你对我们这个国家、这个民族还负不负责任？说得我当时心里怦怦直跳，终生不敢忘记。从这个角度说，钱老不仅是个伟大的科学家，还是一个伟大的爱国者，爱祖国、爱人民。

　　王柏懿同学说，我们59级有个同学他（这次）没来，他告诉我，他印象很深刻的是，有一次钱先生考试问火箭燃气分子量是多少，有个同学回答是0到100，当时钱先生很生气，怎么这个都搞不清楚！**喻显果**说，我的印象很深的，也是那次考试，那次考试的结果后来引发了58级的学生延长半年（学习时间），钱老就叫我和雷见辉改试卷，打完分数后叫我们给他汇报去，汇报完了，钱先生就问了，你们大学期间做了多少数学题？（我俩分别是大连工学院和天津大学毕业的）我们说大概330或者300多，工科的大概基本上都是这个水平。一问王群（科大近代力学系副主任）呢，王群说他们大概也就三百四五，钱学森说这可不行，你们基本上算偏理的吧，跟人家工科的差不多，这个基础就有点弱，所以钱先生说，得给他们补补基础课，所以58级延长半年才毕业。**张禄荪**同学说，这半年的时间里我们就做了一件事：那就是怎样把一个物理问题转化成数学问题。这个学习的过程收获很大，通过训练，很多我们原先不会解决的问题后来都能解决了，我们当时都还很年轻，这过程对我们一生的影响都很大，钱老治学严谨给同学们留下极深刻印象。**米恩伯**同学说，我感到最荣幸、最值得骄傲的就是当年到力学系听过钱老的课，这是我一生最荣幸、受教育最深的事情。我当时是课代表，给我印象最深的是，有次上课，钱老说如果你5道题作对了4题，按常理，该得80分，但他说不，他说如果你错一个小数点，我就扣你20分。他常告诉我们，科学上不能有一点失误，小数点点错一个，打出去的导弹就可能飞回来打到自己。**张永昌**同学说，有一次布置作业，出的题目很难，交完作业，第二周钱先生没讲课，整个一堂课就专门讲了几个注意事项：一、小数点点错了；二、单位混用的问题，有用英文的，有用汉字的；三、是把量纲搞错了。说到这个，他还专门举了他一个美国的同事为例，说他那个同事水平很高，但就是在量纲上容易出错误，且从工程单位制转换到科学单位制，老搞不清楚。钱先生明确指出，这样肯定不行，将来工作一定要搞明白。单位要清楚，量纲要搞对，小数点绝对不能错。最后他在黑板上写了几个大字：严谨、严肃、严格、严密。并逐一解释，可见他要求学生是非常严格的。

钱老除了课堂教学以外，对学生的课后作业也花费了不少心思，**徐建中**同学委托**朱芙英**同学念了他的发言，题目是《一件小事，终身难忘》：

在"火箭技术概论"课上，一天讲课结束得比较早，钱学森先生让大家对讲课提提意见，我写了一张纸条递上去："课后的习题，有的一再改动，我们做了一遍又一遍，希望辅导老师出题时不要变来变去，增加我们的负担。"我注视着钱先生的表情，他看了条子后没有说话，想了一会他说到："这不能怪辅导老师，习题是我出的，一开始觉得题目各方面都没有什么问题，就让同学们做了。后来，做到册子上，又想这个题目，感到给的条件不太好，应该改一下，以后再想这个题目，还觉得有些地方不够准确，就又改动了一些，这样再三改动给同学们带来了不便，责任由我来负。"听完这席话，我想了很久，一方面钱先生在极其繁忙的工作中，抽出宝贵的时间为我们讲课，他要花多少时间备课啊！以至于在车上他也在考虑教学的问题，包括习题的出法，而且还要反复地思考每一道习题，一定要让学生得到正确的知识，这种认真负责、一丝不苟的工作作风教育着我、激励着我，我也下定决心，向钱先生等老一辈科学家学习，刻苦钻研，精益求精。同时我也专门用了一些时间比较每一次题目的不同，分析钱先生是怎么考虑问题的。虽然那时候我还只是一个二十岁刚出头的大学生，不一定能完全领会钱先生的深邃的思想，但在这样的思考中仍然感到颇有收获，对钱先生的良苦用心有点体会。这里我感悟到的是科学大师思考问题的方法，这对今后无论从事什么工作都是真正的无价之宝啊。

在58级毕业前，钱老还亲自为同学们讲如何作论文，**吴有生**同学说，在五道口，钱学森先生专门给我们讲了一堂课，讲怎么样写论文，怎么样进行论文研究。他讲了他自己的例子，特别讲了他在从事壳体超临界屈曲，提出来下临界值，讲那个研究过程。他讲到了怎样考虑这些壳体超临界屈曲，他为了推导这个理论，手稿加起来就有那么大一摞，他比划了一下。而且，他白天到实验室看别人做实验，回来以后就设想这个屈曲的波形，用各种理论算，第二天再去看，反复修改，最后他写出了一个公式，得到大概是菱形的屈曲波形，他用能量原理把屈曲波形放进去进行计算，推导出了相当好的结果。他把整个过程给我们做了一个介绍，特别强调了从事科学研究要特别细心，认真钻研，要花力气。讲得非常透，而且还强调了一点，要我们注重科学的态度和严肃认真的作风，甚至于提到了，画图也一定要严格地按照机械制图的画图（标准），要画得非常精细、认真。

钱老还关心学生的业余科技活动，当时，力学系的火箭小组也挺有名气的，钱先生来过好多次，给了很多具体的意见。

钱老经常给同学讲话，许多讲话都影响了同学们一辈子。**杨耀栋**同学说：有一段话给我印象非常深刻，一辈子都忘不了。因为我们刚入学，他说这个力学工作者是干什么的呢，就是工程师的助手。这句话，我一辈子没有忘。所以，我工作这一辈子，就是给飞行器的工程师做助手。**陈强**同学说，我后来留校在科大工作，当教师以后我才知道，钱老在上课之前，一定备课非常认真，而且，讲得确实也是非常到位的。因此，后来我留在科大，在讲空气动力学，讲热流计算的时候，我是没有备好课就不敢上台。我觉得我听了他这一门课，对我是终身受益的。**刘国本**同学说，先生讲基本概念。他说，很多论文我一看，就不看了。为什么不看了呢？他举例说，在一个屋子里边，你要想着怎么制冷，你把这个机器放在一个（与外界无热交换的）屋子里边，那肯定不对，这个能量进去的，不会出来，电能约束在屋子里边的，肯定它制冷不了。他说，这样的论文我连看也不看，你不管写得多么详细我也不看，这是基本概念不对。这个我印象特别深刻。后来我在给学生讲课的时候，也强调基本概念，必须清楚。**张德良**同学说，钱学森先生能够把椭圆的积分都能够很快地写出来，他就告诉我们说，你们学习时，不光是要把基本概念记住，另外就是有一些基本的东西要能够记住。其实，说老实话，当时我们真的连有些普通积分都记不住，他能把椭圆积分记住，那真是很不容易的，那个积分非常难，我印象最深的就是这两件事情。现在有时候我给学生讲课，我还经常告诉他们这件事情，就是有些东西，第一，基本的东西要记住，第二呢，基本概念不能错。**闻其元**同学说，我后来有幸参加中国空间技术院的工作，钱老说过，对空间的飞行器设计的真正的优化是把现成的、成熟的产品最佳组合的设计，这一句话。我觉得这个讲话对我后来的工作起到了很大的作用，因为空间飞行器最大的特点就是不可修复性和高可靠性，一个飞行器的可靠性就是要靠所有零部件的成熟性来保证的。他这个讲话对我来说非常重要，我后来搞飞行器总体设计的时候，就是要从最成熟的部件中来挑对系统最合适的那一部分。当然，这个设计完全都是用一些成熟设计的东西，使得这个新开发的零部件、器件尽量少。这样，就保证我们的空间技术的好、快、省。所以说，我觉得我在工作当中，这一点我一直都是遵守的。后来参加各种评审会，他们拿出来的方案，我参加讨论会的时候，我就提出来这一条。我说，你的这个产品优化的成熟性如何，这一点，就是说我听了钱老的教育以后的收获。这点很重要，我在工作当中实践着。**赵福祥**同学说，我记得钱老讲过，四位数学用表才14页左右吧，但制造这个十几页的表，制成了，花费了多少麻袋的计算稿！所以他这个精神啊，鼓舞了我不怕困难、勇往直前地去进行庞大的计算气动加热的工作。是钱老的科学精神、科学态度鼓舞我们前进。**蔡泽**同学说，钱先生除了说要打好基础，面宽一点，专业要精一点，还有一条呢，就是要有社会现象和自然现象的敏感度，这个我记得在"火箭技术概论"课上有说过，我印象很深。**顾国胜**同学说，那次考试，很多人都不及格，我的情况更差了，当时压力很大，钱老说了一句话我至今印象都很深刻，他说"人要善于在压力下生活"。这句话我受用一生。**张禄荪**同学说，钱老专门给我们作了个报告，他说作为一个科学工作者，知识面不应该这么窄。当时我们学的是火箭技术，化学在火箭技术中还是很重要的，同时联想到钱老在空气动力学、飞行器高温控制材料方面的知识面那么宽，印象很深，过去化学学得不好，但钱老报告后我们也都重视了。还有，大学毕业时，钱老给我们作了一个报告，印象也很深，他说大学毕业，仅仅是一个开始。毕业后，要把自己所在的学科领域、相邻的领域都能尽最大可能地占有、了解，这样才有可能为一生从事的事业定下一个很好的方向，这个对我的印象也很深，他实际上就是告诉我们，不论如何，只有对自己的学科、相邻的学科都有深刻的了解，才有可能给自己定个好的方向。

  同学们为自己能做钱老的学生，感到十分自豪。**赵福祥**同学说，钱老是国防部五院的第一任院长，1956年11月6号，国防部五院成立的时候第一任院长。57年11月6号，成立五院一分院的时候，是一分院的院长。我59年高考前改志愿，报考中国科技大学，我感到骄傲；报考07专业，感到骄傲；为听"火箭技术概论"这门课，为钱老给我们讲这门课，感到骄傲；为毕业后分到，当时叫国防部五院一分院一部四室，感到骄傲。专业非常对口。**蔡泽**同学说，我一个孩子已经在一院一部总体室当了个小头目了。我说"这个你不能当啊"。他说，"爸，怎么回事儿？""你啊，先把这本书给我看透了，你才能当"。我就给他两本书，一本书《钱学森传》，我让他看了这本，看看钱学森是怎么成为科学家的。另一本，就是《星际航行概论》。你把这个看透了，等一会儿我问你问题，你答对了，我就承认你是总体室的一个小头目。这说明了先生这本书已经影响的不是我们这代人了，而是已经影响到下一代了。**张德良**同学说，知道我们上大学时，钱老为我们请的老师，我的学生、我的孩子说，你们真是太幸福了，能够接受这么多好的老师的教育，那简直是天底下再没有这种机会，他们都是我们国家最优秀的一批人，这真是我们的幸福！

短短几个小时是难以让同学们把对钱先生的崇敬、感激的心情充分表达出来的。即使如此，从这个座谈会上可以看出，钱先生作为坚定的爱国者、著名的科学家和教育家的伟大形象。他治学的科学性、预见性、系统性，他认真的教书育人态度，严谨的工作作风，都对同学们的一生产生了深远影响。

可以相信，《钱学森"火箭技术概论"手稿及讲义》的出版，不仅可以引起钱老及其学生们的美好回忆，而且对现在的青年学生也具有感召和启迪意义。

同学们衷心祝愿钱老健康长寿。

座谈会在校歌《永恒的东风》声中结束。

参加座谈会的校友（按签到顺序）

编 后 语

通过对"手稿"和"讲义"的学习和编辑，我们对"手稿"和"讲义"的内容及其特色有以下的认识和体会。

"手稿"和"讲义"是钱学森先生在美国多年参加火箭、导弹（如"女兵下士"探空火箭、"原型下士"导弹、飞机的火箭助推起飞装置（JATO）等）的研究、设计和工程实践，1945 年 5 月作为美国空军科学咨询团的成员考察了英、德、法等国的航空技术，特别是德国火箭技术的发展情况等活动背景下，在 1938~1961 年期间所发表的一系列内容涉及发动机、气动力、结构材料、控制系统、轨道、核能和计算机等学术论文和几本专著以及技术报告（如科学咨询团的考察报告《迈向新高度》（Toward New Horizon）十卷本中的 3、4、6、7、8 卷）的基础上，经总结提炼编写而成的。其显著特色是内容的原创性、前瞻性和系统性。同时也体现出深入浅出和理论联系实际的风格。具体说来，我们有如下理解：

1. 原创性：作为一部概论，它概括了当时火箭技术发展的整体水平，其中有许多重要内容是作者本人的研究成果。例如发动机和结构材料、轨道和控制系统、核动力火箭等。作者对控制理论和技术有系统的研究，在研究了反馈控制、于 1952 年发表《长射程火箭飞行器的自动导航》一文，以及 1954 年出版《工程控制论》的基础上，第八章（讲）简要阐述了各种卫星和飞船的制导问题，分析了初制导、中制导和末制导各阶段的特点和要求，以及不同制导系统的设计方案等，对某些技术问题（如反馈等）有独特的见解。

2. 前瞻性：例如对于飞船的返回问题，在第四章（讲）中，举例说明了将飞船送入轨道所需的各级火箭的参数，以及用滑翔机返回地面的设计方案，在《星际航行概论》第十四章中，对三角翼返回装置有更进一步的阐述。这对航天技术特别是载人飞船的返回问题将产生深远的影响。此外还有如第七讲所述的电火箭，第十讲所述的再入防热等诸多问题的研究都具有超前的见解。

3. 系统性："手稿"和"讲义"自始至终体现了作者关于系统科学和系统工程的思想和理念，系统地阐述了航天科学技术各个部分理论、设计、实验、应用和管理的方法，以及各个部分（包括卫星和飞船系统、运载和发射系统、通讯和测控系统）之间的有机联系和相互关系。

此外，"手稿"和"讲义"内容很深刻，而读起来又让人容易理解和掌握。在内容安排上，理论与实践联系非常紧密，数据翔实，便于技术实现。这也体现了作者关于技术科学的思想。"手稿"和"讲义"以及作者的亲自讲授，对培养我国的航天技术人才、对促进我国航天事业的发展都产生了重要的影响。

在学习、座谈和组织出版本书的过程中，我们深切感受到钱学森先生的楷模和示范作用对后人的启示是巨大的和多方面的，值得我们学习的东西很多，现在只就有关方面略述以下几点：

首先是科技工作者的创新意识。他的前两部著作《工程控制论》和《物理力学讲义》的原创性是举世公认的。作为一部概论，要写出大量创新内容通常是很难的，但作者在很多方面都体现出原创性和前瞻性（已如前述）。表明作者的知识面是非常广泛的，高瞻远瞩，不断创新。

其次是不懈的学习和实践。钱学森先生的勤奋好学在美国是出了名的。在加州理工学院，他除了学习航空方面的课程外，还选了积分方程等几门数学课程，相对论、量子力学等几门物理课程，以及分子结构、量子化学等化学课程，而且被授课老师认为学得"很出色"，他又积极参加了火箭、导弹的研制工作，尤其善于钻研其中的难题。这些，都为写好"手稿"和"讲义"提供了重要的基础。

再次是知识的积累和勤于思考。钱学森先生特别注重知识的积累。例如在美国时，光是核科学和核技术方面的英文剪报就有九大册。1956年在编制国家12年科学技术远景规划过程中，他应邀作核技术方面的报告，听报告的专家们反映说："比专门搞核技术的专家还清楚"。所以这部手稿关于核技术用作火箭动力的展望写得非常深刻而详尽也就不足为奇了。他认为：要做好工作，除了基础科学和专业知识外，还需要一套工作中的操作方法和习惯，这是科学工作中的"手艺"。他讲了要严肃、严格、严密，书写要清楚，符号不能乱用；实验和理论推导必须有条理地写下；要运用基础科学的原理来判断事物；一些重要公式和数据要记熟等等。

还有就是诲人不倦。钱学森先生回国后对培养人才可谓呕心沥血。对教学工作一丝不苟。在讲授"火箭技术概论"这门课时，听课学生有400多人。他备课非常认真、细致，配备的习题和测验题都反复推敲。有时还专门请一位秘书坐在最后一排，看声音是否听得清，板书是否看得见。同学们回忆：讲课富有哲理、逻辑性强、概念清楚、关键的公式都不用看稿子、板书工整、语言规范。有时课末留一段时间，给同学们讲做人道理、讲爱国精神、讲科学态度、讲"三严"。他对学生要求也非常严格，学生感到学这门课程收获很大、终生受益。

编委会
2008年6月

钱学森与中国科学技术大学

侯建国 主编

中国科学技术大学出版社

图书在版编目（CIP）数据

钱学森"火箭技术概论"手稿及讲义·钱学森与中国科学技术大学/侯建国主编．—影印本．—合肥：中国科学技术大学出版社，2008．6
（中国科学技术大学建校初期著名科学家教学史料丛编）
ISBN 978-7-312-02001-8

Ⅰ．钱… Ⅱ．侯… Ⅲ．①火箭-高等学校-教材 ②钱学森（1911~）-学术思想-文集 ③中国科学技术大学-史料 Ⅳ．Ⅴ 475.1 K 826.16-53 G 649.285.41

中国版本图书馆 CIP 数据核字（2008）第 064923 号

责任编辑　高哲峰　　　书籍设计　敬人书籍设计　吕敬人+陶雷

出版发行	中国科学技术大学出版社
地　　址	安徽省合肥市金寨路96号　邮政编码　230026
网　　址	http://press.ustc.edu.cn
印　　刷	北京雅昌彩色印刷有限公司
经　　销	全国新华书店
开　　本	889 mm×1194 mm　1/16
印　　张	22 + 10.5
字　　数	454千 + 217千
版　　次	2008年6月第1版
印　　次	2008年6月第1次印刷
定　　价	468.00元（全二册）

钱学森先生为化学物理系58、59级学生主讲"物理力学"

  钱学森教授是最早提出由中国科学院创办一所新型大学、培养新型人才的倡议者之一,是以中国科学院院长郭沫若为主任委员的十人建校筹备委员会的成员,参与创建了中国科学技术大学。他的科学世界观、方法论及教育思想对学校的建设和发展发挥了重大深远的影响。他亲自创建了力学和力学工程系(1961年5月更名近代力学系),自1958年建校时起,出任系主任长达20年之久,为该系制定了详尽、具体的教学计划和实施办法。他还和郭永怀教授一起创建了化学物理系。他亲自为1958和1959级学生主讲"火箭技术概论"、"物理力学"等课程,为国家培养了一大批优秀人才。

  钱学森先生长期关心、支持中国科学技术大学的发展、建设和青年学子的成长。1961年,正值全国经济困难时期,钱学森先生向学校捐资用于购买教学科研设备。他为全校58、59级学生作报告时所提出的"三严(严肃、严密、严格)作风",教育、影响了一代又一代的科大学子走上科学道路。20世纪80年代以后,钱学森先生尽管工作繁忙和年事已高,仍旧关心中国科学技术大学的发展,先后和校系领导及教师通信十数封。2008年1月28日,他还复信中国科学院白春礼常务副院长,祝贺中国科学技术大学建校50周年,对学校发展寄予厚望,希望科大理工文相结合,科学与艺术结合,培养世界一流科学家和科技领军人才。

钱学森先生和严济慈先生、周培源先生在中国科学技术大学成立大会暨开学典礼主席台上

近代力学系主任钱学森先生和教师们一起研究教学计划

钱学森主任召开教学研究会议

钱学森主任给近代力学系学生介绍专业

钱学森主任与近代力学系58级学生刘育才、韩金虎、张瑜等人座谈

钱学森主任与近代力学系58、59级学生尚嘉兰、王柏懿等人座谈

钱学森先生指导研究生

化学物理系物理力学专业59级同学与钱学森先生合影

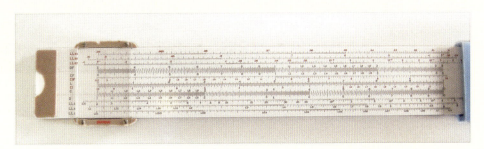

钱学森先生1961年捐资为学生购买的计算尺

学校举办"钱学森书信展"

校党委书记郭传杰教授和钱永刚先生在"钱学森书信展"上

校长朱清时院士观看"钱学森书信展"

钱永刚先生向学校捐赠钱学森先生相关学术著作,常务副校长侯建国院士代表学校接受捐赠

钱学森先生的秘书和学术助手涂元季先生为学校师生作题为《钱学森和钱老的科学精神》的报告,校党委副书记鹿明主持报告会

《钱学森和钱老的科学精神》报告会会场

前　言

中国科学技术大学即将迎来50年校庆，在整理出版钱学森当年"火箭技术概论"课程的手稿及讲义这一珍贵资料的同时，我们编写了《钱学森与中国科学技术大学》。通过本书，我们可以看到钱学森先生为中国科学技术大学的成长和发展所做的突出贡献，以及钱学森先生系统的教育思想和完整的办学方法。

1958年，在中国科学院老一辈杰出的科学家倡议下，经过党中央批准，成立了中国科学技术大学。作为这些杰出科学家的代表，钱学森先生担任了中国科学技术大学筹备委员会的委员，积极参与了学校的成立、办学方针的确定、系及专业的设置、教学计划的制定、教学安排等学校重大的决策活动，发挥了巨大的作用。

早在20世纪40年代，钱学森先生就预见到，为适应各国发展高新技术的需要，应该大力发展一批应用科学（包括应用力学），并将它们统称为技术科学（Engineering Science）。他在1957年发表的《论技术科学》一文，进一步阐明了它的意义："要把自然科学的理论应用到工程技术上去，是一个非常困难、需要有高度创造性的工作……要产生有科学依据的工程理论需要另一种专业的人。而这个工作内容本身也成为人们知识的一个新部门：技术科学。"由这种理念出发，钱学森先生非常明确地提出，要培养技术科学工作者，也即是"在新兴的科技领域里培养科学与技术相结合的人才"。钱学森先生还提出培养这样的人才要求掌握三个方面的知识和能力：（1）工程设计的原理和相应实践；（2）扎实的物理和化学基础知识以及相关的技术科学知识及其运用能力；（3）深厚的数学基础知识及运算、分析能力。在当时，与国内其他大学相比，这是全新的教育思想。

为适应当年国家研制"两弹一星"的人才需求，结合力学所承担的科研任务，钱学森先生在中国科学技术大学创办了力学和力学工程系，并担任了系主任，他还和郭永怀先生一起创办了化学物理系，由郭永怀先生担任系主任。他提出在力学和力学工程系设立4个专业，即高速空气动力学专业、高温固体力学专业、化学流体力学专业及土和岩石力学专业；在化学物理系设立高速化学反应动力学专业和物理力学专业。当时这些专业在国内别的学校还未曾设过。

为培养这些新兴尖端技术学科的新型人才，钱学森先生亲自进行专业介绍并且制定教学计划；聘请严济慈、吴文俊、蒋丽金、许国志等著名科学家来校讲授基础课；召开教学研究会议，讨论制定教学大纲；亲自讲授"火箭技术概论"和"物理力学"两门课程；几乎安排了力学所所有的高级研究人员到校来任课并指导学生的毕业论文；提出科研课题并指导学生的课外科研活动，如学生对人工降雨火箭和脉动式发动机的研制等。可以说，在各个育人的环节上无不渗透着钱学森先生的心血，钱学森先生是实践"全院办校，所系结合"办学方针的典范。按照钱学森先生培养"技术科学"人才的思想，力学和力学工程系、化学物理系成功实践了"理工结合"、"教学与科学研究相结合"、既重视自然科学基础理论又重视基本技术基础的人才培养方略，培养了一批既有坚实的理论基础又有创新能力的新型科学技术人才。

除此之外，钱学森先生还经常为全校师生作报告，讲当代航天技术发展状况、谈工作与学习、谈科学研究的"三严"作风等。通过这些报告，钱学森先生不仅介绍了最新的科学技术发展动态和知识，尤其重要的，是反映了钱学森先生的科学世界观和方法论，这使师生深受教育。其影响之深远，在教师和学生的回忆录以及校友座谈会的纪要中得到充分的反映。

遗憾的是，由于十年动乱，学校下迁，使得学校再也不能像建校头几年那样，直接得到钱学森先生的指导，诚然，这对学校的发展是十分不利的。然而，通过钱学森先生与多届校系领导以及教师的通信，可以看出钱学森先生十分关心学校的发展，对学校的未来寄予殷切期望。他在给学校校长的信中说："今天，这种科学与技术的结合范围更大了，涉及差不多全部科学技术，也包括社会科学。如国家已成立了信息产业部，这是为了我国推进信息技术革命，即第五次产业革命。还有初露的第六次产业革命，即农业产业革命，是绿色农业（即今日的农业）与白色农业（微生物农业）及蓝色农业（即海洋农业）并举，这一新发展需要知识面更广的人才。中国科技大学不要为这一 21 世纪的需要作准备吗？""为了这一新发展，我和我的合作者提出'集大成得智慧'的概念"，"请您参照这一概念，考虑 21 世纪的中国科技大学吧"。

众所周知，钱学森先生是我国"两弹一星"伟大成就的元勋，德高望重的科学家，并且还是杰出的教育家。总结和研究钱学森先生在中国科学技术大学倡导和实践，其后进一步发展丰富的教育思想，具有重要的理论价值和现实意义。

本书搜集和查证了 1958～1964 年钱学森先生在中国科学技术大学的有关活动，搜集并整理了这一期间他为中国科学技术大学所写或相关的文章、所作的报告和讲话，以及早期和近期与中国科学技术大学校系领导和教师的通信。钱先生的手迹，已见于《钱学森书信》（国防工业出版社，2007 年版）的，排版印刷；未见于《钱学森书信》的，照相制版。书中还收入了钱先生当年的同事和学生的回忆文章，以及中国科学技术大学举办的与钱先生相关的活动的资料。为了保持文献内容的原始性，对发表在不同报刊上的文章，收入本书时，不作格式、体例和用字的统一，仅对排印误植作必要的订正。

编委会
2008年6月

目　次

1958～1964年钱学森在中国科学技术大学的活动大事记   001

钱学森与中国科学技术大学相关的文章和讲座   005
    力学和力学工程系介绍   006
    力学的现状及其发展方向   008
    中国科学技术大学里的基础课   011
    科学技术的研究工作和外文   014
    1961年在中国科学技术大学报告的提纲   016
    谈谈工作与学习   025
    近代力学的内容和任务   032
    如何做好"毕业论文"   039
    在近代力学系毕业论文导师会上的发言   042
    燃烧、烧蚀和化学流体力学   046
    论技术科学   062

钱学森与中国科学技术大学有关的部分通信   077
    1962年10月10日致武汝扬   078
    1964年9月29日致刘达   079
    1984年2月8日致陈霖   080

081	1984年9月17日致陈霖
082	1985年1月4日致马兴孝
083	1985年10月12日致王礼立
084	1988年12月8日致谷超豪
085	附录 1988年11月7日致杨乐
086	1988年12月26日致李福利
087	1989年2月14日致陶先刚
088	1989年12月28日致鲍吉人
089	1989年12月30日致朱源
091	1992年9月3日致葛庭燧
092	1994年4月20日致汤洪高
093	1994年5月20日致汤洪高
094	1994年9月4日致柯资能
095	1996年1月25日致伍小平、虞吉林、夏源明
096	1996年4月21日致白春礼
098	1996年6月16日致陶先刚
099	1997年4月21日致路甬祥
100	1997年5月2日致虞吉林、伍小平、何世平
101	1998年3月20日致郭光灿
102	1998年9月9日致朱清时
103	2008年1月28日致白春礼

钱学森与近代力学教育

钱学森教授与近代力学教育 106

    附录 力学和力学工程系教学计划 112

关于力学研究的方法论问题 童秉纲 120

在"钱学森书信展"开幕式上的发言 孔祥言 124

钱学森先生引领我从事科研的人生道路 吴有生 126

    身教言教 终身受益 杜善义 128

钱老为我国载人航天做出的历史贡献 刘济生 130

回忆系主任钱学森先生 纪念科大建校五十周年 张瑜 132

回忆钱学森教授的几件事 黄吉虎 138

与钱学森有关的文献资料

力学系钱学森主任召开教学研究会议 142

我校召开科学研究工作报告会 142

中科大庆祝钱学森先生90寿辰 143

中科院向中科大赠钱学森手稿等校史资料 144

钱学森先生相关学术著作捐赠我校 145

《钱学森书信》捐赠我校 145

我校举办"钱学森书信展" 146

涂元季先生做客中国科大论坛 畅谈钱学森的科学精神 148

"钱学森书信展"圆满结束 149

关于成立钱学森著《火箭技术概论：手稿及讲义》编委会的通知 151

1958~1964年钱学森在中国科学技术大学的活动大事记

1958 年

6月8日　郭沫若院长召开中国科学技术大学筹备委员会成立会议，钱学森作为十名委员之一参加了会议，会议决定学校定名为"中国科学技术大学"，设立12个系。

6~8月　为了给上天（航天）、入地（爆破）培养新型人才，钱学森与郭永怀等著名科学家积极创建力学和力学工程系，确定该系设立高速空气动力学专业、高温固体力学专业、化学流体力学专业及土和岩石力学专业。

6~8月　钱学森与郭永怀合作创建化学物理系，该系设立高速化学反应动力学专业和物理力学专业。

7月28日　钱学森参加了学校召开的第一次系主任会议，讨论招生；确定各系主任等干部的任命，安排教师，讨论科大办学特色及学制等问题。

8月14日　钱学森参加了学校召开的第三次系主任会议，讨论教学计划、基础课教学等问题。

9月20日　钱学森出席了中国科学技术大学成立暨开学典礼。

1959 年

4月6日　学校成立校务委员会，郭沫若任主任，委员56人，其中有中国科学院力学研究所的三位主要领导人：钱学森、郭永怀和杨刚毅。

4月23日　学校招生工作委员会编印了各系的专业介绍，其中钱学森为力学和力学工程系招生介绍撰写文章《力学的现状及其发展方向》；郭永怀也为化学物理系撰写文章《化学物理的现状及发展远景》。

5月26日　钱学森在《人民日报》发表文章《中国科学技术大学里的基础课》，强调中国科学技术大学培养的学生将来要从事新科学、新技术研究，培养在未被开辟的领域里去走前人没有走过的道路的人才，一定要把物理、化学、数学以及现代技术的基础打好。

7月　在钱学森主任的主持下召集中国科学院力学研究所有关同志对修订力学和力学工程系系教学计划进行了四次讨论。

12月3日　《科大校刊》刊登钱学森文章《科学研究工作与外文》，他认为，外文是今天需要，明天也需要，将来还需要的科学技术研究的重要工具。

12月21日　钱学森召开教学研究会议，严济慈、吴文俊、许国志等任课教师参加。会议主要研究各门基础课如何适应力学专业的要求，提出要制定教学大纲。会议之前，还向力学和力学工程系全系学生讲解了专业内容。

1960 年

1月21日　钱学森在《科大校刊》发表文章《苏联征服宇宙空间的新阶段》。

2月28日　钱学森、郭永怀参加了学校举办的第一次科学研究报告会。会上，钱学森作了关于人工降雨火箭和脉冲式发动机试制工作的总结。

6月3日　在钱学森、郭永怀的建议下，力学和力学工程系、化学物理系分别与中国科学院力学研究所、化学研究所举行座谈，研究教学事宜。

1961 年

5月2日　钱学森来校作《关于苏联载人宇宙飞船》的报告。

5月29日　由于中国科学院动力研究室划归力学所管辖，与其对口的物理热工系并入力学和力学工程系，该系并入后成为一个新的专业——喷气动力热物理。并系后的系名，钱学森确定为近代力学系。

6月23日　钱学森主持有各研究室主任参加的近代力学系教学计划的第二次修订。

9月　钱学森亲自为近代力学系58级、59级开始主讲"火箭技术概论"，时间为一个学期。该课程后来改名为"星际航行概论"。

10月28日　在华罗庚的邀请下，钱学森来校作《谈谈工作与学习》的报告。

12月　钱学森将《工程控制论》一书的稿酬及奖金，共计一万一千五百元，捐献给近代力学系，为学生购买计算尺等学习用品。

1962 年

2月　钱学森建议近代力学系58级学生补课一学期，加强数、理基础。

5月21日　在钱学森建议下，学校第三次校务常委会议任命林同骥任近代力学系高速空气动力学教研室主任，李敏华任高温固体力学教研室主任，王群任喷气发动机热物理教研室主任（兼），钱寿易任爆炸力学教研室主任。

9月　钱学森为化学物理系58级、59级开始主讲"物理力学"，时间为两个学期。

10月10日　钱学森给武汝扬副校长写信,对近代力学系的专业设置提出意见。

12月24日　学校第十次校务常委会议就58级补课做出结论,决定延长半年进行补课。

1963年

3月30日　钱学森就如何撰写毕业论文给全校1958级学生作报告。

4月11日　学校在针对《调整专业名称》给中国科学院的报告中指出,教育部建议我校高速空气动力学专业和喷气动力热物理专业改名为空气动力学专业和热物理专业,经钱学森、郭永怀、吴仲华等研究,不同意改变这两个专业的名称;同意将高温固体力学专业改名为飞行器结构力学与强度计算专业。

6月3日　时任党委书记的刘达到力学所,与钱学森、郭永怀等11位科学家就学校教学、系与专业设置等重大问题举行座谈。

6月　钱学森在近代力学系毕业论文导师会上,作《如何指导学生论文》的报告。

9月　钱学森在我校招收、指导研究生(马兴孝)。

1964年

1月　钱学森亲自参加了近代力学系学生的毕业论文答辩。

2月28日　学校成立专业调整和课程调整委员会,严济慈任主任,钱学森等12人为委员。

9月29日　钱学森写信给学校党委书记刘达,对学校物理力学专业调整问题提出意见。

钱学森与中国科学技术大学相关的文章和讲座

力学和力学工程系介绍[1]

中国科学院力学研究所所长
本校力学和力学工程系主任　　钱学森

　　力学是研究固体、液体、气体以及其他物质状态的运动规律的。所谓其他物质状态就是指物质在固体、液体和气体状态之外的存在状态，现在我们知道的有等离子体和第五态。等离子体是气体在一万度以上的高温中达到不同程度电离之后，由中性粒子、离子和电子混合而成的一种能导电的物质状态。第五态是物质在几百万个大气压之下，原子非常密集，以至于把原子电子壳的外层都挤破了，因此原子失去了它的化学性质，这种状态的物质也导电。一句话，力学是研究物质在各种状态下的运动规律的。因为一切工农业生产和国防技术的基础不外控制各种状态下物质的运动，例如火箭的设计就牵涉到空气和燃气的流动，空气和结构的相互作用，结构各部分之间的力的作用，以及振动等，这些都是力学研究的对象。因此力学是一门和工农业生产、国防技术密切相关的学科。把这一门科学，主动地积极地用来去指导工农业生产和国防技术，提高工农业生产和国防技术的水平，就是力学工程。

　　现在本系设有下列四个专业：

　　1. 高速空气动力学专业：近年来高速飞行器的飞行速度早已突破了声速，（约每小时 1,100 公里）歼击机的速度已接近 3 倍声速，而人造地球卫星更快，速度是 25 倍声速左右。在这种高速和超高速飞行中，空气在飞行器附近的运动和在一般速度情况下大不相同，会形成强烈的激波，通过激波气体压力增加十几倍以至几十倍，温度也大大地升高，会出现分子分离以及原子电离的现象。这个专业的目的就是培养能解决高速和超高速飞行器设计中气动力学问题的干部。

　　2. 高温固体力学专业：高速飞行器须要威力强大的发动机推动它，而威力强大的发动机必须使用发热量大的燃料和提高燃烧强度，这都导致发动机部件的高温。而且高速飞行器外面的空气也因高速而产生高温，所以飞行器的结构也因外部加热而达到高温。因此高速和超高速飞行的一个难题就是如何设计在高温下工作的机件和结构；这个专业的目的就是培养能解决高速和超高速飞行器设计中高温机件和结构问题的干部。

　　3. 土及岩石力学专业：我们国家的社会主义建设的规模是宏伟的，是前人所不敢设想的。我们的理想是充分利用我国的自然条件并改造我们的自然条件，使我国人民能生活得更好；这里面包括像南水北调，引汉济黄等巨型工程；进一步我们也将考虑各种改变整个我国地理面貌的大工程，在这种大规模的建设里，如何以高速度完成巨量岩石和土方工程就是一个非常重要的问题；挖土机再大也不够快，我们必须用炸药，以各种形式的定向和聚能大炸破来移山倒海。本专业的目的就是培养能解决高速度地完成巨型土和岩石工程问题的干部。

---

[1] 本文是钱学森先生在 1958 年所作的力学和力学工程系的专业介绍。——编者注

4. 化学流体力学专业：高速和超高速飞行须要威力强大的发动机，而威力强大的发动机不但要使用发热量大的燃料，也要尽量提高燃烧的强度，这样做就远远超越了常规，旧经验和规律就没有用，而在一般动力机械不出现的问题出现了，像燃烧不稳定，有振动，振动强的时候能破坏发动机。怎样解决这类问题？这是要利用流体力学的气动力学的，以及化学反应的知识，把它们结合起来，形成一门新的力学学科：化学流体力学，才能为强大的发动机提供设计的理论依据。这个专业的目的就是培养化学流体力学的干部。

力学的现状及其发展方向[1]

中国科学院力学研究所所长
兼本校力学和力学工程系系主任　钱学森

自从工业革命以来，随着蒸汽动力的应用，造船、机械、土建、铁道、造桥等工业有高速度的发展。这时过去的质点或刚体力学已经不能满足工程技术上的各种需要，而是要进一步建立一门更接近实际的，可变形的连续介质力学。连续介质的一个基本假设是：由许多原子或分子所组成的固体、液体或气体可以看作为一个连续体。我们根据物质的一些特性（例如液体的不可压缩性）和一些基本的力学规律建立起一组数学方程式。由这些方程式可以找出在各种具体条件下应力的或速度的场函数。有了场函数就能算出受力下的材料之内的应力及应变分布情况，或者是绕过一定几何形状的流体在空间各点的速度分布情况。在这个基础上所发展的连续介质力学有两个分支：弹性力学和流体力学。近几十年来，这种分析的方法配合着精密的实验使力学在工程技术的发展上，起了重要的推动作用。

由于工程技术的不断发展，对于力学问题的研究也就愈来愈细致，因而在今天力学中出现了许多分支，例如固体力学中的板壳理论，弹性波的理论，振动理论；在流体力学中的空气动力学，边界层理论，重力波理论。这些分支都承继了过去连续介质力学中的方法，但是它们的结果是比较具体的，因而在航空、地震及物理探矿、海港建设都有比较广泛的应用。

在发展这些力学分支的同时，我们也应该看到，由于工农业生产的日益发展——特别是某些尖端技术的发展，力学工作者为了能解决生产中所提出的问题，就必需考虑到许多具有十分复杂的物理、化学变化的现象，这就要求力学工作者充分利用目前物理、化学上已有的成果。这种为尖端技术服务的工作也逐渐发展成为力学的新分支。而另一方面这些新的力学分支的发展成长和实验技术的进步也是分不开的，而这些实验技术也都是利用了现代物理、化学上的许多成就建立起来的。这就说明要掌握这些新的力学分支是与良好的物理、化学知识基础分不开的。

下面我们分别就中国科学技术大学力学系有关的几个专业，谈谈力学在这些新领域中的发展方向。

（1）高速空气动力学

当高速飞行器（例如火箭）的速度达到声速的十几倍时，飞行器表面的温度可以达到摄氏一万度左右。在这种情况下空气分子已经部分离解和电离，用一般的超声速空气动力学的公式，显然不可能对于像空气动力加热这种重要问题得出正确的结论。把高温情况下的气体中所发生的一系列的现象例如：电离、离解、辐射……等等加以考虑，从而建立各种能代表真实情况的公式，并且从中找出解答是高速空气动力学的主要任务。另一方面，高速飞行总是在高空进行的，

---

[1] 本文摘自1959年中国科学技术大学招生工作委员会编印的各系专业介绍，其中力学和力学工程系专业介绍为钱学森先生撰写。——编者注

由于高空（离地数百公里）空气极为稀薄，分子撞击的间距，即平均自由程比起飞体的尺度来说已不是很小，因此把空气看作是连续介质的模型已不适用的了。对于飞体在这种介质中飞行所引起的一些气体力学的研究，也是很重要的。在高温气体中离子及电子的出现，又产生了研究在电磁场中导电介质的运动规律，这又是流体力学的一个新分支——电磁流体力学。最近人们经常讨论电磁流体力学在星际航行上的一些应用，例如电磁流体制动及等离子体射流发动机，人工控制热核反应等问题也促成人们对于等离子体的振荡、箍制效应和稳定等问题进行研究。显然，这个科学今后会有宏伟的发展前途。

（2）高温固体力学

在目前的火箭技术、原子工业、动力机械中都遇到不少固体在高温情况下的强度问题，这些问题的实际意义从下面的一些事实上可以看出来。近代的动力机械为了提高效率总是向高温、高压的方向发展。大家都知道，对于具有同样质量比的火箭，喷气速度愈大，火箭获得的最后的速度也愈大，而提高喷气速度的问题又联系到如何提高发动机里面的燃烧温度问题，固体在高温情况下的蠕变、反复载荷下的疲劳断裂等现象与常温情况下均有所不同，这些现象也不能用一般的固体力学的规律来描述，因此我们必须发展高温固体力学。由于这些现象相当复杂，它目前还处于积累实验、搜集数据的阶段，基本规律的掌握还有待进一步的发展。

（3）岩石力学及土力学

岩石是构成地层的重要成分，它与普通金属材料有许多不同的力学性质，例如应变与应力之间的关系是非线性的，抗压强度远较抗拉强度为大，……等，研究岩石的力学性质对于大型的土建工程及开矿有密切关系，近年来爆炸技术与热力钻逐渐用于工程技术方面，又引起了岩石力学方面一系列的新的问题，例如：爆炸所产生的应力波在岩石中如何传递，在岩石中引起的热应力如何导致了岩石的碎裂等等。

土壤的许多力学性质也值得仔细研究，例如土壤的极限平衡问题对于工业建设的关系很密切；例如地基的不均匀沉陷，对于建筑物寿命的损害是极其严重的。土壤的结构强度理论与农业生产关系也极为密切，也是亟待研究的问题。

（4）化学流体力学

化学流体力学的一个重要对象是燃烧现象，苏联有名的物理化学家谢苗诺夫曾经意味深长地说过："电与火是人类使用的两大能源，尽管人类用火不知道比用电要早多少年，但是对于燃烧的知识却远比电为少"。大家知道燃烧是一种释放热量的，速度比较慢的化学反应（氧化反应）。化学流体力学的任务便是研究：如何通过对温度、压力、燃料混合比及一系列其他参数的改变来达到控制燃烧过程的目的。随着场合的不同我们要研究如何点火、防爆、防熄火或燃烧的平稳问题,这些问题在化工、冶金及航空方面具有极重大的意义。其他如流体通过多孔介质（例如化工上用的填充层）的流动，热传导问题，都是化学流体力学研究的对象。可以肯定，随着地下煤的气化，原子能动力等新技术的日益发展，在化学流体力学这门年青的力学分支中将出现更多更新的研究成果。

中国科学技术大学里的基础课[1]

中国科学技术大学力学和力学工程系系主任　钱学森

中国科学技术大学是为我国培养尖端科学研究技术干部的,因此学生必需在学校里打下将来作研究工作的基础。什么是作研究工作的基础呢?那自然是多方面的,政治觉悟、专业知识、体质、阅读外文的能力等,都是基础。我们在这里要谈的不是这些,而是专业以外的基础课;这在科技大学分两类:一类是基础理论,也就是物理、化学和数学;一类是基础技术如机械设计。这些基础课在科技大学教学计划中占很重要的位置,基础理论学时在各个专业里略有不同,但占总学时的三分之一左右;而技术基础的学时也占总学时的百分之十几。所以基础理论的比重在科技大学比一般工科学院要高,而基础技术的比重又比在一般理科专业要高。

我们重视基础理论的原故,是因为科技大学的学生将来要从事于新科学、新技术的研究;既然是新科学、新技术,要研究它就是要在尚未完全开辟的领域里去走前人还没有走过的道路,也就是去摸索,摸索当然不能是盲目的,必须充分利用前人的工作经验。可是在新科学、新技术领域里,前人的工作经验不会太多,因此我们只有更多地依靠一般的知识、也就是人类几千年以来和自然界作斗争的经验,通过总结所得出来的自然界一般规律。对我们来讲,其中尤其重要的是关于物质结构、性质和运动的规律,这就是物理、化学。它们也就是我们在摸索过程中的指南针,在许多条看来可以走的道路中,帮助我们判断哪一条、或哪几条道路是可以走得通的,而其余是走不通的。也就是说利用自然界的一般规律去分辨出,哪一个想法肯定是对的,哪一个想法可能是对的,而哪一个想法肯定是错的。自然,我们作研究,不必在已肯定是错的路子上去花工夫,而应该集中精力于肯定是或可能是对的路子上。举个例子:运动的一般规律告诉我们说,永动机是不可能的,所以一切包含永动机结构的机器是不可能的,不必去想它。再如量子力学的规律告诉我们说,一切共轭量是不可能在同一瞬间绝对精确地测定的,质点的位置和动量就是一对共轭量,因此如果在微观世界里一个理论要求同时知道质点的位置和运动速度,那么那个理论就是错的,不必去考虑它。再举个例:化学键的能量是知道了的,特别是各种碳原子和氢原子之间的键,它们的能量我们知道得清楚,我们也知道二氧化碳分子和水分子的结合能,因此如果有人说他发明了一种比汽油能量大一倍的碳氢化合物燃料,我们也可以断定这位同志搞错了,那样的高能碳氢化合物燃料是不可能的,不必去相信他。

这些例子说明了基础理论的重要性,但我们也可以看出来要作这种原则性的判断,要求的还不是光知道自然界的一般规律,要求的是充分掌握这些规律,把规律的里里外外、前前后后都看得清清楚楚,摸得透。只是这样才能具有锐利的眼光,能在复杂的事物中分析出核心问题,

---

[1] 本文刊载于《人民日报》1959年5月26日。——编者注

不被形形色色的假象所蒙蔽，从而辨别真伪。所以科技大学里的物理、化学课除了教知识、注意和各个专业相结合，更注重这两门基础理论的系统性，要给学生一个清晰的全面概念和图像，要他们成为这两门学科的主人。为此，在辅导课里，我们也注意到养成学生分析事物现象的观点和方法；在独立思考方面，有所锻炼。自然，与物理和化学讲授课相辅的实验课，是有助于巩固规律的学习的；而且这些实验课，也使学生初步学到将来作研究所必不可少的工具、精密严谨的实验技术。

我们也要提一下，科技大学对化学这门基础理论，即使在各个非化学专业里，也是被重视的。我们知道新科学、新技术的研究和发展是和新材料分不开的，而要对不断出现的新材料，能了解和掌握它们的性质，或是要合理地提出还不存在的新材料要求，那就要比较系统的和全面的化学理论知识。

进行科学研究的时候，我们必需研究各个因素和各个量之间的关系，进行量的关系的计算。当然计算与分析不是什么神秘的东西，在农业合作化初期，有些社的会计不是用黄豆粒的办法来记账吗？所以就是我们一点也不知道高深的数学，用些简陋的方法也并不是不可以；这里的问题不是能不能的问题，而是好不好的问题。用简陋方法，虽然也能进行复杂的计算，但是太花时间，容易出差错；用高效能的方法就能节省时间，少出差错。那么什么是高效能的计算方法呢？那自然是要充分利用了数学的成果才能得到的。所以我们一方面不过高地估价数学方法，它不过是我们计算中的工具，它不能把本来没有道理的理论变成有道理，也不能把本来有道理的变成没有道理；我们另一方面也十分重视数学方法，因为它是一个非常有效的研究工具。

因此在科技大学里，我们的数学课是比较全面的，它的内容不比解放前大学数学专业所学的整个数学课少。但是我们的教法却与解放前的数学专业所用的教法大不相同，我们的教法，首先是唯物主义的，我们对每一个数学概念都从它来源讲起，说明它不是凭空掉下来的；在这里我们都引用实际科学问题的例子来解说。一个概念引入了之后，我们就进行系统的、严格的论证和发展，使学生有一个巩固的基础，即使他们在将来遇到了以前没有学过的数学工具，也能靠自己来掌握它。自然，我们在注重数学概念的同时，也没有忘了我们不是为数学而数学，我们学数学是为了作具体计算；所以在每讲了一个数学的概念和系统论证之后，我们还通过具体的实际问题来解说使用这个理论的方法。我们认为这样能把数学的理论与实践相结合起来，让学生既充分掌握理论，也能灵活地使用理论，进行计算和分析。

在科技大学里的另一类基础课是基础技术，这有包括工程画、机械原理、材料力学和机件设计的机械设计课，也有包括电工和电子技术的电工电子学课等。我们重视这些课的缘故是：在新科学、新技术的研究工作中，常常要设计比较复杂的实验装置，例如研究高速气动力问题就得有超声速的风洞，研究基本粒子物理就得有高能加速器；要设计这些设备就不能用敲敲打打的方法，必需进行比较正规的技术设计。因此基础技术的训练就非常必要了。

我们重视基础课，不但可以从学时所占的比例上看出来，而且也可能从科技大学基础课的教师名单上看出来：在我们基础课教师中有中国科学院副院长、数理化学部学部委员、物理学家吴有训，有中国科学院数学研究所所长、数理化学部学部委员、数学家华罗庚，有中国科学院技术科学部主任、数理化学部学部委员、物理学家严济慈，有中国科学院化学研究所研究员、数理化学部学部委员、化学家王葆仁。其他基础课教师也都是中国科学院各研究所的高级研究人员。这些教师们在学术方面都是有成就的，知识面也广，因此他们对学科都有比较成熟和特有的看法；学生能和他们经常接触会得到深刻的启发。当然，这些高级研究人员的任务是很重的，再要抽出时间来讲课并不容易；但是为祖国迅速地培养一批尖端科学的青年干部，这是一项光荣的任务，再多白一些头发又算什么？

科学技术的研究工作和外文[1]

钱学森

搞研究工作一定要从前人的已有成果出发。并且参考现在其他工作者的意见，这样才能掌握文献，才能集思广益。而在科学技术的研究工作中，因为我国现在还是一个科学技术非常落后的国家，所谓前人成果，所谓其他工作者的意见，其中大多数都是外国的，因此也是用外文写的，要掌握文献，就得懂外文，能看外文。

也许有人会说，学外文不容易，要花费一定的时间，能不能让少数搞专业的人去学，让他们把外文的文献先翻译好，然后我们再看翻译好了的材料？这自然是办法之一，而且我们现在也正在这样做。但是，我们也必须认识到科学技术在今天是门类分得很细的，每一个专业有那一个专业的"行话"，不懂行话的人，就是懂得字的一般意义，也是不能翻译得通达的，不通达的译文，看起来也还是很难懂得的，也不能起介绍文献的作用。那么谁能懂行话呢？懂行话的还是科学技术工作者自己，所以如果要译科学技术文献，还是要研究工作者自己来干。这就说明科学技术研究工作者应该学习外文。

也许还会有人说，好了，我同意科学技术文献要科学技术专业人员自己去翻译，但能不能让一部分研究人员学好外文，做好翻译工作，其他的人就可以不必学外文，只看译好了的文献呢？当然，现在科学技术工作者是在翻译自己专业里的外文文献；我们建国以来，大量的专业书籍的翻译出版，就是这样的，现在的中国科学院还设立了专门的科学情报研究所，整理、翻译和出版外文的科学技术文献。这一类工作将来还要加强和扩大。但是这样的科学技术专业人员做的翻译工作也还不能完全满足研究人员的需要，缘故在于科学技术文献浩如烟海，专业翻译能做的，只是一小部分，还有大部分的外文文献来不及翻译。再说全部翻译外文文献也是不必要的，因为其中有不少重复，不少一般的东西，但这不是说专业翻译工作者所不翻译的外文文献就没有什么可取的东西了。一篇论文可以是基本上平常的，但是很有可能其中有一小段，或光是其中一句话，却大有意义；能给研究者很大启发。科学技术研究工作里，决不能忽略这种点滴的东西，忽略了就会大走弯路，吃大亏！可是这样的发现，当然非研究工作者自己不能做，今天科学技术分工那么细，隔行如隔山，他人决不能代劳。所以在专业外文翻译工作者之外，科学技术工作者自己还是有必要学习外文，这样才能真正掌握文献。

自然，外文很多，是英文、是德文、是法文、是日文？都学是不可能的。在今天对科学技术来讲最主要的外文是俄文[2]，因为苏联是现在世界上科学技术先进的国家，因为苏联是社会主

---

[1] 本文刊载于《科大校刊》1959年12月3日，原载于《俄语教学与研究》第二期。——编者注
[2] 当年强调学习俄文，是因为那时我国正处在西方国家对中国进行严密封锁的时期，高等学校普遍都将俄文设为第一门外语。——编者注

义的国家，因此科学技术的出版工作是有组织的，有计划的；苏联的科学技术书籍和期刊质量高、面广，是科学技术文献最重要的部分。不但如此，而且苏联很重视其他国家的科学技术工作，出版一整套整理了的外国文献资料，如文摘、快报、专业外国文献期刊，所以懂得俄文还不光是能好好地向苏联的先进科学技术学习，而且还可以间接得到所有国家的科学技术资料。

我们说今天我国科学技术还很落后，所以做科学技术研究必需学外文，将来在十几年后我国科学技术水平大大地提高，可入世界先进的行列，到那时我们自己写的文献自然会成为世界科学技术文献里的一个重要部分。但是就是到那时候，我们自己写的文献也不过是一部分的文献，还是有其他很重要的外文文献，外文文献还得看，不看还是要吃亏的。所以就是我国科学技术不再落后了，搞科学技术研究的人还是需要外文的。外文是今天需要，明天也需要，将来还需要的科学技术研究工作中的重要工具。

1961年在中国科学技术大学报告的提纲[1]

1961年在中国科学技术大学报告的提纲

第一部分

0. 苏联的现成。

1. 美国到今年2月底一共发射成功36个人造地球卫星和2个人造行星。36个人造地球卫星中,用"雷神"22次,"宇宙神"4次,改型"红石"3次,改型"木星"3次,"海盗"(Viking)3次,用的"侦察兵"1次。回收舱四19次,有15次失败,4次成功。最近一次用"雷神"("探险者23号")回收又失败。而在4月25日发射"水星"载人舱回,有假人,用"宇宙神"30秒钟飞行中炸焰。最大卫星重量(用Atlas-Agena B),为轨道1,617.4公斤(1960年5月24日)

2. 美国的"水星"计划:1961年上半年用"红石"把人200公里高,300公里远;失重时间约7分钟。1961年下半年,用"宇宙神"980公斤容回。"红石"全长19.2米,直径1.78米,发射重18.1吨,推力34吨。"宇宙神"全长24.7米,直径3.05米,发射重110吨,2×75吨+2×7.20吨=177.2吨推力。
"土"8×85=680吨,或F-1, 700吨一级;二级4×9.1吨;三级2×9.1吨。长55米,直径5~6米。

3. 分析: 理想速度 即 Циолковский 速度 = $\displaystyle -g\int_{0}^{t}\frac{\dot{m}}{m}dt = g\left[\ell_{1}\ln\left(\frac{m_{1}}{m_{2}}\right)_{1}+g\ell_{2}\ln\left(\frac{m_{1}}{m_{2}}\right)_{2}+\cdots\right]$
= $8 + \int_{0}^{t} g\sin\theta\, dt + \int_{0}^{t}\frac{D}{M}dt$ = 9.3 公里/秒

高升到月球的理想速度 = 11.2 + 1.3 = 12.5 公里/秒

---

[1] 1961年5月2日钱学森先生在中国科学技术大学作了《关于苏联载人宇宙飞船》的报告。这里收录的手稿就是钱学森先生亲笔写的那次报告的提纲。——编者注

对苏联星际航行的分析

1961.4.21

I) 如果根据美国的资料，用普通燃料，在几吨重的卫星范围内，每发一吨卫星，一级的推力为180吨，重送为120吨。

II) 那么苏联的第三颗卫星，重量1.327吨，第一级推力应为239吨，重159吨。看来这是用一个年级的洲际弹道火箭做基础，把洲际弹的弹头换了第三级，或把第二级加了尾巴部。

III) 而以后发射4.6吨左右重的卫星，则为828吨一级推力，及552吨总重。这也是12,000公里射程太平洋火箭。(那个火箭的速度是7.54公里/秒)

IV) 前此发射的几个宇宙火箭空重1500斤；如果说4.6吨全是第三级，

$$\text{质量比} = \frac{4.6}{1.5} = 3.064, \quad \ln 3.064 = 1.120$$

$$11.2 - 8 = 3.2 \text{ 公里/秒}, \quad 3,200 = 9.8 \times I \times 1.120$$

$$I = 292 \text{ 秒}. \text{ 这是真空比冲，不难办到}.$$

(地面比冲 ~ 292/1.20 = 243秒，完全可能)

V) 而发射6.483吨重卫星，其第一级功能还是不变，而第二级采用了高能燃料。

自动驾驶系统等

VI) 而含氢发射的最大速度为 $11.2 + 0.661 = 11.861$ 公里/秒。从卫星轨道上加速 $11.861 - 8 = 3.861$ 公里/秒

$$3.861 = 9.8 \times 292 \times \ln \frac{M_1}{M_2}; \quad \ln \frac{M_1}{M_2} = 1.35, \quad M_1/M_2 = 3.86$$

含星自动驾驶系统的重量为0.6433吨。 $\frac{6.483}{3.86} = 1.679$ 1.036吨为机械及结构

如果说卫星中有0.483吨是其它设备，及6吨是 $\frac{6}{3.86} = \frac{1.554 \text{吨}}{.643}$

$\overline{0.911}$ 吨是机械及结构

(四) 发射 4.6吨卫星时，其第二级总重可能是 50.4吨。

$8 + 1.3 = 9.3$，每级加 $4.7 + 4.6 \times 7/13$。

$4,600 = 9.8 \times 292 \times \ln \frac{M_1}{M_2}$, $M_1/M_2 = 4.78$.

空重 $= 50.4/4.78 = 10.11$吨，结构及机械重 $= 10.11 - 4.6 = 5.51$吨。

而如果不发射 6.483吨重卫星时，结构重吨减至 5.3吨。

$5.3 + 6.483 = 11.783$吨，$\ln \frac{M_1}{M_2} = 1.454$

$$I = \frac{4,600}{9.8 \times 1.454} = 322 \text{秒}$$

而如果结构重量不减 $M_2 = 11.983$吨，$\ln \frac{M_1}{M_2} = 1.435$

$$I = \frac{4,600}{9.8 \times 1.435} = 327 \text{秒} \text{ 也是可能的。}$$

$8 + 1.3 = 9.3 = 4.7 + 4.6$

$4,700 = 9.80 \times 260 \times \ln \frac{M_1^{(0)}}{M_2^{(1)}}$ $M_2^{(1)}/M_1^{(0)} = 0.1577$
$ 0.065$ ← 结构比
$ 0.0927$

$1/0.0927 = 10.8$

$4,600 = 9.80 \times 290 \times \ln \frac{M_1^{(2)}}{M_2^{(2)}}$, $M_2^{(2)}/M_1^{(2)} = 0.1980$
$ 0.0900$
$ 0.1080$

$1/0.1080 = 9.27$

$10.8 \times 9.27 = 100$ 推力 150

4.60卫星   460吨   690吨推力 (8×86.3 或 9×76.7)

(4×172.2吨)

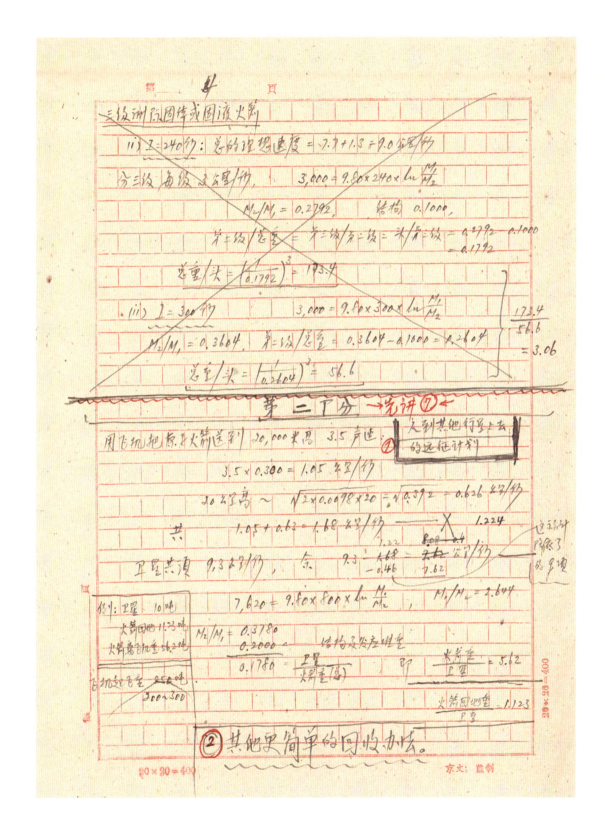

塔斯社1961年5月11日讯：苏用无线探测方法得地球到太阳平均距离为
14,945.7万公里；金星自转周期约10鱼度。 ⑤

3. 进一步在其他星上设立生产工厂，即说不必一切都带去。

4. 长期的旅行：苏联今年2月12日放的金星火箭，从2月12日到5月19–20日，
三个多月！如何在一个密封船舱中生活？

5. 超重问题；失重问题。见"中国青年"5月10日的 九期 23页。用人造离心场！

6. 辐射带：地球附近，第一带千把公里高；第二带 万把公里。但在纬度65°的
键可以避免。将来载人飞船如何从几百公里高的卫星轨道起飞，必需注意
这两个辐射带。△最近又发现在木星(用射电望远镜方法)32万公里
上空有强大的辐射带，其穿透力比地球附近大 10^{14} 倍！是不能穿过的！天然通区
而水星、火星和金星则无。木星不能到，用木星的卫星（木星共有11个）
三个多月话（大小及性质）← 例如 I, II, III 都行   第二带
                             42万公里 67万 107万公里

7. 水星离日5千8百万公里；面对太阳的不变，最热达410°C，最低~0°K。没有大气，无月亮
   金星" 1亿0千8百万公里；有大气，但还不能定是什么大气，有CO_2，无O_2。表面看不到，也不知道自转。
   火星" 2亿2千7百万公里；有希大气。
   其主星，离太阳有60亿公里
   小行星带，在离太阳的4.5亿公里。估计有44,000个小行星！
   木星. 土星. 天王星. 海王星。   800,000大气压，氢或金属氢！
   11个卫 9个 4个 1个
   7.75亿 14.21 28.6亿 44亿
    公里 亿公里   84亿公里

8. 无线电波信号传递时间：每3亿公里 = 3×10^8 公里 = 3×10^{11} 米 = 3×10^{13} 厘米，时间是1000秒，即16.67分。或信号走1×万公里，来回走的时间还使有2000秒，飞船了能走了10万公里。所以不能完全由固定区控制。

9. 必需研究太阳系空间的具体环境：如各种辐射、电磁场等，它们对通讯造有密切的关系。

10. 结构材料问题。抗辐射！

第三部分

$\boxed{1\text{秒差距} = 3.259\text{光年} = 3.08 \times 10^{13}\text{公里} = 308,000\text{亿公里}}$

1. 太阳系的半径是约40亿公里。但到最近的半人马座α星却有40万亿公里，即4.3光年。即远距也是太阳系尺寸的一万倍。

2. 即太阳离银心为7000秒差距，即22,800光年；距银河系边缘约6000秒差距，即19,600光年。银河系的半径为13,000秒差距，即42,400光年。比太阳到最近恒星又大了一万倍。

3. 而是星系中，观测到的约为1000百万秒差距，即银河系半径的十万倍！

4. 在离开太阳17光年的近邻地区，就振现在天文观测所知，有42颗恒星或太阳（连太阳在内）；但实际上星的数目不止于此，因为有不少星实质上是双星或三星。在银河系中，双星及多星集居估计占星的1/5！所以最近的

太阳半径是 695,300公里，约地球的100倍

半人马座的α星，实是距离很近的三颗星：

	M	R 半径	翻温度,°K	色
A	1.25⊙	0.99⊙	5750	略黄如太阳
B	0.65	1.5⊙	4950	橙黄
C	0.38	0.045	3250	红

再如离我们 8.7光年的天狼星，也实际是双星：

A	2.35	1.53	9000	白
B	0.98	0.03	8600	白（白矮星）

白矮星之特例也在我们邻近，13.8光年的 van Maanen 的星，$M > 0.11 M_⊙$，而 R（半径）仅 $0.009 R_⊙$，即半径比地球略小，而质量却是地球质量的 36,000 倍。于是每立方厘米有半吨重！

5. 而一旦出了太阳的近邻，恒星世界的奇观就更多了，例如双星中的巨大天鹅座 V380星，是一对高温发蓝光的巨星，它们以 12.43天的周期相互围绕旋转，其距离为 0.611×10^8 公里（0.611亿公里），一个半径为太阳半径的 29倍，0.201×10^8 公里，质量为太阳的 43.7倍；另一个半径为太阳半径的 8倍，0.056×10^8 公里，质量为太阳的 15.6倍。

要说巨星，要以猎户座α星（Betelgeuse）为最大，它离我们有 300光年，是一颗红色（M2）的星，半径从最小的太阳半径 330倍到最大为太阳半径 460倍，是颗有脉动的星。最小半径也是地球到太阳距离的 1.54倍！另一个更大的星是武仙座α星（Ras Algethi）也是红星（M8），离我们有 800光年，半径为太阳的 800倍！

包括了小行星

周围有大量气体的所谓"行星星云","Wolf-Rayet"星

此外还有一些不稳定的星如变星、新星、超新星，放射的星等。
6. 恒星附近必有行星！
7. 到其他恒星去的问题：是速度问题，必需非常接近光速。必需用相对论力学来计算。例：到半人马座α星；设想宇宙飞船最高速度为 0.80 倍光速（一角秒差距比 6.24！）

而喷气速度若光速的 0.6 倍，用二级火箭，一级加速到 0.80 倍光速，一级减速用。最大加速度为 2000 厘米/秒² (约 2g)，加速加速减速对船中人来讲各为 $\frac{1}{2}\frac{1}{4}$ 年；等速飞行一段对船上人来讲是 2.5 年，一共 4.5 年。
（8.7 地年）（用 3 级火箭）

到天狼去，用等加速度 2000 厘米/秒² 及等减速 2000 厘米/秒²，最大速度 0.94 倍光速，喷气速度仍为 0.6 倍光速。加速及减速对船上人来说各为 0.8 地年，直走用 2.5 年，共 4.2 年！

8. 主要是喷气速度必需达到半倍光速以上，不然质量比太大。例如：
所以今天比较有希望的能源，$6D \to 2He(7.1) + 2p(17.7) + 2n(16.55) + 1.8$
氘

D 的能不能用来加热，放为每 D 4.4 MeV；取其一半作为改变作动能，喷气
速度为 15,000 公里/秒，比冲 1.5×10^6 秒！但 0.05 倍光速！取要达到
0.80 倍光速的质量比为 $M_1/M_2 = \left(\frac{1+0.80}{1-0.80}\right)^{10} = \left(\frac{1.8}{0.2}\right)^{10} = 9^{10} = 81^5 = 6561 \times 531,441$
$= 3,480,000,000$ ！   (Ackeret 公式，$M_1/M_2 = \left(\frac{1+\frac{v}{c}}{1-\frac{v}{c}}\right)^{\frac{c}{2w}}$)
$= 34.8$ 亿

9. 要达到 $\frac{v}{c} = 0.60$，法必需燃料在燃烧后能释放出许多的能量，其相关联的质量为精燃料原来质量的 20%！不是没有的千分之几！

如果用 Циолковский 公式 对 $M_1/M_2 = 8890,000 = 0.089$ 亿

10. 正物质，负反物质？

结语

万里长城
郑和的远航

题解

社会的大同，这些速度，问防？

对自然的光！

0. 为什么？(1) 能不能跟上《结语》而不是让社会主义早期泛读气阻劳动人民的自信心

1. 当前任务：迎头赶上，保卫马克思列宁主义，反对帝国主义斗争，保卫和平。

2. 近期任务：自太阳系航行技术；或星际航行。行星站。近20—30年？

3. 远期任务：在星际空间研究宇宙，研究力学；准备突破太阳系，进入大宇宙。

4. 有3批：人在地球表面时代的科学研究创造了离开地球表面作（行）星际旅行的3批；而人在（行）星际间的科学研究会创造（火）宇宙飞行的3批！而且：将是在马克思列宁主义指导下，在马克思列宁主义政党领导下共产主义的人民，科学技术工作者的任务；腐朽的资本主义制度今天阻碍着人类进入（行）星际飞行的时代，将来更不会对（火）宇宙飞行做出什么巨大的贡献！

后代是共勉之！

谈谈工作与学习[1]

钱学森

前次校务委员会上，华副校长邀我来校作一次学术报告，当时心中亦无底，不知道要讲些什么内容。后来在同学中征求了意见，知道希望谈谈近代力学的现况和展望。关于这方面的问题，在一次科协组织的报告会上，我已经谈过，现在经过了整理，将在报刊上发表[2]，大家都有机会看到。因此，今天我想谈谈别的问题，谈谈作为一个力学工作者，自己在学习和工作中的体会。准备分下面六个问题来讲：

1. 学习和掌握理论；
2. 掌握应用理论的手法和技巧；
3. 数量的概念；
4. 如何选择参考书；
5. 解决问题的关键在于弄清问题的机理；
6. 重视实验技术。

1. 学习和掌握理论

中国有句老话："读书明理。"亦就是明白自然界的规律。掌握自然界的规律是我们今后工作的基础。在学校里，它反映在基础课中，亦就是同学们过去几年所学的内容。这些知识如何才算真正掌握呢？就是要提纲挈领地掌握这些内容，能够用一个纲把它们抓起来，能够用几条线把它们串起来。这些内容要了解得最透彻，要明白自然界中什么是行的，什么是不行的。例如由物理中的能量守恒定律，得出永动机是不可能的。这一结果很重要，它告诉我们，凡是类似于永动机的机构都是不可能的。像通俗刊物上所介绍的问题，打开电气冰箱是否能降低室内温度，我们一看就能判断这是不可能的，因为有电能的消耗，只能散发出热量，不可能降低室温。从能量守恒的观点出发，并不需要对电气冰箱的构造作详细的了解，我们就能做出行与不行的判断了。

过去，我看到老师看别人的论文时，只看看首尾，就能做出评价，判断好坏，自己非常佩服，后来慢慢地，自己亦能这样判断了，这并不奇怪，亦并不神秘。因为在一篇论文的前面，总是介绍了问题的提出，以及说明处理的方法，在末尾，总是介绍所得出的结果和结论。因此根据我们以往对自然界规律的了解，就可以做出判断，行还是不行，合理还是不合理。也许有人说我思想

---

[1] 本文是钱学森先生于1961年10月28日在中国科学技术大学师生大会上所作报告的记录，曾发给各系各教研室广泛学习，现藏于中国科学技术大学档案馆。本文依据记录稿整理。——编者注
[2] 这里指的是《近代力学的内容和任务》一文。——编者注

不解放，把自然界规律认为是一成不变的，难道能量永远守恒吗？当然可以这样问。也许将来掌握了更多的事实之后，发现能量是不守恒的，不过亦要依据客观事实来解放思想。如果有人问我太阳从哪边出来，我一定回答是从东方起来，因为这是几千年来人类经验的总结。我当然亦不认为这是绝对不可改变的，不过没有其他事实出现以前，我是不怀疑的。同时，亦只有在深刻了解过去的基础上，才能发现新的事物，才能认识新发现的意义。因为有时候你并不是真正的有发现，而是把原有的事物了解错了。

所以掌握理论时，重点应该放在定理的条件上，在什么样的条件下，定理才是正确的。例如能量守恒的条件是封闭系统，不是封闭系统，能量就不守恒了。一本好的教科书中，条件都是交待清楚的，我们不仅要掌握定理的主要结论，还应该掌握这些条件，这是认识事物、判断事物的依据。也许你在第一遍学习时，注意不够，现在应该补起来。例如牛顿三定律成立的条件：一是物体运动的速度不能太大，要远小于光速。当速度接近于光速时，牛顿定律不再成立，这是相对论力学所讨论的范围了；二是运动的物体不能过小，在微观世界中适用的则是量子力学。不明白这些条件，则在应用时，就是盲目的。因此，在学习中，必须明确一个理论或定理什么时候能用，什么时候不能用。对四年级同学来说，可以自己检查一下，好好地复习一下，看看自己到底是否真正的掌握了。

在学习过程中，掌握因果关系亦是很重要的，就是要知道什么问题是决定其他问题的，什么问题是可以决定的，什么问题是不可以决定的。例如问题中有三个未知数，而只有两个条件，则问题是不确定的，因为确定三个未知数，一般需要三个条件。条件多了亦不行，亦要出问题。如果发现未知数和方程数不符合，首先就要从大前提来判断，检查问题的提法和分析，这就是提纲挈领的方法。否则做下去，亦做不出什么结果来的，只是浪费精力和时间。这些问题虽然说起来很简单，但是都是决定工作能否成功的前提。

我们进一步以力学作为具体例子来分析。流体力学和固体力学总起来称连续介质力学，以别于一般力学。其处理方法有类似之处，不外乎三个方面：（1）连续介质不能有空隙，根据物质不灭定律，不能无中生有，亦不能有中生无，这在流体力学中就是连续性方程，在弹性力学中就是协调方程式；（2）介质由于变形而产生相应的应力关系，在固体力学中就是应力应变关系，在流体力学中就是应变率和压力间的关系；（3）动力学方程式，都是牛顿第二定律。其中第一个是运动学的问题，后一个是动力学问题。中间一个是它们之间的桥梁。如果在连续介质运动中考虑到化学变化或电磁场问题，则从能量观点，再加上一个能量方程，这些就是连续介质力学建立的基础。抓住这些问题，才算提纲挈领地抓住了要点，才算掌握了前后因果关系。

其次来看看弹性力学和黏性流体力学之间的相似性质。弹性力学中的应力张量和应变张量关系，黏性流体中的压力张量和应变率之间关系中，两个基本假定是各向同性和线性关系，因此其间只有两个常数，在弹性力学中是杨氏模数和泊松比，在流体力学中是第一黏性系数和第二黏性系数。有第三个是不可能的，要少一个就必需外加一个假设。这是很有力的，知识的力量、人类的智慧就在于此。

再来说说流体力学，不外乎运动学和动力学两部分。在理想不可压缩流体中，运动学和动力学是分开的，在流场的计算中，不需动力学，只需要运动学知识，亦即连续性方程。只有当计算压力时，才考虑到动力学性质，即伯努利方程式。但是在理想可压缩流体中，运动学就和动力学交错在一起，而不能孤立开来处理了，问题就复杂得多了。这样就会加深我们对问题的了解，在解决问题时才会头绪明确，应用灵活。要学习，就要学这些东西，细节问题记不住是可以查书的，是不是真正懂得，就在这些地方考验出来。当然学习是有过程的，教师亦不能光讲提纲挈领，还要讲具体问题，以帮助你们逐步地、具体地来认识问题。但是通过学习之后，必须掌握这些提纲挈领的问题，它将来以各种各样的形式出现，来帮助你解决问题。

我没有参加过国内研究生论文答辩。在国外考的就是这些东西。例如应力应变关系，你只要说在各向同性和线性关系假设下，只有两个常数，这就行了。因为解决问题，就依靠这些知识的核心。掌握知识，就是要服务于人类，所以不要死啃书，不要学究气，而要明理，明白道理。

2. 要掌握应用技巧和手法

明理后，还要具体内容充实，为了应用，必需强调熟练和技巧。例如只记住 n 次代数方程有 n 个根，而不知道解法，解决问题时必须查书，又如积分时亦要查表，这在时间上很浪费，有时候会很笨。例如牛顿就为大狗挖大洞，小狗挖小洞，而不知道小狗亦可以从大洞进出。不熟练就没有技巧，抄书还会抄错。所以必需讲究手艺，以前有个应用数学很好的人，三次微分可以同时进行，这样解决问题就是快。

熟能生巧，解决问题中大都是一次微分方程，可是出现的形式却不是一次的，这就需要敏锐的观察能力。不熟练，你就认不出它的真面目来。这要勤学苦练，这就要做习题，多练习。

技巧性问题，常常要计算数值。有个人技巧好，用同样的算尺算出来的数就准，例如计算 A^2-B^2。当 $A \sim B$ 时，用 $(A+B)(A-B)$ 来就比较准。又如计算 $\sqrt{1.0265}$，计算时写 $\sqrt{1+0.0265}$ 用二项式展开，就可以算得准一些。所以要讲究计算技巧，要有手法，要有独到之处，即经济，又准确。

实验中亦同样如此,读数据就大有讲究,有的人读得准,有的人就读不准。又如怎样安排可以使实验中偶然性的错误可以减少,使得又节省时间,效果又好,这就是技巧和手法。要记住必要的公式、处理方法,才能灵活应用。归结起来,这些就是科学技术中的基本功。

3. 定量问题

尖端技术问题不是纯学科性的目的,而是要和设计师、工程师、工人做出东西来,要出货,量的概念就非常重要。有一个人量纲老搞不清,在计算中老是把重力加速度 g 放错地方,力学的技术报告是给工程师应用的,算错了害人非浅,要撞大祸,流血死人。为了保证量的准确,这里有两个办法,要熟悉一些东西的数量级,例如人造卫星的速度多大,说个每秒 8 什么,这是不行的。如果你知道很清楚,则在类似问题中可以进行比较,例如算 500 公里的低卫星速度,就知道它和 8 公里/秒差得不多,这样可以检查结果。二是量纲分析,检查公式对不对,亦就不会把重力常数放错。因此我在讲课中,就不给分析量纲,而是按照物理量纲写出公式的要用工程单位,则自己去换算。这亦算作一个思考题吧,在学习过程中自己去分析,这个能力一定要培养。有时书上公式亦会有错的。

我们必需注意量,注意量的准确性。当然准确性的要求是依据实际问题的需要来决定的,不是盲目地追求准确,而是应该要求的,你自己所计算的数据,必需保证确实。比如说一个数据要求准确到四位数,那你就不能在第三位数上出错。

4. 如何选择参考书

应该选名著,但名著不一定出自名手,而是在实际中经过考验的大家公认是好的著作。还要注意一本书看一遍不懂,不一定是书不好,还应该多看几遍,揣摸一下。如果看几遍还不懂,那就不要再看下去了,可能是书不好,也可能你的预备知识还不够。

5. 解决问题的关键,在于弄清问题的机理

首先一个实际问题,只要能用理论解决,就应用理论解决,所谓理论解决,就是根据现有

知识用分析计算的办法解决问题，这是最经济、最快，因而也是我们最希望采用的办法，它最能体现多快好省，这应该是我们一个努力方向。科学技术、基础科学的不断发展，理论越来越广泛越有力地解决实际问题，理论和工程技术本来就是因解决实际问题的需要而发展起来的。例如热力学的发展是由于设计热机时来计算其功率；力学的发展是由于航空和宇宙航行提出了许多实际问题，所以理论的发展是很重要的。

解决实际问题并不是很容易的。学习理论是按学科的，学科是前人经验的系统化总结，它有本身的分门别类的方法。而实际问题是一个未经分析，综合性的问题，首先要分析理解这个问题，要根据现场实验的材料反复揣摸，理解各个量之间的关系，知道问题的来龙去脉。有些问题经过不长的分析就能了解什么是主要矛盾，什么是次要矛盾，问题的机理是什么。而复杂的困难问题的理解这些就不那么容易，一个实际问题的"核心"外面往往包着很多东西，要慢慢打开，有时还要作一些设计、设想，便于分析问题。假设多少包含一些猜的意思，但并不是胡猜而是根据事实和前人的经验来猜想，科学工作不像形而上学只是一些推理，认识过程是有跳跃性的。"猜"正是一个跳跃，猜了以后再验证，根据假想再推演而后再和事实核对，对了可能是正确的，不对再想办法，按另一套假设、另一套机理再来试。人的认识就是这样一步步接近于真理的过程，不要以为假设就是胡说，最后还要和事实相符合。如果仅仅按部就班地推理就太慢了，因为可能正确的答案有千千万万，要突破要有出路，不能光等，也不能像唯心主义者等灵感，要啃一啃，先按一种可能试一下，即便不行，也能在失败的过程中分析出哪些是不对的，哪些是对的，帮助我们了解问题的关键，逐步趋向正确。不去试一下，不去实践，就寸步难行。

复杂的问题要完成这一步是一个很长的过程，我在解决圆柱壳体轴向受压非线性失稳时就是这样。按经典理论计算结果不准确，按另一套办法试一下不行，再看看书，了解一下别人的经验再试。分析计算的结果，有600多页都报废了，最后试对了的只有六七十页，这就是一个认识过程、来回反复地搞，一步步接近于真理，每一次都要鼓足干劲，要有坚持的恒心、科学的态度，最后的结果是明白了问题的机理，为什么经典理论计算的结果和实验结果不符合？原因是经典理论假设变形是微小的用线性理论，而实际上是大变形要用非线性理论，没有摸到这个问题以前两眼漆黑，最后就找到这个问题的模型，而实际问题当然比模型更复杂，影响失稳的因素，还有制造上的偏心和加力的偏心，但这些都是次要因素，主要的因素是非线性失稳。在理论分析时，把问题集中到主要因素上得到实际问题的模型。前几年也有人反对模型，说模型脱离实际，例如反对刚体，这是不对的，因为关键在于模型能不能代表实际问题？是否符合问题的主要矛盾？刚体这个模型用于炮弹的运动和陀螺的运动不是很好吗？否则工作就无从做起了。从实际到模型所作的简化正是为了解决实际问题，刚体的出现是力学史上前进的一大步，不能说是脱离了实际。模型是要经过创造性劳动才能得到的，得到模型就是掌握了机理，到了这阶段就可以庆祝一番，下面的问题比较具体，比较顺利了。但是在科学论文中上面的这些工作都是一笔带过，轻描淡写的，而具体的计算占了很大的篇幅。因为论文不是经验总结，而是叙述结果。这样往往使读者产生了一些误解，好像论文作者有先见之明，一看就把主要问题抓住了，实际上他不知道抓住主要问题是要花费艰巨的劳动，要在没有道路的地方走出道路来。为什么我一开始就讲要抓住基础科学的核心要提纲挈领的掌握之？因为我们在摸索问题时要有依据，好像在大森林里走路要有一个指南针，基础科学中的自然规律正是我们在科学研究的指南针，它给我们指出方向，告诉我们什么是可能的，什么是不可能的，什么是有道理的，什么是没有道理的，否则就只好胡闯，什么也摸索不出来。知识愈是广，掌握得愈深，经验愈多，在摸索过程中，就可以走"捷径"，就可以更快地掌握机理，建立模型，所谓科学工作者水平的高低，就反映在这些地方。

力学工作不能仅停留在理论研究上，要给出具体结果。结果是用数字或图形、表格表示出来，因此具体计算也是很重要的。人们掌握计算方法的水平，决定了模型可以复杂到一个什么程度，如果模型的计算复杂到一辈子都算不出来，那只有退一步把问题进一步简化，简化时要把主要因素保存下来。在电子计算机没有出现前，力学所给出的结果往往只能是定性的，因为影响结果 1%~2% 的因素忽略了，所以尽管下面的计算是准确的，而由于出发点已经作了简化，其结果仍然是定性的。虽然这些结果是定性的，也能给工程师解决实际问题一个方向，起指导作用，如本世纪 40 年代提出了超音速飞行是否可能？力学工作者得到的结果是可能的，飞行器的形状是后掠机翼，或三角形机翼，也给出了发动机的类型和功率的范围，虽然计算的结果只能准确到 10% 还是给出了正确方案，具体的数字，工程上可以用实验的办法按你确定的方向去解决。

有了电子计算机以后，情况开始变化，有一些过去认为太复杂无法计算的问题也能计算了，许多问题有希望不经实验，而通过计算得到定量的结果。目前火箭技术正经历这一变化，随着计算机技术的发展，电子计算机容量愈大、计算速度愈快、准确度愈提高。有希望愈来愈多的，那些原则上已经清楚的问题得到解决。这是自然科学用以解决工程技术问题的一个革命，特别对力学问题更显得重要，所以力学工作者要懂一点计算数学，以便能和计算技术专家合作。

6. 重视实验技术

并不是一切问题都归结于计算技术的发展，各门学科本身还要发展。自然界还有没有问题没有搞清楚？一种是原理没有搞清规律的，还要掌握；一种是问题复杂到目前的计算技术还不能解决这些问题，这时只能依老办法做实验；最后在理论研究过程中为了摸清机理也要做一些实验来证实。

实验在尖端技术中特别重要，因为尖端技术紧跟着科学的发展。因此总有一些问题没有搞清楚，而尖端技术又要求高速度发展不能等待，只有用实验来解决。另一方面尖端技术要求做大量实验，保证绝对可靠，否则就要出很大的危险，例如加加林和季托夫上天就要求火箭发动机绝对可靠，要做到这一点，只有多做实验，摸清它的脾气和问题，这时一切细节问题，就如一个螺丝钉是否可靠的问题，都变成重要的问题了，有一步不对就要出毛病，这些细节问题就不可能用分析的方法，而只能用实验来检验。

同时近代力学和尖端技术对实验技术的要求很高费用很大，例如高速风洞做一次实验要花费大量物资，而且实验的时间很短。我们希望一次实验取得问题所需要的全部数据，这要求对实验作很好的安排，因此要求我们必须重视实验技术。

近代力学的内容和任务[1]

钱学森

什么是近代力学？有些同志问：理论力学、量子力学、电动力学、热力学等四大力学是否就是近代力学？还有些同志问：近代力学是否就是专门研究地球卫星和星际航行的？

四大力学不是近代力学，近代力学也不能解决星际航行的所有问题。但是，近代力学和基础学科有密切关系。它需要有四大力学作为基础，而且目前在近代力学方面的工作大部分是为尖端技术服务的。所以，我们对上面两种提法的答复是：不完全对，但是都有道理。

究竟近代力学研究什么？要回答这个问题，我们需要先来对力学的发展过程作一简要的回顾，然后再来谈谈它的内容和任务，同时看看它今后还会有些什么样的发展。

近代力学的任务

近代科学中的力学，如果从牛顿总结出他那著名的三大定律的时候算起，已经有近三百年的历史了。但是，由于牛顿时代的生产还不很发达，力学基本上只是一门属于理论性的学科，它和工程技术没有多大关系。力学开始应用到生产实践中来，那是本世纪初期的事情。这时候，有两个大科学家的名字是值得提出来的：一个是俄国和苏联的科学家茹阔夫斯基，他最先在飞机机翼理论方面作出重要的贡献；另一个是德国的数学力学家克拉茵。他们第一次把基本学科和工程技术结合起来而创造了应用力学；这两位科学家开拓了近代力学的发展道路。

近代力学的一个特点是：它以基础学科为基础，又与生产实践有密切联系，而介乎基础学科和工程学科之间。与基础学科（如数学、物理、化学）相比，它显得更接触到具体问题，而与工程学科相比，它又显得更具有概括性。由于它是用基础理论来解决工程和生产实践中所遇到的问题的，所以它也是理论学科。在近代力学里，把理论和实际紧密结合起来的要求，是十分明显的。我们可以说，近代力学离开了理论基础，就解决不了问题，而离开了生产实践，就将失去其生命力。

从茹阔夫斯基—克拉茵时代算起，近代力学的发展不过五六十年的历史。我们可以看到，在这不长的年代里，近代力学已经有了蓬勃的发展，而归根到底，这正是由于近几十年中生产有了巨大发展的缘故。

近代力学的任务，具体说来有三项。第一，为工程师、设计师服务，作他们的助手。在工程师和设计师的工作中，常常会碰到一些新的具体问题，例如设计师设计试制了一台柴油机，试车的结果，发现存在着一种特殊的振动。机器运转的时候有特殊振动产生，应该说这并不是设计

---

[1] 本文刊载于《人民日报》1961年11月10日。——编者注

师的过错，而是工作中的新问题。设计师有可能自己来解决这个问题，但是在许多情况下，这些新问题可能超出设计师的知识范围。对这些新问题进行分析和研究是力学工作者的责任，分析和研究的依据便是力学理论。力学工作者的工作结果，一般的说是一份建议书（其形式可能是一篇技术报告）。工程师收到这份建议书后，结合工程实际情况，再制定适当的措施。这里我们可以看到，决定采用什么措施的是工程师，力学工作者只是提出建议。这是力学工作者工作量最大的一项。

第二，从工程技术和生产实践所发生的新问题中提炼出具有一般性的课题，作为新的力学理论来研究。实际工作中所遇到的新问题，有一些可以借助于现有的力学理论而很快给以解决，有一些则不能。这些应用现有力学理论难以解决的问题，就成为发展新理论的对象。

对于力学工作者来说，重要的是能否从一系列的具体问题中概括出一般性的理论研究对象，而不在于孤立地去解决一个一个的具体问题。举例来说，设计师会把高速飞行中的气动力加热问题提给力学工作者，这个问题对实现高速飞行的确是不容忽视的。他们也会提出火箭发动机喷管或超高速冲压式发动机的冷却问题，要求力学工作者来帮助解决。所有以上这些具体问题，都是属于同一类型的。用目前研究工作中的术语来说，这是属于"高速高温差附面层"的问题。"高速高温差附面层问题"，是从大量具体问题中提炼出来的概括性很强的理论问题。如果对于这样一个带有普遍意义的理论问题进行研究并获得解决，那么这就不只是解决了个别的具体问题，而且是解决了一系列的问题。

我们回顾这个世纪开始以来近代力学的发展，就是经历了这样一个过程。例如三十年前的气动力学教科书，也许只有一百多页，而目前的气动力学方面的教科书，就可以有一千多页。这是因为近二三十年来在航空、汽轮机、燃气轮等方面提出了许多研究课题，并且得到解决，从而使这门学科增添了新的内容。

但是，一个新理论的建立并臻于完备，总要经过不少的时间，而工程实践中的具体问题往往又迫不及待。在这种情况下，我们也常常看到，工程师并不是单纯地等待力学工作者的研究成果，而是使用经验方法先进行经验设计。例如，土坝的设计，现在是把土坝当作弹性体来处理的。但是，土严格地说并不是弹性体，所以这样的土坝理论是很不完善的；而工程师是靠实践经验和试验数据去修正因理论不完善而产生的误差。

这里说的设计师可以不等待力学工作者的工作结果，照样能解决实际工作中的一些问题，这只是说明实际工程往往赶在理论研究前面，推动理论研究工作，而不是说明理论研究无关重要。就以土坝设计为例，如果土的力学问题真的搞清楚了，工程问题就可以获得更快、更好的解决。

从以上两项任务可知,力学工作者一方面必须深入工程和生产实际,另一方面又必须掌握力学理论,因为他们的主要任务是运用理论协助工程师、设计师解决生产实践中的问题。

第三,力学工作者一方面掌握了生产实践知识,另一方面又掌握了精辟的力学理论,这就具备了创立新的科学见解的条件。所以,从认识自然界的规律,进一步提出新的科学创见,改进工程技术、改造生产,便是第三项任务。

这是一项重大的任务。要满足这个要求,力学工作者需要从研究方法到专门知识,从基本学科到工程学科,进行一番相当严格的锻炼。在这方面我们可以举两个例子。在二十年代的末期,力学工作者对飞机机翼理论的阐明和对流体在表面摩擦阻力的理解,导致了流线形单翼飞机的设计概念,指出这种新设计比当时流行的双翼飞机设计效率高得多,从而指出了飞机设计的发展方向。这个设计概念推动了当时的航空技术的发展,到三十年代中叶终于因全金属薄壳结构的出现而变成事实,完成了飞机设计中的一次革命。另一个例子是超声速飞行。在三十年代末,四十年代初,人们提出超声速飞行可能性的问题。而当时气动力学的工作者就提出了实现超声速飞行的条件,特别是关于翼形的选择及后掠翼的创造,以及计算出发动机功率的要求。这也推动了航空技术的发展,终于在四十年代末出现了超声速飞机。在今天力学之所以对星际航行有这样密切的关系,也是由于近代力学对于这一门崭新的技术能提出设计的概念。例如发射卫星的轨道该是什么样的?星际飞船要能再回返地球是没有升力的还是有升力的?像这一类新的设计概念、新的理论的建立,都是力学工作者的光荣任务。

近代力学的工作方法

这里我们要谈谈近代力学的工作方法。

力学不允许有脱离实际的理论,但这并不是说力学理论里不允许用抽象、概括的方法。例如,实际上刚体是不存在的,但力学里仍然允许使用刚体的概念,这样做了,可以使问题简化。实际工作是否允许作这种简化?我们知道,炮弹不是刚体,但是如果只讨论它的外弹道,把炮弹当作刚体,对弹道特征没有多大影响,所以简化是允许的。同样,无黏性的"理想气体"在客观世界里是不存在的,但在气体动力学的许多问题里,如研究气动压力问题时,引进"理想气体"的概念,可以使问题的计算分析得到简化而不影响问题的大局。这样的抽象、概括在力学中是常用的。当然,脱离实际的随便抽象、随便概括是不容许的。事实上在上面提到的一些例子中,刚体的概念就不能用于炮弹的膛内运动,而在研究飞行器受到的气动阻力时,也不能不考虑到气体的黏性性质。

有些同志说，研究力学，既然是应用基础理论来解决工程实际问题，大概对于数学计算是很注意的。是的，力学工作者是不怕数学计算的。力学计算中不但要在一般原理原则上论证推演，而且要算出具体结果。所以对于数学的方法和演算技巧，力学工作者是很讲究的。但这并不是说，没有高深的数学知识就不能解决问题。事实上有些人不一定懂得微积分，他可以把曲线画在方格上，然后数数方格，求得问题的解答。问题不在于能不能，而在于好不好。用简陋的方法，虽然也能进行复杂的计算，但是太花时间，容易出差错，用高效能的方法就能节省时间，少出差错。所以我们一方面十分重视数学方法，因为它是一个非常有效的研究工具，另一方面又不过高地估价数学方法，它不过是我们计算中的工具。我们不能对数学工具寄予过多的幻想，它不能把本来是没有道理的理论变成有道理。如果你对问题的概念本来就是错误的，那么即使数学工具掌握得再好，数学技巧再熟练，也不能给你多少帮助。

力学工作者还必须掌握实验技术。实验，就是在一定控制条件下进行观察。把某些条件加以控制，是为了更好地弄清楚各个因素之间的相互关系和对具体问题的影响，以免这些因素彼此牵连，找不出问题的症结所在。当实验工作到了一定阶段，你认为数据够了，就进行分析和综合，但往往在综合的时候，又发现数据不够，于是又要再去做实验。分析——实验——分析，再实验，再分析，这便是力学的研究方法。最后还是分析，因为力学是一门理论学科。

计算分析在力学中是很重要的，但仅有这些是不够的。近代力学是理论分析和实验结合的科学，必须会做实验。目前在一些最活跃的力学领域里，如与尖端技术有关的一些部门里，实验工作相当庞大。其实验设备不是一些玻璃管、火漆、橡皮管，而是要用大量钢材和其他材料。从这个意义上说，实验技术也应该给予更多的重视。

要求每一个力学工作者都能掌握计算分析和实验技术，是有一定困难的。因此分工合作就显得更为重要。实际上要解决近代力学的课题，在理论计算方面还需要数学家和计算技术专家参加；在实验方面还需要物理学家、电子仪器和精密仪器专家参加，这就需要有一支相当庞大的研究队伍。

近代力学的内容及其今后发展

近代力学一般分作三个领域：一般力学、固体力学和流体力学。

一般力学这个词，往往容易引起一些混淆，好像是力学通论之类的东西，其实不然。它是从刚体力学发展而来的，主要研究刚体的运动。一般力学中一个比较经典的，也是比较成熟的部门便是振动。虽然振动的理论目前已比较完善，但是由于工程中的许多问题都属于这一类型，其重要性丝毫也没有减低。

这个方面比较重要的发展是非线性振动。所谓非线性振动是指振动物体（机件）所承受的力和变形之间的关系是非线性的，即力与变形之间不是正比例关系，而是曲线关系。转速很高的轴，轴承上的摩擦对振动有影响，这时候出现了非线性振动。这类问题的处理远比线性振动复杂得多。

一般力学中与火箭技术及星际航行有关的，首先是陀螺动力学。陀螺是火箭控制部件中的重要部分。我们知道高速转动着的陀螺（回转仪）有保持其转轴方向不变的惯性，因此如果把回转仪的柜架与箭体固结起来，那么飞行器发生的飞行方向偏斜即可由此得到测量。当然，这不过是一个简单的原理，实际上的陀螺和由陀螺作为主要组成部分的自动驾驶仪是非常复杂的精密仪器，而陀螺的研究及其设计是一个极为重要的问题。其次是飞行动力学。飞行器在推力、空气阻力、重力等一系列力作用下的运动规律如何，当推力改变时对弹道的影响如何等等，这些都是设计飞行器所必须具有的知识。飞行动力学就是解决这个问题的。从这里引申出来的是星际飞行动力学。在星际航行的情况下，飞行器的活动范围很大。例如图—104 飞机的飞行高度不过 9 至 10 公里。这可以认为是仍在地球附近进行活动，而宇宙飞行器一飞就是几百公里甚至几万公里。我们知道，在地球附近活动时，飞行器所受地心引力随高度的变化是不很大的，但是在星际航行时，情况就不是这样，这就是星际飞行动力学有别于一般飞行动力学的地方。实现星际航行，要采取什么样的推力系统和什么样的轨道，使有效载重在该推力系统下为最大，这是很重要的问题。解决这样的问题，便是星际飞行动力学的一个任务。

固体力学研究变形体的运动规律。最简单的变形体是弹性体。所谓弹性体是指应变与应力成正比关系的变形体。弹性，是固体中最根本、最简化的一个假设，这个假设在大多数情况下是符合观察结果的。橡皮在一定变形范围内是一个很好的弹性体，这是易于理解的。对于金属构件，实际工程中不允许它们有大的变形，这时候把它们视作弹性体也是许可的。弹性体的固体力学称为弹性力学，它研究弹性体的应力和应变关系。这里有成正比关系的变形，也有突变，后者称为弹性失稳，常见于压杆受力失去稳定而破坏的情形中。

最近我国的许多新建筑里采用了薄壳结构，如北京车站的建筑。薄壳理论是弹性力学一个分支，采用薄壳结构，有节省材料等许多好处。

固体变形到一定阶段，应力与应变之间不再保持线性关系。而且，即使除去外力，变形也不会完全恢复。研究这个问题的是塑性力学。这种变形是个变化流动的过程，问题远比弹性变形复杂，变形的理论目前也还没有完全弄清楚，虽然在日常生活中我们常常碰到这类变形现象。

塑性力学的一个分支是研究当结构在高温环境下工作时产生的所谓高温蠕变。例如要设计一个汽轮机叶片盘，蠕滑变形是不能不考虑的。假如要求它有五十年的寿命，那就必须了解它在五十年内的变形。解决这样的问题如果完全依赖实验，那么这个实验得做五十年。工程上要求解决蠕变问题十分迫切，需要从理论上给以解决。

高温结构变形研究的新发展，是在像火箭这样的短寿命的构件方面。火箭的寿命很短，譬如说，只有几分钟。温度很高而寿命又很短，进行实验就有很大的困难。在这里，缓慢加热是不符合实验要求的，而把大量的热量在极短的时间内加到构件上。这种实验中新近有采用电流加热或弧光灯加热的，而这套加热装置所需的能量，是个很大的数字，是一套很复杂的实验技术。

受到气动力作用的火箭外壳，温度可以高达八千至一万度，可以作为上述短寿命高温结构的例子。在这样高的温度下，可以利用一种所谓"烧蚀"的办法，即在火箭壳体外部加一保护层，当火箭因受气动加热而产生高温时，保护层即被烧掉，从而保护了火箭结构本身。确切地说，这个问题已经超出了固体力学的范围，因为"烧蚀"也是一个化学问题。因此，研究这类问题的固体力学也可以说是化学固体力学。

流体是液体与气体的总称。流体力学研究液体与气体的运动规律。

这方面比较经典的部分是水动力学或不可压缩流体力学。在水轮机船舶、快艇、水翼船的设计计算方面，水动力学有广泛的应用。

飞机飞行时，若飞行速度较低，例如只有声速的一半时，由运动所产生的压力较小。此时可以认为气体是不可压缩的，水动力学的理论也可应用到这个范围。

三十年代的流体力学最活跃的一个分支是气动力学。这里必须考虑到气体的可压缩性。根据气体速度的不同量级，气体动力学问题就有亚声速、夸声速、超声波的区别。

气动力学的模拟实验，是利用风洞进行的，这是把模型固定在风洞的天平上，让风洞的气流吹过模型，也就像飞行体在空气中飞行一样，在超声速的情况下，要获得风洞里的超声速气流，需要消耗几千至几万千瓦或更大量的功率。

一般的超声速，与卫星飞行速度相比，仍是很小的。当卫星进入稠密大气层时，它将以二十倍以上的声速飞行，温度将是几千度乃至上万度。这时必须考虑到在高温情况下气体的分离。区别于一般超声速，这类问题就称为高超声速问题。做高超声速实验，问题将更复杂，实际上目前如何去做这种实验，本身还是一个研究课题。

然而这还只是人造卫星的速度。如果将来火箭发动机改进了，星际航行的速度更提高了，所出现的温度将不只是几千度或一万度，而是二、三万度。这时不只是气体分子分离，而且有原子电离。自由电子和离子的出现，气体将导电而成为所谓物质第四态的等离子体，这样就为流体力学开辟了一个全新的部门——电磁流体力学。它把电磁学和流体力学结合起来，研究导电流体的运动。为了迎接将来更高的速度，现在这个部门的工作是十分活跃的。

流体力学的另一个新发展，是由发动机的设计要求而引起的，它的研究对象是伴随燃烧现象的气体流动。这需要把流体力学和化学结合起来，于是这个分支也就称为化学流体力学。这个方面的研究工作，还开始不久。

还有一个领域也有必要加以发展，这就是把物理、化学和力学结合起来的物理力学。这是因为我们目前常常要处理在极端条件下的力学问题，例如温度很高的情况下的各种物质的性质等。我们知道，在温度不太高的情况下，气体的黏性、导热性等是可以做实验的，而在极端条件下做实验则十分困难。近代物理和化学的发展告诉我们，这些问题，可以用间接的方法加以解决。借助于物理力学的方法，我们可以从分子结构出发，对某些工程材料和工程所用介质进行计算和预测。

以上，我们谈到了近代力学发展中的一些主要问题。在六十年代以后，这门学科还将有些什么样的发展呢？

我们知道，物质除了众所周知的三态以外，还有上面所说的等离子体，即第四态，以及第五态，即在高压下的物态。对于第五态，可以举出地壳深处的物质为例子，在那里物质的分子结构被压破了，其密度显得特别大。天文上观察到的白矮星可以作为第五物态的另一例子，这种天体每立方厘米有近一吨重。对于这种现象，现在的解释是：这种物质受到的压力非常大，使原子的电子层压破了，原子核之间的距离更小，更加密集，所以物质更重了。

随着星际航行的实现和进展，物质第五态力学的研究，今后将肯定地会提到力学工作者的研究日程上来。近代力学在这个世纪的前半叶中的发展是与航空技术分不开的；而近代力学今后的发展也将与星际航行技术的进展唇齿相关。自然，在尖端技术推动下，所发展起来的近代力学反过来又会广泛地促使一切其他工程技术前进，这正是由实践到理论，然后再回到实践这一普遍科学发展道路的又一个实例。

如何做好"毕业论文"[1]

钱学森

今天我想讲下面几个问题：第一，我们国家科学技术现代化的总要求和我的体会；第二，同学们现在正从事的毕业论文问题。

第一，我国科学技术现代化的总要求和个人的体会

今年初，刘少奇主席在接见科学技术工作者时指出，要把我国建设成为具有现代工业、现代农业、现代科学文化和现代国防的社会主义强国，首先要求科学技术的现代化。每个人都必须认清这是党和国家对我们科学工作者的期待，是我们所面临的艰巨、光荣而迫切的任务。

怎样迅速实现我国科学技术现代化这一宏伟的目标呢？周恩来总理在上海科学技术会议上提出具体的做法是："实事求是，循序渐进，齐头并进，迎头赶上。"我体会，这是科学技术现代化总目标总方向，这是战略问题。我们有迎头赶上的劲头，决不能用三十年代的标准来衡量六十年代今天的科学技术水平。时代在前进，时代在发展，科学技术也在飞跃前进。我们去迎头赶上，努力掌握那些最新东西，用这些最新知识来建设我们的国家。"实事求是，循序渐进。"这是战术问题。我们既要有"迎头赶上"的宏伟气魄，又要有踏踏实实，稳扎稳打，苦钻苦干的精神，实事求是，锲而不舍，顽强奋进。只有这样奋斗下去，才有可能实现"迎头赶上"这一远大的目标。

迎头赶上，迅速实现我国科学技术的现代化，也是一场紧张的战斗任务。鉴于形势的发展，取得这场战斗的胜利不仅会促进我国迅速实现四化，而且还具有重大的国际意义。同学们应该有远大的志向，不怕苦，不怕累，党要我们做什么就做什么，发奋图强地干下去。雄心勃勃地去攀登科学高峰，我们的前途是极其光明的。

第二，关于毕业论文的问题

我们有远大的目标，从今天科学技术的落后状态走到六十年代世界先进水平，道路是不平坦的，攀登高峰也不是容易的，同学们即将毕业，走出校门，踏上新的征途。那末毕业论文在这条路上占有怎样的地位呢？目的是什么？

在学校里主要是学习，学习前人的东西。毕业后到了工作岗位，仍然是学习，俗语说："活到老，学到老。"但这里的"学"和在学校里的"学"很不相同。因为不能天天学习，要进行工作，要有新贡献，边干边学。毕业论文就是给大家一个过渡，作一次攀登高峰工作进行前的练兵。这就是毕业论文的目的。练习一下怎样把所学过的东西应用到具体工作上。

---

[1] 1963年3月30日，钱学森先生给58级同学作的报告，此稿根据报告的记录整理而成，现藏于中国科学技术大学档案馆。

做毕业论文是练兵，但要求严格，要真刀真枪地练，要像对真正工作一样认真对待。论文的科学内容要求不能太高。同学们刚毕业，既不是专家，也不是经验丰富的科学家，所以论文的科学内容太高是不切实际的。有同学认为："不干则已，要干就要达到世界水平。"干出来当然很好，但这不太实事求是。内容要定得恰如其分。通过做论文，就要达到练兵的目的。

应该以严肃、严密、严格的"三严"作风来对待论文。论文要写得像个样子。论文必须按照一般世界科学论文的总格式来写。这一套格式就是：第一部分，首先写明论文题目，指明写论文的目的；指出前人在这些方面已做了些什么工作，引出不同于前人的观点，用什么方法解决问题。这一段是自我介绍（引言）。第二部分，如属理论性分析论文，要介绍本题；若属实验性论文就介绍具体实验。第三部分，具体结果。理论分析论文，清楚地写出具体计算结果；实验性论文，写出实验结果。第四部分，由所得结果可以总结出什么规律，并进行讨论是否解决了问题，要老老实实，不能乱吹，不能含糊。如解决问题不那么彻底，要提出今后工作的建议。最后，引出文献索引（书籍、期刊名称、某某人著、卷册数、页数、出版社、出版年月）。论文就要这样写。这是世界科学论文的总格式，不标新立异。我主张字要楷书，不能潦草，文句要顺畅，达意，准确。但也不能太"浪漫主义"了。是一就是一，是二就是二，简明扼要，不能啰嗦。论文里的图要上墨，画得清清楚楚，不要用铅笔，否则容易磨掉或模糊。

"三严"是做好工作的基础，第一次做论文，难免没有错误，犯了错误也并不奇怪，但是要敢于正视错误，改正错误，在科学的道路上，决不能掩盖错误，对待错误不能姑息。在国外时，一个人跟我做毕业论文（现在还是力学界有名的人），遇到一个线性方程解不出来。我一看问题出在方程数不等于未知数的个数。他叫我指出错误后，很难过，一夜都没有睡觉，他说这样的错误是不应该犯的。这种严肃对待错误的态度是很可贵的，后来他工作得很好，在科学中就要有这种精神，科学工作要老老实实，严肃认真，任何马马虎虎是出不了科学成果的。特别强调"三严"并不是给同学们为难，而是使同学们养成良好的习惯。

毕业论文也是打基本功，只是比平时上课做作业要全面些。无论是计算、实验操作都要麻烦得多。我们要练的就是做麻烦的实验和繁琐的计算。没有这些大量的平凡劳动，决不会出成果。做具体工作和学习是有差异的。课堂学习，理论多，实验少，而具体工作则相反，有大量的实验和实验操作。因为实验是探索科学奥秘的手段，是科学技术的生命。现代科学技术所需要的实验设备是极其复杂的，投资很大。在进行实验工作时，要爱护仪器，节约材料。进了实验室大门，不妨打听一下仪器价值多少，这有好处，能胸中有数，不会乱来。

经以上一说，也许有人对论文产生恐惧心理。这也有好处，提高了警惕。第一次做论文是有困难的，但只要我们在战略上藐视困难，战术上重视困难，实事求是，刻苦勤奋，在老师的指导下一定会干得好的。

如果论文是几个人合作，就应该有所分工，但更重要的是几个人协作，要同心协力。一个人只做某一方面的问题。为了解决这个问题，一定会牵连到别人所进行的工作，别人问题的解决。只有通过充分的讨论，密切合作才能解决问题。任何想自私搞"自留地"的人都是不可能拿出论文来的。即是拿出来了，也很臭。不养成和别人合作的良好作风，将来在科学工作中是要吃亏的。

根据多年来的工作，我深深体会到研究科学只能一步一步来，扎扎实实，顽强苦干。起初解决芝麻大的问题，以后慢慢大，直到最后能建立一门科学。在科学道路上必须要有一股傻劲，不要怕做小的工作，需要付出大量的平凡劳动。取得一次成功，必须经过千百次的失败。跌倒了，爬起来，满怀信心，干劲充沛，任何困难也难不住，工作就一定能做好。

同学们就要毕业了，将为科学技术增添新的力量。让我们鼓起革命干劲，胸怀大志，分秒必争，为攀登科学高峰，为科学技术的现代化做出贡献。

在近代力学系毕业论文导师会上的发言[1]

钱学森

今天王群同志要我谈一下 07 系 58 级的毕业论文工作。我和大家还是第一次谈到这个问题。前些时候对科大的同学作报告时已经谈过这个问题，今天所谈的内容有很多是重复的。

是的，毕业论文工作是值得谈一下的，大家研究工作忙，又有教学任务，现在又加上一个毕业论文，将来还有"五反"运动，所以就会更忙了。我记得在这个学校开办之初，大家积极性很高，院里提出"全院办校，所系结合"，现在来看这个系是办得不错，既然过去办得不错，那今后就更应办好，可不能半途而废，应该要善始善终。为了培养科学的后备力量，大家辛苦一点也是应该的。同志们的任务很重，时间又紧，希望大家能在有限的时间内得出好的效果来，把力量使用在刀刃上去。希望我们的做法能使学生得到应得的好处。我对 03 系毕业论文工作有了一些接触。03 系比 07 系早走了一步。今天拿出一些不成熟的意见供大家参考。

1. 毕业论文是什么东西？这是同学做研究工作的初次练兵，过去几年全是上课，学习方式主要是听课、复习、做习题、考试等方式。如何做研究工作没有经验，也没有这方面的锻炼。这次毕业论文是一次练兵，主要的还是一次教学活动，不过不是上课，而是做一个题目，是由过去几年的完整的学习阶段到工作岗位的一个过渡。这个过渡就是练兵。既然是练兵，就说明他不是打仗，而是练习打仗，但又是为了将来打仗。所以就要有一点像打仗似的。总的要求来说还是练兵，真正打仗是将来到工作岗位上之后的事，也只有练好了兵，将来才能更好地为国家做出贡献来。

因为是练兵，所以对毕业论文的科学内容的要求就不能太高，一般来说，第一次练兵是不可能做出高水平的成果来的。不管怎么说，导师总比学生有经验。在带论文的过程中我们要注意因材施教。对不同的同学应有一些不同的要求：好的学生可以多给他一些任务，学习上有些困难的人可以给一些适合他的内容，对学习上困难多的人应多给予一些具体的指导与帮助。

对毕业论文水平的要求应实事求是，导师应结合具体情况来进行指导。

这样一讲是否说就没有什么要求了呢？不是的，我们是有要求的，毕业论文对学生来说是练兵。既然是练兵，就应该严格要求，就要把它当作真仗来打，否则就练不好兵。到底严什么？我想就是"三严"，以及严在科学研究程序与科学研究工作的表达形式上。过去力学训练班有些学生交来的毕业论文只有几张纸，图不像一个图，曲线也不像一个曲线，有的用铅笔画了后还用橡皮擦了几下，这就太不合乎要求了。所以说要求这次做的毕业论文能像个论文，不要搞成只有他本人才知道说了些什么，那是不行的。

2. 我想写论文时应注意下列各点：

---

[1] 本文是钱学森先生于 1963 年 6 月在近代力学系毕业论文导师会上所作的报告的记录，现藏于中国科学技术大学档案馆。——编者注

（1）要求写楷书，汉字是经过国家公布的简化字，千万别自己创造文字；

（2）公式应按正规的写法，别独创风格；

（3）单位符号前后统一一致，按国家公布的标准符号执行；

（4）如何引用外国人名、地名，我看最好写原文，不要翻译；

（5）所有的图、曲线应按规矩画，并一律上墨；

（6）表格的大小、规格、形式、内容应力求简明清晰；

（7）插页应注意按照规定插，别乱插。

对论文的格式应有严格的要求，这并不是细节问题，而是一个科学工作者的习惯，对形式要求怎样写就应该怎样写。例如参考文献，按规矩是作者的姓名，然后写上题目或是名称、册数、卷数、期、页数、出版年月日，而书就写作者、书名、第几版、出版者、年、月、日，这些都是一些具体的形式，关于科学论文内容的写法与格式，应该按照世界上古今中外通用的写法和格式。

第一部分，就是写：我为什么要研究这个问题？这个问题提出的来源、根据是什么？前人做过哪些工作？解决了哪些问题？还存在些什么问题？我这次所做的与前人有哪些不同之处？我准备解决什么问题？我准备用什么精神、什么概念和方法来解决这个问题？这就算是把题目讲清楚了。

第二部分，就是写具体的计算和实验是如何做的？是用什么方法和实验的装置等等。

第三部分，是具体的实验或计算结果。

最后一部分，就来一段讨论，根据讨论的结果引申出结论，另外此段内还包括谈一下将来进一步的工作。

结尾可以写一些说明或是感谢和其他人的劳动与贡献等。

其余就是附录和参考文献。

关于论文的写法，把图附在最后面。还有一些细节问题，但又需要说明一下，若放在主体内怕冲淡了主流的质量使论文变得不严谨，也可以来一个附录。我想这样一个论文的格式一定要遵守，在这上面就不要再来什么标新立异了。

前几年我看到过这样的科学论文，作者把几天几夜没有睡觉，自己干劲的动力都写了上去，我看这就没有必要。如果要写的话这些东西可以写到思想总结里去算是自己的收获与体会。也可以写到政治思想方面的文章里去，我看没有必要夹在这里头，在这方面不要再标新立异，搞创造发明，而应该遵守古今中外前人积累而形成的通用形式。

严就是严在这些问题上，在论文的文字上应严谨，话力求清楚明白，但又不要啰嗦，在论文中每讲一句话都应该有根据，有来源，模棱两可的话不许写上去。这就是我们所说的严，而这种"严"只要大家认真努力一点，一定能达到，我想这也并不算是过分的要求。

对内容的要求只是要求它正确，没有谬误的奇谈怪论，水平只要能达到一般的水平就行了。当然个别论文质量好的我们应欢迎，可以对这些学生要求高一点，多做一点。但这不能变成对所有的同学的一般要求。可是在形式上和规格训练上一定要普遍地对同学提出严格的要求。只有这样才能达到训练学生的目的，才能在论文过程中培养他们一些好的习惯。

九月二号就正式开始，十一月底结束，十二月一至十五号进行答辩，现在就可以开始准备，导师现在就可以把题目向同学交待，介绍一些参考书和文献，但也不要太多，题目应介绍得清楚一些，好一些，这样就可以使学生暑假就开始看一些资料，我想这个暑假同学们是会忙一些的，这有必要，也是好事，在这段期间可能会多找一点导师，所以也希望导师能多给予指导，有的学生可能一两天就会找你一次或者还会更多一点。到了秋天开学之后就找学生来谈一次工作，检查一下进度和具体做法，我看正式开始就行了。同学们因为没有研究工作的经验，如何组织研究工作，如何具体做等都不会，大约要花 6～7 周来准备与熟悉和了解这一切。他们也只有在实践中逐步摸索清楚。我们可以把题目性质相近的同学组成一个组，加上指导教师可以举行一些小组讨论会，给每个人 45 分钟来报告自己的工作内容，做了些什么，还存在些什么问题。先要他写一个提纲，一定要他 45 分钟讲完，只有这样经过了一次报告之后加上小组讨论一下，互相帮助一下，提提意见，一天进行 3～4 个人。这对学生组织论文工作帮助很大，这就是一个提高。这次检查可以放在论文过程中间。

到了论文的最后阶段，对写论文这一环，应特别抓紧，不要轻视，组织好一篇论文不是那么简单的事。我建议第五周来一次检查，第 10～11 周交出论文初稿之后，再来一次检查，开小组会讨论提意见，用两周时间来进行修改。这一关一定要抓好，否则就会前功尽弃，达不到我们教学的要求。

当学生论文写好后，答辩前先在小范围内来一下"彩排"，要求学生 15 分钟内把所做的工作讲清楚。这也不是太容易，但一定要这样做，只有这样要求才能达到训练的目的，若事先不来"彩排"一下，大家提提意见，答辩时要求学生在 15 分钟内讲完是做不到的。

总起来说就是：

1. 抓题目的介绍，利用好暑假期间；
2. 抓好期中检查（学术讨论会）和写论文工作的环节，最后答辩就好办了。

最后谈一下为什么要组织一个小组而且经常要开会讨论一下彼此的工作问题。因为我们的学生由小学开始一直到大学都是个人学习，个人对老师负责，基本上是以个人单干为主要形式，对搞好自己的学习，搞好自己的论文积极性大，而对帮助别人不是太感兴趣，这是过去自小学以来的学习方式。可是在工作岗位上情况就大不相同了，主要是集体。个人的作用也是在有集体的基础上发挥出来的，所以组织小组讨论会可以使他们听一听别人的工作，关心一下别人的工作，自己的工作也在小组中得到帮助。在这个阶段使他能学会集体工作的方式，使学生体会到一个人工作的好坏与别人有关，不能只顾自己，在研究工作中如何贯彻集体呢？主要就是通过讨论，不只是自己听别人的，自己也要去帮助别人。

这不只是提高了毕业论文的水平，更重要是把自己参加到集体里去。只有这样才能培养科学研究工作的能力与工作纪律。

各位应想一些方法，使我们花时间少而使学生收益大，只有这样我们的工作才不是白花了。

燃烧、烧蚀和化学流体力学[1]

钱学森

我到这里来参加会议是为了向大家学习。这是一个非常好的学习机会，同志们在报告中和在讨论中讲的那么多东西，对我来说都是新的。所以，首先要感谢同志们对我的帮助，使我今后的工作有可能做得更好一些。

现在我想借此机会谈一谈我自己对这次学习的体会。不一定对，只能供大家参考。

我想分以下几个问题来讲：

1. 化学流体力学的展望；
2. 固体与固液推进剂的燃烧以及防热材料的烧蚀；
3. 液体火箭发动机的稳态燃烧；
4. 火箭发动机中的燃烧振荡问题；
5. 两项实验工作的建议。

一、化学流体力学的展望

正如会议中林鸿荪同志的报告所讲的，化学流体力学里面的因素确实很复杂，我们对它的研究还正处在刚刚开始的阶段。我们可以把它同经典的流体力学对比，经典的流体力学方程式、Navier-Stokes 方程式的问世，已有一百多年了。但是经典流体力学发展到今天，是不是所有的问题，或者大部分的问题都已经解决了呢？恐怕很难这样讲吧。有些问题是解决了，有不少问题还没有解决，或者还没有完全解决。没有解决的问题中有湍流的基础理论，就是从 Navier-Stokes 方程式出发，不引用其他假设，而能推导出的一个理论，它能解释例如：湍流值为什么不大不小，恰恰是实际测量出来的那么大小。当然，湍流的一般理论还是有成就的，不少优秀的科学工作者在这方面出了力，我们正广泛利用许多半经验公式来解决实际问题。但是一直到今天还没有解决上面所说的那类根本问题。经典流体力学的方程式比起化学流体力学的方程式来要简单得多，这就使我们有一个比较踏实的看法，即化学流体力学里头的问题恐怕更为复杂，要解决问题会更困难些；这是一个方面。另外一个方面，复杂也是说它包含着更新的现象，有比经典力学更丰富的内容，这就为我们从事这方面的科学研究工作开创了一个美好的前景。

我们也可以从另外一个角度来看，从化学流体力学和我国的国防建设和国民经济建设的关系上来看。在国防建设方面，正是我们这次会议讨论的问题。诸如，固体推进剂的燃烧问题，固

---

[1] 本文是钱学森先生 1964 年 3 月 10 日在一次"燃烧与烧蚀会议"上的讲话（1965 年 4 月整理），从中可以体会到当年钱学森先生为近代力学系设置高速空气动力学和化学流体力学等四个专业的高瞻远瞩的办学思想。——编者注

液推进剂的燃烧问题，液固¹推进剂的燃烧问题，防热材料的烧蚀问题，液体火箭发动机燃烧室里的稳态燃烧问题，等等。除了这些燃烧问题之外，还有各种发动机喷管里面的燃气流动问题，这里面有继续不断的化学反应，这对超高速的冲压发动机来说是特别重要的：因为冲压发动机的推力是两项的差，喷管出口的燃气每秒动量，减去发动机进口的每秒空气动量。在飞行速度很高的时候，这两项都比较大，但又差不多相等，所以发动机的推力是两个大量相减，得到一个比较小的量。在喷管里如果不考虑复合现象，出口燃气的动量就不准，对计算出来的推力影响很大。喷管里的化学流体力学对液体或者固体火箭发动机来说，还不是很重要的问题，但对超高速的冲压式发动机来说却很重要。以上讲的都是"稳态"问题，或叫定常的问题。

不定常燃烧是一个燃烧稳定性的问题。固体推进剂的燃烧稳定性、固液推进剂的燃烧稳定性、冲压式发动机燃烧室的燃烧稳定性，还有喷气涡轮发动机里面的加力燃烧室的燃烧稳定性，所有这些燃烧稳定性问题，也是化学流体力学的问题。

在民用生产方面，有许多像化工、冶金工业里的化学反应，我们叫它做化学反应工程学，也就是化学反应器的设计问题，包括各种炉子，锅炉，冶金用的高炉等。还有强化化学工业生产或强化冶金工业生产的流态化技术。对所有这些技术问题，化学流体力学的理论是有用处的。

渗流就是流体（液体或气体）在多孔介质的间隙里面的渗透运动。在渗流研究方面，现在又出现了一个边缘的学科：经典的渗流没有化学变化，但如果流体之中或流体与固体多孔介质之间有化学变化，那就扩大了内容，新的学科可以叫化学物理渗流。土地盐碱化，是化学物理渗流。这样就使人联想到，农业里的施肥问题，研究肥料在地里怎样运动、怎样被植物所吸收的问题，也属于化学物理渗流。化学物理渗流如果是从学科分类的角度来看，他也是化学流体力学的一个分枝，就如渗流是流体力学的一个分枝。这样一说，化学流体力学对农业技术也有关系了。

所以化学流体力学的内容很丰富，它与国防建设、国民经济建设都有关系。它既有丰富的学科内容，又有广泛的应用，是一个很重要的学科。

化学流体力学里面的主要矛盾，用朱葆琳所长的话来讲，是"三传一反"。"三传"是传质，传热，传动量，"一反"是化学反应。"三传一反"里面有很多系数都不知道，尤其是在复杂的条件（例如高温）下面的一些系数。现在我们仅仅是从不可逆热力学的理论上知道这些系数之间有一定的关系，但这些系数的数值就不大清楚了；特别在稠密介质中，我们的知识就更差。但即便是比较稀薄的、压力不太高的气体，其中也还有一些很新的现象。如化学反应率，可以对压力张量（应力）有影响；反过来，速度场的梯度可以对化学反应速率有影响。这是一种交叉效应。从前，往往

---

1 固液推进剂用的燃料是固体，氧化剂是液体；液固推进剂，氧化剂是固体，燃料是液体。

把这个问题忽略掉了，想不到有这回事，其实，我们从分子运动论的角度来看，便很容易理解这么一个影响。因为化学反应必定影响分子运动的速度及速度分布，如果没有化学反应，它是 Maxwell 的速度分布；但是在有了化学反应的情况下，化学反应可能把速度高的一些分子吃掉了，结果在速度分布的函数里就缺少高速这一部分分子，离开了 Maxwell 的分布，这样就会在宏观上改变流体的压力张量，也就是应力有所改变。也有相对应的反效应，即如果速度场有梯度，这在实际上，是由于空间速度的不均匀性，使得分子的分布函数离开了 Maxwell 的分布。在这种情况下，就有可能产生这样的现象，原来高速度部分有那么多的分子，而它们现在已离开了那个分布，也许高速分子变得少了些，那就一定要影响到化学反应。对于这么一个影响，我们从分子运动论的概念出发，是完全可以理解的。当然，现在只能从理论上说一说这个效果，至于效果到底多大，不可逆的热力学过程是不能解决这个问题的。所有这些力学系数以及"三传一反"的系数的解决，都还有待于微观理论的发展。比较简单的一些系数，像黏性系数等等，我们今天还是可以通过一些实验工作，或者是理论计算来加以确定。解决这些问题是物理力学的任务。

关于"一反"那一方面，那当然是一个化学动力学的问题，这要请教化学家。当然，这个问题很麻烦。因为我们感兴趣的领域都是高温、高速的反应。温度一高问题就变复杂了。光是氢和氧反应变成水这个反应，里面的反应步骤，化学家们似乎还没有搞清楚，但可以肯定它不是一个简单的反应，它这里可能有十几个反应。所以，要把一个化学反应分析得很清楚，每一个最基本反应都要找出来，并定出它的参数，希望是不太大的；问题太复杂了。所以这条路不一定走得通，用朱葆琳所长的名词，还是用"总包的化学反应"，那就是不管你是十个或者二十个，我们用一个化学反应来代表它。用一个活化能 E，用一个反应率常数 B，再明确总包反应的阶次。这个总包反应的办法的好处是它可以简化计算过程，但问题是：对每一种情况我们还得用实验方法去测定上述的这些系数和常数。

化学流体力学，这个学科的内容很丰富，包含的因素很多，那么，我们就应当在思想上有这么一个准备：就是不要认为，化学流体力学所反映的主要现象，就是流体力学的现象加上化学的现象；简单的加法，是不太妥当的。应该考虑到，由于相互作用会产生新的现象。可以举出一个很经典的化学流体力学的问题：既不考虑传热、传质，甚至"三传"都不考虑，只考虑一个化学反应与流体力学的相互作用，那就会产生爆震现象。所以看来爆震是化学流体力学里的一个很特征的现象。有了这么一个苗头之后，我们可以再想一想，在这次会所讨论的问题里面，好像也充满了这类的苗头。因为我们这里讨论的问题中有一个特点，就是化学反应很强，或者说在单位空间、单位时间内能量释放的比较多，那么它和流体的运动结合起来，产生振荡，尤其是高频振荡。所以高频振荡也许是很强的化学反应同流体力学作用相互影响的结果。

从上述角度出发,我们再把化学流体力学分成两个部分:一个是弱化学流体力学,一个是强化学流体力学。弱与强可以有两种解释。

一种解释,分析流体力学的作用同化学的作用的关系,比较它们相互作用的强弱来定。在弱化学流体力学里,还可以分作两个方面,一个方面就是,基本上是流体力学的效应,而化学反应是附加的。例如:在火箭或冲压式发动机喷管里面的现象,这里是温度虽然很高,但化学反应不是很强的,剧烈的化学反应已经过去了,而主要是流体力学膨胀过程,膨胀速度的增加是很大的,这是一个以流体力学为主,化学反应为辅的弱化学流体力学。另外一方面是以化学反应为主,流体力学为辅,它们之间的相互影响不是那么很大的,例如化学工业、冶金工业的许多反应过程,以前在这方面主要是考虑化学反应,流体力学则考虑得不多,因为考虑不考虑流体力学所造成的影响不是很大的。强化学流体力学,指这流体力学和化学的作用都很强,而且相互作用。例如:爆震波就是这么一个现象;我们这次会议所讨论的问题,看来都是这类的现象。

弱化学流体力学和强化学流体力学的另一种解释,即看它的化学反应的强度,或者单位空间里能量释放的强度。能量释放得不是那么强的,这算是弱化学流体力学;能量释放得很强,那就是强化学流体力学。在喷管里,单位时间单位空间里的能量释放并不很大,这算是弱化学流体力学。在爆震波、火焰和火箭发动机里,能量释放的强度是非常高的,这算是强化学流体力学的问题。

弱化学流体力学,肯定在化工、冶金等方面有广泛的应用,但从学科发展上来看,强化学流体力学是一个很值得我们注意的学科;它又恰恰与我们这次会议所讨论的问题相吻合。今天我们从国防技术的角度出发,对强化学流体力学特别发生兴趣;但我们认为它将来的应用是不会限于国防技术方面的。将来国防技术有所提高了,真正解决了强化学流体力学的理论问题,我们一定会要把它应用到化学工业和冶金工业里去的。目前的氮肥厂都使用往复式空气压缩机,机体很大,电动机也很庞大,转速比较低,每分钟才一百多转,就同古典的蒸气机一样。如果把它同航空喷气发动机里面用的涡轮和压气机,即高速的轴流式压气机比较一下,就会知道这些大型往复式压气机是多么笨重!一台大推力喷气涡轮发动机的压气机在低空时的流量,大约有每秒100公斤,每年的流量差不多是300万吨;这样的轴流式压气机的直径大约是1米,长约2米。如果我们把这个技术应用到氮肥工业里去,那么压气厂房就可以大大地缩小。如果是这样的话,反应器就一定会缩小,它一缩小了,弱化学流体力学理论就不够用了,必须用强化学流体力学的理论。所以看起来,我们这儿搞的这一套强化学流体力学当前主要是用于国防技术方面的,但是这个学科发展了以后，它一定会应用到我国整个国民经济建设中去。

化学流体力学方程既然是这么复杂，要真正地用它来求解，恐怕有很多困难，尤其是在目前，我们对"三传一反"的参数还不太清楚的时候，要解决这样一个问题是有很大困难的。尽管再加上电子计算机，也还是困难的，因为参数不知道，电子计算机也无能为力！所以，我们还得注意用相似律。就是要做小型的试验，用一个代替型的实验，去模拟真实的情况，由小及大。这种模拟试验有很大的意义，它在经典的流体力学里是起过很大作用的，并且一直到现在它还是在起作用。搞流体力学的人，对于工程技术问题，解决办法首先是算，算不出，就做模型实验。这是一个半经验的办法，在这么复杂的化学流体力学里面，我们还要注意运用这个方法。

我想谈一下模型规律。它也不是不动脑筋就会从天上掉下来的。参数那么多，模型规律怎样处理这些参数呢？无非是把这些参数组合一下，使它们变成无量纲参数。这就是大家所熟知的"π定理"。这个定理本身虽然正确，光靠它是不解决问题的。因为有这么多的参数，你都要把它们组合到模型里去，到最后这个模型就没法做了，它满足不了这么多的要求。所以，只研究相似律，要想利用相似律来做模型是不够的，这里还要巧干。要发现矛盾，肯定主要矛盾，忽略次要矛盾，找出问题的关键所在，抓住主要参数，只有这样，这个模型实验，这个相似律才会真有用。这就是说，我们做理论工作，必须对客观事物，对具体过程进行仔细的观察，真正了解到它里面的关键才行。不能够期望一个包罗万象的理论，好像是把什么东西送进这个理论，它自己就会冒出一个模型规律来，这是不可能的。那样的理论势必是最后成为一个不解决问题的理论。

我们希望掌握化学流体力学的理论和规律以后，能够将现在所要做的大量的中间试验工作减少一些。我们国家以前不太注意中间试验，使得很多实验室的结果不能应用到生产中去。因此我们要抓中间试验。中间试验非常重要，这是一方面。另一方面，中间试验又很费钱，无论在人力、物力和时间等方面的耗费都很大。所以，从事这一研究工作的同志应该想一想，如何来发展这门科学，使得中间试验可以少做一些。当然，必要的还是要做，但是尽可能地少做一点。

二、固体与固液推进剂的燃烧以及防热材料的烧蚀

现在我们来谈谈化学流体力学的具体应用问题，即各种推进剂的燃烧问题。先说固体推进剂。在这次会议中，我们对这个问题讨论得比较多。看来模型的图样可以如图1a,b,c所示，围绕一块一块过氯酸铵的是燃料，或称高分子黏接剂。当推进剂燃烧起来后可能出现两种情况，一种情况是，过氯酸铵的颗粒在燃料的表面上突起（图1a）。另一种情况是在某一瞬间内，特别在压力比

较高的时候，过氯酸铵烧得比较快，它就烧下坑去了（图1b）。我们可以设想过氯酸铵的颗粒度是50微米，这是一个代表的尺寸，有的时候可能大，有的时候可能小。当过氯酸铵燃烧时，在它表面很近的地方，形成一个预混焰，或者叫初焰。预混焰的厚度，即预混焰离固体表面的距离很小，约是1微米。从预混焰冒出来的燃气还是富氧的。在相邻近的地方是富燃料区，二者的交接面大概要再往上走10微米，在接交面部位再被点着，形成扩散焰。我们记住这几个图画的尺度只有50微米；我们普通想到的扩散焰是宏观扩散焰，不是显微镜底下的微观扩散焰。我们一想宏观扩散焰，觉得火焰很薄；那确实是很薄，也许只有百分之几毫米厚。现在你把它放在显微镜里了，所以很薄的也变为不薄了，是几十个微米，所以在图中就形成一条带子。但是要强调的是，这个图画是个瞬间的图画。就是说，有时候就如图1a那样，有时候就如图1b那样。这种图画的变化还是相当

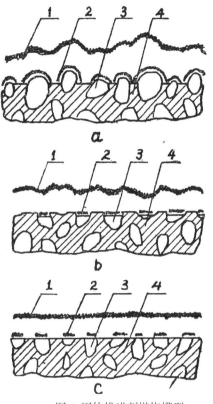

图1 固体推进剂燃烧模型
1.扩散焰 2.预混焰 3.过氯酸铵 4.燃料

快的，过氯酸铵的粒度是50微米，它的燃烧速度（线速度）大概是每秒钟几个毫米，比如说是5毫米，那么一个颗粒烧完的时间，大概是1/100秒。因此火焰是跳动的，一颗烧完了，烧另一颗，从这颗到另一颗是要移位的，大约跳动的频率为100赫这个量级。

问题是怎样从认识到的现象来建立理论。因为燃烧的图形不断跳动，而且也不是有规则的振动，而是一个随机过程，所以只有用统计平均的办法。就固体表面来说，有的时候凸出来，有的时候凹进去，平均以后变成一个平面（图1c）。在氧化剂所在的地方，有个预混焰，它的厚度只有颗粒尺寸的1/50。这个距离可以忽略掉，变做面预混焰，一段一段贴在表面上。当然这样做不是不考虑预混焰。预混焰的精细结构还是要考虑，它给我们一个正确的边界条件；知道了这些边界条件，再加上一个总包的反应就可以运用化学流体力学的方程式了；当然方程式中有各种参数随时间的变化率，因为燃烧图形是跳动的。这样建立起基本方程式及其边界条件以后，就把它在两个互相垂直的但平行于表面的方向加权进行平均。在开始的时候，每一个参数都是

时间、两个平行于表面方向的坐标、以及垂直于表面方向的坐标的函数，不是一维函数，而是四维函数；通过平均以后，它就变为一维的函数，只是垂直于表面方向的坐标的函数。这种做法有点像 Новожилов 的做法，这样做的结果，可能比他要精确些。我们的这种做法在求平均的这方面上，有点像经典流体力学里的湍流理论，即是从 Navier-Stokes 方程，得出 Reynolds 方程式。复合固体推进剂的燃烧理论，在今后工作中是不是可以这样考虑，请有关同志研究一下。

另外，讲一讲另一种复合药，即改性的双基药。我觉得对改性的双基药，也同样可以用上述模型，这里所不同的仅仅是颗粒与颗粒的距离可能远一些。因为，改性双基药所用的过氯酸铵要少一些，在一般复合药里是 75% 左右，在改性的双基药里是 40% 左右。另外一个不同是，在燃料的部分，不是燃料，而是双基药了。双基药本身也可以形成一个预混焰，或者叫作暗焰。暗焰也是离表面很近（1 微米左右）。可以把它当作一个表面现象来处理。然后，还是用"三传一反"，再把方程式进行平行于表面方向的平均，最后得到一个一维的方程。

我们这个理论到底有什么用处？张存浩同志提出有三个用途，我同意他的看法。理论可以使我们对燃烧机理的理解落实，这就是说，你光有一个图画，说不出什么可以同实验结果相对证的数据，那么图画终究是图画，是不太落实的。要落实这个图画，要从它出发通过数学上所允许的简化，得出一个结果来，这个结果要同实验结果相符合，并能利用它得出燃速曲线，即燃速随压力变化的复杂关系。这样，我们这个图画和理论才比较落实，才可信。当然，这样一个理论，还是有缺点的。比如说，做了一些简化假设，光用一个总包的化学反应，这都不是十全十美的。理论也必然要受过氯酸铵或双基药的活化能的影响，这些数据也并不是完全靠得住，总有一些误差。尽管如此，在一定的实验范围之内，这个理论还是比较靠得住的。

我们的设计师，像固体火箭发动机设计师、装药设计师，他要考虑的问题是多方面的。不光是一个燃速的问题，还有药柱的强度、储存的问题，甚至还有生产当中的一些问题。因此，在一个药柱设计师手中，一定要有一个比较靠得住的内插公式；所谓内插公式就是稍微变化某一个参数后，计算燃烧性能变化的公式。设计师有了它之后，就有一个考虑问题的方向。而我们在以前所说的燃烧理论，可以给他一个整理实验数据的工具，帮助得出必要的内插公式。当然每个理论都要靠实验，是一些半经验性质的产物；但是，它对一个装药设计师来讲，还是很有用处的。在工程技术中，这样的情况还是绝大多数的；哪有设计完全从理论出发就能够做得出结果来的！

现在来说烧蚀。烧蚀理论的用处比较广，不只是弹头在再入空气层时防热要用，就是火箭发动机本身的防热也要用到它。比如，固体火箭发动机特别是大型固体火箭发动机的喷管，工作时间大多在 20 秒以上，为了使喷管不至于过早地烧坏，就要靠烧蚀理论来解决问题。将来固液型或液固型的发动机喷管，也可能要用烧蚀材料。此外，还有控制火箭发动机推力方向的燃气舵，也有烧蚀问题。

经过这次会议的讨论，我们对于烧蚀问题，有了比较一致的认识，认为其中的化学动力学问题确还没有搞清楚：各种材料在具体的烧蚀条件下，到底起了怎么的变化？在烧蚀表面上可能有液体，还有增强塑料、石英或玻璃，石英（二氧化硅）同树脂在一起熔化了，析出来的碳和硅还会起碳硅反应。对于这些问题，如果不搞清楚的话，我们也就不能真正知道设计工作所必须掌握的规律，例如烧蚀的速度随压力变化的关系。石墨的烧蚀速度看来与压力有关，因为它是在固态表面为化学平衡所控制的反应，不是为化学动力学所控制的反应；而计算的结果也和实验结果相符合。这就说明固体表面的化学反应对烧蚀问题有重要的影响，应该很好地研究一下。

烧蚀计算可以从两个基础上出发：一个是平衡法，其中没有气相化学反应的动力学问题，只考虑组分之间的化学平衡，也就是说化学反应的速度非常大，随时随处都能达到化学平衡。另一个是冻结法，认为化学反应的表面上都进行过了，此外就没有化学反应，只有扩散、混合。这两种办法，都是没有办法时想出来的办法，都想避开气相化学反应动力学，因为对于在气相里面的化学反应动力学，我们还不清楚。我看在这两个极端里，好像平衡法还比较合理些：实际上气相中的温度好几千度，怎么会没有化学反应？硬把它冻结了，似乎不大令人信服。当然，平衡法计算起来是比较麻烦一些，但是，现在有了电子计算机，这点困难还是可以克服的。

烧蚀分析中的另一个问题是，层流是从什么地方变成湍流的呢？也就是问转捩点在什么地方？现在一般都说在声速点附近，或者说，转捩点就是雷诺数大约等于五十万的那一点。但是，我想这作为一个问题，也还值得研究一下，到底转捩点在什么地方。因为不论上述那一种说法，都比较粗糙，虽然计算出来的防热弹头设计还过得去，没烧坏，但在今后会出现更加复杂的问题，要求设计必须更精细，粗略的方法就会不够用了。另外，这五十万雷诺数，虽然来自经典的低速气动力学，好像也说得过去，但是，我们也还不大清楚，化学流体力学的附面层里面，这个转捩点是不是还出现在五十万雷诺数那一点？化学反应对它就没有影响？要研究的是化学流体力学的附面层的稳定性问题。

固液推进剂的燃烧理论问题看来与烧蚀问题非常近似。这个认识也是我们这次开会的一个收获。通过这次会师，发现大家计算出的燃速（一个方面是烧蚀的速度，一个方面是固液推进剂的燃速）都差不多，都是每秒零点几个毫米，这也是个很有意义的结果。好像是自然事物，不管你用什么东西，怎么样地烧，就是那样；一个要想它烧得快，它就不快，一个是想它烧得慢，它就不慢。这当然到现在为止是如此,将来还会有发展,到我们真正掌握了固液燃烧规律的时候,就能随要求改变燃速了。但要能掌握规律,还要做些艰苦的工作,我们应该考虑把固液燃烧分析得更精确一些,真正用一个湍流场,也就是用经典的流体力学的参数来算一算,看看固液燃烧中的温度分布和传质的情况到底是怎么样。

这里有一个问题:据说固体燃烧的扩散阵面(火焰)离开药柱表面大概是 $0.5 \sim 0.6$ 毫米,它的位置恰恰是在所谓湍流附面层的过渡层的外缘。从流体力学的角度来看,这个过渡区比较敏感,不稳定,是湍流产生的场所,现在在这里正好赶上一个火焰,这就有可能发生燃烧和湍流相互作用,加强这个湍流;按照我们以前的说法,就是强化学流体力学问题了。如果是这样子,我刚才讲的那个办法就不完全适用了,因为现在有个火焰存在,它在那里起搅拌作用,而经典的湍流场则没有这个火焰,据张存浩同志讲,好像也有这么一个苗头,就是从固液燃烧实验当中看出,燃烧的湍流度,要比同样的管径、同样的流量在没有燃烧时的湍流度大,因为燃烧比较安全,扩散得比较快。湍流度比没有燃烧时高,其中好像有些新的因素在内。如果是这样子的话,我们对一个很老的问题——湍流扩散火焰,还值得再研究一下。对于这个问题虽然很早以前就有人从事过这方面的研究,但是,直到今天,还没有把它搞清楚。究竟燃烧能不能产生湍流?或者在已经有了湍流的情况下,燃烧是不是加强这个湍流?这个问题似乎还值得研究。

三、液体火箭发动机的稳态燃烧

液体火箭发动机是在稳态燃烧下工作的。要是没有稳态理论,我们就会对推进剂在燃烧室里的燃烧过程、推进剂及其热量在燃烧室内的分布缺乏了解。这些问题不弄清楚,我们便对整个过程没有一个很清晰的图画,也就不可能得到一个可靠的设计基础。这样再去考虑燃烧振荡问题,也会因对燃烧室内部情况不明而遇到困难。所以,必须讲一个稳态理论。现在已经有一个比较成功的稳态理论,即 Priem 的理论。但是这个理论还不大完善,应该在几个方面加以改进。例如,他仅仅考虑液体蒸发没有考虑蒸发以后的燃烧。液体蒸发是比较慢的过程,是一个控制快慢的过程;但是,燃烧会改变液滴附近温度的分布,对蒸发也有影响,所以我们对于液体蒸发以后,它到底是怎么样燃烧的,应该进一步搞清楚。看来,由于湍流的存在,液滴周围的燃气是不平稳的,有气流扫过液滴,扫来、扫去,这又会产生什么样的效果?再说,燃气的成分和温度分布(这里包括燃烧室头部、中部、尾部以及各个阶段)到底怎样?在 Priem 的理论里,问题被极端化了,头部的燃气与尾部的燃气相同,也就是说,好像湍流交换系数是无穷大,使得尾部的燃气一下子就扩散到头部来。实际上，湍流度就算很大，也不能是无穷大。这样看来，它到底是一个怎么样的分布呢？另外，在液体火箭发动机燃烧室里面，它的湍流度到底是怎么回事？如果在没有燃烧的情况下，在喷射的时候就产生湍流，这个湍流必然是逐渐衰退的。但是，从各个方面来看，液体火箭发动机的燃烧室里面湍流度很强，而且是持续的。这种现象的产生，是不是由于燃烧和气相中"三传"相互作用的结果？

把 Priem 的理论作以上的改进，用假设的湍流度和假设的传热交换系数来进行计算，然后拿这个计算结果同实验结果进行比较，看看我们所假设的这个传热系数应该是一个什么数值才能和实验数值相符合。这也是一种间接测定传热交换系数的方法。当然还可以考虑其他的方法，不过也终归要用实验的方法去测定其中的一些参数。如果液体火箭发动机里面的湍流度、传热交换系数已经搞清楚了，再加上单独液滴在这样高温、高湍流度下的燃烧分析，我们就可以在 Priem 的理论基础上建立起关于液体火箭发动机稳态燃烧的理论。在这个工作的基础上，如果我们对喷管里面的流动问题，即弱化学流体力学的问题，也同时考虑到喷管管壁的冷却作用时，我们就能够建立一个比较完善的、液体火箭发动机的燃烧理论，并用这个理论来计算比冲量，来算出实际发动机的各种性能，从而大大降低现在液体火箭发动机燃烧室设计中依赖经验的程度，节省时间，加速研制进度。

四、火箭发动机中的燃烧振荡问题

我们在讨论液体火箭发动机的燃烧振荡问题时，觉得 Crocco 和陈兴谊的理论还是不错的。这个理论距今已有十来年的历史了，在这段时间内科学技术的发展是相当大的，所以，他们这个理论已基本上算是很老了。当然，新的也还是要在老的基础上发展。对低频振荡来说，Crocco-陈的理论必须加以改造，但基本的观点还可以保留下来；对高频振荡来说，Crocco-陈的理论需要修改的地方就更多了。先说低频振荡。低频振荡必须建立在稳态燃烧的基础上，今天尽管稳态燃烧理论还有缺点，还需做工作，但是毕竟我们对于液体火箭发动机里面的情况知道一些，所以我们可以进一步地来处理这个问题。

我们在这次会议上也有几个关于这方面的理论报告，一个是张锡圣教授提出的，还有一个是林鸿荪同志提出的。看来，这些理论还是受 Crocco-陈的影响，还未离开他们所用的一个总包的燃烧延迟时间。我想，应该把理论改造一番，拆掉一些框框，使它适应低频振荡的具体情况。Crocco-陈引进的燃烧延迟时间，是说喷到发动机里面去的液滴经过这么一段时间，忽然一下子燃烧完全，完全变成了燃气。但低频振荡的实质基本上是个压力的影响，它使发动机燃烧室内的整个压力抬高了或者降低了，这样我们就要研究压力抬高或者降低对于液滴大小的影响。压力怎么会影响液滴的大小呢？就是在喷注的时候，喷注的速度受了发动机燃烧室里面压力大小的影响，我们知道一个喷嘴的喷注速度变化了以后，会使液柱破碎，从而使液滴的大小受影响，这是在喷注的一瞬间内，压力起了作用的结果。但是，液滴处在燃烧过程之中，是个逐渐燃烧的过程，在其中的每一瞬间，它的燃烧都受这一瞬间燃烧室压力的影响。所以燃烧室压力的升降有双重作用，一是对液滴大小的作用，二是对液滴燃烧的作用，我们必须考虑这个双重作用的规律。我们不能够重复Crocco-陈原来的设想，认为压力只有一个对液滴燃烧的作用。这样我们就可以把具体情况反映到低频振荡理论中去，使理论落实。

对高频振荡燃烧来说，问题将会更复杂一些：燃气有振荡，有强烈的往复运动，液滴在瞬间的压力条件下，还受周围燃气的冲击，这比刚才那个低频振荡又加了一个新的效果。把这个振荡加进去，这样来建立振荡理论方程式。当然，这也不是一个线性的方程式，它考虑振荡还是微小的扰动。但是这个理论比Crocco-陈原来的理论要现实得多。当然，要计算一个在振荡着的燃气中的液滴的燃烧情况将是困难的，但是我们也可以设计一个试验的方法：现在有一种比较好的试验技术，它能使液滴悬在空气里，当然这不是用钩子把它挂起来，而是用控制气流的办法，让气流缓慢地往上运动，液滴从上部直往下掉，而这个合速度正好等于零，这样液滴便悬在空中。如果我们能做成这样，然后我们再用扬声器在它的侧向加上一个振荡，这样，我们就可以研究液滴在振荡的冲击下的燃烧。当我们找到这个规律以后，再对燃烧室里的情况建立方程式，这样就可比较现实地来试图解决高频振荡的问题。当然，这个工作还是建立在稳态燃烧的基础上，也还是用微扰观点来建立的线性振动理论。

关于这个看法我们在会上讨论得比较多。但是，我也有一个想法，我觉得上述的线性化理论还不是一个很好的理论，因为液体火箭发动机燃烧室似乎是亚稳定型的。什么叫做亚稳定？就是说，你要激发它，要有足够强的激发源，然后才能出现高频振荡燃烧。我们曾经有过这样的试验，就是一个很小的发动机（500公斤推力），这个发动机本来是没有高频振荡的，运转得也正常。但是，假设我们也照大发动机做稳定性试验时那样，用一个雷管来激发它一下，就可以激发切向或径向振荡。现在我们没有仔细地计算，振荡是切向还是径向，但是高频振荡，因为出现一个很尖的叫声；另外，火焰的颜色也变了，因该推进剂的火焰本来是一个很亮的火焰，而激发以后的火焰就变蓝了，这说明燃烧在发动机内部就已经很完全了，这个小发动机的情况说明，这是一种非线性现象。在一般运转的情况下，自然界偶然的干扰源（激发）是很小的，燃烧就稳定，但是，你用一个雷管来激发它，所形成的干扰源足够强烈，燃烧就振荡起来。在张锡圣教授的报告中也认为是一种非线性影响，我同意他的看法。

最恼火的问题，要算是大型发动机里的切向振荡和径向振荡。这到底是怎么一回事？现在看来有一些苗头。第一，振荡最集中的地方是在头部的喷嘴附近，液体火箭发动机燃烧室的头部最容易烧坏就是证明；第二，在研究气相振荡的时候，使用透明燃烧室，用照相的方法，发现有气相振荡和液雾中的爆震波；第三，就是在Priem相似律理论中有两个参数，一个参数和Crocco-陈理论中的参数差不多，就是能量释放与总焓之比，另一个参数是燃气的黏性系数。这个参数会跑到振荡理论里来，是出乎我们的意料之外。对这个问题乍一想是不容易理解的，因为气体的黏性，对于振荡的影响是很小的。我们知道，普通说话这个振荡可以传得很远，因为气体的黏性主要只对切向速度梯度起作用，对纵向振荡只起极微弱的作用。但Priem的相似律是个实验的结果，不能随便否定；我考虑了一下，可能这个黏性系数，不是对气体本身来讲的，这是对气体围绕液滴所产生的黏性。如果是这样的话，那么气体黏性系数的出现是对的。因为液滴比气体要重，在气体振荡中不容易为气体带动，实际上气体在液滴周围刷来刷去，如果液滴很小，在液滴附近会产生很陡的切向速度梯度，这就使气体的黏性发挥作用，产生较大的阻尼。

如果把上述因素综合起来看，可以肯定高频切向振荡和高频径向振荡都发生在液雾比较多的喷头附近，它们是在氧化剂和燃料的液雾中的爆震波。如果阻尼足够大，爆震波的激振作用抵不过阻尼作用，振不起来；如果阻尼小了，它就变为持久性的振荡。这是可以理解的。第一个理由是，爆震波的能量释放是很快的，一个爆震波扫过去之后，使所有推进剂的能量基本释放完了，燃烧也基本上完全了。所以，刚才所说的那个小发动机，当引起了高频振荡以后，燃料在燃烧室里燃烧完全了，变成辐射能力较弱的一氧化碳和水蒸气，火焰也由亮变蓝。第二个理由是，这个现象的出现，一定是在雾存在的地方。而雾存在的地方就是喷头附近。远离喷头的地方，雾基本上挥发烧掉了，所以，发动机被烧坏的多是喷头。第三个理由是，Priem的相似规律中有黏性系数，这一项只是对雾才能起作用。没有雾存在，没有液体存在，它就不能起这么大的作用。另外，再返回来看一看Priem的相似规律，其中没有燃烧室的长度，只有燃烧室的周长，或者燃烧室的直径。这个道理也通，因为，不管燃烧室有多长，只要前面有一段是有雾的，那振荡都在那里发生了，再往后的各段已不起作用了。

以上几点，我看是可以信得过的，切向振荡和径向振荡实质上是在可燃的混合液雾滴里的爆震波所造成的。这里面的矛盾着的两个方面是爆震波的能量释放和雾滴的阻尼作用。

这个爆震波比普通的爆震波要复杂一些，从前我们都是搞预混气体的爆震波，还有凝聚炸药的爆震波，工质都是均匀的，现在工质是液滴组成的雾，不是均匀的。我们是不是可以考虑在这方面做一些研究试验？是不是可以在激波管里头，通进些雾，拿激波来打它一下，看它怎么样。这个试验是很有意义的。

从这里可以引起另一个想法，爆震波在强化学流体力学里恐怕是一个很关键的现象，因为它的能量释放率非常大，实在是没有任何东西比得上它。虽说爆震波是个很老的现象，但以前，人们在研究爆震波的时候，也没有研究得很仔细。最近，国外对螺旋爆震做了不少的研究工作，看来，它是跟液体发动机的燃烧稳定性、振荡燃烧有关的。所以似乎应该对爆震波多做些研究，做得更仔细一些。据说在爆震波里面还有精细的流动，好像是湍流，不过尺度比湍流要小，是新观察到的现象。所以，与强化学流体力学有密切关系的爆震波还大可研究。

有了上述对液体火箭燃烧室中切向及径向高频振荡的认识，我们也就可以举一反三，想到用固体复合推进剂的火箭发动机中，如果产生切向高频振荡，也是有着相类似的机制。图2是固体药柱的横断面，图中的箭头表示一个瞬间燃气在断面平面中流动的情况。图2A的振型，气流不需要绕过星角根部的凸角，图2B的振型，气流要绕过星角根。我们知道，如果气流绕过凸角，就会在角附近出现非常大的流速，但是燃气具有一定的黏性，在表面附近出现很大的流速就会大大增加阻尼，所以像图2B那样的振型是振不起来的。图2A那样的振型没有这个问题，可以振起来。

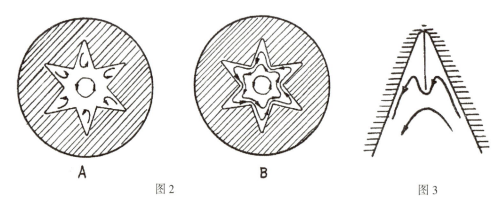

图2　　　　　　　图3

同样的道理也可以看到，如果像图3那样，在星角尖插入一个所谓消振片，那么如果振型基本不变，也将迫使气流绕过消振片的尖端，又会产生很大的流速，从而又振不起来。这就是消振片之所以能消除切向振荡的理由。这就是说：虽然从一般声学原理，任何一个空腔总是有一系列的振型，但是实际上要能振起来，又有一定的选择，只有气流不绕过凸角的才实际上能振起来。这是固体内孔燃烧发动机不同于液体发动机的地方，固体的燃烧室形状复杂，液体的燃烧室基本上是圆柱形，比较简单，没有上述的限制。

但是有振起来的可能也不等于真的会振,还得有激振源。同前面所说的液体发动机一样,激振源也还是强化学流体力学特征之一的爆震波。我们在前一节里说过(图1),复合固体推进剂在燃烧时,表面上有一个个交错地排列的富氧区和燃料区,形成微观扩散焰。这个情况与液体火箭燃烧室的喷嘴附近的情况差不多,因此也可以形成爆震波切向扫过药面,只不过爆震波不会很高,顶多也只有微观扩散焰的高度,即大约100微米。这个尺度很重要,它又给我们估计振荡频率上限的方法。在一次爆震波扫过后,燃料同氧化剂的燃烧已经很完全,可以释放的化学能都已释放,再来一次爆震是不可能的;一定要等原来爆震过的燃气离开表面,过氯酸铵和粘接剂新的分解气体从表面升起,填补了留下来的空当,这才有第二次爆震波扫过的可能。这也需要一定的时间,而这个时间间隔就可以认为是最小的振荡周期;周期再小,新的分解气体来不及升起,爆震波不能形成。

让我们来算一算这个频率上限 $f_上$。如果 r 是固体推进剂的燃速(毫米/秒),$\rho_固$ 为固体推进剂的密度,$\rho_气$ 为分解气的密度,那么分解气从表面上升的速度为 $r\frac{\rho_固}{\rho_气}$(毫米/秒),再用 δ(毫米)来代表整个微观扩散焰的厚度,即上面所说是100微米,或0.1毫米。那么分解气体上升 δ 的时间为 $\delta/\left[r\frac{\rho_固}{\rho_气}\right]$,或

$$f_上 = \frac{r}{\delta}\frac{\rho_固}{\rho_气} \text{赫}$$

我们可以初步估算一下,令 $\rho_固/\rho_气 =100$,$r=10$ 毫米/秒,$f_上=10,000$ 赫;这个结果与实验观察也不矛盾。

这就是说,如果可以振起来的振型的频率小于 $f_上$,爆震波的激励作用就有可能。所以太小的发动机不会振,因为即便可以振起来的振型中,其低频率也大于 $f_上$。一般来说,只要以上的条件满足了,固体发动机的燃烧就会不稳定,要产生切向高频振荡。能不能消除振荡?一个办法就是前面所说的加消振片的办法,抑制振型;这也可以归纳为药形设计方面的工作。另一个更加根本的办法是在固体推进剂加不易破碎的颗粒,让它散布在微观扩散焰中,起阻尼作用。看来固体复合推进剂中加铝粉的作用就在于此,它能消振。当然加铝粉还能增加比冲,是一举两得的事。

固液型火箭发动机怎样?液固型火箭发动机怎样?是不是也会发生高频切向或径向振荡?在以上的解说中,我们认为高频振荡的激发是靠爆震波,而爆震波只在有可释放大量化学能的混合物(液雾或分解气体)中才能发生;固液发动机或液固发动机的燃烧室中,氧化剂和燃料是从相离较远的部位引入的,似乎没有产生爆震波的可能。所以也许固液型或液固型火箭发动机不会产生高频振荡。

五、两项实验工作的建议

现在再谈一谈，关于在化学流体力学里"三传一反"的那个"一反"问题。如果是要求在这个问题上真正做得很精细，恐怕是很难办到的，因为太复杂了，所以应该考虑总包反应。但总包反应一定是同具体反应情况密切相关的，如果离开了具体条件，得出的总包反应，可能完全是另外一个总包反应。当我们对这些问题还认识得不清楚的时候，就会使我们在某些工作上做得不太恰当，在我们研究化学动力学总包反应参数的时候，没有真正反映实际。例如，无论是对于烧蚀材料的燃烧，对于固体推进剂的燃烧，或固气推进剂的燃烧，我们在讨论中都提到在固体当中有个温度梯度，被烧掉的固体物质先要经过一个预热段。因此旧的实验方法，把整块固体物质放在坩埚中加热就不能完全模拟实际情况，为了解决这个"一反"的实验问题，胡日恒同志有一个很好的建议：就是使用一种惰性气体，让它加热到例如2,000℃左右，并保证它的流体力学条件很清楚（见图4），流速很均匀，像用比较大的收缩比等，以便保证气流保持层流状态，在收缩部位放置烧蚀材料或者固体药性试件，让惰性气体从上面流过去，让气流的热来烤它。因为这个热气是惰性气体，所以在气流内部不会有扩散燃烧，因此，也可能不会很快地引燃它，并且层流还是层流。我们根据实验的结果，如温度、流量对烧蚀量或者燃烧速度的影响，来确定这个总包反应参数。这样测出来的参数比较靠得住，因为它反映了实际使用的情况。这样就解决了长期以来的一个矛盾，即一方面是化学反应动力学非常复杂，另一方面是真正做出来的结果又与使用的条件不合。

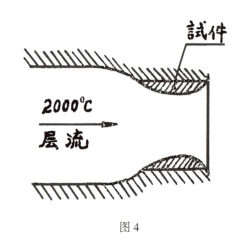

图 4

这个概念还可以用在单组元推进剂的单液滴的燃烧当中，因为在这个问题中化学动力学是控制燃烧的因素。这里也发生一个问题，就是这个单组元推进剂的化学反应动力学到底是怎么一回事？现在所能够找得到的一些数据，都是一些低温数据，我们也不敢就这样将它用于高温的情况。像这样的问题，是不是也可以利用实验来测定总包化学反应的几个常数？用单组元推进剂的蒸气来测定层流火焰的速度，在测定了层流火焰的速度之后，我们就反过来推算这个化学反应动力学的参数。再用这个化学反应动力学参数来算单组元单液滴的燃烧速度就比较可靠了。

所以，总的来讲，这类方法是用化学流体力学的实验来解决"一反"中的参数，也就是实验加理论分析的方法，用它来求出所需要的"一反"的数据。当然就是有了这个半经验半理论的求总包反应的方法，也不排斥化学家对化学反应动力学问题做更深入的工作，那将是重要的工作，将帮助我们更彻底地了解"一反"的内容。

最后我想说明，我的这个发言只提出了一些不成熟的看法，也许提出的问题多于解决的问题，对与不对还请同志们批评指正。

论技术科学[1]

钱学森

(中国科学院力学研究所)

一、科学的历史发展与技术科学概念的形成

在人们从事生产的过程中,他们必然地积累了许多对自然界事物的经验。这些经验可以直接应用到生产上去,也可以先通过分析、整理和总结,然后再应用到生产上去。直接应用这一个方式是工艺的改进,是所谓工程技术,把经验来分析、整理和总结就是自然科学[2]的起源。所以工程技术和科学研究只不过是人们处理生产经验和对自然界观察结果的两方面,基本上是同一来源,而且两方面工作的最终目的也是一样的,都是为了改进现有的和创造更新的生产方法,来丰富人们的生活。

因此在科学发展的早期,我们不能把科学家和工程师分开来。一位物理学家也同时是一位工程师,牛顿就是一个著名的例子。牛顿不但发现了力学上的三大定律,因而奠定了理论力学的基础,而且他也是一位结构工程师,他设计了一条在英国剑桥大学校址中的木结构桥,这桥据说至今还存在。再像欧拉,他是一个大数学家,同时他对工程结构的稳定问题上也作出了伟大贡献。但是在十九世纪中,当科学在资本主义社会中得到了迅速的发展,科学家的确和工程师分手了。科学家们忙于建立起一个自然科学的完整体系,而工程师们则忙于用在实际工作中所累积了的经验来改进生产方法。在欧洲的一些学者和科学家,对工程师是看不起的,认为他们是一些有技术,但没有学问的人。而工程师们又认为科学家是一些不结合实际的幻想者。一般讲来,两方面的人缺乏相互之间的了解和合作。

当然,科学家和工程师分手的这种现象,也是事实上的需要。每一方面的工作因发展而变得更复杂了,工作量也大了,要一一兼顾,自然是不可能的。分工就成为必需的。但是这也不能完全解释为什么分工之后不能保持紧密的联系,其中必定有更深入的原因。我觉得这原因是:当时科学的发展还没有达到一个完整体系的阶段,自然科学的各部门中虽然有些部分是建立起来了,但另一些部分又确是模糊的,不明确的。这也就是说:当时的自然科学因为它自身还有不少漏洞,还不是一个结实的结构,所以当时的自然科学还不能作为工程技术的可靠基础,把工程技术完全建筑在它的上面。例如:虽然热力学早已搞得很明白了,可是热力学的基本,也就是用分子的运动来解释热能现象的统计物理,就存在着许多困难。这些统计物理中的困难要等到量子力学的出现才能得到解决。就因为这些在自然科学中的缺陷,有一些纯由理论所推论出来的结果

---

[1] 本文原载于《科学通报》,1957,2: 97~104。重载此文是因为此文充分反映了钱学森先生培养技术科学人才的教育思想,并与中国科学技术大学的系科设置关系密切。——编者注
[2] 在这里,自然科学这一名词是用来包括数学、物理学、化学,以及生物学、地质学等科学。但是自然科学不包括工程技术。

显然与事实不相符合，这也动摇了工程师们对当时自然科学的信心。所以我们可以完全了解在十九世纪中和二十世纪初年工程师们与科学家中间的隔膜。

但是在本世纪中自然科学的发展是非常快的，个别自然科学的部门在较早的年代也已经达到完整的阶段，电磁学和力学便是两个例子。而正好在这个时候电机工程和航空工程两个崭新的工程技术先后出现了。因为它们是当时的新技术，没有什么旧例和旧经验可作准则。工程师们为了迅速地建立起这两门技术就求助于电磁学和力学，用电磁学和力学作为电机工程和航空工程的理论基础。这样才又一次证明了自然科学与工程技术问题的密切关系，才指明了以前工程师们不重视自然科学的错误。而也就是在这个时代，物理学、化学等自然科学学科很快地发展成现代的科学，补足了它们以前的缺陷。所以在今天来看，我们对物质世界的认识，只要是在原子核以外，只要除开个别几点，是基本上没有问题了。在原子和分子世界中，有量子力学；在日常生活的世界里，有牛顿力学；在大宇宙的世界里，有一般相对论的力学。只有原子核内部的世界现在还没有一定的看法。因此我们也可以说，对工程师说来，自然科学现在已经很完整了，它已经是一切物质世界（包括工程技术在内）的可靠基础。

由这个事实出发，有许多科学家认为：一切工程技术可以看作是自然科学的应用，而一个工程师的培养只要在他的专门业务课程之外，再加上自然科学就行了，就可以保证他在以后工作中有解决新问题和克服困难的能力。在四十几年前的美国，他们的确是这样看法。有名的麻州理工学院就是建立在这个原则上的。把工程师的培养和技术员的培养分开来，把工程师作为一个科学的应用者，这在当时是一个带有革命性的改革。这个改革在一定程度上是成功的，而这种培养工程师的方法也就被其他学校和其他国家中的工程技术学校所采用，逐渐成为一种典型的工程技术教育。由这种课程所培养出来的工程师比起老一辈的工程师来，的确有科学分析的能力，在许多困难的问题上不再完全靠经验了，能用自然科学理论来帮助解决问题。但这不过在一定程度上如此，至于课程改革原来的目的：把工程技术完全建立在自然科学的基础上的这个目的，是没有完全实现的。我们先看一看课程的组成。这种课程是四年制，前两年着重在自然科学，后两年着重专门业务。但是这两部分之间没有能结合起来。有人说以这个办法受教育的学生，前两年他是一个学者，追求着自然界的真理，运用理论的分析而且做严密的实验，确是在高度学术空气中生活着的。但是一过了两年，进入了后一阶段的教育，他又忽然从学术空气中被赶出来，进入了工程师们所习惯的园地，放弃了分析方法，去研究经验公式了。我们知道这样培养出来的工程师一进入到实际工作中，不久就把他们学过的自然科学各个学科的大部分都忘了，数学也不大会用了，只不过还会运用自然科学的一般原则来帮助他们的思考罢了。要真正以科学的理论来推演出他们在工作中所需要的准则，他们还是不能做到的。

其实这一种困难是可以理解的。因为美国麻州理工学院对工程技术的看法是有错误的地方的。错误在什么地方呢？我们可以这样看：自然科学的研究对象并不是大自然的整体，而是大自然中各个现象的抽象化了的、从它的环境中分离出来的东西。所以自然科学的实质是形式化了的、简单化了的自然界。因此，虽然关于原子核以外的世界，现在已经发现了许许多多的自然规律，但究竟自然科学还是要不断地发展的。在任何一个时代，今天也好，明天也好，一千年以后也好，科学理论决不能把自然界完全包括进去。总有一些东西漏下了，是不属于当时的科学理论体系里的；总有些东西是不能从科学理论推演出来的。所以虽然自然科学是工程技术的基础，但它又不能够完全包括工程技术。如果我们要把自然科学的理论应用到工程技术上去，这不是一个简单的推演工作，而是一个非常困难、需要有高度创造性的工作。我们说科学理论应用到工程技术上去是不合适的，应该更确当地说科学理论和工程技术的综合。因此有科学基础的工程理论就不是自然科学的本身，也不是工程技术本身；它是介乎自然科学与工程技术之间的，它也是两个不同部门的人们生活经验的总和，有组织的总和，是化合物，不是混合物。

显然，我们不可能要求一个高等学校的学生仅仅用四年的功夫把这个非常困难的工作做好。他们最多只不过能把科学和工程混在一起，决不能让两者之间起化合作用，所以美国麻州理工学院式的教育决不能完全达到它预期的目的，要作综合自然科学和工程技术，要产生有科学依据的工程理论需要另一种专业的人。而这个工作内容本身也成为人们知识的一个新部门：技术科学。它是从自然科学和工程技术的互相结合所产生出来的，是为工程技术服务的一门学问。

由此看来，为了不断地改进生产方法，我们需要自然科学、技术科学和工程技术三个部门同时并进，相互影响，相互提携，决不能有一面偏废。我们也必须承认这三个领域的分野不是很明晰的，它们之间有交错的地方。如果从工作的人来说，一人兼在两个部门，或者甚至三个部门是可以的；所以一个技术科学家也可以同时是一个工程师；一个物理学家也可以同时是一个技术科学家。不但如此，这三个领域的界限不是固定不移的，现在我们认为是技术科学的东西，在一百年前是自然科学的研究问题，只不过工作的方法和着重是有所不同罢了。我们要明确的是：在任何一个时代，这三个部门的分工是必需的，我们肯定地要有自然科学家，要有技术科学家，也要有工程师。

二、技术科学的研究方法

既然技术科学是自然科学和工程技术的综合,它自然有不同于自然科学,也有不同于工程技术的地方。因此,研究技术科学的方法也有些地方不同于研究其他学科的方法。

因为技术科学是工程技术的理论,有它的严密组织,研究它就离不了作为人们论理工具的数学。这个工具在技术科学的研究中是非常重要的,每一个技术科学的工作者首先必须掌握数学分析和计算的方法。也正因为如此,某一些技术科学的发展,必定要等待有了所需的数学方法以后才能进行,例如近几十年来统计数学的成就就使得好几门技术科学(例如控制论和运用学)能够建立起来,所以作为一个技术科学工作者,除了掌握现有的数学方法以外,还必须经常注意数学方面的发展,要能灵敏地认出对技术科学有用的新数学,快速地加以利用。他也要不时对数学家们提出在技术科学中发现的数学问题,求得他们的协助,来解决它。自然我们也可以说,关于这一点,技术科学与自然科学各部门的研究没有什么大的差别。但是实际上技术科学中的数学演算一般要比自然科学多,数学对技术科学的重要性也就更明显些。也因为技术科学中数学计算多,有时多得成了工作量中的主要部分,这使得许多技术科学的青年工作者误认为数学是技术科学的关键。他们忘了数学只不过是一个工具,到底不过是一个"宾",不是"主"。因此我们可以说:一件好的技术科学的理论研究,它所用的数学方法必定是最有效的;但我们决不能反过来说,所有用高等数学方法的技术科学研究就都是好的工作。

也是因为技术科学研究工作中,用数学分析和计算的地方很多,所以许多具体分析与计算的方法,像摄动法、能量法等,都是技术科学研究中所创造出来的。这方面贡献特别多的是技术科学中的一个部门——力学。唯其如此,最近电子计算机的发展,就对技术科学的研究有深切的影响。因为电子计算机能以从前不可想像的速度进行非常准确的计算,有许多在以前因为计算太复杂而用实验方法来解决的问题,现在都可以用计算方法来解决了,而且在时间方面以及所需的人力物力方面都可以比用实验方法更经济。这一点说明了电子计算机在技术科学研究中的重要性。在将来,我们不能想像一个不懂得用电子计算机的技术科学工作者。但更要紧的是:由于电子计算机的创造,数字计算方法将更加多用,技术科学的研究方法将起大的变化。我们才在这改革的萌芽时期。而且电子计算机本身也在迅速地发展,将来到底能做到什么地步,现在还不能肯定,能肯定的是:下一代的技术科学工作者的工作方法必定比我们这一代有所不同。

我们在前面已经说过:数学方法只是技术科学研究中的工具,不是真正关键的部分。那么,关键的是什么呢?技术科学工作中最主要的一点是对所研究问题的认识。只有对一个问题认识了以后才能开始分析，才能开始计算。但是什么是对问题的认识呢？这里包含确定问题的要点在哪里，什么是问题中现象的主要因素，什么是次要因素；哪些因素虽然也存在，可是它们对问题本身不起多大作用，因而这些因素就可以略而不计。要能做到这一步，我们必须首先做一些预备工作，收集有关研究题目的资料，特别是实验数据和现场观察的数据，把这些资料印入脑中，记住它，为做下一阶段工作的准备，下一个阶段就是真正创造的工作了。创造的过程是：运用自然科学的规律为摸索道路的指南针，在资料的森林里，找出一条道路来。这条道路代表了我们对所研究的问题的认识，对现象机理的了解。也正如在密林中找道路一样，道路决难顺利地一找就找到，中间很可能要被不对头的踪迹所误，引入迷途，常常要走回头路。因为这个工作是最紧张的，需要集中全部思考力，所以最好不要为了查资料而打断了思考过程，最好能把全部有关资料记在脑中。当然，也可能在艰苦工作之后，发现资料不够完全，缺少某一方面的数据。那么为了解决问题，我们就得暂时把理论工作停下来，把力量转移到实验工作去，或现场观察上去，收集必需的数据资料。所以一个困难的研究题目，往往要理论和实验交错进行好几次，才能找出解决的途径。

把问题认识清楚以后，下一步就是建立模型。模型是什么呢？模型就是通过我们对问题现象的了解，利用我们考究得来的机理，吸收一切主要因素、略去一切不主要因素所制造出来的"一幅图画"，一个思想上的结构物。这是一个模型，不是现象本身。因为这是根据我们的认识，把现象简单化了的东西；它只是形象化了的自然现象。模型的选择也因此与现象的内容有密切关系。同是一个对象，在一个问题中，我们着重了它本质的一方面，制造出一个模型。在另一个问题中，因为我们着重了它本质的另一面，也可以制造出另一个完全不同的模型。这两个不同的模型，看来是矛盾的，但这个矛盾通过对象本身的全面性质而统一起来。例如，在流体力学中，在一些低速流动现象中，空气是被认为不可压缩的，无黏性的。在另一些低速流动现象中，因为牵连到附面层现象，空气又变为有黏性的了。在高速流动现象中，空气又变成可压缩的了。所以同是空气，在不同的情况下，可以有不同的模型。这些互相矛盾的模型都被空气的本质所统一起来。

我们已经说过，在摸索问题关键点的时候，我们依靠自然科学的规律。这也说明技术科学的工作者必须要能彻底掌握这些客观规律，必须知道什么是原则上可行的，什么是原则上不可行的。譬如永动机就是不可行的。我们也可以说唯有彻底掌握了自然科学的规律，我们的探索才能不盲目，有方向。正如上面所说的，自然科学的规律是技术科学研究的指南针。

有了模型了，再下一步就是分析和计算了。在这里我们必须运用科学规律和数学方法。但这一步是"死"的，是推演。这一步的工作是出现在科学论文中的主要部分，但它不是技术科学工作中的主要创造部分。它的功用在于通过它才能使我们的理解和事实相比较；唯有由模型和演算得出具体数据结果，我们才能把理论结果和事实相对比，才可以把我们的理论加以考验。

由前面所说的技术科学工作方法看来，也许有人要问：技术科学的研究方法又有什么和自然科学研究方法不同的地方呢？我们可以说这里没有绝对的差别，但是有很重要的相对差别。我们可以说以自然科学和工程技术来对比，工程技术里是有比较多的原始经验成分，也就是没有严密整理和分析过的经验成分。这些东西在自然科学里一般是很少的，就是因为某一问题分析还不够成熟，不可避免地含有经验成分，那也是自然科学家们要努力消除的。但在技术科学里就不同了。它包含不少的经验成分，而且因为研究对象的研究要求的不同，这些经验成分总是不能免的。因此这也影响了技术科学的研究方法，它在一定程度上是和自然科学的研究方法有所不同的。我们也可以从另一个方面来说，技术科学是从实践的经验出发，通过科学的分析和精练，创造出工程技术的理论。所以技术科学是从实际中来，也是向实际中去的。它的主要的作用是从工程技术的实践，提取具有一般性的研究对象，它研究的成果就对那些工程技术问题有普遍的应用。也正因为如此，技术科学工作者必须经常和工程师们联系，知道生产过程中存在的实际问题。有时一个技术科学工作者也直接参加解决生产中发生的问题，以取得实践的经验。照这样说，一个技术科学工作者的知识面必然是很广阔的，从自然科学一直到生产实践，都要懂得。不仅知识广，而且他还必须要能够灵活地把理论和实际结合起来，创造出有科学根据的工程理论。

有了工程理论，我们就不必完全依赖工作经验，我们就可以预见，这正如有了天体力学的理论，天文学家们就可以预见行星的运动，预告日蚀、月蚀等天文现象。由这一点看来，工程理论又是新技术的预言工具。因而技术科学也能领导工程技术前进，是推进工程技术的一股力量，是技术更新、创造新技术所不可缺的一门学问。

三、力学与航空技术

我们现在举一个技术科学对工程技术所起作用的实例：航空技术。在这里起重要作用的是力学这一个技术科学，这我们在前面也已经讲到。力学对航空技术的贡献是有决定性的，是技术科学与工程技术相互作用的典型。力学本身也就成为技术科学的一个范例，也是我们现在对技术科学这一个概念的来源。

在古典的力学中有两个重要的分支：一个是流体力学，一个是固体力学。流体力学是处理液体和气体的运动的，所以它也包括了气体动力学和空气动力学。固体力学是处理固体在外力或加速度作用情况下所产生的应力应变,所以包括了弹性力学和塑性力学。显然,流体力学与飞行器的外形设计和推进问题有密切关系,而固体力学则与飞行器的结构设计有密切的关系。自然我们认识到流体力学也必然与许多其他工程技术有关系,像水利工程、蒸汽或燃气涡轮,船舶的设计等。固体力学也必然与所有工程技术中结构强度问题有关系。但是因为在力学迅速发展的时期中,也就是过去这五十年,只有航空技术上的问题最迫切,最严重,所以与力学相互作用最强的是航空技术,而不是上面所说的其他工程技术。

在飞机设计中一个基本问题是升力和阻力。升力是飞行所必需的,然而有升力就必然产生阻力;怎么样才能在一定升力下减少阻力呢?这也等于问:什么是一定升力所产生的最小阻力呢?流体力学的伟大科学家L·普郎特耳在受了闵开斯特耳意见的影响下,创造了著名的有限翼展机翼理论,给出了计算由升力所产生的阻力的方法,这就是所谓感生阻力公式。普郎特耳的研究也指出了减少阻力的方法,他的公式说在一定升力系数下,感生阻力系数是与翼展比成反比例的。因此要减少感生阻力,我们就应该加大翼展比,也就是把翼面作得狭而长。

感生阻力的问题解决了,接着下面的问题就是不由升力所产生的阻力了,也就是所谓寄生阻力。这一部阻力是由于空气的黏性而来的。空气的黏性很小,但是它并不等于零。怎么样来考虑小黏性所产生的作用呢?这也是流体力学对航空技术的一个大贡献。它指出小黏性的作用是局限于附在表面一层气流中,也就是附面层中。流体力学也给出分析附面层的方法;并且指出:附面层有时会因为沿着表面在流向压力增加,感到运动的阻碍,因而从表面分离出去。这样分离了的附面层就造成涡流,减少了升力,加大了阻力。这些流体力学上研究的结果不但给设计飞机翼形和飞机舱形以原则性指导,而且指出,要减少寄生阻力,我们就必须减小附面层的面积,也就是减少表面面积。由于这一结果,飞机的设计才由多翼面的、带支柱的外形,走向单翼面、完全流线型化了的外形。

制造完全流线型化的单翼飞机,不能再用不够坚固的旧的、钢架蒙布式的结构,而必须改用全金属的薄壳结构。但是这是一种新型的结构,工程师们没有足够的经验,要能设计出有高效能的结构,这还是要请教弹性力学家们。他们首先给出计算薄壳结构的折屈负荷或临界负荷的方法,也就是解决弹性稳定问题。虽然早在十九世纪欧拉就研究过这个问题,给出细柱临界负荷的公式;但是飞机上用的结构要比这复杂得多,而且薄壳是有表面曲度的,古典的、所谓小挠度理论是不正确的,它给出过高临界负荷。在另一方面,有些表面曲度小的结构,虽然折屈了,但是仍然能担起更大的负载。所以弹性力学家们也还研究了结构在超越临界负荷的情况,也就是解决了所谓"有效宽度"的问题。这一连串的研究都是在1933年前后作的,因此奠定了全金属飞机结构的理论基础。

在这里我们必须说明的是：结构强度的问题终了是要牵连到材料破坏问题上去的，因为强度就是在破坏的时候的负载，而且对金属材料来说，在未破坏以前，也必先进入塑性变形阶段，因此也要牵连到塑性力学的问题。一直到现在，材料强度问题与塑性力学问题都在研究着，但都还没有得出定论。所以自然科学的已知规律显然还不能完全包括工程技术上的现象。但是力学工作者并不因此而放弃对结构强度问题的研究。他可以一面用弹性力学的理论，一面吸取工程实践上的经验或实验的结果，把它们综合起来，创造出有科学根据而又有实际意义的结构理论，这种在现实条件下争取有用的理论的精神，是技术科学工作者所不可缺的。

由于上面所说的这些发展，在第二次世界大战中，飞机的时速已经达到了700公里，接近了声音传播的速度（约每小时1000公里）。当时因为初步实验上发现物体阻力在声速附近急骤加大，在工程师中间也有人以为要飞机超过声速是不可能的，说存在着声速的墙。就在这时候，气体动力学家们作出了翼面和机身在超声速气流中的运动理论，设计了超声速的风洞，作了许多超声速气流的实验。他们用理论和实验双方并进的方法证明超声速飞机的阻力系数实际上不会太大，所以并没有所谓声速的墙。在另一方面，气体动力学家也参加了喷气推进机的创造和发展，大大地增高了飞机推进机的效能，因而减少它的重量。力学家的这些贡献，促成了超声速飞行的实现。这一关一打破，航空的发展更快了。现在流体力学家正在努力于高超声速气动力学和稀薄气体动力学的研究，帮助超高空、超高速飞行的实现；因而也在促进星际航行的诞生。

因为技术科学的研究对象是具有一般性的，它的研究成果也有广泛的应用。力学的工作，虽然是由于航空技术迫切的要求，但是，现在已经得到的流体力学和固体力学的研究结果，对其他工程技术部门来说也有很大的帮助。例如燃气轮机的创制成功是离不开气体动力学的；而掌握了高速气流动力学以后，我们也就很自然地看到把高速化学反应用到化学工业中去的可能性。这些力学在航空技术以外的应用对将来的工程技术都是非常重要的。它也说明了，通过技术科学研究中的总结，一个技术部门的经验与成就就能超越它们的局限性，伸展到其他方面去，推进了另一些技术部门的发展。技术科学家也是利用这一可能性来预见新技术，指出工程技术下一阶段的发展方向。

四、技术科学的一些新发展方向

我们在上一节中，约略地介绍了些几门技术科学的情况。但是流体力学、弹性力学和塑性力学都是比较成型的，已经有了不少工作的学科；现在，我们要谈一谈今后技术科学发展的几个方向，几个需要开拓的学科。为了简明起见，我们制了一张表。表的第一栏是学科的名称。第二和第三栏是这个学科在自然科学抽用的部分和在技术经验方面抽用的部分。这也就形成这个学科的资料，要从这两部分综合起来创造出这门技术科学。第四栏是现在可以看出来的内容，也就是研究题目。第五栏是这门学科研究成果的应用，也因此可以表现出这门科学的重要性。我们从这个表里面可以看出第三栏的技术经验组成部分和第五栏的应用方面常常是相同的，这又一次说明技术科学基本上是从工程技术上来，到工程技术中去的学科。

这张表也许太简单了，我们再来介绍一下各学科的大意。

化学流体力学 这是一门研究流体中有化学变化、热的发生和吸收的动力学。因为有化学变化，所以流体各部分的成分就不能一样，成分不一样就引起了各种扩散过程。自然，因为有热能的发生和吸收，也有温度的不均匀性，有热传导的问题。所以它基本上是一门比流体力学还要复杂的科学。

物理力学 这门技术科学的目的是由物质的微结构，原子、分子的性质，通过统计物理的方法来计算物质的宏观性质，这里也包含材料强度的物理理论。这也就是说我们希望用计算的方法来得到工程用的介质和材料的性质。这是一个节省时间、人力和物力的很上算的方法。虽然近代物理和化学的成就是很大的，但是要完全靠它们来推演出物质的宏观性质还是不可能的，在许多地方，我们要采用半理论半经验的方法来解决问题。这也说明了物理力学的内容和研究方法与统计物理、物理化学、化学物理是有所不同的。物理力学要在这些自然科学的基础上，更进一步地结合实际，求对工程技术有用的结果。

电磁流体力学 这是研究导电液体和气体在电磁场中的动力学。导电的液体是液体金属，它们在核子反应堆中常常被用为冷却剂。要传送液体金属可以用一种电磁泵，泵里面完全没有转动的机件，只靠转动的电磁场来推动液体金属。导电的气体是离子化了的气体，也就是高温的气体（在一万度以上的高温）。这种高温在超高速飞行器的附面层里可以出现；这里的问题是怎样才能有效地冷却表面，不使它的温度过分升高。

流变学 流变学研究特别液体的动力学。这类液体的应力应变关系要比普通液体（像水）复杂得多，它包括胶体、油漆等。这门技术科学已经有多年的历史，只不过这方面的工作做得不够。譬如一方面我们可以用仪器测定油漆的各种性质，一方面我们对油漆也有些具体的要求，像用刷子刷上油漆，过后要不显刷子的印迹。但是现在的流变学就还不能把这两件事连起来，明确要什么样的物理性才能满足具体要求。要做到这样，就是流变学今后发展的主要方向。

技术科学的几个发展新方向

部门学科	组成部分		研究的内容	成果的应用
	自然科学和技术科学方面	工程技术方面		
化学流体力学	1. 流体力学，气体动力学 2. 化学动力学	1. 化学工业 2. 冶金工业 3. 工业中燃烧装置	1. 有化学变化的流体运动 2. 固定和流体化的触煤床 3. 燃烧和爆炸 4. 冲激管中的化学作用	1. 化学工业 2. 冶金工业 3. 工业燃烧问题 4. 内弹道问题
物理力学	1. 物理化学，化学物理 2. 量子力学，统计物理 3. 固体物理	1. 化学工业 2. 材料研究	1. 气体、液体、固体的热工性质 2. 固体材料强度及变形问题 3. 物质在不可逆过程中的性质 4. 气体在超高温中的性质	1. 一般工程技术 2. 高温技术
电磁流体力学	1. 液体力学 2. 电磁学 3. 电子物理 4. 天文观测	1. 超高速飞行技术 2. 原子能技术	1. 电磁流体的运动规律	1. 超高速飞行技术 2. 原子能技术
流变学	1. 流体力学	1. 油漆、食品工业等 2. 高分子化合物工业	1. 流变体测量方法的分析 2. 流变体运动规律	1. 轻工业生产技术和轻工业产品的改进 2. 超高压滑润剂和轴承
土和岩石力学	1. 固体动力学，固体力学 2. 强度理论	1. 挖土工程 2. 隧道工程 3. 爆破工程 4. 采矿工程	1. 土和岩石的物理性质 2. 爆破的动力学过程 3. 土壤加固问题	1. 土石工程 2. 采矿工程 3. 爆破工程 4. 挖土机械的设计
核反应堆理论	1. 原子核物理，中子物理 2. 热传导	1. 原子能利用	1. 反应堆理论，反应堆动态性能	1. 原子能利用
工程控制论		1. 随伺机械，工业控制系统 2. 自动化生产方法	1. 各种控制系统的分析和综合 2. 自动测量的系统 3. 自动校正的系统	1. 工业控制系统 2. 生产过程自动化
计算技术	1. 数理逻辑 2. 控制论	1. 自动控制系统 2. 电子工艺学	1. 模拟计算机 2. 数据计算机 3. 复合计算机	1. 科学问题的计算 2. 自动控制系统
工程光谱学	1. 物理光学，各种光谱 2. 量子力学，统计物理	1. 工业分析仪器	1. 光谱分析 2. 质谱分析 3. 辐射在不均匀气体混合物中的规律	1. 工业分析 2. 生产过程自动化中的控制测量
运用学		1. 工程经济 2. 经济规则 3. 运输规则 4. 生产规则	1. 线形规则，动态规则 2. 运输机问题 3. 排队问题	1. 工程经济 2. 经济规则 3. 运输规则 4. 生产规则 5. 产品系列化问题

土和岩石力学 我国现在正在进行大规模的基本建设,在土石工程中累积了不少经验,在大爆破作业中也学会了先进操作方法。但这些都还没有作出科学的总结,创造出土壤和岩石移动工程的理论,这是不应该的,土和岩石力学的研究任务就是要补足这个缺陷。此外我们也要研究电流对土壤的影响,土壤中的电渗问题等。

核反应堆理论 这门技术科学的内容是设计核反应堆的理论,几年来这方面的工作一直是物理学家兼任的,现在应该把这部分工作规划为技术科学的一个部门,不再去麻烦物理学家。

工程控制论 这是生产过程自动化和自动控制系统的基础理论。它比一般所论自动调节和远距离操纵理论的范围要广,而它也正在引用最近系统数学的成就来更进一步扩大它的领域,为设计更完善的自动控制系统打下基础。

计算技术 这学科是为了设计更好的、多种多样的电子计算机,和更有效地使用电子计算机。现在在这一个方面工作的有无线电电子工程师、电路网络专家,也有计算数学专家和数理逻辑家。如果只把这些不同专业的人放在一起,他们只形成一个"混合物",是不会有效地共同工作的。只有当这几方面的专家互相了解,互相贯通了他人的专业以后,也就是说结合起来成了"化合物"以后,这才能推进电子计算机的发展,做到这一步也就是把他们各个不同的专业变成一个共同的专业——计算技术这一门技术科学。

工程光谱学 要把生产过程自动化,就要能迅速地、精确地知道生产过程每一部分的情况,作为控制的依据。在许多化学工业、冶金工业和燃烧过程中,最主要的测定就是物质成分的分析。最快最准的测定方法就是光谱分析法和质谱分析法,而且这些分析的一套仪器也能自动化,不经过人的操作,就能将分析的结果传输到过程的控制系统中去。怎么样来设计这种自动仪器?这需要理论。此外,现在我们只知道怎样处理均匀气体的光谱,如果我们更进一步处理不均匀气态的光谱,像一个火焰的光谱,用这样的光谱分析出其中每一点的不同成分,那就需要更进一步来发展光在物质中传导的理论。这些问题就是工程光谱学的研究对象。

运用学 这门技术科学工作的内容是用近代数学的成就,特别是统计数学的成就,来研究最有效地使用人力、生产工具、武器、物质等等的方法和安排,也就是把一切规划工作放在科学的基础上。自然,以前作规划工作的人们也引用了些数学,但是因为用的数学方法是很初级的,工作的范围受了很大限制,所以不能够彻底解决问题。运用学就是要用最有效的数学方法来突破这个限制,创造出作规划的一般方法,建立起规划的理论。我们可以看到,运用学研究中所出现的因素与一般科学有所不同。它不研究物质的能量和动量,也没有什么动力学问题。运用学专考究一个组织、一个系统的运用效果,和组织间与系统间的消长关系。

我们在附表里和前面各节中介绍了些技术科学的发展新方向,有的是新的学科,有的是老学科,但是要朝新的方向走。这里必须说明的是,由于个人知识的限制,我不可能把所有发展的方向都罗列出来,列出来的是不完全的,而其中有一半是和力学有关的。显然还有许多别的学科没有列出来,举一个例,现在物理学家研究半导体,但是他们研究的重点是半导体在电子器件和电力技术上的应用,所以这样的一门学科实在是一门技术科学。此外也很显然地,说这些是发展的新方向,并不等于说老一点的技术科学部门就没有前途,不必发展了。人们的知识是要永远前进的,不会走到终点的。而且任何在这些旧部门工作的人,任何流体力学家、弹性力学家、塑性力学家,都知道在他们自己专业里面还存在着一连串的问题等待解决,这些问题也对工程技术有密切关系,不容忽视。

五、技术科学对其他科学的贡献

我们的前面已经提到自然科学、技术科学和工程技术之间的相互影响和相互提携,这也就是说,我们不能只看到自然科学作为工程技术的基础这一面,而忽略了反过来的一面,一个反馈作用,也就是技术科学对自然科学的贡献。为什么有这一个可能性呢?我们在第一节里就说明为什么自然科学是不可能尽善尽美的,不可能把工程技术完全包括进去;而技术科学却能把工程技术中的宝贵经验和初步理论精炼成具有比较普遍意义的规律,这些技术科学的规律就可能含有一些自然科学现在还没有的东西。所以技术科学研究的成果再加以分析,再加以提高就有可能成为自然科学的一部分。这里的一个明显例子就是工程控制论。工程控制论的内容就是完全从实际自动控制技术总结出来的,没有设计和运用控制系统的经验,决不会有工程控制论。也可以说工程控制论在自然科学中是没有它的祖先的。但是工程控制论一搞出来,我们很容易看到它的应用并不局限于人为的控制系统。在自然界里,生物的生长和生存都有它们自己的相应控制系统;而这些自然控制系统的运行规律也是依照工程控制论中的规律的。所以工程控制论中的一些规律,必然是更广泛的控制论的一部分,而这个更广泛的控制论就是一切控制系统(人为的和自然的)的理论,它也必然是生物科学中不可缺少的,是生物科学的一部分。现在有些人认为从前生物科学家因为没有控制论这一工具,所以只看到了生命现象中的能量和物质运动问题,没有注意到更关键的控制问题,因而歪曲了实际,得不到深入的了解。由此看来,一门技术科学,工程控制论,对一门自然科学,生物科学,是有非常重要的贡献的。

其实技术科学对其他科学的贡献还不限于自然科学。我们来看一看运用学。这门学科也是在自然科学领域里没有祖先的。它是由于改进规划工作的实际需要而产生的。规划工作中的工程经济、运输规划还可以说是工程技术，而生产规划就已经有点出了工程技术的范围，部分地踏入社会科学的领域中去了。现在运用学的历史还太短，内容还不丰富，但是我们肯定，再过些时候，当运用学有了进一步的发展以后，它的应用范围必定会更扩大，会更向社会科学部门伸展。我们这样说是有原故的。考虑一下社会科学中的一个重要部门的政治经济学对社会主义部分有些什么研究的题目，这里有关运用学的至少有下列几个：

（一）国民经济各部门间的关系，也就是生产生产资料的部门和生产消费资料的部门之间的关系，工农业生产部门和交通运输部门之间的关系，生产部门和商业部门、物资供应部门、财政金融部门等等之间的关系。

（二）各地区间的关系，也就是在一个社会主义国家里面，因为各个地区人口条件和自然条件的差别，造成在某种程度上的地区相对独立性，不可能每一地区都完全平衡，每一地区都和其他地区有同样的发展程度，这里就产生了地区间的关系。

（三）社会主义国家和别的国家的经济关系，也就是社会主义国家之间的关系和社会主义国家与资本主义国家之间的关系。

上面这一些经济关系的分析和研究可以用一个运用学里面的工具，线性规划来进行。自然，线性规划是一个初步的近似解法，但是运用学的发展自然会创造出更好的工具，像非线性规划和动态规划。所以我们相信一门技术科学，运用学，对政治经济学会做出很大的贡献。把政治经济学精确化，也就是把社会科学从量的侧面来精确化。

在这里我想应该附加一个说明。许多人一听见要把社会科学精确化一定会有意见，就要提出抗议说：社会科学是碰不得的，自然科学家也好，技术科学家也好，你们都请站开！我想这大可不必，但所以有些人会对社会科学的精确化有这样反应，也不是没有一定的理由。可能是因为怕如此一精确化，反而把社会科学搞坏了。在资本主义国家中也的确有一批所谓度量经济学[1]（Econometrics）家，他们的大本营在美国的芝加哥，目的是把数学的分析方法应用到经济学上去。他们已经搞了几十年了，但是没有搞出什么好结果，没有能解决经济上的什么问题。这是证明了经济学不能精确化吗？我想不是的。这些度量经济学家们的出发点是资本主义不正确的经济学说。用资本主义的不正确观点，怎样会得出与实际相符合的结果呢？如果度量经济学家成功了，那我们倒反而要担心了。我们知道引用数学不会把原则上不正确的东西变成正确，也不会把原

---

[1] 也有人把 Econometrics 译作技术经济，但是从它的内容来看，这个译名可能是不合适的。

则上正确的东西变成不正确，数学只是一个工具，一个加快我们运算的工具，使得我们的分析能够更深入，更精确。所以我们没有理由怕社会科学会因引用数学方法而搞坏了。

另一个对社会科学精确化的顾虑是怕社会现象中有许多因素不能确实地估计，因而认为精确化是不可能的。不能确实估计的因素可以在两种不同情况下出现，一种是统计资料不够；一种是因素本身确是不易预见的，例如工人劳动积极性。前一种情况是不应该有的，真正的困难倒是因为不采用数学分析方法，所以难以确定那一个统计数字是重要的，因而统计资料有不切实用的情形。至于第二种情况，因素的可能变动大，不易固定，我想也不是放弃精确化社会科学的理由；谁都承认社会科学不是毫无客观规律的学问，只要有规律，这些规律就可以在一定程度上用数来描述出来。如果一个因素不能固定，我们也可以不固定它，把它当作一个有某种统计性质的"随机变数"，也就是说标明这个因素不同数值的几率是什么，整个问题的演算仍然可以精确的进行。而且近代统计数学有多方面的发展，我们完全有条件来处理这种非决定性的运算，只不过计算的结果不是一定的某种情况，而是很精确地算出各种不同情况的出现几率是什么。这对规划工作来说是正确的答案。而其实一件在起初认为不能用数字来描述的东西，只要我们这样地来做，我们就发现，通过这个工作能把我们的概念精确化，把我们的认识更推深一步。所以精确化不只限于量的精确，而更重要的一面是概念的精确化。而终了因为达到了概念的精确化也就能把量的精确化更提高一步。

再有一个反对把社会科学精确化的理由是说：社会现象中的因素如此之多，关系又如此之复杂，数学的运算怕是不能实行的。其实这一个理由现在也不成立了。现在我们已有了电子计算机，它的计算速度，远远超过人的计算速度，因此我们处理复杂问题的能力提高了千万倍，我们决不会只因为计算的困难而阻碍了我们的研究。

由此看来，我们没有理由反对把精密的数学方法引入到社会科学里。但是到底这样精确化又有什么好处呢？举个例：精确化了的政治经济学就能把国民经济的规划作得更好，更正确，能使一切规划工作变成一个有系统的计算过程，那么就可以用电子计算机来帮助经济规划工作，所以能把规划所需的时间大大地缩短。也因为计算并不费事，我们就能经常地利用实际情况，重新作规划的计算，这样就能很快地校正规划中的偏差和错误。我们甚而至于可以把整个系统放到一架电子计算机里面去，直接把新的统计资料传入计算机，把计算机作为经济系统的动态模型，那就可以经常不断地规划，经常不断地校正，这样一定能把经济规划提到远超过于现在的水平。所以我们可以想像得到，通过了运用学把数学方法引用到社会科学各部门中去，我们就能把社会科学中的某些问题更精密地、更具体地解决。当然，也许现在社会科学家们会认为这样就把社会科学弄得不像社会科学了,但是所以"不像",即正是因为有了新的东西,有了更丰富的内容,正是因为社会科学里产生了新的部门,这又有什么不好呢?

六、谢语

作者在写这篇论文的时期中,把内容的一部或全部和中国科学院及中国科学院力学研究所的许多位同事讨论过。因为有了这些讨论,起先说得不清楚的地方说得更明白些了;起先说得不妥当而容易引起误解的地方也就修正了。作者在这里对他们给的帮助谨表谢意。

钱学森与中国科学技术大学有关的部分通信

1962年10月10日
致武汝扬

汝扬校长：

听说科大要我对"关于调整专业与系的意见和草案（初稿）"提示个人意见，我就把想到的几点写在下面：

1. 近代力学系在第一方案和第二方案都是一样，有四个专业即物理力学、高温固体力学、高速空气动力学、喷气动力热物理；从现有专业中取消了爆破力学专业。我们以前曾经如此提过，那是因为当时院及分院的调整方案中将我所所的爆破研究调配到中南分院的一个新所，及哈尔滨土建所。但现在这个方案行不通，我所仍将发展爆破研究工作，是我们支援农业的一个重点；所以爆破力学这个专业不宜取消。能不能仍列入近代力学系中？共列五个专业。

2. 我对科技大学总校方针有些意见，希望能在适当场合有机会谈一谈。但半年来一直没有机会。我们郁永怀同志也感有话没机会说。我们很愿意用一下多少安定的时间来干这件事，不知有没有可能？

此致
敬礼

钱学森 1962.10.10

---

1 原件保存在中国科学技术大学档案馆。武汝扬，时任中国科学技术大学党委副书记、副校长。

1964 年 9 月 29 日
致刘达

刘达同志：

听说科大在进行教研室的调整，我想向您谈谈我对物理力学这方面的想法：

1) 物理力学历经58级、59级、60级三班，已有一定的储备，所以来在61级学生中省物理力学的。但这不是说物理力学就此停止不办了，62级也许还得开物理力学的班。

2) 因此现有的物理力学教师不宜分散，应组成一个物理力学教研室。教师们如果教学工作之余还有时间，我想可以参加力学研究所物理力学研究室（四室）的研究工作。

3) 物理力学专业放在化学系中不太合适，应该放在技术物理系中。

以上意见不一定符合科大具体情况，只供您参考。

此致
敬礼

钱学森
1964.9.29

王樵川同志：请你和但涛同志研究一下，把意见告我。

刘达 十月八日

---

1 原件保存在中国科学技术大学档案馆。刘达，时任中国科学技术大学党委书记。

1984年2月8日
致陈霖

安徽省合肥市 中国科学技术大学八系
陈 霖同志：

元月二十五日来信及建议成立思维科学研究室的材料都收到。

张光鑑同志在为思维科学的事奔走，上面支持，大有希望。他说将在一季度在京搞个小型会议，到时请您参加。

我认为您在复制材料讲的Minsky和Papert的证明非常重要，我同意您说的它"反映了拓扑性质的深刻的大范围本质"。但更重要是：它说明当前计算数学或甚至数学本身的局限性，也就是我猜想的形象思维是另有一套的，决非抽象（逻辑）思维所能也。这将引起计算机科学技术或甚至数学科学的变革！

此致

敬礼！

钱学森
1984.2.8

---
1 原件发表于《钱学森书信》第1卷335~336页。陈霖，院士，时为中国科学技术大学副教授。

1984年9月17日
致陈霖

安徽省合肥市 中国科学技术大学生物物理系
陈 霖同志：

九月七日信收到，也接到贵校师资部门寄来的提级评审材料。事务性的工作不必谈了，我们讲点学术吧。

视觉问题的确重要，而这方面关于信号接收和信息传递的问题比较好办，已有眉目；难就难在您在攻的问题：信息处理及判断。说这个问题重要还在于它与形象（直感）思维密切相关，可能是其基础，所以如果说形象思维是思维学的突破口，那视觉中信息处理及判断就是突击点了。

您的观点很重要：视觉判断的层次是从整体性开始，越整体的越在前；先拓扑，而后投影几何，而后仿射几何，最后才是欧几里得几何，但人的逻辑思维以及数学发展都与此相关，拓扑是几何的最新发展，我想这也许是形象思维与抽象思维的根本区别；而过去我们按习惯的老路子去走，按抽象思维的路子去摸索视觉、形象思维当然不行！简直笨得可笑，用大电子计算机去算，算了半天还比不上人的瞬时判断准确！

但如何把走倒的方向倒过来？从整体开始，不从局部开始，有什么捷径？您找几何学家谈过吗？他们不是在搞整体分析吗？

我这样看问题，对不对？请教。

此致

敬礼！

钱学森
1984.9.17

戴汝为同志说他们要建一个国家级的模式识别试验室。

---
1 原件发表于《钱学森书信》第2卷 011~012 页。

1985 年 1 月 4 日 [1]
致马兴孝

安徽省合肥市　中国科学技术大学近代化学系

马兴孝教授：

　　年前收到您十二月二十三日的信，我很高兴地看到您登上了国际学术讲坛！我也为您那崇高的人生目的所感动，让我们共同努力，要无愧此生！

　　您建议我去合肥，这把我难住了：我是不去任何高等院校、中等学校、小学校的；只去一处，即中共中央党校。这是为了减少麻烦，有更多的时间读书，请同志们原谅！

　　我还是认为激光与分子的相互作用是会大有发展的，会出新的技术革命。是否要在理论上下点功夫？

　　即此恭贺

春节！

钱学森

1985.1.4

---

1 原件发表于《钱学森书信》第 2 卷 123 页。马兴孝，时为中国科学技术大学化学物理系副教授。

1985年10月12日
致王礼立

安徽省合肥市 中国科学技术大学近代力学系

王礼立同志：

九月十日来信及大作《应力波基础》都收到，十分感谢！

您经历了二十年的坚难困顿，这正是祖国在建设中国式的社会主义走弯路的时期；也可以说，是象您这样的许许多多有志之士，付出了代价，才换来今天的正确方针、政策！您对祖国有贡献呵！

我早在六十年代就脱离了力学工作，所以无法评价您的著作。请原谅！

近闻朱兆祥同志已去宁波大学任校长，他是去开创新局面了。您就独立工作吧！

此致

敬礼！

钱学森

1985.10.12

---

1 原件发表于《钱学森书信》第2卷463页。王礼立，时为中国科学技术大学教授。

1988年12月8日[1]
致谷超豪

230000

安徽省合肥市 中国科学技术大学

谷超豪校长：

　　12月5日上午见面时说到的问题我是一直在想的。我们要重视数学的作用，因此要明确提出与自然科学和社会科学并列的数学科学。

　　而且数学的教学也要现代化。这我在前些日子给杨乐同志去过一封信。现将该信复制件及杨乐同志的复信一并附呈，请考虑。

　　我们应该展望二十一世纪！

　　　此致

敬礼！

钱学森

1988.12.8

---

[1] 原件发表于《钱学森书信》第4卷343页。谷超豪，院士，时任中国科学技术大学校长。

附 录

1988 年 11 月 7 日
致杨乐

本市海淀区中关村

杨 乐同志：

今年春天在全国政协的会上听您说要安贫乐道，很有感触。也知道您是在考虑大问题的，所以写这封信谈谈今后我国理工科大学的数学课程问题。

前阅《中国科学院院刊》上关于我国数学科学发展问题的文章，说到目前我国理工科大学的数学教学不能令人满意。我想这实际上是历史发展引起的。从大的方面讲，老的大学数学课程是本世纪初设计的，那时没有电子计算机，所以数学教学重点放在求解。也可以说是微观的。今天是电子计算机时代了，老一套当然脱离实际。

当然有的人未进入时代，还在旧世界中游荡。如吉林通化师院熊锡金，写了本《泛复变函数及其在数学与物理中的应用》（东北师范大学出版社，1980 年），是辛勤的工作，但令人感到不是今天的数学！

理工科大学数学课程怎么改革？我想学生受教育后，应该有以下两个方面的能力：

一、会用并掌握电子计算机；

二、能理解电子计算机给出的答复，即要从宏观上认识问题的数学性质。

要根据这些要求去设计课程，以及设计小学、中学的课程。

具体怎么办？我就说不清了，所以要请您这样的数学家来考虑。也许您已经在考虑了？

我想这是关系到二十一世纪的大事，也是个"球籍"问题。

以上当否？请指教。

此致

敬礼！

钱学森

1988.11.7

又：H.Dreyfus, S.Dreyfus: "Mind over Machine"（Basil Blackwell, 1986）讲电子计算机的功用及局限性，颇可一读。您见到了？

---

1 原件发表于《钱学森书信》第 3 卷 311~313 页。杨乐，院士，时为中国科学院数学研究所所长。

1988年12月26日
致李福利

230026

安徽省合肥市 中国科学技术大学物理系

李福利教授：

12月10日信及大作均收到。我十分感谢！

人体科学是现在全世界感兴趣的课题，而且许多人都觉得近代科学三百年来习惯的老方法是不够用的。所以像I. Prigogine, H. Haken都在倡导新的，即系统科学整体论方法。但这些人近年来搞的耗散结构理论和协同学，原是从处理简单巨系统（即物理巨系统）发端的，他们没有认识到人体不是简单巨系统，而是复杂巨系统。简单与复杂的区别在于子系统的种类及相互作用的规律：前者少，几种、十几种；而后者有成千上万种。因此这些人都把人体问题过于简单化了。例如，在人的思维和智能问题上，他们就碰壁！

所以不能天真！搞物理的人，好处是大胆，但毛病在于过于天真！

您说的五维，也只是一定条件下，好像是五维；千万不要以为真是五维的人体了。中医理论不只是五行，还有阴阳，还有干支，决不是五维。所以研究人体科学应把人体作为开放的复杂巨系统来探讨，切忌简单化！以上当否，请指教。

附上一复制件供参阅。

此致

敬礼，并贺

新年！

钱学森

1988.12.26

---

1 原件发表于《钱学森书信》第4卷356~357页。李福利，时为中国科学技术大学教授。

1989年2月14日
致陶先刚

安徽省合肥市 中国科技大学应用化学系

陶先刚教授：

《科学·文化·中医》第一期及大作《现代生命科学与中医学》均由张瑞钧教授转来，十分感谢！

我们这里的同志近年来讲"人体科学"，是用系统科学的观点，我们自以为是说得通的。故奉上《论人体科学》一册，请指教。

此致

敬礼！

钱学森
1989.2.14

附：《论人体科学》

---

1 原件发表于《钱学森书信》第4卷413页。陶先刚，时为中国科学技术大学教师。

1989年12月28日
致鲍吉人

安徽省合肥市 中国科技大学十五系

鲍吉人同志：

12月14日来信及尊著《现代管理行为的结构》都收到，十分感谢！

看了陶祖荣同志的序，才知道您早在1962年就开始这方面的研究，真是一位先行者！但管理行为是人与社会的相互作用，是行为科学与社会科学的汇合，搬用自然科学的成功方法是很不够的。而且人又是社会的人，决非处理物质简单运动方法所能奏效。在国外也有不少人这样硬干；如著名Harvard University的政治学教授Prof. Arrow。他虽得到Nobel奖金，但那一套实用效果甚差。

原因是：这种简单化处理方法是主观地把实际上极端复杂的现象压成几个参量来考虑，是脱离实际的。也就是犯了唯心主义或机械唯物论的毛病。我们应该老老实实，不要想当然，自我陶醉，用辩证唯物主义，用马克思主义哲学指导研究工作。

我在这里是照直心里想的说，把1984年信里没讲的话写下来了。仅供您参考。

　　此致

敬礼！并恭贺

新年！

钱学森
1989.12.28

我的通信（地）址：100034 北京国防科工委。

---

1 原件发表于《钱学森书信》第5卷142~143页。鲍吉人，时为中国科学技术大学教授。

1989 年 12 月 30 日[1]
致朱源

230026

安徽省合肥市 中国科学技术大学少年班

朱 源主任：

　　读了您 12 月 13 日来信及《中国首届超常教育学术研讨会论文集》，有以下几点看法，写下来供您参考：

　　（一）教育有两种类型，一是技艺型，培养文学、艺术、体育人才；二是知识型，培养其他方面人才。

　　（二）技艺型教育从来就是以有该方面特殊才智的儿童少年为对象，所以本质上是超常教育。这种超常教育的经验总结与提高是国家文化部和国家体委负责的。

　　我国今后一个时期每年到学龄的儿童大约有 2000 万，技艺型教育每年大约要接纳有特殊才智的儿童约 100 万，是件大事。

　　（三）知识型教育要接纳其余儿童，每年约 1900 万。这 1900 万中大多数或绝大多数是常规才智的儿童，（当然也有极少数极少数先天残疾儿童，又得另设教育体制），他们将纳入我国正常的教育体系。我在《教育研究》1989 年 7 期讲的就是这部分教育，我认为到二十一世纪中叶，这部分知识型常规教育要把全部每年 1000 多万儿童培养成 18 岁硕士。

　　所以这些 18 岁硕士是由常规教育培养的，当然，是现代化了的，先进的常规教育。我在文章中论述了其可能性。

　　（四）知识型教育也要接纳一些超常才智的儿童，这才是《论文集》讨论的

---

[1] 原件发表于《钱学森书信》第 5 卷 152 页。朱源，时为中国科学技术大学少年班教师。

问题。对此我个人没有多少发言权,因我就不是具有超常才智的,没有亲身经历体会。但对这个超常教育问题,我以为一定要以马克思主义哲学、辩证唯物主义为指导,全面总结历史记载中的经验,并看到今天全部科学技术包括社会科学一体化,来设计知识型超常教育的体制及实施。请不要只以提前毕业为指标,我怕那样,将是机械地处理问题,并不能真正出国家需要的人才。

《论文集》解决了这个问题吗?

以上所论,不当之处请指教。

此致

敬礼!并恭贺

新年!

钱学森
1989.12.30

1992 年 9 月 3 日 [1]
致葛庭燧

葛庭燧教授：

  我近得西安交大顾海澄同志文《材料强度和材料设计》，读后感到他讲的材料设计很重要，故奉上此文供参阅。

  现在在中国科技大学有材料设计专业吗？似应设此专业，将来还可以设系。当否？请教。

  此致

敬礼！

钱学森
1992.9.3

---

1 原件发表于《钱学森书信》第 6 卷 411 页。葛庭燧，院士，时任固体物理研究所（合肥）名誉所长。

1994年4月20日
致汤洪高

230026
安徽省合肥市 中国科学技术大学
汤洪高校长：

我十分感谢您4月14日来信。

我首先要祝贺您任中国科学技术大学校长！您是首任郭沫若校长以来的第五任中国科学技术大学校长了，这是十分光荣的！

我也祝愿中国科学技术大学在时代发展新方向：纳米科学技术，做出重要贡献！

此致
敬礼！

钱学森
1994.4.20

---

1 原件保存在中国科学技术大学档案馆。汤洪高，时任中国科学技术大学党委书记兼常务副校长。

1994年5月20日
致汤洪高

230026

安徽省合肥市 中国科学技术大学

汤洪高校长：

您5月3日来信及材料都收到，我十分感谢！

信中您邀我访校，对此我是心有余而力不足：我近因行动不便已不出京外访了。您的盛情我心领了！

此致

敬礼！

钱学森
1994.5.20

---
1 原件保存在中国科学技术大学档案馆。

1994 年 9 月 4 日
致柯资能

230026　安徽省合肥市　中国科学技术大学教务处

柯资能同志：

您 8 月 23 日来信及尊作《纳甲法与〈周易〉卦爻辞数字》，论文《邵雍数学学派科学思想初探》，以及李志超教授写的《序》都收到。您对我过誉了，我很不敢当！

看了您的论文及文章，我也有些想法，现在写在下面，与您探讨。

（一）我近年来受中医的启示，感到昌盛的西方科学技术也有其局限性。这主要是西方科学技术公开的指导思想是机械唯物论，不是马克思主义哲学的辩证唯物主义；只是西方大科学家、大工程师常常不自觉地引入点辩证思维。所以我们社会主义中国人应该纠正这一缺点，以马克思主义哲学为指导，取我国传统文化中的精华，结合现代科学技术，辩证统一扬弃为新的文化。这是我说的将在社会主义中国出现的第二次文艺复兴。

（二）看来您对我上述观点有误解。因为您把邵雍从卦卜演化出来的一套做为真正的科学，称之为数学，作为数学的开拓，而您忘记马克思主义哲学辩证唯物主义的教导：研究客观世界必需用实践，不能靠凭空想。例如：研究宇宙要靠天文观测，不能靠玩弄数字。邵雍的那一套是给自然算命，是所谓"数术学"，不是数学。您的失误在于此！

（三）研究中国古代科学技术大有贡献的是中国科学院外籍院士李约瑟。他是实事求是的，您应该向他学习。他做到取其精华，弄其糟粕。

总之，是数学，不能搞"数术学"！

此致

敬礼！

钱学森
1994.9.4

---

1 原件发表于《钱学森书信》第 8 卷 363~365 页。柯资能，时为中国科学技术大学教务处职员。

1996 年 1 月 25 日
致伍小平、虞吉林、夏源明

230026

安徽省合肥市 中国科学技术大学力学系

伍小平教授、虞吉林教授、夏源明教授：

您们三位在元月 24 日来信及申报的《现代材料的力学行为和材料设计》都收到，您们说向我"请示汇报"并要我"给予指正"，这是对我评价过高，我很不敢当！我已脱离力学工作多年，情况也不了解，所以对您们结合国内国外具体情况设计的方案实在提不出意见。

我对材料设计的认识实基于这样一个想法：今天我们能设想一个元部件的细观结构是可以随我们的意愿安排的，即以 x,y,z 为坐标，$E(x,y,z)$ 和 $\rho(x,y,z)$ 都是不均匀的。细观材料设计的任务就是找出最理想的 $E(x,y,z)$ 并在规定元部件的外加负荷下，能承载不损伤，而且达到元部件重量最轻等要求。当然，这是一个理想，但有了这个理想结果，就会看到我们研究材料设计能取得的进展。进展是一定会有的，因为今天的元部件，其工作时的应力分布是不均匀的，设计的条件只求最大应力点的应力不超过材料极限，其它部位就可以说是有点浪费了。细观材料设计能消除浪费，不就是向前迈进了吗？

上述理论工作能展示我们的前途，您们不应该做吗？请批评指正。

此致

敬礼！

钱学森

1996.1.25

---

1 原件发表于《钱学森书信》第 9 卷 454~455 页。伍小平，院士，时为中国科学技术大学教授。虞吉林、夏源明，时为中国科学技术大学教授。

1996年4月21日
致白春礼

100080

本市海淀区中关村中国科学院化学研究所

白春礼副所长：

最近我收到中共中央党校吴义生教授寄来的尊作《纳米科学与技术》，不久前也读过您在《科技导报》上的文章。我读后增加了我对这门现代科技的知识，是非常感谢的，我也认识到您对纳米科技所做的重要工作，您和您的导师唐有祺教授同我还都在Caltech呆过，是校友了！

我写这封信还有一个目的，那就是说说我学习的体会。这就是：

（一）近年来国外有很多对纳米科技的报道，但常常把注意力集中到什么"纳米机械"，即把我们熟悉的宏观世界机器微型化，如什么微型轴承、微型发动机等等。但这样"纳米机械"能真地进入我们的宏观社会，为我们服务吗？

（二）再说现在已得到的纳米结构，如纯碳巴基球、高温超导材料，都不是什么"纳米机械"，而是用原子为素材，人工"诱导"出来的有用结构。所以我在一年前就向中国科技大学的领导反映：我们要开拓从原子有目的地制造出性能特别优越的宏观构件，如重量特别轻的飞机，不怕用带沙水驱动的水轮机，耐地震的高楼等等。对此中国科技大学的有关负责同志也表示同意。

（三）但具体怎么办？走什么道路？最近看到"New Scientist"今年3月30期12页有个报道（现附上其复制件），启发我们：方法是向生物界学习，学习生物界是怎样从原子构筑起来的，然后我们用类似的操作方法制造新的构件。而我们创造的操作方法就不限于生物界的环境了，即完全另外的温度、压力和

---

[1] 原件发表于《钱学森书信》第10卷025~027页。白春礼，院士，时任中国科学院副院长。

介质。所以能制造出不限于氢、碳、氮、氧原子的高性能构件；高性能是因为它是纳米科学技术创造出来的，是以原子为基础制造出来的。相比之下，今天的构件是粗制滥造了。这不是纳米科学技术将会带来的又一次科学技术革命吗？

以上是我这个外行人的想法。对不对？有没有道理？我向您请教。

此致

敬礼！

钱学森

1996.4.21

1996年6月16日
致陶先刚

230026

安徽省合肥市 中国科技大学应用化学系

陶先刚教授：

您6月2日来信及何裕民、张晔著《走出巫术丛林的中医》都收到。我十分感谢！

从巫术到医学是人类历史的普遍发展规律，世界各地都如此，西方也是这样的。在西方，后来科学逐渐进步深化，就成为现在所谓西医学。但近年来又发现西医的一套也遇到困难，所以又找到了中国的中医学。这从马克思主义哲学观点来看是一点不奇怪的，是实践中不断深化对客观世界、包括人体的认识，我们要从机械唯物论的西医走到辩证唯物主义的新医学，这是人体科学的任务。这个道理您似还未掌握。

您是一位化学专家，而化学是一门分子科学，微观科学，所以对人体对医学的认识很不够：有兴趣，但不能用整体观来看问题——更不能从宏观与微观的辩证结合来看问题，您是在彷徨！所以我建议，您是否下点功夫学学马克思主义哲学？

此意当否？请酌。

此致

敬礼！

钱学森
1996.6.16

---

1 原件发表于《钱学森书信》第10卷095~096页。陶先刚，时为中国科学技术大学教师。

1997年4月21日
致路甬祥

中国科学院

路甬祥常务副院长：

您4月10日来信及尊作《历史的回顾与世纪的展望》、《关于我院跨世纪人才思考》都收到，我十分感谢！

您提出的问题的确非常重要，就我个人经历，大致分两段时间：（1）在国外，我是学、教、研相结合的；（2）归回祖国后，我是学、研、产相结合的。照我国现在情况看，前者要求中国科学院与大专院校相结合；后者要用新技术开发公司。但要把二者搞好，关键在于领导人要有权调度，就如邯郸钢铁集团公司那样。

以上当否，请教。

此致

敬礼！

钱学森

1997.4.21

---

1 原件发表于《钱学森书信》第10卷287页。路甬祥，院士，时任中国科学院常务副院长。

1997 年 5 月 2 日 [1]
致虞吉林、伍小平、何世平

230026

安徽省合肥市 中国科学技术大学力学系

虞吉林副院长、伍小平主任、何世平主任：

  我非常感谢您们三位托中国人民大学钱学敏教授带交的您们 4 月 20 日信及附件！我也非常高兴地知道在几年前提议的结合 nanontechnology 的结构件（从纳米级分子结构构筑）的新专业已有了开始！

  近年来在国际文献中关于这方面的报道文章很多，使我感到这也许是又一次新技术革命、又一次产业革命的先声。我曾就此向中国科学院白春礼副院长去信讨论，白副院长回信表示赞同。您们知道白副院长是做了这方面的工作的，是我国这方面的行家；相比之下，我只是个外行人。因此，我建议您们在今后，多向白副院长请教，以办好中国第一个这方面的专业。

  您们在信尾自称学生，这使我很不敢当！其实我才是您们的学生呢！

  此致

敬礼！

钱学森

1997.5.2

---

1 原件发表于《钱学森书信》第 10 卷 294~295 页。何世平，时为中国科学技术大学教授。

1998 年 3 月 20 日 [1]
致郭光灿

230026

安徽省合肥市 中国科技大学物理系和非线科中心

郭光灿教授：

您近日来信及所附材料都收到。我很同意您说的我国应统一组织全国力量攻克量子信息系统的技术问题。但此事关系到国家大事，必须由国务院领导来找人办；当年"两弹一星"就是周恩来总理亲自领导的。但那时是计划经济时代，而现在是社会主义的市场经济时代，时代不同了，老一套方法是行不通的。我国在80年代初攻大规模集成电路就遇到这一难题；当然九届人大一次会议刚刚选任了新的国务院领导，也可能情况不同了，我但愿如此。

来信说要我去主持您们申报的"量子通讯和量子计算"香山科学会议，这我很不敢当！但我现在已行动不便，已不能参加任何会议了。未能从命，请恕！

我很感谢您的来信及寄来的材料！

此致

敬礼！

钱学森

1998.3.20

---

[1] 原件发表于《钱学森书信》第 10 卷 361~362 页。郭光灿，院士，时为中国科学技术大学教授。

1998 年 9 月 9 日 [1]
致朱清时

230026

安徽省合肥市 中国科学技术大学

朱清时校长：

您 8 月 31 日信收到，我十分感谢！您对我过奖了，我不敢当！

回想 40 年前，国家制订了 12 年科学技术远景规划，要执行此规划需要科学与技术相结合的人才；电子计算机是半导体物理与电子技术的结合，航空航天技术是工程与力学的结合。所以成立了中国科学技术大学。今天，这种科学与技术的结合范围更大了，涉及到差不多全部科学技术，也包括社会科学，如国家已成立了信息产业部，这是为了在我国推进信息技术革命，即第五次产业革命。还有初露的第六次产业革命，即农业产业化革命，是绿色农业（即今日的农业）与白色农业（微生物农业）及蓝色农业（即海洋农业）并举。这一新发展需要知识面更广的人才。中国科技大学不要为这一 21 世纪的需要作准备吗？

为了这一新发展，我和我的合作者提出"集大成得智慧"的概念，这一概念引起了您校的注意，您校曾邀请我的一位合作者中国人民大学钱学敏教授到您校作报告，讲大成智慧，这您一定知道。

请您参照这一概念，考虑 21 世纪的中国科技大学吧。

以上请酌。

此致

敬礼！

钱学森
1998.9.9

---

[1] 原件发表于《钱学森书信》第 10 卷 408~409 页。朱清时，院士，时任中国科学技术大学校长。

2008 年 1 月 28 日 [1]
致白春礼

中国科学院白春礼副院长：

您 2008 年 1 月 15 日就中国科技大学建校 50 周年一事给我的信收到了。我已退出科研工作多年，您要我为科大建校 50 周年说几句话我不敢当。我谨对科大 50 年来所取得的成就表示祝贺。

现在，全国都在学习和贯彻落实党的十七大精神，中国科技大学考虑的，应该是如何完成胡锦涛总书记在十七大报告中提出的"努力造就世界一流科学家和科技领军人才"的重任。我想，过去科大所走的"理工结合"的道路是正确的。今后还要进一步发展，走理工文相结合的道路，在理工科大学做到科学与艺术的结合。我相信在未来，科技大学一定能为我国培养出"世界一流科学家和科技领军人才"。请转达我向中国科技大学全体师生的崇高敬意。

此致

敬礼！

钱学森
2008.1.28

---

1 原件保存于中国科学院办公厅。

钱学森与近代力学教育

钱学森教授与近代力学教育

中国科学技术大学工程科学学院
中国科学技术大学力学和机械工程系

1958年钱学森先生参加了以郭沫若院长为首的中国科学技术大学筹备委员会工作，并在科大创立时担任了近代力学系主任，为中国科学技术大学，特别是近代力学系的创立与发展做出了重大的贡献，为我国培育了新的一代近代力学工作者，对全国的力学教育产生了重大的影响。

在中国科学院"全院办校，所系结合"的办学方针指引下，近代力学系自建系伊始，在确定培养目标，设置专业，制定教学计划，决定课程设置，聘请教师，"所系结合"实施专业教学（含理论教学和实验教学），鼓励学生参加科学研究，指导学生毕业论文等各个人才培养环节，无不渗透着钱学森先生的心血。现今回忆起来，这一切充分体现了钱学森的科学世界观及其完整的教育思想，对目前我国的教育，以及正在大力提倡的素质教育，都很有现实意义。

在上个世纪40年代，钱学森先生就预见到，为适应各国发展高新技术的需要，应该大力发展一批应用科学。他将它们统称为技术科学[1]（Engineering Science）。[1] 1957年他发表了《论技术科学》[2][2]一文，进一步阐明了技术科学概念的形成。他指出："技术科学是自然科学和工程技术的综合"。"要作综合自然科学和工程技术，要产生有科学依据的工程理论需要另一种专业的人。而这个工作内容本身也成为人们知识的一个新部门：技术科学"。 到1991年，钱学森先生在他提出的关于科学技术体系的论述中，就更加明确地指出："自然科学技术部门最高的层次是基础科学（如物理、化学等）；实际应用的是工程技术；在基础科学与工程技术之间的，是技术科学。"[6] 从这里，我们感受到钱学森先生科学世界观的形成、发展过程，值得我们很好地学习和研究。

在钱学森先生的领导下，近代力学系从成立之日起，就非常明确地提出，要培养技术科学工作者，也即是培养介于科学家和工程师之间的人。按照这样的培养目标，"理工结合"很自然成为近代力学系培养人才的原则。根据钱学森先生1957年那篇论文，在"力学与航空技术"和"技术科学的一些新发展方向"的论述，将有关力学及与之相关学科：高速空气动力学、高温固体力学、化学流体力学和土及岩石力学专业，作为近代力学系的专业设置，而物理力学作为化学物理系的专业设置。钱学森先生还亲自为招生工作撰写了专业介绍[3]。这些专业的设置，是面向未来的，反映了当代技术科学的发展方向，并是国家急需要发展的学科。当时，这些专业在国内别的学校还未曾设过，或未曾这样设过。高瞻远瞩、面向未来、设置新型专业、培养人才，是钱学森先生一贯的指导思想。例如1992年9月他在给葛庭燧院士的信中写道："现在在中国科技大学有材料设计专业吗？似应设此专业，将来还可以设系。"当力学系根据钱学森先生的意见，

---

1 见《中国科学技术大学大事记（1958-1997）》，中国科学技术大学档案馆和校长办公室编。
2 钱学森先生采用"技术科学"这一名词。

经过调查研究，决定设此专业时，钱先生又分别于1994年6月和1996年1月两次写信给力学系予以肯定，称赞"力学系也很称职"。

钱学森先生在总结麻省理工学院、哥廷根大学和加州理工学院经验的基础上，形成了他完整的、系统的、深刻的培养和造就技术科学工作者的设想[1, 2, 6]。钱学森先生指出，培养技术科学工作者的课程设置，远比培养一个工程师要求得更加宽而深。也即是说，"从自然科学一直到生产实践，都要懂得"。钱学森先生认为，那种"前两年着重在自然科学，后两年着重专门业务。但是这两部分之间没有能结合起来"的培养方法是不足的。强调科学理论和工程技术的综合是"化合物"，不是"混合物"。并且不止一次地指出，培养这样的人，至少需要6年的时间，而不是常规工程教育的4年。但是他又指出，看这些人掌握知识、能力的程度，不能只由所学的课程的数量和在校的年数测定；如何有效地应用所学的基本知识和能力，只有通过在应用中取得经验才能得到。并还指出，这个过程在专家的指导下可以加速，因而在完成6年的学习之后，还需用1～2年的时间，在有经验的高级学者指导下做具体工作。一个准确无误的好方法，就是在一个设备优良的大学中，在权威的指导下研读博士学位。钱学森先生还特别指出学术氛围的作用，认为这是获得智慧的最好的途径，智慧可以洞察复杂问题，而这种洞察力是成功解决问题的关键。这些设想是近代力学系创立、成长和发展的思想基础，并在建设的过程中得到了充分的体现。

中国科学院尊重科学家的意见，决定中国科学技术大学实行5年学制，直至2000年。近代力学系的教学计划和课程设置，一直遵循了钱学森的思想。简略地说，是要求掌握下列三方面的基本知识和能力[1]：（1）工程设计的原理和相应实践；（2）扎实的物理和化学基础知识和相关的技术科学知识及其运用能力；（3）深厚的数学基础知识及运算、分析能力。因此，在近代力学系的课程设置中，除了要用两年半才能修完的全校必修的公共基础课（如高等数学、普通物理、普通化学，且要求都是甲型的）之外，还设有技术基础课（如机械制图、机械零件、机械原理与机械设计、电工电子学、非电量电测法、计算机原理和应用等）。在三年级下学期，开始学习专业基础课和专业课。最后半年，在专家的指导下完成毕业论文。从课程安排，到课程内容，钱学森先生都有过精辟的阐述。这样的安排，尽管随着新的科学技术的发展，教学内容有了不少的更新和改革，但总体框架一直未变，并坚持到现在。

钱学森先生十分重视基础课教学，为近代力学系聘请了最好的、全国闻名的专家、教授讲授基础课。如严济慈、钱临照院士讲普通物理，吴文俊院士讲高等数学，蒋丽金院士讲普通化学等。当发现58级学生的数学、力学基础还没达到应有标准时，钱学森先生立即向学校建议延长半年，决定集中补习数学和经典力学两门课，在亲自向教师交待任务[8]的同时，还建议采用 von Kármán 和 Biot (1940) 著的《工程中的数学方法》作为参考书。随后，近代力学系对 59 级和 60 级的学生，也都相应地采取了加强数学和力学基础教学的措施。这里还需特别指出的是，钱学森先生对数学和计算机的重视由来已久[1, 2]，他认为，"研究技术科学就离不了作为人们论理工具的数学"。"作为一个技术科学工作者，除了掌握现有的数学方法以外，还必须经常注意数学方面的发展，要能灵敏地认出对技术科学有用的新数学，快速地加以应用。"钱学森先生预见到，电子计算机的发展"对技术科学的研究有深切的影响"，并指出"在将来，我们不能想象一个不懂得用电子计算机的技术科学工作者"。回想当年，我国刚刚研制出第一台一地址机的时候，钱学森先生就在近代力学系的教学计划中，安排学生修习"计算机原理和应用"课程，实在是远见卓识。

钱学森先生当年对教学的重视，今人难以望其项背。他几乎动员了全力学所的专家，进行专业基础课和专业课的教学，如郭永怀、吴仲华、林同骥、郑哲敏、李敏华、卞荫贵、吴承康、黄茂光、胡海昌、钟万勰、潘良儒……难以穷举（他们中的大多数是院士或后来当选为院士）。在教材方面，当时除了有些前苏联的教科书以外，专业基础课和专业课均无现成的教材，所用教材都是由这些讲课的专家自己新编的。不仅如此，钱学森先生在肩负重任的情况下，还亲自为近代力学系的两个年级讲授"星际航行概论"[1]。他的教案，经整理由科学出版社出版发行后，还赠送给每个听课学生一本。这以后，他还为化学物理系学生讲授了"物理力学"。钱学森先生在《星际航行概论》序言中指明，这本书的"主要对象是近代力学工作者"，说明了他讲授这门课程试图达到两个目的："第一，想说明实现星际航行的各个技术问题，从而一方面使投入到这些单个问题作研究的科学技术工作者能了解每一个问题在全部工作中的意义；而另一方面也是要说明星际航行技术的高度综合性，它几乎包括了所有的现代科学技术的最新成就，像近代力学、原子能、特种材料、高能燃料、无线电电子学、计算技术、自动控制理论、精密机械、太空医学等。星际航行的更进一步发展不但对上述这些科学技术提出新的、更高的要求，而且还会对另外一些直到现在还未发生联系的学科，像植物学、动物学、生物物理、生态学、遗传学、地质学等提出研究课题，使这些学科也得到以前未有的推动力，并向新的方向发展。一句话，星际航行是组织和促进现代科学技术的力量；星际航行可以广泛地带动各门科学前进。""第二点是想说明星际航行实践的复杂性和艰巨性。星际航行事业的每一个部门，研究、设计、试验、制造、发射、通讯都需要一个庞大的组织，都需要一个千万名科学家、设计师、工程师、技师、技术

---

[1] 当时的课程名为"火箭技术概论"。

员、工人和其他人组成的队伍。这些部门进行工作所需要的设备在质上要求最高的，在量上也多；因此没有一个强大和各方面成套的工业，没有一支多种学科和人数众多的科学技术队伍，就不可能设想全面地开展星际航行的工作。自然，星际航行技术并不神秘，分析起来也不过是一般自然规律的具体应用，星际航行技术的基础也还是众所周知的基础学科数学、物理、化学等。我们要强调的是：虽不神秘，但也不简单；星际航行是整个现代科学技术最高水平的集中表现，不是轻而易举的。"钱学森先生的讲课是这两个年级学生难以忘怀的享受，通过对现代科学技术的需求和发展的了解，使学生树立正确的科学世界观和合作精神。

钱学森先生非常重视对学生创新精神和创造能力的培养，他曾经指出"一个技术科学工作者的知识面必然是很广阔的……不仅知识广，而且他还必须要能够灵活地把理论和实际结合起来，创造出有科学根据的工程理论。""要把自然科学的理论应用到工程技术上去……是一个非常困难、需要有高度创造性的工作。"[2]因此，他满腔热情地支持学生的课余科研活动，像58级的人工降雨火箭的研制，59级的冲压式发动机的研制等，都是当年钱学森先生提出的题目。这些活动有效地培养了学生敢于创新的精神，锻炼了学生的动手能力（如白以龙院士就是当年火箭研究小组的成员）。为了使学生尽早地受到科学研究的熏陶，学生在校本部学习两年半以后就迁至到中关村，在所里进行专业基础课和专业课的教学，并能经常听到所内、外和国内、外专家的学术报告，有的同学还在所里的专家指导下参加早期的研究活动。毕业论文作为培养学生创新精神和创造能力的重要环节，钱学森先生非常重视，精心做了组织安排，动员力学所有关研究室的专家进行指导，并亲自参加学生的论文答辩活动。在1963年3月30日，钱学森先生还应学校的邀请，为全校58级学生作了如何撰写毕业论文的报告[5]。在报告中他讲了两个问题：一是介绍我国科学技术现代化的总要求，并谈他个人的体会，从而鼓励学生要有远大的志向，要不怕苦，不怕累，发奋图强，雄心勃勃地去攀登科学高峰。二是讲如何做好毕业论文，指明做毕业论文的目的是练兵，并提出了应该以严肃、严密、严格的"三严"作风来对待论文。如果论文是几个人合作的，就应该有所分工，但更重要的是几个人协作，要同心协力，并强调如不养成和别人合作的良好作风，将来在科学工作中是要吃亏的。在科学道路上要有股傻劲，不要怕做小的工作，需要付出大量的平凡劳动。钱学森的这些谆谆教导在学生中产生了深远的影响。

钱学森先生以极大的热忱关心中国科学技术大学和近代力学系的成长和发展，并见诸行动。他在百忙中时常抽空到校，召开任课教师座谈会研究教学，召开学生座谈会听取学生意见，指导学生课外科研活动，并赠款给学校改善设备……

钱学森所做的这一切，为近代力学系奠定了良好的基础，特别是他的科学世界观、方法论和教育思想，对在近代力学系工作的教师、学习的学生均产生了难以忘怀的、不可磨灭的影响[8]。当然他所做的一切，不仅仅是对近代力学系，而且对中国科学技术大学，使学校能在成立不久的时间内形成自己的特色，并进入全国的名校之列，有着重大的影响；同时，也对全国的教育，特别是力学教育发生了重大影响。

自1963年起，近代力学系每年都有一批毕业生分配到力学所、国防科工委的所属单位（有的是研究所，有的是工厂）和高等学校工作。无论是在研究单位从事基础研究、应用研究工作，还是在工厂从事工程技术工作，他们都能很快适应，有后劲，受到了用人单位的好评。他们中的多数人，已成为这些单位的骨干、学科（业务）带头人；近代力学系前三届毕业生中，已有五位杰出者脱颖而出，当选为中国科学院院士或中国工程院院士。从他们的表现可以看到，近代力学系培养人才的特色，这在中国科学技术大学各系之间互相比较也是十分突出的。

非常可惜的是，中国科学技术大学正在蓬勃发展的势头，因"文化大革命"不得不停顿下来。到"文革"后期，这个学校又遭受下迁的重大破坏，使科大的成长道路极为曲折。粉碎"四人帮"之后，党中央拨乱反正，迎来了科学的春天。经过全校师生员工艰苦卓绝的努力，修复了创伤，科大又以当年形成的办学特色重新崛起。应该说，近代力学系——这一当年由钱学森先生和他的同事们开创的事业，也随着科大的新生得到了继承和更大的发展。以钱学森先生为代表的治学精神和学识，一直影响着近代力学系的建设和发展，并惠及代代师生。至今，近代力学系仍以培养技术科学工作者为本系的主要培养目标，以"理工结合"为特色，坚持重基础，重创新，重素质（重做人）的知识、能力、素质三位一体的培养原则。教学与科研相结合，"理实交融"[1]地培养人才。近代力学系现已成为"国家基础科学和教学人才培养基地"；随着我国本科—硕士—博士教育体制的完善，近代力学系也得到很大的发展，并已成为国家力学一级学科学位授予点和"中国科学院博士生重点培养基地"，设有流体力学、固体力学和工程力学三个博士点；还设有国家人事部的"力学学科博士后流动站"。

新世纪初，郑哲敏先生又著文《关于技术科学与技术科学思想的几点思考》[7]，强调了"在我国实行科教兴国和可持续发展战略时，需要进一步加深对技术科学的认识，以期能在较短的时期内在关键领域里赶超国际先进水平"。今天我们大家又聚集一堂，举行"新世纪力学研讨会"，共同来回顾并研讨钱学森先生的技术科学思想并展望未来，这对我国的技术科学，特别是力学及其相关学科的未来发展有着深远的现实意义。去年，国家自然科学基金委数理科学部公布了"力学学科'学科发展与优先领域战略研究报告'"[9]。报告中对力学学科的地位与作用，力学学科

---

1 见《中国科学技术大学校歌》，郭沫若词，吕骥曲。

发展的特点、趋势与前沿，都作了详细的阐述，并提出了2015年之前力学学科的发展战略目标，这对未来的科学研究工作，很有指导意义。显然，我们要想达到这样的目标，需要高水平的人才，特别是还需要解决人才断层问题。今天我们回顾钱学森先生的治学精神与教育思想，就是要像钱学森先生当年那样，不仅是对技术科学及其发展趋势要有真知灼见，还要重视并提出设想与办法，培养能胜任这些艰巨工作的人才，以满足国家的需要，在关键领域里赶超国际先进水平。为此，需要深化教育改革，需要更好地规划和完善目前正在实行的本科—硕士—博士各个教育阶段相应的教育内容与环节，并予以实施。这是一项系统工程，自然它是学校责无旁贷的任务，但是也希望能得到研究单位和工程技术部门的支持和合作，只有大家携起手来培养人才，才能适应具有"复杂性和艰巨性"的重大技术科学领域的需要。

参考文献

［1］ Tsien H S. Engineering and engineering science. CIE Journal, 1948: 550～563.
［2］ 钱学森. 论技术科学. 科学通报, 1957, 2: 97～104.
［3］ 钱学森. 力学的现状及其发展方向. 中国科学技术大学招生委员会编印的各系专业介绍, 1959.
［4］ 钱学森. 星际航行概论, 北京: 科学出版社, 1963.
［5］ 钱学森. 如何做好"毕业论文". 为58级学生报告的记录稿. 1963-03-30.
［6］ 钱学森. 我们要用现代科学技术建设有中国特色的社会主义. 原载于: 九十年代科技发展与中国现代化系列讲座. 长沙: 湖南科学技术出版社, 1991. 转载于: 中国大学人文启思录（第二卷）. 武汉: 华中理工大学出版社, 1998: 191～203.
［7］ 郑哲敏. 关于技术科学与技术科学思想的几点思考. 中国科学院院刊, 2001, 2: 132～133.
［8］ 童秉纲. 关于力学研究的方法论. 在"新世纪力学研讨会"上发表, 2001.
［9］ 国家自然科学基金数学物理科学部. 力学学科"学科发展与优先领域战略研究报告"//力学2000. 北京: 气象出版社, 2000: 1～19.

附录：力学和力学工程系教学计划[1]

58级

一、高速空气动力学专业

课程名称	总学时	主讲教师	上课学期										
			1	2	3	4	5	6	7	8	9	10	11
政治	360		3	3	3	3	3	3	3	3			
体育	120		2	2	2	2							
外语（一）	315		3	3	4	4	4	3					
外语（二）	120								3	3	2		
高等数学等	420	吴文俊 曾肯成	6	6	5	5	6						
普通物理（力、热、电、磁、光、原）	495	严济慈 钱临照	5.5	5.5	7	7	8						
普通化学	180	蒋丽金	6	6									
工程画	120	郁志昂	4	4									
工程力学	105	沈志荣			7								
理论力学	90	钟万勰					6						
电工电子学	135	孔祥致						5	4				
机械设计	60	胡华康							4				
计算技术	75	钟津立							5				
理想气体动力学	150	卞荫贵							5	5			
火箭技术概论	45	钱学森							3				
热力学与分子运动论	60								4				
实验空气动力学	90	罗明晖							3	3			
测量技术	60	于宪清								4			
数学		薛兴恒 徐燕侯								补			
力学		童秉纲								补			
高超音速空气动力学	75	林同骥									5		
黏性流体力学	75	郭永怀										5	
专题课	45											3	
生产实习												√	
毕业论文													√

[1] 根据系史记载，1958～1963年在钱学森主任主持和指导下曾5次修订教学计划。这里所载的58级、59级教学计划是根据1961年6月第4次修订稿，并通过这两个年级学生的成绩档案验证整理而成的。这两份计划还附有讲课教师的名单。从中可以看出钱学森先生培养技术科学人才的教育思想和他对育人工作的重视程度和精心安排。

二、高温固体力学专业

课程名称	总学时	主讲教师	上课学期 1	2	3	4	5	6	7	8	9	10	11
政治	360		3	3	3	3	3	3	3	3			
体育	120		2	2	2	2							
外语（一）	315		3	3	4	4	4	3					
外语（二）	120								3	3	2		
高等数学等	420	吴文俊 曾肯成	6	6	5	5	6						
普通物理（力、热、电、磁、光、原）	495	严济慈 钱临照	5.5	5.5	7	7	8						
普通化学	180	蒋丽金	6	6									
工程画	120	郁志昂	4	4									
工程力学	105	沈志荣			7								
理论力学	90	钟万勰					6						
电工电子学	135	孔祥致					5	4					
机械设计	60	胡华康						4					
计算技术	75	钟津立						5					
固体力学	75	何竹修						5					
板壳理论	60	黄茂光							4				
火箭技术概论	45	钱学森							3				
塑性力学	60	李敏华							4				
实验应力分析	45	沈志荣							3				
数学		薛兴恒 徐燕侯									补		
力学		童秉纲									补		
振动理论	75	沈志荣									5		
测量技术	60	于宪清									4		
杆与杆系	30	胡海昌									2		
薄壳理论	30	程世祜										2	
空气动力学	75	徐燕侯 钱鸣森										5	
夹层板结构专题	45	胡海昌										3	
高温塑性力学的若干问题专题	45	柯受全										3	
热应力专题	45	黄茂光										3	
壳专题	45	程世祜										3	
生产实习												3	
毕业论文													√

三、喷气动力热物理专业

课程名称	总学时	主讲教师	上课学期										
			1	2	3	4	5	6	7	8	9	10	11
政治	360		3	3	3	3	3	3	3	3			
体育	120		2	2	2	2							
外语(一)	270		3	3	4	4	4						
外语(二)	120								3	3	2		
高等数学等	390	黄茂光 胡海昌 何琛	5	5	6	6	4						
普通物理(力、热、电、磁、光、原)	502.5	郑林森 梅镇岳	5.5	5.5	7	7	5	3.5					
普通化学	180	尹方	6	6									
机械制图	120	杨杰	4	4									
金属工学与金属学	135	王术			3	3	3						
理论力学	90	何竹修			3	3							
流体动力学(一)	60	吴仲华					4						
热力学与热力工程	120	吴承康					3	5					
机械设计	210	胡华康							7	4	3		
气体动力学(二)	105	吴文							4	3			
电工电子学	150	晋晓林							4		6		
火箭技术概论	45	钱学森							3				
传热学(一)	75	葛绍岩							5				
数学		薛兴恒 徐燕侯									补		
力学		童秉纲									补		
燃烧学(一)	90	吴承康									6		
测量技术	60	于宪清									4		
喷气发动机	75	王群										5	
传热方向													
传热学(二)	75										5		
传热学专题	45											3	
燃烧方向													
燃烧学(二)	60	林鸿荪										4	
燃烧学专题	45											3	
气动热力学专题	45											3	
生产实习												√	
毕业论文													√

四、爆炸力学专业

课程名称	总学时	主讲教师	上课学期										
			1	2	3	4	5	6	7	8	9	10	11
政治	360		3	3	3	3	3	3	3	3			
体育	120		2	2	2	2							
外语(一)	315		3	3	4	4	4	3					
外语(二)	120								3	3	2		
高等数学等	420	吴文俊 曾肯成	6	6	5	5	6						
普通物理（力、热、电、磁、光、原）	495	严济慈 钱临照	5.5	5.5	7	7	8						
普通化学	180	蒋丽金	6	6									
工程画	120	郁志昂	4	4									
工程力学	105	沈志荣				7							
理论力学	90	钟万勰					6						
电工电子学	135	孔祥致					5	4					
机械设计	60	胡华康						4					
计算技术	75	钟津立						5					
固体力学(一)	75	尹祥楚						5					
固体力学(二)	75	尹祥楚							5				
实验应力分析	45	沈志荣							3				
工程地质学	75	谷德震							5				
流体力学	120	谈庆明							4		4		
数学		薛兴恒 徐燕侯								补			
力学		童秉纲								补			
爆炸动力学	150	解伯民							6		4		
测量技术	60	于宪清									4		
定向爆破筑坝的理论和实践		许涴新										√	
金属材料在高速高压下的力学性质		王礼立										√	
板壳动力学		杨振声 郭汉彦										√	
爆破筑坝专题	45											3	
高速成型专题	45											3	
生产实习												√	
毕业论文													√

59级

一、高速空气动力学专业

课程名称	总学时	主讲教师	\multicolumn{10}{c}{上课学期}
			1	2	3	4	5	6	7	8	9	10
政治	360		3	3	3	3	3	3	3	3		
体育	120		2	2	2	2						
外语（一）	240		5	3	4	2	2					
外语（二）	120							3	3	2		
高等数学等	375	许国志等	8	5	6	6						
普通物理（力、热、电、磁、光、原）	510	应崇福 蒋铮等		7	7	7	9	4				
普通化学	135	徐承东	4	5								
机械设计	240		5	3	4	4						
火箭技术导论	45	钱学森					3					
理论力学	75	徐燕侯					5					
电工电子学	150	左 凯					4	6				
理想气体动力学	150	卞荫贵					5	5				
热力学与分子运动论	60	徐家鸾							4			
测量技术	60	魏源瑞							4			
黏性流体力学	75	郭永怀								5		
实验空气动力学	90	罗明晖								6		
高超音速空气动力学	75	林同骥									5	
计算技术	75	林进祥									5	
高速气动力专题实验专题	45	沈 青									3	
高速传热专题	45	卞荫贵									3	
生产实习											√	
毕业论文												√

二、高温固体力学专业

课程名称	总学时	主讲教师	上课学期									
			1	2	3	4	5	6	7	8	9	10
政治	360		3	3	3	3	3	3	3	3		
体育	120		2	2	2	2						
外语(一)	240		5	3	4	2	2					
外语(二)	120								3	3	2	
高等数学等	375	许国志等	8	5	6	6						
普通物理(力、热、电、磁、光、原)	510	应崇福 蒋铮等		7	7	7	9	4				
普通化学	135	徐承东	4	5								
机械设计	240			5	3	4	4					
理论力学	75	徐燕侯					5					
电工电子学	150	左凯					4	6				
工程力学		沈志荣		√								
火箭技术导论	45	钱学森					3					
弹性力学	75	何竹修						5				
塑性力学	60	李敏华								4		
测量技术	60	魏源瑞								4		
薄板理论	60	黄茂光								4		
实验应力分析	45	杨子久								3		
空气动力学	75	钱鸣森									5	
杆与杆系	30	郑文秀 胡海昌								2		
薄壳理论	30	程世祜								2		
计算技术	75	林进祥									5	
振动学	75	沈志荣									5	
夹层板结构专题	45	胡海昌									3	
高温塑性力学的若干问题专题	45	柯受全 卢锡年									3	
热应力专题(热弹性)	45	黄茂光									3	
生产实习											√	
毕业论文												√

三、喷气动力热物理专业

课程名称	总学时	主讲教师	上课学期									
			1	2	3	4	5	6	7	8	9	10
政治	360		3	3	3	3	3	3	3	3		
体育	120		2	2	2	2						
外语（一）	240		5	3	4	2	2					
外语（二）	120							3	3	2		
高等数学等	375	卢向华 陈龙玄等	8	5	6	6						
普通物理（力、热、电、磁、光、原）	480	蒋铮等		7	5	6	6	8				
普通化学	90	徐承东					6					
机械制图、画法几何	135		5	4								
金属工学与金属学	165	王术	4	4	3	4						
电工电子学	150	左凯					4	6				
机械原理与机械零件	210	李泳涛							4	4	6	
火箭技术概论	45	钱学森					3					
测量技术	60	魏源瑞							4			
热力学	97.5	吴承康			3	3.5						
热力工程	30	关荫庭					2					
理论力学		徐燕侯			✓							
材料力学		王美英							✓			
工程流体力学	75	吴仲华						5				
流体力学	75	吴文等							5			
传热学（一）	150	葛绍岩 陆维德							5	5		
燃烧学（一）	75	吴承康								5		
喷气发动机	75	王群 何联彪									5	
生产实习											✓	
气动热力方向												
气动热力学											✓	
气动热力学专题		程家纲									✓	
传热方向												
传热学（二）		葛绍岩									✓	
传热学专题		陆维德									✓	
燃烧方向												
燃烧学（二）		林鸿荪									✓	
燃烧学专题											✓	
毕业论文												✓

四、爆炸力学专业

课程名称	总学时	主讲教师	上课学期									
			1	2	3	4	5	6	7	8	9	10
政治	360		3	3	3	3	3	3	3	3		
体育	120		2	2	2	2						
外语(一)	240		5	3	4	2	2					
外语(二)	120							3	3	2		
高等数学等	375	许国志等	8	5	6	6						
普通物理(力、热、电、磁、光、原)	510	应崇福 蒋铮等		7	7	7	9	4				
普通化学	135	徐承东	4	5								
机械设计	240			5	3	4	4					
理论力学	75	徐燕侯					5					
电工电子学	150	左凯					4	6				
工程力学		沈志荣		√								
弹性力学	90							6				
测量技术	60	魏源瑞							4			
实验应力分析	45	杨子久							3			
塑性力学	60								4			
流体力学(一)	75								5			
流体力学(二)	75									5		
弹塑性动力学	150	朱兆祥								√		
爆炸动力学		解伯民								√	√	
塑性动力学		杨振声									√	
定向爆破筑坝的理论和实践专题	45	王礼立									3	
水下爆炸专题	45	谈庆明									3	
生产实习											√	
毕业论文												√

关于力学研究的方法论问题

童秉纲

自然辩证法[1]指出，科学认识和科学活动是一个系统，是由认识客体、认识主体和实现主客体相互作用这三个中介要素组成的。是这三要素密切联系和有机统一的动态过程；科学技术方法论是关于人们认识自然和改造自然的途径和手段的理论，是科学技术哲学的重要组成部分。因此，是否自觉地运用和发展正确的方法论，是关系到科学活动是否有价值和成败的大事。

就流体力学的方法论而言，历史上有过曲折。1946年我上大学的时候，流体力学还是分为两门独立的课；理科的读Hydrodynamics，其中只讲不可压缩无黏流体的数学理论，不考虑应用；工科的读Hydraulics，都是一维流的半经验或经验公式，只考虑实用，没有理论。这反映了19世纪以及20世纪初期流体力学研究方法的概貌。当时占主体的数学物理学家习惯于从理想流体模型出发，依据物理定律，发展数学理论，引出达朗伯佯谬这类结论；而另一部分工程师，鉴于这些理论不可用，只好重起炉灶，依靠实验建立经验估算公式。L. Prandtl提出的边界层理论（1904）是具有划时代意义的大事，从此以后，人们开始将无黏流和黏性流联系在一起，将理论研究和实验、观察结合在一起，将发展流体力学理论与推动工程实践协同在一起。实际上，随着1903年Wright兄弟开创的航空动力飞行的崛起，应用力学进入了一个新时代。在早期，以F. Klein，L. Prandtl和Th. von Kármán为代表的德国哥廷根学派对发展应用力学学科作出了划时代的贡献。其后，以G. I. Taylor为代表的英国学派，颇多建树。特别是Th. von Kármán于1930年就任加州理工学院古根海姆航空实验室主任后，形成了最为著名的应用力学学派，钱学森教授是其中的杰出代表，有力地促进了航空、航天工程的迅猛发展。Th. von Kármán（1954）在纪念人类飞行50周年时写道[2]："空气动力学所经历的路并不比航空技术的发展有何逊色。我们对于为什么飞行和如何飞行的知识在广度和深度上的增长都是异常惊人的"；"这门科学的发展是数学人和有创造力的工程师通力合作的一个稀有例子。从纯数学家的园地中出来的数学理论居然被发现适宜于用来描写飞行器绕流，而且异常精确，可直接应用于飞机设计"。

钱学森教授在20世纪40年代就预见到，为适应各国发展高新技术的需要，应该大力发展一批应用科学（包括应用力学），将它们统称为技术科学（Engineering Science）[3]。他在1957年发表的《论技术科学》[4]，进一步阐明了它的意义："要把自然科学的理论应用到工程技术上去……是一个非常困难、需要有高度创造性的工作。""要产生有科学依据的工程理论需要另一种专业的人。其工作内容本身也成为人们知识的一个新部门：技术科学"。我们需要自然科学、技术科学和工程技术三个部门同时并进。他同时又指明了技术科学的研究方法[4]，其要点为：① 研究技术科学离不开数学工具，必需掌握数学分析和计算方法；② 关键的是对所研究的问题有认识，这里包括确定该问题的要点和现象中的主要因素，为此要收集资料，特别是实验数据和现场观察数据,接着就是创造的过程,运用自然科学的规律摸索解决问题之路,这条路反映了我们对所研究问题的认识;③建立模型,吸收一切主要因素,略去次要因素,着重考虑该问题中某一方面的本质;④分析和计算,要正确运用科学规律和恰当的数学方法,由此得出的具体数据结果要和事实相对比,从而检验我们建立的工程技术理论是否正确。总之,"技术科学是从实际中来,也是向实际中去的"。

中国科学技术大学近代力学系的创办过程充分体现了钱学森教授关于技术科学思想的成功实践。1958年,根据中国科学院"全院办校,所系结合"的办学方针,当时任中科院力学所所长的钱先生,作为系主任,负责筹建近代力学系。按我的理解,近代力学也就是应用力学,是技术科学的一个分支。当时该系主要面对的工程技术背景是航空和航天。1961年之后,我有幸作为高速空气动力学专业的负责人具体实施钱学森先生和林同骥先生的指示,组织这个专业的教学过程和有关建设事宜。近代力学系的课程设置原则和教学要求遵循了钱学森先生关于技术科学工作者的培养要求[3],要求掌握三方面的基本知识和能力:①工程设计的原理和相应实践;②扎实的物理和化学基础知识和相关的技术科学知识及其运用能力;③深厚的数学基础知识及运算、分析能力。正如钱先生早就指出的,培养一个技术科学工作者的课程设置远比培养一个工程师所要求的更加宽而深,他认为至少需要6年时间,而不是常规工程教育的4年[3]。中国科技大学实行的是5年制,要在5年内使学生达到上列三个方面的教学要求,必然出现课业重、紧、深的负荷,所以在学生中流行一句谚语:"不怕死的考科大"。近代力学系头几届和其后多届毕业生的培养质量表明,由于招生质量高,学习勤奋,加上有一支高素质的师资队伍,校园氛围宽松、上进,确实达到了技术科学工作者所应具备的理工结合、理实交融。头三届的毕业生中已有2名中科院院士和3名工程院院士,其他许多人也都成为有创新能力的专家、教授。

钱学森教授关于技术科学方法论的论述使我顺利地完成了一次教学任务。那是1961年的秋冬之际,钱先生找我交待任务,谈话的背景是钱学森先生认为近代力学系首届(58级)学生的数学和力学基础当时还没有达到应有的标准,会影响后续的专业学习,决定将学制延长半年,集中补习数学和经典力学两门课。钱学森先生请我为200多名学生补习力学,建议我采用Th. von Kármán和Biot(1940)著《工程中的数学方法》[5]作为参考书。这是一项棘手的任务,犹如煮夹生饭,这些学生已经学了理论力学,那些表面上的理论知识都已知道,加以班上学习水平参差不齐,既有相当数量的尖子学生,也有不少年龄偏大的调干学生,如果我着重照顾一般水平,只讲基本内容,则尖子学生"吃不饱",对他们无益,反过来也行不通。那本书[5]的序言中的一段话启示我理解钱先生对补习力学课的用意。这段话是:"将数学应用于工程问题有两种教法：一种是系统地按数学各个分支来讲授，配以适当的应用性习题；另一种是选择若干群具有代表性的工程问题来演示如何应用数学加以求解的办法，本书是后一种教法的尝试"。经过分析，我认为补课的关键问题是引导学生学会力学研究的方法。例如，使他们认识如何从多样化的事物中抽象出质点和质点系的模型；如何基于质点和牛顿定律用演绎法导出基本定理等多种表达式，适合于解决各种不同特点的习题（即实际问题）；又如何从计算结果中分析其物理意义，回到原来的实际问题中去，不仅要求定量，而且要求定性分析。这样的教法果然取得成效。我选择的教学内容都基本是，学生以前都学过，着重补习的是关于如何从实际中来又到实际中去的理解、分析和锻炼，这对不同学习水平的学生都能听懂，都有吸引力。时间过去了39年，有些已经成为专家的当年学生还很有兴趣地同我一起回忆这段往事。

补课教学的这段经历对我今后在教学活动和科研活动中注意运用科学的方法论起了推动作用。我做过的研究主要是流体力学（包括空气动力学）领域内，有的是应用基础研究，有的是基础研究，也做过跨领域研究。我认为，钱学森教授关于技术科学方法论的论述精神在原则上适用于上述不同性质的研究。我体会到，从客观事物的物理现实出发，提炼出一个适当的命题是个关键，正像许多人说过的，提出问题比解决问题更为困难，这涉及到研究本身的价值和可行性。为此要掌握原始资料，调查研究，认定目标，抓住其过程的本质和主导的基本定律，提出一个恰当的物理模型。因为力学早已成为精密科学而非唯象学，力学只有用数学理论加以表述，才算理论。所以对物理模型要表达为数学公式（Mathematical formulation），同时要将初步公式化简为适于求解的形式，这就形成了数学模型。下一步是采用适当的手段求解，包括解析解（精确解或近似解）、半解析半数值解，或者是数值解。再下一步是对求解结果的合理性及可靠度作实际检验，包括模型实验、实物观测、数值实验，或者与前人的同类计算结果对比。最后一步是回到最初的现实问题，根据求解结果分析其力学规律，揭示其物理机制。应用数学早先主要来源于力学研究，林家翘和 L. A. Segel（1974）著《自然科学确定性问题的应用数学》[6]采用 Th. von Kármán 和 Biot（1940）[5]的类似写作风格，注重演示数学公式、求解方法以及所得结果的验证与解释的全过程，是一本对方法论具有启示意义的好书。

随着计算机性能和数值方法的飞速进展，许多以前做不了的多因素复杂问题，现在已经可以基于 N-S 方程和其他原始基本方程作直接数值模拟，对其实际变化过程进行仿真，我们从国际和国内的学术会议上都可以看到这股强大的趋势。的确，现代科学和技术的新进展大大丰富了探索自然界和工程技术界复杂问题的手段和途径，作为研究问题的方法论更为充实了。但是，是否可以说，提炼简化模型和解析求解的方式已经过时了呢？我不这样看。首先，数值研究同样需要抓住实际问题的本质，建立模型和正确的数学立式，其差别只是在模型中考虑的因素可以多些，不这样做必然会导致错误的结果。其次，数值结果较近似解通常更为准确和实用，但是不利于探讨规律和揭示机理。例如，跨声速流动和可压缩旋涡流动当今已经不是难题，都可以借助数值计算给出结果。但是我们仍无法说，这两种流动已具备了完整的理论。我在主持编著《气体动力学》（1990）和《涡运动理论》（1994）时曾考虑过从计算实例中归纳出理论的尝试，终于因力不从心，只能空缺。总之，我认为力学研究的方法论，从原则上说，并没有变，不过是多种途径，相得益彰罢了。

以上叙述了作者对力学研究的方法论的某些领会，限于篇幅，具体事例从略，谨与力学同行商榷。

致谢 在写作过程中，得到了郑哲敏院士和本院社科部李伯聪教授的盛情赐教和帮助，谨致谢忱。

参考文献

［1］陈昌曙主编. 自然辩证法概论新编. 沈阳：东北大学出版社，1995.

［2］von Kármán Th. 空气动力学的发展.(江可宗)上海：上海科学技术出版社，1959.

［3］Tsien H S（钱学森）. Engineering and engineering sciences. CIE Journal, 1948：550～563.

［4］钱学森. 论技术科学. 科学通报，1957，2：97～104.

［5］von Kármán Th, Biot MA. Mathematical Methods in Engineering. New York: McGraw-Hill Book company, 1940.

［6］lin C C, Segel LA. Mathematics Applied to Deterministic Problems in Natural Sciences. New York:Macmillan Pub. Co., 1974.

在"钱学森书信展"开幕式上的发言

孔祥言

参加今天的开幕式,感慨良多!

众所周知,钱老在1989年召开的"国际技术与技术交流大会"上被授予"世界级科学与工程名人"称号,以表彰他对火箭导弹技术、航天技术和系统工程理论做出的重大开拓性贡献。这是现代理工界所能入选的最高荣誉等级。从国际理工研究所1982年设立这一荣誉至1989年的八年中,被授予这一荣誉称号的现代科技专家总共16人,钱学森是其中唯一的中国学者。钱老在1999年又被国际媒体选为影响20世纪科技发展的20位世界级科技巨人之一(爱因斯坦位居第一,钱学森名列第十八,是20位中唯一的亚洲人)。所以有的学者(例如徐光宪先生)研究认为钱学森是20世纪百年一遇的伟大科学家,他的成就远远超过一年会出现数位的诺贝尔奖获得者(因为诺贝尔奖评选范围较窄,自然科学方面只限于物理学、化学、生物医学)。我非常同意这一看法。这是中华民族的骄傲!

下面我想讲的是钱老不仅是世界级、大师级的科学家和工程师,也是一位大师级的教育家和诲人不倦的教师。且不说他在美国麻省理工学院和加州理工学院的教育工作。钱老从1955年回国到今天半个多世纪的岁月中,一直殚精竭虑、孜孜以求如何又好又快地培养建设社会主义的高质量人才,如何进一步发展和改革社会主义教育事业。从中小学的基础教育到培养硕士、博士的学位制,都有精辟的见解和论述。在教育实践方面更是呕心沥血、身体力行,根据实际情况实施多种形式的教育。

1956年国防部五院建院之初,钱老撰写了我国第一本航天教材《导弹概论》,向五院100多人授课。上世纪五六十年代,钱老在五院、七机部,以及力学所和清华大学通过办培训班、进修班、力学研究班等多种切实有效的教育形式培养了大批急需人才。武汉生物工程学院,是在钱老现代教育理念的指导下,从原来一个濒临倒闭的中专学校,很快发展成为民办高校的一面旗帜,更是传为美谈。

钱老回国后从事教育工作和教学实践是多方面的,但比较系统、比较集中的还是体现在中国科技大学的办学过程中。1958年春,中国科学院在京区一些研究所的科学家倡议,应充分发挥中国科学院雄厚的科学家力量和优越的实验室条件,创办一所新型大学,培训现代科技人才,钱老是最初的倡议者之一。这所大学后来被正式命名为中国科学技术大学,钱老是创办我校的以郭沫若为首的筹备委员会成员之一。钱老非常关心和积极参加我校的办学方向和总体教学计划以及培养目标的制定、系和专业的设置、基础课的建设等。并担任近代力学系的系主任,研究制定力学系的专业设置,各专业、各年级的课程安排。亲自撰写力学系的学科介绍和专业介绍,出面邀请聘用任课教师。并在力学系主讲"火箭技术概论",在化学物理系主讲"物理力学"。

1963年还在我校招收和指导研究生。

最近为配合《火箭技术概论》手稿的出版，我们工程科学学院组织了当时聆听钱老课程的58、59级学生座谈。同学们的反应极其热烈。钱老治学严谨是同学们说不完的课题。同学们认为听钱老的课程是一种享受、一辈子受益。

科大搬迁合肥以后，钱老还时刻关心科大的创新成就和未来发展。特别是在上世纪90年代，多次写信关心和指导我们新兴学科的发展方向。

《钱学森书信》十卷本的出版是我国科技教育界的一件大事。今天开幕的"钱学森书信展"更是我们科大的一件幸事，使我们能进一步领略钱老的爱国情怀和科学精神，热衷教育事业和关心科大建设、发展的方方面面。这是一笔巨大的精神财富！

钱老思想、品德的高风亮节和科技成就的博大精深曾经在20世纪下半叶鼓舞、激励、教育和影响当时有志献身科学的一代又一代年轻人和科技教育工作者，也必将在21世纪和今后很长时间内，鼓舞、激励、教育和影响着今天和未来的一批又一批莘莘学子。

钱学森先生引领我从事科研的人生道路

吴有生 （59级学生）

1959年从上海中学毕业时，我之所以报考中国科学技术大学，就是因为有一种强烈的愿望，想进入我所崇敬的钱学森先生主持的近代力学系，学习科学、献身科学。虽然成立初期学校的校舍条件较为简陋，但是能有幸听那么多国内著名的教授学者讲课，我十分满足。尤其是，从1961年9月18日至1962年1月8日，每星期能够有半天的时间聆听钱学森系主任亲自讲授"火箭技术概论"课程，高兴的心境是无法用语言来描述的。

每当想起在科大决定我一生道路的学习生活，我总会想起听钱先生课的情景。一次课间休息时，我情不自禁地走到讲台前，然而又感到有些紧张和拘束。钱先生看我戴着个度数不深的"小眼镜"，风趣地说："你现在戴个眼镜好啊，将来老了可晚一些戴老花镜。"他亲切的容貌，我至今还记忆犹新。钱先生的课不仅仅把我领进了充满神奇色彩的航天领域，接触到了国内书本上前所未闻的知识；更重要的是我从中学到了从事科学技术研究应有什么样的科学作风和科学方法。

我们大学里上的每门课都只涉及一个专门的知识领域。只有这门课讲的是一个工程系统。当时听钱先生讲课时，我为课程覆盖的知识面之广而惊叹。它使我第一次感悟到，我们所学的一门门基础和专业课，分别只是一个大工程系统中要用到的科学技术内容的一小部分，钱先生讲的内容也肯定远远超出了他能在课堂上学到的知识范围。因此，上学要学知识，更要学能力；做学问要有宽阔的视野，善于从全局着眼，拓展和积累所从事的工程领域的科技知识。钱先生有那么强的在工作中钻研积累的能力，能把不同学科领域的渊博知识综合起来，阐述我当时感到深奥难懂的星际航行技术，而且对所涉及的各技术环节都给出了翔实的材料，在我的心中铭记下了一个担心自己一辈子也达不到的追求榜样。这促使我在余下的两年多大学生活中，除了学习课堂内容外，看完了几本专业书，并认真地做了笔记，还经常归纳梳理自己学到的东西。我在大学毕业前的寒假报考清华大学研究生时，弹性力学考了满分即受益于此。也正是钱先生教我领悟的这个治学道理促使我在走上工作岗位后，除了认真研究自己承担的课题外，始终有一种劲头去拓展自己所在的船舶工程领域的知识面和研究范围，广泛地关注科技发展的动向，并习惯于学习、思考和积累关键的技术素材。这对于提高我把握船舶与海洋工程领域的科研方向、选择技术途径和总结研究成果的能力起了极大的作用，使我能适应世界与国家船舶科技发展的需要，在不同的时期、不同的船舶工程领域，把结构力学、水动力学和声学结合起来，提出一些新的想法，做一些新的工作，形成一些新的技术，产生一些新的实效，始终是一个"主动进取的"，而不是"被动跟进的"科技人员。

1963年的一天，因为58级的学长们开始做毕业论文了，钱学森生先生专门在五道口剧场作了一个关于如何从事毕业论文研究的报告。我们59级的学生有幸一起聆听了这场精彩的报告。

钱先生结合自己做研究的经历和体会，循循善诱地教导我们应该如何做研究，如何写论文。我记忆犹深的是，他谈到了他和冯·卡门著名的研究成果之一圆柱薄壳超临界屈曲理论（人们有时称其为下临界理论）诞生的过程。他说，为了寻找用能量原理分析超临界屈曲时要用到的屈曲波形的描述方法，他白天到实验室里观看同事的柱壳屈曲试验，晚上推导计算。光是草稿堆起来就有近桌了那么高。他还要求我们要用严谨的态度，高质量地从事每一步研究工作。画每一张图，都要严格地按机械制图的标准，力求准确、清晰、漂亮；图中写的字一定要用正楷方块字。当时，还没有计算机画图，所有的图都是手工用墨汁画的。这是我第一次听人讲研究工作该怎么做，更是第一次听我们这一代人所仰慕的权威专家讲切身经历与经验。他的报告在像我这样除了做习题外，尚未独立地做研究工作的学生的心中树起了一个榜样，形成了一个目标。我记住了钱先生的话。在我从科大毕业至今的43年中，都以严谨的科学态度从事每一项研究工作，推导每一个新的理论方法，做每一个试验。我亲自写的每一篇论文与报告、过去每一张手画的图，近年每一份作学术报告用的计算机幻灯片（ppt）文件，从内容、文字到形式，达不到我满意的水准，我不会交出去。

在学生时代，我直接聆听钱先生教诲的机会并不多，但正是这些教诲引领了我从事科学研究的人生道路。

身教言教　终身受益

杜善义　（59级学生）

我是科大59级力学系学生，早在中学时期，我对钱学森先生的科学贡献已有所闻，对他的爱国精神和科学情操非常敬慕。当我从中国科技大学的招生简介上看到钱先生任力学系主任时，我毅然决然报考了力学系。

钱先生对我们的教诲终身受益。有几件事我至今记得很清楚。我们刚入学，钱先生介绍专业时曾讲，高速飞行器在入大气层时，由于与大气摩擦，在表面产生高热，有时达几千乃至上万度，地球上任何材料也经受不了这个温度。毕业从教后我就关注这个问题。近20年来，我一直从事这个方面的教学与研究工作。各类高速飞行器,只要通过大气层均存在热防护甚至烧蚀问题，这样的问题不仅涉及材料和结构问题，也涉及力和热的耦合问题，高速飞行器是现代飞行器的重要特征，热防护是此类飞行器成败的关键问题。钱先生50年前就已预见到这个极为重要的科技问题。

钱先生给我们开设的课是"火箭技术概论"，这是我在大学学习期间收获最大的一门课。他老人家不仅向我们传授航天科技知识，也同时传授科学思维方法和精神。钱老曾在课堂上说，为什么要开这个课？你们将来工作均做某一方面工作，但是要对系统和总体有了解，要清楚你这部分工作在总体中的地位与作用,这样才会充分发挥你的作用。我40余年来就是按钱老说的这样做，并且让我的学生也要这样。我告诉我的学生，这不是我的见解，这是钱老的见解。钱老在讲课时提到，减轻飞行器重量特别重要。他说，对于一个航天器成千上万个零部件，每一个零件减少一克重量都是贡献。我们也明白为什么要减重，这对我在70年代末80年代初主攻复合材料起重要指导作用。因为20世纪出现的人工复合材料具有比强度、比刚度高等优越性能，是航空航天器的首选材料之一。我正是按钱老启示，经常说飞行器结构轻质化是永恒的主题，实际上现在的飞机、卫星和导弹结构逐渐复合材料化，这是钱老提出轻质化的必然结果。要达到轻质化，科学应用复合材料,需要应用力学的理论和方法去解决应用中的问题。轻质化带来的增加有效载荷，增加航程以及降低成本的效益十分巨大。

钱先生在讲"火箭技术概论"时曾对我们说，航天工程是个大系统工程，需要千万人参加，不能说全国十人中间有一人参加，但可能起码一百人中间有一人参加。中国航天发展的历史充分证明这一点，中国之所以成为航天大国，全国大协作是一个重要保证，这也是中国航天精神的精髓。

钱先生在给我们作报告时讲过一个小故事。他讲他在美国曾经做过壳体稳定问题，他说当时壳试验数据与经典欧拉理论差两倍，是个难题，很多力学家都在关注这个问题，他也投入这一重要分支研究，他说他当时一天工作最多十几个小时，推公式用的纸有一麻袋，最终提出大挠度理论，使壳失稳临界值理论预测与实验结果符合。他多次强调要下功夫，熟能生巧，举例说 $(a+b)/2$，简单积分还要查数学手册吗？我看不用。这种科学追求和勤奋探索精神我要永远学习和消化。

钱先生作为我国力学和航天的主要创始人，不仅是伟大的爱国科学家，同时也是一个伟大的哲学家和教育家，他的身教言教使我终身受益。

钱老为我国载人航天做出的历史贡献

刘济生 （59级学生）

广阔无垠的太空总是激起人们无尽的向往。曾为人类灿烂文化宝库做出巨大贡献的中华民族，自古就有遨游太空的遐想。当历史的车轮行进到了21世纪时，神州五号飞船实现了我国载人航天飞行，钱老为此做出了历史性的贡献。

一、教书育人，为国培养航天人才

早在40年前，我在中国科学技术大学就学时，钱老时任力学及力学工程系主任，我有幸得到钱老亲自编著的《星际航行概论》教材，并接受了钱老的授课，感到非常荣幸。回想起当时每周由玉泉路校本部乘车到中科院自动化所四楼阶梯教室，上"火箭技术概论"课的情景，还是历历在目，备感亲切。

钱老亲自编著《火箭技术概论》讲义，并在中国科学技术大学授课，是应当时的形势需要而进行的。20世纪50年代，美、苏两个超级大国大搞太空竞争，以显示他们的综合国力。1957年10月4日，苏联成功地发射了第一颗人造地球卫星。与此同时，美国于1958年1月3日发射了探险者1号卫星上天。中国作为世界上举足轻重的大国，在此领域理应占有自己的一席之地。1958年5月17日，毛泽东主席在党的八大二次会议上提出了"我们也要搞人造卫星"的宏伟设想。随后于1961年4月12日，苏联加加林乘"东方号"飞船成为第一个太空人，实现了载人飞行。1961年5月5日，美国谢泼德乘"水星号"飞船做出轨道飞行。为适应形势的需要，钱老深知为发展我国航天事业，国家当时急需普及航天知识和培养航天人才。时任力学所所长的钱老，尽管工作繁忙，还是抽出时间亲自编著航天讲义，全面地、系统地介绍航天知识，并亲自授课，在培养国家急需人才方面，钱老做出了历史性的贡献。载人航天至今是世界高新技术中最具挑战性的领域之一，难度高、规模大、系统复杂、可靠性和安全性要求极高的工程，其中包括动力系统、运载火箭的设计及制造过程、运载火箭及星际飞船的轨道、控制系统的设计原理及设计过程、星际航行中通讯问题及防辐射问题、解决飞船再入大气层的设计原理、星际飞船的设计问题等。它涵盖了所有现代科学技术的最新成就，有近代力学、原子能、特种材料、高能燃料、无线电电子技术、计算机技术、自动控制理论、精密机械、太空医学等。钱老将这些领域深奥的理论和技术溶化在讲义中，在授课时，用深入浅出的方式，从第一宇宙速度的卫星，讲到第三宇宙的星际航行，从无人飞行的卫星到有人的飞船。这些宝贵的知识对从事载人航天的科学工作者和工程技术人员都有着重要的指导意义和实用价值。钱老高瞻远瞩，教书育人，实时为祖国培养人才，使得我们这些学子们毕业后，走上社会，成为国家急需人才，从事各行各业，在不同的工作岗位上都取得了不同的成就。这是钱老辛勤劳动结出的硕果，为国家做出的重要贡献。

二、理实交融，开展载人航天研究

20世纪60年代，钱老和其他同志一起向中央建议开展载人航天研究。1970年7月14日，毛泽东主席圈阅了开展飞船研制报告。当时飞船被命名为"曙光"号，代号为"714"工程。早在1968年钱老时任中国空间技术研究院院长时，就开始领导飞船的研究工作，在中国空间技术研究院组建了飞船总体室，进行了载人飞船的技术论证和技术攻关，取得了一些技术成果，并研制出了"曙光"号飞船的"模装船"。这些技术成果为后续进一步开展载人飞船研制工作打下了基础。后来，由于当时国家经济基础薄弱、电子技术、工业制造技术及相关材料工艺水平远远跟不上需要，再加上当时正处在"文化大革命"的动荡混乱局面中，于1975年第一次我国载人航天工程就此被搁置下来了。但是，开展中国载人航天的锣鼓从此敲起来了。

三、为实现载人航天做出贡献

改革开放后，随着我国综合国力的进一步增强，以江泽民为首的第三代党的领导集体审时度势，高瞻远瞩，根据现代科技发展趋势，着眼我国现代化建设的大局和未来发展的需要，从振兴中华民族的历史责任高度，做出了实施我国载人航天工程的重大战略决策。开展实施代号为"921"工程的"神舟"号飞船的研制工作。在党的领导下，广大科技工作者和工程技术人员，在前人所取得成果的基础上，与时俱进，开拓创新，万众一心，日日夜夜辛勤努力，发扬了"特别能吃苦，特别能战斗，特别能攻关，特别能奉献"的载人航天精神，终于在2003年10月15日，将我国第一名航天员杨利伟送上太空，并安全返回，实现了中华民族千年飞天梦想！在我国航天发展史上耸立了又一座里程碑。

实现我国载人航天是老一辈无产阶级革命家培育的结果，是一步一个脚印，循序渐进，踏着老一代科学工作者的肩膀走过来的，没有他们的培育和成就，也不会有我们今天的航天事业。钱老是一位功勋卓著的科学家，老一代科学工作者的杰出代表。是他们用聪明才智和辛勤努力开创了中国的航天事业。

回忆系主任钱学森先生 纪念科大建校五十周年

张瑜 （58级学生）

世界著名空气动力学家，中国航天事业的导师、开创者和奠基人，科学巨星钱学森先生，也是中国科学技术大学的创建者之一——以中国科学院郭沫若院长为主任委员的科大建校筹备委员会十位委员之一。他是科大近代力学系，原名力学和力学工程系（以下简称力学系）的首任系主任。他担任这一职务从科大初创阶段的1958年7月28日起，直到1970年科大从北京战备下迁到安徽合肥止，近12年。主持和指导力学系的工作，则从他担任系主任起，直至1966年文化大革命的前夕，近8年。

他在中国科技大学的实践表明，他不仅是一位杰出的科学家，同时也是一位独具战略眼光，有卓越组织管理才能的出色的教育家。

一、亲自制定教学计划，聘"科学院的大炮"为学生授课

钱学森先生重视教育，重视对人才的培养。他并不因为工作繁忙，肩负国家航天工程重任而放松对科大力学系的领导工作。他精心安排力学系的教学计划，工作做得相当深入、细致、到位。开学之初，他为全系学生宣讲教学计划时，阐明了他的教育思想与教学指导方针，其中给我印象最深的有以下两点：

1. 教学内容做到理与工的结合，科学与技术的结合。他曾指明，在业务方面的培养目标，应当类似于"研究工程师"，即有科学研究能力的工程技术人才；或者说，是具有一定工程技术才能的科学工作者。他不赞成在科大培养远离工程技术与工程实践的专门的理论人才，也不赞成在科大培养缺乏科学探索精神与能力，只了解工程知识的单纯技术型人才。他认为未来科学技术的发展，特别是尖端科学技术，要求理与工的结合，科学与技术的结合。

2. 为了达成上述培养目标，他使课程设置有利于学生打好坚实而又宽厚的基础。既包含科学理论方面的基础，也包含如工程制图，以及工程设计方面的基础。他认为科学技术的发展不可避免地将会是多学科的相互交叉与渗透。如果基础薄弱或过于单一，将严重影响科技人员运用综合知识的能力，以及根据工作需要，跨越学科界限开展工作的能力，进而阻碍科学的发展与技术创新。他曾形象地比喻，我们的知识结构应当像"金字塔"，这样才有广阔的发展前景与空间，才有后劲。

此外，关于科学精神，关于严谨、踏实的学风，以及刻苦钻研业务的意志与毅力，他在历次讲话、谈话和报告中，也有许多精辟的论述。他还常常结合自身的经历与大家交流。有不少内容感人至深，令人难以忘怀。

为了让学生打好基础，钱学森先生除了在课程设置上用心良苦，精心设计之外，非常重要的一个举措，就是聘请一流的、顶尖级的科学家为学生们授课。至今我还清楚地记得，当钱学森先生在全系大会上宣布聘任教师的名单时，他那踌躇满志和兴奋的神情。他高声地说："我把科学院的大炮都给你们调来了！"是啊，当我们听到这个介绍的时候，都感到有些出乎想像，甚至有点难以置信。我们谁都没有想到，更没有奢望过，竟然是科学院技术科学部的主任、著名物理学家严济慈给我们讲授"普通物理"课，1956年与钱学森先生同时获得国家自然科学一等奖殊荣的吴文俊先生给我们讲授"高等数学"课。化学课也是由当时刚从美国留学回来的蒋丽金博士讲授。到了大学二年级，由著名科学家钱临照先生继续给我们讲授普通物理课。三、四年级时钱学森先生又聘请和选派了力学所的卞荫贵先生为我们讲授流体力学，林同骥先生讲授高速空气动力学，郭永怀先生讲授边界层理论……从这一点也可以看出，钱学森先生办好科大力学系的决心、魄力与智慧。他本人也身体力行，在大学四年级时亲自为我们开课、授课。

二、亲自开设并讲授"星际航行概论"

进入大学四年级，我们盼望已久的，由钱学森先生亲自开设并讲授的一门新课"星际航行概论"开课了。这门课原来的名称是"火箭技术概论"，后定名为"星际航行概论"。1963年2月科学出版社也以这个名称为书名出版了他的讲稿。按照钱学森先生1961年8月3日编制的教学大纲，这门课共计45学时，分12～13讲，每讲3学时，一学期讲完。课程基本上按照大纲进行。第一次课是1961年9月18日，最后一次课是1962年1月8日。听课的人很多，包括58级，59级两个年级三个专业的学生，还有力学所的不少专家、学者旁听。地点设在中关村中科院自动化所大阶梯教室。由于座位有限，力学所的一些专家、老师们来听课时还自带了凳子和马扎。

当时我是58级高速空气动力学专业二班的班长，受上级指派，每次上课前与另外一位同学一起，分别站在自动化所西侧门的门外两侧，查验来者的听课证。一般上课前10分钟左右入场完毕，接下来我们两人负责迎候钱学森先生。他的车总是准时到达，我们在他的车门口附近迎接他，并陪同他走进教室，走向讲台。每次他来时，总有一位不知是秘书还是警卫的同志陪同，见到我们后会意地向我们点头微笑，然后放心地让我们引领钱学森先生。上级配给钱先生的车是淡灰色的，在国内，我还没有见到过这种车型，很庄重，而且典雅、漂亮。钱先生总是面带笑容、和蔼、谦虚、充满友善，同时也蕴含着坚定、刚毅与自信。课后，我们俩又负责把钱先生送回到汽车附近。还是那位秘书或警卫，向我们点头示意道别。

有不少人说，聆听钱学森先生讲课是一种幸福，我也有同感。但是需要说明的是，这并不是由于他在科学界举足轻重的地位。说实在的，他的课讲得实在是太好了，无可挑剔，无懈可击。无论从课程内容的先进性、前瞻性，到丰富的信息量，还是从逻辑的严谨，语言的简洁、准确和运用技巧，直到漂亮工整的书法与板书，我有生以来听著名科学家、专家和名师的课很多，但从未见过讲课讲得有这么好的，可谓出类拔萃。听他的课是学习，又是享受，从中我们还能学到许多课程以外的东西。

这门课1962年初结束。1963年我们听课的每位学生都得到了他赠送给我们的，由科学出版社精装出版的一本书，内容就是他授课的讲稿——《星际航行概论》。经历了文化大革命的风风雨雨，经历了科大由北京下迁安徽，我本人又从安徽调回北京，近半个世纪了，他送的这本书，连同我记的听课笔记，我始终完好地珍藏着，不弃不离。

三、钱学森先生与力学系火箭小组

翻开1998年科大档案馆和校长办公室编印的中国科学技术大学大事记，在1958年12月27日栏下记载的唯一事件是："力学和力学工程系火箭小组研制的模型火箭试验成功。"在那之后，我以校刊通讯员的名义在科大校刊上发表过《模型火箭上了天》一文，报道了那次成功的发射试验。实际上，我从火箭小组成立后不久便是它的成员，并在其中兼任秘书组组长的职务。

在大事记1959年1月3日栏下记载的是："学校派代表参加中国科学院元旦献礼大会。学校向大会献礼的礼品有电子计算机、单级模型火箭……"

在1960年2月28日栏下记载的是："学校召开第一次科学研究工作报告会。参加大会的有……中国科学院力学所所长兼力学和力学工程系主任钱学森……大会上，力学系二年级学生作了关于人工降雨火箭试制工作报告……钱学森作了关于人工降雨火箭及脉动式发动机试制工作报告的总结……"

在1960年8月栏下记载："从6月至今，我校力学和力学工程系及应用地球物理系的同学，在北京市八达岭进行了13次催化暖云降雨的试验，取得了初步成效。"

应该说，大事记成功地捕捉到了火箭小组在钱学森先生指导下开展工作和活动的几个闪光点。

1958年的秋冬，学校和系正确而英明地引导了同学们高涨的学习热情和参加勤工俭学活动的积极性，在力学系成立了以学生为主体和主力的火箭研制小组，开始只有6个人，以后增加到

9人,十几人,几十人。到了1959年,在学校倡导低年级学生就开始搞科研这一方针的推动下,火箭小组曾扩大到与其他系合作,比如与地球物理系、自动化系的合作,那时的火箭小组早已不是原来意义上的小组,规模远远超过百人,是一个地地道道的"大组"了。

火箭小组初创时期非常艰苦,同学们一方面有着很重的课业负担,但在科研方面也给自己提出了很高的目标。没有厂房,就在新搭建的几间简易活动房内活动,冬天很冷,室内并无取暖设备。同学们加班加点熬夜进行工作已成家常便饭。

那时由于缺少经费买书,有时甚至由几位同学开夜车,自己用钢板刻蜡纸,抄录书中的内容,油印后分发给火箭组的成员阅读学习。有一本书叫《火箭技术导论》,记得是国防工业出版社出版的,就是用这种方式油印后发给大家的。那种艰苦创业、顽强学习与拼搏的精神,颇有点像同期我们国家搞"两弹一星"的那股劲。也不奇怪,搞大火箭和小火箭都是由钱学森先生指挥和指导的,只是后者还增添了育人的色彩!

就这样,就在我们入校后百天之内,把长约1米,箭体直径约10厘米,以中碳钢为固体发动机壁面材料,内装空军歼击机驾驶员座下紧急情况跳伞时用的火药——双基药(成分为硝化棉与硝化甘油),使用自己设计和加工的钢制超音速喷管,铝制外壳的小火箭,发射到约5000米的高度。校党委书记郁文和副书记兼教务长张新铭等都曾观看过火箭发射试验。

钱学森先生适时地参与并指导了火箭小组的工作。当他知道我们取得的初步成绩,并了解了小火箭的设计、加工情况后,高兴极了。他半开玩笑地对我们说:"你们的路子走对了,简直是'发了科学洋财'。"对于如何改进设计,他提出了一些具体的意见和建议,有的是口头说的,也有书面的。那时我担任火箭组秘书组组长。至今令我深感遗憾的是,当时他曾给我回过一信,内容有两三页之多,记得信中他认真地解答了一些问题,并谈到了一些改进意见。后来校方开展保密大检查,我把它交给了上级,

作为需要保密的资料保存了。以后科大下迁到安徽，几年前我曾托人查询，查找这一资料，但一直没有结果。

钱学森先生与火箭小组座谈，指导小火箭的研发、研制等工作有好多次，有时就在简易房，有时在系办公室。有一次，即 1960 年 2 月 28 日全校科研工作报告会分组讨论时，就在校办公楼楼上第二会议室。那时全国都提倡"土法上马"，"土洋结合"。记得会上有一位专家建议，为了降低成本，我们可以考虑将使用的超音速喷管由钢制改为水泥制或陶瓷制，钱学森先生对这个意见不以为然，明确表示不赞成，他说："该洋的地方还是要洋嘛！"他反对跟风，反对人云亦云，而是实事求是，以科学为依据。

火箭组的工作到了 1959 年和 1960 年，已相当深入，从初期的以上天、打得高为目标，逐渐转为重视科学实验与科学分析，以提高整体水平，为进一步发展打好基础。那时我们已使用长余辉示波器测量和分析发动机壁所受应力情况，用自己研制的弹道摆测量发动机的推力，请解放军空军雷达部队协助，用雷达观测火箭发射情况与发射高度，用自动弹射出降落伞的方式，成功地回收小火箭。为了提高小火箭的射程，还研制出双级火箭。同学们在研制工作中，有不少发明创造，有的用于分析与提高小火箭的性能，有的用于它的加工、制造与生产，有的用于它的推广和使用。小火箭的研制，无论从成果上，还是从育人上，都取得了瞩目的、实实在在的成绩。小火箭的研制较为成熟后，便开始与中科院地球物理所人工控制天气研究室及中央气象局合作，以它作为运载工具，把降雨催化剂带到云中炸开散播，用来人工降雨或增雨，或者用于消除冰雹。1960 年夏天我们曾驻扎在北京八达岭长城附近的山地，住在自己搭建的帐篷中，连续做过两个月的人工降雨试验，取得了较为明显的效果。校党委副书记王卓和中科院地球物理所所长兼科大地球物理系主任赵九章先生，都曾前往参观和视察。与

1959 年 5 月，在北京大兴县小火箭试验场地

自左向右：蔡有智、乌可力、何乃卿、徐庆祥、张瑜、朱小光、易元坚、韩金虎、张禄荪、丛选一、张润卿、孙庚辰、赵成修、张菊生（力学系教学与勤工俭学干事）、乔林、丁世有。

此同时,力学系火箭小组还派遣了一支小分队,前往甘肃兰州地区用小火箭作为运载工具,进行人工消除冰雹的试验,取得了较好的效果。之后不久,中央气象局等单位曾成百成百支地向我们下订单。北京大学数学力学系和内蒙古大学都曾派人来进修学习。一些新闻媒体也纷纷来校采访,刊登了同学们发射火箭的照片。之后,日本的报纸对我们的小火箭作过报道,意大利和前苏联的格鲁吉亚共和国相关部门也曾与我们进行学术交流,寻求合作,有的索要图纸,有的还得到了样机。

这段四十多年前曾经引起过轰动的历史,也许由于时间的推移和尘封,变得有些鲜为人知了,但它的确在一个相当长的时期和不小的范围内发生过。它对我们的成长、进步直接或间接地发生过重要而深远的作用和影响,而钱学森先生始终是这项活动的坚定支持者和指导者。

本文初稿完成后,作者又略翻了一下科大大事记,见到这样两条动人的记载:

"1959年11月23日:郭沫若校长捐赠两万元稿费作为全校福利金,帮助同学们添置衣被。"

"1961年12月25日:中国科学院力学所所长钱学森赠送中国科学技术大学人民币一万一千五百元,作为改善教学设备之用。学校已购买部分计算尺供同学使用。"

这些事我们都亲眼所见或亲历过。朋友,对此您有什么感想呢?我的体会是:有这些志存高远,且脚踏实地、身体力行的崇高的师长们引路,无比幸福!

回忆钱学森教授的几件事

黄吉虎 （58级学生）

20世纪50年代，新中国正蓬勃地进行着社会主义建设，以原子能、计算机、半导体、激光、航空航天技术为代表的新兴科学技术正处于快速生长期，科技进步为人类展现出一个全新景象。1957年10月4日，前苏联第一颗人造地球卫星的上天，更引起了全世界的轰动。然而，中国当时的科技力量和综合国力还相当薄弱，难以适应国家发展和国际竞争的需要。1956年，中共中央发出向科学进军的号召，在周总理的领导下，以聂荣臻为主任的国务院科学规划委员会制定出我国第一个科学技术发展规划，即《1956-1967年全国科学技术发展远景规划》。《科学规划》对当时我国未来十二年的科技发展作出了全面的部署，列出了若干填补国内空白及追赶国际先进水平的项目。中国科学院于1956年建立了半导体、电子学、计算机和自动化等研究所，1958年提出了制造人造地球卫星和人工合成胰岛素的设想，并着手对原子弹、导弹等尖端科技领域进行研究，这标志着中国科学技术现代化的起步。

新中国成立以后，一大批顶尖的科学家从世界各地返回祖国，他们以赤子之心努力为祖国的四个现代化辛勤工作，但急需补充优秀的后备力量，特别是国内新兴技术科学方面的尖端科技人才奇缺，而当时从高校分配到中国科学院的毕业生，在数量和质量上都难以满足需要。在这样的情况下，利用中国科学院自身的优势，创办一所培养新兴、边缘、交叉学科尖端科技人才的新型大学，就成为科学院领导和许多科学家的共同愿望。正因为如此，很快得到了当时周恩来、邓小平等党和国家领导人的批准。中国科学技术大学在大跃进的1958年、在党中央的亲切领导和关怀下，同心同德，团结一致，在短短的三个月的筹备过程中诞生了。1958年9月20日，新华社把中国科学技术大学的开学称为"我国教育史和科学史上的重大事件"，并把学校的目标定为"主要培养具有共产主义觉悟的尖端科学研究人才"。

能在科大完成大学本科的5年学习，是一件十分荣幸的大事，建校初期中国科学院发挥人才、设备等的优势，全力支持中国科大办学，在"全院办校，所系结合"办学方针的指引下，大批科学家给我们上基础课，同时还指导我们低年级的学生开展科研工作。

1959～1960年，我们还是大学一二年级的时候，近代力学系的同学就成功研制了"人工降雨火箭"，后来并入力学系的工程热物理系（后改为喷气技术热物理专业）的同学们研制了脉冲发动机，我是研制小组的一名成员。脉冲发动机结构简单，能在常温、常压下无须助推便能点火起动，产生推力。在二次世界大战时，德国就以脉冲发动机为动力研制成功了当时十分出名的V-1型导弹，用它来对付英国和盟军，在当时起到一定的威慑作用，随后德国才研制了以火箭发动机为动力的V-2型导弹。作为V-1型导弹，其致命的弱点是工作稳定性不高、工作时间短、噪音大、推力有限。但作为大学低年级的学生，在打深厚基础知识的同时能接触尖端科学技术，培养熟练的实验技能及开拓广博的知识却是一件十分重要的事情。我们在研制脉冲发动机的过程中，钱学森先生曾两次对我们进行直接指导。一次是对脉冲发动机的热力过程、研制关键作了明确的指示，一次是对在多次试车过程中出现的故障，作了解决问题的提示，要我们从发动机的簧片选用材料上下功夫，要选既耐高温又有弹性的合金。当时的故障是作为进气通道的活门，同时又作为堵塞燃气返泄的金属簧片，在有高压高温的情况下变形、并丧失弹性，使脉冲发动机无法工作。经钱先生指点，不久就找到了耐高温又有弹性的合金薄片，加工制造后装入发动机，结果成功了，发动机发出雷鸣般的吼声，活动小组的同学们感到无比高兴。钱先生还指出，脉冲发动机发展的前景不佳，但作为搞科学试验的初学者来说，确是一件理论与实践结合、培养动手能力和实验技能的一次很好锻炼。在名家大师的指导下，初次进行一些科研活动，确实终身受益。

1961年4月12日，以科罗廖夫为首的前苏联航天科学家和工程师们，首先用火箭将"东方1号"载人飞船送入了太空，尤里·加加林乘飞船用108分钟绕地球一周并安全返回地面，这是破天荒的一件大事，它标志着人类自身已经进入太空领域。未来参与尖端科学技术的中国科学技术大学的学生，渴望能更多地知道载人航天飞行的有关知识。仅过20天，即1961年5月2日，钱学森先生到校给全校师生作了一场精彩的关于载人宇宙飞船的报告。当时学校万人空巷，钱学森先生的报告使师生们听得十分入迷。钱先生从人类对航天的向往、前人的各种科技活动、载人航天的动力需求、飞行器结构的设计和制造、飞行轨道的设计、发射、制导、运行和回收及人的超重、失重和空间医学等一系列的难题中，有层次地简明扼要地作了介绍。报告结束前，还特别对同学们提出了要求。钱先生讲到了前苏联20世纪40年代新办的"技术物理学院"为苏联人造卫星的上天和返回式卫星的发射成功及载人航天的辉煌成就培养出一大批尖端科学人才。钱先生说，我们今天的科技大学，也要为国家在未来的10至15年内培养出一批高素质的尖端科学技术人才。他要求同学们勤奋学习、红专并进、团结协作、艰苦奋斗，肩负着国家的使命，为国防的现代化做出贡献。回想这次报告，至今难以忘怀，深深地印在当时科大每个学生的脑海里。

1961年9月钱学森先生给近代力学系的58、59级四百多名学生亲自讲授"火箭技术概论"（后改称"星际航行概论"）课程。聆听大师的直接面授，使每个听课的同学兴奋不已。当时来听课的人还有北大、清华、北航（现在改名为北京航空航天大学）、北京工业学院（现改名为北京理工大学）等兄弟院校的老师以及力学所、自动化所、物理所、电子所的一批专业人员，钱先生每周上一次课，一次4个学时，一个学期中只有一次因去苏联访问而调课外，从没有缺席过。钱先生的声音洪亮、语言精练，对授课中的重点、难点和疑点讲述得十分清楚。板书非常规矩，数学推导严谨、漂亮。钱先生每次上课总是先用四五分钟时间讲点航天技术方面的国际动态，鼓励同学为祖国的航天事业贡献出自己的才智，最后又布置一些思考题，使同学在课后多加思索，培养同学干一行、专一行和养成善于思索的良好习惯，以发挥同学在航天技术方面的创造性。

钱先生给学生的考试也很特别，是开卷考试，我们做学生时就怕开卷考试，因为开卷考试所出的题目肯定是在讲稿上、笔记本上找不到的。那次考试的日期正好是寒冷的一月份，上午8:30开考，到中午仍没有一个人交卷。考试的题目只有两道，至今我还记得：第一题是一道概念题，占30分，一般都能拿到20分左右，但要拿到25分以上就会有一定的困难。第二题非常特别，即"从地球上发射一枚火箭，绕过太阳，再返回到地球上来，请列出方程求出解。"题目很明确，可我们就是没法下手，火箭的速度要达到第二宇宙速度是必定的了，但先得脱离地球的引力，也就是说首先要达到第一宇宙速度，再加速到第二宇宙速度；火箭的运行轨迹一定要与地球绕日轨迹在同一平面。但地球附近还有月球，地球本身还在自转，因此边界条件的确定就十分困难。同学们冥思苦想，抓耳挠腮，很难下笔。不过当时的考风很好，绝对没有一个作弊的。到中午时，钱先生说，先吃饭吧，回来再考。饭后继续考到傍晚，大家只好交了卷。考试成绩出来后，卷面竟有95%的同学不及格，钱先生也有办法，在所有卷面分的基础上开方再乘以10，这样得36分的同学就成了60分，而卷面100分的同学还是100分。这一来，75%的同学及格了，再加上平时的分数，80%多的同学过了关，只有近20%的同学需要补考。我比较幸运的过了关，只是在列方程求解时把地球自转时产生的科利奥利力忘掉了。

这次考试钱先生很不满意，他认为同学们的数理基础还不够扎实，需要一定的时间补补课。故力学系58级学生在校多留了半年时间，钱先生选用了冯·卡门和比奥（钱先生在美国上研究生时的导师和师弟）写的《工程中的数学方法》一书作为一门课程，另外是补高等数学，从极限开始到数理方程。半年下来，光数学题就做了近三千个。虽然工作晚了半年，但对学生最大的好处是打下了扎实的数理基础，这使绝大部分同学在后来的科研工作中受益匪浅，很快成为同年龄科技工作者的拔尖人才，为"两弹一星"的成功做出了贡献。

1963年，我们毕业了。钱先生和我们留校任教的十多名同学开了一次座谈会。教我们如何当助教，如何做人，如何做学问，如何教书育人。钱先生用了《三字经》里面的两句话"养不教，父之过，教不严，师之惰"来教育我们。作为教师，本身就应为人师表，以身作则，自强不息。还要爱护学生，虚心向老教师学习，只有先做学生，才能成为真正的老师。这些教导为我们继承科大的优良传统，为我们后来的成长，起到了十分重要的作用。

与钱学森有关的文献资料

力学系钱学森主任
召开教学研究会议

[力学和力学工程系通讯] 为了进一步提高教学质量，研究并解决当前教学工作中的关键问题，力学研究所所长兼我校力学和力学工程系系主任钱学森同志，最近召开了本系在京的兼职教师和全体青年教师参加的教学研究会议。兼职教师严济慈、吴文俊、许国志、沈志荣等都参加了这次会议，张新铭教务长和教务处李声簧处长也参加了这次会议。

会议由钱学森主任主持。会议在听取了系副主任胡导环同志对全系教学工作情况的汇报后，针对着当前教学工作中所存在的主要问题逐科逐门地进行了讨论和研究，讨论中，对于各门基础课如何适应力学系专业的要求，如何根据力学系专业的特点修订教学大纲，如何在保证质量要求的基础上合理地减轻学生学习的负担，以及各基础课内容的深度和广度等问题着重的进行了研究。

会上，钱学森同志还建议根据力学和力学工程系专业的特点和要求制订力学系的教学大纲。张新铭教务长对这个建议表示赞同，并表示今后要从力学系开始修改制订适合各系专业的特点和要求的基础课教学大纲。

严济慈主任听取了助教们的汇报后表示，今后要更多地接触同学，了解同学的要求和困难，以改进今后的物理教学。

会议结束的时候，张新铭教务长说，这次会议开得很好，明确了过去很久没有解决的问题，如力学系的专业性质究竟对系基础课有哪些具体的要求问题，这次初步明确了起来；同时为本系今后修订教学大纲提供了一些依据。

会议之前，钱学森主任还在302教室向全系同学扼要地介绍了力学和力学工程系四个专业的基本内容，并指出同学们毕业后所要干的事业都是"前无古人"的。全系同学受了很大鼓舞，更加热爱自己的专业。（谷清溪）

《科大校刊》（1959-12-25）

大搞群众运动、开展科学研究、创造丰硕成果、"五一"大放异彩
我校召开科学研究工作报告会
校党委书记在会上作重要指示，中国科学院众多著名科学家亲临指导

[本刊讯] 二月二十八日，我校召开科学研究工作报告会。这是检阅我校科学研究工作成果的大会；是把科学研究工作推向新的高峰的大会；是在社会主义建设总路线和党的教育方针指

导下，大搞科研的群众运动的动员大会。一年多来，我校共完成科学研究项目203项，其中结合生产者56项，比较尖端者7项，大会所发25个资料，都是一些重要项目的研究资料。我校师生以高度的热情，浓厚的兴趣来参加这次大会。

参加这次大会的有我校党委书记郁文同志、副书记张新铭同志及其他领导同志。中国科学院许多著名科学家和领导人员亲临指导。他们是：力学所所长兼力学和力学工程系系主任钱学森、原子能所副所长兼原子核物理和原子核工程系主任赵忠尧、地质所所长兼地球化学和稀有元素系系主任侯德封、力学所副所长兼化学物理系主任郭永怀、化学所所长兼化学物理系副主任柳大纲、地球物理所副所长兼应用地球物理系副主任卫一清及物理学家钱临照等。中国科学院电子研究所、动力研究所、科学出版社及科学报都派人参加。此外，还有中央气象局及北京市许多中学的来宾也参加了这次大会。他们的参加，给予大会以极大鼓舞。

（前略）钱学森主任作了关于人工降雨火箭及脉动式发动机试制工作报告的总结；钱临照先生作了半导体三极管制作工艺的报告总结；赵忠尧主任作了"自动控制闪烁能谱仪的建造工作的初步报告"及"超声波混凝土探测仪的试制"的总结。在这些总结中一致肯定这些成绩是很珍贵的，是校党委正确贯彻党的教育方针的结果。他们都赞扬了青年同志们的冲天干劲和敢想敢干的共产主义风格，并勉励大家继续努力，做出更多成绩。钱学森主任在总结中强调说：科学研究一定要有明确的目的性，要与国民经济密切联系，要能对人民有利。他说：人工降雨火箭就符合这一精神，是我校今后进行科学研究工作的方向。

（以下略）

《科大校刊》（1960-03-04）

中科大庆祝钱学森先生90寿辰

今日是中国科学技术大学创建人之一的钱学森先生90岁生日。连日来，中科大师生通过举办"钱学森先生与科技教育"主题报告会、"学习钱学森先生教书育人精神"座谈会等活动，庆祝钱学森先生90寿辰。

1958年春天，钱学森等一批著名科学家倡议，应充分发挥中国科学院雄厚的科学家力量和优越的实验室条件，创办一所新型大学。作为学校筹备委员会委员，他与郭沫若、严济慈、竺可桢等委员一起，将这所新型大学定名为"中国科学技术大学"，并与其他著名科学家一起瞄准国际国内科技发展的需求，为中科大设置了前沿、新兴、交叉的系科专业，参与设计了最初的教学计划、教学大纲和课程体系。同时，钱学森还具体负责创建了中国科大最早的力学系，担

任系主任长达20年之久，亲自为大学生讲课，招收和指导研究生。（董建江 俞路石）

《中国教育报》（2001-12-11）

中科院向中科大赠钱学森手稿等校史资料

9月1日上午，中国科学院力学研究所所长洪友士研究员专程来中国科学技术大学，向正在筹建中的中国科学技术大学校史馆赠送钱学森手稿仿真复制件近百页、"手稿"光盘一套和《钱学森手稿》一册。中国科学技术大学党委书记郭传杰代表学校接受了捐赠，副校长侯建国向洪友士所长介绍了该校筹建校史馆和45周年校庆活动的有关情况，工程科学学院院长伍小平院士、副秘书长汪克强和党办、档案馆负责人参加了赠送仪式。

在赠送仪式上，郭传杰书记指出，任何一个学术机构，包括大学和研究所，文化和精神的力量都是创新和发展的非常重要的动力源泉。目前中国科学技术大学正在创建一流研究型大学，继承老一辈科学家的严谨治学、爱国奉献和创业创新精神，弘扬他们为学校创造的优良传统和校风，对于我们的一流研究型大学建设具有十分重要的意义。钱学森先生是世界级科学家，也是我国许多学科和我们学校的奠基人之一，他的科学精神、治学作风和学术思想都是我们学校非常宝贵的精神和文化财富。他强调，在学校的建设和发展过程中，特别是在培养青年学生的工作中，要充分发挥钱学森先生等老一辈科学家们为学校创造的优良传统和校风的教育和熏陶作用，促进学校的创新文化建设和对学生的全面素质教育。

郭书记指出，钱学森先生作为力学所的创始人和首任所长，科大的创始人之一和近代力学系首任主任，以自己的科研和教育实践把力学所和科大紧密联系在一起，是贯彻"全院办校，所系结合"的生动体现；今天洪所长和力学所将珍藏的钱学森部分手稿仿真复制件赠给科大，不仅体现了双方良好的学术交流与合作关系，而且使这部分钱学森先生手稿成为"所系结合"的象征和纽带。他表示，今后中科院和科大将进一步积极探索在新形势下贯彻"全院办校，所系结合"方针的新途径、新模式和新内涵，促进中科院的高级创新科技人才培养基地建设和科大的一流研究型大学建设。

力学研究所此次向中国科学技术大学赠送近百页钱学森手稿仿真复制品，是在郭传杰书记的直接关心下，征得钱学森先生本人同意，从钱学森在美国留学、工作期间的1500余页手稿中精选出很有特点、具有代表性的珍贵原始文献，加以仿真复制的。其中的科学内容广博精深，既原始性地记载了钱学森先生技术科学思想的形成过程，又生动地展现出一位杰出科学家严谨勤奋的治学作风和创新探索的科学精神，对每一位科技、教育工作者，特别是成长中的广大青年学生都有极大的感染力和启迪作用。"手稿"光盘收集了钱学森先生在美国留学、工作期间的1500余页手稿原件的全部内容。《钱学森手稿》一书是经过精心整理和编排出版的钱学森手稿原件选编。

钱学森先生是我国"两弹一星功勋奖章"获得者，享有"国家杰出贡献科学家"的光荣称号；他是中科院力学研究所的创始人和第一任所长，也是中国科技大学创始人之一和近代力学系第一任系主任。他倡导的技术科学思想具有丰富的创新内容和哲学内涵，影响着一代又一代科技工作者，并已成为国家实施"科教兴国"战略的深刻理念。（校档案馆）

中国教育和科研计算机网（2003-09-03）

钱学森先生相关学术著作捐赠我校

4月6日下午，钱学森先生相关学术著作捐赠仪式在校第三会议室举行。常务副校长侯建国代表学校接受了钱学森之子钱永刚先生的捐赠。中国科学院院士伍小平、工程科学学院执行院长杨基明、钱学森先生秘书顾吉环，中国科学技术大学出版社社长郝诗仙等相关人士参加了捐赠仪式及座谈会。

侯建国强调，钱老的手稿不仅是对重要历史事件的记录，也是年轻教师进行教学研究、教学改革的蓝本，因此，要将手稿出版作为校庆图书出版的重头戏，应立即成立手稿成书编委会，完善出版计划。座谈会上，大家就钱老手稿出版事宜进行了沟通和交流。

钱永刚、顾吉环一行还专程访问了工程科学学院，针对钱学森塑像有关事宜与工程学院领导及相关校友展开座谈。（工程科学学院 新闻中心）

科大新闻网（2007-04-06）

《钱学森书信》捐赠我校

6月6日上午，《钱学森书信》（1~10本）捐赠仪式在校第四会议室举行。中科院党组成员、我校党委书记郭传杰代表学校接受了钱学森之子钱永刚先生的捐赠。党委副书记鹿明、秘书长朱灿平以及工程科学学院、党政办公室、校庆办公室等单位负责人参加了捐赠仪式和座谈会。

郭传杰首先表达了全校师生对钱学森先生的诚挚谢意和良好祝愿。他指出，《钱学森书信》是研究钱老教育思想、高尚人格、爱国情怀和崇高风范的原始材料，是对广大师生很好的教育题材。他表示，科大将认真宣传，积极组织师生认真研究钱老的教育思想、科学精神、人格魅力，特别是钱老与科大的关系，发挥《钱学森书信》的教育功能，并把这项工作作为 50 周年校庆筹备工作的一项重要活动。

会上，双方就邀请钱永刚先生、涂元季先生来校为师生作报告等具体事宜进行了友好的交流。

《钱学森书信》一套 10 本，是国家"十一五"重点出版物，首次发行 2500 册，中宣部对该书的宣传高度重视，5 月 25 日，中央电视台新闻联播节目专门对该书进行了报道。（党政办公室）

科大新闻网（2007-06-06）

我校举办"钱学森书信展"

9 月 20 日上午，"钱学森书信展"于东区师生活动中心举行，校党委书记郭传杰专门为此次展览题写了展标。钱学森先生哲嗣钱永刚先生，钱学森先生的秘书、学术助手涂元季先生专程从北京赶来出席开幕式。中科院党组成员、校党委书记郭传杰，常务副校长、中国科学院院士侯建国，秘书长朱灿平，工程科学院执行院长杨基明教授及一些老领导、老专家出席了开幕式。党政办、校庆办、宣传部、学工部、离退办、博物馆等部门负责同志及新老校友 200 多人参加了开幕式。

开幕式由朱灿平秘书长主持，郭传杰书记致开幕词。

郭书记说，9 月 20 日是科大人一个的特殊日子，这是科大人的共同生日。在今天这个特殊的日子里举办这样有特殊意义的展览具有三层意义：一是庆祝科大成立 49 周年。科大的成立是中国科技教育史上的一项创举，历经 49 年风风雨雨，取得了很大的成绩，现在我们纪念他、庆祝他是每一个科大人都感到自豪的事情；二是纪念、感激创建科大的老前辈、老科学家。钱老既是科大创建人，又是科大办学思想的奠基者之一。科大成立后又担任力学和力学工程系主任，后又与郭永怀先生共同创办化学物理系；第三层意义就是传承与发扬。明年是科大 50 周年校庆，我们搞校庆不是热热闹闹地开一个大会，而是将 50 年的精神财富、学术财富都集中起来、梳理出来，使之发扬光大，为科大创建世界一流研究型大学打好基础。

郭传杰接着说，《钱学森书信》10 大卷，收入钱老 3331 封信函，自 1955 年至 2000 年，时间跨度达 45 年。从这些书信中可见钱老治学、为人方面体现出的高风亮节和深邃的学术思想、高瞻远瞩战略意识，以及对年轻人的关怀。钱老不仅仅是一个杰出的科学家，一个科学战略家，而且还是对高等教育有着深刻思考的教育专家。这些书信在我校展出，是校庆活动的重要内容之一，对我校老师、同学都是非常有价值的。

钱老的长子钱永刚先生在致辞中说，《钱学森书信》出版的意义可以概括为四句话：展中国学者风采，道杰出贡献成因，视思想发展脉络，筑科学研究平台。

长期担任钱老秘书和学术助手的涂元季先生在致辞中说，中国科大是我向往的大学，在科大建校 49 周年的日子里来到这里，并出席钱老书信展开幕式，感到非常高兴。涂先生风趣的说，如果将"钱学森书信展"改为"钱学森内心大揭秘"，肯定会吸引许多人，实际上从这些书信中可以揭示他的内心世界。作为现代的年轻人，看一看这个展览，翻一翻钱老的书信，肯定会有启迪的。钱老的书信是一部奇书、宝书。

教师代表、当年担任钱老助教的孔祥言教授满怀深情地说，最近在为配合《火箭技术概论手稿》的出版举办的座谈会上，我们当年聆听过钱老课程的 58、59 级学生反应非常热烈，钱老治学严谨是同学们说不完的话题，听钱老课是一种享受，受益终身。他说，钱老在 1989 年的"国际技术与技术交流大会"上被授予"世界级科学与工程名人"称号，这是现代理工界能入选的最高荣誉等级，钱老是唯一的中国学者。1999 年，钱老又被国际传媒选为影响 20 世纪科技发展的 20 位世界级科技巨人之一（爱因斯坦位居第一，钱学森名列第十八，是唯一的亚州人）。钱老是 20 世纪百年一遇的伟大科学家，是中华民族的骄傲。今天举办的"钱学森书信展"是我们科大的一件幸事，使我们能进一步领略钱老的爱国情怀和科学精神。

最后，05 级近代物理系戴磊同学发言。他说，身为在校学生能有机会参加"钱学森书信展"开幕式感到很高兴。钱老在空气动力学、航空工程、喷气推进、工程控制论、物理力学等技术科学领域做出许多开创性贡献，为我国火箭、导弹和航天事业的创建与发展做出了卓越贡献，是我国系统工程理论与应用研究的倡导人。1991 年，国务院、中央军委授予钱学森"国家杰出贡献科学家"荣誉称号和一级英雄模范奖章。1999 年，中共中央、国务院、中央军委授予他"两弹一星功勋奖章"。

钱学森先生是中国科技大学的创始人之一，长期关心、支持学校的建设发展和青年学子的成长。在 1963 年为全校 58、59 级学生作报告时，钱学森先生提出了颇具影响力的"三严（严肃、严密、严格）作风"，教育、影响了一代又一代科大学子走上科学道路。高山仰止，景行行止，作为科大的学生我们要以钱学森先生为榜样，热爱祖国，勤奋求学。

开幕式上，侯建国常务副校长与钱永刚先生共同为"钱学森书信展"揭幕并合影。

开幕式结束后，大家共同到校博物馆展厅观看了"钱学森书信展"，博物馆馆长张居中教授热情地向来宾介绍了展览的陈列设计理念与筹展过程。本次展览展出钱学森先生 1955 年至 2000 年之间的百余封书信，内容绝大多数源自国防工业出版社 2007 年 5 月出版的《钱学森书信》一书，辅以本校收藏的部分档案资料。展览分"爱国情怀"、"科学精神"、"大师风范"和"情系科大"四个主题，通过有限的展品，充分展示钱学森先生的高尚情操和崇高风范，进一步激励新一代科大人学习前辈科学大师的优良作风和传统，在新的时期为科大建设做出新的贡献。大家对陈列内容与形式给予充分肯定，特别是将校档案馆中保存的钱老与科大领导、老师的信函实物一并展出，增强了展示效果。

"钱学森书信展"展出时间9月20日～10月20日。每日12：00～19：00开馆（18：30停止入馆，逢周一闭馆，团体参观请预约，联系电话：3606950）。展出地点：中国科学技术大学博物馆展厅（东区师生活动中心6楼）（校博物馆）

科大新闻网（2007-09-20）

涂元季先生做客中国科大论坛　畅谈钱学森的科学精神

今年9月20日，是中国科大建校49周年。当天下午，东区理化大楼西三层报告厅座无虚席，连报告厅的走道都挤满了学生。一场精彩的学术报告会正在这里举行。受中国科大邀请，钱学森的秘书和学术助手涂元季先生做客"中国科大论坛"，为科大师生作题为《钱学森和钱老的科学精神》的报告。钱学森的儿子钱永刚，中国科学院党组成员、校党委书记郭传杰，常务副校长侯建国，秘书长朱灿平，钱学森当年的学生黄吉虎、朱滨、尹协远出席了报告会，400多名师生聆听了这场启迪人的心灵的报告。报告会由党委副书记鹿明主持。

涂元季先生担任钱老秘书达25年之久，在报告中，他以自己与钱老相处多年的经历，他从小处入手，通过一个个鲜为人知的小故事，向我们讲述了钱学森先生留美、回国、从事"两弹一星"以及晚年进行学术研究的光辉事迹，再现了钱学森先生不平凡的一生，也展示了钱学森先生的科学精神和人格魅力。

涂元季先生说，钱老正是这样一位伟大而又平凡的科学家，他为国家和民族建立不朽功勋，但他平等待人，对年轻人更是关怀呵护，在他的心中，"人"是不分尊贵卑贱的，因此不管是什么人，只要给他写信求教，他一律认认真真地回答。尽管他工作繁忙，但绝不慢待任何一个人。这也是他一生写了这么多信的一个重要原因。很难想像，像他这样的大科学家会工工整整地亲笔给一位工人和农民写回信吗？当然与他通信最多的是科技人员。无论是科学家，或专家、教授给他写信，他若有不同意见，照旧直书其见。在《书信》中他赞赏过一些人，也批评过许多人，还点评过许多名家名人。当然，钱老的点评都是有严格分寸的，而且是从一个科学家的视角，有独特见解的。中国科大就有好几位老师收到过钱老的回信。

涂元季先生说，钱老一辈子提倡学术民主，关心青年一代的成长。虽然钱老在力学界可以说是大权威了，但当别人指出他在这方面的错误时，他虚心承认并公开认错。1964年，一位名不见经传、远在新疆建设兵团农学院的年轻人郝天护给钱学森写了一封信，这位年轻人竟然指出钱老新近发表的一篇力学论文中的一处错误，并提出了自己纠正的意见。信发出后，郝天护一直惴惴不安,不知这位世界力学权威会有什么想法。然而,出乎他意料的是,不几天他收到了钱学森的亲笔回信,信中写道:"我很感谢您指出我的错误!也可见您是很能钻研的一位青年。科学文章中的错误必须及时阐明,以免后来的工作者误用不正确的东西而耽误事。所以我认为,您应该把您的意见写成一篇几百字的短文,投《力学学报》刊登,帮助大家。您认为怎样?"在钱老的积极鼓励之下,郝天护将自己的观点写成文章:"关于土动力学基本方程的一个问题",由钱学森推荐,发表在1966年3月第9卷第1期《力学学报》上。从这件事大家可以看到,钱老的胸怀是坦荡的,他不仅在私下通信中勇于向那位年轻人认错,而且主动提出要在力学界的《学报》上公开自己的错误。钱老的鼓励给郝天护以极大的动力,他后来投身力学事业,成为东华大学教授。

涂元季先生感叹,钱老是一位孜孜探索的科学家,是中国"两弹一星"伟大成就的元勋,但为人谦虚谨慎,淡泊名利。他多次指出,"中国航天之父"的称号是不科学的,因为这功劳不是他一个人的,是成千上万人的辛勤劳动的结晶,"一切成就归于党,归于集体"。不仅如此,钱学森还长期居住在简朴的房子里面,婉言谢绝上级组织安排好的疗养、旅游,这种淡泊名利、朴实无华、一心只为祖国发展贡献力量的精神品格感动了众多在场大学生,赢得了与会人员的长时间热烈掌声。

报告会上,钱永刚、涂元季先生还就大家感兴趣的话题回答了学生的提问。

报告会上,郭传杰书记向涂元季先生赠送了中国科大论坛纪念牌。

涂元季先生的报告会是我校建校49周年系列庆祝活动之一,有关部门对报告会进行了网络视频同步直播。(党委宣传部 新闻中心)

科大新闻网(2007-09-20)

"钱学森书信展"圆满结束

为庆祝校庆49周年而举办的"钱学森书信展",在展出一个月之后,日前落下帷幕。

在为期一个月的展出中,参观人数达4000余人,参观者每日络绎不绝。观众中既有钱老当年的学生、如今两鬓斑白的老教授,也有曾经与钱老直接通信联系的老教师,还有今年刚进校门的新同学和大量在校师生。

几位当年聆听过钱老课程的力学系老教师数次结伴来馆参观,共同回忆当年的情形,看到展出的钱老所赠的计算尺更是睹物思人,感到钱老就在眼前,仍在鞭策我们努力奋进。高山仰止,钱老是我们心中的伟人,永远是我们学习的榜样。

07级信息学院的同学留言，钱老不仅在物理学上造诣深，在哲学、经济学等方面都有一定的研究，钱老的"三严"精神及在学术上的谦虚、负责精神更令人敬佩，令人震撼。他们表示，将以钱老为榜样，为中华民族的崛起贡献自己的力量。

一位新生写道，钱老在我头脑中是天人，是神仙，离我们很遥远。参观了钱老的书信展，感到我与昔日的"神仙"、"伟人"是多么近。我将此告之家人、朋友、同学，我想他们会吃惊，会羡慕的。

当然，在留言簿上见到最多的是：钱老的科学精神、大师风范值得我们学习。朱清时校长在9月15日参观该展览时，也对这次展出给予充分肯定。

本次展览展出钱学森先生1955年至2000年之间的百余封书信，内容绝大多数源自国防工业出版社2007年5月出版的《钱学森书信》一书，辅以本校收藏的部分档案资料。展览分"爱国情怀"、"科学精神"、"大师风范"和"情系科大"四个主题，通过有限的展品，充分展示钱学森先生的高尚情操和崇高风范，进一步激励新一代科大人学习前辈科学大师的优良作风和传统，在新的时期为科大建设做出新的贡献。大家对陈列内容与形式给予充分肯定，特别是将校档案馆中保存的钱老与科大领导、老师的信函实物一并展出，增强了展示效果。

作为校庆活动的一部分，此次"钱学森书信展"，学校各级领导、各相关部门相当重视。中科院党组成员、校党委书记郭传杰专门为此次展览题写了展名，朱灿平秘书长多次主持召开相关单位的专题协调会，对这次展览进行具体部署，校党委宣传部和学工部的同志利用暑假休息时间，在长达10卷数千页的《钱学森书信》套书中挑选出300页作为展品；校档案馆为本次展览提供了数封钱老亲笔书信原件，丰富了展览形式。钱学森先生长子钱永刚先生，钱学森先生的秘书、学术助手涂元季先生专程从北京赶来出席开幕式。

钱学森，著名科学家，中国科学院院士、中国工程院院士。我国近代力学事业的奠基人之一。在空气动力学、航空工程、喷气推进、工程控制论、物理力学等技术科学领域做出许多开创性贡献。为我国火箭、导弹和航天事业的创建与发展做出了卓越贡献，是我国系统工程理论与应用研究的倡导人。1991年，国务院、中央军委授予钱学森"国家杰出贡献科学家"荣誉称号和一级英雄模范奖章。1999年，中共中央、国务院、中央军委授予他"两弹一星功勋奖章"。

钱学森先生是中国科学技术大学的创始人之一，长期关心、支持学校的建设与发展，关心青年学子的健康成长。自1958年中国科学技术大学建校时起，钱学森先生出任学校近代力学系主任长达20年之久。（校博物馆）

科大新闻网（2007-10-29）

关于成立钱学森著《火箭技术概论：手稿及讲义》编委会的通知

校办字［2007］11号

各有关单位：

著名科学家钱学森教授是我校创建人之一和首任力学系主任，并亲自为该系1958级、1959级学生讲授"火箭技术概论"课程，为国家培养了一大批优秀人才。他在讲课中体现的科学预见和教育思想，对科研和教学工作至今仍具有重要的启迪作用。整理出版钱学森教授的《火箭技术概论：手稿及讲义》是我校校庆出版工作的重要内容之一。为保证《火箭技术概论：手稿及讲义》的整理和出版质量，学校决定，成立《火箭技术概论：手稿及讲义》编委会。该编委会人员组成如下：

主　编：侯建国

副主编：朱　滨

委　员（按姓氏笔画排序）：

丁世有　王柏懿　尹协远　孔祥言　白以龙　朱　滨　伍小平　杜善义　杨基明

吴有生　何世平　张培强　侯建国　顾吉环　钱永刚　徐建中　黄吉虎　喻显果

童秉纲　雷见辉　蔡有智

特此通知。

中国科学技术大学

二〇〇七年六月二十一日